U0142393

第二版

鋼結構設計

李錫霖 蔡榮根 編著

Design of Steel Structures

五南圖書出版公司 印行

再版序

　　本書從 2009 年出版到今已超過八年，在這八年教學中，發現第一版書中尚有不少錯誤及需更正的地方，因此配合本次再版，做了比較大的更新。本次再版主要除了更正第一版的文字、圖面及公式的錯誤外，同時對附錄圖表中的數據誤植也一併更新。第一版所根據的主要規範是 2005 年版的 AISC 360-05 規範及民國 96 年版我國「鋼構造建築物鋼結構設計技術規範」。AISC 的規範從 2009 年至今已更新兩次，即 2010 年版的 AISC 360-10 及 2016 年版的 AISC 360-16，其中 AISC 360-10 的修改幅度較小，AISC 360-16 的修改內容較多。但我國規範至今並無更新版本，因此，本書部分內容也只配合修正至 AISC 360-10，尚未全面更新到 2016 年版本，以免與國內規範落差太大。

　　另外，為了讓讀者有賞心悅目的視覺感受，出版社也重新設計本書封面及排版，希望能提供讀者一本最好的學習工具書。

李錫霖

作者序1

　　鋼結構設計是大學土木系必選修課程之一，課程內容除了基本理論外，還兼具工程實務應用，與現行設計規範更是息息相關，可以說是土木工程科技相關領域中相當重要的應用技術，特別是近代的超高層大樓及大跨距橋梁幾乎都以鋼結構為首選，因此是每位土木及結構工程師必備的基本知識。

　　作者自民國79年回國任教於中華大學（原中華工學院）起就開始教授本課程，當初在選擇教材時，發現內容比較豐富的幾本教科書都是以 FPS 制為計量單位，與國內設計規範使用的 MKS 制有所不同，考慮同學未來參加國內各種就業及技師考試以及到工程界服務的適應性，因此開始編寫講義做為課堂上課的主要教材。

　　在本教材編製過程中除了廣參國內外相關書籍、文獻及設計規範外，在章節的安排及例題的設計上也盡量由淺入深、循序漸進，使同學能按部就班，充分達到學習效果。在每章後面的習題部分，為使同學熟悉國內高普考試及技師考試的出題型態，也適度的將歷屆考題加入習題內供同學練習解答。在參考規範部分，因目前國內設計規範是以 AISC 1986 年版為主要依據，而 AISC 2005 年版本在內容上有大幅修改，不但 LRFD 及 ASD 已合而為一，另外在公式的常數項已盡量以無因次方式表示，所以就無不同計量單位間之公式轉換問題。因此，本教材之規範參考是以 AISC 2005 年版本（同時包括 LRFD 及 ASD）為主，但為了讓同學充分熟悉國內設計規範，各章節內有關規範之介紹及例題的演練也將國內兩本規範（極限設計法規範及容許應力設計法規範）一併包括在內。另外鑒於型鋼斷面參數在各鋼鐵公司及設計手冊所提供之斷面表內，往往有不一致情況，為避免造成學習上的困擾，因此特別參酌國內鋼構設計手冊及 CNS 標準，將國內常用斷面尺寸參數列在本書附錄，尤其是梁斷面之設計參數表也依 AISC、我國極限設計法規範及容許應力設計法規範分別列舉以方便練習使用。

　　為避免理論與實務間的斷層，本教材所有圖說均經台灣省結構工程技師公會蔡榮根理事長增刪校正，特別從結構設計及施工的實務需求角度提供必要的協助，在他的督促下，本書才得以順利出版。另外好友賴光博協理提供了不少現場施工照片，讓本書內容增色不少。文稿部分，從本系第一屆到本屆的大學部及碩士班同學都花了相當多的心力協助打字及繪圖，最後完稿的整理是在謝東軒、李昀融及楊捷宇等同學的大力協助下完成。對於本書的工作伙伴，謹在此致上最大謝意。

本教材從課堂講義開始到出書，前後超過十五年以上的時間，也意味超過十五屆以上同學的錘鍊，對所有為本書貢獻心力的同學謹致最大謝意。最後謹以此書獻給我最摯愛的父母及家人，您們的支持是完成本書的最大動力。希望本書的出版能帶給土木工程教育及工程界一點小小的助益。本書出版前雖已多次校核，但疏漏在所難免，敬祈各界先進不吝指教。

李錫霖　於新竹中華大學土木工程學系
中華民國九十八年五月一日

作者序2

　　鋼結構已廣泛應用於國內之房屋與橋梁設計上，尤其在 921 地震後建築投資業者紛紛以耐震能力佳之鋼結構或鋼骨鋼筋混凝土結構大樓為廣告訴求，讓國內鋼結構之運用推進一新的里程碑。因此編纂一符合實務需求之鋼結構設計教材，變得刻不容緩。

　　鋼結構設計課程由於公式多且繁複，細部圖說多，修習本課程一向被土木系學生視為畏途。即使工程實務界，剛入行之工程師面對多且細如牛毛之繁複規範，也不知如何開始手中之設計案，現場工程師不了解鋼結構者更是比比皆是。

　　中華大學土木系李錫霖教授講授鋼結構設計二十年，且曾擔任知名鋼構廠顧問多年，盛情邀本人共同編纂此一理論與實務兼具之課程教材。本人除已執業結構技師二十年外，很榮幸能先後主持台北市與台灣省結構技師公會，得以彙整多年來有關鋼結構方面之特殊結構審查圖說，了解設計及施工實務現況，提供作為本教材範例設計之參考，以符合工程實務的需求。相信本教材將可提升土木系學生修習鋼結構設計的興趣，設計及現場工程師更可引用本教材為入門工具書，由淺入深加以觸類旁通，以克服工作上遇見之難題。

　　李錫霖教授與本人編纂本教材雖力求完美，但若有疏漏敬請各界工程先進加以指正。

蔡榮根　　於台灣省結構工程技師公會
中華民國九十八年五月一日

目　錄

1 緒　論

2 張力桿件

3 壓力桿件

4 梁

5 梁—柱

6 螺栓接合

7 銲接接合

第 1 章

緒論

1-1 鋼鐵的歷史

　　通常一般人所稱的鐵或鋼，其實是一種合金，其主要成分為鐵元素，再加上錳、鉻、鎢等金屬元素及碳、矽、硫、磷等非金屬元素所組成。其中碳扮演著最重要的角色，它決定鐵的展延性及熔點。鋼與鐵的區別主要在其含碳量之多寡，如圖 1-1-1 所示。鑄鐵（Cast Iron）是指一般含碳量大於 2% 的鐵碳合金，性脆無法鍛造、軋製或壓製，不允許任何形式的機械變形，大部分用作煉鋼原料，一部分則作為鑄造鐵器。純鐵（Pure Iron）是指鐵中含碳低於 0.0218% 的鐵碳合金，呈灰白色，強度低用處不大，僅用於需要特殊性能的材料上，例如作為合金鐵的原料或電氣材料。鋼（Steel）是指含碳量在純鐵與生鐵之間的鐵碳合金，性質既硬且韌[1.1]。

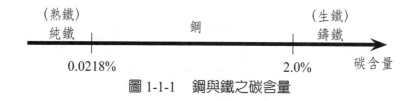

圖 1-1-1　鋼與鐵之碳含量

（一）古代煉鐵

　　人類的文明如果依照所使用工具來區分的話，依序為石器時代、青銅器時代、鐵器時代，一直進展到現代。鐵（Iron）的開始使用，大約距今五千多年前。據推測最早使用的鐵，是天上掉下來的隕石（Meteorite）又稱隕鐵（Metallic Meteorite），其中鐵成分可高達 90% 以上，鍛造性能好、強度高，但因來源有限，大多數只用在刃部。在中國、埃及及伊朗等地區出土之早期鐵器大部分是隕鐵所打造[1.1,1.2]。鐵元素（Fe）約佔地球地殼元素總量之 5.5%，世界上金屬總產量的 99.5%，是地球上儲存量最豐富的金屬元素。但自然界中自然鐵（Native Iron）非常少，甚至比隕鐵還少，一般皆以氧化之赤鐵礦（Hematite, Fe^2O^3）或磁鐵礦（Magnetite, Fe^3O^4）方式存在礦石（Ores）中[1.1,1.2]。我們的祖先早在四萬年前，就已把赤鐵礦從豐富的自然界中辨認出來，北京周口店的山頂洞人已經知道用赤鐵礦作顏料和裝飾物了。赤鐵礦是自然界中含鐵礦物最容易還原成金屬的一種，在有碳存在的環境下，一般在 800～1000℃ 就可將鐵熔出。根據推測，人類最早是在一種偶然的情況下，在燃燒材薪時將鐵從礦石中熔出。另一種說法認為鐵是用火提煉赭色顏料的副產品。西元前 3500 年古埃及人就已知道開採鐵礦及熔煉鐵，在最初因產量很少，非常貴重，只供裝飾或儀式使用[1.1,1.3]。

　　約在西元前 1500 年，亞美尼亞（Armenia）出現改良的熔煉鐵技術，稱為米坦尼製程（Mitanni Process），提供了再加熱（Reheating）及錘打（Hammering）技巧，使

鐵具備了比銅（Copper）及青銅（Bronze）更優越的使用性質。西元前 1400 年，希臘的多利安人（Dorian）利用鐵製武器征服了只擁有銅製武器的米諾人（Minoans），並造成米諾文明在西元前 1100 年的消失瓦解。在當時鐵製武器技術是一項高度的機密，一直到了西元前 1200 年時，這項技術才廣為流傳，不再是機密，而人類歷史開始進入所謂的鐵器時代（Iron Age）[1.3]。歐洲最早使用的鐵爐是穴式爐（Pit Type Furnace）或用土石塊堆砌而成的低軸式（Low-Shaft Type）鍛鐵爐。將礦石洗淨後，與木炭一起放入爐中點火熔煉。利用自然氣流供給燃燒所需空氣，或者用手拉風箱鼓入空氣，空氣中的氧和木炭中的碳作用生成一氧化碳，將氧化鐵還原成鐵。這種方式所生產的鐵塊一般都夾雜著爐渣（Slag），把這塊鐵反覆地加熱捶打，將大部分的爐渣擠出後，就可打製成所需要的成品[1.14]。

根據「尚書」禹貢篇的記載，中國人在夏禹時代（約西元前 2000～前 1560 年）已開始使用鐵製農具。古代煉鐵多採用鼓風爐（Blast Furnace），最初由於鼓風工具效率不佳，煉鐵技術的發展並不是很順利，一直到了周朝（西元前 1066～前 771 年）風箱（古稱橐）發明後，煉鐵工業才逐漸興盛及成長[1.1,1.5]。古代鐵爐的構造誠如「天工開物」[1.6] 第十四卷五金編鐵節所言「凡鐵爐用鹽做造，和泥砌成。其爐多傍山穴為之，或用巨木匡圍，塑造鹽泥，窮月之力不容造次，鹽泥有罅，盡棄全功。凡鐵一爐載土二千餘斤，或用硬木柴，或用煤炭，或用木炭，南北各從其便。扇爐風箱必用四人、六人帶拽。土化成鐵之後，從爐腰孔流出。爐孔先用泥塞，每旦晝六時，一時出鐵一陀。既出即叉泥塞，鼓風再熔。凡造生鐵為冶鑄用者，就此流成長條、圓塊，範內取用。」這種鐵爐爐身只五、六尺高，鼓風少，爐過低，只能出產白口鐵（White Pig Iron）（生鐵的一種，因其斷面呈白色之碳化鐵，碳與矽含量較灰口鐵（Gray Pig Iron）少，質硬不易切削），效率低產量少，極不經濟。在鐵器時代早期的鐵是無法熔化及模鑄，因為純鐵（Pure Iron）熔點是 1535℃，對當時的鑄造廠來說，這個溫度是很難達到的。一直到西元前 300 年（戰國時期），中國鐵匠發現在熔煉鐵礦時加入木炭（Charcoal）會產生糊狀的金屬液體，也就是當木炭中的碳元素（Carbon）跟鐵混合時，可以產生融點為 1130℃ 的合金，這溫度是燃燒木炭可達到的溫度，因此開始可以模鑄來生產鑄鐵（Cast Iron）[1.4,1.6]。

歐洲一直到西元 800 年才在北歐的斯堪的那維亞（Scandinavia）出現類似鼓風爐的鑄鐵煉冶技術，在 1200 年西班牙出現以水力推動鼓風爐的煉鐵技術以生產製作熟鐵（Wrough Iron）所需的鐵料。在水力取代人力，以帶動鍛錘進行鍛造工作後，鍛鐵爐的截面積與高度也逐漸增加，再加上爐中熱效率的改進，爐溫因而提高，這時還原所得的鐵熔為液體匯集在爐底，其他的成分則成為爐渣而浮在鐵液表面。這時所煉得的鐵不再含有爐渣，但其含碳量卻增加。因含碳量提高，所以失去延展性，必須經過精煉手續

以除去過剩的碳、矽等元素來恢復其延展性，慢慢的鍛鐵爐便發展成為高爐（或稱鼓風爐）（Blast Furnace）。當高爐問世後，接著就發展出鐵的鑄造技術，將高爐煉得的鐵，放入熔鐵爐（Lowshaft Furnace）重熔後，倒進砂模中即得鑄鐵[1.4]。歐洲真正的鼓風爐是在 1340 年出現於比利時，在歐洲開始知道如何製造鑄鐵時，中國的鑄鐵年產量已達 15 萬噸[1.3]。

古時煉鋼，將生鐵（鑄鐵）炒成熟鐵是第一步，熟鐵性軟易錘，適合錘製成各種型態的器物，但在錘製過程中為保持高溫，常將鐵埋到燒紅的炭裡頭，結果熟鐵中慢慢滲入了碳分而逐漸變硬，這就是古代所謂「百鍊成鋼」的由來。生鐵性脆，熟鐵性韌，鋼的性質硬而且韌，古人雖不知道是因為含碳量多寡的關係，但卻知道「凡鐵分生、熟；出爐未炒則生，既炒則熟。生熟相和，煉成則鋼」（「天工開物」第十四卷五金編鐵節）。因為古時設備不夠好，爐溫太低，熟鐵又不容易熔，於是想出生鐵淋刃的辦法。「天工開物」第十卷錘鍛篇鋤鎛節言「凡治地生物，用鋤、鎛之屬，熟鐵鍛成，鎔化生鐵淋口，入水淬健，即成剛勁」[1.6]。

西元前 770 年到西元前 221 年是中國歷史上的春秋戰國時期，是一個百家爭鳴，百工爭妍的時代，也是中國歷史上第一次科學技術高度發展的時期。它與幾乎同期的古希臘分別在世界的東西兩端形成了兩個科學文明代表。第一次出現「鐵」字是在「左傳」裡，記錄了西元前 513 年晉國鑄刑鼎的事件。中國古代的冶鐵技術在漢朝（西元前 206～西元 220 年）前後約四百年間逐漸發展成熟。在河南鄭州市郊古榮鎮出土的漢代高爐，其爐缸橫截面積為橢圓型，根據遺址的殘跡和積鐵等資料將此高爐復原，其容積約 44 立方公尺，是兩千年前世界上最大的高爐。高爐斷面由圓發展到橢圓，在鼓風機械能力很弱的古代，可稱是強化高爐的一個有效途徑。中國在兩千年前發明橢圓高爐，遠比西方整整早了一千八百年，美國是在 1850 年才建成兩座橢圓形高爐，英國建成一座，其後不久，瑞典和俄國也相繼出現了橢圓形高爐。在這時期中國煉鐵技術的另一項突破是使用石灰石當作助煉劑，在爐料中加入石灰石，可降低爐渣熔點，改善高爐操作，另外還能降低生鐵中含硫量，改善生鐵的品質，是冶金史上一重大的發明。使用水推動風機，大量節省人力，對冶鐵工業發展有著很大的影響，中國早在東漢（西元 25～220 年）即開始使用水力鼓風，而歐洲大約在十二世紀才開始用，英國第一個水力鼓風的煉鐵爐是建於 1408 年[1.1,1.3]。

早期煉鐵燃料是以木炭為主，鐵礦附近的山林常常被砍成為童山，礦山因無燃料而報廢。到了魏晉南北朝（西元 265～581 年）以煤炭（Coal）取代木炭的煉鐵技術成熟後，才使煉鐵工業更往前推進了一大步。而在歐洲一直到了十七世紀初，於 1611 年才在英國出現了以煤炭取代木炭的煉鐵製程專利，在十七世紀以前歐洲也是以木炭煉鐵，英國在 1600 年時幾乎耗盡了大部分的森林[1.3]。唐朝時期（西元 618～907 年）大型鑄

件的發展也很突出，武則天曾在洛陽徵民間銅鐵鑄造「天樞」，高達 37 公尺，直徑 3.5 公尺，上刻頌文 [1.3,1.7]。宋朝（西元 960～1279 年）時期發明了由木箱和木扇組成結構較堅固的木風扇，其剛性較皮囊好、操作方便、風量大、漏風少，使冶煉過程得以強化。宋代煉鐵所用的豎爐稱蒸礦爐，爐的內形已接近於近代的高爐 [1.1]。

明朝時期（西元 1368～1644 年）煉鐵工業的發展是和焦炭（Coke）煉鐵技術分不開的。在方以智所著之「物理小識」[1.8] 曾敘述煉焦及用焦炭煉鐵的過程：「煤則各處產之，臭者燒熔而閉之成石，再鑿而作爐日礁，可五日不絕火，煎礦煮石，殊為省力」。煉焦是將含揮發物較多的煉焦煤（有臭味的煤）在密閉條件下，高溫鍛燒煉成堅硬的焦炭，不但使其含硫量大為降低，且其火力旺盛耐久，是煉鐵的優質燃料。焦炭也不像木炭和煤炭那樣易碎，造成爐內氣流不暢，甚至堵塞煉爐。中國發明焦炭，最少比西方早一百年，在歐洲一直到 1709 年才由英國的亞伯拉罕（Abraham Darby）發現了使用焦炭產製高品質鑄鐵的方法 [1.1,1.3]。明朝末年宋應星的「天工開物」是中國古代比較完整的生產技術百科全書，在其五金、冶鑄及錘鍛篇中對鐵的冶煉及鍛造技術皆有詳細的介紹，圖 1-1-2 為「天工開物」中有關中國古代煉鐵的圖解說明 [1.6,1.7,1.9,1.10]，英國學者李約瑟把宋應星跟十八世紀法國主編「百科全書」的狄德羅（Denis Diderot）相比擬，稱宋應星為中國的狄德羅 [1.11]。

明末清初，即十六世紀末到十八世紀初（明萬曆到清康熙，西元 1573～1722 年）的一百多年間，西方科技知識開始傳入中國，為中國傳統科學技術注入新血。但到清朝中葉後，因採閉關自守政策，使西方科學技術的傳入停頓了一百多年之久。在中國閉關自守期間，特別是在十八世紀中葉（西元 1750 年）以後，歐洲展開了工業革命，其鑄鐵生產技術也漸趨成熟，因鑄鐵可以輕易模製成各種形狀，因此在工業革命中大量的被應用在各種新發明的機器上，例如蒸汽機的發明，機器逐漸取代人力，中國便失去了礦冶技術的長期領先地位。

（二）古代煉鋼

鋼的機械性能遠高於鑄鐵，中國在春秋戰國時期（西元前 770～221 年）就已掌握了製鋼技術，後漢的史書「吳越春秋」和東漢的吳、越兩國史書「越絕書」中，都記載了春秋時期吳國著名匠師干將和歐冶子製鋼劍的傳說。「吳越春秋」闔閭內傳言：「於是干將妻乃斷髮剪爪，投於爐中，使童女童男三百人鼓橐裝炭，金鐵乃濡。遂以成劍，陽曰干將，陰曰莫邪，陽作龜文，陰作漫理」，這就是武俠小說中大家所熟知的干將及莫邪陰陽二劍。從出土實物得知春秋戰國時期的製鋼工藝有鑄鐵脫碳和滲碳製鋼兩種。鑄鐵脫碳鋼是由鑄鐵（生鐵）柔化技術發展來的，它是將生鐵的鑄件經過脫碳退火，通過適當控制時間和溫度，使生鐵中多餘的碳被氧化成氣體脫出而成鋼。滲碳製鋼是將以

塊煉法煉出的熟鐵加熱滲碳以得到鋼的技術，中國最早期的煉鐵因溫度較低，在與生鐵冶煉技術發展的同期，還有一種稱作塊煉鐵冶煉技術，是用木炭把煉爐中的鐵礦石加熱到 800～900℃，讓鐵礦石還原得到鐵，這種鐵含有大量雜質，且含碳量不高，必須經由反覆錘打擠出雜質，再鍛打成器，這種材質含碳量低，近於純鐵，需要經由滲碳處理使其碳分增高成爲鋼製品。1976 年湖南長沙出土了一把春秋末期的鋼劍，含碳量爲0.5～0.6%，爲中碳鋼。漢朝（西元前 206～西元 220 年）時期的炒鋼技術是把生鐵加熱到熔化後，在熔池中加以攪拌，促使空氣中的氧氣將生鐵中所含的碳氧化掉，以降低生鐵的碳含量，再經反覆鍛打以得到組織較爲均勻的鋼材，該項技術可以生產出大量的鋼（Steel）或熟鐵（Wrough Iron）。掌握炒鋼的火候需要很高的技術和豐富的經驗，火候過了頭，碳的逸出過多，就成了熟鐵。所以常常乾脆炒成熟鐵，再以熟鐵爲原料鍛製百煉鋼。百煉鋼是中國古代品質最好的鋼材，其冶煉方法是把熟鐵反覆加熱鍛打，在加熱的過程中碳逐漸滲入鐵中，而鍛打則可減少其中雜質，使鋼的組織緻密、成分均勻，歷史上很多名劍就是用這種方法煉製的。鋼的出現使得人們可以製造更精良的工具和兵器[1.1]。在歐洲一直到了 1614 年才出現滲碳處理的滲碳鋼（Cementation Steel）技術專利。在 1742 年，英國的班哲明（Benjamin Huntsman）發明了坩堝煉鋼法（Crucible Process），其法是把小片生鐵放在耐火泥做的閉合坩堝內，然後放到焦炭火內，其溫度可達 1600℃，這是在當時第一次達到可以熔鋼的高溫，可以生產品質均勻的鋼或合金材料，用於製造鐘錶所需彈簧，後經改良，是二十世紀電爐出現以前，製造高品質工具鋼及高速鋼的最完全方法[1.3,1.4,1.11]。

　　炒鐵時，若炒得過火，含碳量太低，就要加入一些生鐵來補救，久而久之，便發明了灌鋼技術。所謂灌鋼，是將生鐵熔化灌注到熟鐵料中，使生鐵中的碳以較快速度滲入熟鐵中，再經反覆鍛打，使其成分均勻，煉得品質較好的鋼。這種方法至遲出現於南北朝時期（西元 265～581 年），也許可以上溯到晉代或漢末。在「天工開物」中詳細介紹了生熟鐵連續生產的技術如圖 1-1-2，若要煉熟鐵，便應按生鐵流向，在離爐子數尺遠，低數寸的地方築一個方塘，四周砌短牆，讓鐵水流入塘內，幾個人拿著柳木棍站在牆上，一個人迅速把用污潮泥曬磨成的粉灰均勻撒播在鐵水面上，另幾個人就用柳木棍疾攪，這樣生鐵就「炒成熟鐵」了。其中的「污潮泥」應是含有矽酸鐵和氧化鐵的泥土，它能促使生鐵中的碳氧化成二氧化碳，後來污潮泥改用鐵礦粉。由於碳的含量減少，生鐵就成熟鐵了。將煉鐵爐和炒鋼爐串連起來使用，可以免去生鐵再熔化的過程，既降低了耗費，又提高了生產率。到清初康熙年間，方法再經過改良，不加鐵礦粉，也不用木棍，只將生鐵打碎再加熱氧化就變成熟鐵。灌鋼（團鋼）技術在明朝時期也被進一步改進，在「天工開物」中提到先將熟鐵打成薄片如指頭寬，長約一寸半，然後以鐵片包緊，再將生鐵放置在包緊的熟鐵上及覆蓋上塗有泥土的破草鞋，鐵片下還要塗上泥

漿，放進熔爐用力鼓風，當到達需要溫度時，生鐵便先熔化而滲入熟鐵內，兩者互相接合後取出錘打，反覆多次的再煉及再錘，就可得到所謂團鋼或灌鋼，用塗泥的破草鞋覆蓋，可使生鐵在還原環境下逐漸熔化且不至於立即被燒毀。新灌鋼法最大的優點是使生鐵液能夠均勻地灌到熟鐵薄片的夾縫中，增加了生熟鐵之間的接觸面積，使生鐵中的碳能更迅速均勻地滲入熟鐵中 [1.1,1.6,1.10,1.12] 。

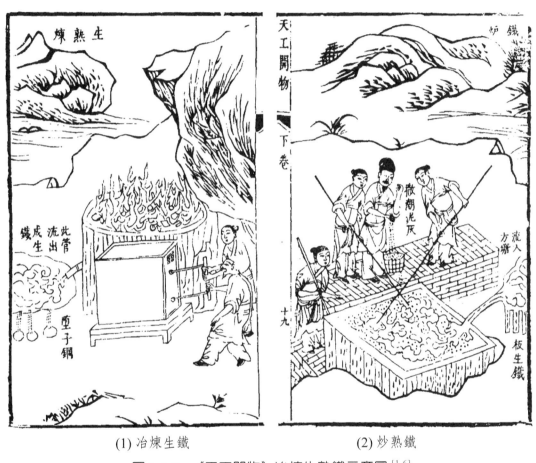

(1) 冶煉生鐵　　　　　　　　　　　(2) 炒熟鐵

圖 1-1-2　《天工開物》冶煉生熟鐵示意圖 [1.6]

（三）近代煉鐵與煉鋼

　　所謂近代是指工業革命以後的時期，在煉鐵技術上有相當大的進展。十八世紀上葉在法國及瑞典出現了吹氣煉鋼的直吹爐（Converter），又稱魯崔式直吹爐（Reaumur-Swedenbergs Converter），以木炭為燃料，可傾動拆卸，爐缸上有風管，出鐵口位在風管對面，礦料由爐口加入。西元 1784 英國人亨利（Henry Cort）發明了攪煉法（Puddling Process），是歐洲第一個真正的工業化煉鐵製程，可以直接把生鐵煉製成鋼或

熟鐵，其技術與中國在三世紀（漢朝）所使用的炒鐵技術類似，在反射爐（Reveratory Furnace）內以棍子攪拌熔化的生鐵使其接觸空氣中的氧來控制其含碳量，該法可以獲得含碳量控制的高品質鋼鐵，特別適合刀箭及武器製造。1776 年瓦特發明了蒸汽機之後，便開始利用蒸汽引擎鼓風[1.1,1.3]。

西元 1856 年英國柏塞麥（Henry Bessemer）提出柏塞麥轉爐煉鋼法，柏塞麥轉爐煉鋼法成功地找到吹氣入爐內的訣竅而煉出鋼，此為酸性轉爐法，是世界上首次出現的商業化大量製鋼技術，只要 20 分鐘，就能達到過去使用攪拌煉鋼爐 24 小時的產量，大大提升了煉鋼的效率，大量煉鋼的時代，由此開始[1.1,1.3,1.13]。

西元 1868 年，德國的威廉西門（William Siemens）和佛里得瑞西門（Freidrich Siemens）兄弟為了克服柏塞麥法煉鋼品質十分不穩定的問題，在英國的伯明罕發明了平爐法（Open Hearth Process）煉鋼，是由柏塞麥法煉鋼中演變而來，其原理是按照炒熟鐵的方法把生鐵、廢鋼和鐵礦石一起熔化炒煉，其作用一方面是除碳，另一方面是保留適當的含碳量，該法能提煉出含碳量適當且品質優良的軟鋼，在 1950 年以前，85% 的鋼料是使用平爐法提煉的，十八世紀末迄二十世紀之 1970 年代，平爐煉鋼仍然扮演相當吃重的角色，尤其在二次大戰之前，先進國家的鋼鐵一半以上產自平爐。直到 1980 年代末期絕大多數的共產國家如前蘇聯中亞地區、烏克蘭、中國大陸、波蘭、捷克等，還有若干平爐煉鋼都在使用中，不過進入二十一世紀之後，平爐煉鋼由於能源利用與生產效率均不佳，目前幾乎已完全淘汰。柏塞麥轉爐煉鋼法，只能煉低磷硫生鐵，但歐洲的鐵礦都含有高量磷硫，如果鋼中含有大量磷硫會造成熱脆冷裂的不良特性，1877 年蘇格蘭的湯馬斯（Sidney Gilchrist Thomas）發表「柏塞麥爐中去磷法」論文，其法係採用鹼性爐襯解決去磷問題，且可利用脫磷反應熱作熱源[1.1,1.3]。

在西元 1831 年法拉第（Michael Faraday）發現了電磁感應（Electromagnetic In-duction）而發明發電機後，在 1879 年威廉西門（William Siemens）發明了電爐（Electric Furnace）煉鋼，用電發熱煉鋼，好處是爐溫可以提高、熔化迅速、不會有雜質進入鋼鐵內、且能熔化熔點較高金屬藉以製成各類合金鋼，現代煉鋼廠所用的電弧爐（Arc Furnace）基本上都是威廉西門電爐的改良。十九世紀末到二十世紀初出現的感應爐（Induction Furnace），係利用電磁感應原理以熔化金屬，採用的交流電源有基頻（50 或 60 赫）、中頻（60～10000 赫）和高頻（高於 10000 赫）三種，1930 年以後高週波爐變成了高級合金鋼冶煉的標準設備。在 1980 年之前，幾乎所有之電弧爐均屬交流式，但當直流式電爐出現後，由於其具有噪音少、閃爍電震低、能源效率高等優點，故目前已有逐漸興起之勢[1.1,1.3]。

西元 1950 年以後，工程師發現將氧氣直接吹入爐內，所得到鋼的品質更勝過平爐所煉之鋼，其熱效率及產量較轉爐高，但建造費較平爐為低，因此柏塞麥轉爐煉鋼法又

大為盛行。本煉鋼法最早是由奧地利聯合鋼廠（Voest Steelwork），在林茨（Linz）和多那維茨（Donarwitz）兩地工廠聯合研究開發成功的，因此取兩廠字首而命名為 LD 轉爐法（LD Converter）。此法是將純氧經由水冷式的吹氧管（Oxygen Lance），從爐口以高速吹進爐中之熔鐵中。LD 轉爐法迄今風行全球，使煉鋼技術邁進一個新紀元。1977 年 7 月，中國鋼鐵公司也引進 150 噸的 LD 頂吹氧氣轉爐 [1.1,1.3]。

1-2 鋼鐵結構案例

（一）光孝寺東西鐵塔（西元 963 年）[1.7,1.14,1.15]

全稱為報恩光孝禪寺，是廣州市歷史最悠久的寺院建築，為廣州市四大叢林（光孝、六榕、華林、海幢）之一。西元 246 年，交州分為交、廣兩州，合浦以北屬廣州，管轄有南海、蒼梧、鬱林、合浦四郡。廣州又稱羊城，所以有「未有羊城，先有光孝」的諺語。五代南漢時，在大寶六年（西元 963 年）和十年（西元 967 年），先後建造東西兩座鐵塔，各 7 層，高約 2 丈（7.69 公尺），精刻細作，惟妙惟肖。可惜西鐵塔已倒塌，只剩餘塔基部分。這座塔的基座上有盤龍圖案和蓮花寶塔，鑄造得十分精細，是國內目前發現最大、最古老及最完整的鐵塔。

在中國佛教史上，光孝寺的地位十分重要，禪宗始祖達摩禪師曾在此掛塔，六祖惠能當年曾在這裡作過著名的「風幡論辯」而名聲威震佛門。當年，惠能因為聰明和智慧，從五祖弘忍那裡繼承了衣鉢（袈裟），卻遭到了以神秀為首的師弟兄們的妒忌，而遭追殺。惠能一路南下，回到新興故鄉後隱姓埋名十六年。直到唐高宗上元三年（西元 676 年）有一天夜晚，印宗法師正在講經，惠能悄悄地進去恭聽。忽然吹來一陣大風，懸掛在大殿的佛幡被吹得左右搖動，弟子們議論紛紛。有的說：「幡是無情物、是風在動。」有的說：「明明是幡動，這哪裡是風動？」一時間雙方各執一詞。惠能在旁邊聽著，感覺雙方未能識自本心，便說：「不是風動，也非幡動，而是人的心在動。如果仁者的心不動，風也不動，幡也不動了。」在座的人一聽，無不感到震驚。印宗法師見惠能語出不凡，便邀請他入室詳談，惠能這才將珍藏了十六年的袈裟和聖鉢出示，印宗這才知道，原來他就是人們追尋了十六年的六祖。然後印宗法師在光孝寺為惠能削髮受戒。從此，惠能便成為佛教禪宗的六祖，光孝寺因此而名揚天下。

（二）玉泉寺玉泉鐵塔（西元 1061 年）[1.9,1.16,1.17]

玉泉寺坐落於湖北省當陽縣玉泉山的東麓，是中國最早的佛教寺院之一，素來享有「荊楚叢林之冠」的美譽，是湖北省最大的佛寺。玉泉寺為中國佛教天臺宗的四大祖庭

之一，初名普淨庵，隋開皇十三年（西元 593 年），高僧智凱奉詔建寺，改名玉泉寺。北宋嘉祐六年（西元 1061 年）為重瘞唐高宗、武則天所授舍利而鑄建，原名佛牙舍利寶塔，俗稱稜金鐵塔、如來舍利塔及千佛塔等。為仿木構樓閣式，八角十三級，通高約 17 公尺，連塔基高達 22 公尺，共用鐵 76,600 斤。鐵塔由地宮、塔基、塔身、塔剎四部分組成。地宮為石質六角形豎井，內置漢白玉須彌座，座上置石函三重，函中供奉舍利。塔基為特製的青磚砌成，塔身為生鐵鑄造，塔剎為銅質，形似為寶葫蘆。鐵塔通體不施榫扣，也不加銲黏，係逐件疊壓而成。它對研究中國古代冶金鑄造、金屬防腐、營造法式、建築力學、鑄雕藝術以及佛教史具有十分重要的價值。

　　中國四大鐵塔，除了前述云廣州光孝寺鐵塔及湖北當陽玉泉寺鐵塔外，還有山東濟寧崇覺寺鐵塔及山東聊城鐵塔。崇覺寺鐵塔建於北宋崇寧四年（西元 1105 年），仿木樓閣式，八角形，塔身 9 層由鐵鑄所構成，塔座 2 層由磚砌成，共 11 層，通高為 23.8 公尺。聊城鐵塔，建於北宋早期，據傳鐵塔原為 13 層，但因早年間傾倒，只餘 5 層，1970 年代維修，發掘出埋於地下的 7 層，現為 12 層，通高 15.8 公尺，由塔身和塔座兩部分組成。塔身為八角形仿木樓閣式鐵鑄塔，鐵殼中空，厚 6～10 公分不等。由這些宗教鐵塔的建造年代及其規模，就可瞭解中國在十二世紀以前，鑄鐵技術已經達到了相當高的水準，西方世界是難以望其項背。

（三）霽虹橋（西元 1475 年）[1.9,1.18]

　　東漢永平年間（西元 57～75 年），在雲南省保山縣與永平縣交界處的瀾滄江上，出現一座橫跨兩岸的藤蔑橋，因其形狀有如雨霽彩虹出，故取名為霽虹橋。根據「雲南志」蠻書裡說：「瀾滄江南流入海，龍尾城（今大理）西第七驛有橋，即永昌也。兩岸高險，水迅激，橫亙大竹索為梁，上布簀，簀上實板，仍通以竹屋蓋橋。其穿索石孔，孔明所鑿也。」根據此段史料記載的推斷，在三國時期（西元 220～280 年），諸葛亮部隊南征時，該橋是一座竹索橋。元朝時（西元 1206～1367 年）改架木橋，明代成化十一年（西元 1475 年）改建鐵索橋。霽虹橋的位置是西漢的蘭津古渡，東漢曾流傳「渡傅南，越蘭津」的歌謠。絲綢之路出現之前兩世紀，從四川西昌起，經雲南姚安、下關、保山，進入緬甸、印度等國的「西南絲道」就已形成，霽虹橋就是這條古驛道上的咽喉。霽虹橋是歷代開發西南必經的關隘要道，在地理位置上有著極其重要的意義。在五百多年的風雨中，數次橋毀但都隨即修復。例如明「徐霞客遊記‧滇遊日記八」記載：「萬曆丙午（西元 1606 年），順寧土酋猛廷瑞叛，阻兵燒毀。崇禎戊辰（西元 1628 年），雲龍叛賊王磐又燒毀。四十年間，二次被毀，今已（西元 1629 年）復建，委千戶一員守衛。」清光緒「永昌府志」記載：「道光二十六年（西元 1846 年），兵燹焚毀，鐵索墜於江中，知府李恆謙重修。」民國「保山縣志」記載：「民國十五年（西

元 1926 年），匪亂，拆板橋，後又修之。此橋當永昌交通要衝，既建鐵橋後，屢毀屢修，一郡之治亂所繫，不徒商旅之往還也」。1942 年 5 月，日本侵略軍曾派 30 餘架飛機在霽虹橋上空轟炸，因地勢險要，古橋得以倖免。霽虹橋在 1938 年滇緬公路通車前的五百多年風雨中，屢次遭受滅頂之災。據統計，霽虹橋曾被瀾滄江捲走 10 餘次，重建和大修達 19 次。1986 年 10 月 12 日，霽虹橋再度被洪水沖毀。1998 年 7 月至 1999年 6 月，在原橋上游 20 公尺處重新架設成長 120 公尺、寬 2 公尺的鋼索木面板橋，取名「尚德橋」。

　　相傳當年造鐵索橋時，要把每根百餘公尺長，手臂粗且超過數千斤重的鐵鏈從東岸拉到西岸是十分困難的一件事。一位年輕的工匠從射箭獵獸得到啟發，根據他的建議，工匠們用數根粗細不等的麻繩由細至粗連結成與鐵鏈同長，然後把較粗一頭綁在鐵鏈上，較細側則綁在箭尾上，由陡峭的東岸射到西岸，西岸的工匠再把麻繩捆在絞車上，搖動轉輪，將鐵鏈拖到西岸，固定在埋入地下幾公尺深的鐵鑄萬年樁上。這座中國最古老的鐵索橋，根據 1981 年的實際量測，橋總長 113.4 公尺，淨跨距為 57.3 公尺，橋面寬 3.7 公尺。全橋共有 18 根鐵索，底索 16 根，承重部分是 4 根 1 組共 3 組，扶欄索每邊一根。底索上覆蓋縱橫木板。鐵索錨固在兩岸橋台的尾部，橋台長約 23 公尺。鐵鏈扣環直徑 2.5～2.8 公分，長 30～40 公分，寬 8～12 公分，扶欄索由長 8～9 公分、寬 7公分左右的短扣環組成。兩岸橋墩用條石砌成半圓形，橋高出水面 12.5 公尺。

（四）盤江鐵索橋（西元 1631 年）[1.7,1.19,1.20]

　　盤江鐵索橋，世稱「滇黔鎖鑰」，位於在貴州關嶺、晴隆二縣交界的北盤江渡口，是古代由黔入滇的必經之處。東西兩岸相距約 80 公尺，水流急湍。明崇禎四年（西元1631 年）貴州按察使朱家民倡議建鐵索橋，仿雲南瀾滄江霽虹橋，冶大鐵鏈數十條連貫於兩岸岩石間，橋面為鐵鏈 24 根，平列其上橫鋪木板兩重，左右兩側各塑排 6 根鐵鏈為欄杆扶手，十分壯觀。據徐霞客現場觀察，該橋「望之縹緲，然踐之則屹然不動。日過牛馬百群，皆負重而趨」。後來因戰爭，多次被爭奪者焚燒。後經歷朝歷代對其進行加固。康熙 50 年（西元 1711 年）更建為鐵索橋，並在西東兩岸擴建護橋樓（又稱鐘鼓樓），負責該橋之啟閉。

　　民國 28 年至 29 年（西元 1939～1940 年）日機曾炸斷鐵鏈三根，因此改建鋼梁吊橋。橋全長 85.5 公尺，橋面淨寬 4 幾公尺，高 25 公尺，有 3 孔，孔淨跨依次為 6 公尺、38.4 公尺及 5.7 公尺。民國 30 年（西元 1941 年），日本發動太平洋戰爭，為打通本土經中國至南洋陸路通道，加緊轟炸盤江橋，橋身及橋基中彈全毀。民國 31 年（西元1942 年），美國派工兵駐盤江畔，對盤江橋進行搶修，修成鏈式吊橋。橋身由 19 道鋼梁架構成，鋼梁之上鋪有 128 塊約 20 公分厚的木塊，木塊上再沿東西方向鋪兩道木板

供車通行。橋面左右邊緣上端各用兩條鋼索固定於東西兩岸。搶修後橋淨跨增加 2 公尺，承載力增加 10 噸。1971 年在鋼橋上游 1 公里處，重新動工修建一座長 124.4 公尺，橋面淨寬 10 公尺，高 26 公尺的鋼筋混凝土寬腹式雙曲拱橋，1974 年竣工通車。原鐵索橋禁止通行，現已列為縣重點文物保護單位。

（五）瀘定橋（西元 1705 年）[1.9,1.21]

西元 1705 年，清康熙皇帝為了統一中國，解決中原通往西藏地區道路上的梗阻，下令修建大渡河上的第一座橋梁，康熙取「瀘水」（即大渡河舊稱）及「平定」（平判西藏準噶爾之亂）之意，御筆親書「瀘定橋」三個大字，從此瀘定鐵索橋便成為連接藏漢交通的要道，瀘定縣也因此而得名。1935 年，中國工農紅軍在長征途中的「飛奪瀘定橋」，使該橋成為了中國共產黨重要的歷史紀念地。1961 年，瀘定橋被中國國務院公布為第一批全國重點文物保護單位之一。

瀘定橋是一座懸索橋，跨度為 101.6 公尺，寬度為 2.8 公尺，枯水期時底部距離水面約 14.5 公尺。橋由 13 條鐵索組成，其中 9 條為底索，索間距離 33 公分，上鋪橫木板，橫木板上再鋪 8 道縱木板作為橋面。另外 4 條鐵索則作為行人的扶欄。鐵索每根長 127.45 公尺，有碗口粗細，由 800～900 個扁環扣鏈而成。兩岸橋台，高 20 公尺，用條石砌築而成。兩個橋台的後面各開有一口深 6 公尺的落井，每口井都有生鐵鑄成的地龍樁 7 根或 8 根，與橋身平行地插在井底的井壁上。地龍樁下面再橫臥一根鐵鑄臥龍樁，每根重 1800 斤。瀘定橋的鐵索就固定在這些臥龍樁上，由橋台和橋樁的重力來共同承受橋的拉力。

（六）英國塞文河鑄鐵橋（Iron Bridge）（西元 1779 年）[1.3,1.24,1.25, 1.26]

在早期歐洲的煉鐵，主要是使用木炭，結果造成森林被過度的砍伐，木炭價格急速高漲。一直到十八世紀初，英國布里斯托爾（Bristol）的鐵匠亞伯拉罕（Abraham Darby）發現了使用焦炭來取代木炭的煉鐵，而當時用以製造焦炭，品質最好的煤炭就是出產在薩羅普郡（Shropshire）的塞文河谷（Severn Valley）的煤溪谷（Coalbrookdale）地區。煤溪谷在工業蓬勃發展以後，很多的原料必須運輸橫越塞文河，但當時只有在其上游側有一座古老中世紀橋梁，無法負擔運輸需求，到了西元 1750 年，這地區至少有六條渡輪是用來疏解運輸的需求。但塞文河的情況是夏天水淺，而冬天水深但流速湍急，因此使用渡輪並不是一種可靠的運輸工具。因此由亞伯拉罕三世（Abraham Darby III）在 1779 年建造了世界上第一座跨度約 30 公尺（100 英尺）半圓拱型的鑄鐵橋（Cast-Iron Bridge）橫跨塞文河。這座橋不只是滿足實務上的運輸需求，其美妙的半圓拱型曲線，暉映河面，構成美麗畫面，可以說是兼顧環境景觀的佳作。由於塞文河鑄鐵橋的成功，在西元 1787 年由湯瑪斯‧潘恩（Thomas Paine, 1737～1809）將其在

英國開發的模型帶到美國，原預定建造在美國賓州費城附近，但最後卻在 1796 年由英國工程師羅年（Rowland Burdon）參考潘恩的模型，在英國森德蘭（Sunderland）建造了一座 72 公尺（240 英尺）跨徑，高 30 公尺（100 英尺）橫跨威爾河（Wear）的鑄鐵橋。原先潘恩的構想是想要建造一座跨度達 150 公尺（500 英尺）的鑄鐵橋，可惜在當時未能實現 [1.3,1.22,1.23]。

　　講到美國鑄鐵橋就不能不談英、法、美革命期間的悲劇英雄湯瑪斯‧潘恩。1737 年 1 月 29 日，湯瑪斯‧潘恩出生於英國諾福克郡塞特福德（Thetford in Norfolk, England）一個窮苦的胸衣匠人家庭。他從 12 歲開始就失學，曾當過店員、胸衣匠、教員和稅吏，屢遭失業和饑餓的威脅。他兩度結婚，結局都很悲慘，一次悼亡，一次離異。在「常識」（Common Sense），發表之前，他一直把自己的姓寫成「Pain」（痛苦），以示對英國社會的抗議。1774 年他組織了一次要求增加工資的請願，請願失敗後，潘恩被英政府解僱。在請願時期，他結識了當時是北美殖民地駐倫敦代表的富蘭克林（Benjamin Franklin）。這年他離開了英國，流亡北美，憑藉富蘭克林的推薦信，在費城「賓夕法尼亞」雜誌擔任編輯。1776 年潘恩匿名發表了他那篇驚駭世俗的「常識」，該書一出版，不出 3 個月，發行 12 萬冊，總銷售量達 50 萬冊，流傳之廣簡直難以想像。他不僅呼籲獨立，而且還喊出了共和的新口號，北美人民從此意識到所肩負的歷史使命，他們不僅為十三州本土而戰，而且為開創近代民主共和政體而戰，為開闢資產階級民主革命的新時代而戰。「常識」出版後，潘恩投筆從戎，上前線作戰。1776 年 8 月，英軍在長島登陸，繼而佔領紐約，美軍一退再退，士氣低落，紀律潰壞，幾至瓦解。潘恩以「危機」（Crisis）為題，連續寫作多篇戰鬥檄文，鼓舞士氣。1776 年聖誕之夜，在潘恩檄文的激勵下，美軍一鼓作氣，連夜渡河作戰，取得了特侖屯戰役的輝煌勝利。1777 年，潘恩被任命為大陸會議外交事務委員會秘書。但因與美國駐法商務代表塞拉斯‧迪安等人發生衝突，他在報上公開揭露迪安謀取 10 萬里佛爾私利的醜聞，引起軒然大波。1779 年 2 月 9 日，潘恩被迫提出辭呈。在這之後，他的信譽遭到極大打擊，再也難以恢復「常識」出版時所獲得的崇高地位。北美戰爭結束後，出身低微的潘恩更受排擠。1783 年，他投書紐約州議會說：「我不諳經商，亦無地產。我從另一個國家流亡出來後，並未置辦另一份家業。有時我不禁自問，我比一個難民究竟好多少？最可悲的是，我這個難民曾為這個國家竭忠盡智，卻得不到一絲好報」，經他抗議，國會才同意給他一筆補貼，潘恩以此款在紐約市郊的新羅歇爾（New Rochelle）購買了一座莊園。

　　潘恩在 1787 年離開美國，回到歐洲，像啟蒙時代的其他聰明人物一樣，潘恩既有民主獻身的熱情，又有沉迷於科學實驗的嗜好。潘恩曾發明及設計過一連串東西，從刨床、輕型起重機、車廂輪子、無煙蠟燭到鑄鐵橋，他設計了一座鐵橋模型，先在富蘭克

林家的花園展出，然後拿到巴黎、倫敦展覽。在英國，他的鐵橋模型和建橋計畫曾一度受到相當程度的歡迎。他設計的鐵橋曾獲得歐洲英法等國的專利。1791 年 3 月，當柏克（Burke）攻擊法國革命時，他在倫敦出版「人權論」（*Rights of Man*），引起海峽兩岸輿論界的轟動。「人權論」一書是潘恩對法國大革命的最大貢獻，也是他一生中最重要的著作。「人權論」是把英國十七世紀革命和美國、法國的十八世紀革命相比，強調美、法革命的先進性，以及之間的內在血緣聯繫。它衝破了當時籠罩於整個西方對英國君主立憲政體的迷信，深入地批判這一政體，為當時還處於摸索狀態的法國革命指明了共和主義的嶄新方向。「人權論」一書在法國激起的反應一如當年「常識」在美國激起的反應，對法國革命轉變方向起了巨大作用。「人權論」及其影響激怒了英國政府，英國政府指控潘恩犯有煽動叛亂罪，1792 年潘恩流亡法國，成為法國公民並在 9 月被選為國民公會起草新憲法 9 人小組，開始捲入了法國革命的政治中心。潘恩不諳法語，很難走出去和法國百姓直接交往。隨著革命愈演愈烈，潘恩與雅各賓派（Jacobin）之間出現了隔閡，在法國，雅各賓派都是一些土氣十足的外省人，既不會說英語，又不關心世界革命，自然不易與潘恩交結。1793 年底潘恩被逐出國民公會，隨即鋃鐺入獄。在獄中，他完成了「理性時代」（*The Age of Reason*）── 有關宗教問題的另一本重要著作。1794 年底在美國公使門羅四處奔走，多方斡旋之後，潘恩終於獲釋出獄。1801 年傑弗遜（Thomas Jefferson）就任美國總統後，潘恩犯起思鄉病盼望返回美國，他已重操舊業，推動了科學實驗，準備將新發明的一種新式車輪和當年的鐵橋模型一起帶回美國。1802 年 9 月他應傑弗遜之邀，回到他精神上的故鄉 ── 美國。但不久他就發現回來的不是時候，他正碰上美國革命後宗教復興運動，他的「理性時代」給他帶來了嚴重後果，大部分人都認為他是無神論者。他最後幾年幾乎成了美國社會的攻擊靶子，教士們以潘恩的遭遇嚇唬會眾收攬人心。母親用「魔鬼和湯姆‧潘恩來了」這句話使淘氣的孩子就範。1809 年 6 月 8 日早晨 8 點鐘，世界公民湯瑪斯‧潘恩在孤苦無依中含憤死去。1819 年 10 月的一個夜晚，有個被他的精神所感動的英國記者，偷取潘恩的遺骨運回英國。他本想發動募捐為潘恩建造聖祠，結果招來了一片謾罵，一事無成，最後所有遺骸不知所終。

潘恩生前飽受美國華盛頓忘恩負義見死不救之害，又遭英國舊封建宮廷的追捕，還被法國新執政黨打擊，他以世界公民自命，在英、法、美三國鼓動革命，結果卻顛沛流離，不得其所。其遭遇之慘，只有盧梭才能與之相匹。即使如此，盧梭尚有死後哀榮，遠勝於他。沒有任何人在那個時代參與了那麼多的重大事件，沒有任何人的作品在那個時代擁有那麼多的讀者，但也沒人像他被人遺忘得那樣快，甚至連遺骸都下落不明。

（七）美國懸吊橋（Suspension Bridge）（西元 1801 年）[1.3,1.27,1.28]

世界上第一座現代化的懸吊橋由美國的工程師詹姆斯・芬來（James Finley）於 1801 年在美國的賓州設計建造完成，該橋跨度約 21 公尺（70 英尺），橫跨雅各布溪（Jacob Creek），其懸吊索是由熟鐵所做成的鏈條，而其水平橋面結構是由水平的支撐桁架橋面板（Horizontal Truss-braced Deck）所構成。這座橋是現代懸吊橋的始祖。芬來在 1808 取得了懸臂橋專利，並發表了有關加勁橋面板懸吊橋的理論。此後懸吊橋遂成為大跨度（超過 450 公尺）橋梁最經濟的橋型。其後由芬來或使用其專利設計建造完成的懸吊橋有：(1)1807 年的 Potomac River 橋：跨徑 39 公尺。(2)1809 年的 Schuylkill Fall 橋：跨徑 47 公尺。(3)1810 年的 Merrimack River 橋：跨徑 74 公尺。可惜這些橋沒有任何一座留存到現在。

（八）歐洲懸吊橋（Suspension Bridge）（西元 1825 年）[1.3,1.29,1.30,1.31,1.32]

十九世紀初在歐洲最有名的懸吊橋是由泰爾・福德（Thomas Telford）在 1825 年建於英國的麥奈懸吊橋（Menai Suspension Bridge）。該橋位於利物浦西方的荷利海德，這是英格蘭與愛爾蘭最接近的地方。1811 年，英國政府決定興建一條公路，能夠自荷利海德，經過威爾斯接到倫敦，成為倫敦前往荷利海德港的驛馬車道。這個工程最困難的地方，在於由威爾斯到荷利海德時，需橫越狹長的麥奈海峽，由於水流急速，沒有辦法建造橋墩。因此泰爾・福德設計了一座跨度達 175 公尺（580 英尺）的懸吊橋橫越，他做了 200 次以上的實驗，確定使用強度達 3.42 tf/cm^2 的鋼索來承擔橋重。該橋總共用了 2810 噸鋼材，是當時世界上最長的懸吊橋。

談到歐洲的土木工程，就讓人想到泰爾・福德這位被後世稱為「土木工程學之父」的偉大工程師，於 1757 年出生於蘇格蘭高地的班特派斯（Bentpath）。他的父親是個牧羊人，兼做雕刻墓碑。泰爾・福德出生後 3 個月，父親病故，母親帶著他搬到一間小茅屋裡，以幫傭賺取生活費。泰爾・福德小學畢業，到父親的一個朋友處當學徒，學習刻墓碑。但他被師傅虐待，兩個月後他的母親知道情況，立刻將他救出來，另外為他找了另一個石匠師傅湯姆遜（Andrew Thomson），湯姆遜不刻墓碑，而是以石頭作為房屋與橋梁建築材料的工頭。用石頭作為建築材料，不僅比泥磚安全，而且石頭表面可以提供藝術雕刻的空間，當時已被視為最理想的建材。1778 年他第一次負責的工程，是建造一座石橋，但完工不久下了場大雨，河水上漲幾乎淹上橋面。他終夜站在橋邊守候，直到雨停水退後石橋無恙，他才放心。1780 年，他到倫敦當時英國最傑出的兩位建築師亞當（Robert Adam）與錢伯斯（William Chambers）事務所中當學徒。二年後，他升任建築師。1786 年，受聘於普特尼（William Pulteney）建築城堡，當時他已被眾人視為一流的建築師，他卻有空就到附近的大學旁聽。

　　在 1790 年泰爾‧福德在蒙特福（Montford）設計建造了他第一座的鐵橋，橫跨塞文河，這座橋主要還是受亞伯拉罕三世建造塞文河鑄鐵橋的影響，但他也觀察到亞伯拉罕三世鑄鐵橋的設計過度保守，而且部分的構件鑄造品質不佳，但他設計的鐵橋不但跨度大了 10 公尺，而且用鐵量只有其一半。他是世界上第一位在建造施工以前，對所使用材料進行完整的測試的工程師。

　　泰爾‧福德的第一個大工程是愛斯米爾運河（Ellesmere Canal），愛斯米爾是一個小海港，隔著默西河與利物浦對望。利物浦是英國在大西洋岸的大港口，英國政府為了舒緩大港口貨物的進出量，1792 年委託民間開發這個小海港。愛斯米爾的周圍是一大片的沼澤地，要在這片沼澤地興建一條運河，在當時是一項非常艱鉅的工程。1793 年泰爾‧福德接受此重任。在工程尚未進行前，他先培訓了一批助理工程師。他指出，身為土木工程師的第一要件就是要誠實，只有誠實的人才不會懼怕看魔鬼的臉，這種人才敢面對鑿山過河的重任。他進一步指出：「土木工程不僅是經驗的傳承，更是建立在試驗與研究的兩大基礎上。」因此他要求在各施工階段，必須進行工程材料與水工模型試驗，這對往後土木工程學的發展產生深遠的影響。工地不得喝酒是他所要求的工地紀律，他認為酒會使人漫不經心，而漫不經心是工程災害的主因。雖然執行時有許多工人抗議，但他卻堅持，並提出他的新觀點：「土木工程是一種全人的參與，必須同時手腦並用地實際操作，不喝酒才能保持頭腦的清醒。土木工程不只是建設，也是對當地社會人士的品格教育。我的工人百分之九十五都來自當地，土木工程的進行，正是對當地人教育的時機，幫助他們建立良好的工作習慣，免得他們好逸惡勞，所以土木工程是不斷訓練人才的工程。」泰爾‧福德認為：「土木工程對時代的影響力與對社會大眾的說服力，是建立在土木工程師可靠的專業與人格之上。」施工過程中也遇到不少的居民抗議，因為運河工程改變他們過去一成不變的寧靜生活，但他經常耐心與居民溝通。運河要建在 Pont Cysyllet 的山谷時，一般的運河工程師都失敗了。此山谷有 750 公尺寬、300 公尺深，必須有別於以往的解決方式，泰爾‧福德以鋼鐵栱橋跨過兩個石造橋墩，這座輕盈的運河水道設計為他贏得最高的讚賞。1805 年 11 月 26 日，運河完工，當第一艘船通過時，整條運河邊的居民都出來慶祝。

　　在這期間泰爾‧福德已經是一位相當有名的土木工程師，他經常參與各項重大的工程建設，如利物浦的供水計畫、倫敦港區的改善工程和倫敦橋重建等。而其中最重大的工程是 1801 年開始的改善蘇格蘭高地（Highlands of Scotland）交通運輸系統計畫。前後總共進行了約二十年，其中包括興建加利多尼安運河（Caledonian Canal）、重新設計克利南運河（Crinan Canal）、鋪築 1500 公里（920 英里）的新公路、建造上千座的橋梁、改善數處港口以及新造 32 棟教堂等等。泰爾‧福德認為任何土木工程都沒有結束的一天，當高地的公路一建設完，他立刻成立道路維護工程隊，並擔任巡護這條公路

的終生義工。

　　加利多尼安運河接通北海與大西洋，所經路線是景色優美的蘇格蘭大縱谷，有「歐洲最美麗運河」的美譽，但是工程的進行非常困難，主要的原因是英國政府要求「三桅大船」能夠航行此運河，所以運河水深 15 公尺，採梯形斷面，渠頂 30 公尺寬、底部 6 公尺寬。工程一開始，他就請瓦特（James Watt）與倫尼（John Rennie）擔任諮詢顧問（過去瓦特與倫尼曾嘗試開挖此運河，但都遭失敗），並且聘請 3 位大學教授幫他覆核工程設計與演算。他首先浚深北海的弗特羅斯港，並做一道 400 公尺長的引水渠道推向深海，再以大塊岩石築成一道引水的水門，直接從深海取水，光是這一渠道工程就花費一年的時間。這時他的名聲已經傳遍全歐，瑞典先派年輕的土木工程師來跟他學習，之後其他各國也派人來學習，這完全符合他「土木工程不只是建設，而是培育人才的工程」的理念。同時他也請大學教授與他一起開辦土木工程師訓練班。加利多尼安運河在 1822 年完成。

　　最早進行土木工程教育的是法國人，法國的工程學院（Engineering Schools）是世界上首次採用這種有效訓練的創始者，早在 1689 年法國就已設有數所砲兵學校教授軍事工程。在 1716 年法國陸軍成立橋梁與公路軍團（Bridge and Highway Corps）後，土木工程開始成為一個獨立學門，這個單位在 1747 年成為國立橋梁及公路學院（École Nationale des Ponts et Chaussèes），被認定是世界上第一所正規的工程學院（School of Engineering）。早期的工程教育，較注重經驗的傳授，缺乏數理的演算。1820 年 1 月 25 日，泰爾‧福德成立世界上第一所「土木工程師學院」，土木工程學系成立的特色，不是先有科系才去招收學生，而是先有求知若渴的學生，才成立這個科系。他認為土木工程的教育，不只是經驗的傳承，更需要精確的科學計算，為此他將物理、機械與數學放入土木工程的課程中。他晚年將一生所賺的錢，為蘇格蘭高地的孩子設立獎學金，鼓勵貧窮家庭的小孩上大學，在 1824 年至 1834 年間，他在高地設計建造了 42 間的教堂。1834 年 9 月 2 日，他病逝，葬於西敏寺修道院。他的工作彷彿結束了，他的影響力卻不斷地擴散出去。往後英、法、美等國陸續成立土木工程學的課程，從此成千上萬的土木工程師，踏著泰爾‧福德的腳蹤，不斷地往前進。

（九）美國布魯克林大橋（Brooklyn Bridge）（西元 1883 年）[1.3, 1.33, 1.34, 1.35]

　　位於紐約的布魯克林大橋（Brooklyn Bridge），是美國最早的懸吊橋之一，橫跨紐約東河（East River），連接著布魯克林區（Brooklyn）和曼哈頓島（Manhattan），從 1869 年開工，到 1883 年竣工，前後長達 13 年。橋總長 1825 公尺，寬 26 公尺，距水面高 41 公尺。完工時是世界上最長的懸吊橋，也是第一座使用鋼線索的懸吊橋，落成時被認為是繼世界古代七大奇蹟之後的第八大奇蹟，後來成為了紐約地標之一（當時

紐約的三大地標：帝國大廈、自由女神像和布魯克林大橋），並在 1964 年被指定為國家歷史地標（National Historic Landmark）。

　　布魯克林大橋的興建過程是一篇精彩的故事。大橋的設計者是德國出生的約翰‧奧古斯都‧羅布林（John Augustus Roebling），他帶著在德國學到的橋梁技術來到美國創業，曾設計過在賓州、俄亥俄州及德州等地的懸吊橋，1869 年他開始負責布魯克林大橋的建造計畫，不幸在一次河邊勘察時，腳被渡輪嚴重傷害，數週後死於破傷風。他的 32 歲的兒子華盛頓‧奧古斯都‧羅布林（Washington Augustus Roebling）隨即被任命為建橋總工程師，他從造橋開始便堅持親臨現場，結果因採用氣壓沉箱法建橋墩，潛入深水過久而患了嚴重的潛水病，導致全身癱瘓，而無法親自到達工地現場。此後他每天從家裡的窗臺上用望遠鏡觀看大橋的施工，然後口述各項指令，由他的妻子愛蜜莉（Emily Warren Roebling）記錄後，轉交給施工人員。他的妻子愛蜜莉因此不得不自學高等數學、力學、橋梁學等各種工程技術，每天往返於工地和家中，同時擔任了護士和總工程師助理的雙重角色。在大橋完工前一年，有人開始質問，將這樣一項巨大的工程交給一個病人是否合適？甚至有人懷疑華盛頓已經神智不清。董事會打算調換總工程師，愛蜜莉發動市民支持自己的丈夫，並親自向美國土木工程師協會發表演說。這是女性第一次在以男性為主的重大工程領域中發表演說，演說之後，董事會投票表決結果，華盛頓繼續擔任總工程師的職務。當大橋完成通車時，愛蜜莉是第一個通過的人。通車後一週，在 1883 年 5 月 30 日，因為謠言傳說該橋將崩塌，結果引起行人的撞衝推擠，造成 12 個人的死亡事故。後來在 1884 年 5 月 17 日，以 21 頭大象同時通過布魯克林大橋才解除了大眾的疑慮。在 1950 年代塔科馬橋（Tacoma Narrows Bridge）崩塌以前，橋梁的設計根本沒有所謂的風洞試驗（Wind Tunnel Test），幸運的是，布魯克林大橋橋面結構是採用開放式的桁架結構，減少了風動力的作用，而且約翰在設計時已採用 6 倍的強度進行設計，因此當世界上其他同時期建造的同類型橋梁大都已不存在時，布魯克林大橋仍然功能完好的聳立在紐約。

（十）艾菲爾鐵塔（Eiffel Tower）（西元 1889 年）[1.3,1.36,1.37]

　　1885 年法國政府為慶祝法國革命勝利一百週年，計畫在巴黎舉行一次規模空前的世界博覽會，以展示工業技術和文化方面的成就，並建造一座象徵法國革命和巴黎的紀念碑。籌委會本來希望建造一所古典式的、有雕像、碑體、園林和廟堂的紀念性景觀地標，但在 700 多件應徵方案裡，選中了橋梁工程師居斯塔夫‧艾菲爾（Alexandre-Gustave Eiffel）設計的一座鐵塔：一座象徵機器文明、在巴黎任何角落都能望見的巨塔。

　　艾菲爾鐵塔座落在塞納河南岸馬爾斯廣場的北端，占地一公頃，從 1887 年起建造，高 300 公尺，天線高 24 公尺，總高 324 公尺。主要有三層平台，分別在離地面57.6 公尺、115.7 公尺和 276.1 公尺處，其中一、二層設有餐廳，第三層建有觀景台，

從塔座到塔頂共有 1711 級階梯，總計用去鋼鐵 7000 噸，1500 多根巨型預製梁架，1.2 萬多個金屬製件，250 萬支鉚釘，超級壯觀。1889 年 3 月 31 日這座鋼鐵結構的高塔大功告成。建成後的艾菲爾鐵塔高 300 公尺，直到 1930 年它始終是全世界最高的建築。站在塔上，整個巴黎都在腳下。

　　由於擔心一個 300 公尺高的建築物將會拉低巴黎的天空，並且壓制城市附近的其他地標，例如聖母院（Notre Dame）、羅浮宮（Louvre）和凱旋門（Arc de Triomphe）等古蹟，當鐵塔開始破土動工的時候，數百位知名的巴黎市民連署一份請願書，要求停止這一工程。他們聲稱艾菲爾的「大燭臺」會損害巴黎的名譽和形象，但該抗議沒有被理會。對一般建築工程而言，都是在學習已完成工程的經驗之後，再加以改良。但對於艾菲爾而言就沒這麼幸運，因為之前沒有任何一棟建築能夠達到鐵塔的高度。為了完成鐵塔的建造，艾菲爾設計了許多具有創造性的技術。例如採用預組裝方式，以確保各構件能在工地現場被快速的組裝起來。將鉚釘孔以十分之一毫米的容差預先製作完畢，使鉚接小組能夠快速裝配鉚釘。控制每個單一構件不超過 3 噸重，以便小型起重機的使用。4 個塔墩是在 54.5 公尺（180 英尺）處才會匯合，因此他在每個塔墩的底部都裝置了一台臨時水壓泵，隨著工程的推進，通過調整水壓泵的升高或降低來對塔墩進行微調。當整體調節完畢之後，工人們將會在塔墩裡面嵌入鐵楔子，讓塔墩永遠的固定下來。到達 54.5 公尺的高度時，四個塔墩的最大的誤差也不超過 6 公分（2.5 英寸）。由於艾菲爾鐵塔的建築複雜，所以至今都要用人工進行油漆。

　　艾菲爾和他的公司以創紀錄的速度賺回資金。在博覽會舉行的半年期間，這個鐵塔賺得了 140 萬美元，再加上來自政府補貼的 30 萬美元，在博覽會結束前就已經完全收回當初投資的 160 萬美元。艾菲爾鐵塔自 1889 年建成以來，已經成為法國巴黎的象徵。

（十一）摩天大樓（Skyscraper）（西元 1883～2010 年）[1.3,1.38,1.39,1.40,1.41]

　　世界上摩天大樓的發展，在早期來說，是跟電梯的發展息息相關的，早期的水力電梯雖然可以有效的運作到 20 層樓，但到了樓層數超過 16 層樓以後，使用傳統混凝土牆來承受上部的載重將使牆厚大到低樓層的空間而無法使用。因此促成摩天樓發展的主要關鍵在於使用以鋼構架當主要結構系統。到了十九世紀末，世界上最高的辦公大樓是紐約的 Park Row Building，總高為 132 公尺，還不到艾菲爾鐵塔的一半。到了二十世紀初，自從現代高速的電纜電梯出現後，摩天大樓的興建就有如雨後春筍，一棟接一棟的出現。世界上最早使用鑄鐵及鋼當辦公大樓骨架的建築物是 1883 年芝加哥的家保險大樓（Home Insurance Building），這是一棟 10 層樓建物，由威廉（William Le Baron Jenney）所設計，這棟建築因為使用鋼構件當骨架，也是世界上第一棟可以大量開窗的高樓。自此以後很多設計師就開始全部使用鋼構材當結構的主要骨架。在西元 1889 年

法國的艾菲爾鐵塔建造成功後，證明了鋼鐵不只適合建造平放的橋梁結構，也可建造直立的建築結構，因此到了二十世紀初，鋼很快就變成高樓的主要建材，特別是摩天大樓。

進入二十世紀後，在美國大部分的摩天大樓是興建在紐約市，如伍爾沃斯大廈（Woolworth Building）（建於 1913 年，共 57 層，樓高 241 公尺）、帝國大廈（Empire State Building）（建於 1931 年，共 102 層，樓高 381 公尺）及毀於 911 恐怖攻擊的世貿中心（Word Trade Centrr）（建於 1972 年，共 110 層，樓高 417 公尺），但是芝加哥仍然保有美國最高的摩天大樓——希爾斯（Sears Tower，建於 1974 年，共 108 層，樓高 442 公尺）。台灣的最高摩天大樓是台北的 101 大樓（Taipei 101）（啓用於 2004 年，共 101 層，樓高 449 公尺），目前世界最高摩天大樓是位於阿拉伯杜拜（Dubai）的哈里發塔（Burj Khalifa）（高度達 828 公尺，共 169 層），於 2010 年啓用。下表 1-2-1 爲從十九世紀末到目前世界各國摩天大樓高度之變化情況 [1.41]。

表 1-2-1　十九世紀末到目前二十一世紀初世界各國摩天大樓高度之變化 [1.41]

年代	建物名稱	城市	國家	樓高（樓板面）（公尺）	層數	塔尖（公尺）	現況
1873	Equitable Life Building	紐約	美國	43	8		拆毀
1889	Auditorium Building	芝加哥	美國	82	17	106	使用中
1890	New York World Building	紐約	美國	94	20	106	拆毀
1894	Manhattan Life Insurance Building	紐約	美國	106	18		拆毀
1899	Park Row Building	紐約	美國	119	30		使用中
1901	Philadelphia City Hall	費城	美國	155.8	9	167	使用中
1908	Singer Building	紐約	美國	187	47		拆毀
1909	Met Life Tower	紐約	美國	213	50		使用中
1913	Woolworth Building	紐約	美國	241	57		使用中
1930	40 Wall Street	紐約	美國		70	283	使用中
1930	Chrysler Building	紐約	美國	282	77	319	使用中
1931	Empire State Building	紐約	美國	381	102	449	使用中
1972	World Trade Center	紐約	美國	417	110	526	被摧毀
1974	Sears Tower	芝加哥	美國	442	108	527	使用中
2004	Taipei 101	台北	中華民國	449	101	509	使用中
2010	Burj Khalifa	杜拜	阿拉伯	828	169	828	使用中

（十二）美國金門大橋（Golden Gate Bridge）（西元 1937 年）[1.42,1.43]

金門大橋（Golden Gate Bridge）是美國舊金山的地標。它跨越金門海峽（Golden Gate Strait），連接舊金山（San Francisco）與馬林縣（County of Marin）。金門大橋的設計概念最早是在 1872 年由鐵路企業家查爾斯（Charles Crocker）所提出，但未引起注意，一直到 1916 年舊金山電話公報的報紙編輯詹姆斯（James Wilkins）舉辦了橋梁社論競賽，才引起舊金山市政府官方的注意。在起初全國諮詢工程師造橋可行性的意見時，多數工程師都認為這座橋是不可能造成的，或是有些工程認為造價將超過一億美元。但是一位曾經設計超過 400 座橋梁的工程師約瑟夫‧斯特勞斯（Joseph Baermann Strauss）卻認為設計這座橋是可行的，且造價應該介於 2500～3000 萬美元之間，隨後，在 1921 年提出了他的初步草圖，並預估所需預算為 1700 萬美元。因為建橋經費龐大，政府無法負擔。為了推動建橋工作，斯特勞斯等人特別提出了成立特區（Special District）的構想，經多方奔走，最後在 1923 年獲得加州州議會通過「金門大橋及公路區域法案」（Golden Gate Bridge and Highway District Act），賦予州權力，可以組織橋梁特區和借款、發行債券、建橋和收取通行費。到了 1928 年金門大橋及公路區（Golden Gate Bridge and Highway District）成立，建橋工作開始往前推進。1929 年 8 月斯特勞斯被指定為建橋總工程師，里昂‧莫伊塞弗（Leon S. Moisseiff）及查爾斯‧埃里斯（Charles Derleth, Jr.）等人為顧問。1930 年 8 月斯特勞斯提出了定案設計圖，1933 年 1 月 5 日開始施工，工程總預算為 3500 萬美元（結構體費用 2700 萬美元），以發行債券籌募工程資金。在施工中，斯特勞斯堅持使用在橋梁工程史上最嚴謹的安全預防措施。施工中所有工人都必須配戴頭部防護措施，這是目前使用之安全帽的原型。其中最特殊的是設置於橋面板下側的安全網，至 1937 年 2 日 17 日以前，只有一人因施工意外事故死亡，締造了重大工程工安事故的空前紀錄，在當時的工安事故死亡平均值是每百萬元一個人。但 2 日 17 日因一段工作平台連同 12 名施工人員穿破安全網墜落，結果造成 10 人死亡。造橋工程最後在 1937 年 5 月 27 日完工，開放通行。所發行的債券最後一筆一直到了 1971 年才付清，工程費用 3500 萬加上衍生的利息 3900 萬全數來自過橋費的收入。

橋墩主跨距長 1280 公尺，邊跨距長 343 公尺，懸索橋部分總長 1966 公尺，全橋總長度是 2737 公尺，是世界上第一座跨距超過 1,000 公尺的懸索橋，橋面寬度 27 公尺，橋下淨空 67 公尺，橋塔高達 227 公尺。1957 年之前金門大橋是世界上最長的懸索橋。該橋最特殊的地方是它的兩條主索，每條主索是由 27572 條主徑 4.9 公厘（約 0.192 英寸）的鍍鋅鋼線所組成，含外部包覆其直徑為 0.92 公尺（36.375 英寸），每條主索長 2,332 公尺。兩條主索的鍍鋅鋼線總長達 129000 公里，總重達 24500 噸。金門大橋橋身的顏色為國際橘（International Orange），因設計師認為這個顏色不但和周邊環境

協調，又可使大橋在金門海峽常見的大霧中顯得更醒目。這座大橋新穎的結構和外觀，被國際橋梁工程界認為是美的典範，也是世界上最上鏡頭的大橋之一。在金門大橋維護工作中，給橋身不斷塗刷油漆是其中重要的一環，完全塗刷一遍需要 365 天，所以塗刷工作是一年到頭都在持續進行中。

（十三）臺灣西螺大橋（Xiluo Bridge）（西元 1953 年）[1.44,1.45]

濁水溪為臺灣中部重要分界河。由於河面廣闊，十六世紀歐洲人所繪之臺灣地圖，甚至誤將臺灣分為北、南兩島。在日治時期，跨越濁水溪下游的陸橋僅有縱貫線之鐵路濁水溪橋，未有公路陸橋跨過。旅客渡濁水溪須轉乘鐵路或竹筏。雲林縣地方人士於是提議興建橋梁，以利兩岸民眾往返，在 1936 年（昭和十一年）成立「濁水溪人道橋架設期成同盟會」，向總督府陳情。當時日本政府認為該橋的建造符合其戰略與運輸的需要，便批准這項建議，於是 1937 年 10 月開始動工建造，完成了 32 座橋墩後，因珍珠港戰爭（1941 年）發生，日本急於南進，遂將所有橋梁材料，移往海南島修建碼頭，工程遂告中斷，成為未完成道路。戰後，國民政府在美援下於 1952 年 5 月 29 日再度開工，同年 12 月 25 日全部完工，隔年 1953 年 1 月 28 日正式通車。西螺大橋的興建，歷經日據時期、二次世界大戰與光復後三個時代，橋墩是日據殖民政府興建的，鋼構桁架材料是美國援助的，施工監造則為國人所完成，其過程實在是曲折艱辛，原本只要約四年的施工期，因為時空因素的關係，整整拖了 16 個年頭。1997 年，當中沙大橋與西螺大橋間的溪州大橋完工後，西螺大橋轉為專供小型車、機車、自行車通行的便橋。2000 年曾被提議拆除，但在雲林縣與彰化縣政府的努力下，方免於拆除的命運並將西螺大橋轉型為觀光大橋，2004 年 11 月 19 日，彰化縣政府更將西螺大橋列入彰化縣歷史建築物。

西螺大橋全長 1939 公尺，橋面寬 7.3 公尺，共 32 座橋墩，主結構為鋼結構，採華倫氏桁架（Warren Truss），並使用鉚釘接合。完工當時，是僅次於美國舊金山金門大橋的世界第二大橋，也是遠東第一大橋。民國 40 年光復初期，政府各項物資十分缺乏，且當時我國工程的技術仍不甚發達，能克服困難完成這座遠東第一大橋，可以說是對我國工程師的一大考驗。

（十四）中國南京長江大橋（Nanking Yangtze River Bridge） （西元 1968 年）[1.46,1.47]

南京長江大橋位於江蘇省南京下關和浦口之間，跨越長江連接南京市區與浦口區，是第三座跨越長江的大橋，也是長江上第一座由中國人自行設計施工的雙層式鐵公路兩用鋼桁架橋梁。上層為公路橋，下層為雙線鐵路橋，連接津浦線與滬寧線兩條鐵路幹線，為南北交通要津。1960 年代曾以「最長的公鐵兩用橋」被載入「金氏世界紀錄

大全」，在 1960～1980 年代是南京的城市標誌之一，也是古城金陵的 48 景之一。南京長江大橋在 1960 年 1 月正式動工，鐵路橋首先在 1968 年 9 月建成通車，公路橋隨後在 12 月 29 日建成通車。

　　大橋上層爲四車道公路，車道寬 15 公尺，兩側人行道各寬 2.25 公尺。下層爲雙軌鐵路。主橋長 1576 公尺，如果連同兩端引橋，則公路橋總長度爲 4588 公尺，鐵路橋總長度爲 6772 公尺，橋下最大通航淨高 24 公尺。大橋共有 9 個橋墩，最高的橋墩從基礎到頂部高 85 公尺，主橋爲鋼桁架結構，共有 10 孔（1×128 公尺＋9×160 公尺），由 1 孔 128 公尺簡支鋼桁架和 3 聯（3 孔爲一聯）9 孔跨度各爲 160 公尺之連續鋼桁架組成。引橋採用富有中國特色的雙孔雙曲拱橋形式，平面曲線採用「曲橋正做」作法，即採用直梁按曲線按裝，而不直接使用曲線梁。基礎施工所採用的重型沉箱，最深達 54.87 公尺。

（十五）英國亨伯橋（Humber Bridge）（西元 1981 年）[1.48,1.49,1.50]

　　亨伯橋（Humber Bridge）坐落於英格蘭赫爾河（Hull）畔京士頓（Kingston），連接林肯郡（Lincolnshire）和約克郡（Yorkshire）。自古以來亨伯出海口（Humber Estuary），一直阻礙出海口兩岸的交流與發展，兩岸間的來往必須靠渡輪，因此從十八世紀末就開始有人提議建造橋梁或隧道來連接兩岸，第一個計畫案是 1872 年提出的隧道方案，但未被接受，一直到了 1928 年由赫爾市議會提出了一個多跨桁架橋的方案，但剛好碰上 1930 年代的經濟大蕭條財政困難，結果也胎死腹中。1955 年經過再修訂，並在 1959 年通過了採用懸索橋的方案，但是因爲經費籌措因素，直到 1973 年才正式動工。採用懸索橋的原因是亨伯出海口的河床常常會變動，而可航行的水道也常跟著變，採用大跨度的懸索橋不必在河道中央立橋墩，不會有阻礙出海口的問題。另外由於該地區地質的特性，如果使用隧道方案，其建造成本將遠大於懸索橋方案。整個工程終於在 1981 年 7 月 24 日在英女王的出席下通車。該橋在開通後維持了 16 年全球最長的單索吊橋的紀錄。在橋完成前，靠渡輪時期，每年大約有 90000 車次的車輛往來，在橋完成後，每週有超過 100000 車次的車輛往來。其效益之大由此可見。

　　大橋全長 2220 公尺，中央主跨跨徑 1410 公尺，橋塔爲鋼筋混凝土門架式結構，高 155.5 公尺。橋主梁是銲接之閉合箱型鋼構，總寬 28.5 公尺、高 4.5 公尺，橋下離水面淨高 30 公尺，主纜索直徑 0.68 公尺，各由 14948 條直徑 0.5 公分之鋼線組成，主纜索之鋼線總長達 71000 公里，兩條主索總重約 11000 噸。全橋總用鋼量爲 27500 噸。

（十六）日本明石海峽大橋（Akashi Kaikyo Bridge）（西元 1998 年）[1.51,1.52,1.53]

　　日本明石海峽大橋，位於本州與四國島之間，它跨越明石海峽，連接神戶市與淡路島，是目前世界上跨距最大的橋梁及懸索橋，也是世界上最長的雙層橋。在明石海峽大橋建造以前，跨越明石海峽完全必須靠渡輪，但渡輪交通常需面臨暴風雨惡劣的氣候環境，在 1955 年的一次暴風雨中，兩艘渡輪沉沒，造成了 168 位小孩的死亡。在當地民眾強烈的抗議及要求下，日本政府開始進行跨海大橋的籌建工程。該橋原本設計為鐵公路共構，但在 1986 年 5 月動工時改成只是單純的公路橋。工程進行一直到 1998 年 4 月 5 日才完工通車，前後施工總共花了 12 年的時間。

　　主橋跨度在原始設計應為 1990 公尺，但在橋墩剛建好，於 1995 年 1 月 17 日發生神戶地震（Kobe Earthquake），震央距橋址僅 4 公里，造成了兩橋墩間移位增加了一公尺，因此最終主跨跨距為 1991 公尺，主橋結構為三跨二鉸加勁桁梁式懸索橋，全長 3911 公尺（即 960+1991+960）。橋縱向主梁為鋼加勁梁，橫截面尺寸為 35.5 公尺×14.0 公尺，橋面寬 35.5 公尺，雙向六車道。兩座主橋墩為鋼構橋塔高 297 公尺，基礎直徑 80 公尺，水中部分高 60 公尺。橋下通航淨空高為 65 公尺。兩條主鋼纜，每條約 4000 公尺長，直徑 1.12 公尺，由 36830 根鋼線組成，鋼線總長達 300000 公里，重約 50000 噸。明石海峽大橋首次採用 1800 MPa 級之超高強鋼絲，使得主纜直徑得以縮小。該橋在夜間燈光打上時，宛如一顆顆珍珠懸掛上空，這使得明石大橋擁有珍珠大橋（Pearl-Bridge）的美稱。

（十七）日本多多羅大橋（Tatara Bridge）（西元 1999 年）[1.54,1.55,1.56]

　　多多羅大橋（Tatara Bridge）是位於日本瀨戶內海，位於日本的本州和四國島的聯絡線上，連接廣島縣的生口島及愛媛縣的大三島之間。最早在 1973 年時原規劃為懸索橋，但在 1989 年重新設計為斜張橋。因為斜張橋不必像懸索橋需要進行很大的開挖構築主纜索的錨定基座，對於周遭環境的衝擊可以減到最少。多多羅大橋是在 1994 年 1 月開工，而在 1999 年竣工 5 月 1 日啓用。多多羅大橋全長 1480 公尺，主結構為一三跨連續之鋼構斜張橋，主跨跨距為 890 公尺，兩側邊跨跨距各為 170 公尺和 270 公尺，縱向主梁為閉合之鋼箱型斷面，斷面尺寸為 30.6×2.70 公尺。橋墩柱為倒 Y 字型之鋼箱型柱組成，高 220 公尺。在完成時是世界上跨度最大的斜拉橋。（目前世界上跨度最大的斜張橋是完成於 2008 年，中國的蘇通大橋，其最大跨徑為 1088 公尺。）

（十八）法國密佑高架橋（Millau Viaduct）（西元 2004 年）[1.57,1.58,1.59,1.60]

　　密佑高架橋（Millau Viaduct）位於南法的南部庇里牛斯（Midi-Pyrénées）阿韋龍省（Aveyron）境內密佑（Millau）附近，橫跨塔恩河（Tarn）河谷，是 A75 號高速公路的一部分。A75 是法國「地中海公路」（La Méridienne）的一部分，這是條從首都

巴黎開始，往南經過地中海海岸轉向西南後，穿過庇里牛斯山進入西班牙的高速公路。由於距離最短且幾乎全路段都是免收過路費，因此成為從巴黎出發往南方走的遊客最喜歡的路線，尤其在 7、8 月的假期間。但因密佑市區穿過塔恩河的各座舊橋都十分狹窄，常導致在旅遊旺季壅塞情形嚴重。密佑高架橋跨越過塔恩河谷的最低點，連接兩側的拉赫札高地（Causse du Larzec）與紅高地（Causse Rouge），由於兩端高度不同，整條橋以 3% 的縱坡由南端向北端下降。密佑大橋通車後，這段路行車時間可以從 3 小時縮短為 10 分鐘。

密佑高架橋的計畫，最早是在 1989 年 6 月 28 日獲得政府批准開始評估，2001 年 10 月 16 日開工，2004 年 12 月 14 日完工正式啟用。由法國政府與埃法日集團（Eiffage Group）採民間興建營運後轉移模式（BOT）合作開發。密佑高架橋的設計師，是世界知名的英國建築大師諾曼‧佛斯特爵士（Norman Foster）。密佑高架橋的鋼製橋面長達 2460 公尺，是目前總長度最長的斜張橋，總重 36000 公噸，共分 8 個跨距。其中，除了最南與最北兩個跨距較短為 204 公尺長之外，其餘的跨距皆為 342 公尺。中間共有 7 座鋼筋混凝土橋墩，其高度從 77 公尺到 245 公尺不等，橋墩厚度由底至頂，逐漸縮減而呈梯形狀，基底斷面寬度為 24.5 公尺，到了橋面的高度後降為 11 公尺。橋墩是以分節塊每塊 60 噸重在預鑄場先製作好之後，再運抵施工現場進行組立。在每座橋墩的上方，還矗立有一個 98 公尺高的帆柱，橋墩連同帆柱最高達 343 公尺，是目前世界最高橋柱的保持者。橋面主結構尺寸為 32 公尺 × 4.2 公尺鋼構系統，中央主梁為 4 公尺的箱鋼型梁，每段長 15～22 公尺，重 90 噸。完工後的平均橋面高 270 公尺，獲得世界最高橋梁的頭銜。

（十九）臺灣臺北 101 大樓（Taipei 101）（西元 2004 年） [1.61,1.62,1.63]

臺北 101（Taipei 101），原名臺北國際金融中心（Taipei Financial Center），是位於北臺灣臺北市信義區。樓高 509 公尺，地上 101 層，地下 5 層，是目前世界最高的摩天大樓之一。Taipei 101 於 1997 年 7 月以 BOT 方式從臺北市政府取得土地開發權，由李祖原建築師事務所（C.Y. Lee & Partners）負責建築設計，結構設計主要是由國內的永峻工程顧問（Evergreen Consulting Engineering）負責。主體工程於 1999 年 7 月開工，塔樓於 2004 年 12 月 31 日完工開幕。目前已成為臺北市的新地標，圖 1-2-1 為台北 101 大樓。

臺北 101 大樓的結構系統採用巨型結構（Megastructure）的鋼結構系統，在大樓之 4 個外側分別各有 2 支巨柱，共 8 支巨柱，共斷面為 3 公尺 ×2.4 公尺的鋼箱型斷面，為了提供大樓足夠的側向勁度，柱內灌注了強度高達 700 kgf/cm^2（10,000psi）的高性能混凝土，自地下 5 樓一貫通至地上 90 樓。同時為了獲得地震作用時的最佳韌性

(a) 興建中　　　　　　　　(b) 完工後　　　　　　　(c) 質量阻尼 TMD

圖 1-2-1　臺北 101 大樓（永峻工程顧問提供）

行為，鋼構梁採用了高韌性施工法。由於臺北地質條件的特殊，大樓基礎共使用了 380 根長度 80 公尺，直徑 1.5 公尺的基樁，深入岩磐 30 公尺，每根基樁具有承載 1000～1300 噸的能力。結構系統最特殊的是，在世界上第一次在摩天大樓將調諧質量阻尼器（Tuned Mass Damper）外露的設計。在其 92 至 88 樓間懸吊了一個直徑 5.5 公尺，重達 660 噸重的鐵球（至目前為止，世界上最大），用於控制大樓受到陣風作用時產生的擺動幅度，預計將可減少 40% 的擺動幅度。根據設計資料，大樓設計將可承受每秒 60 公尺的最大風速（相當於每小時 216 公里的陣風），而且可以承受兩千五百年回歸期的最大地震的作用。臺北 101 大樓的高速電梯也是世界之最，其最快上升速度是每秒 16.83 公尺（相當於時速 60 公里），比目前世界其他最快速電梯還要快 35%，可以說是最高科技的產品，從 5 樓轉換層到 89 樓的觀景台只要 37 秒。

（二十）中國蘇通長江大橋（Sutong Bridge）（西元 2008 年）[1.64,1.65,1.66,1.67]

蘇通長江公路大橋（簡稱蘇通大橋）位於中國江蘇省，該橋跨越長江，連接蘇州（常熟）和南通兩座城市。總長 32.4 公里，主要由北岸接線工程、跨江大橋工程和南岸接線工程三部分組成。全線採用雙向六車道高速公路標準。從 1991 年進行規劃研究，至 2003 年 6 月開工，歷時 12 年，結構主體在 2007 年 6 月完成，並在 2008 年 6 月 30 日正式通車。蘇通大橋施工的最大挑戰是氣象條件差、水文條件複雜、基岩埋藏深及航運密度高。蘇通大橋創造了至目前為止斜張橋世界第一的最大跨徑，主橋採用 100＋100＋300＋1088＋300＋100＋100＝2088 公尺的雙塔雙索面鋼箱梁斜拉橋，斜拉橋主孔跨度達 1088 公尺，比日本多多羅大橋還長。另外橋塔為 300.4 公尺高的鋼筋混凝土塔，僅次於法國之密佑大橋（橋塔最高 343 公尺）。其斜拉索長達 580 公尺，比日本多多羅大橋斜拉索長 100 公尺，每根重達 59 噸。蘇通大橋主墩基礎由 131 根長

約 120 公尺、直徑 2.5 公尺至 2.8 公尺的群樁組成，承台長 114 公尺、寬 48 公尺，面積有一個足球場大，其規模之大也是世界之最。下列表 1-2-2 及表 1-2-3 中列出了目前世界上已完成通行之較長的懸索橋及斜張橋。

表 1-2-2　目前使用中之跨度較大懸索橋

項次	年代	橋名	國家	最大跨徑（公尺）
1	1998	明石海峽大橋	日本	1991
2	1996	大伯爾特橋	丹麥	1624
3	2005	潤揚長江大橋	中國	1490
4	1981	亨伯爾橋	英國	1410
5	1990	江陰長江大橋	中國	1385
6	1997	香港青馬橋	中國	1377
7	1964	紐約維拉札諾橋	美國	1298
8	1937	三藩市金門大橋	美國	1280
9	1957	麥金納克大橋	美國	1158
10	1988	南備贊瀨戶橋	日本	1100

表 1-2-3　目前使用中之跨度較大斜張橋

項次	年代	橋名	國家	最大跨徑（公尺）
1	2008	蘇通大橋	中國	1088
2	1999	多多羅大橋	日本	890
3	1995	諾曼第大橋	法國	856
4	2005	南京長江三橋	中國	648
5	2001	南京長江二橋	中國	628
6	2001	白沙洲長江大橋	中國	618
7	2001	青州閩江大橋	中國	605
8	1993	楊浦大橋	中國	602
9	1997	徐浦大橋	中國	590
10	1991	斯卡恩聖特橋	挪威	530

1-3 工程用鋼材種類

　　鋼鐵如果依照它的提煉方法可分為柏塞麥轉爐鋼、鹼性轉爐鋼、平爐鋼及電爐鋼等。如果依產品形狀則可分為型鋼（Section）、棒鋼（Bar）及鋼板（Plat）等。如果以所含成分及性質的不同依 ASTM（American Society for Testing and Materials）規範規定，目前鋼結構工程常用的鋼料有：結構用碳鋼（Carbon Structural Steel）、高強度低合金鋼（High-Strength Low-Alloy Steel）、耐候高強度低合金鋼（Corrosion Resistant High-Strength Low-Alloy Steel）及熱處理合金鋼（Quenched & Tempered Alloy Steel）等。而我國依 CNS 規範之規定，鋼結構工程常用的鋼料有：一般結構用軋鋼、銲接結構用軋鋼、銲接結構用耐候性熱軋鋼及建築結構用軋鋼等。

一、ASTM 結構用碳鋼

　　一般碳鋼其碳含量皆控制在 1.7% 以下，又根據其碳含量多寡可分成四類：(1) 低碳鋼（Low Carbon），碳含量小於 0.15%。(2) 軟碳鋼（Mild Carbon），碳含量介於 0.15～0.29% 之間。(3) 中碳鋼（Medium Carbon），碳含量介於 0.30～0.59%。(4) 高碳鋼（High Carbon），碳含量介於 0.60～1.7%。最常用結構鋼大部分為軟碳鋼，如 A36、A53、A500、A501、A529、A570、A611 及 A709 Grade 36 等。這類鋼材之常用降伏張度（Yield Stress），大約為 36 ksi（2.5 tf/cm^2）。

二、ASTM 高強度低合金鋼

　　在碳鋼中加入其他少量金屬材料，如鋁、銅、鈷、鉻、錳、鎢、釩、鈦及磷等合冶而成，以改善鋼料的某些特殊性質。工程上常用的有 A242、A441、A572、A588、A606、A618 及 A709 Grade 50 & Grade 100。這類鋼材之降伏張度大約在 40～70 ksi（2.8～4.9 tf/cm^2）之間。

三、ASTM 耐候高強度低合金鋼

　　在碳鋼中加入銅合冶而成，以提高其耐腐蝕性，減少維護保養的費用，工程上常用的有 A242、A588 及 A709 Grade 50W & Grade 100 W 等。這類鋼材之降伏張度大約在 42～100 ksi（2.9～7.0 tf/cm^2）之間。

四、ASTM 熱處理合金鋼

　　合金鋼料再經過淬火（Quenching）及回火（Tempering）熱處理後可以提高其強

度（Strength）及硬度（Hardness）並保持其強韌性（Toughness）及延展性（Ductility）。所謂淬火是在鋼材溫度達 1000℃ 以上時，以水或油瞬間降溫至 150℃。而所謂回火是在鋼材經淬火後，再將其加溫至約 650℃ 後，再令其冷卻至室溫。工程上常用的有 A514，A709 Grade 100 & Grade 100W 和 A913。這類鋼材之降伏張度大約在 90～100 ksi（6.3～7.0 tf/cm²）之間。

五、CNS 一般結構用軋鋼料（CNS2473）[1.68]

普通土木工程結構用軋鋼料，基本上對其含碳量除了 SS540 有要求含碳量不得超過 0.3% 以外，是不做特別限制，如 SS330、SS400、SS490 及 SS540。這類鋼材之降伏張度大約在 2.1～4.0 tf/cm² 之間。

六、CNS 銲接結構用軋鋼料（CNS2947）[1.69]

當鋼材必須進行銲接施工時，爲了減少材料的脆化行爲，對其含碳量有特別要求，一般要求在 0.18～0.25% 以下，是屬於軟碳鋼，如 SM400、SM490、SM520 及 SM570。這類鋼材之降伏張度大約在 2.5～4.7 tf/cm² 之間。

七、CNS 銲接結構用耐候性熱軋鋼料（CNS4269）[1.70]

對於耐候性鋼，一般要求含銅量大約在 0.2～0.5%，鉻含量大約在 0.3～0.75%。這類鋼料有 SMA400、SMA490、SMA570，其降伏張度大約在 2.5～4.7 tf/cm² 之間。

八、CNS 建築結構用軋鋼料（CNS13812）[1.71]

CNS 鋼料中的 SS 系列鋼材因其材質未包括碳含量之限制，並不適於需要銲接之建築結構使用。而 SM 系列則未規定降伏比上限、碳當量（C_{eq}）、厚度方向斷面縮減率及銲接冷裂敏感指數（P_{cm}）。因此 SS 及 SM 系列鋼料在強震中恐無法確保其塑性變形能力及鋼板厚度方向之機械性能，所以目前國內房屋建築結構主要使用之鋼料應爲 SN 系列：有 SN400A、SN400B、SN400C、SN490B、SN490C。又依耐震設計要求銲接組合箱型柱應使用 SN400B、SN400C、SN490B 或 SN490C 規格之鋼材，當銲接組合箱型柱斷面板厚大於或等於 40 mm 時應使用符合 SN400C 或 SN490C 規格之鋼材。這類鋼材之降伏張度大約在 2.4～3.3 tf/cm² 之間，降伏比上限爲 0.80。ASTM A992 也是建築結構用軋鋼料，其降伏張度大約在 50～65 ksi（3.5～4.5 tf/cm²）之間，降伏比上限爲 0.85。

　　美國 ASTM 與我國 CNS 工程上常用各類軋鋼料之設計強度性質詳如表 1-3-1 至表 1-3-5，而 ASTM 與 CNS 建築結構用鋼材之規格要求比較則如表 1-3-6[1.72] 所示。

表 1-3-1　ASTM 結構用碳鋼性質表

種類符號	降伏強度（ksi）	抗拉強度（ksi）	最大鋼板厚度（in）
A36	32 36	58～80	＞ 8 ≦ 8
A53 Grade B	35	60	—
A242	42 46 50	63 67 70	1.5～4 0.75～1.5 ≦ 0.75
A501	36	58	—
A514	90 100	100～130 110～130	2.5～6 ≦ 6.5
A529	42	60～85	≦ 13
A570 Grade 40 Grade 45 Grade 50	40 45 50	55 60 65	— — —
A572 Grade 42 Grade 50 Grade 60 Grade 65	42 50 60 65	60 65 75 80	≦ 6 ≦ 4 ≦ 1.25 ≦ 1.25
A588	42 46 50	63 67 70	5～8 4～5 ≦ 4
A606	45 50	65 70	— —
A611 Grade C Grade D Grade E	33 40 80	48 52 82	— — —
A618 Grade I&II Grade III	50 50	70 65	≦ 0.75
A709 Grade 36 Grade 50 Grade 50W Grade 100 & 100W Grade 100 & 100W	36 50 50 90 100	58～80 65 70 100～130 110～130	≦ 4 ≦ 4 ≦ 4 2.5～4 ≦ 2.5
A913 Grade 50 Grade 60 Grade 65 Grade 70	50 60 65 70	65 75 80 90	—
A992	50～65	65	—

表 1-3-2 CNS2473 一般結構用軋鋼料性質表

種類符號	降伏強度 tf/cm² （N/mm²）				抗拉強度 tf/cm² （N/mm²）
	16 以下	>16～40	>40～100	100 以上	鋼板厚度（mm）
SS330	2.1（205）以上	2.0（195）以上	1.8（175）以上	1.7（165）以上	3.4～4.4 （330～430）
SS400	2.5（245）以上	2.4（235）以上	2.2（215）以上	2.1（205）以上	4.1～5.2 （400～510）
SS490	2.9（285）以上	2.8（275）以上	2.6（255）以上	2.5（245）以上	5.0～6.2 （490～610）
SS540	4.1（400）以上	4.0（390）以上	—	—	5.5 以上 （540）

表 1-3-3 CNS2947 銲接結構用軋鋼料性質表

種類符號	降伏強度 tf/cm² （N/mm²）						抗拉強度 tf/cm² （N/mm²）	
	鋼板厚度（mm）						鋼板厚度（mm）	
	16 以下	>16～40	>40～75	>75～100	>100～160	>160～200	100 以下	100～200
SM400A SM400B SM400C	2.5（245）以上	2.4（235）以上	2.2（215）以上	2.2（215）以上	2.1（205）以上	2.0（195）以上	4.1～5.2 （400～510）	4.1～5.2 （400～510）
SM490A SM490B SM490C	3.3（325）以上	3.2（315）以上	3.0（295）以上	3.0（295）以上	2.9（285）以上	2.8（275）以上	5.0～6.2 （490～610）	5.0～6.2 （490～610）
SM490YA SM490YB	3.7（365）以上	3.6（355）以上	3.4（335）以上	3.3（325）以上	—	—	5.0～6.2 （490～610）	—
SM520B SM520C	3.7（365）以上	3.6（355）以上	3.4（335）以上	3.3（325）以上	—	—	5.3～6.5 （520～640）	—
SM570	4.7（460）以上	4.6（450）以上	4.4（430）以上	4.3（420）以上	—	—	5.8～7.3 （570～720）	—

表 1-3-4　CNS4269 銲接結構用耐候性熱軋鋼料性質表

種類符號	降伏強度 tf/cm² （N/mm²）						抗拉強度 tf/cm² （N/mm²）
	鋼板厚度 （mm）						
	16 以下	>16〜40	>40〜75	>75〜100	>100〜160	>160〜200	
SMA400AW SMA400AP SMA400BW SMA400BP	2.5 (245) 以上	2.4 (235) 以上	2.2 (215) 以上	2.2 (215) 以上	2.1 (205) 以上	2.0 (195) 以上	4.1〜5.5 (400〜540)
SMA400CW SMA400CP	2.5 (245) 以上	2.4 (235) 以上	2.19 (215) 以上	2.19 (215) 以上	—	—	4.1〜5.5 (400〜540)
SMA490AW SMA490AP SMA490BW SMA490BP	3.7 (365) 以上	3.6 (355) 以上	3.4 (335) 以上	3.3 (325) 以上	3.1 (305) 以上	3.0 (295) 以上	5.0〜6.2 (490〜610)
SMA490CW SMA490CP	3.7 (365) 以上	3.6 (355) 以上	3.4 (335) 以上	3.3 (325) 以上	—	—	5.0-6.2 (490〜610)
SMA570W SMA570P	4.7 (460) 以上	4.6 (450) 以上	4.4 (430) 以上	4.3 (420) 以上	—	—	5.8〜7.3 (570〜720)

表 1-3-5　CNS13812 建築結構用軋鋼料性質表

種類符號	降伏強度 tf/cm² （N/mm²）					抗拉強度 tf/cm² （N/mm²）
	鋼板厚度 （mm）					
	6〜<12	12〜<16	16	>16〜<40	40〜100	
SN400A	2.4 (235) 以上	2.4 (235) 以上	2.4 (235) 以上	2.4 (235) 以上	2.2 (215) 以上	4.1 (400) 以上 5.2 (510) 以下
SN400B	2.4 (235) 以上	2.4 (235) 以上 3.6 (355) 以下	2.4 (235) 以上 3.6 (355) 以下	2.4 (235) 以上 3.6 (355) 以下	2.2 (215) 以上 3.4 (335) 以下	
SN400C	—	—	2.4 (215) 以上 3.6 (355) 以下	2.4 (215) 以上 3.6 (355) 以下	2.2 (215) 以上 3.4 (335) 以下	

表 1-3-5　CNS13812 建築結構用軋鋼料性質表（續）

種類符號	降伏強度 tf/cm² （N/mm²）					抗拉強度 tf/cm² （N/mm²）
	鋼板厚度（mm）					
	6〜<12	12〜<16	16	>16〜<40	40〜100	
SN490B	3.3（325）以上	3.3（325）以上 4.5（445）以下	3.3（325）以上 4.5（445）以下	3.3（325）以上 4.5（445）以下	3.0（295）以上 4.2（415）以下	5.0（490）以上 6.2（610）以下
SN490C	—	—	3.3（325）以上 4.5（445）以下	3.3（325）以上 4.5（445）以下	3.0（295）以上 4.2（415）以下	

表 1-3-6　ASTM 與 CNS 建築結構用鋼材之規格要求比較表 [1.72]

種類	規格	適用範圍	碳當量或冷裂敏感係數	降伏強度範圍限制（tf/cm²）	拉力強度範圍限制（tf/cm²）	降伏比	軋延向衝擊試驗	厚度向斷面縮減率	超音波檢驗	含磷量	含硫量
美國	A36	型鋼鋼板	×	×	×	×	×	×	×	0.040	0.050
	A572-50	型鋼鋼板	×	×	×	×	×	×	×	0.040	0.050
	A913-50	型鋼	○	×	×	×	○（54焦耳@21℃）	×	×	0.040	0.030
	A992	型鋼	○	○ (1)（3.5〜4.55）	×	○（0.85）	×	×	×	0.035	0.045
台灣日本	SM-A 系列	型鋼鋼板	×	×	○ (1)（5〜6.2）	×	×	×	×	0.035	0.035
	SM-B 系列	型鋼鋼板	×	×	○ (1)（5〜6.2）	×	○（27焦耳@0℃）	×	×	0.035	0.035
	SM-C 系列	型鋼鋼板	×	×	○ (1)（5〜6.2）	×	○（47焦耳@0℃）	×	×	0.035	0.035
	SN-A 系列（無50KG級）	型鋼鋼板	×	×	○	×	×	×	×	0.050	0.050
	SN-B 系列	型鋼鋼板	○	○ (1)（3.3〜4.5）	○ (1)（5〜6.2）	○（0.80）	○（27焦耳@0℃）	×	×	0.030	0.015
	SN-C 系列	型鋼鋼板	○	○ (1)（3.3〜4.5）	○ (1)（5〜6.2）	○（0.80）	○（27焦耳@0℃）	○（3個平均25%）	○	0.020	0.008

註：(1)：表中規格值係以抗拉強度為 50 KG 級 40 mm 以下之鋼材為代表。

　　(2)：表中○代表有制式規格，×代表無規定或需協商。

九、接合鋼材（Fastener Steels）

在鋼結構的施工組合中，目前工程界最常用的方式是螺栓接合及銲接接合。螺栓接合將在本書第六章中有詳細之介紹，而銲接接合將在第七章中介紹。以下僅就螺栓及銲接所使用之鋼材做簡單介紹。

（一）A307 機械螺栓：是最普通的碳鋼螺栓，就是普通所稱的機械螺栓（Machine Bolts）。這類螺栓材料其應力－應變曲線並無明顯降伏點存在，規範也無最低降伏強度的要求。其 Grade A 級的最小張力強度（Minimum Tensile Strength）為 4.2 tf/cm^2（60 ksi），一般於臨時組裝時使用。Grade B 級之張力強度（Tensile Strength）為 4.2～7.0 tf/cm^2（60～100 ksi），一般用於鑄鐵管的接合。Grade C 級為無頭螺桿，其材料性質與 A36 相同，用於結構錨定，其張力強度為 4.1～5.6 tf/cm^2（58～80 ksi）[1.73]。

（二）A325 高強度螺栓：是經過淬火及回火熱處理的碳鋼，為一般鋼結構工程常常用的所謂高強度螺栓（High-Strength Bols, HSB）。又分為 Type I、Type II 及 Type III 三種，Type I 為最常用者，使用碳鋼、中碳鋼或中碳合金鋼材。Type II 在 1991 年已取消。Type III 屬於耐候性螺栓，其鋼材近似於 A588 鋼材。其最小張力強度當螺栓直徑小於 2.5 公分（1.0 英寸）時為 8.4 tf/cm^2（120 ksi），而直徑在 2.5 到 3.8 公分（1～1.5 英寸）間時為 7.35 tf/cm^2（105 ksi）。而其降伏強度當螺栓直徑在 1.3 到 2.5 公分（0.5～1.0 英寸）間時為 6.4 tf/cm^2（92 ksi），而直徑在 2.9 到 3.8 公分（1.125～1.5 英寸）間時為 5.6 tf/cm^2（81 ksi）[1.74]。

（三）A449 高強度螺栓：是經過淬火及回火熱處理的碳鋼，材料性質接近 A325，但最大直徑可到 7.6 公分。分為 Type I、及 Type II 二種。Type I 為中碳鋼，直徑在 0.6 到 7.6 公分（0.25～3 英寸）之間。適用於一般鐵結構。Type II 為低碳鋼或中碳麻田散鐵鋼（Medium-Carbon Martensite Steel），直徑在 0.6 到 2.5 公分（0.25～1 英寸）之間。其最小張力強度為 6.3～8.4 tf/cm^2（90～120 ksi），而其降伏強度為 4.0～6.4 tf/cm^2（58～92 ksi）[1.75]。

（四）A490 高強度螺栓：是經過淬火及回火熱處理的合金鋼，最大碳含量可達 0.53%，螺栓直徑介於 1.3 到 3.8 公分（0.5～1.5 英寸）之間。分為 Type I、Type II 及 Type III 三種，Type I 為中碳合金鋼材。Type II 在 2002 年已取消。Type III 屬於耐候性螺栓。其張力強度為 10.5～12.1 tf/cm^2（150～173 ksi），而其降伏強度為 9.1 tf/cm^2（130 ksi）[1.76]。

（五）鍍鋅高強度螺栓（Galvanized High-Strength Bolts）：為了提高螺栓對腐蝕的抵抗力，一般使用 A325 Type I 螺栓進行熱浸鍍鋅。根據研究報告指出，當鋼料承受超過 14.0 tf/cm^2（200 ksi）的拉應力時，鋼材表面如果有氫的存在，會造成鋼材的氫脆

（Hydrogen Embrittlement），而在熱浸鍍鋅過程中，很容易將氫包入鍍鋅膜內[1.77]，而 A325 之張力強度遠小於此值，所以可進行熱浸鍍鋅，但 A490 其張力強度已接近此臨界值，因此不可用於熱浸鍍鋅[1.78]。

　　（六）銲接材料：使用在遮護金屬電弧銲接（Shielded Metal Arc Welding, SMAW）的銲條有 E60XX、E70XX、E80XX、E90XX、E100XX 及 E110XX。其中 E 代表電銲條的意思，其後面的數字代表所使用銲材的張力強度，所以其張力強度為 60～110 ksi（4.2～77 tf/cm^2）。在數字後面的 XX 是代表所電銲條使用方法的數字，如銲接位置及被覆劑種類等。潛弧銲（Submerged Arc Welding, SAW）的銲條有 F6X-EXXX、F7X-EXXX、F8X-EXXX、F9X-EXXX、F10X-EXXX 及 F11X-EXXX。其中 F 代表用於保護銲接的顆粒狀藥材，其後面的第一數字代表所使用銲材的張力強度，6 代表 60 ksi（4.2 tf/cm^2），餘此類推，第二個數字代表夏比 V 型缺口撞擊試驗（Charpy V-notch）之強度，E 及後面的數字代表所使用電銲條。氣體遮護金屬電弧銲（Gas Metal Arc Welding, GMAW）之電銲條表示法為 ER70S-X，而包藥電弧銲（Flux Cored Arc Welding, FCAW）之電銲條表示法為 E7XT-X，其中的阿拉伯數字 70 或 7 是代表其張力強度為 70 ksi（4.9 tf/cm^2）。

1-4 結構鋼之應力—應變

　　結構工程用鋼料之標準應力—應變（Stress-Strength）關係曲線如圖 1-4-1 所示。在圖中有三條曲線，(1) 代表普通碳鋼（如 A36）之曲線，(2) 代表高強度低合金鋼（如 A572 Grade 50），(3) 代表熱處理合金鋼（如 A709 Grade 100）。從圖中可以發現，三條曲線的起始段都是一條直線，該直線段一直延伸到所謂的比例限度（Proportional Limit）或彈性限度（Elastic Limit）點為止，該直線段的斜率就是鋼材彈性模數（Modulus of Elasticity），一般結構用鋼料為 2040 tf/cm^2（29000 ksi）[1.78]。

　　在曲線 (1) 及 (2) 上可觀察到在應力超過比例限度點後，材料馬上進入降伏（Yield），最先碰到的是上降伏點（Upper Yield Point），然後應力急劇的下降到下降伏點（Lower Yield Point），上降伏點是比例限度點可能達到的最高點，而下降伏點是一般工程設計上採用的保守降伏強度。但在曲線 (3) 很明顯是觀察不到降伏點的，這時降伏強度的決定就必須使用 0.2% 應變偏移法或以應變 0.5% 所對應的應力值為降伏強度。所謂 0.2% 應變偏移法是繪製一條平行於曲線初始直線段的直線，延伸至與曲線相交，其交點所讀得之應力值就代表其降伏強度，如圖 1-4-1 中之 B 點，而以應變 0.5% 所對應的降伏則如圖 1-4-1 中 A 點所示。一般在鋼材經熱處理強度提高後，其曲線常呈現曲線 (3) 的形

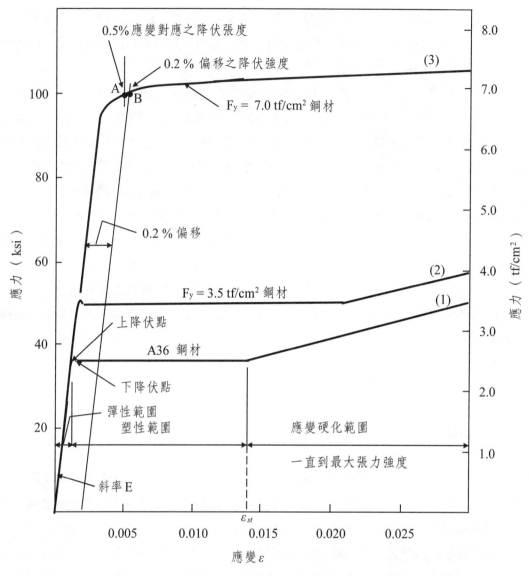

圖 1-4-1　工程用鋼材之應力—應變曲線示意圖

態。在曲線上當應力達到降伏點，其所對應之應變稱之為降伏應變（Yield Strain）。在曲線 (1) 及曲線 (2) 在應力超過降伏強度後，馬上跟著有一段水平線，水平線代表在不增加應力情況下，其應變可以無限增加，這時材料開始進入所謂的塑性（Plastic）狀態。一般韌性材料就是靠這段塑性變形範圍來儲存其應變能。但在高強度鋼材的曲線 (3) 雖然可以看到類似的塑性變形範圍，但其應力依然會隨著應變的增加而增加。當應變大於降伏應變的 15～20 倍以後，隨著應變的加大，其應力又開始跟著增加，這種行為稱之為應變硬化（Strain Hardening），這種應力增加會一直持續到最大張力強度。應

變硬化大約呈直線，其斜率稱爲應變硬化模數。對常用的 A36 鋼材，開始產生應變硬化的應變值 ε_{st} 大約在 0.014，而其應變硬化模數值爲 $E_{st} = 63.0 \text{ tf/cm}^2$（900 ksi）[1.78]。

　　鋼料除了上述之應力—應變曲線特性以外，還有下列各項物理性質。冷作（Cold Work），在常溫大氣壓下，將載重加載至超過彈性範圍以後，再解壓如圖 1-4-2 的 A 到 B，此時鋼材將有 O → B 之永久應變，當再加壓時其應變曲線將順 $\overline{BA}$ 線。此時鋼材之韌性容量（Ductility Capacity）將變小。如果將載重加載至進入應變硬化階段，如圖 1-4-2 之 C 點以後再解壓，此時之鋼材除了韌性容量（Ductility Capacity）會變小外，其降伏強度將會提高到 C 點。應變老化（Strain Aging）：在常溫大氣壓下，將載重加載至進入應變硬化階段後再解壓，將可提高鋼材之降伏強度，而且在解壓經過一段時間後，鋼材之性質也會有所改變，其應力—應變曲線將往上提高如圖 1-4-3，除了降伏點提高外，並恢復一段常應力的塑性區（水平段），及新的應變硬化區，其延展性也同時跟著降低 [1.78]。上述這兩種特性一般都會發生在冷軋製程（Cold Work Process），所謂冷軋，就是在常溫下將鋼板壓製成各種特殊形狀，例如汽車製造廠的壓製車體板片，在這種情況下鋼料早就進入了塑性變形。一般這種製程都應用在較薄的鋼板，如一般組合屋所用的輕型鋼。這種鋼構件之力學性質及行爲比普通鋼構件複雜，所以另有相關專書及規範 [1.79]，不在本書探討範圍。

　　而鋼材在到達碎裂前，其能產生永久應變之能力，我們稱之爲延展性或通稱爲韌性（Ductility）。由圖 1-4-3 中可知，鋼材在正常情況下具有相當好的韌性行爲，韌性越

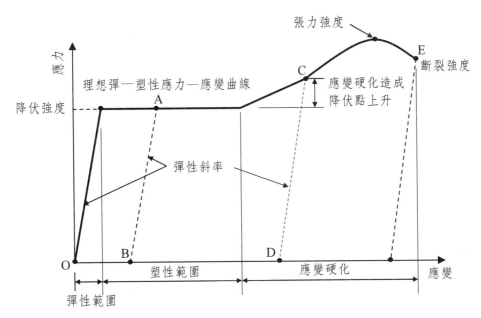

圖 1-4-2　鋼材超過彈性範圍之應力—應變曲線示意圖

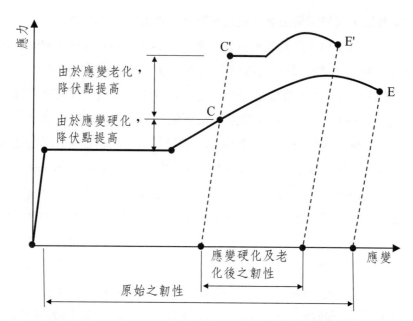

由於應變老化，降伏點提高

由於應變硬化，降伏點提高

原始之韌性

應變硬化及老化後之韌性

圖 1-4-3　鋼材超過應變硬化之應力－應變曲線及應變老化示意圖

大，代表它所能吸收的應變能（應力－應變曲線所包圍的面積）越大，也就是說其抗耐能力越好。一般彈性材料，當一向受力後，除了受力方向（縱向）會增生變形外，在垂直作用力方向（橫向）同樣也會有變形產生。橫向應變與縱向應變的比值稱為柏松比 μ（Poisson's Ratio），對一般鋼材在彈性範圍時 $\mu_s = 0.30$，而在塑性範圍 $\mu_s = 0.50$。

$$\mu = \frac{橫向應變}{縱向應變} \qquad （1.4.1）$$

當鋼料受純剪力作用時，應力－應變曲線之起始直線段的斜率稱為彈性剪力模式（Shear Modulus of Elasticity），如果材料之柏松比 μ 及其張力之彈性模式 E 已知的話，則可利用下列公式計算其對應之彈性剪力模式。依我國極限設計規範規定鋼之張力彈性模數為 2040 tf/cm^2，剪力彈性模數為 810 tf/cm^2，柏松比為 0.3，溫度伸縮係數為 0.000012/°C[1.72]。

$$G = \frac{E}{2(1+\mu)} \qquad （1.4.2）$$

在鋼結構構材中，如果是受到純拉力作用，則其材料的應力－應變曲線基本上是如前述的行為，其降伏點也易於定義。但在實際的結構中，構件受力並非單純的單向拉力，所以其材料所受之應力－應變曲線就不像前述的單向拉力應力－應變行為。這時所

謂降伏是指任意方向的最大應力達到降伏強度時稱之，因此其降伏條件是由所有方向的作用應力的組合。用來定義多軸向作用力的降伏準則，一般最常用的是能量－變形之降伏準則（Energy-of-Distortion Yield Criterion），其降伏準則如下：

$$\sigma_y^2 = \frac{1}{2}\left[(\sigma_1 - \sigma_2)^2 + (\sigma_2 - \sigma_3)^2 + (\sigma_3 - \sigma_1)^2\right] \qquad (1.4.3)$$

上列式中 σ_1、σ_2 及 σ_3 是代表作用在三個互相垂直方向上的作用應力，如下圖所示：

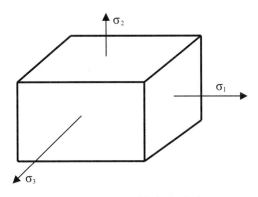

圖 1-4-4　三軸向主應力

　　如果是平面應力（Plane Stress）的話，其作用力相互關係曲線如圖 1-4-5，而其降伏準則公式則如公式（1.4.4）。

$$\sigma_y^2 = \sigma_1^2 + \sigma_2^2 - \sigma_1\sigma_2 \qquad (1.4.4)$$

在圖 1-4-5 中可以發現當 $\sigma_2 = -\sigma_1$ 時為純剪應力狀態，而且其剪應力 $\tau = \sigma_1$，將其代入公式（1.4.4）則可得

$$\sigma_2 = -\sigma_1$$
$$\tau = \sigma_1$$
$$\sigma_y^2 = \sigma_1^2 + \sigma_1^2 - \sigma_1(-\sigma_1) = 3\sigma_1^2$$
$$\therefore \sigma_1 = \tau_y = \sigma_y / \sqrt{3} = 0.58\sigma_y \qquad (1.4.5)$$

上式為剪力降伏條件。

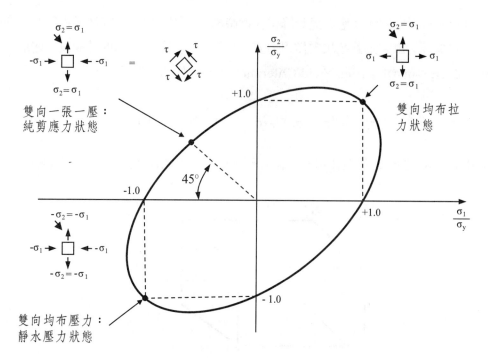

圖 1-4-5　能量—變形之平面應力降伏準則

1-5 結構鋼之其他性質

　　鋼材抵抗碎裂的能力（吸收能量的能力），我們稱之為堅韌性（Toughness）。在材料力學中，對材料堅韌性的定義如下：在材料的裂口上抵抗不穩定裂縫傳播（Propagation）的能力。因為不穩定裂縫的傳播會造成脆性的斷裂。目前工程界一般使用夏比 V 型缺口撞擊試驗（Charpy V-notch Test, CVN Test），來測定材料的堅韌性。在 CVN 撞擊試驗中清楚顯示隨著溫度的提高，材料在撞斷前能吸收的能量也跟著提高，也就是其堅韌性也跟著提高。在圖 1-5-1 中，曲線斜率最陡處之溫度稱為該材料之轉換溫度（Transition Temperature），如果其值太高，代表該材料在較高溫度時，即有可能進入撞擊堅韌性差之脆性範圍。一般在較寒冷地區，鋼材對此項材料性質的要求更需受到特別的重視 [1.80]。

　　鋼材另一個需注意的特性是在某些特殊情況下的脆裂破壞（Brittle Fracture）行為，也就是破壞是發生在無塑性變形，而且以極快的速度發生。例如世界上最有名的鐵達尼事件，應該與鋼材的此一特性脫不了關係。鋼材在溫度過低是其堅韌性會降低，溫度過高則造成其脆性增加。多軸向應力也會造成鋼料在高應力狀況下產生脆性破壞 [1.78,1.81]，例如銲接施工很容易造成內部產生很高應變及應力，這些內部的應力（殘

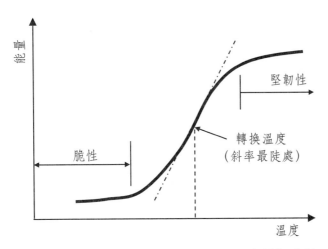

圖 1-5-1　碳鋼 CVN 撞擊試驗之溫度轉換曲線

餘應力）基本上就是多軸向作用。當鋼板厚度增加後，原本為平面應力的狀態會改變，這時垂直鋼板方向的作用力影響將不可再忽略不計，在厚鋼板中因三軸向作用力關係會造成脆性增加。前面所討論的應力─應變關係，基本上是在靜態作用下的結果，當作用力是以快速（動態）作用時，如錘擊、地震及爆炸等作用力，其降伏點及張力強度等都會提高，但是在高溫（>320℃）時有觀察到其降伏強度反而會下降。當快速的增加應變伴隨著快速的減少應變，也就是承受高頻率的反覆載重，如橋梁承受高流量的車輛載重，其脆性也跟著提高，這就是材料學上的疲勞現象（Fatigue），影響大小與反覆次數及工作荷重的大小範圍有關。鋼材在反覆的載重下，雖然每次所受應力皆未超過其降伏強度，但最後仍會產生破壞的現象，根據 AISC 附錄 3[1.82] 的描述，一般在載重週期小於 2 萬次時（相當於每日作用 2 次，為期 25 年），其疲勞強度可以不用考慮。大多數的建物其載重週期皆在這個範圍內，因此可以不必考慮。但高速公路橋梁，一般其載重週期皆高達 10 萬次以上，因此設計時必須考慮材料之疲勞強度（Fatique Strength）[1.78]。

　　當鋼構件在熱軋成型或銲接組合施工中也常會造成層狀撕裂（Lamellar Tearing），這也是鋼材脆裂的一種。在熱軋型鋼中，鋼材的韌性在垂直滾軋方向的橫向是遠低於滾軋方向。在滾壓過程會在垂直滾壓方向產生一個穿越厚度的高載重（High Through Thickness Loading）。而高度受到束制的接合處，銲接後的冷縮也會造成穿過厚度之高應變的產生。這種局部應變可能遠大於材料的降伏應變，也是產生層狀撕裂的主要原因。因為一般鋼材構件在承受外部載重時，所產生的應力遠小於降伏應力，因此這種破壞都會發生在生產及施工過程中，如圖 1-5-2 所示。

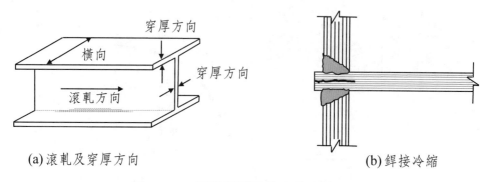

(a) 滾軋及穿厚方向　　　　　　　　　(b) 銲接冷縮

圖 1-5-2　層狀撕裂可能產生之位置

在正常常溫情況下，鋼結構是不必考慮到溫度對其材料性質的影響，但是在銲接施工或是火災時之高溫狀態下，就必須考慮溫度對材料性質的影響。在溫度超過 93°C（200°F）以上時，鋼材之應力－應變曲線開始呈現非線性的行為，其明顯的降伏點也開始消失。隨著溫度的提高，鋼材之彈性模數、降伏強度及張力強度都會跟著降低，溫度在 430～540°C（800～1000°F）時，其下降速率最大，如圖 1-5-3 所示。對於含碳量較高的鋼材，在溫度達 150～370°C（300～700°F）時會有明顯的應變老化現象。彈性模數在溫度超過 540°C（1000°F）後會急速的下降。其中較特殊的是在溫度達 260～320°C（500～600°F）以上時，鋼材會有潛變（Creep）的現象（一般只存在於混凝土中）。另外其他高溫的影響是：堅韌性提高、脆性提高及抗腐蝕性也提高 [1.78,1.80]。

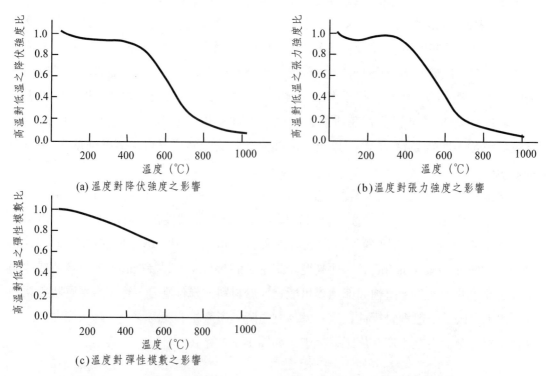

(a) 溫度對降伏強度之影響　　　　　　　(b) 溫度對張力強度之影響

(c) 溫度對彈性模數之影響

圖 1-5-3　溫度對降伏強度、張力強度及彈性模數之影響示意圖 [1.78]

　　早期使用鋼料的最大缺點是需要油漆保護，以防止腐蝕。如果在鋼材中加入銅合金原料，就可增加鋼材的抗腐蝕性（Corrosion Resistance），其耐腐蝕性可提高數倍，如圖 1-5-4 所示。其保護機制為當這類鋼材表面產生氧化作用時，會在表面產生一緊密的腐蝕層，可保護內部鋼材，使其不會繼續往內產生氧化而不需油漆保護，故又稱耐候鋼（Weathering Steels）[1.78,1.83]。

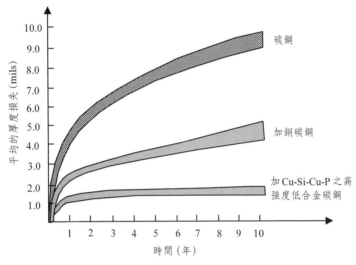

圖 1-5-4　不同鋼材之抗腐蝕性 [1.78]

　　鋼構件在熱軋成型後或組裝過程中殘存於內部之應力稱為殘餘應力（Residual Stress）。其形成的主要因素有下列各項：(1) 型鋼熱輾成型後，因快速冷卻或不均勻冷卻。(2) 構件組立時的冷彎或預拱作用。(3) 構件組立時之穿孔切割過程。(4) 銲接接合。如 H 型鋼，一般翼板都比腹板厚，故熱軋完成後翼板較腹板冷卻得慢，且翼板兩端及腹板中間部分冷卻較快而造成殘餘壓應力，而在翼板與腹板接合處冷卻較慢，因而造成殘餘張應力，如下圖所示。

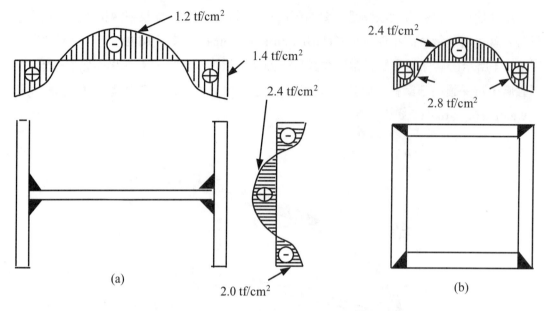

圖 1-5-5　組合型鋼之殘餘張應力示意圖

1-6 鋼構種類

鋼結構系統的種類如果依構件受力情形可分成：(1) 框架結構（Framed Structure），主要是由張力桿件、柱、梁及梁—柱等構件所組成的立體框架，一般傳統的民宅及辦公大樓大都屬於這類結構系統。(2) 薄殼式結構（Shell-Type Structure），主要由承受軸向力（大部分為張力）之薄殼元素所組成之結構，例如2008奧運北京的水立方。(3) 懸吊式結構（Suspension-Type Structure），主要是由張力纜繩組成支撐系統之結構。如世界最大跨度橋梁──日本明石海峽大橋。

如果依構件接合形式可分成：(1) 剛性構架（Rigid Frame），是假設所有梁與柱，梁與梁及柱與柱之接合皆為固接（保持交角不變）或稱完全束制，也就是能百分之百傳遞彎矩。所有摩天大樓之主要梁柱系統都是屬於這類。(2) 簡構架（Simple Frame），假設所有接頭只能傳遞剪力，而且可自由轉動，也就是所謂的鉸接，一般的桁架（Truss）都是使用這種接合，所有構件都是二力肢──只能承受張力及壓力，不能承受撓曲彎矩的作用。(3) 半剛性構架（Semi-Rigid Frame），介於剛性及簡構架之間，其接合為部分束制（Partially Restrained），也就是所謂的半剛性接頭。目前所謂半剛性構架的分析及設計，在相關規範中尚無明確的規範可依循。

　　在鋼結構系統中所使用之構件如果依外形及產製方式可分成：(1) 標準熱軋型鋼斷面（Standard Rolled Shapes），也就是構件是在煉鋼廠內，從熱熔的鋼料直接軋壓成固定形狀。因為是標準斷面，所以都有固定的尺寸，無法生產客製化產品，例如國內的 CNS 及美國 AISC 等都有提供這類斷面的標準尺寸。常見的標準熱軋型鋼斷面如圖 1-6-1 所示。

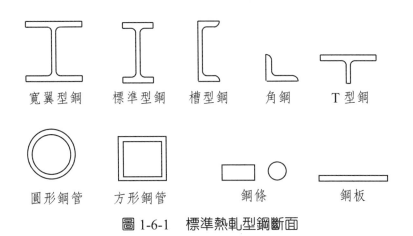

圖 1-6-1　標準熱軋型鋼斷面

　　一般 H 型鋼之表示方式在美國及我國略有不同。AISC 表示法為 Wd×w_t，例如 W36×300，其中 W 代表為寬翼斷面，如果是用 S 代表為標準斷面，W 後面第一組數字 36 代表斷面總深為 36 英寸，第二組數字 300 代表斷面單位重為每英尺 300 磅（lb/ft）。CNS 雖然採用類似 AISC 的標示法 Hd×w_t，例如 H930×176，其中 H 代表 H 型斷面，H 後面第一組數字 930 代表斷面總深為 930 公厘（mm），第二組數字 176 代表斷面單位重為每公尺 176 公斤（kgf/m）。但國內工程界常用標示法並未依照 CNS 之標準標示法，而是採用下列標示法：Hd×b_f×t_w×t_f，例如 H940×400×12×20，其中 H 代表 H 型斷面，H 後面第一組數字 940 代表斷面總深為 940 公厘（mm），第二組數字 400 代表翼板總寬為 400 公厘（mm），第三組數字 12 代表腹板厚度為 12 公厘（mm），第四組數字 20 代表翼板厚度為 20 公厘（mm）。(2) 冷軋型鋼斷面（Cold-Formed Shapes），是將鋼板在常溫下滾壓成特定型，一般只能用在厚度較薄鋼板，其設計規範不同，工程上常見斷面如圖 1-6-2 所示。

　　構件如果依受力情形可分成：(1) 張力構件（Tension Members），受純拉力之構件，不能承受壓力，如橋梁桁架系統中的下弦桿、房屋結構中的拉桿及斜張橋的拉索等等都屬這一類構件。(2) 撓曲構件（Flexible Members）或稱梁（Beam），主要以承受彎曲彎矩為主之構件，其軸力作用幾乎可以忽略不計，例如房屋建築結構中的水平構件——梁。(3) 純壓力構件（Compression Member）或稱為柱（Column），主要以承受軸壓為主之構件，其撓曲彎矩作用幾乎可以忽略不計，例如橋梁桁架系統中的上弦

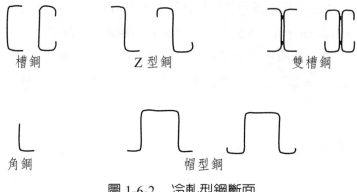

槽鋼　　　　　　　Z 型鋼　　　　　　　雙槽鋼

角鋼　　　　　　　　帽型鋼

圖 1-6-2　冷軋型鋼斷面

桿。(4) 梁—柱構件（Beam-Column），桿件同時承受軸力及彎曲力矩，在大部分的結構系統的構件都屬於這類，也就是說，大部分的構件都同時承受撓曲彎矩及軸力的作用，例如一般房屋建築結構中的直立構件——柱，所以一般在工程界中通常所指的柱，事實上大部分都屬於梁—柱桿件。

1-7 設計規範與法規

　　規範（Specification）及法規（Code）不管國內或國外，有時會被當成同義字使用。但是正確的定義還是略有不同。一般法規都是涵蓋比較大範圍的基本規定，可能包括全國性或地區性的法律規定，其內容可能又涵蓋很多不同特定領域的相關規範的定義。例如我國房屋建築的母法是建築法 [1.84]，在建築法第一條開宗明義就述明：「爲實施建築管理，以維護公共安全、公共交通、公共衛生及增進市容觀瞻，特制定本法；本法未規定者，適用其他法律之規定。」舉凡有關建築物的建築許可、建築基地、建築界限、施工管理、使用管理、拆除管理及罰則等都有明確的規定，例如在第一章總則內對建築物的起造人、設計人、監造人及承造人的資格都有明確的規定，不是任何人都可擔任。例如第十五條規定「本法所稱建築物之承造人爲營造業，以依法登記開業之營造廠商爲限。」第十六條規定「營造業應設置專任工程人員，負承攬工程之施工責任。」又如第八章罰則對於違反相關規定者可以處以勒令其停止業務、罰鍰、有期徒刑、拘役或併科罰金等等。在第九十七條又特別規定「有關建築規劃、設計、施工、構造、設備之建築技術規則，由中央主管建築機關定之。」

　　世界上最早的建築法據信應該是西元前十八世紀時，由巴比倫第一王朝的漢穆拉比（Hammurabi）君主所訂的漢穆拉比法典（Hammurabi Code），其中跟建築安全的規定如下 [1.3,1.85,1.86]：

1. 如果建造者未將房屋建造牢固，導致房子倒塌而壓死房子擁有者的話，則建造者將被處死。

2. 如果壓死的是房子擁有者之小孩的話，則建造者的小孩將被處死。

3. 如果壓死的是房子擁有者之僕人的話，則建造者必須給房子擁有者同樣價值的僕人。

4. 如果導致財產的毀損，則建造者必須自費重建所毀損的財產，也必須重建毀損的房子。

5. 如果建造者未將房屋建造符合需求，導致牆倒塌，則建造者必須自費修復補強該牆。

由上述世界上最古老的建築法規對建物安全性要求就知道，從古以來，每位工程師所負責任之重大，都是與人民生命、財產之安全息息相關的。目前國際上比較有名，且被大多數工程師所共同接受的建築法規是美國的「國際建築法」（International Building Code, IBC）[1.87]。

根據建築法第九十七條規定，我國建築物的主要技術法規是「建築技術規則」[1.88]，包括建築設計施工篇、建築構造編及建築設備篇，舉凡跟建築物的安全及使用性能有關規定，如：防火、消防設施、防空避難設備、施工安全措施、電氣設備、衛生設備、空調及通風設備、電信設備及結構設計（包含基礎構造、磚構造、木構造、鋼構造、混凝土構造、鋼骨鋼筋混凝土構造、冷軋型鋼構造等）的基本要求都放在這本法規裡面。在這裡面大都只有基本規定，對於更進一步詳細的專業技術規定，則必須再參考各專業領域相關的設計規範。例如有關結構設計部分，如果談到基礎設計，就必須再參照「建築物基礎構造設計規範」[1.85]。談到混凝土構造，就必須再參照「混凝土工程設計規範與解說」[1.89]。談到鋼構造，就必須再參照「鋼結構極限設計法規範及解說」及「鋼結構容許應力設計法規範及解說」[1.72,1.90]。而有關地震力及風力的計算，就須再另外參考「建築物耐震設計規範及解說」及「建築物耐風設計規範及解說」[1.91,1.92]等。所以可以說「建築技術規則」是我國建築設計的最基本技術法規。

規範是根據最新的知識及過去在實務上成功使用的經驗，所提供的一份一致性的文件，該文件一般只提供正常情況下的設計準則，而無法提供在實務上發生的其他非正常情況下的設計準則。所以根據規範的要求進行設計，只是設計的基本要求，工程師必須再根據其經驗及專業知識進行必要的專業判斷，以處理在實務上所面臨的各種特殊狀況或規範未詳細規定的事項。

鋼結構設計方法依其歷史沿革，大致可區分為容許應力設計法與極限設計法兩種。容許應力法（Allowable Stress Design Method, ASD），是過去一百年來鋼結構設計之主要理論根據。一直到十九世紀末出現了以或然率為基礎的限度（Limit States）

設計法概念後，整個發展重心就朝極限設法發展了[1.94,1.95]。

　　容許應力法或是通稱的工作應力法（Work Stress Method）：主要係假設在服務載重（Service Load）之下，鋼材之應力仍然在彈性限度（Elastic Limit）內，因此結構物所需的安全係數完全反映在材料的容許應力（Allowable Stress）上，如下式：

$$F_b = \frac{F_y}{F.S.}$$ （1.7.1）

式中：F_b：鋼材的撓曲容許應力

　　　　F_y：鋼材的降伏強度

　　　　F.S.：規範規定的安全係數（Factor of Safety）

$$f_b \leq F_b$$ （1.7.2）

式中：f_b：鋼材所承受的撓曲應力

　　　　F_b：鋼材的撓曲容許應力

目前我國最新的容許應力法設計規範是內政部在民國 96 年 6 月公布的《鋼結構容許應力設計法規範及解說》[1.90]。AISC 單行本的容許應力法設計規範最後版本是 1989 年發布，到了 2005 年 3 月容許應力法與極限強度法合在一齊成一本單一的鋼結構設計規範[1.82]。

　　極限設計法（Load and Resistance Factor Design, LRFD── 載重與阻抗因數設計法）：從 1980 年代開始，極限狀況設計（Limit States Design, LSD）逐漸受到重視後，1986 年 AISC 的 LRFD 規範正式發行。在新的設計觀念中同時考慮了載重及強度的不確定性（Uncertainty），以一階二次矩可靠性方法（First-order Second-moment Reliability Methods）[1.96] 來探討安全性的問題，如圖 1-7-1 所示。圖中曲線 R 代表強度，也就是材料、構件或結構系統的抵抗強度，而 Q 曲線代表外部載重產生的作用力。基本上這兩者都可以假設成是一種常態分布。在傳統設計觀念，一般都只考慮其平均值 R_m 及 Q_m，只要 $R_m > Q_m$ 就代表強度大於作用力，就不會有破壞產生。但當考慮其特性是常態分布的話，所謂破壞，指的是圖中兩曲線以下重疊的部分，已不是單一的值的比較，而是或然率的問題。在限度設計概念中採用了可靠度指標（Reliability Index）來作爲評估安全度的基準，如圖 1-7-2 所示。當 R/Q 小於 1 時就代表強度小於作用力，也就是破壞的產生，在圖 1-7-2 中是以自然對數的形式表示 R/Q 的產生機率曲線，所以 R/Q 小於 1，也就是 ln(R/Q) 小於零，代表了破壞的產生。在圖中，破壞線（ln(R/Q)=0 處）與 ln(R/Q) 平均值的距離是將 ln(R/Q) 的標準偏差乘上一個 β 倍數，此 β 值就是所謂的可靠度指標，β 值越大，就代表 ln(R/Q) 的平均值距離可能破壞的界限越遠，也就

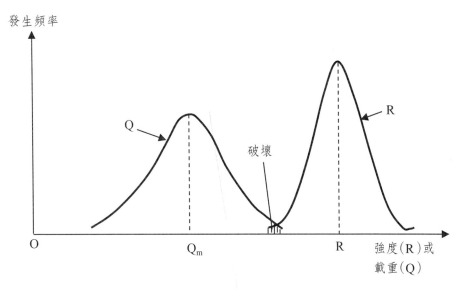

圖 1-7-1　強度 R 及載重 Q 產生機率之分布曲線

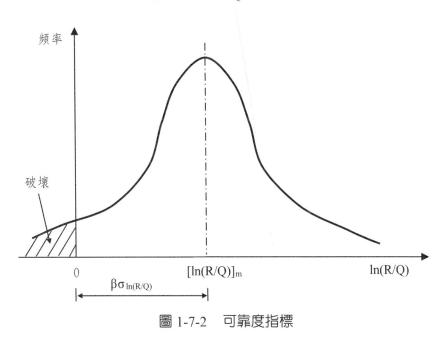

圖 1-7-2　可靠度指標

是其安全度較高，其表示式如下 [1.78,1.97]：

$$\sigma_{\ln(R/Q)} \approx \sqrt{V_R^2 + V_Q^2} \qquad (1.7.3)$$

式中：
$$V_R = \rho_R / R_m$$

$$V_Q = \rho_Q / Q_m$$

ρ_R、ρ_Q 代表強度及作用力的標準偏差值

R_m、Q_m 代表強度及作用力的平均值

$$\therefore \beta\sigma_{\ln(R/Q)} \approx \beta\sqrt{V_R^2 + V_Q^2} = \ln(R_m/Q_m) \qquad (1.7.4)$$

$$\therefore \beta = \frac{\ln(R_m/Q_m)}{\sqrt{V_R^2 + V_Q^2}} \qquad (1.7.5)$$

在我國極限設計法規範中，對可靠度指標的訂定，大致依循 AISC-LRFD 所訂的安全值。對於桿件只承受垂直載重作用時，其可靠度指標為 β = 3.0。在垂直載重及側向之風力共同作用下，(D + L + W)，其可靠度指標為 β = 2.5。而在垂直載重與側向之地震力共同作用下，(D + L + E)，則可靠度指標為 β = 1.75。規範對在短期載重下採用較小之可靠度指標與過去的設計理念是相符的。因為垂直載重作用基本上是一種靜態的長期作用力，而風力及地震力基本上是一種動態的短期作用力，短期作用力會使構件的實際抵抗力稍增。考慮此種影響，因此將垂直載重與側向作用力（風力或地震力）聯合作用下的可靠度指標，訂得比單獨垂直載重低 [1.72,1.82]。

極限設計規範基本上包含了強度（Strength）與適用性（Serivceability）兩種限度。適用性主要是針對建物使用者的感受，一般指的是變位、永久變形、裂縫及振動等之考量。在強度方面同時考量了強度及載重的不同特性，各給予不同的修正因子，其表示式如下：

$$\phi R_n \geq \sum \gamma_i Q_i \qquad (1.7.6)$$

或是

提供之強度 ≥ 放大載重

式中

  ϕ：強度折減係數（Understrength Factor），反映由於施工技術或管理的缺失、材料強度之不足，以及各構件在結構中重要性之不同所考慮的強度折減

  γ_i：超載係數（Overload Factor），反映載重可預期的精確程度（不確定度）

  R_n：標稱強度（Resistant Strength）

  ϕR_n：設計強度（Design Strength）

  Q_i：標稱載重（Loads）

  $\sum \gamma_i Q_i$：係數化載重（Factored Loads）或稱放大載重

公式（1.7.6）可又寫成

$$\frac{\phi R_n}{\gamma} \geq \sum Q_i \qquad (1.7.7)$$

及

$$\frac{R_n}{\gamma / \phi} \geq \Sigma Q_i \qquad (1.7.8)$$

或

$$\frac{R_n}{F.S.} \geq \Sigma Q_i \qquad (1.7.9)$$

所以基本上在極限設計法中之安全係數可以下式表示：

$$F.S. \approx \frac{\gamma}{\phi} \qquad (1.7.10)$$

鋼結構設計方法除了前述的極限設計法及容許應力設計法外，在 1989 年的 ASD 設計規範中有提供另一種設計方法──塑性設計（Plastic Design），這是在極限設計法出現以前的一種極限強度設計方法。係以斷面全部材料都能達到其極限強度為基本假設，並需在材料達到極限狀態時構件不會有不穩定、疲勞或脆裂等現象發生。也就是說，設計者必須能確定構件斷面的塑性鉸（Plastic Hinge）及結構系統的崩塌機構（Failure Mechanism）能夠充分形成，其表示式如下

$$R_n = M_p \qquad (1.7.11)$$

$$F.S. \approx \frac{\gamma}{\phi} = 1.7 \qquad (1.7.12)$$

$$M_p \geq 1.7 \Sigma Q_i \qquad (1.7.13)$$

但自從極限設計規範（LRFD）出現後，在該規範中已涵蓋塑性設計的概念，而且其考量因素又比塑性設計來得周詳及合理，因此已逐漸被極限設計規範所取代。

除了上述規範以外，工程界常用與鋼結構設計有關之其他相關規範，尚有：(1) 美國高速公路運輸省員協會（American Association of State Highway and Transportation Officials, AASHTO）的鋼結構設計規範。(2) 美國鐵路工程協會（American Railway Engineering Association, AREA）的鋼結構設計規範。(3) 美國銲接協會（Americm Welding Society, AWS）有關銲接材料及工法的規範。(4) 美國材料試驗協會（American Society for the Testing of Materials, ASTM）有關鋼材的材料規範等。

1-8 載重及安全條款

作用在結構物上之載重，主要可分為靜載重、活載重及環境載重三種，分別說明如下：

1. 靜載重（Dead Loads）

靜載重爲建築物本身各部分重量及固定於建築物上各物件之重量，如牆壁、隔間牆、梁柱、樓板、屋頂及天花板等，但可移動隔間牆不視爲靜載重。有關材料、屋面、天花板、地板面及牆壁重量之計算，我國「建築技術規則建築構造編」第 11 條至第 15 條均有明文規定。

2. 活載重（Live Loads）

垂直載重中不屬於靜載重者，均爲活載重，包括建築物室內人員、家具、設備、貯藏物品及活動隔間等。建築物構造之活載重，因樓地板用途而不同，故活載重的計算，應依樓地板用途或使用情形之不同，分別按實計算，但不得小於建築技術規則建築構造篇第 17 條最低活載重之規定。

3. 環境載重（Environmental Loads）

由建物周遭環境所產生而作用在建物結構體上的載重稱之。環境載重的大小，一般視地區氣候、地震、地質及環境特性等之條件而定，包括雪載重、風壓力、地震力、土壓力、水壓力、溫差及不均勻沉陷等等。當從事設計時，應依「建築技術規則建築構造編」第一章各節之規定詳細計算之。

建築物從規劃、設計、施工建造一直到完成使用的過程中，由於建築物施工順序的改變、或變更建築物原設計用途、或設計過程中過於簡化計算步驟而導致超載現象；或由於材料品質不佳、施工技術及管理的缺失而導致材料強度的不足等等皆會影響該建物之安全性。爲達到降低可能的破壞，防止建築物崩塌，以提高安全性，且爲獲得較經濟的設計，以降低工程造價之目的，在各國規範中，一般均訂有安全條款（Safety Provisions）之規定。決定安全因數大小的主要考慮因素如下：

1. 結構物破壞後，可能造成的災害程度。
2. 施工及檢測的可靠度。
3. 可能超載的程度及其大小。
4. 結構物破壞前，預警之可能性。
5. 構件對結構物的重要性。

一、極限設計法

極限設計規範對於安全條款規定，主要爲超載因數及強度因數兩種，即爲一般所稱載重因數（Load Factor, γ）及強度折減因數（Reduction Factor, ϕ）。其表示法如公式（1.7.6）所示。

載重因數的大小，反映於設計載重可預測的精確程度。若載重大小可準確預測，則

可乘上一較小的載重因數；若載重大小無法準確預測，則乘上一較大的載重因數。對作用在構材上各種不同的載重（L_i），如靜載重、活載重、風力、土壓力及地震力等，各給予一個載重因數（γ_i），則設計需要之放大設計載重（U）可表示為：

$$U = \sum \gamma_i Q_i \qquad (1.8.1)$$

一般載重因數（γ_i）隨著載重形式及組合而不同，規範規定之設計載重組合如下：

我國規範：

$$U = 1.4D \qquad (1.8.2)$$

$$U = 1.2D + 1.6L \qquad (1.8.3)$$

$$U = 1.2D + 0.5L + 1.6W \qquad (1.8.4)$$

$$U = 1.2D + 0.5L \pm 1.0E \qquad (1.8.5)$$

$$U = 0.9D \pm 1.0E \qquad (1.8.6)$$

$$U = 0.9D \pm 1.6W \qquad (1.8.7)$$

上式（1.8.4）與（1.8.5）中，若結構物之用途為車庫、公眾使用場所或活載重大於 0.5 tf/m² 時，L 之載重係數應為 1.0。

LRFD：

$$U = 1.4D \qquad (1.8.8)$$

$$U = 1.2D + 1.6L + 0.5 \,(L_r \text{ 或 S 或 R}) \qquad (1.8.9)$$

$$U = 1.2D + 1.6 \,(L_r \text{ 或 S 或 R}) + (1.0L \text{ 或 0.5W}) \qquad (1.8.10)$$

$$U = 1.2D + 1.0W + 1.0L + 0.5 \,(L_r \text{ 或 S 或 R}) \qquad (1.8.11)$$

$$U = 1.2D + 1.0E + 1.0L + 0.2S \qquad (1.8.12)$$

$$U = 0.9D + 1.0W \qquad (1.8.13)$$

$$U = 0.9D + 1.0E \qquad (1.8.14)$$

式中

    D：靜載重

    L：活載重

    L_r：屋頂活載重

S：雪載重

R：雨水或冰載重

E：地震力，其中起始降伏地震力放大係數 α_y 取 1.0。

W：風載重

上列公式（1.8.10）至公式（1.8.12）中之活載重 1.0L，除了停車場、公共場所及載重超過 500 kgf/m² （4.8 KN/m²）之區域外，可降爲 0.5L。如果風力 W 是以服務載重基準（Service-level Loads）時，公式（1.8.11）及公式（1.8.13）中之風載重 1.0W 需以 1.6W 取代，公式（1.8.10）中之風載重 0.5W 需以 0.8W 取代。上列風力係數之調整是因爲在 ASCE 7[1.98] 規範中已經將風力載重提高到強度基準（Strength Level），因此，如果風力載重是使用服務載重，則風力係數需恢復爲 1.6 及 0.8。

任何結構物最重要的是設計強度或承載能力在結構物使用期間內，必須能安全的承受任何可能發生的最大載重。換言之，就是各構件的設計強度必須大於結構物的需要強度。但由於施工技術或管理的缺失（如構件斷面尺寸不正確及混凝土澆置產生蜂窩等）、材料強度的不足及其他原因所引起的變化等，致使各構件的設計強度，可能與其理論承載能力有所差異。另外在工程設計時，由於所使用之設計方式的不準確性也可能造成設計強度的不足。而且不同構件在結構中其重要程度也不盡相同，在受載重後之韌性（Ductility）行為及可靠度（Reliability）也都有所差異。故應考慮一強度折減因數，以增加構件的安全性。強度折減因數乃是隨著構件擔負之承載能力不同而異，一般而言，當承受載重時，若其延展性大、可靠度高、重要性低的構件，則強度折減因數值較大；反之，若其延展性小、可靠度低、重要性高的構件，則強度折減因數值較小。例如柱之折減因數值（ϕ）較梁爲小，係因柱之延展性較差、一經破壞所造成之災害較梁的破壞更爲慘重。有關強度折減因數（ϕ），依我國極限設計規範規定如下表[1.72]：

表 1-8-1　我國極限設計規範中之強度折減係數

構　　件	極限狀態	強度折減係數
張力桿件	降伏極限狀態	0.9
	撕裂極限狀態	0.75
壓力桿件	—	0.85
撓曲桿件	—	0.9
組合梁	—	0.85
銲　　接	依銲接方式不同而定	0.75
		0.8
		0.9

表 1-8-1　我國極限設計規範中之強度折減係數（續）

構　　　件	極限狀態	強度折減係數
螺栓接合	張力及承壓強度極限狀態	0.75
	承壓型螺栓剪力極限狀態	0.65
	摩阻型螺栓剪力極限狀態	1.0
接合剪力斷裂	接合之剪力斷裂極限狀態	0.75
腹板或翼板承受集中力	翼板局部彎曲	0.9
	腹板局部降伏	1.0
	腹板壓褶	0.75
	腹板承壓壓屈	0.9
	腹板側移壓屈	0.85

二、容許應力設計法

（一）我國規範

沒有載重因數，假定在服務載重（Service Load）下，鋼材仍然在彈性範圍內。所以安全係數是完全反映在鋼材的有效應力上，也就是所謂的容許應力（Allowable Stress），其表示式如公式（1.7.2）及公式（1.7.3）。我國規範所採用的安全係數大小，根據構件的特性大致採用如下：

$$F.S. = 1.67：張力桿件、梁及短柱$$
$$F.S. = 1.92：長柱$$
$$F.S. = 2.5 \sim 3.0：接合器$$

所以規範規定的容許應力大致如下：

容許張應力：$F_t = 0.60F_y$（張力構件在無樞孔處）
$$= 0.45F_y（張力構件在樞孔處）$$
容許剪應力：$F_v = 0.40F_y$
容許壓應力：$F_a = 0.0 \sim 0.60F_y$（依細長KL/r而變）
容許彎曲應力：$F_b = 0.66F_y$
$$= 0.75F_y$$
$$= 0.60F_y$$
容許支承應力：$F_p = 0.90F_y$

規範規定的載重組合如下：

$$U = D + L$$
$$= D + 0.75（L \pm 0.8E）$$
$$= D + 0.75（L \pm 1.25W）$$
$$= 0.7D \pm 0.8E$$
$$= 0.7D \pm 1.25W$$

D：靜載重

L：活載重

E：地震力，其中起始降伏地震力放大係數 α_y 取 1.0

W：風載重

（二）AISC-ASD

AISC 從 2005 年版開始，已經將容許應力法（ASD）併入極限設計法內（LRFD），直接採用公式（1.7.9）的方式，規定各構件的安全係數為 Ω（為公式（1.7.9）中之 F.S.），將極限設計法求得之標稱強度除以安全係數 Ω，以得到工作載重下的容許載重；或是將極限設計法求得之標稱應力除以安全係數，以得到工作載重下的容許應力。AISC-ASD 規定各類構件之安全係數大致如下：

表 1-8-2　AISC-ASD 規範中之安全係數 Ω

構　　件	極限狀態	安全係數 Ω
張力桿件	降伏極限狀態	1.67
	撕裂極限狀態	2.00
壓力桿件	—	1.67
撓曲桿件	—	1.67
組合梁	—	2.00
銲　　接	依銲接方式不同而定	1.67
		1.88
		2.00
螺栓接合	張力、剪力及承壓強度	2.00
	承壓型受張力及剪力	2.00
	摩阻型在工作載重下	1.50
	摩阻型在需求強度下	1.76

表 1-8-2　AISC-ASD 規範中之安全係數 Ω（續）

構 件	極限狀態	安全係數 Ω
腹板或翼板承受集中力	翼板局部彎曲	1.67
	腹板局部降伏	1.50
	腹板壓褶	2.00
	腹板承壓挫屈	1.67
	腹板側移挫屈	1.76

1-9 計量單位

有關計量單位，目前歐美地區的工程界大多以英制（FPS 制）為主，我國則以公制（MKS 制）為主。但在世界其他各地區，目前已逐漸統一採用國際單位制（SI 制），特別是學術界更為普遍採用。鋼結構設計所涉及的公式，大致可分為經驗公式與理論公式兩大類。不論是經驗公式或理論公式，常會因使用單位制的不同而有所區別，尤其是經驗公式中所含之常數項常為有單位之常數，會因不同的單位制而產生完全不同之數值。故對於經驗公式在不同單位制間之轉換，乃是一項相當重要的工作。茲將經驗公式單位之轉換步驟歸納說明如下：(1) 應用因次齊次性定理，分析經驗公式中所含常數之因次。(2) 確定經驗公式中所含常數之單位。(3) 利用表 1-9-1 中各種單位制間之換算關係，決定各經驗公式中所含之常數大小。

公制（MKS 制）、英制（FPS 制）及國際單位制（SI 制）三種單位制基本單位之換算關係如表 1-9-1 所示：

表 1-9-1　MKS 制、FPS 制及 SI 制換算關係表

類別	MKS 制	FPS 制	SI 制	換算關係
力	公斤 (kgf)	磅 (lb)	牛頓 (N)	1 kgf = 2.2046 lb = 9.81 N 1 lb = 4.448 N = 0.454 kgf 1 N = 0.102 kgf = 0.2248 lb
長度	公尺 (m)	呎 (ft)	公尺 (m)	1 m = 3.2808 ft = 39.37 in 1 ft = 0.3048 m = 30.48 cm 1 ft = 12 in, 1 in = 2.54 cm
面積	平方公尺 (m^2)	平方呎 (ft^2)	平方公尺 (m^2)	1 m^2 = 10.76 ft^2 = 1550 in^2 1 ft^2 = 0.0929 m^2 = 929 cm^2 1 in^2 = 6.452 cm^2

表 1-9-1　MKS 制、FPS 制及 SI 制換算關係表（續）

類別	MKS 制	FPS 制	SI 制	換算關係
應力	kgf/cm^2	lb/in^2	kN/m^2	$1\ kgf/cm^2 = 14.2234\ lb/in^2 = 98.1\ kN/m^2$ $1\ lb/in^2 = 6.895\ kN/m^2 = 0.0703\ kgf/cm^2$ $1\ kN/m^2 = 0.0102\ kgf/cm^2 = 0.145\ lb/in^2$
均布載重	kgf/m	lb/ft	N/m	$1\ kgf/m = 0.672\ lb/ft = 9.81\ N/m$ $1\ lb/ft = 14.59\ N/m = 1.4882\ kgf/m$ $1\ N/m = 0.102\ kgf/m = 0.0685\ lb/ft$
彎曲力矩	$kgf\text{-}m$	$lb\text{-}ft$	$N\text{-}m$	$1\ kgf\text{-}m = 7.2329\ lb\text{-}ft = 9.81\ N\text{-}m$ $1\ lb\text{-}ft = 1.356\ N\text{-}m = 0.1383\ kgf\text{-}m$ $1\ N\text{-}m = 0.102\ kgf\text{-}m = 0.7376\ lb\text{-}ft$
單位重	tf/m^3	$kips/ft^3$	kN/m^3	$1\ tf/m^3 = 0.0624\ kips/ft^3 = 9.81\ kN/m^3$ $1\ kips/ft^3 = 157.07\ kN/m^3 = 16.0167\ tf/m^3$ $1\ kN/m^3 = 0.1020\ tf/m^3 = 0.00637\ kips/ft^3$

例 1-9-1

　　試將型鋼結實斷面翼板之寬厚比公式 $b_f / 2t_f \le 65/\sqrt{F_y}$（英制），由英制計算式轉換為公制計算式。其中 b_f 及 t_f 之單位為 in，F_y 為 ksi，轉換後 b_f 及 t_f 之單位為 cm，F_y 為 tf/cm^2。

解：

1. 推算英制計算式中，係數 65 之單位：

   假設係數 65 之單位為 x，由因次分析得知：

   $$in / in = x / \sqrt{ksi}\quad（英制）$$
   $$x = \sqrt{ksi}$$

   所以，係數 65 之單位為 $\sqrt{ksi}$。

2. 推算公制計算式中，係數之單位：

   假設公制計算式之係數為 A，又係數 A 之單位為 y：

   由因次分析得知：

   $$cm/cm = y / \sqrt{tf/cm^2}\quad（公制）$$
   $$y = \sqrt{tf/cm^2}$$

   所以，係數 A 之單位為 $\sqrt{tf/cm^2}$。

3. 將英制計算式轉換為公制計算式：

   係數 A 之單位應由英制 $\sqrt{ksi}$ 轉換成公制 $\sqrt{tf/cm^2}$。

$b_f / 2t_f \leq A / \sqrt{F_y(tf/cm^2)}$ （公制）

係數$A = 65 \times \sqrt{0.0703} = 17.23 \cong 17$

$b_f / 2t_f \leq 17 / \sqrt{F_y(tf/cm^2)}$ （公制計算式）

例 1-9-2

試將梁之無側撐長度公式 $L_p = \dfrac{300}{\sqrt{F_y}} \cdot r_y$ （英制），由英制計算式轉換爲公制計算式。其中 L_p 及 r_y 之單位爲 in，F_y 爲 ksi，轉換後 L_p 及 r_y 之單位爲 cm，F_y 爲 tf/cm^2。

解：

1. 推算英制計算式中，係數 300 之單位：

   假設係數 300 之單位爲 x，由因次分析得知：

   $in = \dfrac{x}{\sqrt{ksi}} \cdot in$ （英制）

   $x = \sqrt{ksi}$

   所以，係數 300 之單位爲 $\sqrt{ksi}$。

2. 推算公制計算式中，係數之單位：

   假設公制計算式之係數爲 A，又係數 A 之單位爲 y：

   由因次分析得知：

   $cm = \dfrac{y}{\sqrt{tf/cm^2}} \cdot cm$ （公制）

   $y = \sqrt{tf/cm^2}$

   所以，係數 A 之單位爲 $\sqrt{tf/cm^2}$。

3. 將英制計算式轉換爲公制計算式：

   係數 A 之單位應由英制 $\sqrt{ksi}$ 轉換成公制 $\sqrt{tf/cm^2}$

   $L_p = \dfrac{A}{\sqrt{F_y(tf/cm^2)}} \cdot r_y$ （公制）

   係數$A = 300 \times \sqrt{0.0703} = 79.54 \cong 80$

   $L_p = \dfrac{80}{\sqrt{F_y(tf/cm^2)}} \cdot r_y$ （公制計算式）

例 1-9-3

試將梁之無側撐長度公式 $L_{pd} = \dfrac{3600 + 2200(M_1/M_p)}{F_y(ksi)} \cdot r_y$（英制），由英制計算式轉換為公制計算式。其中 L_{pd} 及 r_y 之單位為 in，F_y 為 ksi，M_1 及 M_p 為 kips-in，轉換後 L_{pd} 及 r_y 之單位為 cm，F_y 為 tf/cm²，M_1 及 M_p 為 tf-cm。

解：

1. 推算英制計算式中，係數 3600 及 2200 之單位為 ksi。
2. 推算公制計算式中，係數單位為 tf/cm²。
3. 將英制計算式轉換為公制計算式：

$3600 \times 0.0703 = 253.08 \cong 250$

$2200 \times 0.0703 = 154.66 \cong 150$

$L_{pd} = \dfrac{250 + 150(M_1/M_p)}{F_y(tf/cm^2)} \cdot r_y$（公制計算式）

例 1-9-4

試將柱之極限抗壓應力公式 $F_{cr} = [0.658^{F_y/F_e}]F_y$（英制），由英制計算式轉換為公制計算式。其中 F_{cr}、F_y 及 F_e 之單位皆為 ksi，轉換後 F_{cr}、F_y 及 F_e 之單位為 tf/cm²。

解：

由英制公式中比對左側之 F_{cr} 與右側之 F_y，得知中括號內之參數 $0.658^{F_y/F_e}$ 為無單位之純值，因為 F_y/F_e 也為無單位之純值，所以係數 0.658 也為無單位之純值。因係數 0.658 為純值，所以無單位轉換問題，公制公式與英制公式相同為 $F_{cr} = [0.658^{F_y/F_e}]F_y$。

例 1-9-5

試將 H 型鋼翼板寬厚比公式 $\dfrac{b}{t} \le 0.56\sqrt{\dfrac{E}{F_y}}$（英制），由英制計算式轉換為公制計算式。其中 F_y 及 E 之單位為 ksi，b 及 t 之單位為 in，轉換後 F_y 及 E 之單位為 tf/cm²，b 及 t 之單位為 cm。

解：

在英制公式中左側之 b/t 為無單位之純值，右側之 E/F_y 也為無單位之純值，因

此係數 0.56 爲無單位之純值，所以無單位轉換問題，公制公式與英制公式相同，爲

$$\frac{b}{t} \leq 0.56\sqrt{\frac{E}{F_y}} \text{ 。}$$

例 1-9-6

試將細長未加勁肢強度修正係數公式 $Q_s = 1.908 - 1.22(\frac{d}{t})\sqrt{\frac{F_y}{E}}$（英制），由英制計算式轉換爲公制計算式。其中 F_y 及 E 之單位爲 ksi，d 及 t 之單位爲 in，Q_s 爲無單位之純值，轉換後 F_y 及 E 之單位爲 tf/cm^2，d 及 t 之單位爲 cm，Q_s 仍爲無單位之純值。

解：

在英制公式中，因爲左側之 Q_s 爲無單位之純值，所以右側之 1.908 也爲無單位之純值，左側之 d/t 爲無單位之純值，F_y/E 也爲無單位之純值，因此係數 1.22 爲無單位之純值，所以無單位轉換問題，公制公式與英制公式相同，爲 $Q_s = 1.908 - 1.22(\frac{d}{t})\sqrt{\frac{F_y}{E}}$。

參考文獻

1.1　鋼鐵數位博物館網站：http://museum.csc.com.tw/

1.2　Madeleine Durand-Charre, Microstructure of Steels and Cast Irons, Translated by James H. Davidson B.Met. Ph.D., Springer-Verlag Berlin Heidelberg, New York, 2004

1.3　Bryan Bunch & Alexander Hellemans, The History of Science and Technology, Houghton Mifflin Company, Boston, New York, 2004

1.4　蔡瑞昌，「鋼鐵的知識（二）」，科學月刊，1973 年 9 月，第 45 期

1.5　謝之駿，「百鍊成鋼──煉鐵煉鋼的真功夫」，科學發展，417 期，2007 年 9 月，pp.44～48

1.6　（明）宋應星，天工開物，1637

1.7　北京科學出版社，中國古代建築技術史，博遠出版有限公司，1993 年 5 月

1.8　（明）方以智，物理小識，收入「景印文淵閣四庫全書」，第 867 冊，臺灣商務印書館，台北，1983

1.9 李國豪主編，「土木建築工程史略年表」，土木建築工程詞典，上海辭書出版社，上海，中國，1991 年 1 月

1.10 （明）宋應星原著，潘吉星譯注，天工開物，台灣古籍，臺北市，2004

1.11 維基百科全書，http://en.wikipedia.org/wiki/Cementation_process

1.12 許麗雯總編輯，教你看懂天工開物，高談文化事業有限公司，臺北市，2005 年

1.13 維基百科全書網，http://en.wikipedia.org/wiki/Puddling_furnace

1.14 中國廣州網 - 光孝寺，http://www.guangzhou.gov.cn/node_464/ node_468/node_635/ node_638/2005-07/112200313361556.shtml

1.15 維基百科全書網，http://zh.wikipedia.org/wiki/ 光孝寺

1.16 百度百科網，http://baike.baidu.com/view/937737.html

1.17 互動百科網，http://www.hudong.com/wiki/ 玉泉鐵塔

1.18 百度百科網，http://baike.baidu.com/view/34763.html

1.19 互動百科網，http://www.hudong.com/wiki/ 盤江鐵索橋

1.20 百度百科網，http://baike.baidu.com/view/1481657.html

1.21 維基百科全書網，http://zh.wikipedia.org/wiki/ 瀘定橋

1.22 維基百科全書網，http://en.wikipedia.org/wiki/Abraham_Darby_III

1.23 InfoBritain 網站，http://www.infobritain.co.uk/Ironbridge.htm

1.24 維基百科全書網，http://en.wikipedia.org/wiki/Thomas_Paine

1.25 Steven Kreis, "The History Guide, Lectures on Modern European Intellectual History", http://www.historyguide.org/intellect/paine.html

1.26 Alfred Jules Ayer, Thomas Paine, Unversity of Chicago Press, 1990

1.27 維基百科全書網，http://en.wikipedia.org/wiki/James_Finley_(engineer)

1.28 Nationmaster 網站，http://www.nationmaster.com/encyclopedia/James-Finley-(engineer)

1.29 維基百科全書網，http://en.wikipedia.org/wiki/Thomas_Telford

1.30 張文亮，「由失樂園到豐盛之地──泰爾‧福德與土木工程學系的由來」，科學發展，2003 年 2 月，362 期，36～43 頁

1.31 Lawrence P. Grayson, "Civil Engineering Education: an Historical Perspective," Civil Engineering History-Engineers Makes History, American Society of Civil Engineers, 1996, pp.44-52

1.32 Ellis, K., Thomas Telford--Father of Civil Engineering, Wayland Publishers Ltd., British., 1974

1.33 維基百科全書網，http://en.wikipedia.org/wiki/Brooklyn_Bridge

1.34 百度百科網，http://baike.baidu.com/view/71153.htm

1.35 互動百科網，http://www.hudong.com/wiki/ 布魯克林大橋

1.36 維基百科全書網，http://zh.wikipedia.org/wiki/ 艾菲爾鐵塔

1.37 百度百科網，http://baike.baidu.com/view/29908.htm

1.38 維基百科全書網，http://en.wikipedia.org/wiki/Skyscraper

1.39 維基百科全書網，http://en.wikipedia.org/wiki/Burj_Dubai

1.40 比斯杜拜塔官方網站，http://www.burjdubai.com/

1.41 摩天大樓網頁，http://skyscraperpage.com/cities/?buildingID = 18

1.42 維基百科全書網，http://en.wikipedia.org/wiki/Golden_Gate_Bridge

1.43 金門大橋官方網站，http://www.goldengatebridge.org/

1.44 維基百科全書網，http://zh.wikipedia.org/wiki/ 西螺大橋

1.45 百度百科網，http://baike.baidu.com/view/365674.htm

1.46 維基百科全書網，http://zh.wikipedia.org/wiki/ 南京長江大橋

1.47 百度百科網，http://baike.baidu.com/view/59042.htm

1.48 亨伯橋官方網站，http://www.humberbridge.co.uk/

1.49 維基百科全書網，http://en.wikipedia.org/wiki/Humber_Bridge

1.50 維基百科全書網，http://zh.wikipedia.org/wiki/ 亨伯橋

1.51 維基百科全書網，http://zh.wikipedia.org/wiki/ 明石海峽大橋

1.52 維基百科全書網，http://en.wikipedia.org/wiki/Akashi-Kaikyo_Bridge

1.53 百度百科網，http://baike.baidu.com/view/129680.htm

1.54 維基百科全書網，http://zh.wikipedia.org/wiki/ 多多羅大橋

1.55 維基百科全書網，http://en.wikipedia.org/wiki/Tatara_Bridge

1.56 百度百科網，http://baike.baidu.com/view/636222.htm

1.57 維基百科全書網，http://en.wikipedia.org/wiki/Millau_Viaduct

1.58 百度百科網，http://baike.baidu.com/view/87813.html

1.59 維基百科全書網，http://zh.wikipedia.org/wiki/ 密佑高架橋

1.60 互動百科網，http://www.hudong.com/wiki/ 密佑高架橋

1.61 維基百科全書網，http://zh.wikipedia.org/wiki/ 台北 101

1.62 維基百科全書網，http://en.wikipedia.org/wiki/Taipei_101

1.63 摩天大樓網頁，http://skyscraperpage.com/cities/?buildingID = 18

1.64 維基百科全書網，http://zh.wikipedia.org/wiki/ 斜張橋

1.65 維基百科全書網，http://zh.wikipedia.org/wiki/ 蘇通長江公路大橋

1.66 百度百科網，http://baike.baidu.com/view/532716.htm

1.67 維基百科全書網，http://en.wikipedia.org/wiki/Sutong_Bridge

1.68 中國國家標準，CNS2473 一般結構用軋鋼料，經濟部中央標準局，民國 95 年 12 月 1 日

1.69 中國國家標準，CNS2947 銲接結構用軋鋼料，經濟部中央標準局，民國 92 年 4 月 8 日

1.70 中國國家標準，CNS4269 銲接結構用耐候性熱軋鋼料，經濟部中央標準局，民國 91 年 5 月 16 日

1.71 中國國家標準，CNS13812 建築結構用軋鋼料，經濟部中央標準局，民國 92 年 4 月 8 日

1.72 內政部，鋼構造建築物鋼結構設計技術規範（二）鋼結構極限設計法規範及解說，營建雜誌社，民國 96 年 7 月

1.73 ASTM A307, Stand Specification for Carbon Steel Bolts and Studs, 60000Psi Tensile Strength, American Society for Testing and Materials, 2003

1.74 ASTM A325, Stand Specification for Structural Bolts, Steel, Heat Treated, 120/105 Ksi Minimum Tensile Strength, American Society for Testing and Materials, 2004

1.75 ASTM A449, Stand Specification for Quenched and Tempered Steel Bolts and Studs, American Society for Testing and Materials, 2004

1.76 ASTM A490-04, Stand Specification for Structural Bolts, Alloy Steel, Heat Treated, 150Ksi Mininum Tensile Strength, American Society for Testing and Materials, 2004

1.77 Research Council on Structural Connections. Commentary on Specifications for Structural Joints Using ASTM A325 or A490 Bolts. Chicago, IL, American Institute of Steel Construction, Nov. 13, 1985

1.78 C. G. Salmon & J. E. Johnson, Steel Structures-Design and Behaviou, 4th Ed., Harper Collins Publishers Inc., 1997

1.79 AISI, Specification for the Design of Cold-Formed Steel Structural Members, American Iron and Steel Institute, Washington, DC, Sept. 1980

1.80 R.L.Brockenbrough & B.G. Johnston, Steel Design Manual, Pittsburgh, PA, United States Steel Corporration, 1968

1.81 A Primer on Brittle Fracture, Booklet 1960-A, Steel Design File, Bethlehem Steel Corporation, Bethlehem, PA

1.82 AISC360-10, Specification for Structural Steel Buildings, American Institute of Steel Construction, Inc., Chicago, IL, 2010

1.83 C. P. Larrabee, "Corrosion Resistance of High-Strength Low-Alloy Steels as Influenced by Composition and Environment," Corrosion, 9, August 1953, pp.259-271

1.84 內政部，建築法，民國 94 年 1 月

1.85 內政部，建築物基礎構造設計規範，中華民國大地工程學會主編，營建雜誌社，民國 90 年 10 月

1.86 Henry Petroski, To Engineer is Human, The Role of Failure in Successful Design, Vintage Books, New York, 1992

1.87 The Code of Hammurabi, Translated by W. King, 1910

1.88 內政部，建築技術規則，營建雜誌社，民國 97 年 3 月

1.89 中國土木水利工程學會，混凝土工程設計規範與解說，土木 401-100，混凝土工程委員會，科技圖書股份有限公司，民國 100 年 11 月

1.90 內政部，鋼構造建築物鋼結構設計技術規範（一）鋼結構容許應力設計法規範及解說，營建雜誌社，民國 96 年 7 月

1.91 內政部，建築物耐震設計規範及解說，營建雜誌社，民國 95 年 1 月

1.92 內政部，建築物耐風設計規範及解說，營建雜誌社，民國 95 年 10 月

1.93 IBC, International Building Code, International Code Council, Inc. , Jan., 2006

1.94 Geerhard Haaijer, "Limit States Design-A Tool for Reducing the Complexity of Steel Structures," AISC National Engineering Cinference, March 4, 1983

1.95 D. J. Laurie Kennedy, "Limit States Design of Steel Structures in Canada," J. of Structural Engineering, ASCE, 110, 2, Feb. 1984, pp.275-290

1.96 Bruce Ellingwood, T.V. Galambos, J.G. MacGregor & C.A. Cornell, Development of a Probability Based Load Croterion for American National Standard A58, NBS Special Publication 577, Washington DC, US Department of Commerce, National Bureau of Standards, 1980

1.97 AISC, Commentary on the Load and Resistance Factor Design Specification for Structural Steel Buildings, Chicago, IL, American Steel Construction, 1986

1.98 ASCE/SEI 7-10 Minimum Design Loads for Buildings and Other Structures, American Society of Civil Engineers, 2010

習題

1-1 試說明鋼與鐵的區別？

1-2 試說明人類老祖宗使用鐵的簡史？

1-3 何謂生鐵？何謂熟鐵？

1-4 人類早期如何將生鐵轉成鋼？

1-5 人類早期如何將熟鐵轉成鋼？

1-6 試說明人類用來煉鐵所使用燃料的進化過程為何？

1-7 何謂焦炭（Coke）？

1-8 我國最早的鋼材大約出現在何時？

1-9 歐洲最早的鋼材大約出現在何時？

1-10「天工開物」是何時之著作？何人所編？內容為何？

1-11 現代商業化大量煉鋼的關鍵技術在何時出現？何人發明？

1-12 何謂 LD 轉爐法煉鋼？

1-13 我國現存最古老的鋼鐵結構為何？何時建成？

1-14 我國最早出現的鐵鏈橋是哪一座？建於何時？跨度大約有多長？

1-15 在歐洲出現的最早鐵橋是哪一座？建於何時？跨度大約有多長？

1-16 目前世界上跨度最大的橋梁是哪一座？跨度為何？建於何時？

1-17 目前世界上高度最高的摩天大樓是哪一棟？高度為何？建於何時？

1-18 依 ASTM 規定目前鋼結構工程常用的鋼料有哪些？

1-19 依 CNS 規定目前鋼結構工程常用的鋼料有哪些？

1-20 試簡述目前鋼結構工程常用的螺栓有哪些？

1-21 解釋名詞：

    a. 淬火（Quenching）

    b. 回火（Tempering）

    c. 降伏強度（Yield Stress）

    d. 堅韌性（Toughness）

    e. 延展性（Ductility）

    f. 應變硬化（Strain Hardening）

    g. 彈性模數（Modulus of Elasticity）

    h. 冷作（Cold Work）

    i. 應變老化（Strain Aging）

    j. 柏松比 μ（Poisson's Ratio）

    k. 彈性剪力模式（Shear Modulus of Elasticity）

    l. 潛變（Creep）

    m. 脆裂破壞（Brittle Fracture）

    n. 薄片狀撕裂（Lamellar Tearing）

    o. 疲勞強度（Fatique Strength）

  p. 殘餘應力（Residual Stress）

  q. 超載因子（Over Load Factor）

  r. 強度折減因數（Understrength Factor）

1-22 試説明如何決定鋼材之降伏強度？

1-23 試説明溫度對鋼材工程性質之影響為何？

1-24 何謂耐候鋼？

1-25 鋼結構系統如果依構件受力情形可分成哪幾類？

1-26 何謂熱軋型鋼？何謂冷軋型鋼？何謂組合型鋼？

1-27 鋼結構構件如果依構件受力情形可分成哪幾種？

1-28 試説明法規與規範有何不同？

1-29 試説明我國目前建築物設計建造之主要法規為何？

1-30 試説明我國目前鋼構建築物設計之主要規範為何？

1-31 試説明美國目前建築物設計建造之主要法規為何？

1-32 試説明美國目前鋼構建築物設計之主要規範為何？

1-33 何謂 ASD？

1-34 何謂 LRFD？

1-35 試説明 ASD 與 LRFD 之設計邏輯有何異同？

1-36 何謂可靠度指標？

1-37 試説明決定安全因數大小的主要項目為何？

1-38 何謂載重因數？何謂強度折減因數？

1-39 試將受局部壓屈之壓力桿件之修正係數公式 $Q_s = 1.34 - 0.00447(b/t)\sqrt{F_y}$（英制），由英制計算式轉換為公制計算式，其中 F_y 之單位為 psi，b、t 為 in，轉換後 b、t 之單位為 cm，F_y 之單位為 tf/cm^2。

1-40 試將受局部壓屈之壓力桿件之修正係數公式 $Q_s = 1.34 - 0.00447(b/t)\sqrt{F_y}$（英制），由英制計算式轉換為公制計算式，其中 F_y 之單位為 psi，b、t 為 in，轉換後，b、t 之單位為 cm，F_y 之單位為 tf/cm^2。

1-41 試將型鋼結實斷面翼板之寬厚比公式 $b_f/2t_f \leq 65/\sqrt{F_y}$（英制），由英制計算式轉換為公制計算式。其中 b_f 及 t_f 之單位為 in，F_y 為 ksi，轉換後 b_f 及 t_f 之單位為 cm，F_y 為 tf/cm^2。

1-42 試將梁之無側撐長度公式 $L_p = \dfrac{300}{\sqrt{F_y}} \cdot r_y$（英制），由英制計算式轉換為公制計算式。其中 L_p 及 r_y 之單位為 in，F_y 為 ksi，轉換後 L_p 及 r_y 之單位為 cm，F_y 為 tf/cm^2。

1-43 試將梁之無側撐長度公式 $L_{pd} = \dfrac{3600 + 2200(M_1/M_p)}{F_y} \cdot r_y$ （英制），由英制計算式轉換為公制計算式。其中 L_{pd} 及 r_y 之單位為 in，F_y 為 ksi，M_1 及 M_p 為 kips-in，轉換後 L_{pd} 及 r_y 之單位為 cm，F_y 為 tf/cm^2，M_1 及 M_p 為 tf-cm。

1-44 試將 H 型鋼翼板寬厚比公式 $\dfrac{b}{t} \le 0.38\sqrt{\dfrac{E}{F_y}}$ （英制），由英制計算式轉換為公制計算式。其中 F_y 及 E 之單位為 ksi，b 及 t 之單位為 in，轉換後 F_y 及 E 之單位為 tf/cm^2，b 及 t 之單位為 cm。

1-45 試將 H 型鋼腹板寬厚比公式 $\dfrac{h_c}{t_w} \le \dfrac{\dfrac{h_c}{h_p}\sqrt{\dfrac{E}{F_y}}}{(0.54\dfrac{M_p}{M_y} - 0.09)^2}$ （英制），由英制計算式轉換為公制計算式。其中 h_c、t_w 及 h_p 之單位為 in，F_y 及 E 之單位為 ksi，M_p 及 M_y 之單位為 kips-in，轉換後 h_c、t_w 及 h_p 之單位為 cm，F_y 及 E 之單位為 tf/cm^2，M_p 及 M_y 之單位為 tf-cm。

1-46 試將細長圓鋼管斷面之強度修正係數公式 $Q_a = \dfrac{0.038E}{F_y(D/t)} + \dfrac{2}{3}$ （英制），由英制計算式轉換為公制計算式。其中 F_y 及 E 之單位為 ksi，D 及 t 之單位為 in，Q_a 無單位之純值，轉換後 F_y 及 E 之單位為 tf/cm^2，D 及 t 之單位為 cm，Q_a 為無單位之純值。

1-47 試將無側撐長度公式 $L_p \le 1.76r_y\sqrt{\dfrac{E}{F_y}}$ （英制），由英制計算式轉換為公制計算式。其中 F_y 及 E 之單位為 ksi，L_p 及 r_y 之單位為 in，轉換後 F_y 及 E 之單位為 tf/cm^2，L_p 及 r_y 之單位為 cm。

第 2 章

張力桿件

2-1 概述

　　張力桿件是在鋼結構系統中常見的構件，只承受單純的張力作用，無法承受壓力。一般在結構系統中最常見張力構材的地方有三，一為桁架內之張力桿，如圖 2-1-1 之斜桿及下弦桿。二為構架立面之斜撐及斜屋面之拉桿，其任務為拉住所連接之構材，使其不脫離原設計位置及提高其平面勁度。第三為常見於大跨距的懸吊系統，例如目前世界上最大跨距的橋梁為跨距達 1991 公尺的懸索橋。張力桿件是在一般結構系統中，特別是桁架系統，不可或缺者。因為在純張力作用下，其全斷面之材料均可達其最大強度，所以張力桿件是所有鋼構構件中，材料使用效率最好的構件。張力桿件之設計，主要是在選擇有足夠斷面積（總斷面或淨斷面）之構件，使其斷面所承受作用力不超過其斷面之強度。

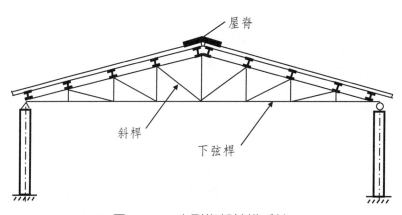

圖 2-1-1　山型桁架結構系統

　　張力構件之型式非常多，其選用原則主要取決於端點的連接方式及外觀的需求。一般最經濟的方式為使用單一斷面構件，但是如遇到單一斷面的強度不足、細長比過大、需要較大的側向勁度、接合上或美觀上的需求等可能需使用組合斷面。常用之張力構件之斷面形狀如下：

　　1. 圓形、方形或長方形構件：常使用於屋頂拉桿、桁條吊桿及橋梁繫桿，其接合方式可於桿端車螺紋，以螺帽接合，可使用螺旋扣做接合器，也可使用銲接接合。採用此型張力桿之優點為製造及搬運較簡單，但其缺點為構件間之連接困難、撓曲勁度較小、以螺栓接合易鬆弛以及容易產生弘線式振動而發生噪音。

　　2. 單角鋼：目前最常用之張力構件，一般以銲接或螺栓接合，其優點為撓曲勁度大，與其他構件接合容易。

　　3. 雙角鋼：常用於桁架之弦桿，一般以銲接或螺栓接合，其優點為撓曲勁度大，接合容易且無偏心的產生。

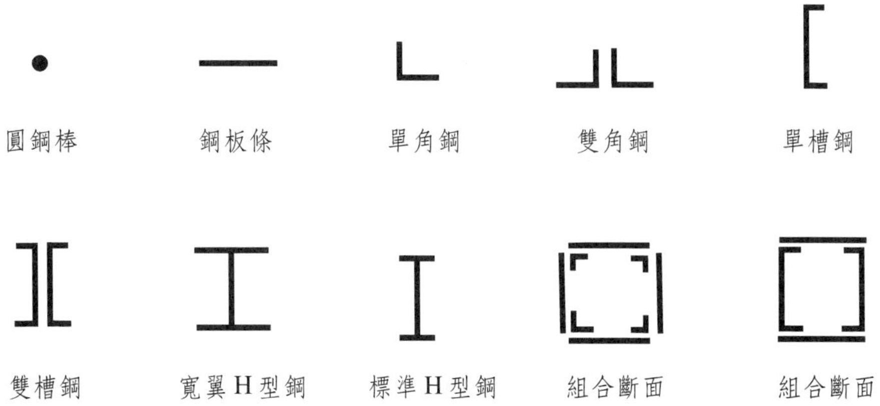

圖 2-1-2　常用張力構件之斷面形狀

4. 單槽鋼：此種斷面對稱於強軸，其應力分布較單角鋼均勻，但其缺點為對弱軸之撓曲勁度較小。

5. 雙槽鋼：使用此種構件可改善弱軸之撓曲勁度及得到無偏心的接合方式。

6. 寬翼或標準 H 型鋼：構件本身對強軸及弱軸皆對稱，因此較易得到無偏心的接合。但在連接上較不方便。

7. 組合斷面：一般在上述各類構件中無法找到合適的斷面時，可考慮採用組合斷面，但使用此型斷面一般其造價會較高，且往後之維護保養亦較困難。

2-2 標稱強度

張力桿件之強度極限狀況（Strength Limit State），一般由下列兩項控制：

1. 在無穿孔位置之全斷面（Gross Cross-Section）的降伏。

2. 在有穿孔位置之有效淨斷面（Effective Net Area）的斷裂。

當張力桿件上無開孔時，其強度極限狀態為整個斷面材料皆進入降伏狀態，可以下式表示：

$$T_n = F_y \times A_g \qquad (2.2.1)$$

式中：

T_n：標稱強度（Nominal Strength）

F_y：鋼材降伏應力（Yield Stress）

A_g：總斷面積

當張力桿因採用螺栓接合或其他因素必須開孔時，這種鋼板上的開孔會造成在開

孔處的應力集中（Stress Concentrations），這是一種非均勻分布的應力，如圖 2-2-1 所示。根據彈性理論分析，在孔邊的最大張應力是整個淨斷面平均應力的三倍，如圖 2-2-1(a) 所示。但當材料達到降伏應變後，則整個斷面之應力皆可達降伏應力如圖 2-2-1(b) 所示。

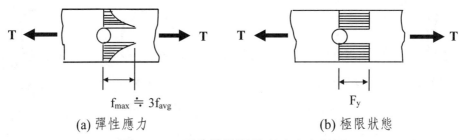

$$f_{max} \doteqdot 3f_{avg}$$

(a) 彈性應力 　　　　　　　　　　　　F_y　　　 (b) 極限狀態

圖 2-2-1　張力構件開孔處之應力情況

　　當構件有開孔時，在淨斷面達到降伏應變後仍可繼續承受拉力，因為在其應變大到一定程度後，鋼材有應變硬化的行為，因此其最大承拉強度有可能超過公式（2.2.1）之值。因此在有開孔之張力桿件除了需考慮公式（2.2.1）之總斷面降伏外，尚需考慮淨斷面斷裂的極限狀態如下：

$$T_n = F_u \times A_e \qquad\qquad (2.2.2)$$

式中

　　F_u：鋼材之張力強度（Tensile Strength）

　　A_e：有效淨斷面 $= U \times A_n$

　　U：有效係數

　　A_n：淨斷面積

2-3 淨斷面與有效淨斷面積

　　張力桿件若使用鉚釘（Rivets）或螺栓（Bolts）接合後，構材將因開孔而使受力之淨面積減少以致單位面積之應力增高，而開孔邊緣亦將產生應力集中現象。將總斷面積減去開孔的面積，即得淨斷面積。在鋼板鑽孔時，一般開孔孔徑必須比螺栓直徑大 1.5 mm（1/16"），因此規範規定標稱孔徑為螺栓直徑加 1.5 mm（d+1.5 mm）。而鑽孔時也會對孔周圍邊緣鋼材造成約 0.75 mm（1/32"）深的破壞。因此一般計算張力桿件之淨斷面積在扣除開孔面積時，每一標準孔（Standard Holes）之直徑將為標稱孔徑加 1.5 mm 或螺栓直徑加 3.0 mm（1/8"），如圖 2-3-1 所示。

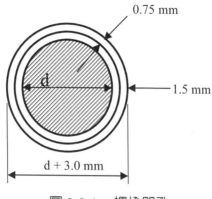

圖 2-3-1　螺栓開孔

淨斷面積的計算，就是以總斷面積扣除螺栓孔所佔的面積，可以下式表示：

$$A_n = A_g - \sum_{1}^{n} d_i t_i \qquad (2.3.1)$$

式中：

A_n：淨斷面積

A_g：總斷面積

d_i：螺栓孔直徑

t_i：螺栓孔處鋼板厚度

n　：螺栓孔數

例 2-3-1

試求下列鋼板之淨斷面積。

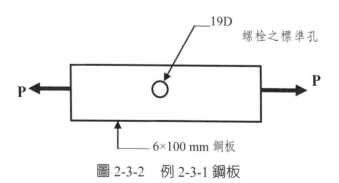

圖 2-3-2　例 2-3-1 鋼板

解：

$A_g = 0.6 \times 10.0 = 6.0 \text{ cm}^2$

$A_n = A_g - \sum D \times t$

D = 1.9 + 0.30 = 2.20 cm

$A_n = 6 - 2.20 \times 0.6 = 4.68 \text{ cm}^2$

當螺栓孔不只一個，且以錯開方式排列時，其可能之破壞線就不只一條，此時淨斷面積最小之可能破壞線為眞正之破壞線：

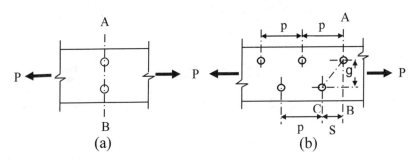

(a)　　　　　　　　　　　　　(b)

圖 2-3-3　　螺栓孔之破壞線

在上圖 (a) 中，破壞線是沿 A-B，但在圖 (b) 中，破壞線可能沿 A-B，也可能沿 A-C，若沿 $\overline{AB}$ 線，很明確其淨斷面積爲總斷面積減掉一個標準孔面積，若沿 $\overline{AC}$ 線，其減掉部分將大於一個孔而小於兩個孔。LRFD 提供一簡化的半經驗公式來修正破裂線不垂直於作用力情況，如 $\overline{AC}$ 線淨斷面積的計算如下 [2.1,2.2,2.3]：

$$\overline{AC}\text{線淨長} = \overline{AB}\text{寬度} - 2\text{個標準孔直徑} + \frac{S^2}{4g}$$

所以公式（2.3.1）可以改寫成：

$$A_n = A_g - \sum_1^n d_i t_i + \sum_1^m \frac{S_i^2}{4g_i} t_i \qquad （2.3.2）$$

式中：

　　S_i：平行作用力方向之孔距

　　g_i：垂直作用力方向之孔距（列距）

　　m：螺栓孔錯位數

例 2-3-2

計算下圖鋼板之淨斷面積，使用 25ϕ 螺栓。

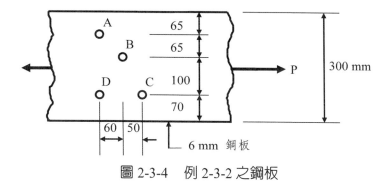

圖 2-3-4 例 2-3-2 之鋼板

解：

D = 25 + 3.0 = 28.0 mm

淨斷面積：

沿 A-D：$(300 - 2 \times 28.0) \times 6 = 1464.0 \text{ mm}^2$

沿 A-B-D：$(300 - 3 \times 28.0 + \dfrac{60^2}{4 \times 65} + \dfrac{60^2}{4 \times 100}) \times 6 = 1433.1 \text{ mm}^2$

沿 A-B-C：$(300 - 3 \times 28.0 + \dfrac{60^2}{4 \times 65} + \dfrac{50^2}{4 \times 100}) \times 6 = 1416.6 \text{ mm}^2$（控制）

例 2-3-3

計算下圖角鋼（L150×100×12，$A_g = 2856 \text{ mm}^2$）之淨斷面積，使用 22φ 螺栓之標準孔。

解：

D = 22.0 + 3.0 = 25.0 mm

$$A_n = A_g - \Sigma D \times t + \sum_{1}^{m} \frac{S_i^2}{4g_i} t_i$$

沿 A-C：$2856.0 - 2 \times 25.0 \times 12.0 = 2256.0 \text{ mm}^2$（控制）

沿 A-B-C：$2856.0 - 3 \times 25.0 \times 12.0 + (\dfrac{75.0^2}{4 \times 55.0} + \dfrac{75.0^2}{4 \times 98.0}) \times 12.0$
$= 2435.0 \text{ mm}^2$

∴ $A_n = 2256.0 \text{ mm}^2$

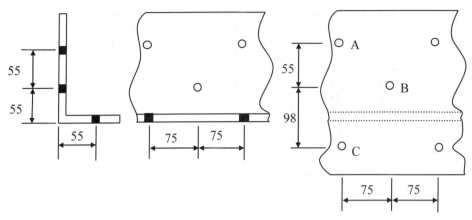

圖 2-3-5 　例 2-3-3 之角鋼

　　一般角鋼開孔，在 AISC 及國內的設計手冊中有提供標準開孔位置，如圖 2-3-6 所示，根據角鋼肢長的不同，可允許開單排或雙排的螺栓孔，其標準孔距如表 2-3-1 所示 [2.4,2.5]：

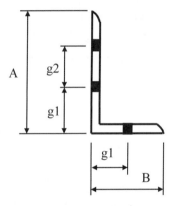

圖 2-3-6 　角鋼開孔位置

表 2-3-1 　角鋼開孔準距標準（mm）

A 或 B	40	45	50	60	65	70	75	80	90	100	125	130	150	175	200
g1	22	25	30	35	35	40	40	45	50	55	50	50	55	60	60
g2	—	—	—	—	—	—	—	—	—	—	35	40	55	70	90

　　當張力桿件經由端部傳遞荷重至其他桿件時，大部分情況，特別是各類型鋼桿件，並不是斷面的所有構肢（Element）都有參與接合，此時荷重的傳遞並不是很均勻的經由各構肢傳遞，而會產生剪力遲滯（Shear Lag）效應，並影響受拉構材在接合處的斷裂強度。所謂剪力遲滯，例如在圖 2-3-7 中，角鋼與鋼板之接合即只靠角鋼之一肢來傳遞荷重，在遠離接合處的角鋼，其整個斷面都是承受均勻的張應力，但是當接近接

合處時，所有力量都將逐漸集中到與鋼板接合的水平構肢，未接合的另一垂直構肢的應力將逐漸減少，這種現象稱之為剪力遲滯。為了考慮這種不均勻傳遞荷重的剪力遲滯影響，LRFD 建議使用折減係數 U（Reduction Coefficient）來修正淨斷面積，修正後之淨斷面積稱為有效淨斷面積。

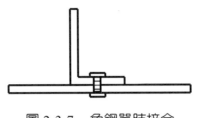

圖 2-3-7　角鋼單肢接合

依我國極限設計規範規定如下：

一、當載重經由螺栓傳遞至構材之部分斷面時，其有效面積 A_e 應按下式計算：

$$A_e = U \times A_n \qquad （2.3.3）$$

式中：

　　A_e：有效淨斷面積

　　A_n：淨斷面積

　　U：折減係數

U 值除非經由試驗或其他學理之證明後可用較大係數外，應依下列規定：

1. 翼板寬度與斷面深度之比不小於 2/3 之 W、H、S 或 I 型鋼，及由此類型鋼切割或符合前述尺度需求之銲接 T 型鋼，且接合需在翼板處。若以螺栓接合，則接合處沿應力方向每行螺栓數不少於 3 根，U = 0.90。

2. 不合於上款規定之 W、H、S、I 或 T 型鋼，及包括組合斷面之其他各種斷面。若以螺栓接合，則接合處沿應力方向每行螺栓數不少於 3 根，U = 0.85。

3. 螺栓接合之所有各種斷面，且在接合處沿應力方向每行僅有 2 根螺栓，U = 0.75。

螺栓接合之接續板或接合板，在承受拉力時其有效淨斷面積可採用淨斷面積之值，惟不得大於 $0.85A_g$。

二、當載重沿鋼板端部兩側之縱向銲道傳遞到其他鋼板時，其銲道長度 L 不得小於板寬 W，而其有效斷面積 A_e 應按下式計算：

$$A_e = U \times A_g \qquad （2.3.4）$$

式中：

A_e：有效淨斷面積

A_g：總斷面積

U：折減係數

U 值除非經由試驗或其他學理之證明後可用較大係數外，應依下列規定：

1. 當 $L \geq 2\,W$ $U = 1.00$。

2. 當 $2\,W > L \geq 1.5\,W$ $U = 0.87$。

3. 當 $1.5\,W > L \geq W$ $U = 0.75$。

三、當載重經由橫向銲道傳遞至鋼板以外構材之部分斷面時，其有效面積 A_e 應按下式計算：

$$A_e = U \times A \qquad\qquad (2.3.5)$$

式中：

A_e：有效淨斷面積

A：直接連接部分構材之斷面積

U：折減係數 = 1.0

U 除可依上述之規定取其值外，亦可依下列之經驗公式計算之 [2.2,2.3,2.6]：

$$U = 1 - \frac{\overline{X}}{L} \leq 0.9 \qquad\qquad (2.3.6)$$

式中：

U：折減係數

$\overline{X}$：偏心距，為剪力傳遞面到構材形心之距離，如圖 2-3-8 所示 [2.3]。

L：接合長度，螺栓接合時為第一個螺栓到最後一個螺栓之距離，如圖 2-3-9 所示 [2.3]。在銲接接合時，L 為沿受力方向銲道之長度。

例 2-3-4

假設例 2-3-3 之角鋼係以其 150 mm 之構肢與一鋼板接合，試求其有效淨斷面積 A_e 為何？假設沿應力方向每行螺栓數 N = 5。

解：

$U = 0.85$

$A_n = 2256.0 \text{ mm}^2$

$A_e = 0.85 \times 2256.0 = 1917.6 \text{ mm}^2$

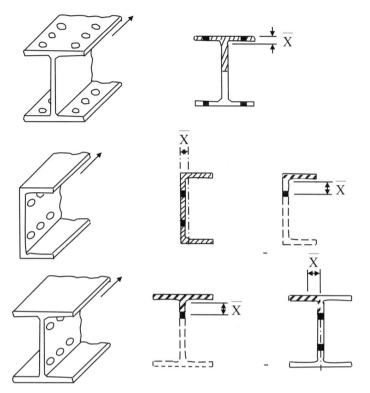

圖 2-3-8　偏心距 $\bar{X}$ 之選取 [2.3]

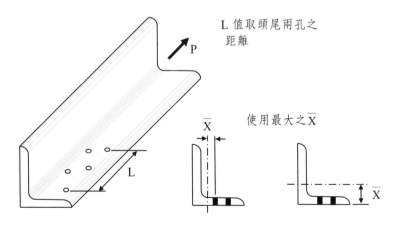

(a) 螺栓接合時 L 之選定 [2.3]

圖 2-3-9　接合長度 L 之選取 [2.3]

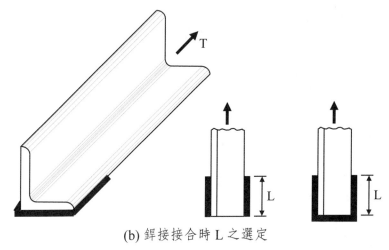

(b) 銲接接合時 L 之選定

圖2-3-9　接合長度L之選取（續）

2-4 螺栓孔之塊狀撕裂破壞

　　在張力桿件之端部接合部位，除了可能產生前面所敘述的總斷面降伏及淨斷面斷裂外，也可能產生剪力撕裂或是剪力撕裂與拉力撕裂同時存在的情況，如圖 2-4-1 所示的所謂剪力塊（Block Shear）之塊狀撕裂破壞，在 (a) 圖中撕裂的破壞面將沿 a-b-c 產生，此時破壞面強度將由斷面 a-b 的剪力強度及斷面 b-c 的張力強度聯合組成。同樣在 (b) 及 (c) 圖中，如果是尾部的撕開破壞，則將由 a-b 與 d-c 的剪力及 b-c 的張力來共同抵抗。在 (b) 及 (c) 圖中可能的破壞情況為：

1. 一般無開孔總斷面的降伏破壞。

2. 沿 e-b-c-f 的淨斷面斷裂破壞。

3. 沿 a-b-c-d 的剪力塊撕裂破壞。

　　根據試驗結果顯示，在塊狀撕裂的破壞中，在張力面是以淨斷面斷裂方式形成，但因在張力面其張應力並不見得是均勻分布，如圖 2-4-2 所示，例如小梁使用兩排螺栓做接合，這時候靠近外側一排的螺栓因為小梁受力後扭轉的關係，將傳遞轉大的剪力，因此在張力面靠外側之鋼板將承受較大張應力，因此規範使用一個折減係數 U_{bs} 來反映這個影響。基本上，塊狀撕裂是一種斷裂或是撕裂現象，並不是降伏破壞行為，但是如果 $0.6F_u A_{nv} > 0.6F_y A_{gv}$ 的話，就有可能在剪力面產生總斷面的降伏破壞，因此規範也特別限制了在計算塊狀撕裂強度時，$0.6F_u A_{nv} \leq 0.6F_y A_{gv}$ [2.7,2.8]。

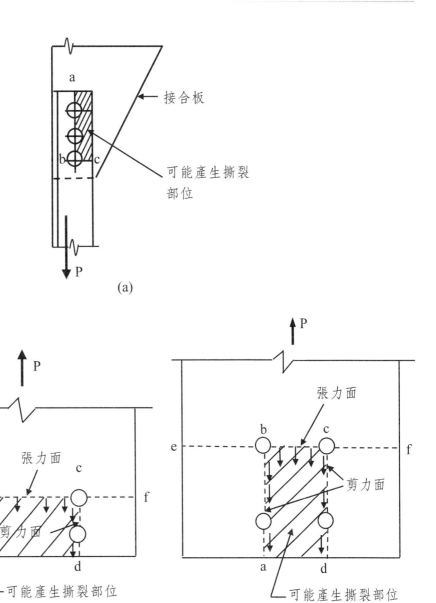

(a)

(b)　　　　　　　　　　　　　　　(c)

圖 2-4-1　螺栓孔之塊狀撕裂破壞

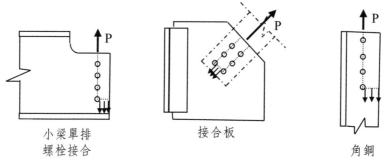

(a) $U_{bs} = 1.0$ 狀況（均勻張應力）

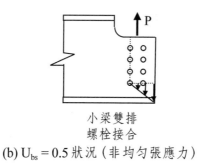

(b) $U_{bs} = 0.5$ 狀況（非均勻張應力）

圖 2-4-2　塊狀撕裂破壞之張應力分布 [2.4]

AISC-LRFD 規範 [2.2] 規定塊狀撕裂強度如下所示：

1. 剪力撕裂強度：沿著剪力破壞路徑產生斷裂之強度為：

$$P_n = 0.6F_uA_{nv} \tag{2.4.1}$$

式中：

A_{nv}：剪力破壞路徑之淨斷面積

F_u：鋼材之張力強度

2. 剪力降伏強度：沿著剪力破壞路徑產生降伏之強度為：

$$P_n = 0.6F_yA_{gv} \tag{2.4.2}$$

式中：

A_{gv}：剪力破壞路徑之總斷面積

F_y：鋼材之降伏強度

3. 張力斷裂強度：沿著張力破壞路徑產生斷裂之強度為：

$$P_n = F_uA_{nt} \tag{2.4.3}$$

式中：

A_{nt}：張力破壞路徑之淨斷面積

F_u：鋼材之張力強度

4. 塊狀撕裂強度：塊狀撕裂強度爲剪力破壞面之撕裂強度（或降伏強度）及張力破壞面之斷裂強度之和：

$$P_n = 0.6F_u A_{nv} + U_{bs}F_u A_{nt} \leq 0.6F_y A_{gv} + U_{bs}F_u A_{nt}$$　　　　（2.4.4）

式中：

A_{nv}：剪力破壞路徑之淨斷面積

A_{nt}：張力破壞路徑之淨斷面積

A_{gv}：剪力破壞路徑之總斷面積

F_u：鋼材之張力強度

F_y：鋼材之降伏強度

U_{bs}：折減係數，張力面爲非均勻張應力時 = 0.5

　　　　張力面爲均勻張應力時 = 1.0

在純張力桿中，正常情況下應不會有張力面的張應力不均勻分布情形發生，也就是可以直接使用 $U_{bs} = 1.0$，因此公式（2.4.4）可以直接寫成：

$$P_n = 0.6F_u A_{nv} + F_u A_{nt} \leq 0.6F_y A_{gv} + F_u A_{nt}$$　　　　（2.4.5）

而目前我國規範 [2.3] 仍沿用 LRFD 舊規範，也就是一種可能是在受拉淨斷面上的張力斷裂伴隨剪力總斷面的剪力降伏，另一種可能爲受拉總斷面上之降伏伴隨剪力淨斷面之脆裂。其表示式如下：

1. 當 $F_u A_{nt} \geq 0.6F_u A_{nv}$ 時，

$$P_n = 0.6F_y A_{gv} + F_u A_{nt} \leq 0.6F_u A_{nv} + F_u A_{nt}$$　　　　（2.4.6）

2. 當 $F_u A_{nt} < 0.6F_u A_{nv}$ 時，

$$P_n = 0.6F_u A_{nv} + F_y A_{gt} \leq 0.6F_u A_{nv} + F_u A_{nt}$$　　　　（2.4.7）

式中：

A_{nv}：剪力破壞路徑之淨斷面積

A_{nt}：張力破壞路徑之淨斷面積

A_{gv}：剪力破壞路徑之總斷面積

A_{gt}：張力破壞路徑之總斷面積

F_u：鋼材之張力強度

F_y：鋼材之降伏強度

例 2-4-1

有一 L150×100×12 之角鋼使用 19ϕ 螺栓 3 支，(a) 試依我國極限設計規範規定，求其塊狀撕裂破壞標稱強度？(b) 試依 AISC-LRFD 規範規定，求其塊狀撕裂破壞標稱強度？使用 CNS SS400 鋼料，$F_y = 2.5$ tf/cm^2，$F_u = 4.1$ tf/cm^2。

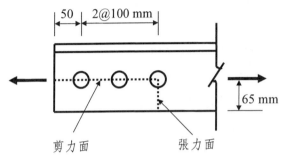

圖 2-4-3　例 2-4-1 之角鋼

解：

(a) 依我國規範

$A_{gv} = 25 \times 1.2 = 30$ cm^2

$A_{gt} = 6.5 \times 1.2 = 7.8$ cm^2

$A_{nt} = (6.5 - 0.5 \times 2.2) \times 1.2 = 6.48$ cm^2

$A_{nv} = (25 - 2.5 \times 2.2) \times 1.2 = 23.4$ cm^2

$F_u A_{nt} = 4.1 \times 6.48 = 26.568$ tf

$0.6 F_u A_{nv} = 0.6 \times 4.1 \times 23.4 = 57.564$ tf > 26.568 tf

$\therefore P_n = 0.6 F_u A_{nv} + F_y A_{gt} \leq 0.6 F_u A_{nv} + F_u A_{nt}$

$\quad = 0.6 \times 4.1 \times 23.4 + 2.5 \times 7.8 = 77.064$t $< 26.568 + 57.564 = 84.132$

$\therefore P_n = 77.064$ tf

(b) 依 AISC-LRFD

$P_n = 0.6 F_u A_{nv} + F_u A_{nt}$

$\quad = 0.6 \times 4.1 \times 23.4 + 4.1 \times 6.48 = 84.132$

$\quad > 0.6 F_y A_{gv} + F_u A_{nt} = 0.6 \times 2.5 \times 30 + 4.1 \times 6.48 = 71.568$ tf

$\therefore P_n = 71.568$ tf

例 2-4-2

　　有一 C200×80×7.5×11 之 C 型鋼使用 22ϕ 螺栓 2×3 支，(a) 試依我國規範規定，求其撕裂破壞標稱強度？(b) 試依 AISC-LRFD 規範規定，求其塊狀撕裂破壞標稱強度？使用 CNS SS400 鋼料，$F_y = 2.5$ tf/cm^2，$F_u = 4.1$ tf/cm^2。

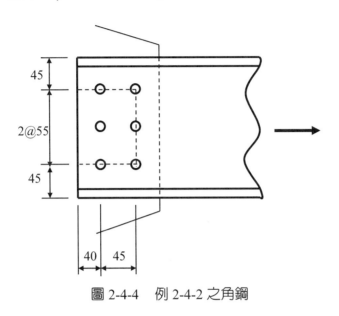

圖 2-4-4　例 2-4-2 之角鋼

解：

　(a) 依我國規範

　　　C200×80×7.5×11：H = 20.0 cm，B = 8.0 cm，t_w = 0.75 cm，t_f = 1.1 cm

　　　A_{gv} = 8.5×0.75×2 = 12.75 cm^2

　　　A_{nv} = (8.5 − 1.5×2.5)×0.75×2 = 7.125 cm^2

　　　A_{gt} = 11.0×0.75 = 8.25 cm^2

　　　A_{nt} = (11.0 − 2×2.5)×0.75 = 4.5 cm^2

　　　$F_u A_{nt}$ = 4.1×4.5 = 18.45 tf

　　　$0.6 F_u A_{nv}$ = 0.6×4.1×7.125 = 17.528 tf < 18.45 tf

　　　$P_n = 0.6 F_y A_{gv} + F_u A_{nt}$

　　　　　= 0.6×2.5×12.75 + 4.1×4.5 = 37.575 tf

　　　　　> $0.6 F_u A_{nv} + F_u A_{nt}$ = 0.6×4.1×7.125 + 4.1×4.5 = 35.978 tf

　　　∴ P_n = 35.978 tf

　(b) 依 AISC-LRFD

　　　$P_n = 0.6 F_u A_{nv} + F_u A_{nt}$

　　　　　= 0.6×4.1×7.125 + 4.1×4.5 = 35.978

$$< 0.6F_yA_{gv} + F_uA_{nt} = 0.6 \times 2.5 \times 12.75 + 4.1 \times 4.5 = 37.575 \text{ tf}$$

$$\therefore P_n = 35.978 \text{ tf}$$

例 2-4-3

有一 L150×150×12 之單角鋼,使用 22ϕ 螺栓其接合如圖 2-4-5,(a) 試依我國規範規定,求其撕裂破壞標稱強度?(b) 試依 AISC-LRFD 規範規定,求其塊狀撕裂破壞標稱強度?使用 CNS SS400 鋼料,$F_y = 2.5$ tf/cm²,$F_u = 4.1$ tf/cm²。

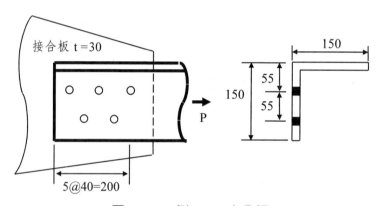

圖 2-4-5 例 2-4-3 之角鋼

解:

本接合,接合板厚遠大於角鋼板厚,因此只可能在角鋼上產生破壞,可能之破壞線如下圖,可能為 a-b-c-d 或是 a-b-c-e。

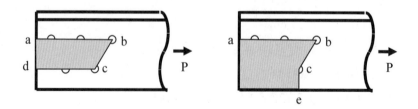

破壞線是 a-b-c-d 時:

$$A_{nv} = [20.0 - 2.5 \times 2.5 + 16.0 - 1.5 \times 2.5] \times 1.2 = 31.2 \text{ cm}^2$$

$$A_{nt} = [5.5 + \frac{4.0^2}{4 \times 5.5} - 1 \times 2.5] \times 1.2 = 4.473 \text{ cm}^2$$

$$A_{gv} = [20 + 16] \times 1.2 = 43.2 \text{ cm}^2$$

$$A_{gt} = 5.5 \times 1.2 = 6.6 \text{ cm}^2$$

破壞線是 a-b-c-e 時：

$$A_{nv} = [20.0 - 2.5 \times 2.5] \times 1.2 = 16.5 \text{ cm}^2$$

$$A_{nt} = [9.5 + \frac{4.0^2}{4 \times 5.5} - 1.5 \times 2.5] \times 1.2 = 7.773 \text{ cm}^2$$

$$A_{gv} = 20 \times 1.2 = 24.0 \text{ cm}^2$$

$$A_{gt} = 9.5 \times 1.2 = 11.4 \text{ cm}^2$$

(a) 依我國規範

a-b-c-d：

$$F_u A_{nt} = 4.1 \times 4.473 = 18.339 \text{ tf}$$

$$0.6 F_u A_{nv} = 0.6 \times 4.1 \times 31.2 = 76.752 \text{ tf} > 18.339 \text{ tf}$$

$$P_n = 0.6 F_u A_{nv} + F_y A_{gt}$$

$$= 76.752 + 2.5 \times 6.6 = 93.252$$

$$\leq 0.6 F_u A_{nv} + F_u A_{nt} = 76.752 + 18.339 = 95.088 \text{ tf}$$

$$\therefore P_n = 93.252 \text{ tf}$$

a-b-c-e：

$$F_u A_{nt} = 4.1 \times 7.773 = 31.869 \text{ tf}$$

$$0.6 F_u A_{nv} = 0.6 \times 4.1 \times 16.5 = 40.59 \text{ tf} > 31.869 \text{ tf}$$

$$P_n = 0.6 F_u A_{nv} + F_y A_{gt}$$

$$= 40.59 + 2.5 \times 11.4 = 69.09$$

$$\leq 0.6 \ F_u A_{nv} + F_u A_{nt} = 40.59 + 31.869 = 72.459 \text{ tf}$$

$$\therefore P_n = 69.09 \text{ tf}$$

所以很明顯破壞線是由 a-b-c-e 控制，

$$\therefore P_n = 69.09 \text{ tf}$$

(b) 依 AISC-LRFD

a-b-c-d：

$$P_n = 0.6 F_u A_{nv} + F_u A_{nt}$$

$$= 76.752 + 18.339 = 95.088$$

$$> 0.6 F_y A_{gv} + F_u A_{nt} = 0.6 \times 2.5 \times 43.2 + 18.339 = 83.139 \text{ tf}$$

$$\therefore P_n = 83.139 \text{ tf}$$

a-b-c-e：

$$P_n = 0.6 F_u A_{nv} + F_u A_{nt}$$

$$= 40.59 + 31.869 = 72.459$$

$$< 0.6 F_y A_{gv} + F_u A_{nt} = 0.6 \times 2.5 \times 24.0 + 31.869 = 67.869 \text{ tf}$$

∴ P_n = 67.869 tf

所以很明顯破壞線是由 a-b-c-e 控制，

∴ P_n = 67.869 tf。

2-5 勁度要求

結構穩定對張力桿件的設計來說並不是一個很重要的考慮因素。因為張力桿件在承受純張力作用下，桿件會被拉直，並不像壓力桿件會有壓屈現象出現。但在構件之組裝及使用過程，對桿件之長度仍需做一些基本的條件限制，以免桿件太過柔軟造成在受到風力作用時會產生振動及噪音等現象。AISC 對張力桿件細長比（Slenderness Ratio）之規定為 L/r ≤ 300。而我國規範規定除受拉圓桿外，其 L/r ≤ 300，而組合構材則規定為 L/r ≤ 240，其中：L 為構件長度，r 為構件斷面之最小旋轉半徑：

$$r = \sqrt{\frac{I}{A}} \qquad\qquad (2.5.1)$$

2-6 載重之傳遞

當張力桿件在其接合處以鉚釘或螺栓等接合器將其承受之張力傳遞到另一張力桿時，一般基本假設是將接合處考慮成一剛性體，也就是假設接合處之鋼板在受力後，並不會變形，因此每一同尺寸之接合器將傳遞相同大小的載重。這個假設與鋼料的實際彈性行為是不相符合，但因一般接合長度並不會太長，因此這個假設在目前仍廣泛的使用在實務設計上。

例 2-6-1

計算圖 2-6-1 單疊接板（板厚 16 mm）A 的淨斷面積。假設板 B 有足夠之淨斷面而不會控制本接合之設計。使用 22φ 螺栓。

解：

標準孔直徑 = 22 + 3 = 25 mm = 2.5 cm

鋼板 A 總張力 P 將作用在斷面 1-1，而在斷面 1-1 以後的斷面其受力將小於 P，因經斷面 1-1 後，已有部分的力是經由螺栓傳到鋼板 B，如圖 2-6-2 所示。在斷面 2-2 因

爲其前面已有三根螺栓將 3P/10 的力量傳到了鋼板 B，因此斷面 2-2 實際上只承受了 7P/10 的作用力。到了斷面 4-4 百分之八十的力已經由鋼板 A 傳到鋼板 B，而作用在鋼板 A 的作用力只剩百分之二十。因此可以判斷可能的破壞線只有在 1-1 剖面附近。

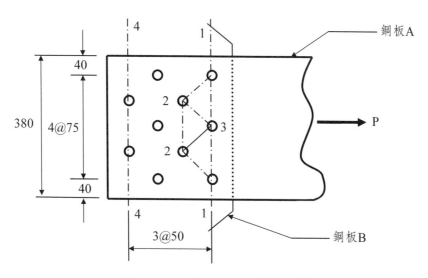

圖 2-6-1　例 2-6-1 之單疊接板

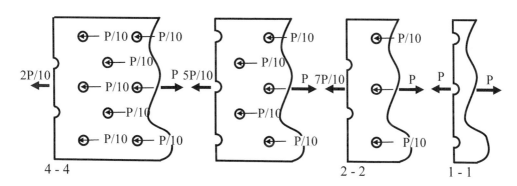

圖 2-6-2　例 2-6-1 各剖面實際受力圖

斷面 1-1 之淨斷面積：

$A_n = 1.6(28 - 3 \times 2.5) = 48.8 \text{ cm}^2 \rightarrow 100\%P$

斷面 1-2-3-2-1 之淨斷面積：

$A_n = 1.6(38 - 5 \times 2.5 + 4\frac{5^2}{4 \times 7.5}) = 46.13 \text{ cm}^2 \rightarrow 100\%P$

斷面 1-2-2-1 之淨斷面積：

$A_n = 1.6(38 - 4 \times 2.5 + 2\frac{5^2}{4 \times 7.5}) = 47.47 \text{ cm}^2 \rightarrow 90\%P$

$47.47/0.9 = 52.74 \text{ cm}^2$

∴斷面 1-2-3-2-1 控制，$A_n = 46.13 \text{ cm}^2$。

2-7 張力桿之設計——極限設計法 LRFD

目前之 AISC 規範已將 LRFD 與 ASD 合併在一起，而我國規範基本上仍依據上一版之 AISC 規範，所以有部分規定與 2005 年版規範之不同。因此本節主要以 2005 年版 AISC 規範規定為主，對國內規範與其不同之處會另外補充說明。

$$\phi P_n \geq P_u \tag{2.7.1}$$

式中：

ϕ：強度折減因數（Reduction Factor）

P_n：標稱強度（Nominal Strength）

P_u：設計強度（Design Strength）

全斷面之降伏：

$$P_n = F_y A_g \tag{2.7.2}$$

$$\text{LRFD}：\phi = 0.9；P_u = \phi P_n \tag{2.7.3}$$

$$\text{ASD}：\Omega = 1.67；P = \frac{P_n}{\Omega} \tag{2.7.4}$$

淨斷面之斷裂：

$$P_n = F_u A_e \tag{2.7.5}$$

$$\text{LRFD}：\phi = 0.75；P_u = \phi P_n \tag{2.7.6}$$

$$\text{ASD}：\Omega = 2.0；P = \frac{P_n}{\Omega}；F_t = \frac{F_u}{\Omega} \tag{2.7.7}$$

塊狀撕裂：

$$P_n = 0.6 F_u A_{nv} + F_u A_{nt} \leq 0.6 F_y A_{gv} + F_u A_{nt} \tag{2.7.8}$$

$$\text{LRFD}：\phi = 0.75；P_u = \phi P_n \tag{2.7.9}$$

$$\text{ASD}：\Omega = 2.0；P = \frac{P_n}{\Omega} \tag{2.7.10}$$

我國極限強度規範：

1. 當 $F_uA_{nt} \geq 0.6F_uA_{nv}$ 時，

$$P_n = 0.6F_yA_{gv} + F_uA_{nt} \leq 0.6F_uA_{nv} + F_uA_{nt} \qquad （2.7.11）$$

2. 當 $F_uA_{nt} < 0.6F_uA_{nv}$ 時，

$$P_n = 0.6F_uA_{nv} + F_yA_{gt} \leq 0.6F_uA_{nv} + F_uA_{nt} \qquad （2.7.12）$$

細長比：$L/r \leq 300$

含螺紋之張力圓桿：（請參考 LRFD-J3 Table J3.2）

$$P_n = (0.75F_u)A_b \qquad （2.7.13）$$

$$\text{LRFD}：\phi = 0.75；P_u = \phi P_n \qquad （2.7.14）$$

$$\text{ASD}：\Omega = 2.0；P = \frac{P_n}{\Omega} \qquad （2.7.15）$$

公式（2.7.13）中 A_b 為含螺紋張力圓桿在無螺紋處之斷面積，因為公式（2.7.13）中的 $0.75F_u$ 之 0.75 就是考慮圓桿在有螺紋處之淨斷面大約為總斷面 A_b 之 75%，因此使用其淨斷面張力強度為 $F_{nt} = 0.75F_u$。

一般張力構件之設計步驟如下：

1. 計算構件所受最大設計張力 P_u。

2. 預估斷面，一般可利用下列各公式來預估所需之總斷面積。（此時應已知接頭所需之螺栓數及其大概排列方式）

$$\text{需求之 } A_g = \frac{P_u}{\phi F_y}；\phi = 0.90 \qquad （2.7.16）$$

$$\text{需求之 } A_e = \frac{P_u}{\phi F_u}；\phi = 0.75 \qquad （2.7.17）$$

含螺紋之圓桿，則

$$\text{需求之 } A_b = \frac{P_u}{0.75 \times 0.75F_u} \qquad （2.7.18）$$

$$L/r \leq 300；r \geq \frac{L}{300}$$

3. 選用適當斷面之構件。

4. 確定接合方式無誤，詳細計算所選用斷面之淨斷面積，檢核其標稱強度。

5. 核算細長比。

例 2-7-1

有一長 10 m 之鋼梁在工作載重之下，其斷面受到之最大張力為：靜載重 60.0 tf，活載重 40.0 tf。假設鋼材使用 SS400，H300 型鋼，而且在上下兩翼各使用兩排 22φ 之螺栓，每排各三支。試設計此斷面，$F_y = 2.5$ tf/cm^2，$F_u = 4.1$ tf/cm^2。

解：

計算放大載重：

$P_u = 1.4D = 1.4 \times 60 = 84.0$ tf

$P_u = 1.2D + 1.6L = 1.2 \times 60 + 1.6 \times 40 = 136.0$ tf

使用之設計載重 $P_u = 136.0$ tf

估計所需最小總斷面積：

$$\min A_g = \frac{P_u}{\phi F_y} = \frac{136.0}{0.9 \times 2.5} = 60.44 \text{ cm}^2$$

$$\min A_e = \frac{P_u}{\phi F_u} = \frac{136.0}{0.75 \times 4.1} = 44.23 \text{ cm}^2$$

最小 r 值：

$L/r \leq 300$；$r_{min} = 1000/300 = 3.33$ cm

從型鋼目錄表：

選擇 H300×200×8×12：$A_g = 71.05$ cm^2，$d = 29.4$ cm，$b = 20.0$ cm，$t_f = 1.2$ cm，$t_w = 0.8$，$r_y = 4.75$ cm

檢核：$b/d = 20.0/29.4 = 0.68 > 2/3 = 0.67 \Longrightarrow U = 0.90$

$P_u = \phi F_y A_g = 0.9 \times 2.5 \times 71.05 = 159.863$ tf

$P_u = \phi F_u A_e = \phi F_u U A_n = 0.75 \times 4.1 \times 0.9 \times [71.05 - 4 \times 2.5 \times 1.2] = 164.21$ tf

$\therefore T_u = 159.863$ tf > 136.0 tf ……OK#

$L/r = 1000/4.75 = 210.5 < 300$ ……OK#

所以使用 H300×200×8×12。

例 2-7-2

有一工廠使用桁架屋頂，屋面板使用烤漆鋼板，屋面板、桁條及其組合配件之自重為 60 kgf/m^2，活載重以最小活載重 60 kgf/m^2 設計，使用 SS400 鋼料（$F_y = 2.5$ tf/cm^2，$F_u = 4.1$ tf/cm^2）。試設計桁條之吊桿。（桁架間距 6 m）

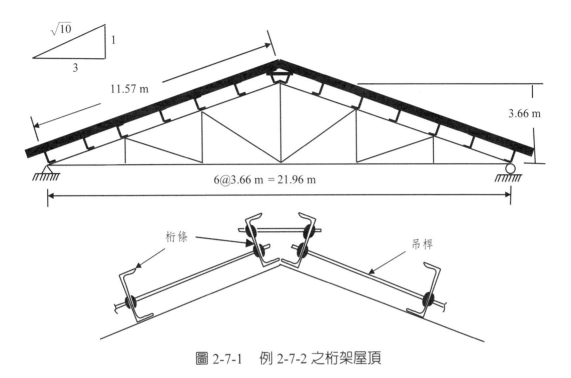

圖 2-7-1 例 2-7-2 之桁架屋頂

解：

載重計算：

$P_u = 1.2D + 1.6L_r$

與屋頂面平行之載重

$D = 60 \times \dfrac{1}{\sqrt{10}} = 18.97 \ \text{kgf} / \text{m}^2$

$L = 60 \times \dfrac{1}{\sqrt{10}} = 18.97 \ \text{kgf} / \text{m}^2$

每一根吊桿承受之放大載重張力：

$P_u = (1.2 \times 18.97 + 1.6 \times 18.97) \times 11.57 \times 6/1000 = 3.687 \ \text{tf}$

剖面計算：

$P_u = 0.75 \ A_b \ (0.75 \ F_u)$

需要之 $A_b = P_u / (0.75 \times 0.75 \ F_u) = 3.687/(0.75 \times 0.75 \times 4.1) = 1.60 \ \text{cm}^2$

$P_u = A_g \times \phi F_y$

需要之 $A_g = P_u / \phi F_y = 3.687/(0.9 \times 2.5) = 1.639 \ \text{cm}^2$

需要之直徑$d = \sqrt{\dfrac{4A_b}{\pi}} = \sqrt{\dfrac{4 \times 1.639}{\pi}} = 1.444 \ \text{cm}$

使用 16ϕ 之吊桿 $A_b = \dfrac{\pi}{4} \times 1.6^2 = 2.01 \ \text{cm}^2 > 1.639 \text{cm}^2$ ……OK#

例 2-7-3

有一張力桿長 5.0 m，在工作荷重下承受軸向張力 35 tf（50% 活載重，50% 靜載重），使用單排 22ϕ 之螺栓接合（假設螺栓數為 3 根以上），假設接合板厚度足夠厚不會控制本接合之設計。使用 SS400 鋼料（$F_y = 2.5 \text{ tf/cm}^2$，$F_u = 4.1 \text{ tf/cm}^2$）。試以單角鋼設計此張力桿件。

解：

$$P_u = 1.2D + 1.6L = 1.2 \times (0.5 \times 35) + 1.6 \times (0.5 \times 35) = 49.0 \text{ tf}$$

$$\text{req } A_g = \frac{P_u}{\phi F_y} = \frac{49.0}{0.9 \times 2.5} = 21.78 \text{ cm}^2$$

$$\min A_e = \frac{P_u}{\varphi F_u} = \frac{49.0}{0.75 \times 4.1} = 15.93 \text{ cm}^2$$

試選用：L100×100×13：$A_g = 24.31$，r = 1.94

淨斷面積：d = 2.2 + 0.3 = 2.5 cm

$A_n = 24.31 - 2.5 \times 1.3 = 21.06$

$A_e = U A_n = 0.85 \times 21.06 = 17.901 > 15.93$ ……OK#

L/r = 500/1.94 = 257.7 < 300 ……OK#

試選用：L130×130×9：$A_g = 22.74$，r = 2.57

淨斷面積：d = 2.2+0.3 = 2.5 cm

$A_n = 22.74 - 2.5 \times 0.9 = 20.49$

$A_e = U A_n = 0.85 \times 20.49 = 17.42 > 15.93$ ……OK#

L/r = 500/2.57 = 194.5 < 300 ……OK#

所以使用 L130×130×9 單角鋼。

2-8 張力桿之設計——容許應力設計法 ASD

因為 2005 年版 AISC 規範已將 ASD 併入 LRFD 內如前節所述，所以本節介紹，主要以我國容許應力設計規範為主。AISC-ASD 及我國容許應力設計規範對張力桿件設計之相關規定如下：

1. AISC-ASD：

全斷面降伏之容許張應力：

$$\Omega = 1.67 \; ; \; F_{tg} = \frac{F_y}{\Omega} = \frac{F_y}{1.67} = 0.6F_y \qquad (2.8.1)$$

$$P = F_{tg}A_g \qquad (2.8.2)$$

淨斷面斷裂之容許張應力：

$$\Omega = 2.0 \; ; \; F_{tn} = \frac{F_u}{\Omega} = \frac{F_u}{2.0} = 0.5F_u \qquad (2.8.3)$$

$$P = F_{tn}A_e \qquad (2.8.4)$$

塊狀撕裂：

$$P_n = 0.6F_uA_{nv} + F_uA_{nt} \leq 0.6F_yA_{gv} + F_uA_{nt} \qquad (2.8.5)$$

$$\Omega = 2.0 \; ; \; P = \frac{P_n}{\Omega} = 0.5P_n \qquad (2.8.6)$$

含螺紋之張力圓桿：

$$\Omega = 2.0 \; ; \; F_t = \frac{0.75F_u}{\Omega} = 0.375F_u \qquad (2.8.7)$$

$$P = F_tA_b \qquad (2.8.8)$$

2. 我國容許應力設計規範：

全斷面降伏之容許張應力：

$$F_{tg} = 0.6F_y \qquad (2.8.9)$$

$$P = F_{tg}A_g \qquad (2.8.10)$$

淨斷面斷裂之容許張應力：

$$F_{tg} = 0.5F_u \qquad (2.8.11)$$

$$P = F_{tg}A_e \qquad (2.8.12)$$

塊狀撕裂：

作用在剪力淨斷面之容許剪應力：$F_v = 0.30F_u \qquad (2.8.13)$

作用在張力淨斷面之容許張應力：$F_t = 0.50F_u \qquad (2.8.14)$

$$P = F_vA_{nv} + F_tA_{nt} \qquad (2.8.15)$$

含螺紋之張力圓桿：

$$F_t = 0.33F_u \qquad (2.8.16)$$

$$P = F_t A_b \qquad (2.8.17)$$

淨斷面積及有效淨斷面積之計算同 LRFD 計算法。

其設計步驟如下：

1. 計算構件所受最大工作張力 P。

2. 預估斷面，一般可利用下列各公式來預估所需之總斷面積。（此時應已知接頭
   所需之螺栓數及其大概排列方式）

$$\min A_g = \frac{P}{F_{tg}} \; ; F_{tg} = 0.6F_y \qquad (2.8.18)$$

$$\min A_e = \frac{P}{F_{tn}} \; ; F_{tg} = 0.6F_y \qquad (2.8.19)$$

含螺紋之圓桿則

$$\min A_b = \frac{P}{F_t} \; ; F_t = 0.33F_u \; (AISC\text{-}ASD : F_t = 0.375F_u) \qquad (2.8.20)$$

3. 選用適當斷面之構件。

4. 確定接合方式無誤，詳細計算所選用斷面之淨斷面積，檢核其標稱強度。

5. 核算細長比。

例 2-8-1

依我國容許應力設計規範規定，重新設計例 2-7-1。

解：

P = 40+60 = 100.0 tf

$$需要之A_g = \frac{P}{0.6F_y} = \frac{100.0}{0.6 \times 2.5} = 66.67 \text{ cm}^2$$

$$需要之A_e = \frac{P}{0.5F_u} = \frac{100.0}{0.5 \times 4.1} = 48.78 \text{ cm}^2$$

$A_g = A_n +$ 估計螺栓孔斷面積

$\quad = 48.78/0.9 + 4 \times 2.5 \times 1.2 = 66.2 \text{cm}^2$

$r_{min} = 3.33$ cm

從型鋼目錄：選用 H300×200×8×12：$A_g = 71.05 \text{ cm}^2$，d = 29.4 cm，b = 20.0
cm，$t_f = 1.2$ cm，$t_w = 0.8$，$r_y = 4.75$ cm

b/d = 20.0/29.4 = 0.68 ≥ 2/3 = 0.67；U = 0.90

$P = F_{tg}A_g = 0.6 \times 2.5 \times 71.05 = 106.575$ tf

$P = F_{tn}A_e = 0.5 \times 4.1 \times 0.9 \times (71.05 - 4 \times 2.5 \times 1.2) = 108.947$ tf

$\therefore P = 108.947$ tf > 100 tf ……OK#

$L/r = 1000/4.75 = 210.5 < 300$ ……OK#

所以使用 H300×200×8×12。

例 2-8-2

依我國容許應力設計規範，重新設計例 2-7-2。

解：

$P = (18.97 + 18.97) \times 11.57 \times 6/1000 = 2.634$ tf

需要之 $A_g = \dfrac{P}{0.6F_y} = \dfrac{2.634}{0.6 \times 2.5} = 1.756$ cm^2

需要之 $A_b = \dfrac{P}{0.33F_u} = \dfrac{2.634}{0.33 \times 4.1} = 1.946$ cm^2

$1.946 = \dfrac{\pi}{4}D^2$

$D = 1.574$ cm

使用 16ϕ 之吊桿。

例 2-8-3

依我國容許應力設計規範，重新設計例 2-7-3。

解：

$P = 35$ tf

需要之 $A_g = \dfrac{P}{0.6F_y} = \dfrac{35}{0.6 \times 2.5} = 23.33$ cm^2

需要之 $A_e = \dfrac{P}{0.5F_u} = \dfrac{35}{0.5 \times 4.1} = 17.07$ cm^2

試選用 L100×100×13，$A_g = 24.31$，$r = 1.94$

$A_n = 24.31 - 2.5 \times 1.3 = 21.06$

$A_e = UA_n = 0.85 \times 21.06 = 17.901 > 17.07$ cm^2

$L/r = 500/1.94 = 257.7 < 300$ ……OK#

試選用：L130×130×9：$A_g = 22.74$，$r = 2.57$

$A_g = 22.74 <$ 需要之 $A_g = 23.33$ ……NG #

所以使用 L100×100×13 單角鋼。

參考文獻

2.1 V.H. Cochrane, "Rules for Rivet Hole Deductions in Tension Members," *Engineering News-Record*, 89, Nov. 16, 1922. pp.847-848

2.2 AISC360-10, Specification for Structural Steel Buildings, American Institute of Steel Construction, Inc., Chicago, IL, 2010

2.3 內政部，鋼構造建築物鋼結構設計技術規範（二）鋼結構極限設計法規範及解說，營建雜誌社，民國 96 年 7 月

2.4 AISC, Manual of Steel Construction, Load & Resistance Factor Design, 3rd Ed., American Institute of Steel Construction, Inc., Chicago, IL, 2001

2.5 中華民國結構工程學會，鋼結構設計手冊──極限設計法，科技圖書，2003

2.6 W.H. Munse & E. Chesson Jr., "Riveted and Bolted Joints: Net Section Design," *Journal of the Structural Division*, ASCE, Vol. 89, No. ST2, Feb. 1963, pp.107-126

2.7 J.M. Ricles & J.A. Yura, "Strength of Double-Row Bolted Web Connections," *Journal of the Structural Division*, ASCE, Vol. 109, No. 1, Jan. 1983, pp.126-142

2.8 G.L. Kula & G.Y. Grondin, "AISC LRFD Rules for Block Shear—A Review," *Engineering Journal*, AISC, Vol. 38, No. 4, 1985, pp.199-203

習題

2-1 設計張力構材時，在接合處必須考慮以有效淨斷面積與拉力強度 F_u 計算容許張應力，試簡要說明為何用 F_u 而不用降伏應力 F_y？

2-2 試以圖文說明拉力構材的塊狀剪壞（Block Shear Rupture）？

2-3 何謂拉力構材的剪力遲滯現象？請繪圖說明之。

2-4 有一單角鋼張力構件其尺寸為 L100×100×10，材料為 SS400，與一接合板連結，試求其能承載之最大工作荷重為何（依 LRFD，且其工作活載重為靜載重之三倍）？(a) 假

設其接合為銲接接合，(b) 假設其接合為使用單排螺栓接合，螺栓直徑為 22 mm。

2-5 (a) 試計算下面接合板之淨斷面積 A_n，材料為 SS400，(b) 試依我國極限設計法規範，求其最大工作載重 P 為何？螺栓直徑為 25 mm。（30% 為靜載重，70% 為活載重）

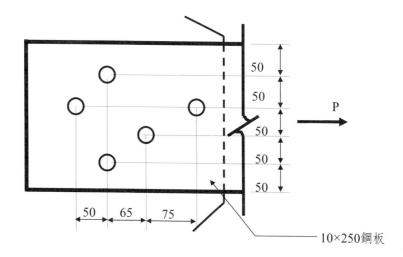

10×250鋼板

2-6 如下圖所示為一拉力構材及可能使用之兩個斷面 A 及 B，已知該構材之強度不受全斷面降伏及塊狀剪力控制，此時使用哪一個斷面可得到較高之強度？說明之。依我國極限設計法規範，使用 SS400 鋼材及 25 mm ϕ 高拉力螺栓。

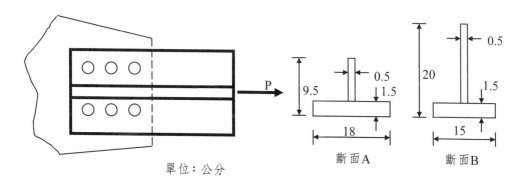

單位：公分

斷面A　斷面B

2-7 依我國極限設計法規範規定，計算下圖單角鋼之設計拉力強度 P_u 為何？使用 SS400 鋼材及 25mm ϕ 高拉力螺栓。

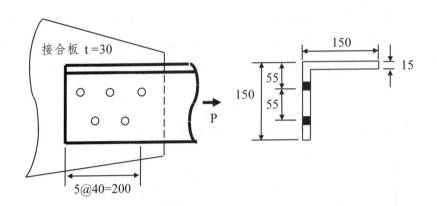

2-8 有一平面結構（如下圖所示）承受水平風力，假設各節點為鉸接其斜撐桿件係由 L80×80×6 單角鋼所組成，假設單角鋼之端點接合板與高拉力螺栓有足夠強度，試根據我國極限設計法規範規定回答以下問題。(a) 試求該斜撐桿件所能承擔之最大設計拉力（P_u）。(b) 試求該平面結構所能承受之最大設計水平風力（W_u），假設該平面結構之設計係由斜撐桿件所控制。使用 SS400 鋼材及 25 mm φ 高拉力螺栓。

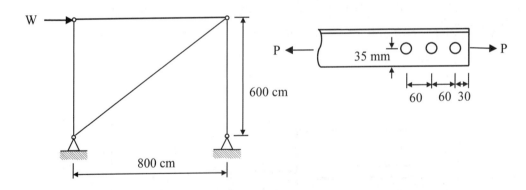

2-9 試根據我國極限設計法規範規定，求下圖所示拉力構材（300×200×11×17 之 T 型鋼）所能承擔之最大設計載重 P_u 為何？不需考慮塊狀剪力撕裂。使用 SS400 鋼材及 25 mm φ 高拉力螺栓，假設螺栓有足夠強度不會破壞。

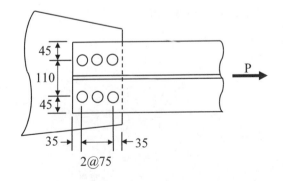

2-10 試根據我國極限設計法規範規定，求出下圖中之兩片蓋板所能傳遞的最大拉力 P_u。不需考慮塊狀剪力撕裂。使用 SS400 鋼材及 25 mmφ 高拉力螺栓，假設螺栓有足夠強度不會破壞。

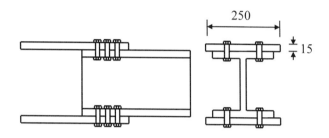

2-11 如附圖所示之接合，係由雙角鋼與厚度為 1.5 cm，寬為 20 cm 之接合板以螺栓接合而成，若螺栓直徑為 22 mm，且螺栓總強度足夠，試依我國極限設計法規範，計算此接合之容許拉力強度 P，角鋼及接合板材質均為 A36，$F_y = 2.5 \text{ tf/cm}^2$，$F_u = 4.1 \text{ tf/cm}^2$，單一角鋼斷面性質如下：$A = 23.44 \text{ cm}^2$，兩肢厚度均為 1.25 cm。

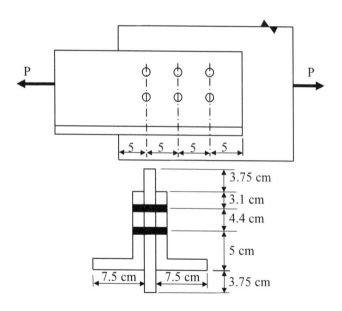

2-12 有一角鋼受拉構材，其兩肢材皆與另一構材以螺栓接合，角鋼斷面尺寸與螺栓孔位置如下圖所示，計算時應扣除螺栓孔徑，試根據 AISC-LRFD 規範規定，求此角鋼所能承受之最大設計拉力強度，並檢核塊狀剪力。使用 SS400 鋼材及 25 mmφ 高拉力螺栓。

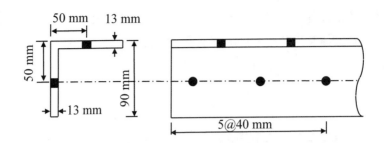

2-13 有一角鋼，試由下圖定出受拉後最可能之破壞斷面。在短肢上有誤鑽之開口，其餘開孔均有螺栓。

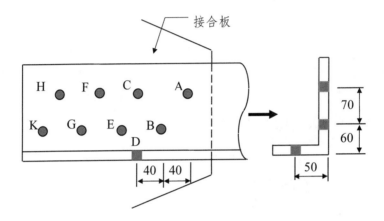

2-14 如下圖所示之雙槽鋼拉力構材（2C150×75×9），根據 AISC-LRFD 規範，求該構材之設計強度 ϕp_n。使用 $U = 1 - \dfrac{\overline{X}}{L}$ 公式，$\overline{X} = $ 偏心距 $= C_y$，$L = $ 接合長度。其中 C_y 為形心至腹板外緣之距離。槽鋼 C150×75×9：$A = 30.59 \text{ cm}^2$，$H = 15 \text{ cm}$，$B = 7.5 \text{ cm}$，$t = 0.9 \text{ cm}$，$C_y = 2.31 \text{ cm}$。使用 SS400 鋼材。

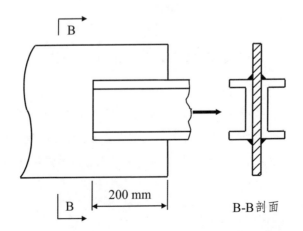

2-15 如下圖所示為一單角鋼與鋼板以螺栓之接合。角鋼為 L200×200×20，鋼材使用 SS400 鋼材，F_y = 2.5 tf/cm²，F_u = 2.5 tf/cm²。承壓型螺栓直徑為 22 mm，假設螺栓及接合板有足夠強度不會破壞。試依我國極限設計法規範，計算角鋼能承受之設計拉力強度 P_u 為何？

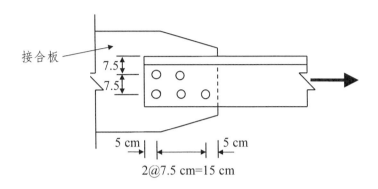

2-16 有一長 5 m 之拉力構材受 20 tf 之靜載重與 15 tf 之活載重作用，已知端部接合處採用了最少 3 個標稱直徑 19 mm 單行排列的螺栓。假設接合處不會產生塊狀剪力破壞，且接合強度足夠。構材長細比不得超過 300，試依我國極限設計法規範，選用一最輕之等邊單角鋼，鋼材為 SS400。

2-17 試依 AISC-LRFD 之規定，求下圖接頭之最大工作荷重為何？型鋼為 C380×100×10.5×16，接合板厚 13 mm，螺栓直徑為 22 mm，鋼材為 SS400，載重中 20% 為靜載重，80% 為活載重。

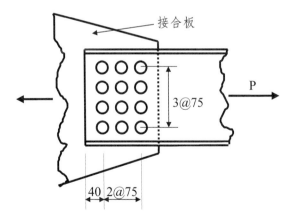

2-18 有一不等邊角鋼 L150×100×12×12，長肢上設雙排螺栓，短肢上設單排螺栓，螺栓直徑 19 mm，鋼材為 SS400，試求 (a) 依 AISC-LRFD 規範，該構件可承受之最大容許張力為何？(b) 若其承受之設計張力為 P_u = 60.0 tf，則螺栓間距 S 應為多少？以長肢傳力。載重中 40% 為靜載重，60% 為活載重。

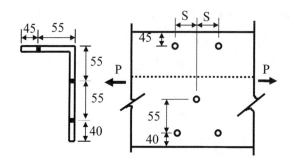

2-19　一屋頂桁架之斜張力桿如下圖，桿長為 6 公尺，承受之軸向靜載重張力 $P_D = 15$ tf，軸
　　　向活載重張力 $P_L = 20$ tf。接合板厚 16 mm，使用 19 mm 直徑之螺栓接合，假設使用單
　　　排螺栓且螺栓數大於 3 根，所有鋼料皆為 SS400。試依 AISC-LRFD 規範 (a) 以等邊單
　　　角鋼及 (b) 以等邊雙角鋼設計此桿件。

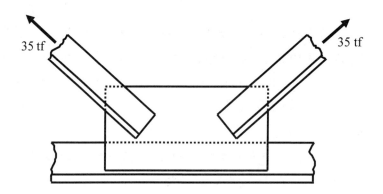

2-20　依我國容許應力法規範，重新計算習題 2-5 張力桿能承受之最大工作載重。

2-21　依我國容許應力法規範，重新計算習題 2-6。

2-22　依我國容許應力法規範，重新計算習題 2-7，容許拉力強度 P 為何？

2-23　依我國容許應力法規範，重新計算習題 2-8。

2-24　依我國容許應力法規範，重新計算習題 2-9，容許拉力強度 P 為何？

2-25　依我國容許應力法規範，重新計算習題 2-10。

2-26　依我國容許應力法規範，重新計算習題 2-11。

2-27　依我國容許應力法規範，重新計算習題 2-12，最大容許拉力強度 P 為何？

2-28　依我國容許應力法規範，重新計算習題 2-14，最大容許拉力強度 P 為何？

2-29　依我國容許應力法規範，重新計算習題 2-15，最大容許拉力強度 P 為何？

2-30　依我國容許應力法規範，重新設計習題 2-16。

2-31　依我國容許應力法規範，重新計算習題 2-17。

2-32　依我國容許應力法規範，重新設計習題 2-19。

第 3 章

壓力桿件

3-1 概述

壓力桿為一承受軸向壓縮應力之桿件，柱（Column）是一般所最常見之壓力桿件。一般工程上所稱的「柱」是指直立，而且以承受軸向載重為主的構件，例如一般大樓的「柱子」。但事實上這些通常稱為柱子的構件，除了承受軸向載重之外還同時受到撓曲彎矩的作用，因此在結構力學的分類是屬於「梁—柱」（Beam-Column）構件，而不是受純軸力作用的柱子。在結構力學的分類，柱子是指一根只承受單純軸向壓力的構件。壓力桿常見於桁架結構系統的上弦桿及建築結構系統內之側力抵抗系統中的斜撐構件，如圖 3-1-1 所示。

(a)斜撐系統　　　　　　　　　　　(b)桁架系統

圖 3-1-1　結構系統中常見之壓力桿件

壓力桿件的結構行為與張力桿件完全不同，除了極短柱外，一般很難承載荷重到使其斷面應力達到材料之降伏應力。大部分的壓力桿件都在其斷面應力達到材料之降伏應力前產生壓屈（Buckling），或是因構件的不穩定（Instability）而產生突然的撓曲破壞。壓力桿件與張力桿件的主要分別為：

—— 張力使桿件伸長，壓力使桿件縮短。

—— 張力使桿件趨於平直，壓力使桿件趨向彎曲。

—— 張力桿使用淨斷面積，若有開孔，必須扣除開孔之面積。壓力桿則視全斷面積為有效面積，螺栓及鉚釘視為填孔材料。

—— 張力桿之標稱強度（或容許應力值）不受桿件長度影響，而壓力桿則隨桿件之細長比而異。

常用壓力桿件之型式如下：

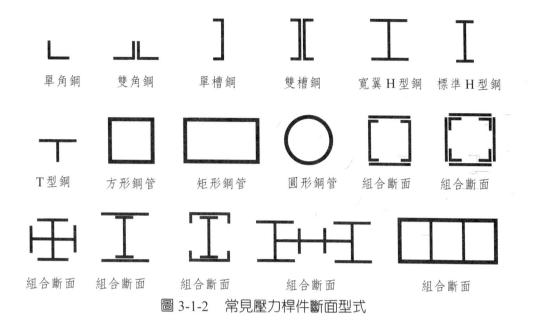

單角鋼　　雙角鋼　　單槽鋼　　雙槽鋼　　寬翼 H 型鋼　標準 H 型鋼

T 型鋼　　方形鋼管　　矩形鋼管　　圓形鋼管　　組合斷面　　組合斷面

組合斷面　　組合斷面　　組合斷面　　組合斷面　　組合斷面

圖 3-1-2　常見壓力桿件斷面型式

3-2 歐拉彈性彎曲

　　早在西元 1744 年，瑞士科學家歐拉（Leonhard Euler）發表的柱公式（稱為歐拉公式），為目前世界所公認的柱彈性彎曲公式。其假設為：一細長理想柱體，在受到無偏心的軸向荷重時，柱斷面之應力將一直保持在彈性範圍內一直到桿件產生彎曲，如下圖所示，所謂理想柱為假設兩端皆為鉸接，且承受無偏心之軸向載重。

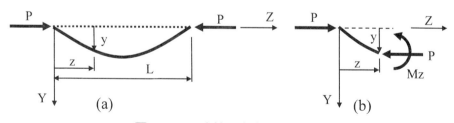

圖 3-2-1　歐拉理想柱壓屈曲線

彈性曲線公式：

$$EI\frac{d^2y}{dz^2} = -M_z \qquad\qquad (3.2.1)$$

由圖 3-2-1(b) 得

$$M_z = P \times y \qquad\qquad (3.2.2)$$

所以公式（3.2.1）可寫成

$$EI\frac{d^2y}{dz^2} = -P \times y \tag{3.2.3}$$

$$\frac{d^2y}{dz^2} + \frac{P}{EI}y = 0 \tag{3.2.4}$$

設 $k^2 = \dfrac{P}{EI}$

則式（3.2.4）二階微分方程之通解為：

$$y = A \sin kz + B \cos kz \tag{3.2.5}$$

邊界條件：$z = 0$，則 $y = 0$，$B = 0$

　　　　　$z = L$，則 $y = 0$，$A \sin kL = 0$

$$\therefore kL = n\pi \quad (n = 1, 2, 3,......)$$

$$\therefore k = \frac{n\pi}{L}$$

$$(\frac{n\pi}{L})^2 = \frac{P}{EI}$$

$$P = \frac{n^2\pi^2EI}{L^2} \tag{3.2.6}$$

在上式中當 $n = 1$ 時，其值最小稱為柱之臨界載重（Critical Load）公式，又稱歐拉臨界載重（Euler Critical Load）。

$$P_{cr} = \frac{\pi^2EI}{L^2} \tag{3.2.7}$$

若以應力來表示則

$$F_{cr} = \frac{P_{cr}}{A} = \frac{\pi^2EI}{AL^2} = \frac{\pi^2Er^2}{L^2} = \frac{\pi^2E}{(L/r)^2} \tag{3.2.8}$$

此處 $r = \sqrt{\dfrac{I}{A}}$ 為斷面之迴轉半徑（Radius of Gyration）。公式（3.2.7）自 1744 年發表以來，到目前仍然是彈性柱設計之基本公式。

3-3 壓力桿件強度

　　從 1744 年歐拉（Euler）發表柱彈性壓屈公式後，其後在十九世紀末，經過 Considere 及 Engesser 近一步研究，指出了非彈性壓屈（Inelastic Buckling）的行為，但一直到了二十世紀中才由 Shanley 進一步的用理論模型，清楚的解釋了柱的非彈性壓

屈行爲 [3.1,3.2,3.3,3.4]。對於柱壓屈強度理論之發展歷程在文獻 [3.5] 中有詳細介紹。在探討柱的強度時，一般皆必須假設柱是在理想狀況下──或是所謂的理想柱（Ideal Column），其基本假設如下 [3.6,3.7]：

1. 整個斷面其受壓之應力─應變性質不變。
2. 無殘餘應力的存在。
3. 桿件必須完全直線及均質。
4. 桿件在彎曲前後，受無偏心之軸向載重，也就是說，載重之合力通過桿件之中性軸。
5. 依桿件兩端點之接合狀況，必須能轉化成等值樞接長度（Equivalent Pinned Length）。
6. 使用小變形理論（Small Deformation Theory），剪力之影響可以忽略不計。
7. 當彎曲時，斷面無扭曲或變形（Twisting or Distortion）。

將公式（3.2.8）中之構材實際長度 L 以等值樞接長度 KL 表示，則壓力構材之歐拉彈性臨界壓屈應力應爲：

$$F_{cr} = \frac{\pi^2 E}{(L/r)^2} \Rightarrow \frac{\pi^2 E}{(KL/r)^2} \qquad (3.3.1)$$

式中：

F_{cr}：歐拉彈性臨界壓屈應力

E：構材材料之彈性模式

L：構材之實際長度

K：構材之有效長度係數（Effective Length Factor）

KL：構材之有效長度（Effective Length）

r：構材斷面之迴轉半徑 $r = \sqrt{(I/A)}$

KL/r：構材之有效細長比（Effective Slenderness Ratio）

壓力構材其臨界壓力強度則可表示爲：

$$P_{cr} = F_{cr} A_g = \frac{\pi^2 E}{(KL/r)^2} A_g \qquad (3.3.2)$$

上述公式中很明顯可以看出，壓力桿件之強度與細長比之平方成反比。當壓力桿件之細長比較大時，其產生彈性壓屈的趨勢也跟著提高，使桿件在失去其承載能力時，其斷面內之最大應力並未達到材料之降伏應力，也就是材料都還在彈性範圍之內。因此，此種破壞又稱之爲彈性壓屈破壞。而當壓力桿件之細長比較小時，其產生彈性壓屈的可

能性也跟著變小，此時之破壞完全由材料之降伏所控制。將 F_{cr} 與有效細長比 KL/r 之關係以曲線表示，即爲柱強度曲線（Column Strength Curve），如圖 3-3-1。一般建築物所使用的柱大多數屬於中等長度，此時在構件產生壓屈時，其斷面內部分材料已達其降伏強度，此種破壞爲非彈性壓屈破壞。圖 3-3-1 兩曲線之間爲 A36 及 A60 鋼材之壓力試驗值的範圍，其非彈性壓屈範圍約在細長比等於 126 左右，細長比大於 126 以上者爲彈性壓屈的範圍。

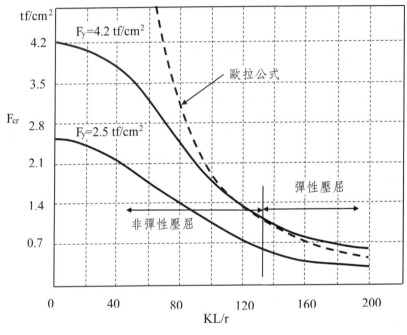

圖 3-3-1　柱強度曲線

　　歐拉公式對於短柱或較粗柱並不適用，因爲對於細長比較小之柱受載重後，在其產生側向彎曲時的斷面應力比較高，因此，此時的應變值已超過彈性範圍，Considere 及 Engesser 指出歐拉公式內的彈性模數 E 無法再適用，而必須改用切線模數 E_t，如圖 3-3-2 所示 [3.1,3.2]。

　　而壓力桿件的強度變成

$$P_{cr} = \frac{\pi^2 E_t}{(KL/r)^2} A_g \qquad (3.3.3)$$

　　中等長度的柱在其達壓屈破壞時，一般其最大應力處之材料部分已達非彈性範圍，此時其彈性模數比其初始彈性模數值還小，如圖 3-3-2 所示。對於非彈性壓曲的探討，有兩種代表理論，切線模數理論（Tangent Modulus Theory）及雙模數理論（Double Modulus Theory）[3.2]。

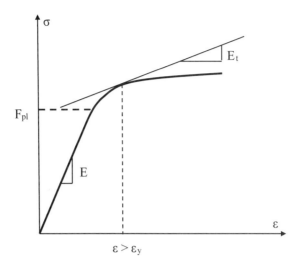

圖 3-3-2 切線模數 E_t

1. 切線模數理論：在這個理論中係假設柱是一直保持直線狀態，直到其達破壞點，而在其達破壞點時，整個斷面仍然維持繼續加壓狀態，因為此時之應變已超過材料之比例限度，如圖 3-3-2 所示。因此在這種情況下，比例限度段的彈性模數不能再使用，而必須以應力－應變曲線上壓應力所對應點之切線斜率為其彈性模數值而稱之為切線模數。其公式為：

$$F_{cr} = \frac{P_T}{A_g} = \frac{\pi^2 E_t}{(KL/r)^2}$$
（3.3.4）

P_T 為切線模數理論之壓屈破壞強度，可寫成：

$$P_T = \frac{\pi^2 E_t I}{(KL)^2}$$
（3.3.5）

2. 雙模數理論或稱折減模數理論（Reduced Modulus Theory）：此理論係假設不穩定發生時，在斷面中性軸之一側其應變係繼續增加，因此其彈性模數值為其切線模數，但在中性軸之另一側，其應變則減少，而為一解壓作用，因此其彈性模數值為其初始彈性模數值，如圖 3-3-3 所示。在圖 3-3-3 中，加壓側在壓屈後，其壓應變 $\varepsilon_c = \Delta dz_1/dz$；而解壓側在壓屈後，其張應變 $\varepsilon_t = \Delta dz_2/dz$，其臨界載重公式可表示如下 [3.7]：

$$P_R = P_{cr} = \frac{\pi^2}{L^2}[E_t \int_0^{d_1} y_1^2 dA_1 + E \int_0^{d_2} y_2^2 dA_2]$$
（3.3.6）

上式可寫成

$$P_R = \frac{\pi^2 E_R I}{(KL)^2}$$
（3.3.7）

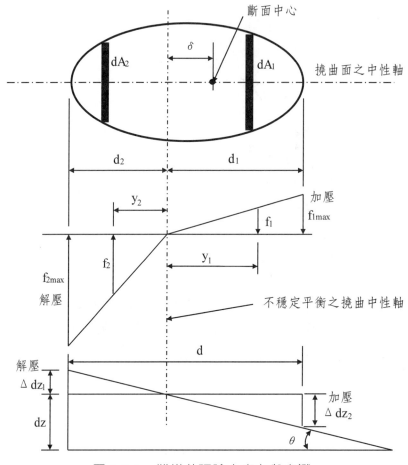

圖 3-3-3　雙模數理論之應力與應變

其中

I：全斷面之面積慣性矩

$$E_R = \frac{E_t I_1 + E I_2}{I} \;；\; I_1 = \int_0^{d_1} y_1^2 dA_1 \;；\; I_2 = \int_0^{d_2} y_2^2 dA_2 \tag{3.3.8}$$

根據實驗數據顯示，以切線模數理論推導之柱強度 P_T 比實際試驗值小，而雙模數理論推導所得之柱強度 P_R 比實際試驗值高。這個問題一直困擾工程界，一直到 1946 年 Shanley[3.3] 提出了一簡化柱模型來說明柱非彈性壓屈的行為，如圖 3-3-4 所示。他指出，當柱要開始壓屈時會伴隨著軸力的增加，因此切線模數理論才是正確的非彈性壓屈行為，在柱開始發生壓屈時，其強度應為切線模數理論之 P_T，但當壓屈後柱中間的側向變形 δ 開始加大後，其強度將逐漸趨近於雙模數理論之 P_R 值。因此 P_T 值可視為柱壓屈強度之下限，而 P_R 則為其上限。在工程界仍保守取切線模數荷重為柱之臨界荷重。

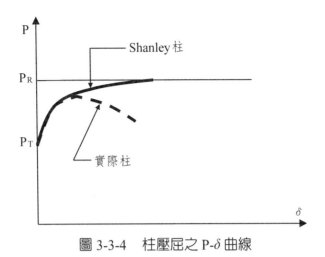

圖 3-3-4 柱壓屈之 P-δ 曲線

3-4 柱強度曲線

　　柱強度曲線之研究主要集中在 1950 年代到 1980 年代間進行。在 1959 年德國標準 DIN4114 引用了特殊曲線應用在不同的形狀斷面，隨後歐洲鋼構施工會議 ECCS（European Convention for Constructional Steelwork）所贊助的研究成果，開始被建議使用在各國的設計規範及法規內，例如目前的 Eurocode 3 就是引用修正 ECCS 的曲線。在美國柱強度曲線的研究工作，主要是在 1960 年代由李海大學（Lehigh University）執行。從研究中得知，柱的最大強度除了受到構件長度、橫斷面性質及材料性質如 E 及 F_y 等影響外，還受到：(1) 殘餘應力的大小及分布、(2) 構件的平直度（Out-of Straightness）和其形狀，以及 (3) 端點的束制情況等的影響。除非在製程上有特別要求，不然上述三種問題都是一般柱構件所必須同時面對的問題。根據目前研究成果，如果下列資料能夠正確提供，則柱的最大強度可精確計算出來：(1) 材料性質、(2) 橫斷面尺寸、(3) 殘餘應力的分布、(4) 起始平直度之大小及其形狀、(5) 端點束制之彎矩—旋轉角關係（Moment-Rotation Relationship）。有關殘餘應力、起始平直度及端點束制等都屬於隨機性質的參數，其變化範圍相當大。到目前為止，仍然缺少完整的統計資料，特別是端點束制，由於實務上梁—柱接頭種類及尺寸太多，無法取得所有接合的彎矩—旋轉角關係式 [3.9]。

　　因此目前柱的強度曲線，仍然以最基本的兩端鉸接且承受軸向載重的基本柱（Basic Column）為主。這部分的成果主要是以文獻 [3.10] 的研究成果為主。圖 3-4-1 是 112 根柱的強度曲線，是以已知殘餘應力分布及假設最大平直度為 1/1000，並以正弦曲線彎曲，柱兩端為鉸接情形下所得到的結果 [3.9,3.10]。

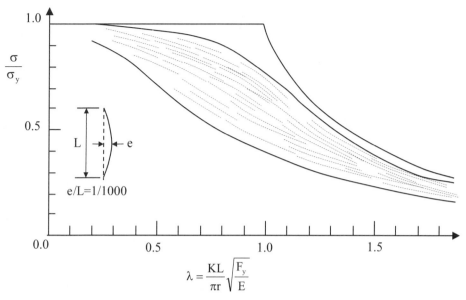

圖 3-4-1　不同型態柱之最大強度曲線 [3.9]

　　由圖 3-4-1 圖譜延伸出 SSRC 的三條曲線：曲線 1、曲線 2 及曲線 3，如圖 3-4-2 所示。另外在文獻 [3.10] 中也提供了當構件的起始平直度為 1/1470 時的強度曲線，如圖 3-4-2 中的曲線 1P、曲線 2P 及曲線 3P[3.9]。

　　不同平直度對柱壓屈強度的影響則如圖 3-4-3 所示。根據文獻調查資料顯示，在北美地區熱軋 W 型鋼其平均平直度約 1/1500，銲接組合寬翼 H 型鋼其平均平直度約 1/3300，而鋼管平均平直度約 1/6300[3.10,3.11,3.12]。在 SSRC 柱強度曲線中提供一

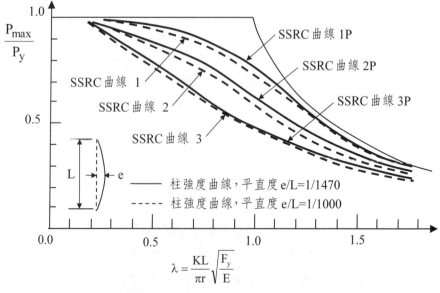

圖 3-4-2　SSRC 柱強度曲線 [3.9]

組最保守的以平直度 1/1000 爲基準的曲線 1～3 及另一組較接近實際情況的以平直度 1/1500(1/1470) 爲基準的曲線 1P～3P。目前 AISC 規範及我國極限設計規範是以平直度 1/1500(1/1470) 爲基準的 SSRC 曲線 2P 爲參考依據 [3.13,3.14]。

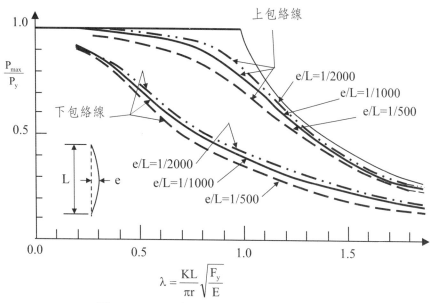

圖 3-4-3　平直度對柱強度曲線之影響 [3.9]

SSRC 柱強度曲線公式如下 [3.9]：

SSRC 曲線 1：

當 $0 \leq \lambda < 0.15$，　　　$\sigma_u = \sigma_y$

當 $0.15 \leq \lambda < 1.2$，　　$\sigma_u = \sigma_y(0.990 + 0.122\lambda - 0.367\lambda^2)$

當 $1.2 \leq \lambda < 1.8$，　　$\sigma_u = \sigma_y(0.051 + 0.801\lambda^{-2})$　　　　　　（3.4.1）

當 $1.8 \leq \lambda < 2.8$，　　$\sigma_u = \sigma_y(0.008 + 0.942\lambda^{-2})$

當 $\lambda \geq 2.8$，　　　　　$\sigma_u = \sigma_y\lambda^{-2}(= \text{Euler Curve})$

SSRC 曲線 2：

當 $0 \leq \lambda < 0.15$，　　　$\sigma_u = \sigma_y$

當 $0.15 \leq \lambda < 1.0$，　　$\sigma_u = \sigma_y(1.035 - 0.202\lambda - 0.222\lambda^2)$

當 $1.0 \leq \lambda < 2.0$，　　$\sigma_u = \sigma_y(-0.111 + 0.636\lambda^{-1} + 0.087\lambda^{-2})$　　（3.4.2）

當 $2.0 \leq \lambda < 3.6$，　　$\sigma_u = \sigma_y(0.009 + 0.877\lambda^{-2})$ SSRC曲線3：

當 $\lambda \geq 3.6$，　　　　　$\sigma_u = \sigma_y\lambda^{-2}(= \text{Euler Curve})$

當 $0 \le \lambda < 0.15$ ，　　　$\sigma_u = \sigma_y$

當 $0.15 \le \lambda < 0.8$ ，　　$\sigma_u = \sigma_y(1.093 - 0.622\lambda)$

當 $0.8 \le \lambda < 2.2$ ，　　　$\sigma_u = \sigma_y(-0.128 + 0.707\lambda^{-1} - 0.102\lambda^{-2})$　　（3.4.3）

當 $2.2 \le \lambda < 5.0$ ，　　　$\sigma_u = \sigma_y(0.008 + 0.792\lambda^{-2})$

當 $\lambda \ge 5.0$ ，　　　　　$\sigma_u = \sigma_y\lambda^{-2}(= \text{Euler Curve})$

上列公式中之 λ 稱為細長比參數（Slenderness Parameter），定義如下：

$$\lambda^2 = \frac{F_y}{F_{cr}(\text{Euler})} = \frac{F_y}{(\dfrac{\pi^2 E}{(KL/r)^2})} \qquad (3.4.4)$$

$$\lambda = \frac{KL}{\pi r}\sqrt{\frac{F_y}{E}}$$

曲線 1～曲線 3 也可以以單一公式來表示如下 [3.9,3.15,3.16]：

$$\sigma_u = \frac{\sigma_y}{2\lambda^2}(Q - \sqrt{Q^2 - 4\lambda^2}) \le \sigma_y$$

式中：

$$Q = 1 + \alpha(\lambda - 0.15) + \lambda^2 \qquad (3.4.5)$$

$$\alpha = \begin{cases} 0.103 & \text{for curve 1} \\ 0.293 & \text{for curve 2} \\ 0.622 & \text{for curve 3} \end{cases}$$

或

$$\sigma_u = F_y(1 + \lambda^{2n})^{\frac{-1}{n}} \qquad (3.4.6)$$

式中：

$$n = \begin{cases} 2.24 & \text{for curve 1} \\ 1.34 & \text{for curve 2} \\ 1.00 & \text{for curve 3} \end{cases}$$

SSRC 曲線 1P：

當 $0 \le \lambda < 0.15$ ，　　　$\sigma_u = \sigma_y$

當 $0.15 \le \lambda < 1.2$ ，　　$\sigma_u = \sigma_y(0.979 + 0.205\lambda - 0.423\lambda^2)$

當 $1.2 \le \lambda < 1.8$ ，　　　$\sigma_u = \sigma_y(0.03 + 0.842\lambda^{-2})$　　（3.4.7）

當 $1.8 \le \lambda < 2.6$ ，　　　$\sigma_u = \sigma_y(0.018 + 0.881\lambda^{-2})$

當 $\lambda \ge 2.6$ ，　　　　　$\sigma_u = \sigma_y\lambda^{-2}(= \text{Euler Curve})$

SSRC 曲線 2P：

當 $0 \leq \lambda < 0.15$， $\quad \sigma_u = \sigma_y$

當 $0.15 \leq \lambda < 1.0$， $\quad \sigma_u = \sigma_y(1.03 - 0.158\lambda - 0.206\lambda^2)$

當 $1.0 \leq \lambda < 1.8$， $\quad \sigma_u = \sigma_y(-0.193 + 0.803\lambda^{-1} + 0.056\lambda^{-2})$ （3.4.8）

當 $1.8 \leq \lambda < 3.2$， $\quad \sigma_u = \sigma_y(0.018 + 0.815\lambda^{-2})$

當 $\lambda \geq 3.2$， $\quad \sigma_u = \sigma_y\lambda^{-2}(= \text{Euler Curve})$

SSRC 曲線 3P：

當 $0 \leq \lambda < 0.15$， $\quad \sigma_u = \sigma_y$

當 $0.15 \leq \lambda < 0.8$， $\quad \sigma_u = \sigma_y(1.091 - 0.608\lambda)$

當 $0.8 \leq \lambda < 2.0$， $\quad \sigma_u = \sigma_y(0.021 + 0.385\lambda^{-1} + 0.066\lambda^{-2})$ （3.4.9）

當 $2.0 \leq \lambda < 4.5$， $\quad \sigma_u = \sigma_y(0.005 + 0.9\lambda^{-2})$

當 $\lambda \geq 4.5$， $\quad \sigma_u = \sigma_y\lambda^{-2}(= \text{Euler Curve})$

同樣曲線 2P 在 AISC 規範中也可以一單一公式來表示如下 [3.9,3.13]：

$$F_{cr} = \begin{cases} (0.658^{\lambda^2})F_y & \text{for} \quad 0 \leq \lambda \leq 1.5 \\ (0.877/\lambda^2)F_y & \text{for} \quad \lambda \geq 1.5 \end{cases}$$ （3.4.10）

而我國極限設計規範，則以下式來表示 [3.14]：

$$F_{cr} = \begin{cases} [\exp(-0.419\lambda^2)]F_y & \text{for} \quad 0 \leq \lambda \leq 1.5 \\ (0.877/\lambda^2)F_y & \text{for} \quad \lambda \geq 1.5 \end{cases}$$ （3.4.11）

　　鋼斷面內殘餘應力的存在一般係由於下列因素所造成：(1) 由於熱軋型鋼的不均勻冷卻，(2) 施工組裝過程的冷彎預拱，(3) 施工組裝過程的鑽孔、裁切，(4) 銲接等。一般殘餘應力與鋼材之降伏強度無關，而主要與冷卻速率有關，也就是與斷面形狀、尺寸及鋼板厚度有關 [3.8]。常見銲接型鋼之殘餘應力分布示意如圖 3-4-4 所示。

　　H 型鋼翼板端的殘餘應力為壓應力，一般在銲接 H 型鋼皆高於熱軋型鋼，因此銲接型鋼之柱強度會小於熱軋型鋼。而箱型鋼在四個角的殘餘應力為張應力，此張應力對柱有加勁作用，其值在銲接箱型鋼大於熱軋箱型鋼，因此銲接箱型柱比熱軋箱型柱有較高的強度。殘餘應力對受軸向載重柱之平均應力及應變的影響，如圖 3-4-5 所示。有關殘餘應力對柱強度之影響，在由結構穩定研究協會（Structural Stability Research Council, SSRC）的金屬結構設計準則指導綱要（Guide to Stability Design Criteria for Metal Structures）內有詳細的說明。其中明確指出對熱軋型鋼，殘餘應力對較細長柱之最大強度影響較小。對具有起始曲率的柱，殘餘應力的分布變化對柱強度的影響也沒有

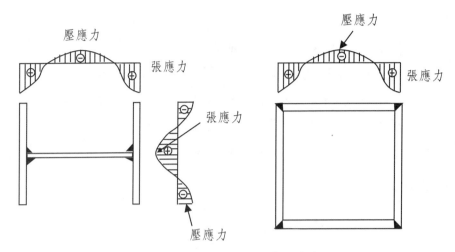

圖 3-4-4　銲接型鋼之殘餘應力

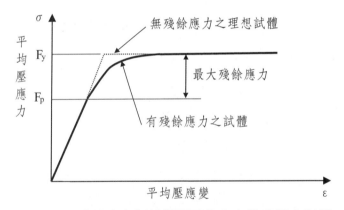

圖 3-4-5　殘餘應力對柱斷面平均應力及應變之影響

完全平直柱來得大 [3.9]。在文獻 [3.17] 中舉了一個 H 型鋼，假設其翼板之殘餘應力為線性分布，最大張、壓殘餘應力皆為降伏強度之 1/3，則其柱強度曲線如圖 3-4-6 所示。

　　AISC 之柱強度曲線係根據 SSRC 之曲線 2P 加以修正，使其能反映柱中央有 1/1500 之起始側向變形，在 2005 年版公式改成下列表示方式：

$$F_{cr} = (0.658^{\frac{F_y}{F_e}})F_y \quad \text{for} \quad KL/r \le 4.71\sqrt{(E/F_y)}$$

$$F_{cr} = 0.877F_e \qquad \text{for} \quad KL/r > 4.71\sqrt{(E/F_y)} \qquad （3.4.12）$$

$$F_e = \frac{\pi^2 E}{(KL/r)^2}$$

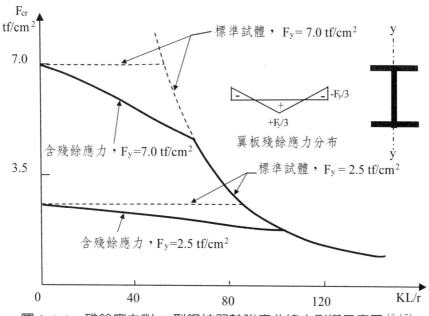

圖 3-4-6 殘餘應力對 H 型鋼柱弱軸強度曲線之影響示意圖 [3.17]

我國極限設計規範公式如下：

$$F_{cr} = [\exp(-0.419\lambda_c^2)]F_y \qquad \text{for} \qquad \lambda_c \leq 1.5$$

$$F_{cr} = [\frac{0.877}{\lambda_c^2}]F_y \qquad \text{for} \qquad \lambda_c > 1.5 \qquad （3.4.13）$$

$$\lambda_c = \frac{KL}{\pi r}\sqrt{\frac{F_y}{E}}$$

我國容許應力設計規範公式如下：

$$F_a = \frac{\left[1 - \frac{(KL/r)^2}{2C_c^2}\right]F_y}{\frac{5}{3} + \frac{3(KL/r)}{8C_c} - \frac{(KL/r)^3}{8C_c^3}} \qquad \text{for} \qquad KL/r \leq C_c$$

$$F_a = \frac{12\pi^2 E}{23(KL/r)^2} \qquad \text{for} \qquad KL/r > C_c \qquad （3.4.14）$$

$$C_c = \sqrt{\frac{2\pi^2 E}{F_y}}$$

3-5 有效長度

在探討歐拉柱公式時係假設柱為理想柱，也就是柱的兩端為樞接狀態。而在一般狀況下柱之兩端並非樞接狀態，此時柱之長度必須依桿件端點之接合狀況或束制（Restraint）狀況，將其實際長度轉化為當量樞接長度（Equivalent Pinned-end Length）或所謂的有效長度（Effective Length）。圖 3-5-1 及圖 3-5-2 為幾種理想化狀態下柱之有效長度。

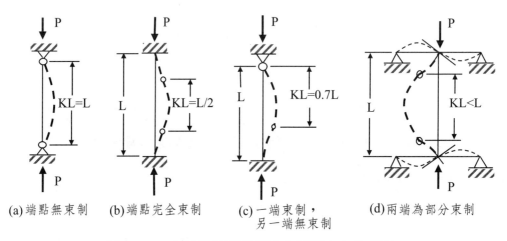

(a)端點無束制　(b)端點完全束制　(c)一端束制，　(d)兩端為部分束制
　　　　　　　　　　　　　　　　另一端無束制

圖 3-5-1　有側撐柱理想端點束制下之有效長度

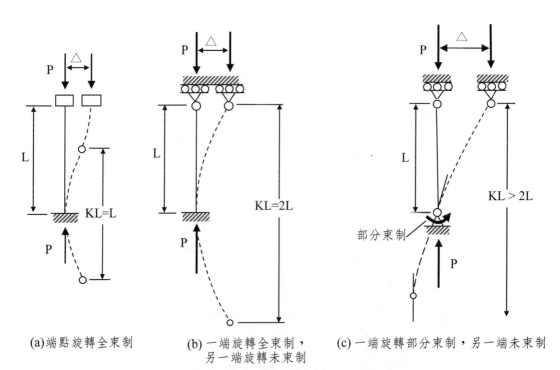

(a)端點旋轉全束制　　(b)一端旋轉全束制，　　(c)一端旋轉部分束制，另一端未束制
　　　　　　　　　　　　另一端旋轉未束制

圖 3-5-2　無側撐柱理想端點束制下之有效長度

影響柱有效長度的因素，除了端點的束制狀況外，還有就是柱是否允許有側向位移，也就是柱是存在於所謂的有側撐構架（Braced Frame）中（柱不允許有側向的位移），或是存在於無側撐構架（Unbraced Frame）中（柱允許有側向位移）。圖 3-5-3(a) 及 (c) 因爲有對角斜撐系統，基本上構架是不會有側向位移產生，因此稱爲有側撐構架或無側位移構架。而圖 3-5-3(b) 及 (d) 因爲沒有對角斜撐系統，基本上構架在受力後會有側向位移產生，而稱爲無側撐構架或有側位移構架。

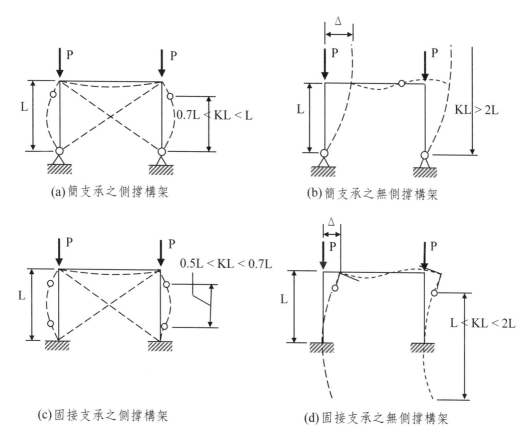

(a)簡支承之側撐構架　　　　　　　(b)簡支承之無側撐構架

(c)固接支承之側撐構架　　　　　　(d)固接支承之無側撐構架

圖 3-5-3　有側撐及無側撐柱理想端點束制下之有效長度

AISC 對有側撐構架的定義爲：構架之側向（或水平）穩定是由對角斜撐（Diagonal Bracing）、剪力牆（Shear Wall）或其他類似構件所提供。而對無側撐構架之定義爲：構架之側向穩定是由梁柱剛性接頭之抗彎勁度所提供。AISC 及我國規範提供理想化端點情況，柱之理論與建議使用之有效長度，如圖 3-5-4[3.13,3.14]。在實際結構物中，理想化的端點情況是不存在的，如圖 3-5-1(d) 所示，柱兩端是實際連接到其他的梁及柱構件上，因此其壓屈破壞是一個非常複雜的行爲。在文獻[3.19] 中，從構架中取出一柱單元，然後經過簡化，推導出柱之有效長度係數如下：

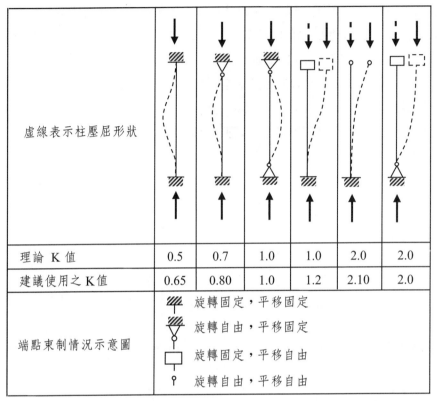

虛線表示柱壓屈形狀						
理論 K 值	0.5	0.7	1.0	1.0	2.0	2.0
建議使用之 K 值	0.65	0.80	1.0	1.2	2.10	2.0
端點束制情況示意圖	旋轉固定，平移固定 旋轉自由，平移固定 旋轉固定，平移自由 旋轉自由，平移自由					

圖 3-5-4　規範建議之理想柱有效長度係數 K[3.13,3.14]

對有側撐構架：

$$\frac{G_A G_B}{4}(\frac{\pi^2}{K^2}) + (\frac{G_A + G_B}{2})[1 - \frac{\pi/K}{\tan(\pi/K)}] + \frac{2}{\pi/K}\tan(\frac{\pi}{2K}) = 1 \quad （3.5.1）$$

對無側撐構架：

$$\frac{G_A G_B(\pi/K)^2 - 36}{6(GA + GB)} = \frac{\pi/K}{\tan(\pi/K)} \quad （3.5.2）$$

上列二式中，K 為柱之有效長度係數，G_A 及 G_B 分別為柱上、下兩端點所連接之柱梁相對勁度比，如下式：

$$G = \frac{(\sum EI/L)_{Col}}{(\sum EI/L)_{Beam}} \quad （3.5.3）$$

雖然公式（3.5.1）及公式（3.5.2）可求得較準確之 K 值，但對實務界來說仍然太複雜，因此規範提供了連線圖（Alignment Chart），作為估算實際結構物中柱之有效長度係數 K 值之用，如圖 3-5-5。對有側撐之構架，柱之有效長度係數介於 0.5～1.0 之間。而對無側撐構架，柱之有效長度係數一定大於 1.0。對於鉸接（Hinged）之支承 $(\sum EI/L)_{Beam} = 0$，則理論上 $G = \infty$，但實際上很難有真正百分之百的鉸接支承，對所謂

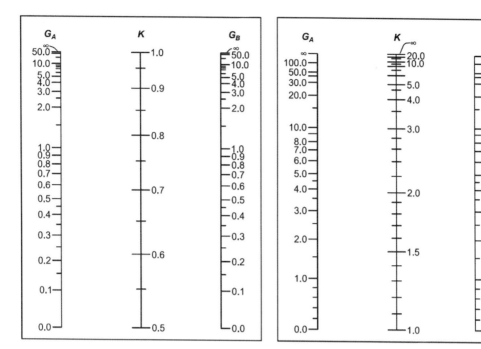

圖 3-5-5　規範提供之連線圖 [3.13,3.14]

的鉸接支承或多或少都還有一點抵抗彎矩的能力，因此 AISC 建議採用 G = 10。而對於固接（Fixed）支承$(\sum EI/L)_{Beam} = \infty$，則理論上 G = 0，但實際上也很難達到百分之百的固接，因此 AISC 建議採用 G = 1.0[3.13,3.14]。

中國學者也提供一個近似公式，供工程界用於計算柱之有效長度係數 K 值如下[3.20,3.21]：

對有側撐構架：

$$K = \frac{0.64K_A K_B + 1.4(K_A + K_B) + 3}{1.28K_A K_B + 2(K_A + K_B) + 3}$$

（3.5.4）

對無側撐構架：

$$K = \sqrt{\frac{7.5K_A K_B + 4(K_A + K_B) + 1.52}{7.5K_A K_B + K_A + K_B}}$$

（3.5.5）

上式公式中之 K_A 及 K_B 分別為公式（3.5.1）及（3.5.2）中 G_A 及 G_B 的倒數，也就是：

$$K_A \text{ or } K_B = \frac{(\sum EI/L)_{Beam}}{(\sum EI/L)_{Col}}$$

（3.5.6）

在 ACI 規範中也提供了英國實務標準規範所使用的簡化公式供工程界參考，其公式如下 [3.22,3.23,3.24,3.25]：

對有側撐構架：取下列二式之較小值

$$K = 0.7 + 0.05(G_A + G_B) \le 1.0 \qquad (3.5.7)$$

$$K = 0.85 + 0.05G_{min} \le 1.0 \qquad (3.5.8)$$

上式中之 G_{min} 為 G_A 及 G_B 兩者之較小者。

對無側撐構架：

當柱兩端都有束制時，

$$K = \frac{20 - G_m}{20}\sqrt{1 + G_m} \quad \text{for} \quad G_m < 2.0 \qquad (3.5.9)$$
$$= 0.9\sqrt{1 + G_m} \qquad \text{for} \quad G_m \ge 2.0$$

當柱一端為鉸接時，

$$K = 2.0 + 0.3G \qquad (3.5.10)$$

上式中之 G_m 為 G_A 及 G_B 之平均值，G 為非鉸接端之柱／梁相對勁度比。

例 3-5-1

有一剛性接頭鋼結構構架如圖 3-5-6 所示，如本構架為一無側撐構架，試求柱 AB 及 BC 之有效長度係數。

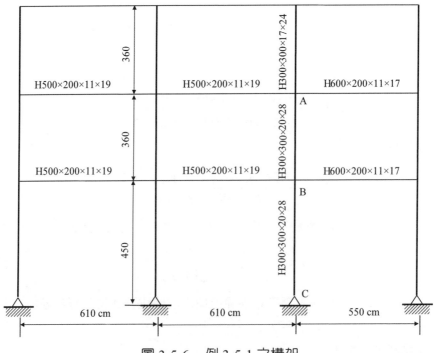

圖 3-5-6　例 3-5-1 之構架

解：

型鋼	I_x
H600×200×11×17	75600
H500×200×11×19	55500
H300×300×20×28	42200
H300×300×17×24	35000

柱 AB：

節點 A： $\dfrac{\Sigma I_c / L_c}{\Sigma I_g / L_g} = \dfrac{35000/360 + 42200/360}{55500/610 + 75600/550} = 0.94$

節點 B： $\dfrac{\Sigma I_c / L_c}{\Sigma I_g / L_g} = \dfrac{42200/360 + 42200/450}{55500/610 + 75600/550} = 0.92$

$G_A = 0.94$ & $G_B = 0.92$ →由連線圖：K = 1.31

$K_A = 1.06$ & $K_B = 1.09$ →由公式（3.5.5）：K = 1.32

柱 BC：

節點 B： $G_B = 0.92$

節點 C：鉸接依 AISC 規定取 $G_C = 10.0$

由連線圖： $G_B = 0.92$ & $G_C = 10.0$ → K = 1.87

$K_A = 1.09$ & $K_B = 0.10$ →由公式（3.5.5）：K = 1.88

例 3-5-2

同例 3-5-1 之構架，如為一有側撐構架，試求柱 AB 及 BC 之有效長度係數。

解：

柱 AB：

節點 A： $G_A = 0.94$

節點 B： $G_B = 0.92$

∴由連線圖：K = 0.77

由公式（3.5.4）：K = 0.79

柱 BC：

節點 B： $G_B = 0.92$

節點 C：鉸接依 AISC 規定取 $G_C = 10.0$

∴由連線圖：K = 0.86

由公式（3.5.4）：K = 0.86

3-6 壓力桿設計——極限設計法

依 AISC 規範之規定，所設計斷面之材料強度必須大於外力作用在該斷面之力量，可表示如下式：

$$P_n = F_{cr}A_g$$

$$\text{LRFD}: \quad \varphi_c P_n \geq P_u; \quad \varphi_c = 0.90$$

$$\text{ASD}: \quad \frac{P_n}{\Omega_c} \geq P; \quad \Omega_c = 1.67$$

$$F_{cr} = (0.658^{\frac{F_y}{F_e}})F_y \quad \text{for} \quad KL/r \leq 4.71\sqrt{(E/F_y)} \quad \text{or} \quad (\frac{F_y}{F_e} \leq 2.25) \quad （3.6.1）$$

$$F_{cr} = 0.877F_e \quad \text{for} \quad KL/r > 4.71\sqrt{(E/F_y)} \quad \text{or} \quad (\frac{F_y}{F_e} > 2.25)$$

$$F_e = \frac{\pi^2 E}{(KL/r)^2} \quad : 彈性臨界壓屈應力$$

我國極限設計規範公式如下：

$$P_n = F_{cr}A_g$$

$$\phi_c P_n \geq P_u; \quad \phi_c = 0.85$$

$$F_{cr} = [\exp(-0.419\lambda_c^2)]F_y \quad \text{for} \quad \lambda_c \leq 1.5$$

$$F_{cr} = [\frac{0.877}{\lambda_c^2}]F_y \quad \quad \text{for} \quad \lambda_c > 1.5 \quad （3.6.2）$$

$$\lambda_c = \frac{KL}{\pi r}\sqrt{\frac{F_y}{E}}$$

上列式中：

A_g：柱斷面積

P_n：柱標稱強度

F_{cr}：柱臨界應力

P_u：放大係數後之柱軸力

根據規範規定，壓力構材之最大細長比 KL/r 不得超過 200。圖 3-6-1 為 KL/r 與 F_{cr} 之關係圖。一般壓力構件之設計步驟如下：

1. 計算放大係數後之柱軸力 P_u。
2. 根據預估之 KL/r 值預估 F_{cr} 值。
3. 計算柱所需之斷面積，$A_g = P_u/(\phi F_{cr})$。

4. 根據 A_g 選擇適當之斷面。

5. 根據選擇之斷面計算核柱之 $(KL/r)x$ 及 $(KL/r)y$ 比得到其相對之 F_{er}。

6. 計算柱之設計強度：$P_n = F_{cr}A_g$。

7. 檢核 $\phi P_n \geq P_u$。

如果第 7 步驟不合格，則重複第 2 至第 7 步驟，直到找到合適之斷面為止。

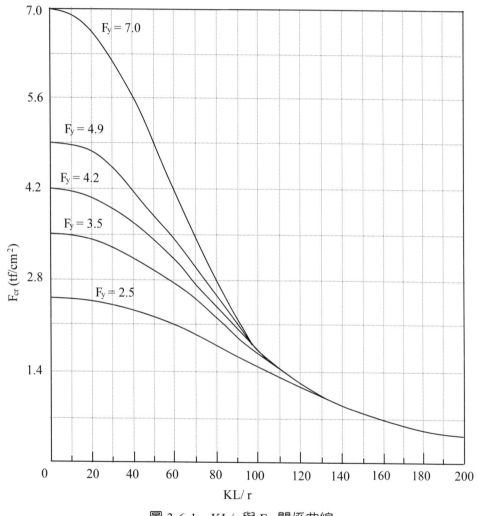

圖 3-6-1　KL/r 與 F_{cr} 關係曲線

例 3-6-1

一兩端為鉸接，長為 5.0 m 之柱，在工作荷重之下承受活載重軸力 46 tf 及靜載重軸力 44 tf，假設該柱為有側向支撐，試以 SN400B 鋼料，依 (a) AISC-LRFD 規範，(b) 我國極限設計規範選擇最輕柱斷面。

解：

(a) AISC-LRFD

$P_u = 1.2D + 1.6L = 1.2 \times 44 + 1.6 \times 46 = 126.4$ tf

假設 K = 1.0

預估 KL/r = 75

SN400B 鋼料，$F_y = 2.4$ tf/cm²

$$F_e = \frac{\pi^2 E}{(KL/r)^2} = \frac{\pi^2 \times 2040}{75^2} = 3.579 \text{ tf/cm}^2 \; ; \; \frac{F_y}{F_e} = 0.671 \; < 2.25$$

$$F_{cr} = (0.658^{\frac{F_y}{F_e}})F_y = (0.658^{\frac{2.4}{3.579}})F_y = 0.755F_y = 1.812 \text{ tf/cm}^2$$

$$需要之 A_g = \frac{P_u}{\phi F_{cr}} = \frac{126.4}{0.9 \times 1.812} = 77.508 \text{ cm}^2$$

選擇斷面：

	A_g	r_y
H400×200×8×13	83.37	4.57
H450×200×8×12	82.97	4.36
H350×250×8×12	86.20	5.99
H250×250×9×14	91.43	6.32
H450×200×9×14	95.43	4.43
H350×250×9×14	99.53	6.06
H300×300×12×12	106.3	7.20

試用 H400×200×8×13：

KL/r = 500/4.57 = 109.41

$$F_e = \frac{\pi^2 E}{(KL/r)^2} = \frac{\pi^2 \times 2040}{109.41^2} = 1.682 \text{ tf/cm}^2 \; ; \; \frac{F_y}{F_e} = 1.427 \; < 2.25$$

$$F_{cr} = (0.658^{\frac{F_y}{F_e}})F_y = (0.658^{\frac{2.4}{1.682}})F_y = 0.55F_y = 1.320 \text{ tf/cm}^2$$

$$\phi_c P_n = \phi_c F_{cr} A_g = 0.9 \times 1.32 \times 83.37 = 99.044 \text{ tf} \; < 126.4 \text{ tf} \cdots\cdots \text{NG}$$

再試用 H350×250×8×12：

KL/r = 500/5.99 = 83.47

$$F_e = \frac{\pi^2 E}{(KL/r)^2} = \frac{\pi^2 \times 2040}{83.47^2} = 2.890 \text{ tf/cm}^2 \; ; \; \frac{F_y}{F_e} = 0.830 < 2.25$$

$$F_{cr} = (0.658^{\frac{F_y}{F_e}})F_y = (0.658^{\frac{2.4}{2.89}})F_y = 0.706F_y = 1.694 \text{ tf/cm}^2$$

$$\phi_c P_n = \phi_c F_{cr} A_g = 0.9 \times 1.694 \times 86.20 = 131.42 \text{ tf} \; > 126.4 \text{ tf} \cdots\cdots \text{OK}$$

所以選用 H350×250×8×12 斷面。

(b) 我國極限設計規範

預估 KL/r = 75

$$\lambda_c = \frac{75}{\pi} \sqrt{\frac{2.4}{2040}} = 0.819 \le 1.5$$

$$\therefore F_{cr} = [\exp(-0.419\lambda_c^2)]F_y = [\exp(-0.419 \times 0.819^2)]F_y$$
$$= 0.755 \times F_y = 1.812 \text{ tf/cm}^2$$

$$需要之 A_g = \frac{P_u}{\phi F_{cr}} = \frac{126.4}{0.85 \times 1.812} = 82.067 \text{ cm}^2$$

試用 H400×200×8×13：

KL/r = 500/4.57 = 109.41

$$\lambda_c = \frac{109.41}{\pi} \sqrt{\frac{2.4}{2040}} = 1.195 \le 1.5$$

$$\therefore F_{cr} = [\exp(-0.419\lambda_c^2)]F_y = [\exp(-0.419 \times 1.195^2)]F_y$$
$$= 0.550 \times F_y = 1.32 \text{ tf/cm}^2$$

$$\phi_c P_n = \phi_c F_{cr} A_g = 0.85 \times 1.32 \times 83.37 = 93.541 \text{ tf} \quad < 126.4 \text{ tf} \cdots\cdots \text{NG}$$

再試用 H350×250×8×12：

KL/r = 500/5.99 = 83.47

$$\lambda_c = \frac{83.47}{\pi} \sqrt{\frac{2.4}{2040}} = 0.911 \le 1.5$$

$$\therefore F_{cr} = [\exp(-0.419\lambda_c^2)]F_y = [\exp(-0.419 \times 0.911^2)]F_y$$
$$= 0.706 \times F_y = 1.694 \text{ tf/cm}^2$$

$$\phi_c P_n = \phi_c F_{cr} A_g = 0.85 \times 1.694 \times 86.2 = 124.11 \text{ tf} \quad < 126.4 \text{ tf} \cdots\cdots \text{NG}$$

再試用 H250×250×9×14：

KL/r = 500/6.32 = 79.11

$$\lambda_c = \frac{79.11}{\pi} \sqrt{\frac{2.4}{2040}} = 0.864 \le 1.5$$

$$\therefore F_{cr} = [\exp(-0.419\lambda_c^2)]F_y = [\exp(-0.419 \times 0.864^2)]F_y$$
$$= 0.731 \times F_y = 1.754 \text{ tf/cm}^2$$

$$\phi_c P_n = \phi_c F_{cr} A_g = 0.85 \times 1.754 \times 91.43 = 136.31 \text{ tf} \quad > 126.4 \text{ tf} \cdots\cdots \text{OK}$$

所以選用 H250×250×9×14 斷面。

例 3-6-2

試依我國極限設計規範，使用 A36 鋼材及國內常用 H 型鋼斷面，選擇圖 3-6-2 之柱斷面。假設該柱為有側撐構架中之主結構體，長 9 m 承受軸向靜載重 27 tf 及軸向活載重 54 tf。柱之兩端假設為鉸接，且在弱軸方向在柱中間有一支承。

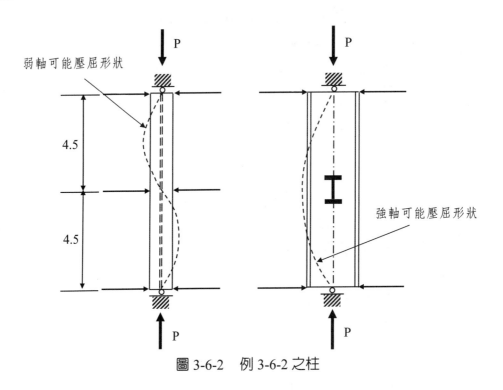

圖 3-6-2　例 3-6-2 之柱

解：

$P_u = 1.2D + 1.6L = 1.2 \times 27 + 1.6 \times 54 = 118.8$ tf

$L_y = 0.5L_x = 4.5$ m

如果讓 $K_yL_y/r_y \cong K_xL_x/r_x$

則 $\dfrac{r_x}{r_y} \approx \dfrac{L_x}{L_y} = 2.0$

所以如果所選擇之斷面其 r_x/r_y 之比大於 2.0，則該柱之強度係由弱軸（y 軸，K_yL_y/r_y）控制。反之則由強軸（x 軸，K_xL_x/r_x）控制。

預估 KL/r = 75

A36 鋼料，$F_y = 2.5$ tf/cm^2

$\lambda_c = \dfrac{75}{\pi} \sqrt{\dfrac{2.5}{2040}} = 0.836 \le 1.5$

$\therefore F_{cr} = [\exp(-0.419\lambda_c^2)]F_y = [\exp(-0.419 \times 0.836^2)]F_y$

$\qquad = 0.746 \times F_y = 1.865$ tf/cm^2

需要之 $A_g = \dfrac{P_u}{\phi F_{cr}} = \dfrac{118.8}{0.85 \times 1.865} = 74.94 \text{ cm}^2$

選擇斷面：

	A_g	r_x	r_y	控制軸
H200×200×8×12	63.53	8.62	5.02	X
H200×200×12×12	71.53	8.34	4.88	X
H350×250×8×12	86.20	14.49	5.99	Y
H250×250×9×14	91.43	10.82	6.32	X

試用 H350×250×8×12：Y 軸控制

$(KL/r)_x = 900/14.49 = 62.11$

$(KL/r)_y = 450/5.99 = 75.125$

$\lambda_c = \dfrac{75.125}{\pi} \sqrt{\dfrac{2.5}{2040}} = 0.837 \le 1.5$

$\therefore F_{cr} = [\exp(-0.419\lambda_c^2)]F_y = [\exp(-0.419 \times 0.837^2)]F_y$

$\qquad = 0.746 \times F_y = 1.865 \text{ tf/cm}^2$

$\phi_c P_n = \phi_c F_{cr} A_g = 0.85 \times 1.865 \times 86.2 = 136.649 \text{ tf} \quad > 118.8 \text{ tf} \cdots\cdots \text{OK}$

所以選用 H350×250×8×12 斷面。

例 3-6-3

試依 AISC-LRFD 規範重新計算例 3-6-2。

解：

$P_u = 1.2D + 1.6L = 1.2 \times 27 + 1.6 \times 54 = 118.8 \text{ tf}$

$L_y = 0.5L_x = 4.5 \text{ m}$

如果讓 $K_y L_y / r_y \cong K_x L_x / r_x$

則 $\dfrac{r_x}{r_y} \approx \dfrac{L_x}{L_y} = 2.0$

所以如果所選擇之斷面其 r_x/r_y 之比大於 2.0，則該柱之強度係由弱軸（y 軸，$K_y L_y / r_y$）控制。反之，則由強軸（x 軸，$K_x L_x / r_x$）控制。

預估 $KL/r = 75$

A36 鋼料，$F_y = 2.5 \text{ tf/cm}^2$

$F_e = \dfrac{\pi^2 E}{(KL/r)^2} = \dfrac{\pi^2 \times 2040}{75^2} = 3.579 \text{ tf/cm}^2; \quad \dfrac{F_y}{F_e} = 0.699 \ < 2.25$

$$F_{cr} = (0.658^{\frac{F_y}{F_e}})F_y = (0.658^{\frac{2.5}{3.579}})F_y = 0.746F_y = 1.865 \text{ tf/cm}^2$$

需要之 $A_g = \dfrac{P_u}{\phi F_{cr}} = \dfrac{118.8}{0.9 \times 1.865} = 70.777 \text{ cm}^2$

選擇斷面：

	A_g	r_x	r_y	控制軸
H200×200×8×12	63.53	8.62	5.02	X
H200×200×12×12	71.53	8.34	4.88	X
H350×250×8×12	86.20	14.49	5.99	Y
H250×250×9×14	91.43	10.82	6.32	X

試用 H200×200×12×12：X 軸控制

$(KL/r)_x = 900/8.34 = 107.91$

$$F_e = \frac{\pi^2 E}{(KL/r)^2} = \frac{\pi^2 \times 2040}{107.91^2} = 1.729 \text{ tf/cm}^2 ; \frac{F_y}{F_e} = 1.446 \quad < 2.25$$

$$F_{cr} = (0.658^{\frac{F_y}{F_e}})F_y = (0.658^{\frac{2.5}{1.729}})F_y = 0.546F_y = 1.365 \text{ tf/cm}^2$$

$$\phi_c P_n = \phi_c F_{cr} A_g = 0.9 \times 1.365 \times 71.53 = 87.875 \text{ tf} \quad < 118.8 \text{ tf} \cdots\cdots \text{NG}$$

試用 H350×250×8×12：Y 軸控制

$(KL/r)_y = 450/5.99 = 75.125$

$$F_e = \frac{\pi^2 E}{(KL/r)^2} = \frac{\pi^2 \times 2040}{75.125^2} = 3.567 \text{ tf/cm}^2 ; \quad \frac{F_y}{F_e} = 0.701 \quad < 2.25$$

$$F_{cr} = (0.658^{\frac{F_y}{F_e}})F_y = (0.658^{\frac{2.5}{3.567}})F_y = 0.746F_y = 1.865 \text{ tf/cm}^2$$

$$\phi_c P_n = \phi_c F_{cr} A_g = 0.9 \times 1.865 \times 86.20 = 144.687 \text{ tf} \quad > 118.8 \text{ tf} \cdots\cdots \text{OK}$$

所以選用 H350×250×8×12 斷面。

3-7 受壓板之強度

前述之型鋼設計，不管使用 W 型鋼、H 型鋼、I 型鋼、T 型鋼或 L 型鋼，基本上皆由鋼板元件（Element）所組成，而這些鋼板元件在整個構件破壞前，其中必然有一鋼板元件會先產生壓屈破壞。對矩形板受軸力之壓屈作用如圖 3-7-1 所示：

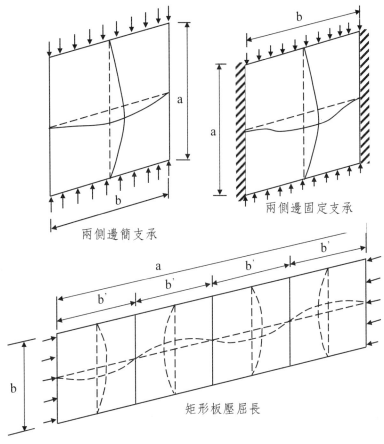

兩側邊簡支承

兩側邊固定支承

矩形板壓屈長

圖 3-7-1 矩形板受均布軸壓力之壓屈作用示意圖

對於板之彈性壓屈應力，在很多彈性穩定的教科書中都有詳細介紹[3.26]，一般可以下式表示：

$$F_{cr} = \frac{K\pi^2 E}{12(1-\mu^2)(b/t)^2} \qquad (3.7.1)$$

$$K = \left[\frac{1}{m}\frac{a}{b} + m\frac{b}{a}\right]^2 \qquad (3.7.2)$$

式中：

μ：柏松比（Poisson's Ration）

b/t：板之寬厚比

K：板壓屈係數（Buckling Coefficient）

m：在壓屈時於 X 方向所產生的半波（Half-Waves）數目

a、b：板之 X、Y 向尺度

K 值與 a/b 的關係如圖 3-7-2 所示 [3.17]。從圖 3-7-2 中可發現，如果設定 a/b = m，則 K = 4，而且當 a/b 變大以後，其壓屈係數 K 也將趨近於 4。因此，受均布軸壓力且兩側邊為簡支之矩形板，其彈性壓屈應力可以下式表示：

$$F_{cr} = \frac{4\pi^2 E}{12(1-\mu^2)(b/t)^2}$$ （3.7.3）

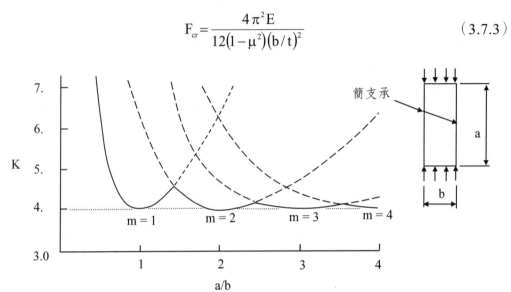

圖 3-7-2　簡支矩形板受均布軸壓力之壓屈係數 [3.17]

壓屈係數 K 之大小決定於板之長寬比（Aspect Ratio）a/b、板之邊緣支承狀況及受力狀況等，如圖 3-7-3 所示 [3.17,3.27]。在圖中板平行壓力兩側邊基本上簡化成三種理想狀態：固接、簡支承及自由端。圖中之實線代表受力的端邊為固接，而虛線代表受力的端邊為簡支承。比較板之壓屈應力與柱之壓屈應力可發現，柱之壓屈應力與其細長比的平方成反比，而板之壓屈應力與其寬厚比之平方成反比。因此柱之強度決定於柱之長度，而板之強度決定於其寬度。一般受軸向壓力之板根據其端邊之束制情況，在規範中將板分成兩類：(1) 加勁板（Stiffened Element），在與壓應力平行方向之板的兩邊皆有支承者稱之。(2) 未加勁板（Unstiffened Element）：凡肢材僅單邊有支承，且其自由邊與壓應力作用方向平行者稱之，如圖 3-7-4 所示。

　　依我國規範之規定，未加勁肢及加勁肢定義如下：

1. 未加勁肢：凡肢材僅單邊支承，且其自由邊與壓應力作用方向平行者，稱為未加勁肢，其寬度決定如下：

   (1) W、H、I 或 T 型鋼構材之翼板，寬度 b 取標稱全寬度之一半。

   (2) 角鋼肢及槽鋼和 Z 型鋼之翼板，寬度 b 取標稱全寬度。

   (3) 鋼板寬度 b 取自由邊到第一道螺栓線或銲道之距離。

   (4) T 型鋼之腹板深度 d 取標稱全深度。

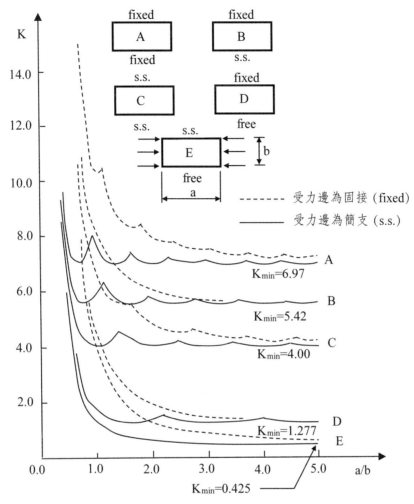

圖 3-7-3　受均布軸壓力板之壓屈係數 K[3.17]

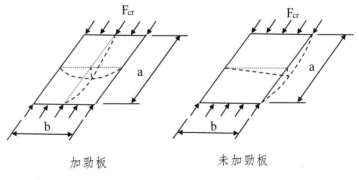

圖 3-7-4　加勁板及未加勁板

2. 加勁肢：凡肢材在平行壓應力作用方向之兩側邊均被支承者稱為加勁肢，其寬
　　度之決定如下：

　(1) 熱軋型鋼或銲接組合斷面之腹板深度 h 為兩翼板間之淨深度。

　(2) 組合斷面之翼板或隔板，寬度 b 取兩相鄰螺栓線之距離或銲道之距離。

　(3) 熱軋或冷彎矩形結構鋼管之翼板，寬度 b 取兩腹板間淨距減去每一邊內側之
　　　角隅半徑，假如角隅半徑不知時，寬度可取斷面全寬度減去 3 倍板厚度。

　(4) 圓形結構鋼管，直徑 D 取鋼管之外徑標稱直徑。

　(5) 銲接箱型斷面寬度 b 取全寬減去兩邊板厚。

在實際的型鋼斷面，該兩類之板元件如圖 3-7-5 所示。

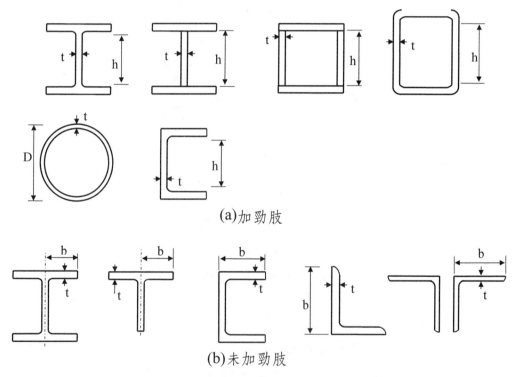

(a)加勁肢

(b)未加勁肢

圖 3-7-5　常見型鋼斷面之加勁肢及未加勁肢

　　受軸壓板之強度曲線與柱之強度曲線很近似，一般包含三部分：(1) 材料強度、(2)
非彈性壓屈強度及 (3) 彈性壓屈強度及壓屈後強度（Post-Buckling Strength）。當 b/t
值較小時，在板產生壓屈前，一般材料已進入硬變硬化階段，此時板之強度由材料強度
控制。而當 b/t 值變大在中間值時，會因為殘餘應力及幾何的起始彎曲（構件平直度）
影響，會使板進入非彈性壓屈狀態，在壓力曲線上是呈現一轉變段，如圖 3-7-6 所示。
但當 b/t 值變得很大時，這時壓力板的強度就完全由彈性壓屈所控制，如公式（3.7.1）
所示。在板進入彈性壓屈後，此時板的壓屈後強度（Post-Buckling Strength）開始會出

現，如圖 3-7-6 所示 [3.7]。當 b/t 非常大時可得較大之壓屈後強度，當 b/t 值較小時，壓屈後強度消失。如果要確保受壓板之強度能達材料之降伏強度，則必須滿足下式：

$$\frac{F_{cr}}{F_y} \geq 1.0 \qquad (3.7.4)$$

對板之細長比參數 λ_c 之定義，類似在柱中之定義：

$$\frac{1}{\lambda_c^2} = \frac{F_{cr}}{F_y}$$

$$\lambda_c = \frac{b}{t}\sqrt{\frac{F_y(12)(1-\mu^2)}{\pi^2 EK}} \qquad (3.7.5)$$

受壓板之強度曲線如下圖所示：

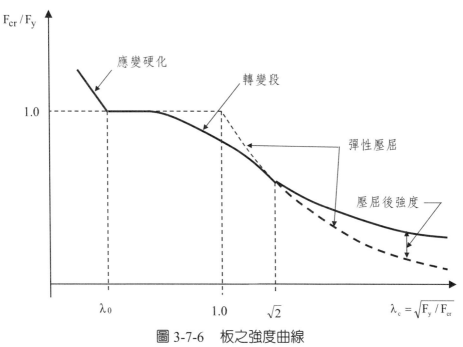

圖 3-7-6　板之強度曲線

由圖中大致可得出下列結論：

1. 當 λ_c 很小時（$\leq \lambda_0$），板強度由應變硬化控制。
2. 當 λ_c 在 0.5～0.6 時，板強度由鋼材之降伏應力控制。
3. 當 λ_c 在轉換曲線段（Transition Curve），大約在 0.6～$\sqrt{2}$ 時，板強度由非彈性壓屈控制。
4. 當 λ_c 在 $\sqrt{2}$ 左右，板強度由彈性壓屈控制。
5. 當 λ_c 在 $\sqrt{2}$ 以上時，板強度由壓屈後強度控制，而且其變形將相當大。

3-8 AISC 對板寬／厚比之限制

對設計之需求而言，一般必須確定在達到柱之整體強度（根據柱之 KL/r）以前，斷面內各板元件不得有局部壓屈之現象。即

$$F_{cr}, 板元件 \geq F_{cr}, 柱整體 \tag{3.8.1}$$

當柱要求達到材料之降伏強度時

$$F_{cr} = \frac{K\pi^2 E}{12(1-\mu^2)(b/t)^2} \geq F_y \tag{3.8.2}$$

上式可以寫成

$$b/t \leq \sqrt{\frac{K\pi^2 E}{12(1-\mu^2)F_y}} \tag{3.8.3}$$

$\mu = 0.3$ 代入得

$$b/t \leq 0.951\sqrt{\frac{KE}{F_y}} \tag{3.8.4}$$

如果再以 $E = 29000$ ksi 代入，得

$$b/t \leq 162\sqrt{\frac{K}{F_y}} \quad ; \quad F_y：單位為 ksi \tag{3.8.5}$$

當考慮幾何的不完整（起始的彎曲）及殘餘應力的影響時，可用修正係數 $\alpha = 0.7$ 來修正上式，得到下列式子：

$$b/t \leq 0.951\alpha\sqrt{\frac{KE}{F_y}} = 0.666\sqrt{\frac{KE}{F_y}} \tag{3.8.6}$$

或是

$$b/t \leq 162\alpha\sqrt{\frac{K}{F_y}} = 113\sqrt{\frac{K}{F_y}} \quad ; \quad F_y：單位為 ksi \tag{3.8.7}$$

因此合理之 b/t 的限制，將使柱之強度受整體之 KL/r 的控制。AISC 規範依前述原則對各種不同的斷面設定其 b/t 的限制，以確保柱在整體強度未到達前，不會有局部的壓屈現象，此值定為 λ_r。

1. 對未加勁肢：

(1) 受純壓力 H 型斷面之翼板：其壓屈係數 K = 0.70，b/t 理論值：

$$\frac{b}{t} = 0.666 \times \sqrt{0.7}\sqrt{\frac{E}{F_y}} = 0.557\sqrt{\frac{E}{F_y}} \tag{3.8.8}$$

$$\text{AISC：} b/t \le 0.56\sqrt{\frac{E}{F_y}} \tag{3.8.9}$$

$$\text{我國規範：} b/t = \frac{25}{\sqrt{F_y(\text{tf}/\text{cm}^2)}} \tag{3.8.10}$$

(2) 受純壓力單角鋼及分離雙角鋼之無加勁肢：其壓屈係數 K = 0.425，b/t 理論值：

$$\frac{b}{t} = 0.666 \times \sqrt{0.425}\sqrt{\frac{E}{F_y}} = 0.434\sqrt{\frac{E}{F_y}} \tag{3.8.11}$$

$$\text{AISC：} b/t \le 0.45\sqrt{\frac{E}{F_y}} \tag{3.8.12}$$

$$\text{我國規範：} b/t = \frac{20}{\sqrt{F_y(\text{tf}/\text{cm}^2)}} \tag{3.8.13}$$

(3) 受純壓力 T 型鋼之立板：其壓屈係數 k = 1.277，d/t 理論值：

$$\frac{d}{t} = 0.666 \times \sqrt{1.277}\sqrt{\frac{E}{F_y}} = 0.753\sqrt{\frac{E}{F_y}} \tag{3.8.14}$$

$$\text{AISC：} d/t = 0.75\sqrt{\frac{E}{F_y}} \tag{3.8.15}$$

$$\text{我國規範：} d/t = \frac{34}{\sqrt{F_y(\text{tf}/\text{cm}^2)}} \tag{3.8.16}$$

2. 對加勁肢：

(1) 兩端為簡支承且受均勻應力之肢材：其壓屈係數 K = 4.0，b/t 理論值：

$$\frac{b}{t} = 0.666 \times \sqrt{4.0}\sqrt{\frac{E}{F_y}} = 1.333\sqrt{\frac{E}{F_y}} \tag{3.8.17}$$

(2) 兩端有 1/3 束制支撐且受均勻應力之肢材：其壓屈係數 K = 5.0，b/t 理論值：

$$\frac{b}{t} = 0.666 \times \sqrt{5.0}\sqrt{\frac{E}{F_y}} = 1.489\sqrt{\frac{E}{F_y}} \tag{3.8.18}$$

(3) 兩端為完全束制支撐且受均勻應力之肢材：其壓屈係數 K = 6.97，b/t 理論值：

$$\frac{b}{t} = 0.666 \times \sqrt{6.97}\sqrt{\frac{E}{F_y}} = 1.758\sqrt{\frac{E}{F_y}} \tag{3.8.19}$$

對受均勻壓應力之雙對稱 H 型斷面：

$$\text{AISC 規範：} b/t = 1.49\sqrt{\frac{E}{F_y}} \tag{3.8.20}$$

$$\text{我國規範：} b/t = \frac{68}{\sqrt{F_y(\text{tf}/\text{cm}^2)}} \tag{3.8.21}$$

對受均勻壓應力之箱型斷面：

$$\text{AISC 規範：} b/t = 1.40\sqrt{\frac{E}{F_y}} \tag{3.8.22}$$

$$\text{我國規範：} b/t = \frac{63}{\sqrt{F_y(\text{tf}/\text{cm}^2)}} \tag{3.8.23}$$

有時當構件的設計必須確保其斷面在壓屈以前，能產生較大的壓應變（Compressive Strain）（將大於 ε_y）時，也就是必須確保其應變能進入塑性應變的範圍，如圖 3-8-1 所示。

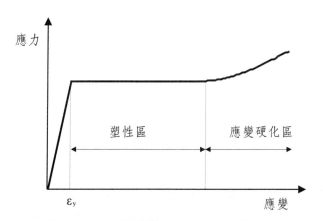

圖 3-8-1　塑性變形及應變硬化變形

對於此種情況，AISC 設定了 λ_p 的限制，使得斷面之應變大約可達 ε_y 的 7～9 倍（一般的結構用鋼材應變硬化大約發生在 ε_y 的 15～20 倍左右），各種未加勁肢及加勁肢之 λ_p 值之規定如表 3-8-1 所示[3.13]。而我國規範對各類斷面之加勁肢及未加勁肢之 λ_p 及 λ_r 規定如表 3-8-2 所示[3.14]，我國規範仍保留符合塑性設計所需之 λ_{pd} 限制值。

表 3-8-1　AISC 壓力構肢受軸壓力寬厚比之限制 [3.13]

	狀況	構件描述	寬厚比	寬厚比 λ_r	圖例
未加勁肢	1	熱軋 I 型斷面之翼板，及其突出肢，密接雙角鋼之突肢，受純壓力槽形鋼之翼板，T 型鋼之翼板	b/t	$0.56\sqrt{\dfrac{E}{F_y}}$	
	2	銲接 I 型斷面之翼板，及其突出肢（鋼板或角鋼）	b/t	$0.64\sqrt{\dfrac{k_c E}{F_y}}$ [a]	
	3	單角鋼，分離雙角鋼及其他未加勁肢	b/t	$0.45\sqrt{\dfrac{E}{F_y}}$	
	4	T 型鋼之立板	d/t	$0.75\sqrt{\dfrac{E}{F_y}}$	
加勁肢	5	對稱 I 型鋼和槽型鋼之腹板	h/t_w	$1.49\sqrt{\dfrac{E}{F_y}}$	
	6	矩形或方形中空斷面等厚度鋼板	b/t	$1.4\sqrt{\dfrac{E}{F_y}}$	
	7	翼板之蓋板及兩邊有連續螺栓或銲接之膈板	b/t	$1.4\sqrt{\dfrac{E}{F_y}}$	
	8	其他加勁肢	b/t	$1.49\sqrt{\dfrac{E}{F_y}}$	
	9	圓形中空斷面	D/t	$0.11\dfrac{E}{F_y}$	

表 3-8-1　AISC 壓力構肢受撓曲寬厚比之限制 [3.13]（續）

	狀況	構件描述	寬厚比	寬厚比限制		圖例
				λ_p	λ_r	
未加勁肢	10	熱軋 I 型鋼，槽型鋼之翼板，T 型鋼之翼板	b/t	$0.38\sqrt{\dfrac{E}{F_y}}$	$1.0\sqrt{\dfrac{E}{F_y}}$	
	11	單對稱及雙對稱組合 I 型鋼之翼板	b/t	$0.38\sqrt{\dfrac{E}{F_y}}$	$0.95\sqrt{\dfrac{k_c E}{F_L}}$[a][b]	
	12	單角鋼	b/t	$0.54\sqrt{\dfrac{E}{F_y}}$	$0.91\sqrt{\dfrac{E}{F_y}}$	
	13	弱軸受撓曲之 I 型鋼，槽型鋼之翼板	b/t	$0.38\sqrt{\dfrac{E}{F_y}}$	$1.0\sqrt{\dfrac{E}{F_y}}$	
	14	T 型鋼之立板	d/t	$0.84\sqrt{\dfrac{E}{F_y}}$	$1.03\sqrt{\dfrac{E}{F_y}}$	
加勁肢	15	雙對稱 I 型鋼和槽型鋼之腹板	h/t_w	$3.76\sqrt{\dfrac{E}{F_y}}$	$5.70\sqrt{\dfrac{E}{F_y}}$	
	16	單對稱 I 型鋼之腹板	h_c/t_w	$\dfrac{\dfrac{h_c}{h_p}\sqrt{\dfrac{E}{F_y}}}{\left(0.54\dfrac{M_p}{M_y}-0.09\right)^2} \le \lambda_r$ [c]	$5.70\sqrt{\dfrac{E}{F_y}}$	
	17	矩形或方形中空斷面之翼板	b/t	$1.12\sqrt{\dfrac{E}{F_y}}$	$1.40\sqrt{\dfrac{E}{F_y}}$	
	18	翼板之蓋板及兩邊有連續螺栓或銲接之膈板	b/t	$1.12\sqrt{\dfrac{E}{F_y}}$	$1.40\sqrt{\dfrac{E}{F_y}}$	
	19	矩形或方形中空斷面之腹板	h/t	$2.42\sqrt{\dfrac{E}{F_y}}$	$5.70\sqrt{\dfrac{E}{F_y}}$	
	20	圓形中空斷面	D/t	$0.07E/F_y$	$0.31E/F_y$	

[a] $0.35 \le k_c = \dfrac{4}{\sqrt{h/t_w}} \le 0.76$。

[b] $F_L = 0.7F_y$：組合 I 型鋼對結實及非結實腹板之強軸撓曲且 $S_{xt}/S_{xc} \ge 0.7$。

　　$F_L = F_y\, S_{xt}/S_{xc} \ge 0.5F_y$：組合 I 型鋼對結實及非結實腹板之強軸撓曲且 $S_{xt}/S_{xc} < 0.7$。

[c] M_y 是斷面之降伏彎矩，M_p 是斷面之塑性彎矩，Kip-in（N-mm）。

　　E = 鋼料彈性模數 = 29,000 Ksi（200,000 Mpa）。

　　F_y = 指定之最小降伏強度，Ksi（Mpa）。

表 3-8-2　我國極限設計規範對壓力構件寬厚比之限制（F_y：tf/cm²）[3.14]

構材		寬厚比	寬厚比限制		
			λ_{pd}	λ_p	λ_r
未加勁肢	受撓曲之熱軋 I 型梁和槽型鋼之翼板	b/t	$14/\sqrt{F_y}$	$17/\sqrt{F_y}$	$37/\sqrt{F_y-F_r}$ [b]
	受撓曲之 I 型混合梁和銲接梁之翼板 [a]	b/t	$14/\sqrt{F_y}$	$17/\sqrt{F_y}$	$28/\sqrt{F_{yw}-F_r}$ [b]
	受純壓力 I 型斷面之翼板，受壓桿件之突肢，雙角鋼之突肢，受純壓力槽型鋼之翼板	b/t	$14/\sqrt{F_y}$	$16/\sqrt{F_y}$	$25/\sqrt{F_y}$
	受純壓力組合斷面之翼板	b/t	$14/\sqrt{F_y}$	$16/\sqrt{F_y}$	$20/\sqrt{F_y-F_r}$ [b]
	單角鋼支撐或有隔墊之雙角鋼支撐之突肢；未加勁構件（即僅沿單邊有支撐）	b/t	$14/\sqrt{F_y}$	$16/\sqrt{F_y}$	$20/\sqrt{F_y}$
	T 型鋼之腹板	d/t	$14/\sqrt{F_y}$	$16/\sqrt{F_y}$	$34/\sqrt{F_y}$
加勁肢	矩形或方形中空斷面等厚度之翼板受撓曲或壓力，翼板之蓋板及兩邊有連續螺栓或銲接之膈板	b/t	$30/\sqrt{F_y}$	$50/\sqrt{F_y}$	$63/\sqrt{F_y}$
	全滲透銲組合箱型柱等厚度之翼板受撓曲或壓力	b/t	$45/\sqrt{F_y}$	$50/\sqrt{F_y}$	$63/\sqrt{F_y}$
	半滲透銲組合箱型柱等厚度之翼板受撓曲或純壓力	b/t	不適用	$43/\sqrt{F_y}$	$63/\sqrt{F_y}$
	受撓曲壓應力之腹板 [a]	h/t_w	$138/\sqrt{F_y}$	$170/\sqrt{F_y}$	$260/\sqrt{F_y}$
	受撓曲及壓力之腹板	h/t_w	當 $P_u/\phi_b P_y \le 0.125$， $\dfrac{138}{\sqrt{F_y}}\left[1-1.54\dfrac{P_u}{\phi_b P_y}\right]$ 當 $P_u/\phi_b P_y > 0.125$， $\dfrac{51}{\sqrt{F_y}}\left[2.33-\dfrac{P_u}{\phi_b P_y}\right]\ge\dfrac{68}{\sqrt{F_y}}$	當 $P_u/\phi_b P_y \le 0.125$， $\dfrac{170}{\sqrt{F_y}}\left[1-2.75\dfrac{P_u}{\phi_b P_y}\right]$ 當 $P_u/\phi_b P_y > 0.125$， $\dfrac{51}{\sqrt{F_y}}\left[2.33-\dfrac{P_u}{\phi_b P_y}\right]\ge\dfrac{68}{\sqrt{F_y}}$	$260/\sqrt{F_y}$
	其他兩端有支撐且受均勻應力之肢材	b/t h/t_w	不適用	不適用	$68/\sqrt{F_y}$
	圓形中空斷面受軸壓力	D/t	$90/F_y$	$145/F_y$	$232/F_y$
	圓形中空斷面受撓曲	D/t	$90/F_y$	$145/F_y$	$630/F_y$

[a] 混合斷面，取翼板之 F_y。

[b] F_r = 翼板之殘留壓應力：= 0.7 tf/cm²（熱軋型鋼）；= 1.16 tf/cm²（銲接型鋼）

3-9 含細長受壓肢壓力桿件之設計

壓力桿件之設計當桿件斷面元件之 $\lambda \le \lambda_r$ 時，桿件之強度由桿件整體之細長比控制，不受桿件局部壓屈之影響，也就是斷面不會有局部壓屈的現象。但當斷面受壓肢之 $\lambda > \lambda_r$ 時，此時構件之強度將由斷面的局部壓屈所控制，此種斷面稱為含細長肢（Slender Element）斷面，其強度將以一個折減係數來修正。而此折減係數依元件為加勁肢或未加勁肢有下列兩種係數：

（一）未加勁肢：Q_s

1. 單角型鋼：

   AISC：

$$當 \ \frac{b}{t} \le 0.45\sqrt{\frac{E}{F_y}} , \qquad\qquad Q_s = 1.0 \qquad\qquad （3.9.1）$$

$$當 \ 0.45\sqrt{\frac{E}{F_y}} < \frac{b}{t} \le 0.91\sqrt{\frac{E}{F_y}} , \quad Q_s = 1.340 - 0.76(b/t)\sqrt{\frac{F_y}{E}} \qquad （3.9.2）$$

$$當 \ \frac{b}{t} > 0.91\sqrt{\frac{E}{F_y}} , \qquad\qquad Q_s = \frac{0.53E}{F_y(b/t)^2} \qquad\qquad （3.9.3）$$

   我國規範：（F_y：tf/cm^2）

$$當 \ \frac{b}{t} \le \frac{20}{\sqrt{F_y}} , \qquad\qquad Q_s = 1.0 \qquad\qquad （3.9.4）$$

$$當 \ \frac{20}{\sqrt{F_y}} < \frac{b}{t} < \frac{40}{\sqrt{F_y}} , \qquad Q_s = 1.340 - 0.017(b/t)\sqrt{F_y} \qquad （3.9.5）$$

$$當 \ \frac{b}{t} \ge \frac{40}{\sqrt{F_y}} , \qquad\qquad Q_s = \frac{1100}{F_y(b/t)^2} \qquad\qquad （3.9.6）$$

2. T 型鋼之腹板：

   AISC：

$$當 \ \frac{d}{t} \le 0.75\sqrt{\frac{E}{F_y}} , \qquad\qquad Q_s = 1.0 \qquad\qquad （3.9.7）$$

$$當 \ 0.75\sqrt{\frac{E}{F_y}} < \frac{d}{t} \le 1.03\sqrt{\frac{E}{F_y}} , \quad Q_s = 1.908 - 1.22(\frac{d}{t})\sqrt{\frac{F_y}{E}} \qquad （3.9.8）$$

$$當 \ \frac{d}{t} > 1.03\sqrt{\frac{E}{F_y}} , \qquad\qquad Q_s = \frac{0.69E}{F_y(d/t)^2} \qquad\qquad （3.9.9）$$

我國規範：（F_y：tf/cm^2）

$$當 \frac{b}{t} \leq \frac{34}{\sqrt{F_y}} , \qquad Q_s = 1.0 \qquad (3.9.10)$$

$$當 \frac{34}{\sqrt{F_y}} < \frac{b}{t} < \frac{47}{\sqrt{F_y}} , \qquad Q_s = 1.91 - 0.027(b/t)\sqrt{F_y} \qquad (3.9.11)$$

$$當 \frac{b}{t} \geq \frac{47}{\sqrt{F_y}} , \qquad Q_s = \frac{1400}{F_y(b/t)^2} \qquad (3.9.12)$$

3. 柱或其他壓構材之突出肢或角鋼，或梁受壓翼板之突出肢：

AISC：

(a) 熱軋柱或其他壓構材：

$$當 \frac{b}{t} \leq 0.56\sqrt{\frac{E}{F_y}} , \qquad Q_s = 1.0 \qquad (3.9.13)$$

$$當 0.56\sqrt{\frac{E}{F_y}} < \frac{b}{t} < 1.03\sqrt{\frac{E}{F_y}} , \quad Q_s = 1.415 - 0.74(b/t)\sqrt{\frac{F_y}{E}} \qquad (3.9.14)$$

$$當 \frac{d}{t} > 1.03\sqrt{\frac{E}{F_y}} , \qquad Q_s = \frac{0.69E}{F_y(d/t)^2} \qquad (3.9.15)$$

(b) 銲接組合柱或其他壓構材：

$$當 \frac{b}{t} \leq 0.64\sqrt{\frac{k_c E}{F_y}} , \qquad Q_s = 1.0 \qquad (3.9.16)$$

$$當 0.64\sqrt{\frac{k_c E}{F_y}} < \frac{b}{t} \leq 1.17\sqrt{\frac{k_c E}{F_y}} , \quad Q_s = 1.415 - 0.65(b/t)\sqrt{\frac{F_y}{k_c E}} \qquad (3.9.17)$$

$$當 \frac{b}{t} > 1.17\sqrt{\frac{k_c E}{F_y}} , \qquad Q_s = \frac{0.9Ek_c}{F_y(b/t)^2} \qquad (3.9.18)$$

k_c 值：(i) I 型斷面：$k_c = \frac{4}{\sqrt{h/t_w}}$;　$0.35 \leq k_c \leq 0.76$

(ii) 其他斷面：0.76

我國規範：（F_y：tf/cm^2）因為國內大部分柱斷面都是使用銲接組合柱斷面，因此我國規範直接採用銲接柱公式（3.9.16）～（3.9.18）如下：

$$當 \frac{b}{t} \leq \frac{30}{\sqrt{F_y/k_c}} , \qquad Q_s = 1.0 \qquad (3.9.19)$$

$$當 \frac{30}{\sqrt{F_y/k_c}} < \frac{b}{t} < \frac{53}{\sqrt{F_y/k_c}} , \qquad Q_s = 1.415 - 0.0143(b/t)\sqrt{F_y/k_c} \qquad (3.9.20)$$

$$\text{當}\ \frac{b}{t} \geq \frac{53}{\sqrt{F_y / k_c}}\ , \qquad\qquad Q_s = \frac{1840k_c}{F_y(b/t)^2} \qquad\qquad (3.9.21)$$

k_c 值：(a) I 型斷面：$k_c = \dfrac{4}{\sqrt{h/t_w}}$; $\quad 0.35 \leq k_c \leq 0.763$

(b) 其他斷面：0.763

（二）加勁肢：Q_a

加勁元件之修正係數係以有效面積對全斷面積之比值為修正值：

$$Q_a = （有效面積）/（實際面積）= \frac{A_{eff}}{A_g} = \frac{A_g - \sum(b - b_e)t}{A_g} \qquad (3.9.22)$$

式中：

A_{eff}：根據有效寬度 b_e 折減後之總有效面積

A_g：總斷面積

如果所有元件都是相同尺寸之加勁肢，則可以下式表示：

$$Q_a = \frac{b_e t}{bt} \qquad\qquad (3.9.23)$$

1. 等厚之方形或矩形斷面翼板：

AISC：

$$\text{當}\ \frac{b}{t} \geq 1.40\sqrt{\frac{E}{f}}\ ,\ b_e = 1.92t\sqrt{\frac{E}{f}}[1 - \frac{0.38}{(b/t)}\sqrt{\frac{E}{f}}] \leq b \qquad (3.9.24)$$

其他情況 $b_e = b$。

式中：

$f = P_n/A_{eff}$，因為計算 f 必須使用疊代程序，也可保守直接使用 $f = F_y$。

我國規範：（f：tf/cm^2）

$$\text{當}\ \frac{b}{t} \geq \frac{64}{\sqrt{f}}\ ,\ b_e = \frac{87t}{\sqrt{f}}[1 - \frac{17}{(b/t)\sqrt{f}}] \leq b \qquad (3.9.25)$$

其他情況 $b_e = b$。

式中：

$f =$ 計算所得加勁肢之彈性壓應力；若斷面含有無加勁肢，計算加勁肢之 f 值時，無加勁肢之最大壓應力不得超過 $\phi_c F_{cr}$，其中 $Q = Q_s$，且 $\phi_c = 0.85$ 或 $\phi_b F_y Q_s$，其中 $\phi_b = 0.9$。

2. 其他受均勻壓力之加勁肢：

AISC：

$$\text{當}\ \frac{b}{t} \geq 1.49\sqrt{\frac{E}{f}}\ ,\ b_e = 1.92t\sqrt{\frac{E}{f}}[1 - \frac{0.34}{(b/t)}\sqrt{\frac{E}{f}}] \leq b \qquad (3.9.26)$$

其他情況 $b_e = b$。

式中：

　　$f = $ 以 $Q = 1.0$ 計算所得之 F_{cr} 值。

我國規範：（f：tf/cm^2）

$$\text{當}\ \frac{b}{t} \geq \frac{68}{\sqrt{f}}\ ,\ b_e = \frac{87t}{\sqrt{f}}[1 - \frac{15}{(b/t)\sqrt{f}}] \leq b \qquad (3.9.27)$$

其他情況 $b_e = b$。

式中：

　　$f = $ 計算所得加勁肢之彈性壓應力；若斷面含有無加勁肢，計算加勁肢之 f
　　值時，無加勁肢之最大壓應力不得超過 $\phi_c F_{cr}$，其中 $Q = Q_s$，且 $\phi_c = 0.85$ 或
　　$\phi_b F_y Q_s$，其中 $\phi_b = 0.9$。

3. 承受軸向載重之圓管斷面：

　　AISC：

$$\text{當}\ 0.11\frac{E}{F_y} < \frac{D}{t} < 0.45\frac{E}{F_y}\ ,\ Q = Q_a = \frac{0.038E}{F_y(D/t)} + \frac{2}{3} \qquad (3.9.28)$$

式中：

　　D：圓管之外徑

　　t：管壁厚度

我國規範：（f：tf/cm^2）

$$\frac{232}{F_y} < \frac{D}{t} < \frac{914}{F_y}\ ,\ Q = Q_a = \frac{77}{F_y(D/t)} + \frac{2}{3} \qquad (3.9.29)$$

式中：

　　D：圓管之外徑（cm）

　　t：管壁厚度（cm）

含細長肢斷面之總修正係數：$Q = Q_s \times Q_a$。如果全斷面皆為加勁肢，則總修正係數：$Q = Q_a（Q_s = 1.0）$。如果全斷面皆為未加勁肢，則總修正係數：$Q = Q_s（Q_a = 1.0）$。如果斷面同時含加勁肢及未加勁肢，則總修正係數：$Q = Q_s \times Q_a$。而含細長肢斷面之臨界應力 F_{cr} 為：

AISC：

$$\text{當}\ KL/r \leq 4.71\sqrt{\frac{E}{QF_y}}\ ,\ F_{cr} = Q(0.658^{\frac{QF_y}{F_e}})F_y \qquad (3.9.30)$$

$$\text{（或 } \frac{QF_y}{F_e} \le 2.25\text{）}$$

$$\text{當 } KL/r > 4.71\sqrt{\frac{E}{QF_y}} \text{，} F_{cr} = 0.877F_e \qquad (3.9.31)$$

$$\text{（或 } \frac{QF_y}{F_e} > 2.25\text{）}$$

$$\text{此處} \qquad F_e = \frac{\pi^2 E}{(KL/r)^2}$$

我國規範：

$$\text{當 } \lambda_c\sqrt{Q} \le 1.5 \text{，} F_{cr} = Q[exp(-0.419Q\lambda_c^2)]F_y \qquad (3.9.32)$$

$$\text{當 } \lambda_c\sqrt{Q} > 1.5 \text{，} F_{cr} = [\frac{0.877}{\lambda_c^2}]F_y \qquad (3.9.33)$$

$$\text{式中 } \lambda_c = \frac{KL}{\pi r}\sqrt{\frac{F_y}{E}}$$

例 3-9-1

　　一屋架其上弦桿爲一 2L200×100×12 雙角鋼組合斷面，以短肢背對背。在全長 8.5 m 中每個四分點在桁架平面上（垂直向）皆有支撐，但在垂直桁架平面上只有在兩端點有側向支撐。假設兩角鋼爲非密接。試依 (a) AISC-LRFD，(b) 我國極限設計法規範，求該壓力桿可承受之最大荷重爲何？（30% 靜載重，70% 活載重）使用 A572 Grade 50 鋼材。

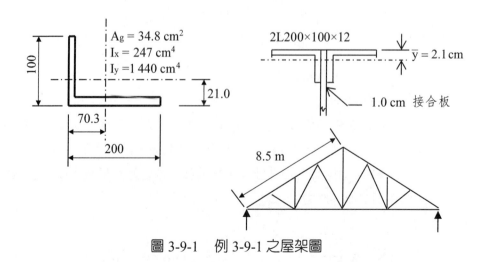

圖 3-9-1　例 3-9-1 之屋架圖

解：

L200×100×12 單角鋼斷面性質：

$I_x = 247 \text{ cm}^2$；$\bar{y} = 2.1 \text{ cm}$；$A_g = 34.8 \text{ cm}^2$

$I_y = 1440 \text{ cm}^2$；$\bar{x} = 7.03 \text{ cm}$

2×L200×100×12 雙角鋼斷面性質：

$A_g = 34.8 \times 2 = 69.6 \text{ cm}^2$；

$I_x = 247 \times 2 = 494 \text{ cm}^2$；$r_x = \sqrt{\dfrac{I_x}{A}} = 2.664 \text{ cm}$

$I_y = 1440 \times 2 + 2 \times 34.8 \times (7.03 + 0.50)^2 = 6826.4 \text{ cm}^4$

$r_y = \sqrt{\dfrac{I_y}{A}} = 9.904 \text{ cm}$

假設 K = 1.0

$(\dfrac{KL}{r})_x = \dfrac{1.0 \times 850 / 4}{2.664} = 79.77$

$(\dfrac{KL}{r})_y = \dfrac{1.0 \times 850}{9.904} = 85.82$ ← 控制設計

(a) AISC-LRFD：

檢核局部壓屈：

$$\lambda = \frac{b}{t} = \frac{20.0}{1.2} = 16.67 > 0.45\sqrt{\frac{E}{F_y}} = 0.45\sqrt{\frac{2040}{3.5}} = 10.86$$

$$< 0.91\sqrt{\frac{E}{F_y}} = 0.91\sqrt{\frac{2040}{3.5}} = 21.97$$

所以為細長肢，局部壓屈控制桿件之強度。

修正係數：

$$Q_s = 1.340 - 0.76(b/t)\sqrt{\frac{F_y}{E}} = 1.34 - 0.76 \times 16.67\sqrt{\frac{3.5}{2040}} = 0.815$$

$$F_e = \frac{\pi^2 E}{(KL/r)^2} = \frac{\pi^2 \times 2040}{85.82^2} = 2.734 \text{ tf/cm}^2$$

$$\frac{QF_y}{F_e} = \frac{0.815 \times 3.5}{2.734} = 1.043 < 2.25$$

$$\therefore F_{cr} = Q(0.658^{\frac{QF_y}{F_e}})F_y = 0.815[0.658^{\frac{0.815 \times 3.5}{2.734}}]F_y = 0.527F_y = 1.845 \text{ tf/cm}^2$$

$$\phi_c P_n = \phi_c F_{cr} A_g = 0.9 \times 1.845 \times 69.6 = 115.57 \text{ tf}$$

$$P_u = 1.2P_D + 1.6P_L = 1.2 \times 0.3P + 1.6 \times 0.7P = 1.48P = 115.57 \text{ tf}$$

$$\therefore P = 78.09 \text{ tf}$$

(b) 我國極限設計法規範

檢核局部壓屈：

$$\lambda = \frac{b}{t} = \frac{20.0}{1.2} = 16.67 > \lambda_r = \frac{20}{\sqrt{F_y}} = 10.69$$

$\lambda > \lambda_r$，所以為細長肢，局部壓屈控制桿件之強度。

修正係數：

$$Q_s = 1.34 - 0.017(b/t)\sqrt{F_y} = 1.34 - 0.017(16.67)\sqrt{3.5} = 0.810$$

$$\lambda_c = \frac{KL}{r}\sqrt{\frac{F_y}{\pi^2 E}} = 85.82\sqrt{\frac{3.5}{\pi^2 \times 2040}} = 1.132$$

$$\lambda_c\sqrt{Q} = 1.132\sqrt{0.810} = 1.019 < 1.5$$

$$\therefore F_{cr} = Q[\exp(-0.419 Q\lambda_c^2)]F_y = 0.810[\exp(-0.419 \times 0.810 \times 1.019^2)]F_y$$

$$= 0.569 F_y = 1.992 \text{ tf/cm}^2$$

$$\phi F_{cr} = 0.85 \times 1.992 = 1.693 \text{ tf/cm}^2$$

$$\phi P_n = \phi F_{cr} A_g = 1.693 \times 69.6 = 117.83 \text{ tf}$$

$$P_u = 1.2 P_D + 1.6 P_L = 1.2 \times (0.3P) + 1.6(0.7P) = 1.48P = 117.86 \text{tf}$$

$$\Rightarrow P = 79.62 \text{tf}$$

例 3-9-2

試求下列非標準斷面組合型鋼柱之標稱軸壓強度 P_n，柱之有效長度 KL = 2.5 m，$F_y = 7.0$ tf/cm^2。

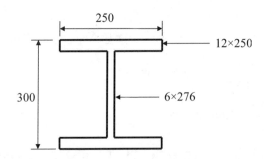

250

12×250

300

6×276

圖 3-9-2　例 3-9-2 之非標準斷面組合型鋼

解：

$$I_y = 2 \times \frac{1.2 \times 25^3}{12} + \frac{27.6 \times 0.6^3}{12} = 3125 + 0.49 = 3125.5$$

$$A = 1.2 \times 25 \times 2 + 0.6 \times 27.6 = 76.56$$

$$r_y = \sqrt{\frac{I_y}{A}} = 6.39 \text{ cm}$$

AISC：

對未加勁肢：

檢核局部壓屈：

$$\frac{b}{t} = \frac{12.5}{1.2} = 10.42 \ ; \quad \frac{h}{t_w} = \frac{27.6}{0.6} = 46.0$$

$$0.35 \le k_c = \frac{4}{\sqrt{\dfrac{h}{t_w}}} = \frac{4}{\sqrt{46}} = 0.59 \le 0.76$$

$$0.64\sqrt{\frac{k_c E}{F_y}} = 0.64\sqrt{\frac{0.59 \times 2040}{7.0}} = 8.392$$

$$1.17\sqrt{\frac{k_c E}{F_y}} = 1.17\sqrt{\frac{0.59 \times 2040}{7.0}} = 15.342$$

$$\therefore 0.64\sqrt{\frac{k_c E}{F_y}} < \frac{b}{t} = 10.42 \le 1.17\sqrt{\frac{k_c E}{F_y}}$$

所以未加勁肢爲細長肢，局部壓屈控制桿件之強度。

$$\therefore Q_s = 1.415 - 0.65(b/t)\sqrt{\frac{F_y}{k_c E}}$$

$$= 1.415 - 0.65 \times 10.42\sqrt{\frac{7.0}{0.59 \times 2040}} = 0.898$$

對加勁肢：

檢核局部壓屈：

$$\frac{h}{t_w} = \frac{27.6}{0.6} = 46.0$$

當 Q = 1.0 時：

KL/r = 250/6.39 = 39.12

$$F_e = \frac{\pi^2 E}{(KL/r)^2} = \frac{\pi^2 \times 2040}{39.12^2} = 13.156 \text{ tf/cm}^2$$

$$\frac{QF_y}{F_e} = \frac{1.0 \times 7.0}{13.156} = 0.532 < 2.25$$

$$\therefore F_{cr} = Q(0.658^{\frac{QF_y}{F_e}})F_y = 1.0[0.658^{\frac{1.0 \times 7.0}{13.156}}]F_y = 0.80F_y = 5.60 \text{ tf/cm}^2$$

$$\frac{h}{t_w} = 46.0 > 1.49\sqrt{\frac{E}{f}} = 1.49\sqrt{\frac{2040}{5.6}} = 28.439$$

所以加勁肢爲細長肢，局部壓屈控制桿件之強度。

$$\therefore b_e = 1.92t\sqrt{\frac{E}{f}}\ [1 - \frac{0.34}{(b/t)}\sqrt{\frac{E}{f}}]$$

$$= 1.92 \times 0.6 \times \sqrt{\frac{2040}{5.6}}\ [1 - \frac{0.34}{46.0}\sqrt{\frac{2040}{5.6}}] = 18.89 < 27.6 \cdots\cdots OK$$

$A_{eff} = 76.56 - (27.6 - 18.89) \times 0.6 = 71.334$

$$Q_a = \frac{A_{eff}}{A_g} = \frac{71.334}{76.56} = 0.932$$

$Q = Q_s \times Q_a = 0.898 \times 0.932 = 0.837$

$$\frac{QF_y}{F_e} = \frac{0.837 \times 7.0}{13.156} = 0.445 < 2.25$$

$$\therefore F_{cr} = Q(0.658^{\frac{QF_y}{F_e}})F_y = 0.837[0.658^{\frac{0.837 \times 7.0}{13.156}}]F_y = 0.695F_y = 4.865\ tf/cm^2$$

$P_n = F_{cr}A_g = 4.865 \times 76.56 = 372.46\ tf$

$\phi P_n = 0.9 \times 372.46 = 335.214\ tf$

(b) 我國極限設計法規範

對未加勁肢：

檢核局部壓屈：

$$\lambda = \frac{b}{t} = \frac{12.5}{1.2} = 10.42$$

$$\lambda_r = \frac{20}{\sqrt{F_y - F_r}} = \frac{20}{\sqrt{7.0 - 1.16}} = 8.28$$

$\lambda > \lambda_r \Rightarrow Q_s \le 1.0$

$$\frac{h}{t_w} = \frac{27.6}{0.6} = 46.0$$

$$0.35 \le k_c = \frac{4}{\sqrt{\frac{h}{t_w}}} = \frac{4}{46} = 0.59 \le 0.76$$

$\sqrt{F_y/k_c} = 3.44$

$30/\sqrt{F_y/k_c} = 8.71$

$53/\sqrt{F_y/k_c} = 15.39$

$8.71 < \lambda < 15.39$

$$Q_s = 1.415 - 0.0143(b/t)\sqrt{F_y/k_c}$$

$$= 1.415 - 0.0143 \times 10.42 \times 3.444 = 0.902$$

對加勁肢：

$$\lambda = \frac{27.6}{0.6} = 46.0 \; ; \; \lambda_r = \frac{68}{\sqrt{F_y}} = 25.70$$

$$\lambda > \lambda_r \quad \therefore Q_a \leq 1.0$$

計算 Q_a 時必須先知道實際應力值 f，先假設

$$Q_a = 1.0 \text{ 及 } Q = Q_s$$

$$KL / r = 250 / 6.39 = 39.12 \Rightarrow \lambda_c = \frac{KL}{r}\sqrt{\frac{F_y}{\pi^2 E}} = 0.719$$

$$\lambda_c \sqrt{Q} = 0.719\sqrt{0.902} = 0.683$$

$$F_{cr} = Q[\exp(-0.419Q\lambda_c^2)]F_y$$

$$\quad = 0.902[\exp(-0.419 \times 0.902 \times 0.719^2)] \times 7.0 = 5.193 \text{ tf/cm}^2$$

$$\phi F_{cr} = 0.85 \times 5.193 = 4.414 \text{ tf/cm}^2$$

$$68 / \sqrt{4.414} = 32.37 < b / t$$

$$b_e = \frac{87t}{\sqrt{f}}[1 - \frac{15}{(b/t)\sqrt{f}}] \leq b$$

$$\quad = \frac{87 \times 0.6}{\sqrt{4.414}}[1 - \frac{15}{46\sqrt{4.414}}] = 20.99 \cdots\cdots \text{OK\#}$$

$$A_{eff} = 76.56 - (27.6 - 20.99)(0.6) = 72.59$$

$$Q_a = \frac{A_{eff}}{A_g} = \frac{72.59}{76.56} = 0.948$$

重新計算 $Q = Q_s \times Q_a = 0.902 \times 0.948 = 0.855$

$$\lambda_c \sqrt{Q} = 0.665$$

$$F_{cr} = 0.855[\exp(-0.419 \times 0.855 \times 0.719^2)] \times 7.0 = 4.973 \text{ tf/cm}^2$$

$$\phi F_{cr} = 4.277 \text{ tf/cm}^2$$

$$b_e = 21.261$$

$$A_{eff} = 76.56 - (27.6 - 21.261)(0.6) = 72.76$$

$$Q_a = 0.950$$

$$Q = 0.857$$

$$\lambda_c \sqrt{Q} = 0.666$$

$$F_{cr} = 0.712F_y = 4.984 \text{ tf/cm}^2$$

$$P_n = F_{cr}A_g = 4.984 \times 76.56 = 381.575 \text{ tf}$$

$$\phi_c P_n = 0.85 \times 381.575 = 324.34 \text{ tf}$$

3-10 柱底板之設計

柱底板之功用係將其上之柱軸向載重，以較大面積平均分布於其下之混凝基礎上，以防止混凝土承受過大之應力而壓碎。柱底板的設計，在 AISC 及我國規範 [3.13,3.14] 中只規定了混凝土的承壓強度，對板的設計並無明確的設計程序。一般工程界都以 AISC 設計手冊及設計指南 [3.28,3.29] 所提供之設計程序為依據。常用的理論有 (1) 懸臂理論，此法係假設整個柱軸力之反應力是均布在整個柱底板上，如圖 3-10-1(b)，因此柱底板之設計為設計一受均布載重之懸臂板，懸臂板之撓曲臨界斷面如圖 3-10-1(c)，此法適用於較大面積之柱底板。(2) 降伏線理論（Yield Lin Theory），此法適用於軸力較輕之柱底板，係假設柱底板之降伏線的形成如圖 3-10-1(d) 所示。目前此兩種設計法在 1994 年版 AISC-LRFD 中已合而為一。以下有關懸臂理論及降伏線理論之公式皆以 1994 年 AISC-LRFD 設計手冊為參考依據 [3.28]。在柱底板設計時必須考慮到下列數個因素：(1) 心須有足夠面積以避免混凝土被壓碎。(2) 必須有足夠的板厚以提供撓曲強度。

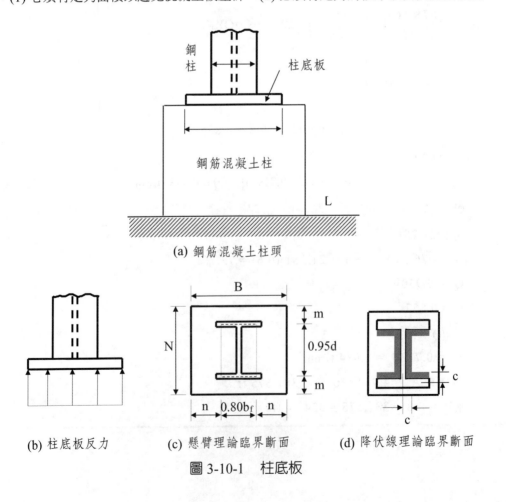

(a) 鋼筋混凝土柱頭

(b) 柱底板反力　(c) 懸臂理論臨界斷面　(d) 降伏線理論臨界斷面

圖 3-10-1　柱底板

依 AISC 及我國極限設計規範規定混凝土基礎之支承強度為：

$$P_u = \phi_c P_p \ ; \ \phi_c = 0.6(LRFD) \ ; \ \Omega_c = 2.5(ASD) \qquad (3.10.1)$$

由混凝土之全部面積支承柱底板：

$$P_p = 0.85f_c' A_1 \qquad (3.10.2)$$

柱底板承壓面積小於混凝土全部面積：

$$P_p = 0.85f_c' A_1 \sqrt{\frac{A_2}{A_1}} \le 1.7f_c' A_1 \qquad (3.10.3)$$

A_1 = 柱底板在混凝土支承上之承壓面積（cm^2）

A_2 = 柱底板在混凝土支承面上與載重面積同心且幾何圖形相似之最大面積（cm^2）

$$\sqrt{\frac{A_2}{A_1}} \le 2$$

柱底板的設計流程如下：

1. 求柱底板所需最小面積

$$如果是全部面積承壓，則 A_1 = \frac{P_n}{0.85f_c'} = \frac{P_u}{\phi_c(0.85f_c')} \qquad (3.10.4)$$

$$如果是部分面積承壓，則 A_1 = \frac{P_u}{\phi_c(0.85f_c')\sqrt{\frac{A_2}{A_1}}} \qquad (3.10.5)$$

$$上式可改寫成 A_1 = \frac{1}{A_2}[\frac{P_u}{\phi_c(0.85f_c')}]^2 \qquad (3.10.6)$$

AISC 提供一個修正係數 Δ 如下，用以求得最佳柱底板尺寸 N 及 B（會使得兩個方向的懸臂長度接近相同長度，以得到最經濟的板厚）

$$\Delta = \frac{1}{2}(0.95d - 0.8b_f) \qquad (3.10.7)$$

$$N = \sqrt{A_1} + \Delta \qquad (3.10.8)$$

$$B = A_1/N \qquad (3.10.9)$$

2. 求柱底板厚度

懸臂理論：

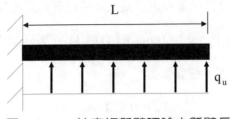

圖 3-10-2　柱底板懸臂理論之懸臂長

因為柱底板為實心矩形板受撓曲作用，因此其撓曲強度可達其塑性彎矩強度：

$$\phi_b M_n = \phi_b M_p = \phi_b Z F_y \geq q_u \frac{L^2}{2}; \quad \phi_b = 0.9 \tag{3.10.10}$$

取單位板寬 b = 1，矩形斷面 $Z = \frac{bt^2}{4} = \frac{t^2}{4}$ （3.10.11）

$$0.9\frac{t^2}{4}F_y \geq q_u \frac{L^2}{2} \tag{3.10.12}$$

需求之 $t \geq L\sqrt{\frac{2q_u}{0.9F_y}}$ （3.10.13）

其中 $q_u = \frac{P_u}{BN}$ （3.10.14）

因此需求之 $t = L\sqrt{\frac{2P_u}{0.9F_y BN}}$ （3.10.15）

上列式中之 L 值取下列三者：m、n、λn′ 之大值

$$m = \frac{N - 0.95d}{2} \tag{3.10.16}$$

$$n = \frac{B - 0.8b_f}{2} \tag{3.10.17}$$

$$n' = \frac{\sqrt{db_f}}{4} \tag{3.10.18}$$

$$\lambda = \frac{2\sqrt{X}}{1 + \sqrt{1-X}} \leq 1 \tag{3.10.19}$$

$$X = [\frac{4db_f}{(d+b_f)^2}]\frac{P_u}{\phi_c P_p} \tag{3.10.20}$$

上列式中 m、n 為懸臂理論之柱底板懸臂長度，而 λn′ 為降伏線理論之懸臂長度。

例 3-10-1

　　試依我國極限設計規範，設計一柱底板承受一 H400×400×18×28 之鋼柱，承載之軸力：靜載重 180 tf，活載重 125 tf，風載重 45 tf，鋼料為 A36，混凝土 f'_c = 210 kgf/cm^2，支承柱底板之混凝土柱尺寸比柱底板每邊皆大 7.5 cm。

解：

$P_u = 1.2P_D + 1.6P_L = 416$ tf ⟵ 控制

$P_u = 1.2P_D + 0.5P_L + 1.6P_W = 350.5$ tf

H400×400×18×28：d = 41.4，b_f = 40.5，t_f = 2.8，t_w = 1.8

先假設柱底板尺寸與混凝土柱尺寸一致：

$F_P = 0.85f'_c = 0.85×210 = 178.5$ kg/cm^2

需要之 $A_1 = \dfrac{P_u}{\phi_c F_p} = \dfrac{416000}{0.6×178.5} = 3884.2$ cm^2

$0.8b_f = 32.40$ cm，$0.95d = 39.33$ cm

$\Delta = \dfrac{1}{2}(39.33 - 32.40) = 3.47$ cm

$N = \sqrt{3884.2} + 3.47 = 65.79$

$B = 59.04$

試選用：B×N = 60×65

$A_1 = 60×65 = 3900$

$A_2 = 75×80 = 6000$

$\sqrt{\dfrac{A_2}{A_1}} = 1.24$

需要之 $A_1 = \dfrac{3884.2}{1.24} = 3132$

$N = 59.43$

$B = 52.70$

試選用 B×N = 53×59 cm：

$A_1 = 3127$；$A_2 = 5032$

$f_p = \dfrac{416000}{0.60×3127} = 221.72$ kgf/cm^2

$F_p = 0.85×210\sqrt{\dfrac{5032}{3127}} = 226.44 > f_p$ ……OK

懸臂公式：

$m = \dfrac{N - 0.95d}{2} = \dfrac{59 - 0.95×41.4}{2} = 9.84$ cm

$$n = \frac{B - 0.8b_f}{2} = \frac{53 - 0.8 \times 40.5}{2} = 10.30 \text{ cm} \longleftarrow 控制$$

降伏公式：

$$X = [\frac{4 \times 40.5 \times 41.4}{(40.5 + 41.4)^2}] \frac{416000}{0.6 \times (226.44 \times 3127)} = 0.979$$

$$\lambda = \frac{2\sqrt{0.979}}{1 + \sqrt{1 - 0.979}} = 1.728 > 1$$

$$\therefore \lambda = 1$$

$$n' = \frac{\sqrt{40.5 \times 41.4}}{4} = 10.24$$

$$\lambda n' = 10.24$$

比較上列三值明顯懸臂長度由 n 控制，因此

$$t = L\sqrt{\frac{2P_u}{0.9F_yBN}} = 10.30\sqrt{\frac{2 \times 416}{0.9 \times 2.5 \times 53 \times 59}} = 3.54 \text{ cm}$$

∴柱底板使用：530×590×36 鋼板。

當柱基礎設計為可抵抗彎矩時，柱底板之反作用應力分布基本上可用下式表示：

$$f_p = \frac{P}{A} \pm \frac{M}{S} = \frac{P_u}{\phi_c BN} \pm \frac{6M_u}{\phi_c BN^2} = \frac{P_u}{\phi_c BN}[1 \pm \frac{6e}{N}] \qquad （3.10.21）$$

由上列公式可得到圖 3-10-3(a)～(d) 情形。

1. 偏心 $e < \frac{1}{6}N$ 時，柱底板全部受壓應力而成梯形分布，如圖 3-10-3(a)。

2. 偏心 $e = \frac{1}{6}N$ 時，柱底板呈三角形之受壓分布，如圖 3-10-3(b)。

3. 偏心 $\frac{N}{6} < e < \frac{N}{3}$ 時，底板下張力區產生，但範圍小於 $\frac{N}{3}$，如圖 3-10-3(c)。

4. 偏心 $\frac{N}{3} \le e \le \frac{N}{2}$ 時，底板下張力區產生，範圍大於 $\frac{N}{3}$，但底板反力等於柱軸重，如圖 3-10-3(d)。

5. 偏心 $e > \frac{N}{2}$ 時，底板下之壓力等於柱軸載重加上另一側之張力 T，其位置在柱之壓力翼正下方，如圖 3-10-3(e)。

但當 $e \ge N/2$，則依 AISC 設計指南 [3.29] 建議，必須提供錨定螺栓如圖 3-10-3(e) 所示，並假設柱底板邊緣處混凝土承壓應力可達規範規定之最大值，則根據基本彈性理論，必須滿足下列兩平衡公式：

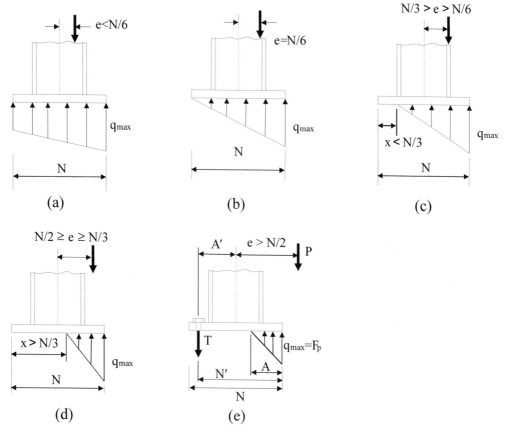

圖 3-10-3　受偏心載重柱底板之受力分布圖

垂直力平衡：

$$T + P = \frac{1}{2} q_{max} BA \tag{3.10.22}$$

對錨定螺栓取力矩平衡：

$$P(e + A') = \frac{1}{2} q_{max} BA(N' - \frac{A}{3}) \tag{3.10.23}$$

由上列公式可得到混凝土之承壓長度 A 為：

$$A = \frac{f' - \sqrt{f'^2 - 4(\frac{q_{max} B}{6})[P(e + A')]}}{\frac{q_{max} B}{3}} \tag{3.10.24}$$

上列式中 $f' = q_{max} BN'/2$，且 $q_{max} = F_p$，而錨定螺栓之張力為：

$$T = \frac{1}{2} q_{max} BA - P \tag{3.10.25}$$

例 3-10-2

試利用我國極限設計規範，設計一柱底板承受一 H400×300×10×16 之鋼柱，承載之軸向載重 80 tf；彎矩 36 tf-m（30% 靜載重，70% 活載重），支承柱底板之混凝土柱尺寸比柱底板每邊皆大 2.5cm。鋼板 F_y = 2.5 tf/cm^2，混凝土 f'_c = 210 kgf/cm^2。

解：

H400×300×10×16：d = 39.0，b_f = 30.0，t_f = 1.6，t_w = 1.0

P_u = 1.2×0.3×80 + 1.6×0.7×80 = 118.4 tf

M_u = 1.2×0.3×36 + 1.6×0.7×36 = 53.28 tf-m

e = M_u / P_u = 0.45 m

$$f_p = \frac{P_u}{\phi_c BN}[1 \pm \frac{6e}{N}] \le F_p$$

設 F_p = 0.85f'_c = 0.1785 tf/cm^2

m = (N − 0.95d)/2

n = (B − 0.8b_f)/2

令 m = n 得

(N − 0.95d)/2 = (B − 0.8b_f)/2

N = B − 0.8b_f + 0.95d

N = B + 13.05 (A)

$$0.1785 = \frac{118.4}{0.6BN}(1 + \frac{6 \times 45}{N})$$ (B)

由試誤法解上列兩式，先決定 B 值，代入 (A) 式得 N，再將 N 及 B 代入 (B) 式右側得其值，與 (B) 式左側之值 0.1785 比較是否接近：

B	N	(B) 式等號右側值
60	73.05	0.211
62	75.05	0.195
64	77.05	0.180
65	78.05	0.173
64.25	77.30	0.1785

試用：B×N = 64×77

A_1 = 64×77 = 4928

A_2 = 69×82 = 5658

$$\sqrt{\frac{A_2}{A_1}} = 1.07$$

$$\text{req N} = \frac{77}{\sqrt{1.07}} = 74.4$$

$$\text{req B} = \frac{64}{\sqrt{1.07}} = 61.8$$

重新試用：B×N = 61×74

$A_1 = 61×74 = 4514$；$A2 = 66×79 = 5214$

$$\sqrt{\frac{A_2}{A_1}} = 1.075$$

∵$e = 45 > N/2 = 37$，所以柱底板反作用力如圖3-10-3(e)，尺寸表示如圖3-10-4所示。

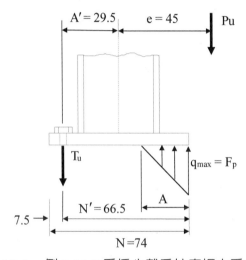

圖3-10-4　例3-10-2受偏心載重柱底板之受力分布圖

$P_u = 118.4$ tf

$e = 45$ cm

$$q_{max} = F_p = 0.85f_c'\sqrt{\frac{A_2}{A_1}} = 0.85×0.21×1.075 = 0.192 \text{ tf/cm}^2$$

$m = (N - 0.95d)/2 = 18.475$ cm

$N' = 74 - 7.5 = 66.5$ cm

$A' = 74/2 - 7.5 = 29.5$ cm

$$f' = \frac{q_{max}BN'}{2} = \frac{0.192×61×66.5}{2} = 389.424 \text{ tf}$$

$$A = \frac{f' - \sqrt{f'^2 - 4(\frac{q_{max}B}{6})[P_u(e+A')]}}{\frac{q_{max}B}{3}}$$

$$= \frac{389.424 - \sqrt{389.424^2 - 4(\dfrac{0.192 \times 61}{6})[118.4(45 + 29.5)]}}{\dfrac{0.192 \times 61}{3}} = 26.05 \text{ cm}$$

$T_u = \dfrac{1}{2}q_{max}BA - P_u = \dfrac{1}{2} \times 0.192 \times 26.05 \times 61 - 118.4 = 34.15 \text{ tf}$

彎矩臨界斷面在 m = 18.475 cm 處

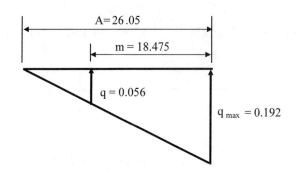

$q = 0.192 \times \dfrac{(26.05 - 18.475)}{26.05} = 0.056 \text{ tf/cm}^2$

$M_u = [q\dfrac{m^2}{2} + (q_{max} - q) \times \dfrac{m^2}{3}] \times B$

$\quad = [0.056 \times \dfrac{18.475^2}{2} + (0.192 - 0.056) \times \dfrac{18.475^2}{3}] \times 61$

$\quad = 1526.9 \text{ tf-cm}$

$\phi_b ZF_y \geq M_u$

$0.9 \times \dfrac{Bt^2}{4} \times F_y \geq 1526.9$

$0.9 \times \dfrac{61 \times t^2}{4} \times 2.5 \geq 1526.9$

$t^2 \geq 44.50\text{cm}^2 ; t \geqq 6.67 \text{ cm}$

使用 B×N×t = 610×740×67　#

固定螺栓：使用 A307 螺栓，F_u = 4.2 tf/cm^2

$\phi R_n = 0.75F_u (0.75A_b)$

$0.75 \times 4.2 \times 0.75 \times A_b = T_u = 34.15$

A_b = 14.46 cm^2

36ϕ 螺栓每根斷面積 = $\pi \times 3.6^2/4$ = 10.178 cm^2

使用 2-36ϕ 螺栓 2×10.178 = 20.356 > 14.46 ……OK

3-11 壓力桿件設計 —— 容許應力法

一、型鋼壓力桿件設計

AISC-ASD 規範規定之容許壓應力公式如下：

$$P_n = F_{cr}A_g \tag{3.11.1}$$

$$P = \frac{P_n}{\Omega_c} \geq P \quad : \quad \Omega_c = 1.67 \tag{3.11.2}$$

$$或 \quad F_a = \frac{F_{cr}}{\Omega_c} \tag{3.11.3}$$

$$P = F_aA_g \tag{3.11.4}$$

當 $KL/r \leq 4.71\sqrt{(E/F_y)}$ 〔或 $\frac{F_y}{F_e} \leq 2.25$〕，

$$F_{cr} = (0.658^{\frac{F_y}{F_e}})F_y \tag{3.11.5}$$

當 $KL/r > 4.71\sqrt{(E/F_y)}$ 〔或 $\frac{F_y}{F_e} > 2.25$〕，

$$F_{cr} = 0.877F_e \tag{3.11.6}$$

式中 F_e 為彈性臨界壓屈應力（Elastic Critical Buckling Stress）：

$$F_e = \frac{\pi^2 E}{(KL/r)^2} \tag{3.11.7}$$

我國鋼結構設計技術規範規定之容許壓應力如下：

$$F_a = \frac{[1 - \frac{(KL/r)^2}{2C_c^2}]F_y}{\frac{5}{3} + \frac{3}{8}\frac{KL/r}{C_c} - \frac{1}{8}\frac{(KL/r)^3}{C_c^3}} \quad \text{for} \quad KL/r \leq C_c \tag{3.11.8}$$

$$F_a = \frac{12}{23}\frac{\pi^2 E}{(KL/r)^2} \quad \text{for} \quad KL/r > C_c \tag{3.11.9}$$

$$C_c = \sqrt{\frac{2\pi^2 E}{F_y}} \tag{3.11.10}$$

容許應力法壓力桿件設計步驟如下：

1. 預估壓力構件細長比 KL/r 或直接預估容許壓應力 F_a 值，一般取 $F_a = 0.4 \sim 0.5F_y$。

2. 計算所需之面積：$A_{req} = P/F_a$。

3. 從型鋼斷面表選擇合適之斷面。

4. 根據所選用之斷面，計算型鋼斷面實際之容許壓應力 F_a 值。

5. 檢核 $F_a \times A_g > P$。

6. 重複 3～5 步驟，一直到斷面符合需求。

例 3-11-1

以容許應力法重新設計例 3-6-1 之柱。

一兩端為鉸接，長為 5.0 m 之柱，在工作荷重之下承受活載重軸力 46 tf 及靜載重軸力 44 tf，假設該柱為有側向支撐，試以 SN400B 鋼料。

解：

(a) AISC-ASD

　　$P = 44 + 46 = 90.0$ tf

　　假設 K = 1.0；預估 KL/r = 75

　　SN400B 鋼料，$F_y = 2.4$ tf/cm^2

　　$F_e = \dfrac{\pi^2 E}{(KL/r)^2} = \dfrac{\pi^2 \times 2040}{75^2} = 3.579$ tf/cm^2

　　$\dfrac{F_y}{F_e} = \dfrac{2.4}{3.579} = 0.671 < 2.25$

　　$F_{cr} = (0.658^{\frac{F_y}{F_e}})F_y = (0.658^{\frac{2.4}{3.579}})F_y = 0.755 F_y = 1.812$ tf/cm^2

　　$F_a = \dfrac{F_{cr}}{\Omega_c} = \dfrac{1.812}{1.67} = 1.085$ tf/cm^2

　　需要之 $A_g = \dfrac{P}{F_a} = \dfrac{90}{1.085} = 82.95$ cm^2

選擇斷面：

	A_g	r_y
H400×200×8×13	83.37	4.57
H450×200×8×12	82.97	4.36
H350×250×8×12	86.20	5.99
H250×250×9×14	91.43	6.32
H450×200×9×14	95.43	4.43
H350×250×9×14	99.53	6.06
H300×300×12×12	106.3	7.20

試用 H400×200×8×13：

KL/r = 500/4.57 = 109.41

$F_e = \dfrac{\pi^2 E}{(KL/r)^2} = \dfrac{\pi^2 \times 2040}{109.41^2} = 1.682$ ft/cm^2

$$\frac{F_y}{F_e} = \frac{2.4}{1.682} = 1.427 < 2.25$$

$$F_{cr} = (0.658^{\frac{F_y}{F_e}})F_y = (0.658^{\frac{2.4}{1.682}})F_y = 0.55F_y = 1.320 \text{ tf/cm}^2$$

$$P = \frac{P_n}{\Omega_c} = \frac{1.320 \times 83.37}{1.67} = 65.90 \text{ tf} < 90 \text{ tf} \cdots\cdots NG$$

再試用 H350×250×8×12：KL/r = 500/5.99 = 83.47

$$F_e = \frac{\pi^2 E}{(KL/r)^2} = \frac{\pi^2 \times 2040}{83.47^2} = 2.890 \text{ tf/cm}^2$$

$$\frac{F_y}{F_e} = \frac{2.4}{2.89} = 0.830 < 2.25$$

$$F_{cr} = (0.658^{\frac{F_y}{F_e}})F_y = (0.658^{\frac{2.4}{2.89}})F_y = 0.706F_y = 1.694 \text{ tf/cm}^2$$

$$P = \frac{P_n}{\Omega_c} = \frac{1.694 \times 86.20}{1.67} = 87.44 \text{ tf} < 90 \text{ tf} \cdots\cdots NG$$

再試用 H250×250×9×14：KL/r = 500/6.32 = 79.11

$$F_e = \frac{\pi^2 E}{(KL/r)^2} = \frac{\pi^2 \times 2040}{79.11^2} = 3.217 \text{ tf/cm}^2$$

$$\frac{F_y}{F_e} = \frac{2.4}{3.217} = 0.746 < 2.25$$

$$F_{cr} = (0.658^{\frac{F_y}{F_e}})F_y = (0.658^{\frac{2.4}{3.217}})F_y = 0.732F_y = 1.757 \text{ tf/cm}^2$$

$$P = \frac{P_n}{\Omega_c} = \frac{1.757 \times 91.43}{1.67} = 96.19 \text{ tf} > 90 \text{ tf} \cdots\cdots OK$$

所以選用 H250×250×9×14 斷面。（例 3-6-1 選用 H350×250×8×12 斷面）

(b) 我國容許應力設計規範

假設 $F_a = 0.45F_y = 0.45 \times 2.4 = 1.08 \text{ tf/cm}^2$

需要之 $A_g = \frac{P}{F_a} = \frac{90}{1.08} = 83.33 \text{ cm}^2$

試用 H350×250×8×12：$A_g = 86.20$；$r_y = 5.99$；KL/r = 500/5.99 = 83.47

$$C_c = \sqrt{\frac{2\pi^2 E}{F_y}} = \sqrt{\frac{2\pi^2 \times 2040}{2.4}} = 129.53$$

KL/r < C_c：(KL/r)/ C_c = 83.47/129.53 = 0.644

$$F_a = \frac{[1 - \frac{1}{2} \times 0.644^2] \times 2.4}{\frac{5}{3} + \frac{3}{8} \times 0.644 - \frac{1}{8} \times 0.644^3} = 1.015 \text{ tf/cm}^2$$

$$P = F_a A_g = 1.015 \times 86.2 = 86.17 \text{ tf} < 90 \text{ tf} \cdots\cdots NG$$

再試用 H250×250×9×14：$A_g = 91.43$ $r_y = 6.32$

KL/r = 500/6.32 = 79.11 < C_c：(KL/r)/ C_c = 79.11/129.53 = 0.611

$$F_a = \frac{[1 - \frac{1}{2} \times 0.611^2] \times 2.4}{\frac{5}{3} + \frac{3}{8} \times 0.611 - \frac{1}{8} \times 0.611^3} = 1.045 \text{ tf/cm}^2$$

P = $F_a A_g$ = 1.045 × 91.43 = 95.54 tf > 90 tf ……OK

（例 3-6-1 選用 H250×250×9×14 斷面）

例 3-11-2

　　以容許應力設計法重新設計例 3-6-2 之柱，使用 A36 鋼材及國內常用 H 型鋼斷面，選擇圖 3-11-1 之柱斷面。假設該柱為有側撐構架中之主結構體，長 9 公尺承受軸向靜載重 27 tf 及軸向活載重 54 tf。柱之兩端假設為鉸接，且在弱軸方向在柱中間有一支承。

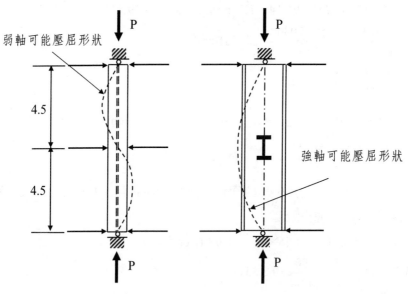

圖 3-11-1　例 3-11-2 之柱

解：

(a) AISC-ASD

　　P = 27 + 54 = 81 tf

　　L_y = 0.5L_x = 4.5 公尺

　　如果讓 $K_y L_y / r_y \cong K_x L_x / r_x$

　　則 $\frac{r_x}{r_y} \approx \frac{L_x}{L_y} = 2.0$

所以如果所選擇之斷面其 r_x/r_y 之比大於 2.0，則該柱之強度係由弱軸（y 軸，

$K_y L_y/r_y$）控制。反之，則由強軸（x 軸，$K_x L_x/r_x$）控制。

預估 KL/r = 75

A36 鋼料，$F_y = 2.5 \text{ tf/cm}^2$

$$F_e = \frac{\pi^2 E}{(KL/r)^2} = \frac{\pi^2 \times 2040}{75^2} = 3.579 \text{ tf/cm}^2$$

$$\frac{F_y}{F_e} = \frac{2.5}{3.579} = 0.699 < 2.25$$

$$F_{cr} = (0.658^{\frac{F_y}{F_e}})F_y = (0.658^{\frac{2.5}{3.579}})F_y = 0.746 F_y = 1.865 \text{ tf/cm}^2$$

$$F_a = \frac{F_{cr}}{\Omega_c} = \frac{1.865}{1.67} = 1.117$$

需要之 $A_g = \dfrac{P}{F_a} = \dfrac{81}{1.117} = 72.51 \text{ cm}^2$

選擇斷面：

	A_g	r_x	r_y	控制軸
H200×200×8×12	63.53	8.62	5.02	X
H200×200×12×12	71.53	8.34	4.88	X
H350×250×8×12	86.20	14.49	5.99	Y
H250×250×9×14	91.43	10.82	6.32	X

試用 H350×250×8×12：Y 軸控制

$(KL/r)_y = 450/5.99 = 75.125$

$$F_e = \frac{\pi^2 E}{(KL/r)^2} = \frac{\pi^2 \times 2040}{75.125^2} = 3.567 \text{ tf/cm}^2$$

$$\frac{F_y}{F_e} = \frac{2.5}{3.567} = 0.701 < 2.25$$

$$F_{cr} = (0.658^{\frac{F_y}{F_e}})F_y = (0.658^{\frac{2.5}{3.567}})F_y = 0.746 F_y = 1.865 \text{ tf/cm}^2$$

$$F_a = \frac{F_{cr}}{\Omega_c} = \frac{1.865}{1.67} = 1.117$$

$P = F_a A_g = 1.117 \times 86.2 = 96.285 \text{ tf} > 81.0 \text{ tf} \cdots\cdots OK$

所以選用 H350×250×8×12 斷面。（例 3-6-3 選用 H350×250×8×12 斷面）

(b) 我國容許應力設計規範

假設 $F_a = 0.45 F_y = 0.45 \times 2.5 = 1.125 \text{ tf/cm}^2$

需要之 $A_g = \dfrac{P}{F_a} = \dfrac{81}{1.125} = 72.0 \text{ cm}^2$

選擇斷面：

	A_g	r_x	r_y	控制軸
H200×200×8×12	63.53	8.62	5.02	X
H200×200×12×12	71.53	8.34	4.88	X
H350×250×8×12	86.20	14.49	5.99	Y
H250×250×9×14	91.43	10.82	6.32	X

試用 H350×250×8×12：Y 軸控制

$$C_c = \sqrt{\frac{2\pi^2 E}{F_y}} = \sqrt{\frac{2\pi^2 \times 2040}{2.5}} = 126.914$$

$(KL/r)_y = 450/5.99 = 75.125$

$KL/r < C_c$，$(KL/r)/C_c = 75.125/126.914 = 0.592$

$$F_a = \frac{[1 - \frac{1}{2} \times 0.592^2] \times 2.5}{\frac{5}{3} + \frac{3}{8} \times 0.592 - \frac{1}{8} \times 0.592^3} = 1.107 \text{ tf/cm}^2$$

$P = F_a A_g = 1.107 \times 86.2 = 95.423$ tf > 79.96 tf ……OK

所以選用 H350×250×8×12 斷面。（例 3-6-2 選用 H350×250×8×12 斷面）

二、受局部壓屈影響之壓力桿件設計

AISC-ASD 規範對局部壓屈之壓力桿之寬厚比規定詳如表 3-8-1 所示。而我國容許應力設計規範 [3.30] 之規定如表 3-11-1 所示：

表 3-11-1　我國容許應力設計規範受壓肢之寬厚比限制（F_y：tf/cm^2）[3.30]

構材		寬厚比	寬厚比限制		
			λ_{pd}	λ_p	λ_r
未加勁肢材	受撓曲之熱軋 I 型梁和槽形鋼之翼板	b/t	$14/\sqrt{F_y}$	$17/\sqrt{F_y}$	$25/\sqrt{F_y}$
	受撓曲之 I 型混合梁和銲接梁之翼板 [a]	b/t	$14/\sqrt{F_y}$	$17/\sqrt{F_y}$	$25/\sqrt{F_y/k_c}$ [b]
	受純壓力 I 型斷面之翼板，受壓桿件之突肢，雙角鋼之突肢，受純壓力槽形鋼之翼板	b/t	$14/\sqrt{F_y}$	$16/\sqrt{F_y}$	$25/\sqrt{F_y}$
	受純壓力組合斷面之翼板	b/t	$14/\sqrt{F_y}$	$16/\sqrt{F_y}$	$25/\sqrt{F_y/k_c}$ [b]
	單角鋼支撐或有隔墊之雙角鋼支撐之突肢；未加勁構件（即僅沿單邊有支撐）	b/t	$14/\sqrt{F_y}$	$16/\sqrt{F_y}$	$20/\sqrt{F_y}$
	T 型鋼之腹板	d/t	$14/\sqrt{F_y}$	$16/\sqrt{F_y}$	$34/\sqrt{F_y}$

表 3-11-1　我國容許應力設計規範受壓肢之寬厚比限制（F_y：tf/cm^2）（續）

構材		寬厚比	寬厚比限制		
			λ_{pd}	λ_p	λ_r
加勁肢材	矩形或方形中空斷面等厚度之翼板受撓曲或壓力，翼板之蓋板及兩邊有連續螺栓或銲接之膈板	b/t	$30/\sqrt{F_y}$	$50/\sqrt{F_y}$	$63/\sqrt{F_y}$
	全滲透銲組合箱型柱等厚度之翼板受撓曲或壓力	b/t	$45/\sqrt{F_y}$	$50/\sqrt{F_y}$	$63/\sqrt{F_y}$
	半滲透銲組合箱型柱等厚度之翼板受撓曲或純壓力	b/t	不適用	$43/\sqrt{F_y}$	$63/\sqrt{F_y}$
	受撓曲壓應力之腹板 [a]	h/t_w	$138/\sqrt{F_y}$	$170/\sqrt{F_y}$	$260/\sqrt{F_y}$
	受撓曲及壓力之腹板	h/t_w	當 $f_a/F_y \le 0.16$ $\dfrac{138}{\sqrt{F_y}}\left[1-3.17\dfrac{f_a}{F_y}\right]$ 當 $f_a/F_y > 0.16$ $68/\sqrt{F_y}$	當 $f_a/F_y \le 0.16$ $\dfrac{170}{\sqrt{F_y}}\left[1-3.74\dfrac{f_a}{F_y}\right]$ 當 $f_a/F_y > 0.16$ $68/\sqrt{F_y}$	$260/\sqrt{F_y}$
	其他兩端有支撐且受均勻應力之肢材	b/t h/t_w	不適用	不適用	$68/\sqrt{F_y}$
	圓形中空斷面受軸壓力	D/t	$90/F_y$	$145/F_y$	$232/F_y$
	圓形中空斷面受撓曲	D/t	$90/F_y$	$145/F_y$	$630/F_y$

[a] 混合斷面，取翼板之 F_y。

[b] $kc = 4.05/[(h/t)^{0.46}]$ 當 $h/t > 70$，$k_c = 1.0$ 當 $h/t \le 70$。

　　如果鋼板厚度比超過上述 λ_r 規定，其容許應力應予折減。我國容許應力設計規範 [3.30] 規定如下：

非加勁肢：

　　單角鋼等：

$$\frac{20}{\sqrt{F_y}} < \frac{b}{t} < \frac{40}{\sqrt{F_y}}$$

$$Q_s = 1.34 - 0.017(b/t)\sqrt{F_y} \tag{3.11.11}$$

$$\frac{40}{\sqrt{F_y}} < \frac{b}{t}$$

$$Q_s = \frac{1100}{F_y(b/t)^2} \tag{3.11.12}$$

柱或承壓板或梁之壓力翼板：

$$\frac{25}{\sqrt{F_y / k_c}} < \frac{b}{t} < \frac{52}{\sqrt{F_y / k_c}}$$

$$Q_s = 1.293 - 0.01165(b/t)\sqrt{F_y / k_c} \qquad （3.11.13）$$

$$k_c = 1.0 \qquad for \qquad h/t \le 70$$

$$k_c = \frac{4.05}{(h/t)^{0.46}} \qquad for \qquad h/t > 70$$

$$\frac{52}{\sqrt{F_y / k_c}} < \frac{b}{t}$$

$$Q_s = \frac{1840k_c}{F_y(b/t)^2} \qquad （3.11.14）$$

T 型鋼之立肢：

$$\frac{34}{\sqrt{F_y}} < \frac{b}{t} < \frac{47}{\sqrt{F_y}}$$

$$Q_s = 1.91 - 0.027(b/t)\sqrt{F_y} \qquad （3.11.15）$$

$$\frac{47}{\sqrt{F_y}} < \frac{b}{t}$$

$$Q_s = \frac{1400}{F_y(b/t)^2} \qquad （3.11.16）$$

加勁肢：

方形或矩形箱型斷面，有均勻厚度：

$$\frac{b}{t} > \frac{63}{\sqrt{F_y}}$$

$$b_e = \frac{67t}{\sqrt{f}}[1 - \frac{13.3}{(b/t)\sqrt{f}}] \le b \qquad （3.11.17）$$

f：依本節規定所計得加勁肢彈性壓應力 tf/cm^2。若斷面含未加勁肢，計算加勁肢之 f 值時，無加勁肢之最大壓應力不得超過本節規定之 $F_a \times Q_s$。當容許應力因短期載重依規定提高 1/3 時，則有效寬度應依 0.75 倍之構材應力計算之。

其他受壓肢：

$$\frac{b}{t} > \frac{68}{\sqrt{F_y}}$$

$$b_e = \frac{67t}{\sqrt{f}}[1 - \frac{11.8}{(b/t)\sqrt{f}}] \le b \qquad （3.11.18）$$

承受軸向載重之圓管斷面：

$$\frac{232}{F_y} < \frac{D}{t} < \frac{914}{F_y}$$

$$F_a = \frac{47}{(D/t)} + 0.4F_y \text{ , tf/cm}^2 \qquad (3.11.19)$$

式中：

　　D：圓管之外徑（cm）

　　t：管壁厚度（cm）

$$Q_a = \frac{A_e}{A_g} = \frac{A_g - \sum(b - b_e)t}{A_g} \qquad (3.11.20)$$

修正係數

$$Q = Q_a \times Q_s \qquad (3.11.21)$$

$$C_c' = \sqrt{\frac{2\pi^2 E}{QF_y}} \qquad (3.11.22)$$

$$F_a = \frac{Q[1 - \frac{(KL/r)^2}{2C_c'^2}]F_y}{\frac{5}{3} + \frac{3}{8}\frac{KL/r}{C_c'} - \frac{1}{8}\frac{(KL/r)^3}{C_c'^3}} \qquad \text{for} \quad KL/r \le C_c' \qquad (3.11.23)$$

$$F_a = \frac{12}{23}\frac{\pi^2 E}{(KL/r)^2} \qquad \text{for} \quad KL/r > C_c' \qquad (3.11.24)$$

例 3-11-3

以容許應力設計法重新設計例 3-9-1。

一屋架其上弦桿為一 2L200×100×12 雙角鋼組合斷面，以短肢背對背。在全長 8.5 m 中，每個四分點在桁架平面上（垂直向）皆有支撐，但在垂直桁架平面上只有在兩端點有側向支撐。假設雙角鋼為非密接。試依 (a)AISC-ASD，(b) 我國容許應力設計規範，求該壓力桿可承受之最大荷重為何？（30% 靜載重，70% 活載重），使用 A572 Grade 50 鋼材。

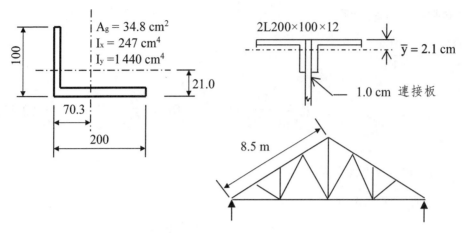

圖 3-11-2　例 3-9-1 之屋架圖

解：

L200×100×12 單角鋼斷面性質：

$I_x = 247 \text{ cm}^2$；$\overline{y} = 2.1 \text{ cm}$；$A_g = 34.8 \text{ cm}^2$

$I_y = 1440 \text{ cm}^2$；$\overline{x} = 7.03 \text{ cm}$

2×L200×100×12 雙角鋼斷面性質：

$A_g = 34.8 \times 2 = 69.6 \text{ cm}^2$

$I_x = 247 \times 2 = 494 \text{ cm}^2$；$r_x = \sqrt{\dfrac{I_x}{A}} = 2.664 \text{ cm}$

$I_y = 1440 \times 2 + 2 \times 34.8 \times (7.03 + 0.50)^2 = 6826.4 \text{ cm}^4$

$r_y = \sqrt{\dfrac{I_y}{A}} = 9.904 \text{ cm}$

假設 K = 1.0

$(\dfrac{KL}{r})_x = \dfrac{1.0 \times 850/4}{2.664} = 79.77$

$(\dfrac{KL}{r})_y = \dfrac{1.0 \times 850}{9.904} = 85.82$ ← 控制設計

(a) AISC-ASD：

檢核局部壓屈：

$\lambda = \dfrac{b}{t} = \dfrac{20.0}{1.2} = 16.67$

$0.45\sqrt{\dfrac{E}{F_y}} = 0.45\sqrt{\dfrac{2040}{3.5}} = 10.86$

$0.91\sqrt{\dfrac{E}{F_y}} = 0.91\sqrt{\dfrac{2040}{3.5}} = 21.97$

$0.45\sqrt{\dfrac{E}{F_y}} \le \lambda \le 0.91\sqrt{\dfrac{E}{F_y}}$ 所以爲細長肢，局部壓屈控制桿件之強度。

修正係數：

$$Q_s = 1.340 - 0.76(b/t)\sqrt{\dfrac{F_y}{E}} = 1.34 - 0.76 \times 16.67\sqrt{\dfrac{3.5}{2040}} = 0.815$$

$$F_e = \dfrac{\pi^2 E}{(KL/r)^2} = \dfrac{\pi^2 \times 2040}{85.82^2} = 2.734 \text{ tf/cm}^2$$

$$\dfrac{QF_y}{F_e} = \dfrac{0.815 \times 3.5}{2.734} = 1.043 < 2.25$$

$$\therefore F_{cr} = Q(0.658^{\frac{QF_y}{F_e}})F_y = 0.815[0.658^{\frac{0.815 \times 3.5}{2.734}}]F_y$$

$$= 0.527 F_y = 1.845 \text{ tf/cm}^2$$

$$F_a = \dfrac{F_{cr}}{\Omega_c} = \dfrac{1.845}{1.67} = 1.105$$

$$P = F_a A_g = 1.105 \times 69.6 = 76.908 \text{ tf}$$

（例 3-9-1，P = 78.09 tf）

(b) 我國容許應力設計法規範：

檢核局部壓屈：

$$\lambda = \dfrac{b}{t} = \dfrac{20.0}{1.2} = 16.67$$

$$\lambda_r = \dfrac{20}{\sqrt{F_y}} = 10.69$$

$\lambda > \lambda_r$，所以爲細長肢，局部壓屈控制桿件之強度。

修正係數：

$$\dfrac{40}{\sqrt{F_y}} = 21.38$$

$$\dfrac{20}{\sqrt{F_y}} \le \lambda \le \dfrac{40}{\sqrt{F_y}}$$

$$Q_s = 1.34 - 0.017(b/t)\sqrt{F_y} = 1.34 - 0.017(16.67)\sqrt{3.5} = 0.810$$

$$(KL/r)y = 85.82$$

$$C_c' = \sqrt{\dfrac{2\pi^2 E}{QF_y}} = \sqrt{\dfrac{2\pi^2 \times 2040}{0.81 \times 3.5}} = 119.18$$

$$(KL/r)_y < C_c'$$

$$(KL/r)_y < C_c' = 85.82/119.18 = 0.720$$

$$F_a = \dfrac{0.810[1 - \dfrac{1}{2} \times 0.720^2]3.5}{\dfrac{5}{3} + \dfrac{3}{8} \times 0.720 - \dfrac{1}{8} \times 0.720^3} = 1.111 \text{ tf/cm}^2$$

$$P = F_a A_g = 1.111 \times 69.6 = 77.33 \text{ tf}$$

（例 3-9-1，P = 79.62 tf）

例 3-11-4

以容許應力設計法重新計算例 3-9-2 並與之比較，假設其載重 60% 為靜載重，40% 為活載重。非標準斷面組合型鋼柱，柱之有效長度 KL = 2.5 m，F_y = 7.0 tf/cm^2。

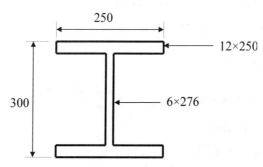

圖 3-11-3　例 3-9-2 非標準斷面組合型鋼

解：

$$I_y = 2 \times \frac{1.2 \times 25^3}{12} + \frac{27.6 \times 0.6^3}{12} = 3125 + 0.49 = 3125.5$$

$$A = 1.2 \times 25 \times 2 + 0.6 \times 27.6 = 76.56$$

$$r_y = \sqrt{\frac{I_y}{A}} = 6.39 \text{ cm}$$

(a) AISC：

對未加勁肢：

檢核局部壓屈：

$$\frac{b}{t} = \frac{12.5}{1.2} = 10.42$$

$$0.35 \le k_c = \frac{4}{\sqrt{\dfrac{h}{t_w}}} = \frac{4}{46} = 0.59 \le 0.76$$

$$0.64 \sqrt{\frac{k_c E}{F_y}} = 0.64 \sqrt{\frac{0.59 \times 2040}{7.0}} = 8.392$$

$$1.17 \sqrt{\frac{k_c E}{F_y}} = 1.17 \sqrt{\frac{0.59 \times 2040}{7.0}} = 15.342$$

$$\therefore 0.64\sqrt{\frac{k_c E}{F_y}} < \frac{b}{t} = 10.42 \le 1.17\sqrt{\frac{k_c E}{F_y}}$$

所以未加勁肢爲細長肢，局部壓屈控制桿件之強度。

$$\therefore Q_s = 1.415 - 0.65(b/t)\sqrt{\frac{F_y}{k_c E}}$$

$$= 1.415 - 0.65 \times 10.42\sqrt{\frac{7.0}{0.59 \times 2040}} = 0.898$$

對加勁肢：

檢核局部壓屈：

$$\frac{h}{t_w} = \frac{27.6}{0.6} = 46.0$$

當 Q = 1.0 時：KL/r = 250/6.39 = 39.12

$$F_e = \frac{\pi^2 E}{(KL/r)^2} = \frac{\pi^2 \times 2040}{39.12^2} = 13.156 \text{ tf/cm}^2$$

$$\frac{QF_y}{F_e} = \frac{1.0 \times 7.0}{13.156} = 0.532 < 2.25$$

$$\therefore F_{cr} = Q(0.658^{\frac{QF_y}{F_e}})F_y = 1.0[0.658^{\frac{1.0 \times 7.0}{13.156}}]F_y$$

$$= 0.80F_y = 5.60 \text{ tf/cm}^2$$

$$\frac{h}{t_w} = 46.0 \ge 1.49\sqrt{\frac{E}{f}} = 1.49\sqrt{\frac{2040}{5.6}} = 28.439$$

所以未加勁肢爲細長肢，局部壓屈控制桿件之強度。

$$\therefore b_e = 1.92t\sqrt{\frac{E}{f}}[1 - \frac{0.34}{(b/t)}\sqrt{\frac{E}{f}}]$$

$$= 1.92 \times 0.6 \times \sqrt{\frac{2040}{5.6}}[1 - \frac{0.34}{46.0}\sqrt{\frac{2040}{5.6}}] = 18.89 < 27.6 \cdots\cdots OK$$

$$A_{eff} = 76.56 - (27.6 - 18.89) \times 0.6 = 71.334$$

$$Q_a = \frac{A_{eff}}{A_g} = \frac{71.334}{76.56} = 0.932 ；Q = Q_s \times Q_a = 0.898 \times 0.932 = 0.837$$

$$\frac{QF_y}{F_e} = \frac{0.837 \times 7.0}{13.156} = 0.445 < 2.25$$

$$\therefore F_{cr} = Q(0.658^{\frac{QF_y}{F_e}})F_y = 0.837[0.658^{\frac{0.837 \times 7.0}{13.156}}]F_y$$

$$= 0.695F_y = 4.865 \text{ tf/cm}^2$$

$$F_a = \frac{F_{cr}}{\Omega_c} = \frac{4.865}{1.67} = 2.913$$

$$P = F_a A_g = 2.913 \times 76.56 = 223.019 \text{ tf}$$

（LRFD：$P_n = F_{cr}A_g = 4.865 \times 76.56 = 372.46$ tf

$\phi P_n = 0.9 \times 372.46 = 335.214 = 1.2 \times 0.6P + 1.6 \times 0.4P = 1.36P$

$P = 335.214 / 1.36 = 246.48$ tf）

(b) 我國容許應力設計法規範：

對未加勁肢：

檢核局部壓屈：

$$\frac{b}{t} = \frac{12.5}{1.2} = 10.42$$

$$\lambda_r = \frac{25}{\sqrt{F_y}} = 9.45$$

$$\lambda > \lambda_r \Rightarrow Q_s \leq 1.0$$

$$\frac{h}{t_w} = \frac{27.6}{0.6} = 46.0 < 70$$

$$k_c = 1.0$$

$$\sqrt{F_y / k_c} = 3.44$$

$$25 / \sqrt{F_y / k_c} = 9.449$$

$$52 / \sqrt{F_y / k_c} = 19.654$$

$$9.449 < b/6 < 19.654$$

$$Q_s = 1.293 - 0.01165(b/t)\sqrt{F_y / k_c}$$
$$= 1.293 - 0.01165(10.42)\sqrt{7.0} = 0.972$$

對加勁肢：

$$\lambda = \frac{27.6}{0.6} = 46.0 \; ; \; \lambda_r = \frac{68}{\sqrt{F_y}} = 25.70$$

$$\lambda > \lambda_r \quad \therefore Q_a \leq 1.0$$

計算 Q_a 時必須先知道實際應力值 f，先假設

$Q_a = 1.0$ 及 $Q = Q_a$

$$KL/r = 250/6.39 = 39.12 < C'_c = \sqrt{\frac{2\pi^2 E}{QF_y}} = 76.93$$

$$(KL/r) / C'_c = 39.12/76.93 = 0.509 \quad Q = Qs$$

$$F_a = \frac{Q[1 - \frac{(KL/r)^2}{2C_c^2}]F_y}{\frac{5}{3} + \frac{3}{8}\frac{KL/r}{C_c} - \frac{1}{8}\frac{(KL/r)^3}{C_c^3}}$$

$$F_a = \frac{0.972[1 - \frac{1}{2} \times 0.509^2] \times 7.0}{\frac{5}{3} + \frac{3}{8} \times 0.509 - \frac{1}{8} \times 0.509^3} = 3.217 \text{ tf/cm}^2$$

$$b_e = \frac{67t}{\sqrt{f}}[1 - \frac{11.8}{(b/t)\sqrt{f}}] \leq b$$

$$b_e = \frac{67 \times 0.6}{\sqrt{3.217}}[1 - \frac{11.8}{(46)\sqrt{3.217}}] = 19.208 < b = 27.6 \text{ cm}$$

$$A_{eff} = 76.56 - (27.6 - 19.208)(0.6) = 71.525$$

$$Q_a = \frac{A_{eff}}{A_g} = \frac{71.525}{76.56} = 0.934$$

重新計算 $Q = Q_s \times Q_a = 0.934 \times 0.972 = 0.908$

$$C'_c = \sqrt{\frac{2\pi^2 E}{QF_y}} = 79.595$$

$$(KL/r)/C'_c = 39.12/79.595 = 0.491$$

$$F_a = \frac{0.908[1 - \frac{1}{2} \times 0.491^2] \times 7.0}{\frac{5}{3} + \frac{3}{8} \times 0.491 - \frac{1}{8} \times 0.491^3} = 3.045 \text{ tf/cm}^2$$

$$b_e = \frac{67 \times 0.6}{\sqrt{3.045}}[1 - \frac{11.8}{(46)\sqrt{3.045}}] = 19.651 < b = 27.6 \text{ cm}$$

$$A_{eff} = 76.56 - (27.6 - 19.651)(0.6) = 71.791$$

$$Q_a = \frac{A_{eff}}{A_g} = \frac{71.791}{76.56} = 0.938$$

重新計算 $Q = Q_s \times Q_a = 0.938 \times 0.972 = 0.912$

$$C'_c = \sqrt{\frac{2\pi^2 E}{QF_y}} = 79.421$$

$$(KL/r)/C'_c = 39.12/79.421 = 0.493$$

$$F_a = \frac{0.912[1 - \frac{1}{2} \times 0.493^2] \times 7.0}{\frac{5}{3} + \frac{3}{8} \times 0.493 - \frac{1}{8} \times 0.493^3} = 3.054 \text{ tf/cm}^2$$

$$b_e = \frac{67 \times 0.6}{\sqrt{3.054}}[1 - \frac{11.8}{(46)\sqrt{3.054}}] = 19.627 < b = 27.6 \text{ cm}$$

$$A_{eff} = 76.56 - (27.6 - 19.627)(0.6) = 71.776$$

$$Q_a = \frac{A_{eff}}{A_g} = \frac{71.776}{76.56} = 0.938$$

$$\therefore Q = Q_s \times Q_a = 0.938 \times 0.972 = 0.912$$

$$F_a = 3.054 \text{ tf/cm}^2$$

$$\therefore P = 3.054 \times 76.56 = 233.814 \text{ tf}$$

（極限設計法：$P_n = F_{cr}A_g = 4.984 \times 76.56 = 381.575$ tf

$$\phi P_n = 0.85 \times 381.575 = 324.34 = 1.2 \times 0.6P + 1.6 \times 0.4P = 1.36P$$

$$P = 324.34/1.36 = 238.49 \text{ tf})$$

三、柱底板之設計——ASD

在容許應力法設計規範中,同樣也只規定了混凝土的承壓強度,對板的設計並無明確的設計程序。以下有關懸臂理論及降伏線理論之公式皆以 1994 年板 AISC-LRFD 設計手冊為參考依據 [3.28]。在工作載重作用下,作用在柱底板之最大撓曲力矩為:

$$f_{pa} = \frac{P}{BN} \tag{3.11.25}$$

$$M = f_{pa} \frac{L^2}{2} \tag{3.11.26}$$

鋼板撓曲應力為:

$$f_b = \frac{M}{S} = \frac{f_{pa} L^2 / 2}{t^2 / 6} = \frac{3 f_{pa} L^2}{t^2} \leq F_b = 0.75 F_y \tag{3.11.27}$$

鋼板所需厚度為:

$$\therefore t \geq L \sqrt{\frac{3 f_{pa}}{F_b}} = L \sqrt{\frac{3 f_{pa}}{0.75 F_y}} = 2L \sqrt{\frac{f_{pa}}{F_y}} \tag{3.11.28}$$

懸臂長度依 AISC-LRFD 設計手冊 [3.28],取下列三者之大值 m、n、λn′,在公式(3.10.20)中之 $\dfrac{P_u}{\phi_c P_p}$ 將以 $\dfrac{P}{P_{pa}}$ 取代之:

$$m = \frac{N - 0.95d}{2} \tag{3.11.29}$$

$$n = \frac{B - 0.8 b_f}{2} \tag{3.11.30}$$

$$n' = \frac{\sqrt{db_f}}{4} \tag{3.11.31}$$

$$\lambda = \frac{2\sqrt{X}}{1 + \sqrt{1 - X}} \leq 1 \tag{3.11.32}$$

$$X = [\frac{4db_f}{(d + b_f)^2}] \frac{P}{P_{pa}} \tag{3.11.33}$$

規範對混凝土容許支承應力之規定如下：

AISC-ASD：

由混凝土之全部面積支承柱底板：

$$P_p = 0.85f'_c A_1 \tag{3.11.34}$$

柱底板承壓面積小於混凝土全部面積：

$$P_p = 0.85f'_c A_1 \sqrt{\frac{A_2}{A_1}} \leq 1.7f'_c A_1 \tag{3.11.35}$$

A_1 = 柱底板在混凝土支承上之承壓面積（cm^2）

A_2 = 柱底板在混凝土支承面上與載重面積同心且幾何圖形相似之最大面積（cm^2）

$$\sqrt{\frac{A_2}{A_1}} \leq 2$$

$$P_{pa} = \frac{P_p}{\Omega_c} \; ; \; \Omega_c = 2.5 \tag{3.11.36}$$

也可以容許支承應力表示：

$$F_{pa} = \frac{0.85f'_c}{2.5} = 0.34f'_c \tag{3.11.37}$$

$$F_{pa} = \frac{0.85f'_c \sqrt{\frac{A_2}{A_1}}}{2.5} = 0.34f'_c \sqrt{\frac{A_2}{A_1}} \leq 0.68f'_c \tag{3.11.38}$$

我國容許應力設計法規範：

支承於砂岩或石灰岩上：

$$F_{pa} = 0.028 \text{ tf/cm}^2 \tag{3.11.39}$$

支承於水泥砂漿砌磚上：

$$F_{pa} = 0.018 \text{ tf/cm}^2 \tag{3.11.40}$$

支承於混凝土之全面積上：

$$F_{pa} = 0.35f'_c \tag{3.11.41}$$

承壓面積小於混凝土全面積：

$$F_{pa} = 0.35f'_c \sqrt{A_2 / A_1} \leq 0.7f'_c \tag{3.11.42}$$

依我國容許應力設計法規範柱底板所需承壓面積可由下式計算，由 $f_{pa} \leq F_{pa}$ 得：

$$f_{pa} = \frac{P}{A_1} \le F_{pa}$$

$$\frac{P}{A_1} \le 0.35f_c' \sqrt{\frac{A_2}{A_1}}$$

$$(\frac{P}{A_1})^2 \le (0.35f_c')^2 \frac{A_2}{A_1}$$

$$\therefore A_1 A_2 \ge (\frac{P}{0.35f_c'})^2$$

$$A_1 \ge \frac{1}{A_2}(\frac{P}{0.35f_c'})^2$$

$$或 \quad A_1 \ge \frac{P}{0.7f_c'}$$

（3.11.43）

在工作應力設計法中，依我國容許應力設計規範之規定，柱底板之設計可依下述步驟：

1. 計算柱底板所需之面積：

$$A_1 \ge \frac{1}{A_2}(\frac{P}{0.35f_c'})^2 \quad or \quad A_1 \ge \frac{P}{0.7f_c'} \ 取大值$$

2. 決定柱底板尺寸：

$$\Delta = \frac{1}{2}\left(0.95d - 0.8b_f\right)$$

$$N = \sqrt{A_1} + \Delta$$

$$B = A_1/N$$

3. 核算混凝土支承應力：$f_{pa} = \frac{P}{BN} \le F_{pa}$

4. 計算懸臂長 m，n，λn′

$$m = \frac{N - 0.95d}{2}$$

$$n = \frac{B - 0.8b_f}{2}$$

$$n' = \frac{\sqrt{db_f}}{4}$$

$$\lambda = \frac{2\sqrt{X}}{1 + \sqrt{1-X}} \le 1$$

$$X = [\frac{4db_f}{(d + b_f)^2}]\frac{P}{P_{pa}}$$

5. 計算柱底板厚度：

$$t = 2L\sqrt{\frac{f_{pa}}{F_y}}$$

L 取 m、n、λn′ 三者之大值。

例 3-11-5

以容許應力設計法重新設計例 3-10-1。

設計一柱底板承受一 H400×400×18×28 之鋼柱，承載之軸力：靜載重 180 tf，活載重 125 tf，風載重 45 tf，鋼料為 A36，混凝土 $f_c' = 210\,kgf\,/\,cm^2$，支承柱底板之混凝土柱尺寸比柱底板每邊皆大 7.5 cm。

解：

AISC-ASD：

$P = P_D + P_L = 180 + 125 = 305\ tf$　←── 控制

$P = 0.75(P_D + P_L + P_W) = 0.75(180 + 125 + 45) = 262.5\ tf$

H400×400×18×28：d = 41.4，b_f = 40.5，t_f = 2.8，t_w = 1.8

先假設柱底板尺寸與混凝土柱尺寸一致

$F_{pa} = 0.34f_c' = 0.34 \times 0.21 = 0.0714\ tf/cm^2$

需要之$A_1 = \dfrac{P_a}{F_{pa}} = \dfrac{305}{0.0714} = 4272\ cm^2$

$0.8b_f = 32.40\ cm$，$0.95d = 39.33\ cm$

$\Delta = \dfrac{1}{2}(39.33 - 32.40) = 3.47\ cm$

$N = \sqrt{4272} + 3.47 = 68.83$

$B = A_1\,/\,N = 4272/68.83 = 62.07$

試選：B×N = 63×68

$A_1 = 63 \times 68 = 4284$

$A_2 = 78 \times 83 = 6474$

$\sqrt{\dfrac{A_2}{A_1}} = 1.23$

需要之$A_1 = \dfrac{4284}{1.23} = 3483$

$N = \sqrt{3483} + 3.47 = 62.49$

$B = A_1/N = 3483/62.49 = 55.7$

試選用 B × N = 56 × 62cm：

$A_1 = 56 \times 62 = 3472$

$A_2 = 71 \times 77 = 5467$

$\sqrt{\dfrac{A_2}{A_1}} = 1.255$

$f_{pa} = \dfrac{305}{56 \times 62} = 0.0878 \text{ tf/cm}^2$

$F_{pa} = 0.34 \times 0.21 \times 1.255 = 0.0896 > f_{pa} \cdots\cdots\text{OK}$

$P_{pa} = 0.0896 \times 3472 = 311.1$

懸臂公式：

$m = \dfrac{N - 0.95d}{2} = \dfrac{62 - 0.95 \times 41.4}{2} = 11.34 \text{ cm}$

$n = \dfrac{B - 0.8b_f}{2} = \dfrac{56 - 0.8 \times 40.5}{2} = 11.80 \text{ cm} \longleftarrow 控制$

降伏公式：

$X = [\dfrac{4 \times 40.5 \times 41.4}{(40.5 + 41.4)^2}]\dfrac{305}{311.1} = 0.980$

$\lambda = \dfrac{2\sqrt{0.980}}{1 + \sqrt{1 - 0.980}} = 1.735 > 1.0$

$\therefore \lambda = 1.0$

$n' = \dfrac{\sqrt{40.5 \times 41.4}}{4} = 10.24$

$\lambda n' = 10.24$

比較上列三值明顯懸臂長度由 n 控制，因此

$t = 2L\sqrt{\dfrac{f_{pa}}{F_y}} = 2 \times 11.80\sqrt{\dfrac{0.0878}{2.5}} = 4.42 \text{ cm}$

$\therefore$ 柱底板使用：B×N×t = 560×620×45 鋼板。

（例 3-10-1 柱底板 530×590×36）

我國容許應力設計法：

先假設柱底板尺寸與混凝土柱尺寸一致，

$F_{pa} = 0.35f'_c = 0.35 \times 0.21 = 0.0735 \text{ tf/cm}^2$

需要之 $A_1 = \dfrac{P}{F_{pa}} = \dfrac{305}{0.0735} = 4150 \text{ cm}^2$

$0.8b_f = 32.40 \text{ cm}$，$0.95d = 39.33 \text{ cm}$

$\Delta = \dfrac{1}{2}(39.33 - 32.40) = 3.47 \text{ cm}$

$N = \sqrt{4150} + 3.47 = 67.89$

$B = A_1/N = 4150/67.89 = 61.13$

試選：$B \times N = 61 \times 67$

$A_1 = 61 \times 67 = 4087$

$A_2 = 76 \times 82 = 6232$

$\sqrt{\dfrac{A_2}{A_1}} = 1.235$

需要之$A_1 = \dfrac{4087}{1.235} = 3309$

$N = \sqrt{3309} + 3.47 = 60.99$

$B = A_1/N = 3309/60.99 = 54.25$

選用 $B \times N = 54 \times 61$ cm：

$A_1 = 54 \times 61 = 3294$

$A_2 = 69 \times 76 = 5244$

$\sqrt{\dfrac{A_2}{A_1}} = 1.262$

$f_{pa} = \dfrac{305}{54 \times 61} = 0.0926 \text{ tf/cm}^2$

$F_{pa} = 0.35 \times 0.21 \times 1.262 = 0.0928 > f_{pa} \cdots\cdots \text{OK}$

$P_{pa} = 0.0928 \times 3294 = 305.68$

懸臂公式：

$m = \dfrac{N - 0.95d}{2} = \dfrac{61 - 0.95 \times 41.4}{2} = 10.84$ cm ⟵ 控制

$n = \dfrac{B - 0.8b_f}{2} = \dfrac{54 - 0.8 \times 40.5}{2} = 10.80$ cm

降伏公式：

$X = \left[\dfrac{4 \times 40.5 \times 41.4}{(40.5 + 41.4)^2} \right] \dfrac{305}{305.68} = 0.997$

$\lambda = \dfrac{2\sqrt{0.997}}{1 + \sqrt{1 - 0.997}} = 1.89 > 1$

$\therefore \lambda = 1.0$

$n' = \dfrac{\sqrt{40.5 \times 41.4}}{4} = 10.24$；$\lambda n' = 10.24$

比較上列三值明顯懸臂長度由 m 控制，因此

$t = 2L\sqrt{\dfrac{f_{pa}}{F_y}} = 2 \times 10.84 \sqrt{\dfrac{0.0926}{2.5}} = 4.17$ cm

$\therefore$ 使用 $B \times N \times t = 540 \times 610 \times 42$ 鋼板（例 3-10-1 使用 $530 \times 590 \times 36$）

例 3-11-6

以我國容許應力設計法規範，重新設計例 3-10-2。

試設計一柱底板承受一 H400×300×10×16 之鋼柱，承載之軸向載重 80 tf；彎矩 36 tf-m（30% 靜載重，70% 活載重），支承柱底板之混凝土柱尺寸比柱底板每邊皆大 2.5 cm。鋼板 $F_y = 2.5$ tf/cm^2，混凝土 $f'_c = 210$ kgf/cm^2

解：

H400×300×10×16：d = 39.0，b_f = 30.0，t_f = 1.6，t_w = 1.0

P = 80 tf

M = 36 tf-cm

e = P/M = 0.45 m

$f_{pa} = \dfrac{P}{BN}[1 \pm \dfrac{6e}{N}] \leq F_{pa}$

設 $F_{pa} = 0.35f'_c = 0.0735$ tf/cm^2

m = (N − 0.95d)/2

n = (B − 0.8 b_f)/2

令 m = n 得

(N − 0.95d)/2 = (B − 0.8 b_f)/2

N = B − 0.8 b_f + 0.95d

N = B + 13.05　　　　　　　　　　　　　　　　　　　　　　　　　　(A)

$0.0735 = \dfrac{80}{BN}(1 + \dfrac{6 \times 45}{N})$　　　　　　　　　　　　　　　(B)

由試誤法解上列兩式，先決定 B 值，代入 (A) 式得 N，再將 N 及 B 代入 (B) 式右側得其值，與 (B) 式左側之值 0.0735 比較是否接近：

B	N	(B) 式等號右側值
60	73.05	0.0857
62	75.05	0.0790
64	77.05	0.0730

試用：B×N = 64×77

A_1 = 4928

A_2 = 69×82 = 5658

$\sqrt{\dfrac{A_2}{A_1}} = 1.07$

需要之 N = $\dfrac{77}{\sqrt{1.07}}$ = 74.4

需要之 $B = \dfrac{64}{\sqrt{1.07}} = 61.8$

重新試用：$B \times N = 61 \times 74$

$A_1 = 4514 \ ; A_2 = 5214$

$\sqrt{\dfrac{A_2}{A_1}} = 1.075$

$\because e = 45 > N/2 = 37$，所以柱底板反作用力及尺寸表示如圖 3-11-4 所示：

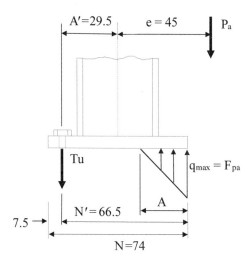

圖 3-11-4　例 3-11-6 受偏心載重柱底板之受力分布圖

$P = 80 \ tf$

$e = 45 \ cm$

$q_{max} = F_{pa} = 0.35 f'_c \sqrt{\dfrac{A_2}{A_1}} = 0.35 \times 0.21 \times 1.075 = 0.079 \ tf/cm^2$

$m = (N - 0.95d)/2 = 18.475 \ cm$

$N' = 74 - 7.5 = 66.5 \ cm$

$A' = 74/2 - 7.5 = 29.5 \ cm$

$f' = \dfrac{q_{max} B N'}{2} = \dfrac{0.079 \times 61 \times 66.5}{2} = 160.23 \ tf$

$A = \dfrac{f' - \sqrt{f'^2 - 4(\dfrac{q_{max} B}{6})[P(e + A')]}}{\dfrac{q_{max} B}{3}}$

$= \dfrac{160.23 - \sqrt{160.23^2 - 4(\dfrac{0.079 \times 61}{6})[80(45 + 29.5)]}}{\dfrac{0.079 \times 61}{3}} = 49.46 \ cm$

$$T = \frac{1}{2}q_{max}BA - P = \frac{1}{2} \times 0.079 \times 61 \times 49.46 - 80 = 39.17 \text{ tf}$$

彎矩臨界斷面在 m = 18.475 cm 處

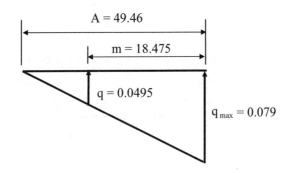

$$q = 0.079 \times \frac{(49.46 - 18.475)}{49.46} = 0.0495 \text{ tf/cm}^2$$

$$M_m = [q\frac{m^2}{2} + (q_{max} - q) \times \frac{m^2}{3}] \times B$$

$$= [0.0495 \times \frac{18.475^2}{2} + (0.079 - 0.0495) \times \frac{18.475^2}{3}] \times 61$$

$$= 720.05 \text{ tf-cm}$$

$$SF_b \geq M_m$$

$$\frac{Bt^2}{6} \times 0.75F_y \geq 720.05$$

$$\frac{61 \times t^2}{6} \times 0.75 \times 2.5 \geq 720.05$$

$$t^2 \geq 37.77 \text{cm}^2$$

$$t \geqq 6.15 \text{ cm}$$

使用 B×N×t = 610×740×62 鋼板　　#

（例 3-10-2，柱底板 610×740×66）

固定螺栓：使用 A307 螺栓，$F_u = 4.2 \text{ tf/cm}^2$

$$P = 0.33F_uA_b$$

$$0.33 \times 4.2 \times A_b = 39.17$$

$$A_b = 28.26$$

36ϕ 螺栓每根斷面積 = π×3.6²/4 = 10.18 cm²

使用 3-36ϕ 螺栓 3×10.18 = 30.54 > 28.26 ……OK

（例 3-10-2，固定螺栓：2-36ϕ）

參考文獻

3.1　A. Considere, "Resistance des Pieces Comprimees," *Congres International des Procedes de Construction*, Paris, 1891, Vol. 3, p.371

3.2　F. Engesser, "Ueber die Knickfestigkeit gerader Stabe," *Zeitschrift des Architekten-und Ingenieur-Vereins zu Hannover*, 1889, Vol. 35, p.455

3.3　F.R. Shanley, "The Column Paradox," Journal of the Aeronautical Sciences, Vol.13, No.12, 1946, p.678

3.4　F.R. Shanley, "Inelastic Column Theory," *Journal of the Aeronautical Sciences*, Vol.14, No.5, 1946, pp.261-264

3.5　B.G. Johnston, "Column Buckling Theory: Historic Highlights," *Journal of Structural Engineering*, Vol.109, No. 9, 1983, pp.2086-2096

3.6　B.G. Johnston, "A Survey of Progress, 1944-51," Bulletin No. 1, Column Research Concil, January 1952

3.7　C. G. Salmon & J. E. Johnson, Steel Structures – Design and Behaviou, 4th Ed., Harper Collins Publishers Inc., 1997

3.8　C.H. Yang, L.S. Beedle & B.G. Johnston, "Residual Stress and the Yield Strength of Steel Beams," *Welding Journal*, April 1952, pp.205-229

3.9　T.V. Galambos, Ed., *Guide to Stability Design Criteria for Metal Structures*, 5th Ed., New York, John Wiley & Sons, 1998

3.10　R. Bjorhovde, "Deterministic and Probabilistic Approaches to the Strength of Steel Columns," Ph.D. Dissertation, Lehigh University, Bethlehem, PA., May 1972

3.11　R. Bjorhovde & P.O. Birkemoe, "Limit States Design of H.S.S. Columns," *Canadian Journal of Civil Eng.*, Vol. 8, No. 2, pp.276-291

3.12　D.E. Chernenko & D.J.L. Kennedy, "An Analysis of the Performance of Welded Wide Flange Columns," *Canadian Journal of Civil Eng.*, Vol. 18, pp.537-555

3.13　AISC360-10, Specification for Structural Steel Buildings, American Institute of Steel Construction, Inc., Chicago, IL, 2010

3.14　內政部，鋼構造建築物鋼結構設計技術規範（二）鋼結構極限設計法規範及解說，營建雜誌社，民國 96 年 7 月

3.15　J. Rondal & R. Maquoi, "Single Equation for SSRC Column Strength Curves," ASCE, *Journal of Structural Division*, Vol. 105, No. ST1, 1979, pp.247-250

3.16　CSA, Limit States Design Design of Steel Structures, CAN/CSA-S16.1-94, Canadian Standards Association, Rexdale Ontario, Canada, 1994

3.17　C.G. Salmon & J.E. Johnson, Steel Structures: Design and Behavior, Harper Collins Publishers Inc., 3rd Ed., 1990

3.18　D.H. Hall, "Proposed Steel Column Strength Criteria," ASCE, *Journal of the Structural Division*, Vol.107, No. ST4, 1981, pp.649-670

3.19　T.C. Kavanagh, "Effective Length of Framed Columns." Transactions, ASCE, Vol.127, Part II, 1962, pp.81-101

3.20　陳紹蕃主編，鋼結構建築工程教學輔導叢書，中國建築工業出版社，1992，pp.252-253

3.21　陳驥，鋼結構穩定理論與設計，科學出版社，北京，2001，pp.130-133

3.22　ACI Committee 318, Building Code Requirements for Structural Concrete (ACI318-02) and Commentary (ACI318R-02), American Concrete Institute, 2002

3.23　ACI Committee 340, Design Handbook in Accordance with the Strength Design Method of ACI 318-77, V. 2-Columns, SP-17A (78), American Concrete Institute, 1978

3.24　Code of Practice for the Structural Use of Concrete, Part 1. Design Materials and Workmanship, CP110: Part 1, British Standards Institution, London, 1972

3.25　W.B. Cranston, "Analysis and Design of Reinforced Concrete Columns," *Research Report* No. 20, Paper 41.020, Cement and Concrete Association, London, 1972

3.26　S.P. Timoshenko & J.M. Gere, *Theory of Elastic Stability*, 2nd Ed., McGraw-Hill, New York, 1961

3.27　George Gerard & Herbert Becker, Handbook of Structural Stability, Part I-Buckling of Flat Plates, Tech Note 3871, National Advisory Committee for Aeronautics, Washington, D.C., July 1957

3.28　AISC, *Manual of Steel Construction, Load & Resistance Factor Factor Design*, 3rd Ed., American Institute of Steel Construction, Chicago, IL, 2001

3.29　AISC, Column Base Plates, Steel Design Guide Series No. 1, American Institute of Steel Construction, Chicago, IL, 1990

習題

3-1　試述張力桿與壓力桿有何不同？在設計上其應考慮之因素為何？

3-2　何謂柱之臨界載重（Critical Load）？

3-3　在推導歐拉柱臨界載重（Euler Critical Load）時，一般皆假設柱為理想柱（Ideal Column），其基本假設為何？

3-4　何謂有效長度（Effective Length）？

3-5　影響柱強度之因素有哪些？

3-6　何謂有側撐構架？何謂無側撐構架？

3-7　請問受壓構材的細長比（Slenderness Ratio, KL/r）為何必須考慮上限？

3-8　試述壓力桿件之設計步驟：(a) LRFD，(b) ASD。

3-9　試述柱底板之設計步驟：(a) LRFD，(b) ASD。

3-10　何謂加勁肢（Stiffened Element）？何謂非加勁肢（Unstiffened Element）？

3-11　在柱設計時為何需對其板之寬／厚比做限制？

3-12　有一柱在工作荷重下承受 10 tf 之靜載重及 40 tf 之活載重，柱之有效長度為 7.0 公尺（強軸及弱軸皆相同），試依 (a) AISC-LRFD 之規定，(b) 我國極限設計法，選擇最輕之柱斷面，使用 SN400B 鋼材。

3-13　有一柱斷面如下，其 $(KL)_x = 13.5$ m，$(KL)_y = 4.5$ m，請依 (a) AISC-LRFD 之規定，(b) 我國極限設計法，求該柱能承受之最大軸力為何？其中靜載重占 30%，活載重占 70%，鋼材為 A36。

16×450 mm

24×650 mm

16×450 mm

3-14　在一有側撐構架中，有一柱長 10 m，在其弱軸方向於柱中央有一側向支撐，此柱在工作荷重下承載 30 tf 之靜載重及 70 tf 之活載重，假設柱兩端為鉸接，請依 AISC-LRFD 規定選擇最輕斷面：(a) 使用 A36 鋼材，(b) 使用 A572 Grade 60 鋼材。

3-15 依 AISC-LRFD 規定試求下列柱斷面之最大容許軸向壓力為何？$(KL)_x = 2.0$ m，$(KL)_y = 4.0$ m，其載重中靜載重占 30%，活載重占 70%，使用 SN400B 鋼料。

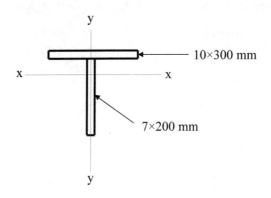

3-16 有方形鋼管 300×300×6 mm，其 KL = 6.5 m，依 (a) AISC-LRFD 規定，(b) 我國極限設計法，試求其標稱軸向荷重 Pn 為何？使用 A36 鋼料。

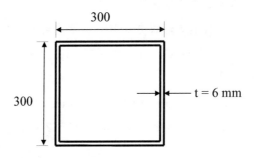

3-17 如下圖所示結構，承受 P = 90 tf 之軸向載重，桿件長度為 11 m，兩端及跨距中點處之弱軸方向均設有側向支撐，試依容許應力設計法 AISC-ASD 規定，選取最輕斷面以承受此軸向載重，型鋼材質為 A36。

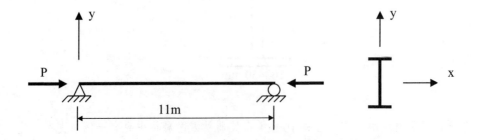

3-18 下圖四個對稱構架相對應構材的材料、斷面與長度均相同，梁與柱之接頭均為剛接，試將構架的 (a) 臨界載重及 (b) 柱的有效長度係數，依大小次序排列。

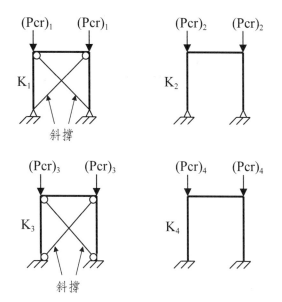

3-19 下圖所示四個構架中，所有柱與梁之長度及斷面皆相同。考慮構架之穩定性，列出 P_1 至 P_4 之大小順序。（例如：$P_2 > P_4 > P_3 > P_1$ 或 $P_2 > P_1 = P_4 > P_3$）。

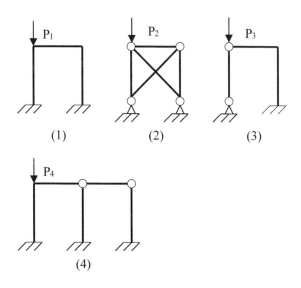

3-20 下圖所示剛架構，若柱 C_1 與 C_2 之斷面相同，試問兩柱之有效長度係數 K 何者為大？又其 K 值是大於、等於、或小於 1？

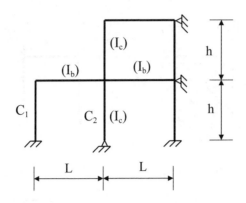

3-21 下圖 (A) 及 (B) 中柱 ab 之有效長度係數分別為 K_A 及 K_B，考慮各構件撓曲勁度之可能變化，列出 K_A 及 K_B 理論值之範圍。

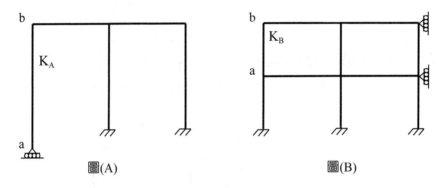

圖(A)   圖(B)

3-22 下圖所示空間鋼構架每一柱頂端皆承受一垂直載重，使用 A36 鋼材及 H250×250×9×12 柱結實斷面，AISC-LRFD，求每一柱可能承擔之最大係數化載重 $(P_u)_{max}$，並繪平面圖標示柱擺至之方向。有效長度係數 K 採用設計值。

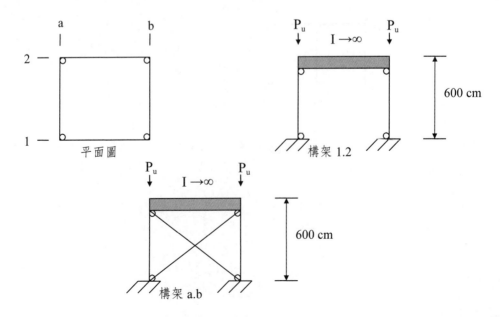

3-23 請依 LRFD 規定設計下列構架之內柱 A，假設該構架在 XY 平面無側向支撐，但在 YZ 平面上於柱之上下兩端及中央處有鉸支承支持。假設該柱在工作載重下承受 20 tf 之靜載重及 50 tf 之活載重。使用 SN400B 鋼料。柱之強軸位於 Y-Z 平面。

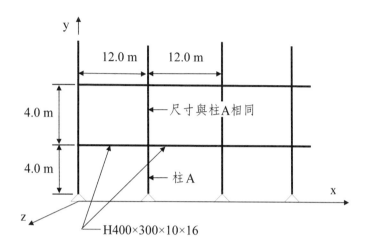

3-24 以我國容許應力法，重新設計習題 3-12。

3-25 以我國容許應力法，重新設計習題 3-13。

3-26 以我國容許應力法，重新設計習題 3-14。

3-27 以我國容許應力法，重新設計習題 3-15。

3-28 以我國容許應力法，重新設計習題 3-16。

3-29 以我國容許應力法，重新設計習題 3-23。

3-30 有一型鋼柱承受軸壓 P = 45 tf，彎矩 M = 11.25 tf-m（如下圖所示）。若柱底板尺寸為長 60 cm、寬 45 cm，基礎混凝土 f'_c = 210 kgf/cm²。試以我國容許應力法，求所需之錨定螺栓直徑（以整數 mm 表示）。已知混凝土之容許承壓應力 $F_P = 0.35f'_c \sqrt{\dfrac{A_2}{A_1}} \le 0.7f'_c$ （設 $A_2 = 1.5A_1$），錨定螺栓之容許拉力強度 F_t = 1.4 tf/cm²。

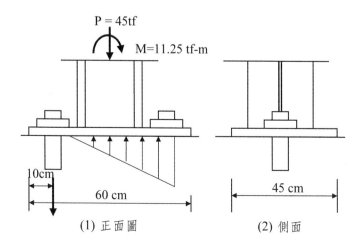

(1) 正面圖　　　　(2) 側面

3-31 有一柱 H350×350×19×19 承受一軸力 $P_u = 500$ tf，支承在一 90 公分之方形 RC 柱頭上，請依 AISC-LRFD 規定設計此柱之柱底板。鋼材為 SS400，$f'_c = 210$ kgf/cm^2。

3-32 習題 31 之柱承受軸力 $P_u = 200$ tf，強軸（x 軸）之 $M_u = 80$ tf-m，支承在一 200 cm 之方形 RC 基礎板上，請依 AISC-LRFD 規定設計其柱底板及固定螺栓。鋼材為 A36，螺栓為 A307，$f'_c = 210$ kgf/cm^2。

3-33 以我國容許應力法，重新設計習題 3-31。假設總載重中 30% 為靜載重，70% 為活載重。

3-34 以我國容許應力法，重新設計習題 3-32。假設總載重中 30% 為靜載重，70% 為活載重。

第 4 章

梁

4-1 概述

　　當構件承受側向載重（垂直於桿件軸向）時，這類桿件一般我們稱之爲梁，而其主要之強度爲抗彎強度及抗剪強度。而常用的梁斷面有 W 型鋼、S 型鋼、M 型鋼、C 型鋼、角鋼或組合斷面的 I 型鋼、H 型鋼等等。而梁斷面是由張力肢及壓力肢共同組成，所以前面兩章張力桿件及壓力桿件的分析及設計理論，將都被使用於本章之中。而梁的設計基本上分兩類，第一類梁，基本上係假設壓力肢在垂直腹板方向爲有側向支撐，也就是壓力肢的整體壓屈在梁斷面之抗彎強度未完全發揮前將不會發生。這與一般結構施工相當吻合，如圖 4-1-1 所示，例如一般梁上翼板（受壓區）皆與樓板接合，而樓板對梁來說爲一良好之側向支撐系統。此時斷面的側向穩定將不必考慮。這類梁又稱爲有側撐梁（Laterally Supported Beams）。

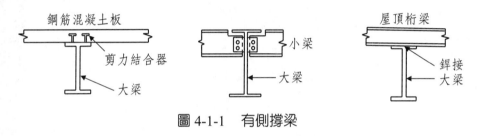

圖 4-1-1　有側撐梁

　　另一類的梁爲對其壓力肢並無有效的側向支撐系統，或其側撐爲不連續且距離過大，此類之梁在其抗彎強度完全發揮之前，有可能由於壓力肢的局部壓屈而造成側向變形（Lateral Deflection）以致產生側向扭轉壓屈（Lateral-Torsional Buckling）。這類梁其抗彎強度將無法完全發揮，稱之爲不完全側向支撐梁（Laterally Unsupported Beam）。

4-2 梁之行爲

一、完全側撐梁行爲

　　當梁爲有完全側撐，梁承受載重時，其斷面內部應力之變化如圖 4-2-1 所示。

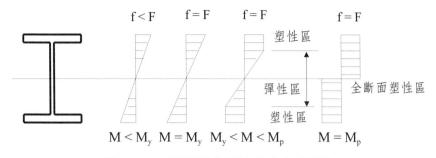

圖 4-2-1　梁斷面內部撓曲應力之變化

　　在斷面最外緣之應力剛達到降伏應力時，其標稱強度 M_n 稱為降伏彎矩 M_y（Yield Moment），其值如下：

$$M_n = M_y = S_x \times F_y \qquad\qquad (4.2.1)$$

　　而當斷面內全部之應力皆達到降伏應力時，其標稱強度 M_n 稱之為塑性彎矩 M_p（Plastic Moment），其值如下：

$$M_n = M_p = F_y \int y \times dA = Z_x \times F_y \qquad\qquad (4.2.2)$$

　　從上兩式可知 M_p/M_y 之比值與斷面形狀有關，而與材料無關，故稱之為形狀因素（Shape Factor），

$$\xi = \frac{M_p}{M_y} = \frac{Z_x}{S_x} \qquad\qquad (4.2.3)$$

對矩形斷面：

$$S_x = \frac{I}{C} = \frac{bh^3/12}{h/2} = \frac{bh^2}{6} \qquad\qquad (4.2.4)$$

$$Z = \int ydA = \frac{bh^2}{4} \qquad\qquad (4.2.5)$$

$$\therefore \xi = \frac{Z_x}{S_x} = \frac{6}{4} = 1.5 \qquad\qquad (4.2.6)$$

　　當梁斷面達到其塑性彎矩強度後，該斷面將無法再承受任何額外的載重，而且可無限的旋轉，其行為有如一個鉸接節點，故又稱塑性鉸（Plastic Hinge）。在一靜定結構物中，只要有一個塑性鉸形成，該結構將變成一不穩定結構，而形成所謂的崩塌機構（Collapse Mechanism）。圖 4-2-2 為單跨兩端固接梁之崩塌機構形成示意圖。

　　對於超靜定（Indeterminate）結構，在承載荷重超過彈性限度後，構件內部將有彎矩重新分配（Moment Redistribution）的現象，因此其彎矩圖在塑性鉸形成後，將不再與其彈性之彎矩圖成正比，如圖 4-2-2(b) 及 (c) 之 ΔW_1 及 ΔW_2 增量載重所造成之彎矩圖是不同的。

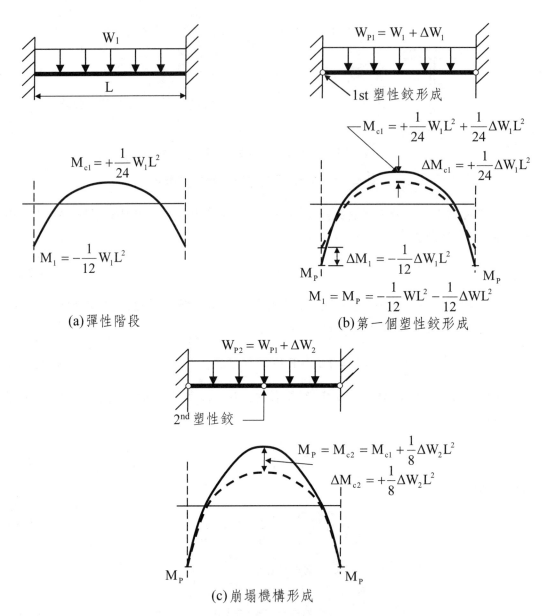

(a)彈性階段

(b)第一個塑性鉸形成

(c)崩塌機構形成

圖 4-2-2　梁崩塌機構及塑性鉸形成示意圖

二、不完全側向支撐梁行為

當梁受彎曲時,其受壓元件(肢)之行為將有如受壓柱之行為,因此當構件比較細長時,有可能會產生壓屈破壞行為,但其與受壓柱不同之處,為在梁斷面內同時有一部分元件(肢)為受張力,此部分元件對受壓元件將扮演束制(Restrained)的作用,因此當梁產生偏離垂直載重作用方向之變位時,將伴隨著扭轉作用,如圖 4-2-3 所示。此種不穩定的現象稱之為側向扭轉壓屈(Lateral-Torsional Buckling, LTB)。

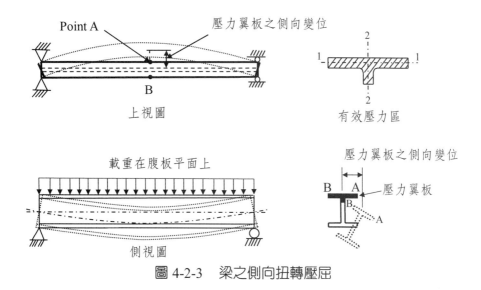

圖 4-2-3　梁之側向扭轉壓屈

　　上述之側向扭轉壓屈，可用側向支撐（Lateral Bracing）在有效的間距內加在受壓區（特別是受壓翼板），如圖 4-1-1。對於這類梁，其撓曲強度將與梁的無支撐長度（Unbraced Length）有關。這裡的無支撐長度，係指對梁受壓翼的側向支撐間之間距。根據前述梁之行為，可由圖 4-2-4 來說明：

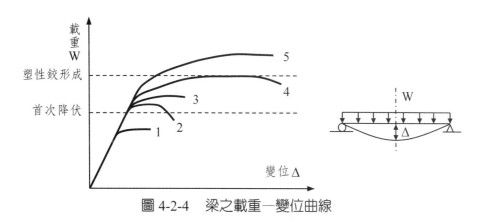

圖 4-2-4　梁之載重－變位曲線

　　圖 4-2-4 代表梁之載重－變位曲線（Load-Deflection Curve），曲線 1 代表梁在其抗彎強度到達首次降伏（First Yield）前，已經變成不穩定，而失去了承載的能力，稱為彈性側向扭轉壓屈（Elastic Lateral-Torsional Buckling）。曲線 2、3 代表其抗彎強度有達到首次降伏，但無法形成塑性鉸，因此在形成崩塌機構前，已經變成不穩定，稱為非彈性側向扭轉壓屈（Inelastic Lateral-Torsional Buckling）。如果梁斷面能充分達到塑性彎矩，則該梁將可承載至其崩塌機構，其曲線將如曲線 4 及 5 所示。而對結實斷面，無側撐長度與梁抗彎強度之關係，也可由圖 4-2-5 加以說明。

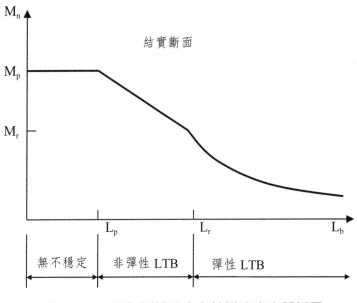

圖 4-2-5　梁無側撐長度與抗彎強度之關係圖

　　所以一般梁之標稱撓曲強度由下列四種強度之最小值控制：(1) 材料達降伏（Yielding）、(2) 構件側向扭轉壓屈（Lateral-Torsional Buckling）、(3) 翼板的局部壓屈（Flange Local Buckling）、(4) 腹板的局部壓屈（Web Local Buckling）。

三、承受雙軸向撓曲梁行為

　　當梁所承受之外部載重並不是平行於梁兩主軸時，此時梁所承受之撓曲彎矩，一般在實務設計上還是會將其轉化成對應到梁兩主軸之彎矩分量，因此，梁將是一承受雙軸撓曲作用，如下圖所示。

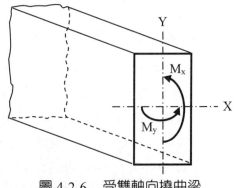

圖 4-2-6　受雙軸向撓曲梁

　　依梁撓曲彈性理論[4.1,4.2]，對稱斷面梁承受雙軸撓曲作用梁之撓曲應力可以下式表示：

$$f = \frac{M_x y}{I_x} + \frac{M_y x}{I_y} \tag{4.2.7}$$

對非對稱斷面梁承受雙軸撓曲作用梁之撓曲應力則可以下式表示：

$$f = \frac{M_x I_y - M_y I_{xy}}{I_x I_y - I_{xy}^2} y + \frac{M_y I_x - M_x I_{xy}}{I_x I_y - I_{xy}^2} x \tag{4.2.8}$$

當斷面有一軸是對稱時則 $I_{xy} = 0$，公式（4.2.8）就變成了公式（4.2.7）。一般工程界常用之 H 型鋼梁斷面，其弱軸之 I 值皆較強軸之 I 值小很多，因此，當撓曲彎矩是作用在弱軸時，需特別注意。

例 4-2-1

有一 H500×300×11×18 型鋼承受雙軸撓曲彎矩如下：$M_x = 30$ tf-m，$M_y = 10$ tf-m。求其上、下翼板及腹板所承受之最大彈性撓曲應力為何？

解：

H500×300×11×18 型鋼斷面性質：$I_x = 68900$，$I_y = 8110$，$d = 48.8$ cm，$b_f = 30.0$ cm，$t_f = 1.8$ cm，$t_w = 1.1$ cm

上、下翼板最大 $y = 24.4$，$x = 15.0$

$$f = \frac{M_x y}{I_x} + \frac{M_y x}{I_y}$$
$$= \frac{30 \times 100 \times 24.4}{68900} + \frac{10 \times 100 \times 15.0}{8110} = 1.062 + 1.850 = 2.912 \text{ tf/cm}^2$$

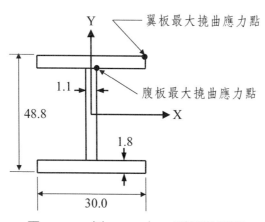

圖 4-2-7 例 4-2-1 之 H 型鋼梁斷面

腹板最大 $y = 24.4 - 1.8 = 22.6$ cm，$x = 1.1/2 = 0.55$ cm

$$f = \frac{M_x y}{I_x} + \frac{M_y x}{I_y}$$

$$= \frac{30 \times 100 \times 22.6}{68900} + \frac{10 \times 100 \times 0.55}{8110} = 0.984 + 0.068 = 1.052 \text{ tf/cm}^2$$

例 4-2-2

有一 L150×100×12 等厚角鋼梁，承受雙軸撓曲彎矩如下：M_x = 5 tf-m，M_y = 2 tf-m。求該斷面所承受之最大撓曲應力為何？

解：

L150×100×12 等厚角鋼斷面性質：I_x = 642，I_y = 228，d = 15.0，b_f = 10.0 cm，t = 1.2 cm，C_x = 4.88，C_y = 2.41 cm

角鋼：

$$I_{xy} = 15 \times 1.2 \times (2.41 - 0.6)(-7.5 + 4.88)$$
$$+ (10 - 1.2) \times 1.2 \times [-(10 - 1.2)/2 + (2.41 - 1.2)](4.88 - 0.6) = -229.54$$

A 點：x = 2.41 cm，y = 4.88 cm

$$f = \frac{M_x I_y - M_y I_{xy}}{I_x I_y - I_{xy}^2} y + \frac{M_y I_x - M_x I_{xy}}{I_x I_y - I_{xy}^2} x$$

$$= \frac{5 \times 100 \times 228 - 2 \times 100 \times (-229.54)}{642 \times 228 - (-229.54)^2} \times 4.88 + \frac{2 \times 100 \times 642 - 5 \times 100 \times (-229.54)}{642 \times 288 - (-229.54)^2} \times 2.41$$

$$= 5.902 + 4.433 = 10.335 \text{ tf/cm}^2$$

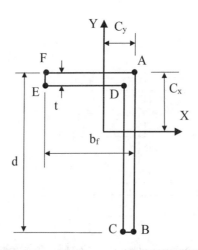

圖 4-2-8　例 4-2-2 之等角鋼梁斷面

B 點：x = 2.41，y = −15 + 4.88 = −10.12

$$f = \frac{M_x I_y - M_y I_{xy}}{I_x I_y - I_{xy}^2} y + \frac{M_y I_x - M_x I_{xy}}{I_x I_y - I_{xy}^2} x$$

$$= \frac{5 \times 100 \times 228 - 2 \times 100 \times (-229.54)}{642 \times 228 - (-229.54)^2} \times (-10.12)$$

$$+ \frac{2 \times 100 \times 642 - 5 \times 100 \times (-229.54)}{642 \times 288 - (-229.54)^2} \times 2.41 = -12.240 + 4.433 = -7.807 \text{ tf/cm}^2$$

C 點：x = 1.21，y = -15 + 4.88 = -10.12

$$f = \frac{M_x I_y - M_y I_{xy}}{I_x I_y - I_{xy}^2} y + \frac{M_y I_x - M_x I_{xy}}{I_x I_y - I_{xy}^2} x$$

$$= \frac{5 \times 100 \times 228 - 2 \times 100 \times (-229.54)}{642 \times 228 - (-229.54)^2} \times (-10.12)$$

$$+ \frac{2 \times 100 \times 642 - 5 \times 100 \times (-229.54)}{642 \times 288 - (-229.54)^2} \times 1.21 = -12.240 + 2.226 = -10.014 \text{ tf/cm}^2$$

D 點：x = 1.21，y = 4.88 - 1.2 = 3.68

$$f = \frac{M_x I_y - M_y I_{xy}}{I_x I_y - I_{xy}^2} y + \frac{M_y I_x - M_x I_{xy}}{I_x I_y - I_{xy}^2} x$$

$$= \frac{5 \times 100 \times 228 - 2 \times 100 \times (-229.54)}{642 \times 228 - (-229.54)^2} \times (3.68)$$

$$+ \frac{2 \times 100 \times 642 - 5 \times 100 \times (-229.54)}{642 \times 288 - (-229.54)^2} \times 1.21 = 6.281 + 2.226 = 8.507 \text{ tf/cm}^2$$

E 點：x = -7.59，y = 3.68

$$f = \frac{M_x I_y - M_y I_{xy}}{I_x I_y - I_{xy}^2} y + \frac{M_y I_x - M_x I_{xy}}{I_x I_y - I_{xy}^2} x$$

$$= \frac{5 \times 100 \times 228 - 2 \times 100 \times (-229.54)}{642 \times 228 - (-229.54)^2} \times (3.68)$$

$$+ \frac{2 \times 100 \times 642 - 5 \times 100 \times (-229.54)}{642 \times 288 - (-229.54)^2} \times (-7.59) = 6.281 - 13.96 = -7.679 \text{ tf/cm}^2$$

F 點：x = -10 + 2.41 = -7.59，y = 4.88

$$f = \frac{M_x I_y - M_y I_{xy}}{I_x I_y - I_{xy}^2} y + \frac{M_y I_x - M_x I_{xy}}{I_x I_y - I_{xy}^2} x$$

$$= \frac{5 \times 100 \times 228 - 2 \times 100 \times (-229.54)}{642 \times 228 - (-229.54)^2} \times 4.88$$

$$+ \frac{2 \times 100 \times 642 - 5 \times 100 \times (-229.54)}{642 \times 288 - (-229.54)^2} \times (-7.59) = 5.902 - 13.96 = -8.058 \text{ tf/cm}^2$$

四、承受撓曲及剪力梁行為

當梁在承受撓曲彎矩作用時，常會因非均布之撓曲作用而產生剪應力，此種剪應力稱之為撓曲剪應力（另外一種主要剪應力是因為扭矩所造成）。撓曲剪應力公式，依彈性力學理論可表示如下：

單軸剪應力

$$\tau = \frac{VQ}{Ib} \tag{4.2.9}$$

對稱雙軸剪應力

$$\tau = \frac{V_y Q_x}{I_x b} + \frac{V_x Q_y}{I_y b} \tag{4.2.10}$$

非對稱雙軸剪應力

$$\tau = \frac{I_y Q_x - I_{xy} Q_y}{(I_x I_y - I_{xy}^2)} \frac{V_y}{b} + \frac{I_x Q_y - I_{xy} Q_x}{(I_x I_y - I_{xy}^2)} \frac{V_x}{b} \tag{4.2.11}$$

H 型鋼梁之強軸所受之撓曲應力及剪應力如圖 4-2-9 所示，由圖中之撓曲剪應力分布圖可知，大部分之剪應力皆集中在腹板，翼板所受之剪應力非常小。所以一般在工程實務設計上，都假設翼板不承受剪力，所有剪力全部由腹板承受，此時腹板所承受之平均剪應力公式如下：

$$\tau_{ave} = \frac{V}{A_w} = \frac{V}{dt_w} \tag{4.2.12}$$

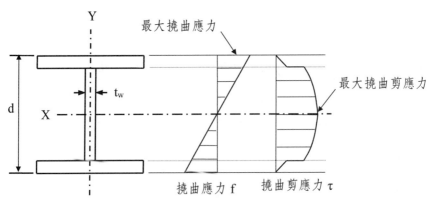

圖 4-2-9　H 型鋼梁斷面內之撓曲及剪應力分布圖

例 4-2-3

試計算 H600×200×12×20 之 H 型鋼梁承受 91 tf 之剪力作用時，其斷面各部位剪應力大小。

解：

由斷面表查得

d = 60.6，b_f = 20.1，t_w = 1.2，t_f = 2.0，A = 149.8，I_x = 88300

在翼板及腹板交接處：

Q = $20.1 \times 2.0 \times (60.6/2 - 2.0/2)$ = 1177.86 cm^3

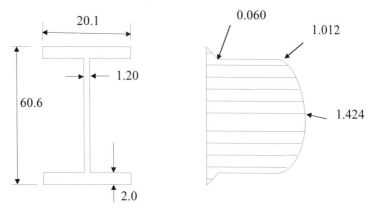

圖 4-2-10 例 4-2-3 之 H 型鋼斷面及內剪應力分布圖

$$\tau = \frac{91.0 \times 1177.86}{88300 \times 20.1} = 0.060 \text{ tf/cm}^2 \text{（翼板）}$$

$$\tau = \frac{91.0 \times 1177.86}{88300 \times 1.2} = 1.012 \text{ tf/cm}^2 \text{（腹板）}$$

在中性軸處：

$$Q = 1177.86 + \frac{1}{2} \times 1.2 \times (\frac{60.6}{2} - 2.0)^2 = 1658.39$$

$$\tau = \frac{91.0 \times 1658.39}{88300 \times 1.2} = 1.424 \text{ tf/cm}^2$$

計算腹板及翼板所受之剪力大小比例：

$$V_{flang} = 2 \times \frac{1}{2} \times 0.060 \times 20.1 \times 2.0 = 2.412 \text{ tf}$$

$$V_{web} = 91 - 2.412 = 88.588 \text{ tf} (97.3\%)$$

∴腹板所受之剪力大小佔全斷面之 97% 左右。

如果以腹板承受均布剪應力計算：

$$\tau_{ave} = \frac{V}{dt_w} = \frac{91.0}{60.6 \times 1.2} = 1.251 \text{ tf/cm}^2$$

比最大值 1.424 約小 10%。

如果梁斷面所承受的是平面應力（Plane Stress）的話，其雙軸作用力相互關係曲

線如圖 4-2-11 所示,而其降伏準一般則採用 Von Mises 公式如下:

$$f_y^2 = f_1^2 + f_2^2 - f_1 f_2 \qquad (4.2.13)$$

在圖 4-2-11 中可以發現當 $f_2 = -f_1$ 時為純剪應力狀態,而且其剪應力 $\tau = f_1$,將其代入上列公式則可得

$$f_2 = -f_1$$
$$\tau = f_1$$
$$f_y^2 = f_1^2 + f_1^2 - f_1(-f_1) = 3f_1^2$$

$$\therefore f_1 = \tau_y = f_y / \sqrt{3} = 0.577 f_y \qquad (4.2.14)$$

上式為剪應力降伏條件。而剪應力與撓曲應力間之關係可用圖 4-2-12 表示。

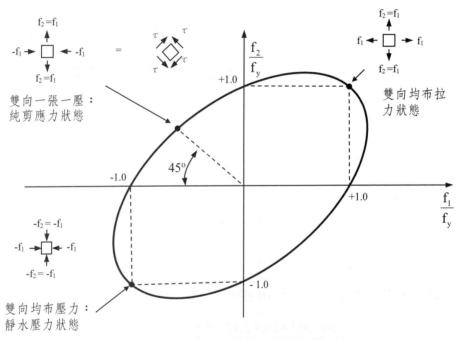

圖 4-2-11　雙軸向平面應力降伏準則

五、承受扭力梁行為

　　雖然梁承受扭力作用的行為比梁受撓曲及剪力作用來得複雜,但已有很多專書 [4.1,4.2,4.3,4.4,4.5,4.6] 提供相關理論公式,供分析或設計參考使用。以下就梁受扭力作用時之相關理論公式做簡單介紹。

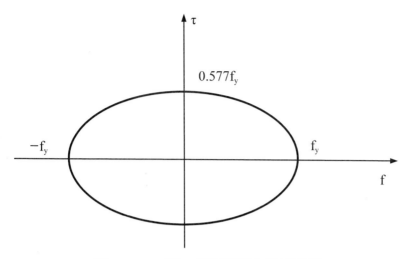

圖 4-2-12　剪一撓平面應力降伏準則

（一）實心圓形斷面

　　如圖 4-2-13(a) 之實心圓形斷面，在扭力 T 作用下，其斷面在扭力作用前後，皆能維持平面。因此其剪應力大小與該點距斷面中心之距離成正比，斷面內之剪應力分布如圖 4-2-13(b) 所示。其理論公式為：

$$構件扭轉角：\phi = \frac{T \cdot L}{G \cdot J} \qquad （4.2.15）$$

$$單位長度扭轉角：\theta = \frac{\phi}{L} = \frac{T}{G \cdot J} \qquad （4.2.16）$$

$$\tau = \frac{T \cdot r}{J} \qquad （4.2.17）$$

$$\tau_{max} = \frac{T \cdot R}{J} \qquad （4.2.18）$$

式中：

　　T：作用之扭力

　　L：構件長度

　　τ_{max}：最大剪應力

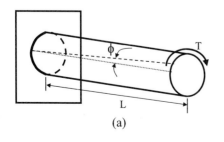
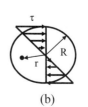

(a) (b)

圖 4-2-13　實心圓形斷面之扭力作用

R：圓形斷面之半徑

J：斷面極轉動慣性矩（Polar Moment of Inertia）= $\pi R^4 / 2$

r：計算扭曲剪應力之點距圓心之距離

（二）實心矩形斷面

當斷面爲非圓形斷面時，其斷面無法在扭力作用後，仍維持爲平面，會產生翹曲作用（Warping）。其理論公式相當複雜。根據彈性力學理論[4.1]，矩形斷面極轉動慣性矩 J 可用下式表示：

$$J = \beta x^3 y \qquad (4.2.19)$$

式中：

β：斷面係數

x：斷面短邊

y：斷面長邊

β 之值可由下表查得[4.1]：

表 4-2-1　矩形斷面極轉動慣性矩係數 β

y/x	1.0	1.2	1.5	2.0	2.5	3.0	5.0	∞
β	0.141	0.166	0.196	0.229	0.249	0.263	0.291	0.333

矩形斷面之最大扭曲剪應力發生在長邊的中間處，其值如下式所示：

$$\tau = \frac{T}{\alpha x^2 y} \qquad (4.2.20)$$

α 之值可由下表查得[4.1]：

表 4-2-2　矩形斷面最大剪應力公式係數 α

y/x	1.0	1.2	1.5	2.0	2.5	3.0	5.0	∞
α	0.208	0.219	0.231	0.246	0.256	0.267	0.290	0.333

或由下列近似公式計算

$$\alpha = \frac{1}{3 + \dfrac{1.8}{y/x}} \qquad (4.2.21)$$

由上列數據可知，正方形斷面 y/x = 1，α = 0.208，而對無限長條斷面 y/x = ∞，α = 0.333。

（三）T、L、C 及 I 形斷面

當斷面爲 T、L、C 及 I 形斷面時，可將斷面分解成矩形斷面的組成，如圖 4-2-14 所示。當分解之矩形斷面有較大之 y/x 值時，根據文 [4.3] 建議，其近似公式可用下式表示：

$$J = \sum \frac{1}{3} x^3 y \qquad (4.2.22)$$

但當 y/x 之比值小於 10 時，比較精確之公式應爲：

$$J = \sum \frac{1}{3} x^3 y (1 - 0.63 \frac{x}{y}) \qquad (4.2.23)$$

最大剪應力會產生在長邊的中間點處，其公式爲：

$$\tau_{max} = \frac{T \cdot x_i}{J} \qquad (4.2.24)$$

式中 x_i 爲長邊之厚度。當斷面爲等厚度時，則公式（4.2.24）可表示爲：

$$\tau_{max} = \frac{T}{\sum (\frac{1}{3} x^2 y)} \qquad (4.2.25)$$

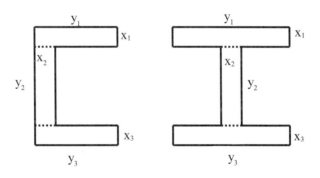

圖 4-2-14　C 及 I 形斷面之分解爲矩形組合

（四）閉合之薄壁斷面

當斷面爲閉合之薄壁斷面，如圖 4-2-15 所示時，

$$T = \int \tau \cdot t \cdot ds \cdot r = \tau \cdot t \int r \cdot ds = 2\tau \cdot t \cdot A_o \qquad (4.2.26)$$

$$\therefore \tau = \frac{T}{2A_o t} \qquad (4.2.27)$$

薄壁單位長度之剪力爲

$$f_v = \tau \cdot t = \frac{T}{2A_o} \qquad (4.2.28)$$

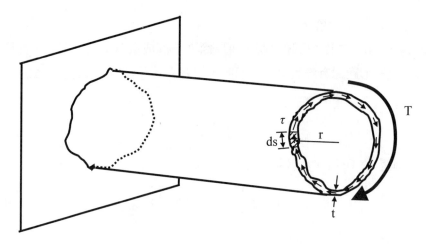

圖 4-2-15　閉合之薄壁斷面構件

式中 A_o 為薄壁中心線所圍繞面積。

閉合薄壁斷面之極轉動慣性矩為：

$$J = \frac{4A_o^2}{\oint \dfrac{ds}{t(s)}} = \frac{4A_o^2}{\Sigma(\dfrac{L(s)}{t(s)})} \tag{4.2.29}$$

例 4-2-4

試計算下列斷面之極轉動慣性矩 J 為何？

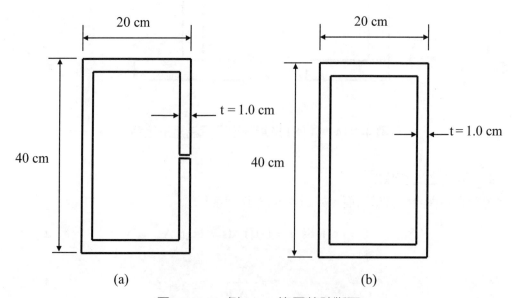

圖 4-2-16　例 4-2-4 等厚薄壁斷面

解：

(a)斷面爲非閉合等厚度斷面，因此

$$J = \sum \frac{1}{3} x^3 y$$

$$= \frac{1}{3}[1.0^3 \times 20 \times 2 + 1.0^3 \times (40 - 1.0 \times 2) + 1.0^3 \times (20 - 1.0) \times 2]$$

$$= 38.667 \text{ cm}^3$$

(b)斷面爲閉合等厚度斷面，因此

$$J = \frac{4A_o^2}{\oint \frac{ds}{t(s)}} = \frac{4A_o^2}{\sum (\frac{L(s)}{t(s)})}$$

$$= \frac{4(19 \times 39)^2}{(\frac{39 \times 2 + 19 \times 2}{1.0})} = 18933.83 \text{ cm}^3$$

例 4-2-5

如例 4-2-4 之斷面，如承受一扭矩 T = 10 tf-m 之作用，試求該斷面產生之最大剪應力 τ_{max} 爲何？

解：

(a)斷面爲非閉合等厚度斷面，因此

$$\tau_{max} = \frac{T \cdot x_i}{J} = \frac{1000 \times 1.0}{38.667} = 25.862 \text{ tf/cm}^2$$

(b)斷面爲閉合等厚度斷面，因此

$$\tau = \frac{T}{2A_o t} = \frac{1000}{2(19 \times 39) \times 1.0} = 0.675 \text{ tf/cm}^2$$

例 4-2-6

如例 4-2-4 之斷面 (b)，如果因爲施工的錯誤其壁厚只有 0.75 cm，其餘尺寸不變，當該斷面承受一扭矩 T = 10 t-m 之作用時，試求該斷面產生之最大剪應力 τ_{max} 爲何？又產生位置在何處？

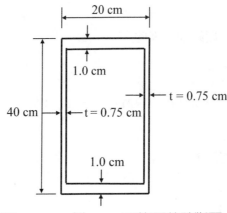

圖 4-2-17　例 4-2-6 不等厚薄壁斷面

解：

斷面為閉合非等厚度斷面，因此作用在水平肢剪應力為：

$$\tau = \frac{T}{2A_o t} = \frac{1000}{2(19.25 \times 39.0) \times 1.0} = 0.666 \text{ tf/cm}^2$$

作用在垂直肢剪應力為：

$$\tau = \frac{T}{2A_o t} = \frac{1000}{2(19.25 \times 39.0) \times 0.75} = 0.888 \text{ tf/cm}^2$$

因此最大剪應力產生在垂直肢上。

六、梁之局部壓屈行為

　　梁之局部壓屈行為基本上與柱類似，也就是說，梁在受撓曲彎矩作用時，如果受壓部位之構肢產生局部壓屈，將導致梁在達到其應有強度前就已經產生不穩定現象。影響局部壓屈的因素，在第三章已有詳細介紹，主要是鋼板的寬／厚比（λ）及其邊界支撐情形。因此如第三章之介紹，一般將型鋼斷面之構肢分成加勁肢及未加勁肢，然後再根據各類斷面各訂定其寬／厚比 λ_p 及 λ_r 之限制值。當斷面各構肢之寬／厚比皆小於等於 λ_p 時，該斷面稱為結實斷面（Compact Section），此時梁斷面強度可達其塑性彎矩強度 M_p，不會有局部壓屈現象出現。當斷面各構肢之寬／厚比等於 λ_r 時，該斷面稱為非結實斷面（Noncompact Section），此時斷面之最外緣應力可達降伏應力。當斷面構肢之寬／厚比介於 λ_p 與 λ_r 之間時，也就是 $\lambda_p < \lambda < \lambda_r$ 時，該斷面稱為部分結實斷面（Partially Compact Section），此時部分斷面可達降伏階段，但仍有部分斷面是在彈性階段。而當 $\lambda > \lambda_r$ 時，則稱為含細長肢斷面，此時斷面將會產生局部壓屈行為。

4-3 完全側向支撐梁之設計

　　AISC 規範 [4.7] 對撓曲梁之強度設計要求如公式（4.3.1）及公式（4.3.2）所示。如果梁為有完全側撐時，則梁不會有側向扭轉壓屈情形發生，因此梁之撓曲強度將由斷面撓曲強度控制。

$$\phi_b M_n \geq M_u \; ; \; \phi_b = 0.90 \text{ (LRFD)} \qquad （4.3.1）$$

$$\frac{M_n}{\Omega_b} \geq M_a \; ; \; \Omega_b = 1.67 \text{ (ASD)} \qquad （4.3.2）$$

　　而梁斷面撓曲強度又由組成梁斷面的鋼板之寬厚比（b/t 或 h/t）來決定，因為對稱梁斷面受純撓曲彎矩作用時，斷面有一半是在受壓側，由第三章的板壓屈理論得知，此時板之受壓強度將由鋼板之寬厚比控制。規範根據斷面鋼板之寬厚比大小，將斷面歸為四類：(1) 結實斷面（Compact Section）、(2) 非結實斷面（Noncompact Section）、(3) 部分結實斷面（Partially Compact Section），及 (4) 含細長肢斷面（Slender Section）。

（一）結實斷面

　　當斷面之腹板為連續的與翼板接合，且其寬厚比滿足 $\lambda \leq \lambda_p$ 之斷面稱之，此種斷面完全由材料降伏控制斷面撓曲強度，不會有翼板或腹板局部壓屈之可能，也就是斷面標稱強度可達其塑性彎矩強度。

$$M_n = M_p \qquad （4.3.3）$$

AISC 及我國極限設計規範 [4.8] 對 λ_p 之限制詳如表 3-8-1 及表 3-8-2，各分述如下：

1. AISC 規範：

　(1) 非加勁肢：①受撓曲之熱軋 I 型鋼、T 型鋼及槽型鋼之翼板，②受撓曲 I 型混合梁和銲接梁之翼板。

$$\lambda_p = \frac{b}{t} = 0.38 \sqrt{\frac{E}{F_y}} \qquad （4.3.4）$$

　(2) 非加勁肢──翼板：受撓曲之單角鋼。

$$\lambda_p = \frac{b}{t} = 0.54 \sqrt{\frac{E}{F_y}} \qquad （4.3.5）$$

　(3) 加勁肢：受撓曲或壓力之矩形或方形中空斷面等厚度之翼板，翼板之蓋板及兩邊有連續螺栓或銲接之膈板。

$$\lambda_p = \frac{b}{t} = 1.12 \sqrt{\frac{E}{F_y}} \qquad （4.3.6）$$

(4) 加勁肢：受撓曲壓應力之矩形中空管狀斷面（HSS）之腹板。

$$\lambda_p = \frac{h}{t} = 2.42\sqrt{\frac{E}{F_y}} \qquad (4.3.7)$$

腹板淨高：$h = d - 2t_f$（銲接組合型鋼）

$\qquad\qquad h = d - 2k$（熱軋型鋼）

$\qquad\qquad k = t_f - R$

$\qquad\qquad$ R：熱軋型鋼翼板與腹板間之軋壓半徑，可由熱軋型鋼斷面表查得。

(5) 加勁肢：受撓曲之雙對稱 I 型梁和槽型鋼之腹板。

$$\lambda_p = \frac{h}{t_w} = 3.76\sqrt{\frac{E}{F_y}} \qquad (4.3.8)$$

(6) 加勁肢：受撓曲之單對稱 I 型鋼之腹板。

$$\lambda_p = \frac{h_c}{t_w} = \frac{\dfrac{h_c}{h_p}\sqrt{\dfrac{E}{F_y}}}{(0.54\dfrac{M_p}{M_y} - 0.09)^2} \le \lambda_r = 5.70\sqrt{\frac{E}{F_y}} \qquad (4.3.9)$$

(7) 加勁肢：受撓曲之圓形中空斷面。

$$\lambda_p = D/t = \frac{0.07E}{F_y} \qquad (4.3.10)$$

2. 我國極限設計規範：

(1) 非加勁肢：①受撓曲之熱軋 I 型梁及槽型鋼之翼板，②受撓曲 I 型混合梁和銲接梁之翼板。

$$\lambda_p = \frac{b}{t} \le \frac{17}{\sqrt{F_y}} \qquad (4.3.11)$$

(2) 其他非加勁肢：①受純壓力 I 型斷面之翼板、受壓桿件之突肢、雙角鋼之突肢、受純壓力槽型鋼之翼板，②受純壓力組合斷面之翼板，③單角鋼支撐或有隔墊之雙角鋼支撐之突肢；未加勁構件（即僅沿單邊有支撐），④ T 型鋼之腹板。

$$\lambda_p = \frac{b}{t} \le \frac{16}{\sqrt{F_y}} \qquad (4.3.12)$$

(3) 加勁肢：①矩形或方形中空斷面等厚度之翼板受撓曲或壓力，翼板之蓋板及兩邊有連續螺栓或銲接之膈板，②全滲透銲組合箱型柱等厚度之翼板受撓曲或壓力。

$$\lambda_p = \frac{b}{t} \le \frac{50}{\sqrt{F_y}} \tag{4.3.13}$$

(4) 加勁肢：半滲透銲組合箱型柱等厚度之翼板受撓曲或純壓力。

$$\lambda_p = \frac{b}{t} \le \frac{43}{\sqrt{F_y}} \tag{4.3.14}$$

(5) 加勁肢：受撓曲壓應力之腹板。

$$\lambda_p = \frac{h}{t_w} \le \frac{170}{\sqrt{F_y}} \tag{4.3.15}$$

腹板淨高：$h = d - 2t_f$

(6) 加勁肢：受撓曲及壓力腹板。

當 $\dfrac{P_u}{\phi_b P_y} \le 0.125$，

$$\lambda_p = \frac{h}{t_w} = \frac{170}{\sqrt{F_y}} \left[1 - \frac{2.75 P_u}{\phi_b P_y} \right] \tag{4.3.16}$$

當 $\dfrac{P_u}{\phi_b P_y} > 0.125$，

$$\lambda_p = \frac{51}{\sqrt{F_y}} \left[2.33 - \frac{P_u}{\phi_b P_y} \right] \ge \frac{68}{\sqrt{F_y}} \tag{4.3.17}$$

(7) 加勁肢：受撓曲之圓形中空斷面。

$$\lambda_p = \frac{D}{t} \le \frac{145}{F_y} \tag{4.3.18}$$

（二）非結實斷面

當斷面內元件之寬厚比等於 λ_r 時，該斷面稱之為非結實斷面。當構件之寬厚比 $\lambda = \lambda_r$ 時，表示此時斷面只有最外側之應力可達降伏強度 F_y，其餘皆小於 F_y，也就是在彈性範圍，此時斷面之撓曲強度可由彈性力學公式計算得到如下：

$$M_n = F_y S = F_y \left(\frac{I}{c} \right) \tag{4.3.19}$$

但因鋼板內有殘餘應力 F_r 的存在，因此可用應力為 $(F_y - F_r)$，因此上列公式可改寫成：

$$M_n = M_r = (F_y - F_r)S \tag{4.3.20}$$

而當斷面是混合斷面時，一般翼板鋼料強度皆大於腹板鋼料強度，此時上式公式中之降伏強度 F_y 將以翼板鋼料降伏強度 F_{yf} 取代如下：

$$M_n = M_r = (F_{yf} - F_r)S \tag{4.3.21}$$

AISC 及我國極限設計規範對 λ_r 之限制詳如表 3-8-1 及表 3-8-2，各分述如下：

1. AISC 規範：

(1) 非加勁肢：受撓曲熱軋 I 型鋼，槽型鋼之翼板和 T 型鋼之翼板。

$$\lambda_r = \frac{b}{t} = 1.0\sqrt{E/F_y} \qquad (4.3.22)$$

(2) 非加勁肢：受撓曲之銲接雙對稱或單對稱 I 型鋼之翼板。

$$\lambda_r = \frac{b}{t} = 0.95\sqrt{k_c E/F_L} \qquad (4.3.23)$$

$$k_c = \frac{4}{\sqrt{h/t_w}}; \quad 0.35 \le k_c \le 0.763 \qquad (4.3.24)$$

$F_L = 0.7F_y$：組合 I 型鋼對結實及非結實腹板之強軸撓曲且 $S_{xt}/S_{xc} \ge 0.7$。

$F_L = F_y \, S_{xt}/S_{xc} \ge 0.5F_y$：組合 I 型鋼對結實及非結實腹板之強軸撓曲且 $S_{xt}/S_{xc} <$ 0.7。

(3) 非加勁肢：受撓曲之單角鋼。

$$\lambda_r = \frac{b}{t} = 0.91\sqrt{E/F_y} \qquad (4.3.25)$$

(4) 非加勁肢：受撓曲之 T 型鋼之立板。

$$\lambda_r = \frac{d}{t} = 1.03\sqrt{E/F_y} \qquad (4.3.26)$$

(5) 非加勁肢：受均布壓力之 T 型鋼之立板。

$$\lambda_r = \frac{d}{t} = 0.75\sqrt{E/F_y} \qquad (4.3.27)$$

(6) 加勁肢：①受撓曲之雙對稱 I 型梁和槽型鋼之腹板，②受撓曲之單對稱 I 型鋼之腹板，③受撓曲壓應力之矩形 HSS 之腹板。

$$\lambda_r = \frac{h}{t_w} = 5.7\sqrt{E/F_y} \qquad (4.3.28)$$

(7) 加勁肢：受撓曲或壓力之矩形或方形中空斷面等厚度之翼板，翼板之蓋板及兩邊有連續螺栓或銲接之膈板。

$$\lambda_r = \frac{b}{t} = 1.4\sqrt{E/F_y} \qquad (4.3.29)$$

(8) 加勁肢：受撓曲之圓形中空斷面。

$$\lambda_r = \frac{D}{t} = 0.31E/F_y \qquad (4.3.30)$$

(9) 加勁肢：其他兩端有支撐且受均勻應力之肢材。

$$\lambda_r = \frac{b}{t} = 1.49\sqrt{E / F_y} \tag{4.3.31}$$

2. 我國極限設計規範：

(1) 非加勁肢：受撓曲之熱軋 I 型梁和槽型鋼之翼板。

$$\lambda_r = \frac{b}{t} = \frac{37}{\sqrt{F_y - F_r}} \tag{4.3.32}$$

　　$F_r = 0.7 \text{ tf/cm}^2$（熱軋型鋼）

　　$F_r = 1.16 \text{ tf/cm}^2$（銲接組合型鋼）

(2) 非加勁肢：受撓曲之 I 型混合梁及銲接梁之翼板。

$$\lambda_r = \frac{b}{t} = \frac{28}{\sqrt{F_{yf} - F_r}} \tag{4.3.33}$$

(3) 非加勁肢：單角鋼支撐或有隔墊之雙角鋼支撐之突肢；未加勁構件（即僅沿單邊有支撐）。

$$\lambda_r = \frac{b}{t} = \frac{20}{\sqrt{F_y}} \tag{4.3.34}$$

(4) 非加勁肢：T 型鋼之腹板。

$$\lambda_r = \frac{d}{t} = \frac{34}{\sqrt{F_y}} \tag{4.3.35}$$

(5) 加勁肢：①矩形或方形中空斷面等厚度之翼板受撓曲或壓力，翼板之蓋板及兩邊有連續螺栓或銲接之膈板，②全滲透銲組合箱型柱等厚度之翼板受撓曲或壓力，③半滲透銲組合箱型柱等厚度之翼板受撓曲或純壓力。

$$\lambda_r = \frac{b}{t} = \frac{63}{\sqrt{F_y}} \tag{4.3.36}$$

(6) 加勁肢：受撓曲壓應力之腹板以及受撓曲及壓力之腹板。

$$\lambda_r = \frac{h}{t_w} = \frac{260}{\sqrt{F_y}} \tag{4.3.37}$$

　　h：H 型鋼為上下翼板間淨距（不管是熱軋或焊接組合斷面）

(7) 加勁肢：受撓曲之圓形中空斷面。

$$\lambda_r = \frac{D}{t} \leq \frac{630}{F_y} \tag{4.3.38}$$

(8) 加勁肢：其他受均勻壓力之加勁板。

$$\lambda_r = \frac{b}{t} = \frac{68}{\sqrt{F_y}} \quad (4.3.39)$$

(三) 部分結實斷面

當斷面內鋼板之寬厚比小於 λ_r，但大於 λ_p 時，也就是 $\lambda_r > \lambda > \lambda_p$，依 AISC 規範規定，此時斷面撓曲強度介於 M_p 及 M_r 之間，必須依 λ 值做內插如下：

$$M_n = M_p - (M_p - M_r)(\frac{\lambda - \lambda_p}{\lambda_r - \lambda_p}) \le M_P \quad (4.3.40)$$

(四) 含細長肢斷面

當斷面內鋼板之寬厚比大於 λ_r 時，鋼板屬於細長肢，其撓曲強度將受到受壓翼板或腹板之局部壓屈控制。

1. AISC 規範：

(1) 對強軸撓曲之 I 型斷面具細長翼板：

$$M_n = F_{cr}S_x \le M_P \quad (4.3.41)$$

$$F_{cr} = \frac{0.9Ek_c}{\lambda^2} \quad (4.3.42)$$

$$0.35 \le k_c = \frac{4}{\sqrt{h/t_w}} \le 0.76 \quad (4.3.43)$$

$$\lambda = \frac{b_f}{2t_f}$$

(2) 對弱軸撓曲之 I 型及 C 型斷面具細長翼板：

$$M_n = F_{cr}S_y \le M_P \quad (4.3.44)$$

$$F_{cr} = \frac{0.69E}{\lambda^2} \quad (4.3.45)$$

$$\lambda = \frac{b_f}{2t_f}$$

(3) 方型及矩型鋼管斷面具細長翼板：

$$M_n = F_yS_{eff} \le M_P \quad (4.3.46)$$

S_{eff} 由下列有效翼寬計算得之

$$b_e = 1.92t\sqrt{\frac{E}{F_y}}[1 - \frac{0.38}{b/t}\sqrt{\frac{E}{F_y}}] \le b \quad (4.3.47)$$

(4)圓鋼管斷面具細長翼板：

$$M_n = F_{cr}S \le M_P \qquad (4.3.48)$$

$$F_{cr} = \frac{0.33E}{D/t} \qquad (4.3.49)$$

(5) T 型鋼斷面具細長受壓立板：

$$M_n = F_{cr}S_x \le M_P \qquad (4.3.50)$$

$$F_{cr} = \frac{0.69E}{\lambda^2} \; : \; \lambda = \frac{d}{t_w} \qquad (4.3.51)$$

(6) T 型鋼斷面具細長受壓翼板：

$$M_n = F_{cr}S_{xc} \le M_P \qquad (4.3.52)$$

$$F_{cr} = \frac{0.70E}{\lambda^2} \; : \; \lambda = \frac{b_f}{2t_f} \qquad (4.3.53)$$

2. 我國極限設計規範：

(1)對強軸撓曲之 I 型及槽型斷面具細長翼板——熱軋型鋼：

$$F_{cr} = \frac{1400}{\lambda_c^2} \qquad (4.3.54)$$

(2)對強軸撓曲之 I 型及槽型斷面具細長翼板——銲接組合型鋼：

$$F_{cr} = \frac{790}{\lambda_c^2} \qquad (4.3.55)$$

(3)方型及矩型鋼管斷面具細長翼板：

$$M_n = F_yS_{eff} \le M_P \qquad (4.3.56)$$

S_{eff} 由下列有效翼寬計算得之

$$b_e = \frac{87t}{\sqrt{f}}[1 - \frac{17}{(b/t)\sqrt{f}}] \le b \qquad (4.3.57)$$

(4)對圓管斷面：

$$F_{cr} = \frac{686}{D/t} \qquad (4.3.58)$$

綜合上述規範之規定，一般有完全側向支撐梁之撓曲設計要求如下：

$$\phi_bM_n \ge M_u \quad ; \quad \phi_b = 0.90 \qquad (4.3.59)$$

(1) 當 $\lambda \le \lambda_p$ 時，

$$M_n = M_p \tag{4.3.60}$$

(2) 當 $\lambda_p < \lambda \le \lambda_r$ 時，對翼板及腹板局部壓屈之極限強度

$$M_n = M_p - (M_p - M_r)\left(\frac{\lambda - \lambda_p}{\lambda_r - \lambda_p}\right) \le M_p \tag{4.3.61}$$

$Mr = S \cdot (F_y - F_r)$：剩餘撓曲強度

$$F_r（殘餘應力）= \begin{cases} 0.7 \text{ tf/cm}^2 (10 \text{ ksi}) \text{——熱軋型鋼} \\ 1.16 \text{ tf/cm}^2 (16.5 \text{ ksi}) \text{——銲接型鋼（組合型鋼）} \end{cases}$$

(3) 當 $\lambda > \lambda_r$ 時，對翼板局部壓屈之極限強度

$$M_n = M_{cr} = S \cdot F_{cr} \le M_p \quad ; \quad M_p = F_y \cdot Z：塑性彎矩 \tag{4.3.62}$$

F_{cr} 之計算：一般只用於翼板之 $\lambda > \lambda_r$ 情況，對於腹板之 $\lambda > \lambda_r$ 情況，必須以板梁理論來計，不適用於型鋼斷面。（無 LTB 情況下）

例 4-3-1

有一跨度為 6 m 之簡支梁，其上承載 0.3 tf/m 均布靜載重及 1.2 tf/m 之均布活載重。假設受壓緣有完全的側向支撐以防止梁之側向變位，試依極限設計規範，選擇最輕之斷面，使用 SS400 鋼材。

解：

$$W_u = 1.2W_D + 1.6W_L = 1.2 \times 0.3 + 1.6 \times 1.2 = 2.28 \text{ tf/m}$$

$$M_u = \frac{1}{8}W_u L^2 = \frac{1}{8} \times 2.28 \times 6^2 = 10.26 \text{ tf-m}$$

選擇結實斷面 $\lambda \le \lambda_p$，

$$\phi_b M_n = \phi_b Z_x F_y \ge M_u$$

$$\therefore \text{req } Z_x = \frac{M_u}{\phi_b F_y} = \frac{10.26 \times 100}{0.9 \times 2.5} = 456 \text{ cm}^3$$

從型鋼斷面表查得：

H300×150×5.5×8	$Z_x = 475 \text{ cm}^3$	$W_t = 32 \text{ kgf/m}$
H300×150×6.5×9	$Z_x = 542 \text{ cm}^3$	$W_t = 36.7 \text{ kgf/m}$
H200×200×8×12	$Z_x = 525 \text{ cm}^3$	$W_t = 49.9 \text{ kgf/m}$

試 H300×150×5.5×8：

$d = 298, b_f = 149, t_w = 5.5, t_f = 8.0, R = 13, k = R + t_f = 21$

（一）依 AISC - LRFD 規範：

$$\lambda = \frac{b_f}{2t_f} = \frac{14.9}{2 \times 0.8} = 9.31 < \lambda p = 0.38\sqrt{\frac{E}{F_y}} = 0.38\sqrt{\frac{2040}{2.5}} = 10.85$$

$$\lambda = \frac{h}{t_w} = \frac{29.8 - 2 \times 2.1}{0.55} = 46.55 < \lambda p = 3.76\sqrt{\frac{E}{F_y}} = 3.76\sqrt{\frac{2040}{2.5}} = 107.41$$

∴本斷面為結實斷面無誤。

重新計算：

$$W_u = 1.2(0.3 + 0.032) + 1.6 \times 1.2 = 2.32 \text{ tf/m}$$

$$M_u = \frac{1}{8} \times 2.32 \times 6^2 = 10.44 \text{ tf-m}$$

$$M_n = M_p = Z_x F_y = 475 \times 2.5/100 = 11.875 \text{ tf-m}$$

$$\phi M_n = 0.9 \times 11.875 = 10.69 \text{ tf-m} > M_u = 10.44 \text{ tf-m} \cdots\cdots \text{OK\#}$$

（二）依我國極限設計規範：

$$\lambda = \frac{b_f}{2t_f} = \frac{14.9}{2 \times 0.8} = 9.31 < \lambda_p = \frac{17}{\sqrt{F_y}} = \frac{17}{\sqrt{2.5}} = 10.75$$

$$\lambda = \frac{h}{t_w} = \frac{29.8 - 2 \times 0.8}{0.55} = 51.27 < \lambda_p = \frac{170}{\sqrt{F_y}} = 107.5$$

∴本斷面為結實斷面無誤。

重新計算 W_u：

$$W_u = 1.2(0.3 + 0.032) + 1.6 \times 1.2 = 2.32 \text{ tf/m}$$

$$M_u = \frac{1}{8} \times 2.32 \times 6^2 = 10.44$$

$$M_n = M_p = Z_x F_y = 475 \times 2.5 = 1187.5 \text{ tf-cm} = 11.875 \text{ tf-m}$$

$$\phi_b M_n = 0.9 \times 11.875 = 10.69 \text{ tf-m} > M_u = 10.44 \text{ tf-m} \cdots\cdots \text{OK\#}$$

例 4-3-2

有一跨度為 8 m 之簡支梁，其上承載 0.75 tf/m 之均布活載重及 1 tf/m 之均布靜載重（含梁自重）。假設受壓緣有完全的側向支撐以防止梁之側向變位，試依極限設計規範，選擇最輕之斷面，使用 A572 Grade65 之鋼料（F_y = 65 ksi）。

解：

$$F_y = 65 \text{ ksi} = 4.55 \text{ tf/cm}^2$$

$$W_u = 1.2W_D + 1.6W_L = 1.2 \times 1.0 + 1.6 \times 0.75 = 2.4 \text{ tf/m}$$

$$M_u = \frac{1}{8} W_u L^2 = \frac{1}{8} \times 2.4 \times 8^2 = 19.2 \text{ tf-m}$$

$$\text{req } Z_x = \frac{M_u}{\phi_b F_y} = \frac{1920}{0.9 \times 4.55} = 468.86 \text{ cm}^3$$

由斷面查表得：

H300×150×5.5×8	$Z_x = 475\text{cm}^3$	$W_t = 32 \text{ kgf/m}$
H300×150×6.5×9	$Z_x = 542\text{cm}^3$	$W_t = 36.7 \text{ kgf/m}$
H250×175×7×11	$Z_x = 550\text{cm}^3$	$W_t = 43.6 \text{ kgf/m}$

（一）依 AISC - LRFD 規範：

試 H300×150×5.5×8：d = 298, b_f = 149, t_w = 5.5, t_f = 8.0, R = 13

$$\lambda = \frac{b_f}{2t_f} = \frac{14.9}{2 \times 0.8} = 9.31 > \lambda_p = 0.38\sqrt{\frac{E}{F_y}} = 0.38\sqrt{\frac{2040}{4.55}} = 8.046$$

$$\lambda = \frac{h}{t_w} = \frac{29.8 - 2 \times 2.1}{0.55} = 46.55 < \lambda_P = 3.76\sqrt{\frac{E}{F_y}} = 3.76\sqrt{\frac{2040}{4.55}} = 79.61$$

翼板之 $\lambda_r = 1.0\sqrt{\frac{E}{F_y}} = 1.0\sqrt{\frac{2040}{4.55}} = 21.17$

翼板之 $\lambda_r > \lambda > \lambda_p$，本斷面爲部分結實斷面：

$$M_n = M_p - (M_p - M_r)\left[\frac{\lambda - \lambda_p}{\lambda_r - \lambda_p}\right] \le M_p$$

$M_p = Z_x F_y = 475 \times 4.55 = 2161.25$ tf-cm = 21.61 tf-m

斷面 H300×150×5.5×8 之 S_x 查表得 $S_x = 424 \text{ cm}^3$

$M_r = S_x(F_y - F_r) = 424(4.55 - 0.7) = 1632.4$ tf-cm = 16.32 tf-m

$$M_n = 21.61 - (21.6 - 16.32)\left[\frac{9.31 - 8.046}{21.17 - 8.046}\right] = 21.10 \text{ tf-m}$$

$\phi M_n = 0.9 \times 21.10 = 18.99$ tf $- $ m $< M_u = 19.2$ tf-m ……NG

改用 H300×150×6.5×9：

d = 300，b_f = 150，t_w = 6.5，t_f = 9.0，R = 13，S_x = 481，Z_x = 542

$$\lambda = \frac{b_f}{2t_f} = \frac{15}{2 \times 0.9} = 8.33 > \lambda_p = 8.046$$

$$\lambda = \frac{h}{t_w} = \frac{30 - 2 \times 2.2}{0.65} = 39.38 < \lambda_p = 79.61$$

翼板之 $\lambda_r > \lambda > \lambda_p$，斷面爲部分結實斷面：

$M_p = Z_x F_y = 542 \times 4.55 = 2466.1$ tf-cm = 24.66 tf-m

$M_r = S_x(F_y - F_r) = 481(4.55 - 0.7) = 1851.9$ tf-cm = 18.52 tf-m

$$\therefore M_n = 24.66 - (24.66 - 18.52)\left[\frac{8.33 - 8.046}{21.17 - 8.046}\right] = 24.53 \text{ tf-m}$$

$\phi M_n = 0.9 \times 24.53 = 22.08$ tf-m $> Mu = 19.2$ t-m

$\phi M_n > M_u$ ……OK

∴選用 H300×150×6.5×9 之斷面。

（二）依我國極限設計規範：

試 H300×150×5.5×8：

$d = 298$，$b_f = 149$，$t_w = 5.5$，$t_f = 8.0$，$R = 13$

$\lambda = \dfrac{b_f}{2t_f} = \dfrac{14.9}{2 \times 0.8} = 9.31 > \lambda_p = \dfrac{17}{\sqrt{F_y}} = \dfrac{17}{\sqrt{4.55}} = 7.97$

$\lambda = \dfrac{h}{t_w} = \dfrac{29.8 - 2 \times 0.8}{0.55} = 51.27 < \lambda_p = \dfrac{170}{\sqrt{F_y}} = 79.7$

翼板之 $\lambda_r = \dfrac{37}{\sqrt{F_y - F_r}} = \dfrac{37}{\sqrt{4.55 - 0.7}} = 18.86$

翼板之 $\lambda_r > \lambda > \lambda_p$，本斷面爲部分結實斷面：

$M_n = M_p - (M_p - M_r)\left[\dfrac{\lambda - \lambda_p}{\lambda_r - \lambda_p}\right] \le M_p$

$M_p = Z_x F_y = 475 \times 4.55 = 2161.25$ tf-m $= 21.61$ tf-m

斷面 H300×150×5.5×8 之 S_x 查表得 $S_x = 424$ cm^3

$M_r = S_x(F_y - F_r) = 424(4.55 - 0.7) = 1632.4$ tf-cm $= 16.32$ tf-m

$M_n = 21.61 - (21.6 - 16.32)\left[\dfrac{9.31 - 7.97}{18.86 - 7.97}\right] = 20.96$ tf-m

$\phi M_n = 0.9 \times 20.96 = 18.86$ tf-m $< M_u = 19.2$ tf-m ……NG

改用 H300×150×6.5×9：

$d = 300$，$b_f = 150$，$t_w = 6.5$，$t_f = 9.0$，$R = 13$，$S_x = 481$，$Z_x = 542$

$\lambda = \dfrac{b_f}{2t_f} = \dfrac{15}{2 \times 0.9} = 8.33 > \lambda_p = 7.97$

$\lambda = \dfrac{h}{t_w} = \dfrac{30 - 2 \times 0.9}{0.65} = 43.38 < \lambda_p = 79.7$

∴翼板之 $\lambda_r > \lambda > \lambda_p$，斷面爲部分結實斷面。

$M_p = Z_x F_y = 542 \times 4.55 = 2466.1$ tf-cm $= 24.66$ tf-m

$M_r = S_x(F_y - F_r) = 481(4.55 - 0.7) = 1851.9$ tf-cm $= 18.52$ tf-m

∴$M_n = 24.66 - (24.66 - 18.52)\left[\dfrac{8.33 - 7.97}{18.86 - 7.97}\right] = 24.46$ tf-m

$\phi M_n = 0.9 \times 24.46 = 22.014$ tf-m $> M_u = 19.2$ tf-m

$\phi M_n > M_u$ ……OK

∴選用 H300×150×6.5×9 之斷面。

4-4 不完全側向支撐梁之設計

當梁在側向無充分之支撐時，由於有側向扭轉壓屈的問題，因此在 4-3 節所列的梁抗彎強度將無法完全發揮，而必須適當加以折減。設計強度要求：

$$\phi_b M_n \geq M_u$$

以下就 I 型梁受到強軸方向的撓曲來加以探討：

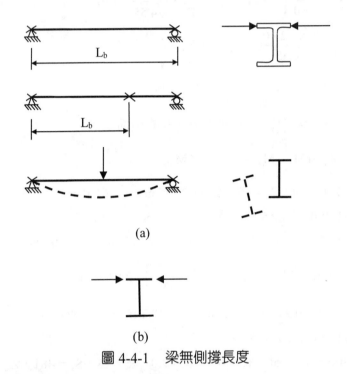

(a)

(b)

圖 4-4-1　梁無側撐長度

AISC 規範對梁之設計撓曲強度之要求如下：

$$\phi_b M_n \geq M_u \tag{4.4.1}$$

$$\phi_b = 0.9 \tag{4.4.2}$$

上列式中為梁標稱撓曲強度，必須依照表 4-4-1 所列 [4.7]，依不同梁斷面（F2 至 F12），計算其可能發生之強度限度，取其最小值即為該斷面之標稱撓曲強度。

表 4-4-1　AISC 梁斷面撓曲強度極限狀態對應表 [4.7]

章節	斷面	翼板細長值	腹板細升值	極限狀況
F2		C	C	Y, LTB
F3		NC, S	C	LTB, FLB
F4		C, NC, S	C, NC	Y, LTB, FLB, TFY
F5		C, NC, S	S	Y, LTB, FLB, TFY
F6		C, NC, S	N/A	Y, FLB
F7		C, NC, S	C, NC	Y, LTB, WLB
F8		N/A	N/A	Y, LB
F9		C, NC, S	N/A	Y, LTB, FLB
F10		N/A	N/A	Y, LTB, LLB
F11		N/A	N/A	Y, LTB
F12	非對稱斷掉面	N/A	N/A	所有極限狀態

Y＝降伏，　　　　　　LTB＝側向扭轉壓曲，　FLB＝翼板局部壓曲，
WLB＝腹板局部壓曲，　TFY＝張力翼板降伏，　LLB＝肢局部壓曲，
LB＝局部壓曲，　　　　C＝結實斷面，　　　　NC＝非結實斷面，　　S＝細長肢

從上表中可以發現，在 AISC 規範中，根據梁斷面形狀的不同，總共分成 11 類斷面（從 F2 到 F12），根據斷面各構肢是結實斷面或非結實斷面，可能的破壞行為各自不同，因此各需檢核不同的極限狀態，包括：全斷面材料降伏（Y）、側向扭轉壓屈（LTB）、翼板局部壓屈（FLB）、腹板局部壓屈（WLB）、張力翼板降伏（TFY）等等。

（一）對強軸撓曲之雙對稱 I 型及槽型斷面具結實斷面（F2）

1. 材料降伏（Y）：

$$L_b \le L_p$$
$$M_n = M_p = F_y Z_x \qquad (4.4.3)$$

2. 側向扭轉壓屈（LTB）：

當 $L_b < L_p \le L_r$，

$$M_n = C_b[M_p - (M_p - 0.7 F_y S_x)(\frac{L_b - L_p}{L_r - L_p})] \le M_p \qquad (4.4.4)$$

當 $L_b > L_r$，

$$M_n = F_{cr} S_x \le M_p$$

$$F_{cr} = \frac{C_b \pi^2 E}{(L_b / r_{ts})^2} \sqrt{1 + 0.078 \frac{J}{S_x} \frac{c}{h_o} (\frac{L_b}{r_{ts}})^2} \qquad (4.4.5)$$

$$r_{ts}^2 = \frac{\sqrt{I_y C_w}}{S_x} \qquad (4.4.6)$$

$$L_p = 1.76 r_y \sqrt{\frac{E}{F_y}} \qquad (4.4.7)$$

$$L_r = 1.95 \cdot r_{ts} \frac{E}{0.7 F_y} \sqrt{\frac{J \cdot c}{S_x h_o}} \sqrt{1 + \sqrt{1 + 6.76(\frac{0.7 F_y}{E} \frac{S_x h_o}{J \cdot c})^2}} \qquad (4.4.8)$$

上列式中：

C_b：非均布彎矩載重之修正係數

$$C_b = \frac{12.5 M_{max}}{2.5 M_{max} + 3 M_A + 4 M_B + 3 M_C} \qquad (4.4.9)$$

M_{max}：無支撐段內之最大彎矩

M_A：無支撐段內第一個四分點處之彎矩

M_B：無支撐段跨度中心處之彎矩

M_C：無支撐段內第三個四分點處之彎矩

E 為材料之彈性模式（tf/cm²）

C_w ＝翹曲常數（cm⁶）（Warping Constant），表 4-4-2 為各種常見斷面之 J 及 C_w 公式 [4.4]。

表 4-4-2　各種常見斷面之 J 及 C_w 公式 [4.4]

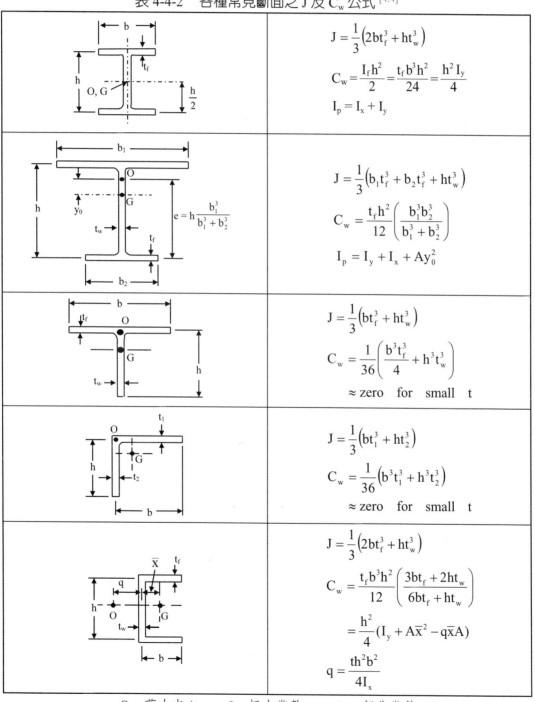

I 形斷面	$J = \dfrac{1}{3}\left(2bt_f^3 + ht_w^3\right)$
	$C_w = \dfrac{I_f h^2}{2} = \dfrac{t_f b^3 h^2}{24} = \dfrac{h^2 I_y}{4}$
	$I_p = I_x + I_y$
不對稱 I 形斷面	$J = \dfrac{1}{3}\left(b_1 t_f^3 + b_2 t_f^3 + ht_w^3\right)$
$e = h\dfrac{b_1^3}{b_1^3 + b_2^3}$	$C_w = \dfrac{t_f h^2}{12}\left(\dfrac{b_1^3 b_2^3}{b_1^3 + b_2^3}\right)$
	$I_p = I_y + I_x + Ay_0^2$
T 形斷面	$J = \dfrac{1}{3}\left(bt_f^3 + ht_w^3\right)$
	$C_w = \dfrac{1}{36}\left(\dfrac{b^3 t_f^3}{4} + h^3 t_w^3\right)$
	$\approx zero \quad for \quad small \quad t$
L 形斷面	$J = \dfrac{1}{3}\left(bt_1^3 + ht_2^3\right)$
	$C_w = \dfrac{1}{36}\left(b^3 t_1^3 + h^3 t_2^3\right)$
	$\approx zero \quad for \quad small \quad t$
槽形斷面	$J = \dfrac{1}{3}\left(2bt_f^3 + ht_w^3\right)$
	$C_w = \dfrac{t_f b^3 h^2}{12}\left(\dfrac{3bt_f + 2ht_w}{6bt_f + ht_w}\right)$
	$= \dfrac{h^2}{4}(I_y + A\bar{x}^2 - q\bar{x}A)$
	$q = \dfrac{th^2 b^2}{4I_x}$

O ＝剪力中心　　J ＝扭力常數　　C_w ＝翹曲常數
G ＝幾何中心　　I_p ＝對剪力中心之極慣性矩

$$C_w = \frac{I_y h_o^2}{4} \quad (\text{對 I 型鋼}) \qquad (4.4.10)$$

S_x：對強軸之斷面模式（cm^3）

J 為斷面之扭曲常數（Tortoinal constant）（cm^4）

$$J = \sum \frac{1}{3} bt^3 \qquad (4.4.11)$$

I_y：對弱軸之慣性距（cm^4）

$$c = 1 \qquad\qquad (\text{對雙對稱 I 型鋼斷面})$$

$$c = \frac{h_o}{2}\sqrt{\frac{I_y}{C_w}} \quad (\text{對 C 型鋼斷面})$$

$h_o =$ 上下翼板中心之間距

如果保守計，公式（4.4.5）之開根號項可取為 1，則公式（4.4.5）將變成

$$F_{cr} = \frac{C_b \pi^2 E}{(L_b / r_{ts})^2} \qquad (4.4.12)$$

$$L_r = \pi r_{ts}\sqrt{\frac{E}{0.7 F_y}} \qquad (4.4.13)$$

對雙對稱 I 型斷面 $C_w = \frac{I_y h_o^2}{4}$，

則
$$r_{ts}^2 = \frac{I_y h_o}{2 S_x} \qquad (4.4.14)$$

上式也可保守取壓力翼板加 1/6 腹板之迴轉半徑如下：

$$r_{ts} = \frac{b_f}{\sqrt{12(1 + \frac{1}{6}\frac{ht_w}{b_f t_f})}} \qquad (4.4.15)$$

（二）對強軸撓曲之雙對稱 I 型斷面具結實腹板及非結實或細長肢翼板（F3）

1. 側向扭轉壓屈（LTB）：

當 $L_p < L_b \le L_r$，

$$M_n = C_b[M_p - (M_p - 0.7 F_y S_x)(\frac{L_b - L_p}{L_r - L_p})] \le M_p \qquad (4.4.16)$$

當 $L_b > L_r$，

$$M_n = F_{cr} S_x \le M_p \qquad (4.4.17)$$

$$F_{cr} = \frac{C_b \pi^2 E}{(L_b / r_{ts})^2} \sqrt{1 + 0.078 \frac{J}{S_x} \frac{c}{h_o} (\frac{L_b}{r_{ts}})^2} \qquad (4.4.18)$$

$$r_{ts}^2 = \frac{\sqrt{I_y C_w}}{S_x} \qquad (4.4.19)$$

$$L_p = 1.76 r_y \sqrt{\frac{E}{F_y}} \qquad (4.4.20)$$

$$L_r = 1.95 \cdot r_{ts} \frac{E}{0.7F_y} \sqrt{\frac{J \cdot c}{S_x h_o}} \sqrt{1 + \sqrt{1 + 6.76 (\frac{0.7F_y}{E} \frac{S_x h_o}{J \cdot c})^2}} \qquad (4.4.21)$$

2. 壓力翼板局部壓屈（FLB）：

當 $\lambda_{pf} < \lambda_f \le \lambda_{rf}$ ，

$$M_n = [M_p - (M_p - 0.7F_y S_x)(\frac{\lambda_f - \lambda_{pf}}{\lambda_{rf} - \lambda_{pf}})] \le M_p \qquad (4.4.22)$$

當 $\lambda_f > \lambda_{rf}$ ，

$$M_n = \frac{0.9E k_c S_x}{\lambda_f^2} \le M_p \qquad (4.4.23)$$

上列式中：

$\lambda_f = \dfrac{b_f}{2t_f}$ ：翼板寬厚比

λ_{pf} ：翼板結實斷面限度

λ_{rf} ：翼板非結實斷面限度

$0.35 \le k_c = \dfrac{4}{\sqrt{h / t_w}} \le 0.76$

（三）對強軸撓曲之其他 I 型斷面具結實或非結實腹板（F4）

1. 材料降伏（Y）：結實斷面，壓力翼板降伏

   $\lambda_f \le \lambda_{pf}$

   $L_b \le L_p$

$$M_n = R_{pc} M_{yc} = R_{pc} F_y S_{xc} \qquad (4.4.24)$$

2. 側向扭轉壓屈（LTB）：

   當 $L_p < L_b \le L_r$ ，

$$M_n = C_b [R_{pc} M_{yc} - (R_{pc} M_{yc} - F_L S_{xc})(\frac{L_b - L_p}{L_r - L_p})] \le R_{pc} M_{yc} \qquad (4.4.25)$$

   當 $L_b > L_r$ ，

$$M_n = F_{cr} S_{xc} \le R_{pc} M_{yc} \qquad (4.4.26)$$

$$M_{yc} = F_y S_{xc} \tag{4.4.27}$$

$$F_{cr} = \frac{C_b \pi^2 E}{(L_b / r_t)^2} \sqrt{1 + 0.078 \frac{J}{S_{xc} h_o} (\frac{L_b}{r_t})^2} \tag{4.4.28}$$

對 $\dfrac{I_{yc}}{I} \le 0.23$，則 $J = 0$。

I_{yc}：壓力翼板對 y 軸之慣性矩

$$F_L = 0.7F_y \qquad\qquad 對 \frac{S_{xt}}{S_{xc}} \ge 0.7 \tag{4.4.29}$$

$$F_L = \frac{S_{xt}}{S_{xc}} F_y \ge 0.5F_y \qquad\qquad 對 \frac{S_{xt}}{S_{xc}} < 0.7 \tag{4.4.30}$$

$$L_p = 1.1r_t \sqrt{\frac{E}{F_y}} \tag{4.4.31}$$

$$L_r = 1.95 \cdot r_t \frac{E}{F_L} \sqrt{\frac{J}{S_{xc} h_o}} \sqrt{1 + \sqrt{1 + 6.76(\frac{F_L}{E} \frac{S_{xc} h_o}{J})^2}} \tag{4.4.32}$$

上列式中：

R_{pc}：腹板塑化係數（Plastification Factor）

當 $I_{yc}/I_y \le 0.23$，$R_{pc} = 1.0$

當 $I_{yc}/I_y > 0.23$，則

$$R_{pc} = \frac{M_p}{M_{yc}} \qquad\qquad 對 \quad \lambda_w = \frac{h_c}{t_w} \le \lambda_{pw} \tag{4.4.33}$$

$$R_{pc} = [\frac{M_p}{M_{yc}} - (\frac{M_p}{M_{yc}} - 1)(\frac{\lambda_w - \lambda_{pw}}{\lambda_{rw} - \lambda_{pw}})] \le \frac{M_p}{M_{yc}} \qquad 對 \quad \lambda_w > \lambda_{pw} \tag{4.4.34}$$

$$M_p = F_y Z \le 1.6 S_{xc} F_y$$

r_t：斷面有效迴轉半徑，計算如下：

(1) 對 I 型斷面具矩型壓力翼板

$$r_t = \frac{b_{fc}}{\sqrt{12(\frac{h_o}{d} + \frac{1}{6} a_w \frac{h^2}{h_o d})}} \tag{4.4.35}$$

$$a_w = \frac{h_c t_w}{b_{fc} t_{fc}} \tag{4.4.36}$$

上式也可保守採用

$$r_t = \frac{b_{fc}}{\sqrt{12(1+\frac{1}{6}a_w)}}$$　　　　　　（4.4.37）

h_c：斷面中心到壓力翼板淨距之 2 倍

h：腹板淨高

h_o：上下翼板之中心間距

對對稱 I 型斷面 $h_c = h_o$

(2) 對 I 型斷面之壓力翼板上連接 C 型鋼或蓋板，則 r_t 爲撓曲壓力翼板（含 C 型鋼或蓋板）加 1/3 壓力腹板之迴轉半徑。a_w 爲二倍腹板面積對壓力翼板面積比值。

3. 壓力翼板局部壓屈（FLB）：

當 $\lambda_{pf} < \lambda_f \le \lambda_{rf}$ ，

$$M_n = [R_{pc}M_{yc} - (R_{pc}M_{yc} - F_LS_{xc})(\frac{\lambda_f - \lambda_{pf}}{\lambda_{rf} - \lambda_{pf}})] \le M_p$$　　　　　（4.4.38）

當 $\lambda_f > \lambda_{rf}$ ，

$$M_n = \frac{0.9Ek_cS_{xc}}{\lambda_f^2} \le M_p$$　　　　　　（4.4.39）

上列式中：

$\lambda_f = \dfrac{b_{fc}}{2t_{fc}}$：翼板寬厚比

λ_{pf}：翼板結實斷面限度

λ_{rf}：翼板非結實斷面限度

$0.35 \le k_c = \dfrac{4}{\sqrt{h/t_w}} \le 0.76$

4. 張力翼板降伏（TFY）：

(1) 當 $S_{xt} \ge S_{xc}$ 時不會發生。

(2) 當 $S_{xt} < S_{xc}$ ，

$$M_n = R_{pt}M_{yt}$$　　　　　　（4.4.40）

$$M_{yt} = F_yS_{xt}$$　　　　　　（4.4.41）

R_{pt}：張力翼板降伏時，腹板之塑化係數（Plastification Factor Corresponding to the Tension Flange Yielding）

$$R_{pt} = \frac{M_p}{M_{yt}} \qquad 對 \quad \lambda_w = \frac{h_c}{t_w} \le \lambda_{pw}$$　　　　　（4.4.42）

$$R_{pt} = [\frac{M_p}{M_{yt}} - (\frac{M_p}{M_{yt}} - 1)(\frac{\lambda_w - \lambda_{pw}}{\lambda_{rw} - \lambda_{pw}})] \leq \frac{M_p}{M_{yt}} \qquad 對 \quad \lambda_w > \lambda_{pw} \qquad （4.4.43）$$

（四）對強軸撓曲之雙對稱或單對稱 I 型斷面具細長肢腹板（F5）

1. 材料降伏（Y）：結實斷面，壓力翼板降伏

當 $\lambda_f \leq \lambda_{pf}$；$L_b \leq L_p$，

$$M_n = R_{pg}F_yS_{xc} \qquad （4.4.44）$$

2. 側向扭轉壓屈（LTB）：

$$M_n = R_{pg}F_{cr}S_{xc} \qquad （4.4.45）$$

當 $L_p < L_b \leq L_r$，

$$F_{cr} = C_b[F_y - (0.3F_y)(\frac{L_b - L_p}{L_r - L_p})] \leq F_y \qquad （4.4.46）$$

當 $L_b > L_r$，

$$F_{cr} = \frac{C_b\pi^2E}{(L_b / r_t)^2} \leq F_y \qquad （4.4.47）$$

$$L_p = 1.1r_t\sqrt{\frac{E}{F_y}} \qquad （4.4.48）$$

$$L_r = \pi r_t\sqrt{\frac{E}{0.7F_y}} \qquad （4.4.49）$$

R_{pg}：撓曲強度折減係數（Bending Strength Reduction Factor）

$$R_{pg} = 1 - \frac{a_w}{1200 + 300a_w}(\frac{h_c}{t_w} - 5.7\sqrt{\frac{E}{F_y}}) \leq 1.0 \qquad （4.4.50）$$

$$a_w = \frac{h_ct_w}{b_{fc}t_{fc}} \leq 1.0 \qquad （4.4.51）$$

r_t：斷面有效迴轉半徑，計算如下：

(1) 對 I 型斷面具矩型壓力翼板

$$r_t = \frac{b_{fc}}{\sqrt{12(\frac{h_o}{d} + \frac{1}{6}a_w\frac{h^2}{h_od})}} \qquad （4.4.52）$$

$$a_w = \frac{h_ct_w}{b_{fc}t_{fc}} \qquad （4.4.53）$$

上式也可保守採用

$$r_t = \frac{b_{fc}}{\sqrt{12(1 + \frac{1}{6}a_w)}} \qquad （4.4.54）$$

(2) 對 I 型斷面之壓力翼板上連接 C 型鋼或蓋板，則 r_t 為撓曲壓力翼板（含 C 型鋼或蓋板）加 1/3 壓力腹板之迴轉半徑。a_w 為二倍腹板面積對壓力翼板面積比值。

3. 壓力翼板局部壓屈（FLB）：

$$M_n = R_{pg}F_{cr}S_{xc}$$

當 $\lambda_{pf} < \lambda \le \lambda_{rf}$，

$$F_{cr} = [F_y - (0.3F_y)(\frac{\lambda - \lambda_{pf}}{\lambda_{rf} - \lambda_{pf}})] \le F_y \qquad （4.4.55）$$

當 $\lambda > \lambda_{rf}$，

$$F_{cr} = \frac{0.9Ek_c}{(\frac{b_f}{2t_f})^2} \le F_y \qquad （4.4.56）$$

上列式中：

$\lambda = \dfrac{b_{fc}}{2t_{fc}}$：壓力翼板寬厚比

λ_{pf}：翼板結實斷面限度

λ_{rf}：翼板非結實斷面限度

$0.35 \le k_c = \dfrac{4}{\sqrt{h/t_w}} \le 0.76$

4. 張力翼板降伏（TFY）：

(1) 當 $S_{xt} \ge S_{xc}$ 時不會發生。

(2) 當 $S_{xt} < S_{xc}$，

$$M_n = F_yS_{xt} \qquad （4.4.57）$$

（五）對弱軸撓曲之 I 型及槽型斷面（F6）

對弱軸之撓曲無側向扭轉壓屈（LTB）現象，因此只考慮下列兩項：

1. 材料降伏（Y）：

當 $\lambda_f \le \lambda_{pf}$，

$$M_n = M_p = F_yZ_y \le 1.6F_yS_y \qquad （4.4.58）$$

2. 壓力翼板局部壓屈（FLB）：

當 $\lambda_{pf} < \lambda_f \leq \lambda_{rf}$，

$$M_n = [M_p - (M_p - 0.7F_yS_y)(\frac{\lambda_f - \lambda_{pf}}{\lambda_{rf} - \lambda_{pf}})] \leq M_p \tag{4.4.59}$$

當 $\lambda_f > \lambda_{rf}$，

$$M_n = F_{cr}S_y \leq M_p \tag{4.4.60}$$

$$F_{cr} = \frac{0.69E}{\lambda_f^2} \leq F_y \tag{4.4.61}$$

上列式中：

$\lambda_f = \dfrac{b}{t_f}$：翼板寬厚比（I 型斷面 $b = b_f/2$，槽型 $b = b_f$）

λ_{pf}：翼板結實斷面限度

λ_{rf}：翼板非結實斷面限度

（六）方型或矩型鋼管斷面（F7）

對於很長之方型或矩型鋼管梁，當其強軸承受撓曲作用時雖然會有側向扭轉壓屈（LTB）現象，但大部分情況下該梁是受到變位控制，因此規範對此類斷面並未提供側向扭轉壓屈強度公式。

1. 材料降伏（Y）：

當 $\lambda_f \leq \lambda_{pf}$；$\lambda_w \leq \lambda_{pw}$，

$$M_n = M_p = F_yZ \tag{4.4.62}$$

2. 壓力翼板局部壓屈（FLB）：

當 $\lambda_{pf} < \lambda_f \leq \lambda_{rf}$，

$$M_n = M_p - (M_p - F_yS)[3.57(\frac{b}{t})\sqrt{\frac{F_y}{E}} - 4.0] \leq M_p \tag{4.4.63}$$

當 $\lambda_f > \lambda_{rf}$，

$$M_n = F_yS_{eff} \leq M_p \tag{4.4.64}$$

S_{eff}：有效斷面模數，由壓力翼板之有效翼寬 b_e 計算得之。

$$b_e = 1.92t_f\sqrt{\frac{E}{F_y}}[1 - \frac{0.38}{(b/t_f)}\sqrt{\frac{E}{F_y}}] \leq b_f \tag{4.4.65}$$

3. 腹板局部壓屈（WLB）：

當 $\lambda_{pw} < \lambda_w \leq \lambda_{rw}$，

$$M_n = M_p - (M_p - F_y S_x)[0.305(\frac{h}{t_w})\sqrt{\frac{F_y}{E}} - 0.738] \le M_p \qquad （4.4.66）$$

上列式中：

$\lambda_f = \dfrac{b_f}{2t_f}$：翼板寬厚比； $\quad \lambda_w = \dfrac{h}{t_w}$：腹板寬厚比

λ_{pf}：翼板結實斷面限度； λ_{rf}：翼板非結實斷面限度

λ_{pw}：腹板結實斷面限度； λ_{rw}：腹板非結實斷面限度

（七）圓鋼管斷面（F8）

當圓鋼管斷面 $D/t \le 0.45E/F_y$ 時，

1. 材料降伏（Y）：

$$M_n = M_p = F_y Z \qquad （4.4.67）$$

2. 局部壓屈（LB）：

當 $0.07\dfrac{E}{F_y} < \dfrac{D}{t} \le 0.31\dfrac{E}{F_y}$ ，

$$M_n = [\frac{0.021E}{(D/t)} + F_y]S \qquad （4.4.68）$$

當 $0.31\dfrac{E}{F_y} < \dfrac{D}{t} < 0.45\dfrac{E}{F_y}$ ，

$$F_{cr} = \frac{0.33E}{(D/t)} \qquad （4.4.69）$$

$$M_n = F_{cr}S \qquad （4.4.70）$$

（八）T型及雙角鋼斷面加載在對稱軸上（F9）

1. 材料降伏（Y）：

$\lambda \le \lambda_p$ ，

$$M_n = M_p = F_y Z_x \le 1.6M_y，當立肢爲張力$$
$$M_n = M_p = F_y Z_x \le M_y， \quad 當立肢爲壓力 \qquad （4.4.71）$$

2. 側向扭轉壓屈（LTB）：

$$M_n = M_{cr} = \frac{\pi\sqrt{EI_y GJ}}{L_b}[B + \sqrt{1 + B^2}] \qquad （4.4.72）$$

$$B = \pm 2.3(\frac{d}{L_b})\sqrt{\frac{I_y}{J}} \qquad （4.4.73）$$

當立肢爲張力時 B 取「＋」號，當立肢爲壓力時 B 取「－」號。

3. T 型鋼斷面壓力翼板局部壓屈（FLB）：

當 $\lambda_{pf} < \lambda_f \le \lambda_{rf}$，

$$M_n = [M_p - (M_p - 0.7F_yS_{xc})(\frac{\lambda_f - \lambda_{pf}}{\lambda_{rf} - \lambda_{pf}})] \le 1.6M_y \qquad (4.4.74)$$

當 $\lambda_f > \lambda_{rf}$，

$$M_n = \frac{0.7ES_{xc}}{(\frac{b_f}{2t_f})^2} \qquad (4.4.75)$$

$\lambda_f = \dfrac{b_f}{2t_f}$：翼板寬厚比

$\lambda_{rf} = 1.0\sqrt{\dfrac{E}{F_y}}$

4. T 型鋼斷面壓力立板局部壓屈：

$$M_n = F_{cr}S_x \qquad (4.4.76)$$

$$\lambda \le 0.84\sqrt{\frac{E}{F_y}} \; ; \; F_{cr} = F_y \qquad (4.4.77)$$

$$0.84\sqrt{\frac{E}{F_y}} < \lambda \le 1.03\sqrt{\frac{E}{F_y}} \; ; \; F_{cr} = [2.55 - 1.84\frac{d}{t_w}\sqrt{\frac{F_y}{E}}]F_y \qquad (4.4.78)$$

$$\lambda > 1.03\sqrt{\frac{E}{F_y}} \; ; \; F_{cr} = \frac{0.69E}{\lambda^2} \qquad (4.4.79)$$

$\lambda = \dfrac{d}{t_w}$：立板寬厚比

　　AISC 規範中對單角鋼斷面、方形或圓形鋼棒及非對稱斷面也都有相關對應公式，但一般這些斷面比較少使用在無側撐梁內，因此不在此介紹。

　　我國極限設計規範對梁之標稱撓曲強度之檢核要求及依據公式如下：

（一）滿足塑性設計（非彈性分析）要求：斷面抗彎強度可達塑性彎矩，可允許較大的塑性旋轉（R> = 3），此處 R 為梁彎曲到塑性旋轉角 θ_p 後，能再承受 θ_p 之倍數，即允許之 $\theta = \theta_p + R\theta_p$。

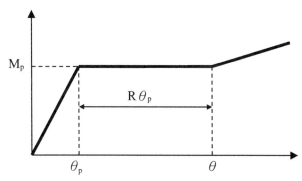

圖 4-4-2 塑性設計所需之塑性旋轉角

該斷面必須同時滿足下列兩條件之要求：(1) $\lambda \leq \lambda_{pd}$，(2) $L_b \leq L_{pd}$。

壓力翼板不小於張力翼板之單軸對稱或雙軸對稱 I 型構材：

$$L_b \leq L_{pd} = \frac{250 + 150(M_1/M_p)}{F_{yf}} r_y \qquad （4.4.80）$$

M_1：在無側撐兩端之較小彎矩

M_p：塑性彎矩

M_1/M_p 為「＋」：梁為雙曲線彎曲

M_1/M_p 為「－」：梁為單曲線彎曲

此斷面 $M_n = M_p = Z_x \cdot F_y$。

對稱箱型梁或實心矩形梁：

$$L_{pd} = \frac{350 + 210(M_1/M_p)}{F_{yf}} \cdot r_y \geq \frac{210\, r_y}{F_y} \qquad （4.4.81）$$

該類斷面為塑性設計所要求之斷面。

$$M_n = M_p = F_y \cdot Z_x$$

（二）斷面材料可充分達到降伏條件：斷面抗彎強度可達到塑性彎矩，但允許較小
之塑性旋轉角（R < 3），斷面必須同時滿足下列兩條件之要求：(1) $\lambda \leq \lambda_p$，
(2) $L_b \leq L_p$。

對於 I 型及槽型構材：

$$L_b \leq L_p = \frac{80}{\sqrt{F_{yf}}} r_y \qquad （4.4.82）$$

此時斷面 $M_n = M_p = Z_x F_{yf}$。

對實心矩形梁及箱型梁：

$$L_p = \frac{260r_y}{M_p}\sqrt{JA} \qquad (4.4.83)$$

J：扭曲常數

$$M_n = M_p = F_y \cdot Z \qquad (4.4.84)$$

（三）材料在非彈性範圍，斷面產生側向扭轉壓屈（Lateral-Torsional Buckling）：當梁之無側撐長度 $L_b > L_p$ 時，梁可能有側向扭轉壓屈發生在非彈性範圍，

1. 受強軸彎曲之結實斷面：$\lambda \le \lambda_p$

$$L_p < L_b < L_r$$

(1)載重作用於通過腹板平面之槽型構材，或壓力翼板不小於張力翼板之單軸對稱或雙軸對稱 I 型構材：

$$L_r = \frac{r_y X_1}{F_L}\sqrt{1 + \sqrt{1 + X_2(F_L^{\,2})}} \qquad (4.4.85)$$

$$X_1 = \frac{\pi}{S_x}\sqrt{\frac{EGJA}{2}} \qquad (4.4.86)$$

$$X_2 = 4\frac{C_w}{I_y}(\frac{S_x}{GJ})^2 \qquad (4.4.87)$$

$$M_r = (F_L)S_x \qquad (4.4.88)$$

(2)對於單軸對稱，壓力翼板不小於張力翼板之 I 型構材在公式（4.4.86）至公式（4.4.88）中可用 S_{xc} 來代替 S_x，其中 S_{xc} 為對壓力緣之彈性斷面模數。

(3)對於受強軸彎曲之實心矩形構材：

$$L_r = \frac{4000r_y}{M_r}\sqrt{JA} \qquad (4.4.89)$$

$$M_r = F_L S_x \qquad (4.4.90)$$

(4)對於對稱箱形斷面受強軸彎曲且其載重作用於對稱面，則 M_r 及 L_r 可依公式（4.4.88）及（4.4.89）求得。

上列式中：

E：材料之彈性模式（tf/cm^2）；G：材料彈性剪力模式（tf/cm^2）

$$G = \frac{E}{2(1+\mu)} \qquad (4.4.91)$$

J：斷面之扭曲常數（Torsional Constant）（cm⁴）

$$J = \sum \frac{1}{3}bt^3 \tag{4.4.92}$$

A：爲斷面之斷面積（cm²）

C_w：翹曲常數（cm⁶）（Warping Constant）

　　參考表 4-4-2 爲各種常見斷面之 J 及 C_w 公式。

S_x：對強軸之斷面模式（cm³）

I_y：對弱軸之慣性矩（cm⁴）

F_L：$(F_{yf} - F_r)$ 或 F_{yw} 取最小値（tf/cm²）

F_{yf}：翼板之降伏應力（tf/cm²）

F_{rw}：腹板之降伏應力（tf/cm²）

F_r：殘餘應力 = 0.7 tf/cm²（10 ksi）——軋壓型鋼

　　　　= 1.16 tf/cm²（16.5 ksi）——組合型鋼 　（4.4.93）

此類斷面其抗彎強度爲：

$$M_n = C_b[M_p - (M_p - M_r)(\frac{L_b - L_p}{L_r - L_p})] \leq M_p \tag{4.4.94}$$

C_b：非均布彎矩載重之修正係數

$$C_b = 1.75 + 1.05\frac{M_1}{M_2} + 0.3\left(\frac{M_1}{M_2}\right)^2 \leq 2.3 \tag{4.4.95}$$

$M_1 \leq M_2$ 爲無支承段兩端之彎矩，

M_1/M_2 爲正値，當梁爲雙曲線變形，

M_1/M_2 爲負値，當梁爲單曲線變形。

2. 其他受強軸彎曲之非結實斷面：$\lambda_p < \lambda \leq \lambda_r$：如果斷面不是結實斷面，其標稱撓曲強度將產生於非彈性段（有側向扭轉壓屈），$M_p > M_n \geq M_r$；$\lambda_p < \lambda \leq \lambda_r$；$L_p < L_b \leq L_r$

$$\left.\begin{array}{l} M_n = [M_p - (M_p - M_r)\dfrac{\lambda - \lambda_p}{\lambda_r - \lambda_p}] \leq M_p \\[3mm] M_n = C_b[M_p - (M_p - M_r)\dfrac{L_b - L_p}{L_r - L_p}] \leq M_p \end{array}\right\} \text{取小値} \tag{4.4.96}$$

（四）材料在彈性範圍：當梁之無側撐長度太長時，該梁將產生彈性壓屈。$M_n < M_p$。一般保守估計可取 $C_b = 1.0$。此時受強軸彎曲之斷面：

1. 無側撐長度太長：$L_b > L_r$

    (1)對載重通過槽型鋼腹板平面及壓力翼板不小於張力翼板之單對稱或雙對稱之 I 型構材：

$$M_n = M_{cr} = \frac{C_b S_x X_1 \sqrt{2}}{L_b / r_y} \sqrt{1 + \frac{X_1^2 X_2}{2(L_b / r_y)^2}} \leq M_p \qquad (4.4.97)$$

    (2)對於對稱箱形斷面或實心矩形斷面：

$$M_n = M_{cr} = \frac{4000 C_b \sqrt{JA}}{L_b / r_y} \leq M_p \qquad (4.4.98)$$

2. 含細長肢斷面：$\lambda > \lambda_r$

$$M_n = F_{cr} S_x \leq M_p \qquad (4.4.99)$$

    (1)受強軸彎曲之槽型及單軸對稱或雙軸對稱 I 型構材：

$$F_{cr} = \frac{1400}{\lambda_f^2} \qquad （熱軋型鋼） \qquad (4.4.100)$$

$$F_{cr} = \frac{790}{\lambda_f^2} \qquad （銲接型鋼） \qquad (4.4.101)$$

    (2)受弱軸彎曲之槽型及雙軸對稱 I 型構材：

    使用公式（4.4.99）至（4.4.101），但將公式（4.4.99）中之 S_x 以弱軸之 S_y 取代

    (3)對稱箱型鋼管斷面：

$$F_{cr} = \frac{(S_x)_{eff}}{S_x} F_y \qquad (4.4.102)$$

    $(S_x)_{eff}$：使用下列壓力翼板有效翼寬計算得之斷面模數

$$b_e = \frac{87t}{\sqrt{f}} [1 - \frac{17}{(b/t)\sqrt{f}}] \leq b \qquad (4.4.103)$$

    (4)圓鋼管斷面：

$$F_{cr} = \frac{686}{D/t} \qquad (4.4.104)$$

上述四種斷面可由下圖加以說明：

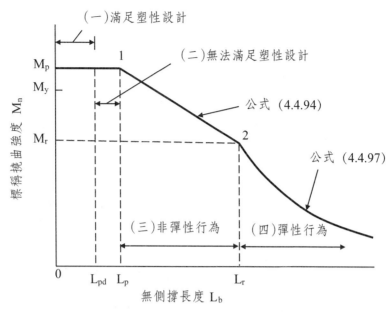

圖 4-4-3　梁標稱撓曲強度與無側撐長度

例 4-4-1

有一跨度為 8 m 之簡支梁，承載一 1.7 tf/m 之均布載重（不含梁自重）及一 18 tf 之集中載重（作用在跨度中心），均布載重中 15% 為靜載重，85% 為活載重，集中載重中 40% 為靜載重，60% 為活載重。試依極限設計規範，設計最輕之 H 型鋼斷面，假設在梁之兩端及其四分點位置有小梁提供作為側向支撐，使用 SS400 鋼材。

解：

$$W_u = 1.2 \times 0.15 \times 1.7 + 1.6 \times 0.85 \times 1.7 = 2.618 \text{ tf/m}$$

$$P_u = 1.2 \times 0.4 \times 18 + 1.6 \times 0.6 \times 18 = 25.92 \text{ tf}$$

$$M_u = \frac{1}{8} \times 2.618 \times 8^2 + \frac{1}{4} \times 25.92 \times 8 = 72.784 \text{ tf-m}$$

$$\phi_b M_n \geq M_u$$

需要之 $M_n = M_u / \phi_b = 72.784 / 0.9 = 80.87$ tf-m

（一）依 AISC-LRFD 規範：

H 型鋼對強軸撓曲：

$$L_p = 1.76 r_y \sqrt{\frac{E}{F_y}} = 1.76 \sqrt{\frac{2040}{2.5}} r_y = 50.27 r_y$$

由表 4-4-3 預估標準 H 型鋼

令 $L_p = L_b = 8/4 = 2.0$ m

表 4-4-3　各類斷面近似之迴轉半徑 [4.4]

$r_x = 0.29h$ $r_y = 0.29b$	$r_x = 0.29h$ $r_y = 0.24b$ $= b(0.23 + 0.02s)$	$r_x = 0.36h$ $r_y = 0.60b$
$r_x = 0.40h$ $h = mean\ h$	$r_x = 0.30h$ $r_y = 0.17b$	$r_x = 0.42h$ $r_y = 0.32b$
$r_x = 0.25h$	$r_x = 0.42h$ $r_y = 0.42b$	$r_x = 0.31h$
$r = \sqrt{\dfrac{H^2 + h^2}{16}}$ $r = 0.35H_m$	$r_y =$ same as for 2L	$r_x = 0.40h$ $r_y = 0.21b$
$r_x = 0.31h$ $r_y = 0.31h$ $r_z = 0.197h$	$r_x = 0.42h$ $r_y =$ same as for 2L	$r_x = 0.38h$ $r_y = 0.22b$
$r_x = 0.29h$ $r_y = 0.32b$ $r_z = 0.18\dfrac{h+b}{2}$	$r_x = 0.39h$ $r_y = 0.21b$	$r_x = 0.435h$ $r_y = 0.25b$
$r_x = 0.31h$ $r_y = 0.215b$ $= b(0.21 + 0.02s)$	$r_x = 0.45h$ $r_y = 0.235b$	$r_x = 0.42h$
$r_x = 0.32h$ $r_y = 0.21b$ $= b(0.19 + 0.02s)$	$r_x = 0.36h$ $r_y = 0.45b$	$r_x = 0.42h$

$$\min b_f = \frac{L_p}{0.22 \times 50.27} = \frac{200}{0.22 \times 50.27} = 18.08 \text{ cm}$$

∴如果 $b_f > 18.08$ cm，則 $L_b < L_p \Rightarrow M_n = M_p$

∴假設 $b_f > 18.08$ cm

則 $M_n = M_p = 80.87$ tf-m

$$\text{req } Z_x = \frac{M_p}{F_y} = \frac{8087}{2.5} = 3234.8$$

H400×400×18×18	$Z_x = 3390$	$W_t = 168$ kgf/m
H450×200×17×28	$Z_x = 3410$	$W_t = 149$ kgf/m

H500×200×15×25	$Z_x = 3380$	$W_t = 137$ kgf/m
H600×200×12×20	$Z_x = 3360$	$W_t = 118$ kgf/m

試用 H600×200×12×20　$Z_x = 3360$

$b_f = 20.10 > 18.08$……OK，$d = 60.6$，$t_w = 1.2$，$t_f = 2.0$，

$r_y = 4.26$ cm，$r_x = 24.28$ cm，R = 1.3

梁自重 $W_t = 118$ kgf/m

$$\Delta M_u = 1.2 \times \frac{1}{8} \times 0.118 \times 8^2 = 1.133 \text{ tf-m}$$

$$M_u = 72.784 + 1.133 = 73.917 \text{ tf-m}$$

$$M_n = M_p = Z_x F_y = 3360 \times 2.5 = 8400 \text{ tf-cm} = 84.0 \text{ tf-m}$$

$$L_p = 50.27 r_y = 50.27 \times 4.26 = 214.15 \text{ cm} > L_b = 200 \text{ cm} \text{……OK\#}$$

∴為完全有側向支撐

檢核結實斷面：H600×200×12×20

$$\frac{b_f}{2t_f} = \frac{20.1}{2 \times 2.0} = 5.025 < \lambda_p = 0.38\sqrt{\frac{E}{F_y}} = 0.38\sqrt{\frac{2040}{2.5}} = 10.85 \text{ ……OK}$$

$$\frac{h}{t_w} = \frac{d - 2k}{t_w} = \frac{60.6 - 2 \times (1.3 + 2.0)}{1.2} = 45 < \lambda_p = 3.76\sqrt{\frac{E}{F_y}} = 3.76\sqrt{\frac{2040}{2.5}} = 107.41$$

∴為結實斷面無誤：

∵$\lambda < \lambda_p$ 且 $L_b < L_p$

∴$\phi M_n = \phi M_p = 0.9 \times 84.00 = 75.6 \text{ tf-cm} > M_u = 73.917 \text{ tf-cm} \text{ ……OK\#}$

（二）我國極限設計規範：

$$L_p = \frac{80}{\sqrt{2.5}} r_y = 50.60 r_y$$

預估 $r_y \approx 0.22 b_f$（參考表 4-4-3，各種常見斷面之 r_x 及 r_y 值）

令 $L_p = L_b = 8/4 = 2.0$ m

$$\min b_f = \frac{L_p}{0.22 \times 50.6} = \frac{200}{0.22 \times 50.6} = 18.0 \text{ cm}$$

如果 $b_f > 18$ cm 則 $L_b < L_p$，$M_n = M_p$

需要之 $M_n = M_p = 80.87$ tf-m

需要之 $Z_x = \frac{8087}{2.5} = 3235 \text{ cm}^3$

H400×400×18×18	$Z_x = 3390$	$W_t = 168$ kgf/m
H450×200×17×28	$Z_x = 3410$	$W_t = 149$ kgf/m
H500×200×15×25	$Z_x = 3380$	$W_t = 137$ kgf/m

H600×200×12×20	$Z_x = 3360$	$W_t = 118$ kgf/m

試用 H600×200×12×20　　　$Z_x = 3360$

$b_f = 20.1$ cm > 18 cm，$d = 60.6$，$R = 1.3$，$t_w = 1.2$，$r_y = 4.26$ cm，

$r_x = 24.28$ cm，$t_f = 2.0$ ……OK#

梁重 118 kgf/m，自重增加之撓曲彎矩

$$\Delta M_u = 1.2 \times \frac{1}{8} \times 0.118 \times 8^2 = 1.133 \text{ tf-m}$$

$$M_u = 72.784 + 1.133 = 73.917 \text{ tf-m}$$

$$M_n = M_p = Z_x F_y = 3360 \times 2.5 = 8400 \text{ tf-cm} = 84.0 \text{ tf-m}$$

$$L_p = 50.6 r_y = 50.6 \times 4.26 = 215.56 \text{ cm}$$

$$L_b = 200 \text{ cm} < L_p$$

檢核結實斷面

H600×200×12×20

$$\frac{b_f}{2t_f} = 5.025 < \lambda_p = \frac{17}{\sqrt{F_y}} = 10.75 \text{ ……OK\#}$$

$$\frac{h}{t_w} = \frac{d - 2t_f}{1.2} = \frac{60.6 - 2 \times 2.0}{1.2} = 47.17 < \lambda_p = \frac{170}{\sqrt{F_y}} = 107.52 \text{ ……OK\#}$$

＊注意依我國規範規定，h 不管是熱軋或銲接組合型鋼，一律取兩翼板間之淨距

∴為結實斷面

∵ $\lambda < \lambda_p$ 且 $L_b < L_p$

∴$\phi M_n = \phi M_p = 0.9 \times 84.0 = 75.6$ tf-m > 73.917 tf-m ……OK#

例 4-4-2

有一 I 型組合梁如圖 4-4-4 所示，為一跨度 13.5 m 之簡支梁，在其三分點處皆有側向支撐。如果該梁承載之靜載重 W_D 為 1.5 tf/m（含梁自重），求其能承載之活載重為何？依極限設計規範。$F_y = 4.55$ tf/cm^2。

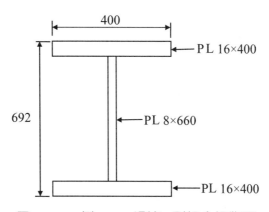

圖 4-4-4 例 4-4-2 銲接 I 型組合梁斷面

解：

剖面性質計算：

$$A = 1.6 \times 40 \times 2 + 0.8 \times 66 = 180.8 \text{ cm}^2$$

$$I_x = \frac{1}{12}[(69.2)^3 \times 40 - 66^3 \times (40 - 0.8)] = 165426 \text{ cm}^4$$

$$S_x = \frac{I_x}{d/2} = \frac{165426}{34.6} = 4781 \text{ cm}^3$$

$$Z_x = 1.6 \times 40 \times (33 + 0.8) \times 2 + 33 \times 0.8 \times (33/2) \times 2 = 5197.6$$

$$I_y = 2 \times \frac{1}{12} \times 40^3 \times 1.6 + \frac{1}{12} \times 0.8^3 \times 66 = 17069 \text{ cm}^4$$

$$r_y = \sqrt{\frac{I_y}{A}} = 9.72 \text{ cm}$$

$$J = \frac{1}{3}[2 \times 40 \times 1.6^3 + 67.6 \times 0.8^3] = 120.76 \text{ cm}^4$$

$$C_w = \frac{I_y h_o^2}{4} = \frac{1}{4} \times 17069 \times (67.6)^2 = 19500308 \text{ cm}^6$$

依我國極限設計規範規定使用 E = 2040 tf/cm^2 ； G = 810 tf/cm^2

（一）依 AISC - LRFD 規範：

$$\lambda_f = \frac{b_f}{2t_f} = \frac{40}{2 \times 1.6} = 12.5 > \lambda_{pf} = 0.38\sqrt{\frac{E}{F_y}} = 0.38\sqrt{\frac{2040}{4.55}} = 8.046$$

銲接斷面 h = d − 2t$_f$ = 66 cm

$$\lambda_w = \frac{h}{t_w} = \frac{66}{0.8} = 82.5 > \lambda_{pw} = 3.76\sqrt{\frac{E}{F_y}} = 3.76\sqrt{\frac{2040}{4.55}} = 79.615$$

∴斷面為非結實斷面

翼板：

$$\lambda_{rf} = 0.95\sqrt{k_c E / F_y}$$

$$k_c = \frac{4}{\sqrt{h/t_w}} = \frac{4}{\sqrt{82.5}} = 0.44 \geq 0.35$$

$$\leq 0.763 \cdots\cdots OK\#$$

$$\therefore \lambda_{rf} = 0.95\sqrt{\frac{0.44 \times 2040}{4.55}} = 13.343$$

$$\lambda_{pf} < \lambda_f = 12.5 < \lambda_{rf}$$

腹板：

$$\lambda_{rw} = 5.7\sqrt{\frac{E}{F_y}} = 5.7\sqrt{\frac{2040}{4.55}} = 120.69$$

$$\lambda_{pw} < \lambda_w = 82.5 < \lambda_{rw}$$

∴翼板及腹板皆為部分結實斷面（AISC - F4）

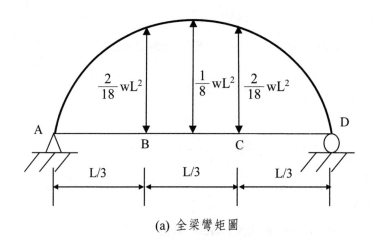

(a) 全梁彎矩圖

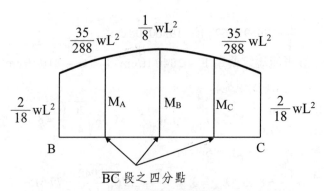

(b) $\overline{BC}$ 段四分點之彎矩圖

圖 4-4-5　簡支梁受均布載重彎矩圖

最大彎矩作用在 $\overline{BC}$ 段：

在圖中：$M_{max} = \dfrac{1}{8}wL^2$

$$M_A = \dfrac{35}{288}wL^2$$

$$M_B = \dfrac{1}{8}wL^2$$

$$M_A = \dfrac{35}{288}wL^2$$

$$C_b = \dfrac{12.5M_{max}}{2.5M_{max} + 3M_A + 4M_B + 3M_C}$$

$$= \dfrac{12.5 \times \dfrac{1}{8}}{2.5 \times \dfrac{1}{8} + 3 \times \dfrac{35}{288} + 4 \times \dfrac{1}{8} + 3 \times \dfrac{35}{288}} = 1.01$$

(1) 對壓力翼板局部壓屈（FLB）

$\lambda_{pf} \le \lambda_f < \lambda_{rf}$

$$M_n = \left[R_{pc}M_{yc} - (R_{pc}M_{yc} - F_L S_{xc})(\dfrac{\lambda_f - \lambda_{pf}}{\lambda_{rf} - \lambda_{pf}}) \right] \le M_p$$

對稱 I 型斷面，$S_{xc} = S_{xt} = S_x$

$M_{yc} = F_y S_{xc} = 4.55 \times 4781/100 = 217.53$ tf-m

$M_p = Z_x F_y = 5197.6 \times 4.55/100 = 236.49$ tf-m

$\dfrac{M_p}{M_{yc}} = 236.49/217.53 = 1.087$

$$R_{pc} = \left[\dfrac{M_p}{M_{yc}} - (\dfrac{M_p}{M_{yc}} - 1)(\dfrac{\lambda_w - \lambda_{pw}}{\lambda_{rw} - \lambda_{pw}}) \right] \le \dfrac{M_p}{M_{cy}}$$

$$= \left[1.087 - (1.087 - 1)(\dfrac{82.5 - 79.615}{120.69 - 79.615}) \right] = 1.081$$

$R_{pc}M_{yc} = 1.081 \times 217.53 = 235.15$ tf-m

$F_L = 0.7F_y = 0.7 \times 4.55 = 3.185$ tf/cm^2

$F_L S_{xc} = 3.185 \times 4781/100 = 152.27$ tf-m

$$M_n = \left[R_{pc}M_{yc} - (R_{pc}M_{yc} - F_L S_{xc})(\dfrac{\lambda_f - \lambda_{pf}}{\lambda_{rf} - \lambda_{pf}}) \right] \le M_p$$

$$= \left[235.15 - (235.15 - 152.27)(\dfrac{12.5 - 8.046}{13.31 - 8.046}) \right]$$

$= 165.023$ tf-m $< M_p = 236.49$ tf-m　#

(2) 側向扭轉壓屈（LTB）：

$L_b = 1350/3 = 450$ cm

$L_p = 1.1r_t\sqrt{\dfrac{E}{F_y}}$

$L_r = 1.95r_t\dfrac{E}{F_L}\sqrt{\dfrac{J}{S_{xc}h_o}}\sqrt{1+\sqrt{1+6.76(\dfrac{F_L}{E}\dfrac{S_{xc}h_o}{J})^2}}$

$b_{fc} = 40.0$

$h_o = 69.2 - 1.6 = 67.6$

$d = 69.2$

$h_c = h = 69.2 - 2\times1.6 = 66$

$a_w = \dfrac{h_c t_w}{b_{fc} t_{fc}} = \dfrac{66\times0.80}{40.0\times1.6} = 0.825$

$r_t = \dfrac{b_{fc}}{\sqrt{12(\dfrac{h_o}{d}+\dfrac{1}{6}a_w\dfrac{h^2}{h_o d})}}$

$r_t = \dfrac{40.0}{\sqrt{12(\dfrac{67.6}{69.2}+\dfrac{1}{6}\times0.825\times\dfrac{66^2}{67.6\times69.2})}}$

   $= 10.985$

$\therefore L_p = 1.1\times10.985\sqrt{\dfrac{2040}{4.55}} = 255.86$ cm

$L_r = 1.95\times10.985\times\dfrac{2040}{3.185}\sqrt{\dfrac{120.76}{4781\times67.6}}\sqrt{1+\sqrt{1+6.76(\dfrac{3.185}{2040}\times\dfrac{4781\times67.6}{120.76})^2}}$

   $= 915.25$ cm

$L_p < L_b < L_r$

$M_n = C_b\left[R_{pc}M_{yc} - (R_{pc}M_{yc} - F_L S_{xc})(\dfrac{L_b-L_p}{L_r-L_p})\right] \le R_{pc}M_{yc}$

   $= 1.01\left[235.15 - (235.15-152.27)(\dfrac{450-255.86}{915.25-255.86})\right]$

   $= 212.86$ tf-m < 235.15 tf-m　#

對稱 I 型斷面 $S_{xc} = S_{xt}$，所以不會有張力翼板降伏發生。所以比較 (1) 與 (2) 得知本斷面是由翼板局部壓屈所控制。

$M_n = 165.023$ tf-m

$M_u = \phi M_n = 0.9\times165.023$ tf-m $= 148.52$ tf-m　#

   $= 1.2M_D + 1.6M_L$

$$M_D = \frac{1}{8} \times 1.5 \times 12.5^2 = 34.17 \text{ tf-m}$$

$$M_L = \frac{1}{1.6}\left[M_u - 1.2M_D\right]$$

$$= \frac{1}{1.6}\left[148.52 - 1.2 \times 34.17\right]$$

$$= 67.198 \text{ tf-m}$$

$$M_L = \frac{1}{8}W_L \times 13.5^2 = 67.198$$

$$\therefore W_L = 2.95 \text{ tf/m}$$

（二）依我國極限設計規範：

$$X_1 = \frac{\pi}{S_x}\sqrt{\frac{EGJA}{2}} = \frac{3.1416}{4781}\sqrt{\frac{2040 \times 810 \times 120.76 \times 180.8}{2}}$$

$$= 88.254 \text{ tf/cm}^2$$

$$X_2 = 4\frac{C_w}{I_y}[\frac{S_x}{GJ}]^2 = 4 \times \frac{20434324}{17069} \times [\frac{4781}{810 \times 120.76}]^2$$

$$= 11.440(\frac{1}{\text{tf/cm}^2})^2$$

$$\lambda = \frac{b_f}{2t_f} = \frac{40}{2 \times 1.6} = 12.5 > \lambda_p = \frac{17}{\sqrt{F_y}} = 7.97$$

$$\lambda = \frac{h}{t_w} = \frac{66}{0.8} = 82.5 > \lambda_p = \frac{170}{\sqrt{F_y}} = 79.70$$

∴斷面為非結實斷面

翼板：

$$k_c = \frac{4}{\sqrt{h/t_w}} = \frac{4}{\sqrt{82.5}} = 0.44 \ ; \ 0.35 \le k_c \le 0.763 \cdots\cdots OK\#$$

$$\lambda_r = \frac{28}{\sqrt{(4.55 - 1.16)}} = 15.21 > \lambda = 12.5$$

腹板：

$$\lambda_r = \frac{260}{\sqrt{F_y}} = 121.89 > \lambda = 82.5$$

$\therefore \lambda_p < \lambda < \lambda_r$；所以斷面為部分結實斷面

最大作用彎矩為在 $\overline{BC}$ 段

$$M_n = M_p - (M_p - M_r)[\frac{\lambda - \lambda_p}{\lambda_r - \lambda_p}] \le M_p$$

$$M_P = Z_xF_y = 5197.6 \times 4.55 = 23649 \text{ tf-m} = 236.49 \text{ tf-m}$$

$$M_r = (F_y - F_r)S_x = (4.55 - 1.16) \times 4781 = 16208 \text{ tf-m} = 162.08 \text{ tf-m}$$

對翼板之壓屈：

$$M_n = 236.49 - (236.49 - 162.08)[\frac{12.5 - 7.97}{15.21 - 7.97}] = 189.93 \leq M_p$$

對腹板之壓屈：

$$M_n = 236.49 - (236.49 - 162.08)[\frac{82.5 - 79.7}{121.89 - 79.7}] = 231.55 < M_p$$

$$L_p = \frac{80}{\sqrt{F_y}} r_y = \frac{80}{\sqrt{4.55}} \times 9.72 = 365 \text{ cm}$$

$$L_b = \frac{1350}{3} = 450 > L_p$$

$$F_L = F_{yf} - F_r = 4.55 - 1.16 = 3.39$$

$$L_r = \frac{r_y X_1}{F_L} \sqrt{1 + \sqrt{1 + X_2 (F_L)^2}}$$

$$= \frac{9.72 \times 88.254}{3.39} \sqrt{1 + \sqrt{1 + 11.44 \times 3.39^2}} = 895.0 \text{ cm}$$

$$\Rightarrow L_p < L_b < L_r$$

對於側向扭轉壓屈：

$$C_b = 1.75 - 1.05(1) + 0.3(1)^2 = 1.0$$

$$M_n = C_b \{M_p - (M_p - M_r)[\frac{L_b - L_p}{L_r - L_p}]\} \leq M_p$$

$$= 1.0 \times \{236.49 - (236.49 - 162.08)[\frac{450 - 365}{895 - 365}]\}$$

$$= 224.56 \text{ tf-m}$$

比較上列之值得知本斷面是由翼板之壓屈所控制

$$M_n = 189.93 \text{ tf-m}$$

$$M_u = \phi M_n = 0.9 \times 189.93 = 170.94 = 1.2M_D + 1.6M_L$$

$$M_D = \frac{1}{8} \times 1.5 \times 13.5^2 = 34.17 \text{ tf-m}$$

$$M_L = \frac{1}{1.6}[M_u - 1.2M_D] = \frac{1}{1.6}[170.94 - 1.2 \times 34.17]$$

$$= 81.21 \text{ tf-m}$$

$$M_L = 81.21 \text{ t-m} = \frac{1}{8} \times W_L \times 13.5^2$$

$$W_L = 3.56 \text{ tf-m} \quad \#$$

例 4-4-3

　　有一跨度為 12 m 之簡支梁，在其兩支承端及跨度中央有側向支承，如果該梁承載之均布靜載重 W_D 為 2.0 tf/m（含自重），均布活載重 W_L 為 3.0 tf/m，試依極限設計規範，設計該梁，使用 SS400 鋼材，熱軋 H 型鋼斷面。

解：

$$W_u = 1.2W_D + 1.6W_L = 1.2 \times 2.0 + 1.6 \times 3.0 = 7.2 \text{ tf/m}$$

$$M_{u,max} = \frac{1}{8}W_u L^2 = \frac{1}{8} \times 7.2 \times 12^2 = 129.6 \text{ tf-m}$$

需要之 $M_n = 129.6/0.9 = 144.0$ tf-m

（一）依 AISC-LRFD 規範：

$$L_b = \frac{1200}{2} = 600 \text{ cm}$$

如果 $L_b < L_p$，則 req $Z_x = \frac{M_n}{F_y} = \frac{144 \times 100}{2.5} = 5760 \text{ cm}^3$ 而 $L_p = 1.76 r_y \sqrt{\frac{E}{F_y}}$；

如果 $L_b < L_p$，則 $r_y > \frac{L_p}{1.76}\sqrt{\frac{F_y}{E}} = \frac{600}{1.76}\sqrt{\frac{2.5}{2040}} = 11.934$

又由表 4-4-3，$r_y \approx 0.22 b_f$

$$\therefore b_f > \frac{11.934}{0.22} = 54.2 \text{ cm}$$

由 H 型鋼表內查得 $Z_x > 5760 \text{cm}^3$ 之斷面如下：

H500×300×21×33	$Z_x = 6070$	$W_t = 236$
H600×200×20×34	$Z_x = 5910$	$W_t = 202$
H600×300×16×26	$Z_x = 5780$	$W_t = 194$
H700×300×13×24	$Z_x = 6340$	$W_t = 182$
H800×300×14×22	$Z_x = 7140$	$W_t = 188$

很明顯沒有任何斷面 $b_f > 54.2$ cm；所以所設計斷面將會 $L_b > L_p$。

試選用 700×300×13×24，$b_f = 30.0$，$d = 70.0$，$t_w = 1.3$，$t_f = 2.4$，$A = 231.5$，$I_x = 197000$，$I_y = 10800$，$r_x = 29.17$，$r_y = 6.83$，$S_x = 5640$，$Z_x = 6340$，$R = 1.8$，$k = 2.4 + 1.8 = 4.2$

$E = 2040$ tf/cm^2；$G = 810$ tf/cm^2

檢核結實斷面：

$$\lambda_f = \frac{b_f}{2t_f} = \frac{30}{2 \times 2.4} = 6.25 < \lambda_{pf} = 0.38\sqrt{\frac{E}{F_y}} = 0.38\sqrt{\frac{2040}{2.50}} = 10.85$$

熱軋斷面 h = d − 2k = 61.6 cm

$$\lambda_w = \frac{h}{t_w} = \frac{61.6}{1.3} = 47.38 < \lambda_{pw} = 3.76\sqrt{\frac{E}{F_y}} = 3.76\sqrt{\frac{2040}{2.5}} = 109.6$$

∴斷面爲結實斷面

$$L_p = 1.76r_y\sqrt{\frac{E}{F_y}} = 1.76 \times 6.83 \times \sqrt{\frac{2040}{2.5}} = 343$$

$$L_r = 1.95 \cdot r_{ts}\frac{E}{0.7F_y}\sqrt{\frac{J \cdot c}{S_x h_o}}\sqrt{1 + \sqrt{1 + 6.76(\frac{0.7F_y}{E}\frac{S_x h_o}{J \cdot c})^2}}$$

$$J = \frac{1}{3}\left[2 \times b_f \times t_f^3 + (d - t_f)t_w^3\right]$$

$$= \frac{1}{3}\left[2 \times 30.0 \times 2.4^3 + (70.0 - 2.4) \times 1.3^3\right] = 325.99 cm^4$$

$$C_w = \frac{I_y h_o^2}{4} = \frac{10800 \times (70 - 2.4)^2}{4} = 12338352\ cm^6$$

$$r_{ts}^2 = \frac{\sqrt{I_y C_w}}{S_x} = \frac{\sqrt{10800 \times 12338352}}{5640} = 64.72$$

$r_{ts} = 8.05$；$c = 1.0$；$h_o = 70 - 2.4 = 67.6$

$0.7F_y = 1.75$

$$L_r = 1.95 \times 8.05 \times \frac{2040}{1.75}\sqrt{\frac{325.99}{5640 \times 67.6}}\sqrt{1 + \sqrt{1 + 6.76(\frac{1.75}{2040}\frac{5640 \times 67.6}{325.99})^2}}$$

$$= 1042$$

（上列斷面係數 J、C_w 可由本書附錄一查得）

（r_{ts}、L_p、L_r 則可由附錄二查得）

$$C_b = \frac{12.5M_{max}}{2.5M_{max} + 3M_A + 4M_B + 3M_C}$$

$$C_b = \frac{12.5 \times \frac{1}{8}}{2.5 \times \frac{1}{8} + 3 \times \frac{7}{128} + 4 \times \frac{12}{128} + 3 \times \frac{15}{128}} = 1.3$$

$$M_n = C_b[M_p - (M_p - 0.75F_y S_x)(\frac{L_b - L_p}{L_r - L_p})] \leq M_p$$

$M_p = Z_x F_y = 6340 \times 2.5 = 15850\ tf\text{-}m = 158.5\ tf\text{-}m$

$$M_n = 1.3 \times [158.5 - (158.5 - 0.75 \times 2.5 \times 5640/100)(\frac{600 - 343}{1042 - 343})]$$

$$= 180.84 > 158.5$$

∴ $M_n = 158.5\ tf\text{-}m > 144.0\ tf\text{-}m$ ……OK#

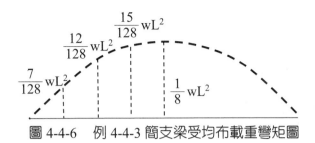

圖 4-4-6 例 4-4-3 簡支梁受均布載重彎矩圖

（二）依我國極限設計規範：

$$L_p = \frac{80}{\sqrt{F_{yf}}} \cdot r_y$$

如果 $L_b < L_p$，則 $r_y > \dfrac{\sqrt{F_{yf}}}{80} \times L_b = \dfrac{\sqrt{2.5}}{80} \times 600 = 11.86$

$$r_y \approx 0.22 b_f$$

$$b_f \geq \frac{11.86}{0.22} = 53.9 \text{ cm}$$

如果 $M_n = M_p$

則 req $Z_x = \dfrac{M_n}{F_y} = \dfrac{144 \times 100}{2.5} = 5760 \text{ cm}^3$

由 H 型鋼表內查得 $Z_x > 5760 \text{ cm}^3$ 之斷面如下：

H 500×300×21×33	$Z_x = 6070$	$W_t = 236$
H 600×200×20×34	$Z_x = 5910$	$W_t = 202$
H 600×300×16×26	$Z_x = 5780$	$W_t = 194$
H 700×300×13×24	$Z_x = 6340$	$W_t = 182$
H 800×300×14×22	$Z_x = 7140$	$W_t = 188$

很明顯沒有任何斷面 $b_f > 53.9 \text{ cm}$；所以本斷面不可能 $L_b < L_p$

試選用 $700 \times 300 \times 13 \times 24$，$b_f = 30.0$，$d = 70.0$，$t_w = 1.3$，$t_f = 2.4$，$A = 231.59$，$I_x = 197000$，$I_y = 10800$，$r_x = 29.17$，$r_y = 6.83$，$S_x = 5640$，$Z_x = 6340$，$R = 1.8$，

$E = 2040 \text{ tf/cm}^2$；$G = 810 \text{ tf/cm}^2$

檢核：

$$\lambda = \frac{b_f}{2t_f} = \frac{30.0}{2 \times 2.4} = 6.25 < \lambda_p = \frac{17}{\sqrt{F_y}} = 10.75$$

$$\lambda = \frac{h_c}{t_w} = \frac{70 - 2 \times 2.4}{1.3} = 50.15 < \lambda_p = \frac{170}{\sqrt{F_y}} = 107.5$$

斷面為結實斷面：

$$L_p = \frac{80}{\sqrt{F_y}} r_y = \frac{80}{\sqrt{2.5}} \times 6.83 = 346 \text{ cm}$$

$$L_b = \frac{1200}{2} = 600 \text{ cm} > 346 \text{ cm}$$

$$L_r = \frac{r_y X_1}{F_L} \sqrt{1 + \sqrt{1 + X_2 F_L^2}}$$

$$J = \frac{1}{3} \left[2 \times b_f \times t_f^3 + (d - t_f)t_w^3 \right]$$

$$= \frac{1}{3} \left[2 \times 30.0 \times 2.4^3 + (70.0 - 2.4) \times 1.3^3 \right] = 325.99 \text{ cm}^4$$

$$C_w = \frac{I_y h_o^2}{4} = \frac{10800 \times (70 - 2.4)^2}{4} = 12338352 \text{ cm}^6$$

$$X_1 = \frac{\pi}{S_x} \sqrt{\frac{EGJA}{2}} = \frac{\pi}{5640} \sqrt{\frac{2040 \times 810 \times 325.99 \times 231.59}{2}}$$

$$= 139 \text{ tf/cm}^2$$

$$X_2 = 4 \frac{C_w}{I_y} (\frac{S_x}{GJ})^2 = 4 \frac{12338352}{10800} (\frac{5640}{810 \times 325.99})^2$$

$$= 2.085 (\frac{1}{\text{tf} / \text{cm}^2})$$

$$F_L = F_{yf} - F_r = 2.5 - 0.7 = 1.8$$

$$L_r = \frac{6.83 \times 139}{1.8} \sqrt{1 + \sqrt{1 + 2.085 \times 1.8^2}} = 1026 \text{ cm}$$

$$\therefore L_p < L_b < L_r$$

對於側向扭壓屈：

$$M_n = C_b \left\{ M_p - (M_p - M_r) \left[\frac{L_b - L_p}{L_r - L_p} \right] \right\} \le M_p$$

$$C_b = 1.75 - 1.05(\frac{M_1}{M_2}) + 0.3(\frac{M_1}{M_2})^2 = 1.75(\because M_1 = 0)$$

$$M_p = Z_x F_y = 6340 \times 2.5 = 15850 \text{ tf-cm} = 158.5 \text{ tf-cm}$$

$$M_r = (F_y - F_r)S_x = (2.5 - 0.7) \times 5640 = 10152 \text{ tf-cm}$$

$$= 101.52 \text{ t-fm}$$

$$\therefore M_n = 1.75 \left\{ 158.5 - (158.5 - 101.52) \left[\frac{600 - 346}{1026 - 346} \right] \right\}$$

$$= 240.13 \text{ tf-m} > M_p = 158.5 \text{ tf-m}$$

$$\therefore M_n = M_p = 158.5 \text{ tf-m} > 144.0 \text{ tf-m} \cdots\cdots \text{OK\#}$$

例 4-4-4

有一跨度為 15 m 之簡支梁，其上承載 0.8 tf/m 之靜載重（不含自重）及 1.15 tf/m 之活載重，該梁在跨度中央及兩端點有提供足夠之側向支撐。請依我國極限設計規範設計該梁，使用 A572 Grade50 鋼材。

解：

預估梁自重約 0.15 tf/m

$$W_u = 1.2 \times 0.95 + 1.6 \times 1.15 = 2.98 \text{ tf/m}$$

$$M_u = \frac{1}{8} \times 2.98 \times 15^2 = 83.81 \text{ tf-m}$$

$$\phi_b M_n \geq M_u = 83.81 \text{ tf-m}$$

$$需要之 M_n = \frac{83.81}{0.9} = 93.12 \text{ tf-m}$$

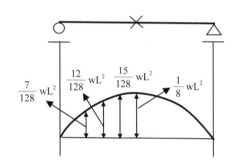

圖 4-4-7　例 4-4-4 簡支梁受均布載重彎矩圖

$$\because M_{1=0}$$

$$C_b = 1.75 - 1.05(\frac{M_1}{M_2}) + (\frac{M_1}{M_2})^2 = 1.75$$

$$L_b = 7.5 \text{ m}$$

$$L_b/C_b = 7.5/1.75 = 4.3 \text{ m}$$

由「鋼結構設計手冊－極限設計法」[4.9] 中可查得較輕斷面為 RH612×202（132 kgf/m），RH478×208（149 kgf/m），RH446×302（147 kgf/m）等（如圖 4-4-8）。

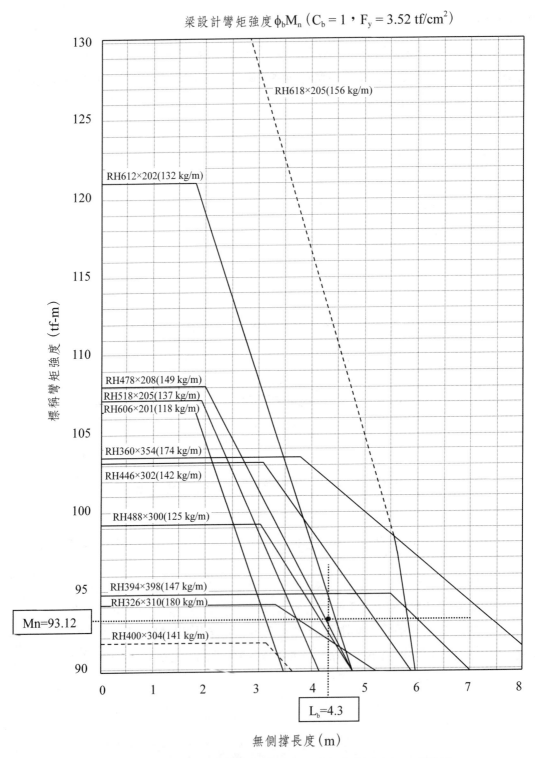

圖 4-4-8　例 4-4-4 H 型梁設計選用圖（由參考文獻 4.9 整理）

檢核 RH612×202 斷面（H600×200×13×23）：A = 168.0，d = 61.2，b_f = 20.2，t_w = 1.3，t_f = 2.3，I_y = 3170，r_y = 4.34，S_x = 3310，Z_x = 3820，W_t = 132 kgf/m < 150 kgf/m ……OK#

$$\lambda = \frac{b_f}{2t_f} = \frac{20.2}{2 \times 2.3} = 4.39 < \lambda_p = \frac{17}{\sqrt{F_y}} = 9.09$$

$$\lambda = \frac{h}{t_w} = \frac{61.2 - 2 \times 2.3}{1.3} = 43.54 < \lambda_p = \frac{170}{\sqrt{F_y}} = 90.9$$

斷面為結實斷面：

$$J = \frac{1}{3}\left[2 \times 20.2 \times 2.3^3 + (61.2 - 2.3) \times 1.3^3\right] = 206.98 \text{ cm}^4$$

$$C_w = \frac{I_y h^2}{4} = \frac{3170 \times (61.2 - 2.3)^2}{4} = 2749349$$

$$X_1 = \frac{\pi}{S_x}\sqrt{\frac{EGJA}{2}} = \frac{\pi}{3310}\sqrt{\frac{2040 \times 810 \times 206.98 \times 168.0}{2}} = 161$$

$$X_2 = 4\frac{C_w}{I_y}\left(\frac{S_x}{GJ}\right)^2 = 4\frac{2749349}{3170}\left(\frac{3310}{810 \times 206.98}\right)^2 = 1.352$$

$$F_L = F_{yf} - F_r = 3.5 - 0.7 = 2.8$$

$$L_r = \frac{r_y X_1}{F_L}\sqrt{1 + \sqrt{1 + X_2 F_L^2}}$$

$$= \frac{4.34 \times 161}{2.8}\sqrt{1 + \sqrt{1 + 1.352 \times 2.8^2}} = 524 \text{ cm}$$

$$L_b = 7.5 > L_r$$

$$M_n = M_{cr} = \frac{C_b S_x X_1 \sqrt{2}}{L_b / r_y}\sqrt{1 + \frac{X_1^2 X_2}{2(L_b / r_y)^2}}$$

$$C_b = 1.75$$

$$L_b / r_y = 750/4.34 = 172.81$$

$$\therefore M_n = \frac{1.75 \times 3310 \times 161\sqrt{2}}{172.81}\sqrt{1 + \frac{161^2 \times 1.352}{2(172.81)^2}}$$

$$= 9614 \text{ tf-cm} = 96.17 \text{ tf-m}$$

$$M_p = Z_x F_y = 3820 \times 3.5 = 13370 \text{ tf-cm} = 133.70 \text{ tf-m}$$

$$M_n < M_p$$

$$\therefore \phi M_n = 0.9 \times 96.17 = 86.55 \text{ tf-m} > 83.81 \text{ tf-m} \text{ ……OK#}$$

例 4-4-5

如下圖之梁，B 處之集中靜載重爲 2.50tf，集中活載重爲 9.0 tf，D 處之集中靜載重爲 1.8 tf，集中活載重爲 3.5 tf，在支承及集中載重處有側向支撐。請依我國極限設計規範，設計最輕之 W 型斷面，使用 A572 Grade50 鋼材。（忽略梁自重）

解：

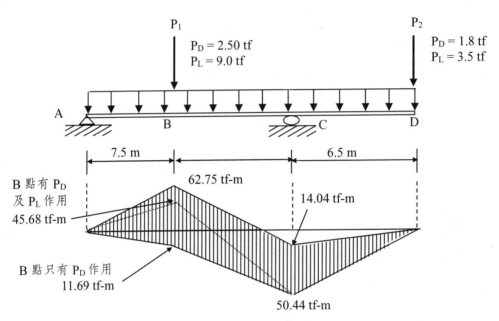

圖 4-4-9　例 4-4- 簡支懸臂梁彎矩圖

$P_{u1} = 1.2 \times 2.50 + 1.6 \times 9.0 = 17.40$ tf

$P_{u2} = 1.2 \times 1.80 + 1.6 \times 3.5 = 7.76$ tf

最大作用彎矩：

$\quad$ max $M_{uC} = 7.76 \times 6.5 = 50.44$ tf-m（活載重作用在 $\overline{CD}$ 段）

$\quad$ max $M_{uB} = \dfrac{17.4 \times 7.5 \times 8.5}{16.0} - [1.2 \times 1.8 \times 6.5 \times \dfrac{7.5}{16.0}]$

$\qquad = 62.75$ tf-m（活載重作用在 $\overline{AC}$ 段，靜載重作用在 $\overline{CD}$ 段）

$\quad$ min $M_{uC} = 1.2 \times 1.8 \times 6.5 = 14.04$ tf-m $\qquad$（靜載重作用在 $\overline{CD}$ 段）

$\overline{AB}$ 段：

$\quad M_{u,max} = 62.75$

$\quad \because M_1 = 0$

$\quad \therefore C_b = 1.75$

$\quad L_b = 7.5$ m；$L_b/C_b = 4.29$ m

$\quad \phi_b M_n \geq M_{u,max} = 62.75$ tf-m

$\overline{BC}$ 段：

$M_{u,max} = 62.75$

$C_b = 1.75 + 1.05\dfrac{14.04}{62.75} + 0.3(\dfrac{14.04}{62.75})^2 = 2.0$

$L_b = 8.5$ m；$L_b/C_b = 4.25$ m

$\phi_b M_n \geq M_{u,max} = 62.75$ tf-m

$\overline{BC}$ 段之設計資料與 $\overline{AB}$ 段近似

同理 $\overline{CD}$ 段：$M_{u,max} = 50.44$ tf-m，$C_b = 1.75$，$L_b = 6.5$ m，

$\qquad L_b/C_b = 3.71$ m，$\phi_b M_n \geq M_{u,max} = 50.44$ tf-m

其斷面直接使用 $\overline{AB}$ 段相同斷面即可。

使用，$L_b = 7.5/1.75 = 4.29$ m，$M_n = 62.75/0.9 = 69.73$ tf-m

由「鋼結構設計手冊——極限設計法」中可查得較輕斷面爲：RH434×299（103 kgf/m）、RH512×202（115 kgf/m）、RH466×205（118 kgf/m）、RH606×201（118 kgf/m）等斷面，如圖 4-4-10。

檢核 RH434×299 斷面（H450×300×10×15）：d = 43.4，b_f = 29.9，t_w = 1.0，t_f = 1.5，A_g = 132.0，I_y = 6690，r_y = 7.12，S_x = 2100，Z_x = 2320。

$\lambda = \dfrac{b_f}{2t_f} = \dfrac{29.9}{2\times1.5} = 9.97 > \lambda_p = \dfrac{17}{\sqrt{F_y}} = 9.09$

$\lambda = \dfrac{h}{t_w} = \dfrac{43.4 - 2\times1.5}{1.0} = 40.4 < \lambda_p = \dfrac{170}{\sqrt{F_y}} = 90.9$

$\therefore$ 斷面爲非結實斷面

翼板：

$k_c = \dfrac{4}{\sqrt{h/t_w}} = \dfrac{4}{\sqrt{40.4}} = 0.629$；$0.35 \leq k_c \leq 0.763$ ……OK#

$\lambda_r = \dfrac{28}{\sqrt{(3.5 - 0.7)}} = 16.73 > \lambda = 9.97$

$\therefore \lambda_p < \lambda < \lambda_r$：所以斷面爲部分結實斷面。

$M_p = Z_x F_y = 2320 \times 3.5 = 8120$ tf-m $= 81.2$ tf-m

$M_r = (F_y - F_r)S_x = (3.5 - 0.7)\times2100$

$\quad = 5880$ tf-m $= 58.8$ tf-m

$J = \dfrac{1}{3}\left[2\times29.9\times1.5^3 + (43.4 - 1.5)\times1.0^3\right] = 81.24$

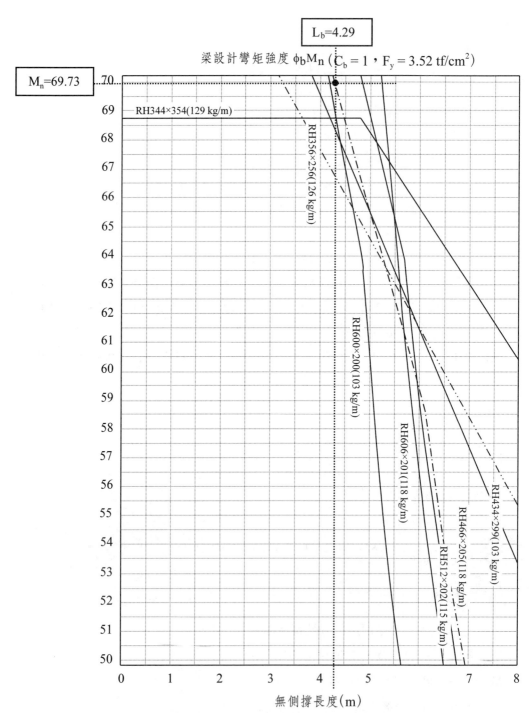

圖 4-4-10　例 4-4-5 H 型梁設計選用圖（由參考文獻 4.9 整理）

$$C_w = \frac{I_y h^2}{4} = \frac{6690 \times (43.4 - 1.5)^2}{4} = 2936258$$

$$X_1 = \frac{\pi}{S_x} \sqrt{\frac{EGJA}{2}} = \frac{\pi}{2100} \sqrt{\frac{2040 \times 810 \times 81.24 \times 132.0}{2}} = 141$$

$$X_2 = 4 \frac{C_w}{I_y} (\frac{S_x}{GJ})^2 = 4 \frac{2936258}{6690} (\frac{2100}{810 \times 81.24})^2 = 1.788$$

$$F_L = F_{yf} - F_r = 3.5 - 0.7 = 2.8$$

$$L_r = \frac{r_y X_1}{F_L} \sqrt{1 + \sqrt{1 + X_2 F_L^2}} = \frac{7.12 \times 141}{2.8} \sqrt{1 + \sqrt{1 + 1.788 \times 2.8^2}} = 792 \text{ cm}$$

$$L_p = \frac{80}{\sqrt{F_y}} r_y = \frac{80}{\sqrt{3.5}} \times 7.12 = 304 \text{ cm}$$

檢核 $\overline{AB}$ 段 $L_b = 7.5 < L_r$，$C_b = 1.75$

對翼板之壓屈：

$$M_n = M_p - (M_p - M_r)[\frac{\lambda - \lambda_p}{\lambda_r - \lambda_p}] \le M_p$$

$$M_n = 81.2 - (81.2 - 58.8)[\frac{9.97 - 9.09}{16.73 - 9.09}] = 78.6 < M_p$$

對於側向扭壓屈：

$$M_n = C_b \left\{ M_p - (M_p - M_r) \left[\frac{L_b - L_p}{L_r - L_p} \right] \right\} \le M_p$$

$$\therefore M_n = 1.75 \left\{ 81.2 - (81.2 - 58.8) \left[\frac{750 - 304}{792 - 304} \right] \right\} = 109.89 \text{ tf-m} > M_p = 81.2$$

$$\therefore M_n = 78.6 \text{ tf-m} > 69.73 \text{ tf-m} \cdots\cdots OK\#$$

檢核 $\because \overline{BC}$ 段，$L_b = 8.5 \text{ m} > L_r$，$C_b = 2.0$

$$L_b / r_y = 850 / 7.12 = 119.38$$

$$M_n = M_{cr} = \frac{C_b S_x X_1 \sqrt{2}}{L_b / r_y} \sqrt{1 + \frac{X_1^2 X_2}{2(L_b / r_y)^2}} = \frac{2.0 \times 2100 \times 141\sqrt{2}}{119.38} \sqrt{1 + \frac{141^2 \times 1.788}{2 \times 119.38^2}}$$

$$= 10516 \text{ tf-cm} = 105.16 \text{ tf-m} > M_p = 81.2 \text{ tf-m}$$

$$\therefore M_n = 81.2 \text{ tf-m} > 62.75/0.9 = 69.73 \text{ tf-m} \cdots\cdots OK\#$$

$\overline{CD}$ 段之作用力小於前述兩段，因此使用 H450×300×10×15 之斷面 ……OK#

4-5 梁之剪力設計

梁腹板之剪力強度，依文獻[4.10]建議，對於 $h/t_w \leq 50\sqrt{k_v/F_{yw}}$ 之梁腹板，其標稱剪力強度係根據腹板之剪力降伏而定如下，

$$\tau_y \leq \frac{F_y}{\sqrt{3}} = 0.577F_y \tag{4.5.1}$$

當 $h/t_w \leq 50\sqrt{k_v/F_{yw}}$ 時，腹板剪力強度則是根據壓屈而定。文獻[4.11]建議，該剪力強度為腹板降伏應力之 80%，因此其 h/t_w 約相當於 $h/t_w = (50/0.8)\sqrt{k_v/F_{yw}} = 62\sqrt{k_v/F_{yw}}$。當 $h/t_w > 62\sqrt{k_v/F_{yw}}$ 時，文獻[4.10]建議，腹板剪力強度應以得彈性壓屈應力 F_{cr} 計算：

$$F_{cr} = \frac{\pi^2 E k_v}{12(1-v^2)(h/t_w)^2} \tag{4.5.2}$$

以 $E = 2040$ tf/cm² 及 $v = 0.3$ 代入上式可得：

$$F_{cr} = \frac{1860 k_v}{(h/t_w)^2} \tag{4.5.3}$$

$$V_n = F_{cr}A_w = \frac{1860 k_v}{(h/t_w)^2}A_w \tag{4.5.4}$$

AISC 規範對梁之標稱剪力強度規定如下：

$$V_n = 0.6F_y A_w C_v \tag{4.5.5}$$

$$A_w = d \cdot t_w \tag{4.5.6}$$

$$\phi_v V_n \geq V_u \tag{4.5.7}$$

(1) 對熱軋型鋼斷面：

當 $\dfrac{h}{t_w} \leq 2.24\sqrt{\dfrac{E}{F_y}}$ ，

$$\phi_v = 1.0 \tag{4.5.8}$$

$$C_v = 1.0 \tag{4.5.9}$$

(2) 對其餘斷面：

$$\phi_v = 0.9 \tag{4.5.10}$$

當 $\dfrac{h}{t_w} \leq 1.1\sqrt{\dfrac{k_v E}{F_y}}$ ，

$$C_v = 1.0$$

當 $1.1\sqrt{\dfrac{k_v E}{F_y}} < \dfrac{h}{t_w} \le 1.37\sqrt{\dfrac{k_v E}{F_y}}$ ，

$$C_v = \frac{1.1\sqrt{k_v E / F_y}}{h / t_w} \tag{4.5.11}$$

當 $\dfrac{h}{t_w} > 1.37\sqrt{\dfrac{k_v E}{F_y}}$ ，

$$C_v = \frac{1.51 \times k_v E}{(h / t_w)^2 F_y} \tag{4.5.12}$$

上列式中：

$$k_v = 5 + \frac{5}{(a / h)^2} \tag{4.5.13}$$

$$= 5 \text{ 當 } a/h > 3.0 \text{ 或 } a / h > [\frac{260}{(h / t_w)}]^2$$

a：為橫向加勁板間淨距

h：熱軋型鋼為兩翼板間距扣除二倍角偶半徑後之淨間距；銲接組合斷面為翼板間淨距，如圖 4-5-1 所示。

對型鋼未使用加勁板，取 $k_v = 5.0$（T 型鋼立肢取 $k_v = 1.2$），且其 h/t_w 不得超過 260。

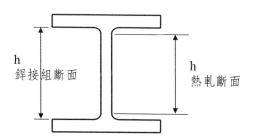

圖 4-5-1 AISC 規範對 H 型梁梁腹深度之規定

我國極限設計規範對梁之標稱剪力強度規定如下：

$$\phi_v V_n \ge V_u \tag{4.5.14}$$

$$\phi_v = 0.90 \tag{4.5.15}$$

當 $\dfrac{h}{t_w} \le 50\sqrt{\dfrac{k_v}{F_{yw}}}$ ，

$$V_n = 0.6 F_{yw} A_w \tag{4.5.16}$$

當 $50\sqrt{\dfrac{k_v}{F_{yw}}} < \dfrac{h}{t_w} \le 62\sqrt{\dfrac{k_v}{F_{yw}}}$ ，

$$V_n = 0.6F_{yw}A_w\frac{50\sqrt{k_v/F_{yw}}}{h/t_w} \tag{4.5.17}$$

當 $62\sqrt{\dfrac{k_v}{F_{yw}}} < \dfrac{h}{t_w} < 260$ ，

$$V_n = \frac{1860K_V}{(h/t_w)^2}A_w \tag{4.5.18}$$

上列式中：

$$A_w = d \times t_w \tag{4.5.19}$$

$$k_v = 5 + \frac{5}{(a/h)^2} \tag{4.5.20}$$

a：為橫向加勁板間淨距

h：熱軋型鋼為兩翼板間距扣除二倍角偶半徑後之淨間距；銲接組合斷面為翼板間
　　淨距

對型鋼未使用加勁板，取 $k_v = 5.0$，且其 h/t_w 不得超過 260。如果 $h/t_w > 260$，則梁腹必須使用加勁板（Web Stiffeners）。

例 4-5-1

有一簡支梁跨度為 1.5 m，其上承載 28.3 tf/m 之均布活載重及 1.5 tf/m 之均布靜載重（不含梁重），梁在側向有完全之支撐，不會有側向不穩定，鋼材為 SS400。請依極限設計規範，選用最輕的熱軋 H 型鋼。

解：

Wu = 1.2×1.5 + 1.6×28.3 = 47.08 tf/m

$M_n = \dfrac{1}{8} \times 47.08 \times 1.5^2 = 13.24$ tf-m

$V_n = \dfrac{1}{8} \times 47.08 \times 1.5 = 35.31$ tf-m

假設斷面為結實斷面且 $L_b \le L_p$

$\therefore \phi_b M_n = \phi_b M_p = \phi_b Z_x F_y \ge M_u$

需要之 $Z_x = \dfrac{M_u}{\phi_b F_y} = \dfrac{13.24 \times 100}{0.9 \times 2.5} = 588.4$ cm³

由斷面表查得：

H250×250×9×14	$Z_X = 953$	$W_t = 71.8$ kgf/m
H300×200×8×12	$Z_X = 842$	$W_t = 55.8$ kgf/m
H350×175×6×9	$Z_X = 712$	$W_t = 41.2$ kgf/m

（一）AISC-LRFD：

試用 H350×175×6×9 熱軋型鋼，d = 34.6，b_f = 17.4，t_w = 0.6，t_f = 0.9，R = 1.3，k = R + t_f = 1.3 + 0.9 = 2.2，h_c = d − 2k = 34.6 − 2×2.2 = 30.2，

$$h/t_w = 30.2/0.6 = 50.33 \le 2.24\sqrt{\frac{E}{F_y}} = 2.24\sqrt{\frac{2040}{2.5}} = 63.99$$

$\therefore \phi_v = 1.0$；$C_v = 1.0$

$V_n = 0.6F_yA_wC_v = 0.6×2.5×34.6×0.6×1.0 = 31.14$ tf

$\phi_v V_n = 1.0×31.14 = 31.14$ tf < 35.3 tf ……NG

需要之 $A_w = \dfrac{35.3}{1.0×0.6×2.5×1.0} = 23.53$ cm^2

改試用 H350×175×7×11，$Z_X = 864$，d = 35.0，b_f = 17.5，t_w = 0.7，t_f = 1.1，R = 1.3，k = 1.3+1.1 = 2.4，h_c = d − 2k = 35 − 2×2.4 = 30.2，w_t = 0.0494 tf/m，

$$\frac{h}{t_w} = \frac{30.2}{0.7} = 43.14 \le 2.24\sqrt{\frac{E}{F_y}} = 63.99$$

$\therefore \phi_v = 1.0$，$C_v = 1.0$

$V_n = 0.6F_yA_wC_v = 0.6×2.5×35×0.7×1.0 = 36.75$ tf

$\phi_v V_n = 1.0×36.75$ tf > 35.3 tf ……OK#

$M_u = 13.24 + \dfrac{1}{8}×0.0494×1.5^2 = 13.254$ tf-m

檢核結實斷面：

$$\lambda_f = \frac{b_f}{2t_f} = \frac{17.5}{2×1.1} = 7.95 < \lambda_p = 0.38\sqrt{\frac{E}{F_y}} = 10.85 \text{……OK\#}$$

$$\lambda_w = \frac{h}{t_w} = 43.14 < \lambda_p = 3.76\sqrt{\frac{E}{F_y}} = 107.41$$

$\therefore$斷面爲結實斷面。

$M_n = M_p = Z_xF_y = 864×2.5/100 = 21.6$ tf-m

$\phi M_n = 0.9×21.6 = 19.44$ tf-m > 13.254 tf-m ……OK#

（二）我國極限設計規範：

試用 H350×175×6×9，d = 34.6，b_f = 17.4，t_w = 0.6，t_f = 0.9，R = 1.3，

h_c = d − $2t_f$ = 34.6 − 2×0.9 = 32.8

$$\mathrm{h/t_w} = 32.8/0.6 = 54.67 \leq \frac{50\sqrt{\mathrm{K_v}}}{\sqrt{\mathrm{F_y}}} = \frac{50\sqrt{5}}{\sqrt{2.5}} = 70.7$$

$$\therefore \mathrm{V_n} = 0.60\mathrm{F_y A_w} = 0.60 \times 2.5 \times 34.6 \times 0.6 = 31.14 \text{ ft}$$

$$\phi\mathrm{V_n} = 31.14 \times 0.9 = 28.03 \text{ tf} < \mathrm{V_u} \cdots\cdots\mathrm{NG}$$

$$\phi\mathrm{V_n} = \phi 0.60\mathrm{F_y A_w} \geq \mathrm{V_u}$$

需要之 $\mathrm{A_w} = \dfrac{\mathrm{V_u}}{\phi 0.60\mathrm{F_y}} = \dfrac{35.31}{0.9 \times 0.6 \times 2.5} = 26.16 \text{ cm}^2$

可能必須使用較深或腹板較厚斷面：

改試用 H400×200×7×11，$\mathrm{Z_X} = 1110$，$\mathrm{d} = 39.6$，$\mathrm{b_f} = 19.9$，$\mathrm{t_w} = 0.7$，$\mathrm{t_f} = 1.1$，$\mathrm{r_y} = 4.51$，$\mathrm{w_t} = 0.0561 \text{ tf/m}$，

$$\mathrm{A_w} = 39.6 \times 0.7 = 27.22 > \text{req } \mathrm{A_w} = 26.16$$

$$\mathrm{h} = 39.6 - 2 \times 1.1 = 37.4$$

$$\frac{\mathrm{h}}{\mathrm{t_w}} = \frac{37.4}{0.7} = 53.43 \leq \frac{50\sqrt{5}}{\sqrt{\mathrm{F_y}}} = 70.7$$

$$\therefore \mathrm{V_n} = 0.60\mathrm{F_y A_w}$$

$$\phi\mathrm{V_n} = \phi \times 0.60\mathrm{F_y A_w} = 0.9 \times 0.6 \times 2.5 \times 39.6 \times 0.7 = 37.42 \text{ tf}$$

$$\mathrm{V_u} = 35.31 + \frac{1}{2} \times 0.0566 \times 1.5 = 35.35\mathrm{t_f} < \phi\mathrm{V_n} \cdots\cdots\mathrm{OK\#}$$

$$\mathrm{M_u} = 13.24 + \frac{1}{8} \times 0.0561 \times 1.5^2 = 13.26 \text{ tf-m}$$

$$\lambda = \frac{\mathrm{b_f}}{2\mathrm{t_f}} = \frac{19.9}{2 \times 1.1} = 9.05 < \lambda_p = \frac{17}{\sqrt{\mathrm{F_y}}} = 10.75$$

$$\lambda = \frac{\mathrm{h}}{\mathrm{t_w}} = 49.71 < \lambda_p = \frac{170}{\sqrt{\mathrm{F_y}}} = 107.5$$

∴斷面為結實斷面。

$$\phi\mathrm{M_n} = \phi\mathrm{M_p} = 0.9 \times 1110 \times 2.5/100 = 24.98 > 13.26 \text{ tf-m} \cdots\cdots\mathrm{OK\#}$$

4-6 承受集中載重之梁腹板及翼板

　　當集中載重加在梁上或梁放在支承上時，由於集中作用力會使翼板與腹板接合處產生很大的壓應力，可能使腹板或翼板產生局部的降伏以致發生非彈性的不穩定。AISC及我國規範將這類可能發生的降伏或不穩定分為五類：(1) 翼板局部彎曲（Flange Local Bending）、(2) 腹板局部降伏（Web Local Yielding）、(3) 腹板壓皺（Web Crippling）、(4) 腹板側向壓屈（Web Sidesway Buckling）、(5) 腹板壓屈（Web Compression Buckling）。若梁所承受之集中載重作用方向與一翼板垂直並對稱於腹板者，其翼板與腹板之設計強度需滿足本節所規定之翼板局部彎曲、腹板局部降伏、腹板壓皺及腹板側向壓屈強度。若兩翼板均受集中載重，其腹板之設計強度需滿足本節所規定之腹板局部降伏、腹板壓皺及腹板壓屈。若在集中載重處，腹板兩側有成對之加勁板，且加勁板之長度不小於構材深度之半，且符合規範加勁板之規定者，無須檢查翼板之局部彎曲、腹板局部降伏及腹板壓皺 [4.7,4.8]。

(1) 翼板局部彎曲：此現象發生在集中力是為張力時，對於受張力之翼板，其集中載重（張力）不得超過下列之值：

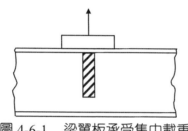

圖 4-6-1　梁翼板承受集中載重

$$\phi R_n \geq R_u \qquad (4.6.1)$$

$$\phi = 0.90$$

$$R_n = 6.25t_f^2 \times F_{yf} \qquad (4.6.2)$$

上列式中：

t_f：翼板厚

F_{yf}：翼板鋼料之降伏應力

若載重長度在翼板之橫方向小於 $0.15b_f$，則無須檢核公式（4.6.2）。當集中力大於上值時，必須使用一對橫向加勁板加在受張力翼板側，且至少延伸至梁深之一半以上。

(2) 腹板局部降伏：在集中載重下，腹板在角隅趾端之設計強度為 ϕR_n。

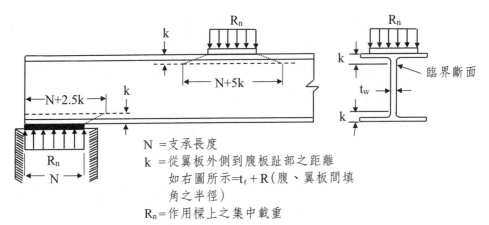

N =支承長度
k =從翼板外側到腹板趾部之距離
　　如右圖所示=t_f＋R（腹、翼板間填
　　角之半徑）
R_n=作用樑上之集中載重

圖4-6-2　梁腹板局部降伏

$$\phi R_n \geq R_u \; ; \; \phi = 1.0 \qquad (4.6.3)$$

當所受之力其作用點與構材端部之距離大於構材深，

$$R_n = (5k + N)F_{yw}t_w \qquad (4.6.4)$$

當所受之力作用於構材端部或靠近構材端，

$$R_n = (2.5k + N)F_{yw}t_w \qquad (4.6.4)$$

上列式中：

N：支承長度（cm）

k：翼板外側至腹板角隅趾端之距離（cm）

F_{yw}：腹板之標稱降伏應力（tf/cm^2）

t_w：腹板厚度（cm）

當採用橫向加勁板時，加勁板須與梁之翼板及腹板以銲接連結。橫向加勁板與腹板間之銲道須能傳遞加勁板與腹板間之應力。

(3) 腹板壓皺：對受集中載重之構材，其未加勁部分之腹板設計抗壓強度為 ϕR_n。

$$\phi R_n \geq R_u \; ; \; \phi = 0.75 \qquad (4.6.5)$$

AISC 規範：

當集中荷重作用在距構件端之距離大於或等於 d/2 時：

$$R_n = 0.8t_w^2[1 + 3(\frac{N}{d})(\frac{t_w}{t_f})^{1.5}]\sqrt{\frac{EF_{yw}t_f}{t_w}} \qquad (4.6.6)$$

當集中荷重作用在距構件端之距離小於 d/2：

(a) N/d ≤ 0.2，

$$R_n = 0.4t_w^2[1 + 3(\frac{N}{d})(\frac{t_w}{t_f})^{1.5}]\sqrt{\frac{EF_{yw}t_f}{t_w}} \qquad (4.6.7)$$

(b) $N/d > 0.2$，

$$R_n = 0.4t_w^2[1 + (\frac{4N}{d} - 0.2)(\frac{t_w}{t_f})^{1.5}]\sqrt{\frac{EF_{yw}t_f}{t_w}} \qquad (4.6.8)$$

我國極限設計規範：

當集中荷重作用在距構件端之距離大於或等於 d/2 時：

$$R_n = 36t_w^2[1 + 3(\frac{N}{d})(\frac{t_w}{t_f})^{1.5}]\sqrt{\frac{F_{yw}t_f}{t_w}} \qquad (4.6.9)$$

作用力作用於距構件端之距離小於 d/2：

(a) $N/d \leq 0.2$，

$$R_n = 18t_w^2[1 + 3(\frac{N}{d})(\frac{t_w}{t_f})^{1.5}]\sqrt{\frac{F_{yw}t_f}{t_w}} \qquad (4.6.10)$$

(b) $N/d > 0.2$，

$$R_n = 18t_w^2[1 + (4\frac{N}{d} - 0.2)(\frac{t_w}{t_f})^{1.5}]\sqrt{\frac{F_{yw}t_f}{t_w}} \qquad (4.6.11)$$

上列式中：

N：支承長度（cm）

F_{yw}：腹板之標稱降伏應力（tf/cm²）

t_w：腹板厚度（cm）

d：構材之全深（cm）

t_f：翼板厚度（cm）

(4)腹板側向壓屈：此現象只發生在受一集中壓力載重之構件，在承載位置其壓力翼板與張力翼板間並無足夠的拘束（側向支撐）以防止其產生相對位移。

$$\phi R_n \geq R_u ；\phi = 0.85 \qquad (4.6.12)$$

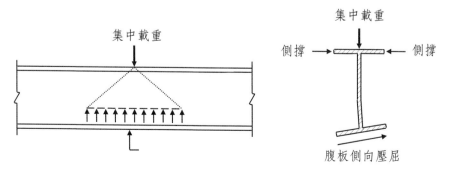

圖 4-6-3 梁腹板側向壓屈

(a) 受壓之翼板有轉動束制，且 $(h/t_w)/(L/b_f)$ 小於 2.3，

$$R_n = \frac{C_r t_w^3 t_f}{h^2}[1 + 0.4(\frac{h/t_w}{L/b_f})^3]$$ （4.6.13）

當 $\frac{(h/t_w)}{(L/b_f)} > 2.3$，此現象不會發生，無須檢核。

(b) 受壓之翼板無轉動束制，且 $(h/t_w)/(L/b_f)$ 小於 1.7，

$$R_n = \frac{C_r t_w^3 t_f}{h^2}[0.4(\frac{h/t_w}{L/b_f})^3]$$ （4.6.14）

當 $\frac{(h/t_w)}{(L/b_f)} > 1.7$，此現象不會發生，無須檢核。

上列式中：

L：在載重點兩翼之最大無側撐長度（cm）

b_f：翼板寬度（cm）

t_f：翼板厚度（cm）

t_w：腹板厚度（cm）

h：兩角隅趾端間之腹板淨深（cm）

　　銲接斷面 $h = (d - 2t_f)$

　　熱軋斷面 $h = (d - 2k)$

$C_r = 67600(tf/cm^2)[960,000 \text{ ksi}]$ 當載重點之 $M_u < M_y$

　　$= 33800(tf/cm^2)[480,000 \text{ ksi}]$ 當載重點之 $M_u \geq M_y$

當 $R_u \geq \phi R_n$ 時，則必須在張力翼提供足夠的側向支撐，或提供一對橫向加勁板在壓力側面至少延伸至梁深一半。

(5) 腹板之壓屈：當一對壓力載重同時在同一位置作用在構件的兩翼板的兩翼板時（上、下翼板），

$$\phi R_n \geq R_u \;;\; \phi = 0.90$$ （4.6.15）

AISC 規範：

$$R_n = \frac{24 t_w^3 \sqrt{EF_{yw}}}{h}$$ （4.6.16）

我國極限設計規範：

$$R_n = \frac{1100 t_w^3 \sqrt{F_{yw}}}{h}$$ （4.6.17）

上列式中：

F_{yw}：腹板之標稱降伏應力（tf/cm²）

t_w：腹板厚度（cm）

h：兩角隅趾端間之腹板淨深（cm）

銲接斷面 h = (d − 2t_f)

熱軋斷面 h = (d − 2k)

當施加之集中載重距梁端 0.5d 以內時，則公式（4.6.17）之 R_n 須折減 50%。當 R_u 超過上列限度，必須提供一個或一對橫向加勁材延伸至全梁深。

例 4-6-1

一根 H250×175×7×11 簡支梁，其支承反作用力為 4.5 tf 之靜載重及 9.0 tf 之活載重，支承混凝土 $f'_c = 210\,kgf/cm^2$，試依極限設計規範之規定，設計此梁之支承板，使用 SS400 鋼材。

解：

$R_u = 1.2×4.5 + 1.6×9.0 = 19.8$ tf

H250×175×7×11，d = 24.4，b_f = 17.5，t_w = 0.7，t_f = 1.1，R = 1.3，

k = R+t_f = 1.3+1.1 = 2.4

(1) 腹板局部降伏：

$\phi R_n \geq R_u$；$\phi = 1.0$；$R_n = (2.5k + N)F_{yw}t_w$

$(2.5k + N)F_{yw}t_w \geq R_u = 19.8$ tf

先依降伏公式：

需要之 $N \geq \dfrac{R_u}{F_y t_w} - 2.5k = \dfrac{19.8}{2.5×0.7} - 2.5×2.4 = 5.31$ cm

混凝土支承壓強度：$f_p = 0.85f'_c$；$\phi = 0.6$

$P_p = f_p A_1 \geq R_n \quad \Rightarrow \quad$ 需要之 $A_1 \geq \dfrac{R_n}{f_p} = \dfrac{19.8/0.6}{0.85×0.21} = 184.9$ cm^2

試用 12×18 cm (N×B) 之支承板，$A_1 = 216$ cm^2

$f_p = \dfrac{R_n}{N×B} = \dfrac{19.8/0.6}{12×18} = 0.153$ tf/cm^2 < $0.85f'_c = 0.179$ tf/cm^2 ……OK

(2) 腹板壓皺：

N/d = 12/24.4 = 0.492 >0.2

依 AISC-LRFD 規範：

$R_n = 0.4t_w^2 [1 + (4\dfrac{N}{d} - 0.2)(\dfrac{t_w}{t_f})^{1.5}]\sqrt{\dfrac{F_{yw}t_f}{t_w}}$

$= 0.4×0.7^2 ×[1 + (\dfrac{4×12}{24.4} - 0.2)(\dfrac{0.7}{1.1})^{1.5}]\sqrt{\dfrac{2040×2.5×1.1}{0.7}} = 33.29$ tf

$\phi R_n = 0.75 \times 33.29 = 24.97 \text{ tf} > R_u = 19.8 \text{ tf} \cdots\cdots OK\#$

依我國極限設計規範：

$$R_n = 18t_w^2[1+(4\frac{N}{d}-0.2)(\frac{t_w}{t_f})^{1.5}]\sqrt{\frac{F_{yw}t_f}{t_w}}$$

$$= 18 \times 0.7^2[1+(4\frac{12}{24.4}-0.2)(\frac{0.7}{1.1})^{1.5}]\sqrt{\frac{2.5 \times 1.1}{0.7}}$$

$$= 33.16 \text{ tf}$$

$\phi R_n = 0.75 \times 33.16 = 24.87 \text{ tf} > R_u = 19.8 \text{ tf} \cdots\cdots OK\#$

作用在支承板之最大彎矩：

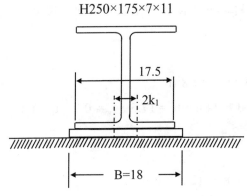

H250×175×7×11

圖 4-6-4　例 4-6-1 梁之支承板

$$q_u = \frac{R_u}{N \times B} = \frac{19.8}{12 \times 18} = 0.092 \text{ tf/cm}^2$$

$2k_1 = t_w + 2R = 0.7 + 2 \times 1.3 = 3.3$；

$\therefore k_1 = 1.65$

$$M_u = \frac{q_u(\frac{B}{2}-k_1)^2 N}{2} = \frac{1}{2} \times 0.092 \times (9.0-1.65)^2 \times 12 = 29.82 \text{ tf-cm}$$

$\phi M_n = \phi M_p = \phi ZF_y \geq M_u$

$$Z = \frac{Nt^2}{4}$$

$\therefore 0.9 \times \frac{12 \times t^2}{4} \times 2.5 \geq 29.82 \quad \Rightarrow \quad t = 2.1 \text{ cm}$

使用 t = 2.1 cm（B×N×t = 180×120×21）

4-7 撓度

　　梁之設計除了前述之強度要求外，另一重要要求就是使用性（Serviceability）。規範為了為確保結構物在日常使用中，不致發生功能失敗或結構損壞，一般都會訂定基本的使用性準則，以確保在正常使用下，建築物之功能、外觀、可維修性、耐久性及居住者的舒適感等，都能保持合乎要求之狀態。雖然結構物的功能不正常，並不見得會造成結構物崩塌或人員的傷亡，但卻會嚴重損及結構物的使用性，並可能導致昂貴的修復費用。由於高強度材料之使用日增，造成構件勁度變小。因此，使用性的檢核在鋼結構設計中是不可缺少的一環。一般鋼構建物大致由下列三項來衡量其使用性：(1) 局部損壞（局部降伏、壓屈、滑動或開裂），(2) 撓度或旋轉，(3) 由於風或暫態活載重引起之過度振動。在使用性檢核中須考慮之載重，包括有：(1) 永久性活載重、風力及地震力，(2) 人類活動如行走、跳舞等，(3) 溫度之變動，以及 (4) 建築物附近交通或內部機器運轉所引起的振動。使用性檢核之目標，為在適當的載重情況下結構物之合宜性能。結構物之反應通常假設為彈性，但對某些結構構材則必須依其長期載重行為來考量。要訂定一個通用的結構物使用性能之限制值是相當困難的一件事，因其受到結構類型、使用之用途以及主觀的心理反應等因素的影響很大。例如，精密製程的高科技廠房能容許之振動，將遠小於一般的辦公大樓。因此，規範只能訂定一般性的原則，對於有特殊需求的確切限制值必須由設計者及業主仔細考慮後決定。

　　本節主要是介紹梁撓度變形之檢核控制。在梁的設計過程，一般是先以梁的撓曲作用力來設計，選擇適當之梁斷面後，才檢核其剪力強度是符合規定，最後再檢核梁的撓度是否超過規範的容許值。一般鋼結構梁跨度較大，而其梁深反而比較小，因此其撓度問題，比鋼筋混凝土結構來得嚴重。常用梁之撓度公式如下：

1. 簡支梁跨度中央最大撓度：

均布載重　$\Delta_{max} = \dfrac{5wL^4}{384EI}$　　　　　　　　　　（4.7.1）

集中載重　$\Delta_{max} = \dfrac{PL^3}{48EI}$　　　　　　　　　　（4.7.2）

2. 懸臂梁懸臂端最大撓度：

集中載重　$\Delta_{max} = \dfrac{PL^3}{3EI}$　　　　　　　　　　（4.7.3）

均布載重　$\Delta_{max} = \dfrac{WL^4}{8EI}$　　　　　　　　　　（4.7.4）

3. 連續梁跨度中央最大撓度：對於承受均布載重連續梁之內跨，一般其所受之彎

矩圖如圖 4-7-1 所示。由彎矩平衡知

$$M_o = M_s + \frac{1}{2}\left(M_L + M_R\right) \qquad (4.7.5)$$

且　　$$M_o = \frac{1}{8}wL^2 \qquad (4.7.6)$$

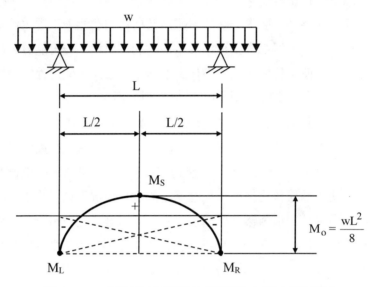

圖 4-7-1　承受均布載重之連續梁內跨之彎矩圖

根據 M_o、M_L 及 M_R 之彎矩圖，利用共軛梁法（Conjugate Beam Method），很快可求出跨度中央之變位量為：

$$\Delta_m = \Delta_o - \Delta_L - \Delta_R = \frac{5M_oL^2}{48EI} - \frac{M_LL^2}{16EI} - \frac{M_RL^2}{16EI}$$

$$= \frac{L^2}{48EI}\left[5M_o - 3\left(M_L + M_R\right)\right] \qquad (4.7.7)$$

將公式（4.7.5）代入（4.7.7）中，可得：

$$\Delta_m = \frac{L^2}{48EI}\left[5M_s + \frac{5}{2}\left(M_L + M_R\right) - 3\left(M_L + M_R\right)\right]$$

$$= \frac{5L^2}{48EI}\left[M_s - 0.1\left(M_L + M_R\right)\right] \qquad (4.7.8)$$

公式（4.7.8）可用來計算連續線跨度中央之變位值。其他各種不同載重情形之梁變位，一般可在各種結構設計手冊中查得，表 4-7-1 中列舉幾種常用者供參考。

表 4-7-1　各類支承梁之最大變位公式

編號	梁及載重類型	最大變位位置	最大變位值（Δmax）
1		在跨度中央	$\dfrac{5wL^4}{384EI}$
2		$X = 0.4215L$（距左支承）	$\dfrac{wL^4}{185EI}$
3		在跨度中央	$\dfrac{wL^4}{384EI}$
4		在懸臂端	$\dfrac{wL^4}{8EI}$
5		$X = 0.5193L$（距左支承）	$0.01304\dfrac{wL^3}{EI}$
6		在懸臂端	$\dfrac{PL^3}{3EI}$

表 4-7-1 各類支承梁之最大變位公式（續）

編號	梁及載重類型	最大變位位置	最大變位值（Δmax）
7		在跨度中央	$\dfrac{PL^3}{48EI}$
8		在跨度中央	$\dfrac{Pa}{24EI}\left(3L^2 - 4a^2\right)$
9		$X = 0.4472L$（距左支承）	$0.009317\dfrac{PL^3}{EI}$
10		在跨度中央	$\dfrac{PL^3}{192EI}$
11		$X = 0.472L$（距支承1）	$\dfrac{0.0092wL^4}{EI}$
12		$X = 0.446L$（距支承1或4）	$\dfrac{0.0069wL^4}{EI}$
13		$X = 0.440L$（距支承1或5）	$\dfrac{0.0065wL^4}{EI}$

以簡支梁承受均布載重爲例：

$$M = \frac{1}{8}WL^2$$

$$f = \frac{MC}{I}$$

$$C = \frac{d}{2}$$

則得
$$\Delta_{max} = \frac{10 \cdot f \cdot L^2}{48Ed} \tag{4.7.9}$$

依據 AISC 規範[4.7] 建議，對撓度之限度在文獻[4.12,4.13] 中有詳細介紹，對一般樓板，在折減後的活載重作用下，其最大撓度不得超過 L/360，對屋頂則以不得超過 L/240 爲原則。因爲對撓度超過 L/300 的變形（懸臂梁爲 L/150）是目視可觀察到的限度，且是可能造成建物裝修損傷及漏水的限度值。而且當撓度超過 L/200，則可能造成門窗等可動部分的操作困難。將 L/360 限度代入公式（4.7.9）則可得

$$\Delta_{max} = \frac{10 \cdot f \cdot L^2}{48Ed} \le \frac{L}{360} \tag{4.7.10}$$

$$\therefore \frac{L}{d} \le \frac{48E}{10 \times 360 \times f} = \frac{27.2}{f} \text{（使用 } E = 2040 \text{ tf/cm}^2） \tag{4.7.11}$$

將各種不同撓度限度及不同應力作用下之梁跨深比（L/d）關係詳如表 4-7-2：

表 4-7-2　不同撓度限度及不同應力作用下之梁跨深比（L/d）關係

Δ_{max}	L/d	L/d (f = 1.5 tf/cm^2)	L/d (f = 2.1 tf/cm^2)
L/360	27.2/f	18.1	13.0
L/300	32.6/f	21.7	15.5
L/240	40.8/f	27.2	19.4
L/200	49.0/f	32.7	23.3

根據我國極限設計規範[4.8] 對梁深跨比及撓度規定如下：

$$梁或板梁之深跨比：\frac{d}{L} \ge \frac{F_y}{56} \tag{4.7.12}$$

$$桁條梁之深跨比：\frac{d}{L} \ge \frac{F_y}{70} \tag{4.7.13}$$

廣大樓板面考慮由行人走動或其他原因引起之建築物內之振動，樓板上無其他隔間或其他震動阻滯設施時：$\dfrac{d}{L} \geq \dfrac{1}{20}$ （4.7.14）

由於活載重所產生之撓度：$\Delta_{max} \leq \dfrac{L}{500}$ （4.7.15）

吊車行走之梁：$\Delta_{max} \leq \dfrac{L}{500}$ （4.7.16）

電動吊車之梁：$\Delta_{max} \leq \dfrac{L}{800} \sim \dfrac{L}{1200}$ （4.7.17）

例 4-7-1

有一跨度長 12.8 m 之簡支梁，其上承載 0.75 tf/m 之靜載重（不含自重）及 1.5 tf/m 之活載重，假設全梁皆有充分之側向支撐，請依極限設計規範選用最輕之斷面，撓度要求：活載重之 $\Delta_{max} = L/360$，鋼材使用 A572 Grade50。

解：

預估梁自重 100 kgf/m：

$W_u = 1.2(0.75 + 0.1) + 1.6 \times 1.5 = 3.42$ tf/m

$M_u = \dfrac{1}{8} w_u L^2 = \dfrac{1}{8} \times 3.42 \times 12.8^2 = 70.04$ tf-m

以結實斷面設計：

$\phi_b M_p \geq M_u$

$\phi_b Z_x F_y \geq M_u$

需要之 $Z_x = \dfrac{M_u}{\phi_b F_y} = \dfrac{70.04 \times 100}{0.9 \times 3.5} = 2223.49$ cm³

撓度要求：

$M_L = \dfrac{1}{8} w_L L^2 = \dfrac{1}{8} \times 1.5 \times 12.8^2 = 30.72$ tf-m

$\Delta_L = \dfrac{5 w_L L^4}{384 EI} = \dfrac{5 M_L L^2}{48 EI} \leq \dfrac{L}{360}$

需要之 $I_x = \dfrac{5 M_L L^2}{48 E \Delta_L} = \dfrac{5 \times 30.72 \times 100 \times 1280^2}{48 \times 2040 \times 1280/360} = 72282$ cm⁴

H600×200×10×15	$Z_X = 2580$	$I_X = 66600$	$W_t = 92.4$
H600×200×11×17	$Z_X = 2900$	$I_X = 75600$	$W_t = 103$

（一）依 AISC-LRFD：

檢核：H600×200×11×17

$w_u = 1.2 \times (0.75 + 0.103) + 1.6 \times 1.5 = 3.424$ tf/m

$$M_u = \frac{1}{8} \times 3.424 \times 12.8^2 = 70.124 \text{ tf-m}$$

$$V_u = \frac{1}{2} \times 3.424 \times 12.8 = 21.914 \text{ tf}$$

檢核結實斷面：

$b_f = 20.0 \text{ cm} \quad d = 60.0 \text{ cm} \quad t_f = 1.7 \text{ cm} \quad t_w = 1.1 \text{ cm}$

$$\lambda = \frac{b_f}{2t_f} = \frac{20}{2 \times 1.7} = 5.88 < \lambda_p = 0.38\sqrt{\frac{E}{F_y}} = 0.38\sqrt{\frac{2040}{3.5}} = 9.17$$

$$\lambda = \frac{h}{t_w} = \frac{60 - 2 \times (1.7 + 1.3)}{1.1} = 49.09 < \lambda_p = 3.76\sqrt{\frac{E}{F_y}} = 90.78 \cdots\cdots \text{OK\#}$$

∴本斷面為結實斷面，又為有完全側撐

∴ $M_n = M_p$

$M_n = Z_x F_y = 2900 \times 3.5 = 10150 \text{ tf-cm} = 101.5 \text{ tf-m}$

$\phi M_n = 0.9 \times 101.5 = 91.35 \text{ tf-m} > 70.124 \cdots\cdots \text{OK\#}$

檢核剪力強度：無加勁板：$k_v = 5.0$

$\phi V_n \geq V_u$

$$2.24\sqrt{\frac{E}{F_y}} = 2.24\sqrt{\frac{2040}{3.5}} = 54.08$$

$$\frac{h}{t_w} = 49.09 < 54.08$$

∴ $V_n = 0.6F_{yw}A_wC_v = 0.6 \times 3.5 \times 60 \times 1.1 \times 1.0 = 138.6 \text{ tf}$

$\phi V_n = 1.0 \times 138.6 = 138.6 \text{ tf} > 21.914 \text{ tf} \cdots\cdots \text{OK\#}$

檢核撓度：

$$M_L = \frac{1}{8}W_L L^2 = 30.72 \text{ tf-m}$$

$$\Delta_{max} = \frac{5ML^2}{48EI} = \frac{5 \times 30.72 \times 100 \times 1280^2}{48 \times 2040 \times 75600} = 3.40 \text{ cm} < 3.56 \text{ cm}$$

$$(\frac{L}{360} = \frac{1280}{360} = 3.56 \text{ cm})$$

所以比較撓曲強度、剪力強度及撓度值本例為撓度控制斷面之設計。

（二）依我國極限設計規範：

檢核 H600×200×11×17：

$w_u = 1.2 \times (0.75 + 0.103) + 1.6 \times 1.5 = 3.424 \text{ tf/m}$

$$M_u = \frac{1}{8} \times 3.424 \times 12.8^2 = 70.124 \text{ tf-m}$$

$$V_u = \frac{1}{2} \times 3.424 \times 12.8 = 21.914 \text{ tf}$$

檢核結實斷面：

$b_f = 20.0 \text{ cm} \quad d = 60.0 \text{ cm} \quad t_f = 1.7 \text{ cm} \quad t_w = 1.1 \text{ cm}$

$\lambda = \dfrac{b_f}{2t_f} = \dfrac{20}{2 \times 1.7} = 5.88 < \lambda_p = \dfrac{17}{\sqrt{F_y}} = \dfrac{17}{\sqrt{3.5}} = 9.09$

$\lambda = \dfrac{h}{t_w} = \dfrac{60 - 2 \times 1.7}{1.1} = 51.45 < \lambda_p = \dfrac{170}{\sqrt{3.5}} = 90.9 \cdots\cdots \text{OK\#}$

∴本斷面爲結實斷面∴ $M_n = M_p$

$M_n = Z_x F_y = 2900 \times 3.5 = 10150 \text{ tf-cm} = 101.5 \text{ tf-m}$

$\phi M_n = 0.9 \times 101.5 = 91.35 \text{ tf-m} > 70.124 \cdots\cdots \text{OK\#}$

檢核剪力強度：無勁板：$k_v = 5.0$

$\phi V_n \geq V_u$

$50\sqrt{\dfrac{k_v}{F_{yw}}} = 50\sqrt{\dfrac{5.0}{3.5}} = 59.76$

$\dfrac{h}{t_w} = 51.45 < 59.76$

$\therefore V_n = 0.6 F_{yw} A_w = 0.6 \times 3.5 \times 60 \times 1.1 = 138.6 \text{ tf}$

$\phi V_n = 0.9 \times 138.6 \text{ tf} = 124.7 > 21.914 \text{ tf} \cdots\cdots \text{OK\#}$

檢核撓度：

$M_L = \dfrac{1}{8} W_L L^2 = 30.72 \text{ tf-m}$

$\Delta_{max} = \dfrac{5ML^2}{48EI} = \dfrac{5 \times 30.72 \times 100 \times 1280^2}{48 \times 2040 \times 75600} = 3.40 \text{ cm} < 3.56 \text{ cm}$

$(\dfrac{L}{360} = \dfrac{1280}{360} = 3.56 \text{ cm})$

所以比較撓曲強度、剪力強度及撓度值本例爲撓度控制斷面之設計。

4-8 雙向彎曲

本節仍針對斷面爲雙向對稱之 I 型斷面，對於不對稱斷面之雙向彎曲設計不在本節討論範圍。依材力公式，受雙向撓曲作用時，斷面內之最大撓曲應力爲

$$\sigma = \dfrac{M_x}{S_x} + \dfrac{M_y}{S_y} \qquad\qquad (4.8.1)$$

$$S_x = I_x / (d/2) \tag{4.8.2}$$

$$S_y = I_y / (b_f / 2) \tag{4.8.3}$$

依 AISC 設計規範 [4.7] 之交互影響公式，當軸力很小時：

當 $\dfrac{P_u}{\phi P_n} < 0.2$，

$$\frac{P_u}{2\phi P_n} + [\frac{M_{ux}}{\phi_b M_{nx}} + \frac{M_{uy}}{\phi_b M_{ny}}] \le 1.0 \tag{4.8.4}$$

當構件以梁設計時，則 $\dfrac{P_u}{\phi P_n} = 0$，公式（4.8.4）可寫成

$$\frac{M_{ux}}{\phi_b M_{nx}} + \frac{M_{uy}}{\phi_b M_{ny}} \le 1.0 \tag{4.8.5}$$

又

$$M_{nx} = S_x F_{cr,x} \le M_{p,x} = Z_x F_y \tag{4.8.6}$$

$$M_{ny} = S_y F_{cr,y} \le M_{p,y} = Z_y F_y \tag{4.8.7}$$

為了簡化設計，上列公式可採用

$$M_{nx} = S_x F_y \tag{4.8.8}$$

$$M_{ny} = S_y F_y \tag{4.8.9}$$

代入交互影響公式（4.8.5）得

$$\frac{M_{ux}}{\phi_b S_x F_y} + \frac{M_{uy}}{\phi_b S_y F_y} \le 1.0 \tag{4.8.10}$$

$$\frac{M_{ux}}{\phi_b S_x} + \frac{M_{uy}}{\phi_b S_y} \le F_y \tag{4.8.11}$$

$$\phi_b = 0.9$$

文獻 [4.4] 建議使用下式作為設計雙向撓曲梁之設計公式：

$$需要之 \quad S_x \ge \frac{M_{ux}}{\phi_b F_y} + \frac{M_{uy}}{\phi_b F_y}(\frac{S_x}{S_y}) \tag{4.8.12}$$

國內常見 H 型鋼斷面，其 S_x/S_y 之近似值，表列如下：

表 4-8-1　國內常見 H 型鋼斷面 S_x/S_y 近似值

H 型鋼斷面	S_x/S_y 值	H 型鋼斷面	S_x/S_y 值	H 型鋼斷面	S_x/S_y 值
H200×100	6.8	H400×200	6.8	H700×300	7.8
H200×200	3.0	H400×300	4.0	H700×400	5.1
H250×125	6.7	H400×400	3.0	H800×300	9.2
H250×250	3.0	H500×200	8.4	H800×400	6.1
H300×150	7.1	H500×300	5.1	H900×300	10.1
H300×200	4.7	H500×500	2.7	H900×400	7.2
H300×300	3.0	H600×200	10.5	H1000×300	11.5
H350×175	6.9	H600×300	6.4	H1000×400	8.3
H350×250	4.2	H600×400	4.3		
H350×350	2.9				

對於 H 型鋼也可依下列計算 S_x/S_y 值：

$$\frac{S_x}{S_y} = \frac{I_x(b_f/2)}{I_y(d/2)} = \frac{2b_f t_f(d/2)^2(b_f/2)}{2\times(t_f b_f^3/12)(d/2)} = 3.0\frac{d}{b_f} \qquad (4.8.13)$$

建議使用 $$\frac{S_x}{S_y} \approx 3.5\frac{d}{b_f} \qquad (4.8.14)$$

例 4-8-1

　　一梁斷面，在工作載重下承受靜載重彎矩 $M_x = 2.1$ tf-m，$M_y = 0.7$ tf-m，活載重彎矩 $M_x = 6.2$ tf-m，$M_y = 2.8$ tf-m，假設該梁有完全的側向支撐，請依我國極限設計規範要求，選擇最輕之熱軋 H 型鋼，$F_y = 3.5$ tf/cm^2。

解：

$M_{ux} = 1.2\times2.1 + 1.6\times6.2 = 12.44$ tf-m

$M_{uy} = 1.2\times0.7 + 1.6\times2.8 = 5.32$ tf-m

需要之 $S_x = \dfrac{M_{ux}}{\phi_b F_y} + \dfrac{M_{uy}}{\phi_b F_y}(\dfrac{S_x}{S_y})$

需要之 $S_x = \dfrac{12.44\times100}{0.9\times3.5} + \dfrac{5.32\times100}{0.9\times3.5}(\dfrac{S_x}{S_y}) = 394.92 + 168.89(\dfrac{S_x}{S_y})$

選擇 $S_x/S_y = 3\sim4$，則 $S_x = 900\sim1070$ cm^3，可用斷面如下：

斷面	S_x	S_y	S_x/S_y	W_t
H250×250×14×14	912	304	3.0	81.6
H300×300×12×12	1130	365	3.10	83.5
H350×350×8×12	1080	248	4.35	67.6
H400×200×7×11	999	145	6.89	56.1

先試 H350×350×8×12：

需要之 $S_x = 394.92 + 168.89 \times 4.35 = 1129.6 \text{ cm}^3$

$$> S_x = 1080 \text{ cm}^3 \cdots\cdots NG\#$$

再試 H250×250×14×14：

需要之 $S_x = 394.92 + 168.89 \times 3.0 = 901.59 \text{ cm}^3$

$$< S_x = 912 \text{ cm}^3 \cdots\cdots OK\#$$

∴選用 H250×250×14×14 斷面。

H250×250×14×14：$d = 25.0$，$b_f = 25.5$，$t_f = 1.4$，$t_w = 1.4$，$R = 1.3$，

$k = t_f + R = 2.7$，$Z_x = 1030$，$Z_y = 467$，$S_x = 912$，$S_y = 304$，

$$\lambda = \frac{b_f}{2t_f} = \frac{25.5}{2 \times 1.4} = 9.11 > \lambda_p = \frac{17}{\sqrt{F_y}} = \frac{17}{\sqrt{3.5}} = 9.09$$

$$\lambda_r = \frac{37}{\sqrt{F_y - F_r}} = \frac{37}{\sqrt{3.5 - 0.7}} = 22.11$$

∴翼板之 $\lambda_r > \lambda > \lambda_p$，本斷面為部分結實斷面：

$$\lambda = \frac{h}{t_w} = \frac{25 - 2 \times 2.7}{1.4} = 14 < \lambda_p = \frac{170}{\sqrt{3.5}} = 90.9$$

$$M_{nx} = M_{p,x} - (M_{p,x} - M_{r,x})\left[\frac{\lambda - \lambda_p}{\lambda_r - \lambda_p}\right] \leq M_{p,x}$$

$$M_{p,y} = Z_x F_y = 1030 \times 3.5 = 3605.5 \text{ tf-m} = 36.37 \text{ tf-m}$$

$$M_{r,x} = S_x(F_y - F_r) = 912(3.5 - 0.7) = 2553.6 \text{ tf-m} = 25.53 \text{ tf-m}$$

$$M_{nx} = 36.05 - (36.05 - 25.53)\left[\frac{9.11 - 9.09}{22.11 - 9.09}\right] = 36.03 \text{ tf-m}$$

$$M_{p,y} = Z_y F_y = 467 \times 3.5 = 1634.5 \text{ tf-m} = 16.34 \text{ tf-m}$$

$$M_{r,x} = S_y F_y = 304 \times 3.5 = 1064 \text{ tf-m} = 10.64 \text{ tf-m}$$

$$M_{ny} = 16.38 - (16.38 - 10.64)\left[\frac{9.11 - 9.09}{22.11 - 9.09}\right] = 16.33 \text{ tf-m}$$

$$\frac{M_{ux}}{\phi_b M_{nx}} + \frac{M_{uy}}{\phi_b M_{ny}} = \frac{12.44}{0.9 \times 36.03} + \frac{5.32}{0.9 \times 16.33} = 0.74 < 1.0$$

可以考慮用小一號斷面

試用 H350×250×8×12：$d = 33.6$，$b_f = 24.9$，$t_f = 1.2$，$t_w = 0.8$，$R = 1.3$，

$k = t_f + R = 2.5$，$Z_x = 1190$，$Z_y = 378$，$S_x = 1080$，$S_y = 248$，

$$\lambda = \frac{b_f}{2t_f} = \frac{24.9}{2 \times 1.2} = 10.38 > \lambda_p = \frac{17}{\sqrt{F_y}} = \frac{17}{\sqrt{3.5}} = 9.09$$

$$\lambda_r = \frac{37}{\sqrt{F_y - F_r}} = \frac{37}{\sqrt{3.5 - 0.7}} = 22.11$$

$\therefore$ 翼板之 $\lambda_r > \lambda > \lambda_p$，本斷面為部分結實斷面

$$\lambda = \frac{h}{t_w} = \frac{33.6 - 2 \times 2.5}{0.8} = 35.75 < \lambda_p = \frac{170}{\sqrt{3.5}} = 90.9$$

$$M_{nx} = M_{p,x} - (M_{p,x} - M_{r,x})\left[\frac{\lambda - \lambda_p}{\lambda_r - \lambda_p}\right] \le M_{p,x}$$

$$M_{p,x} = Z_x F_y = 1190 \times 3.5 = 4165 \text{ tf-m} = 41.65 \text{ tf-m}$$

$$M_{r,x} = S_x(F_y - F_r) = 1080(3.5 - 0.7) = 3042.8 \text{ tf-m} = 30.43 \text{ tf-m}$$

$$M_{nx} = 41.65 - (41.65 - 30.43)\left[\frac{10.38 - 9.09}{22.11 - 9.09}\right] = 40.54 \text{ tf-m}$$

$$M_{p,y} = Z_y F_y = 378 \times 3.5 = 1323 \text{ tf-m} = 13.23 \text{ tf-m}$$

$$M_{r,x} = S_y F_y = 248 \times 3.5 = 868 \text{ tf-m} = 8.68 \text{ tf-m}$$

$$M_{ny} = 13.23 - (13.23 - 8.68)\left[\frac{10.38 - 9.09}{22.11 - 9.09}\right] = 12.85 \text{ tf-m}$$

$$\frac{M_{ux}}{\phi_b M_{nx}} + \frac{M_{uy}}{\phi_b M_{ny}} = \frac{12.44}{0.9 \times 40.54} + \frac{5.32}{0.9 \times 12.00} = 0.80 < 1.0$$

所以使用 H350×250×8×12 斷面。

4-9 梁之設計——容許應力設計法

一、梁之容許彎曲應力

AISC 容許應力設計法基本上是以極限設計法公式求得其標稱撓曲強度 M_n，再將標稱撓曲強度除以安全係數 Ω_b 以得到容許撓曲強度如下：

$$M_a = \frac{M_n}{\Omega_b} \ge M \; ; \quad \Omega_b = 1.67 \tag{4.9.1}$$

或是以容許應力表示，則為

$$F_b = \frac{F_{cr}}{\Omega_b} \tag{4.9.2}$$

$$M_a = F_b S \qquad (4.9.3)$$

上列式中之 M_n 及 F_{cr} 則完全依照 4-3 及 4-4 節 AISC 相關公式計算。

因此，在本節主要以介紹我國容許應力設計規範[4.14]為主，因為目前我國容許應力設計規範仍然是根據上一版 AISC 的規定，採用與極限設計法不同的公式。有關各類鋼板寬厚比限制詳如表 4-9-1 所示。

（一）I 型或槽型斷面受強軸彎曲時：

　　(1)具結實斷面之構材符合下列 (a) 至 (c) 所有條件者，$F_b = 0.66F_y$

　　　　(a)具結實斷面（但不含鋼材 F_y 大於 4.55 tf/cm^2 之構材或混合梁）：

　　　　　　$\lambda \leq \lambda_p$

　　　　(b)翼板與腹板全部連續連接

　　　　(c)構材壓力翼緣之 $L_b \leq L_c$ ； L_c 取下列兩者之小值

$$L_c = \frac{20b_f}{\sqrt{F_y}} \qquad (4.9.4)$$

　　　　或

$$L_c = \frac{1400}{(d/A_f)F_y} \qquad (4.9.5)$$

　　　式中 A_f 為一片翼板之斷面積，即 $A_f = b_f t_f$。

表 4-9-1　我國容許應力設計規範規定受壓肢之寬厚比限制（F_y：tf/cm^2）[4.14]

構材		寬厚比	寬厚比限制		
			λ_{pd}	λ_p	λ_r
未加勁肢材	受撓曲之熱軋 I 型梁和槽型鋼之翼板	b/t	$14/\sqrt{F_y}$	$17/\sqrt{F_y}$	$25/\sqrt{F_y}$
	受撓曲之 I 型混合梁和銲接梁之翼板 [a]	b/t	$14/\sqrt{F_y}$	$17/\sqrt{F_y}$	$25/\sqrt{F_y/k_c}$ [b]
	受純壓力 I 型斷面之翼板，受壓桿件之突肢，雙角鋼之突肢，受純壓力槽型鋼之翼板	b/t	$14/\sqrt{F_y}$	$16/\sqrt{F_y}$	$25/\sqrt{F_y}$
	受純壓力組合斷面之翼板	b/t	$14/\sqrt{F_y}$	$16/\sqrt{F_y}$	$25/\sqrt{F_y/k_c}$ [b]
	單角鋼支撐或有隔墊之雙角鋼支撐之突肢；未加勁構件（即僅沿單邊有支撐）	b/t	$14/\sqrt{F_y}$	$16/\sqrt{F_y}$	$20/\sqrt{F_y}$
	T 型鋼之腹板	d/t	$14/\sqrt{F_y}$	$16/\sqrt{F_y}$	$34/\sqrt{F_y}$

表 4-9-1　我國容許應力設計規範規定受壓肢之寬厚比限制（F_y：tf/cm^2）（續）

構材		寬厚比	寬厚比限制		
			λ_{pd}	λ_p	λ_r
加勁肢材	矩形或方形中空斷面等厚度之翼板受撓曲或壓力，翼板之蓋板及兩邊有連續螺栓或銲接之膈板	b/t	$30/\sqrt{F_y}$	$50/\sqrt{F_y}$	$63/\sqrt{F_y}$
	全滲透銲組合箱型柱等厚度之翼板受撓曲或壓力	b/t	$45/\sqrt{F_y}$	$50/\sqrt{F_y}$	$63/\sqrt{F_y}$
	半滲透銲組合箱型柱等厚度之翼板受撓曲或純壓力	b/t	不適用	$43/\sqrt{F_y}$	$63/\sqrt{F_y}$
	受撓曲壓應力之腹板 [a]	h/t_w	$138/\sqrt{F_y}$	$170/\sqrt{F_y}$	$260/\sqrt{F_y}$
	受撓曲及壓力之腹板	h/t_w	當 $f_a/F_y \leq 0.16$，$\dfrac{138}{\sqrt{F_y}}\left[1-3.17\dfrac{f_a}{F_y}\right]$ 當 $f_a/F_y > 0.16$，$68/\sqrt{F_y}$	當 $f_a/F_y \leq 0.16$，$\dfrac{170}{\sqrt{F_y}}\left[1-3.74\dfrac{f_a}{F_y}\right]$ 當 $f_a/F_y > 0.16$，$68/\sqrt{F_y}$	$260/\sqrt{F_y}$
	其他兩端有支撐且受均勻應力之肢材	b/t h/t_w	不適用	不適用	$68/\sqrt{F_y}$
	圓形中空斷面受軸壓力	D/t	$90/F_y$	$145/F_y$	$232/F_y$
	圓形中空斷面受撓曲	D/t	$90/F_y$	$145/F_y$	$630/F_y$

[a] 混合斷面，取翼板之 F_y

[b] kc = $4.05/[(h/t)^{0.46}]$，當 h/t > 70；k_c = 1.0 當 h/t ≤ 70

(2) 具半結實斷面之構材：$\lambda_p < \lambda < \lambda_r$

　(a) I 型或槽型鋼：符合上述 (1) 之構材，但斷面翼緣爲半結實斷面者（不含鋼材 F_y 大於 4.55 tf/cm^2 之構材或組合斷面梁），其拉力外緣及壓力外緣之容許撓曲應力爲：

$$F_b = F_y[0.79 - 0.0075(\frac{b_f}{2t_f})\sqrt{F_y}] \qquad (4.9.6)$$

　(b) 組合斷面：符合上述 (1) 之組合斷面構材，但其斷面翼緣爲半結實斷面者（不含鋼材 F_y 大於 4.55 tf/cm^2 之構材或混合梁），其拉力外緣及壓力外緣之容許撓曲應力爲：

$$F_b = F_y[0.79 - 0.0075(\frac{b_f}{2t_f})\sqrt{\frac{F_y}{k_c}}] \qquad (4.9.7)$$

　　式中：

$$k_c = \frac{4.05}{\left(h/t_w\right)^{0.46}} \quad 當\ h/t_w > 70 \quad\quad （4.9.8）$$

$$= 1.0 \quad\quad 當\ h/t_w \leq 70$$

(c) 未包含於 (a)、(b) 之半結實斷面，其 $L_b \leq \dfrac{20b_f}{\sqrt{F_y}}$，且載重通過斷面剪力中心，其拉力外緣及壓力外緣之容許撓曲應力為：

$$F_b = 0.60F_y \quad\quad （4.9.9）$$

(3) $L_b > L_c$ 之結實或半結實斷面

拉力外緣： $\quad\quad\quad\quad F_b = 0.60F_y \quad\quad （4.9.10）$

壓力外緣：

(a) 斷面對稱於腹板且外力作用於腹板平面之撓曲構材，其壓力外緣之容許應力，其下列兩者之較大者（防止側向扭轉壓屈）但不得大於 $0.60F_y$。

(i) 當 $\sqrt{\dfrac{7160C_b}{F_y}} \leq \dfrac{L}{r_T} \leq \sqrt{\dfrac{35800C_b}{F_y}}$ ，

$$F_b = \left[\frac{2}{3} - \frac{F_y\left(\dfrac{L}{r_T}\right)^2}{107600C_b}\right]F_y \leq 0.6F_y \quad\quad （4.9.11）$$

當 $\dfrac{L}{r_T} > \sqrt{\dfrac{35800 \times C_b}{F_y}}$ ，

$$F_b = \frac{12000C_b}{(L/r_T)^2} \leq 0.6F_y \quad\quad （4.9.12）$$

(ii) 壓力翼緣如為實心矩形斷面，且其斷面積不少於拉力翼緣時：

$$F_b = \frac{840C_b}{Ld/A_f} \leq 0.6F_y \quad\quad （4.9.13）$$

(b) 槽型鋼受強軸彎曲時：

$$F_b = \frac{840C_b}{Ld/A_f} \quad\quad （4.9.14）$$

上列式中：

$$C_b = 1.75 + 1.05\left(\frac{M_1}{M_2}\right) + 0.3\left(\frac{M_1}{M_2}\right)^2 \leq 2.3 \quad\quad （4.9.15）$$

M₁、M₂ 為構材兩端之彎矩，較小者為 M₁，較大者為 M₂。

M_1/M_2 在雙曲率彎曲時為正值，單曲率彎曲時為負值。

r_T：包括壓力翼板及 1/3 受壓腹板面積所組成斷面對腹板中軸之迴轉半徑。

$$r_T = \sqrt{\frac{I_y/2}{(A_f + \frac{1}{6}A_w)}}$$

（二）I 型斷面對弱軸彎曲：

(1)雙對稱 I 型構材具結實斷面，其拉力外緣與壓力外緣之容許撓曲應力為：

$$F_b = 0.75F_y \qquad\qquad (4.9.16)$$

(2)半結實斷面，其拉力外緣與壓力外緣之容許撓曲應力為：

$$F_b = 0.60F_y \qquad\qquad (4.9.17)$$

對雙對稱工型構材（不含鋼材 F_y 大於 4.55 tf/cm²），其翼板符合半結實之要求且與腹板全部連續連接時，則其拉力外緣與壓力外緣之容許撓曲應力可依下式計算：

$$F_b = F_y[1.075 - 0.019(\frac{b_f}{2t_f})\sqrt{F_y}] \qquad\qquad (4.9.18)$$

當 I 型斷面之 $b_f/2t_f$ 介於$17/\sqrt{F_y}$ 與 $25/\sqrt{F_y}$ 之間時，其容許撓曲應力由 $0.75F_y$ 遞減至 $0.60F_y$。

（三）箱型、矩形及圓形鋼管受撓曲：

(1)符合下列 (a) 至 (e) 所有規範者，當構材受強軸或弱軸彎曲時，其拉力外緣與壓力外緣之容許撓曲應力為：

$$F_b = 0.66F_y \qquad\qquad (4.9.19)$$

(a)結實斷面

(b)翼板與腹板全部連續連成一體

(c)箱型斷面 $d/b_f \leq 6$

(d)箱型斷面 $t_f/t_w \leq 2$

(e)箱型斷面 $L_b \leq L_c = [137 + 84\frac{M_1}{M_2}]\frac{b}{F_y} \geq 84\frac{b}{F_y}$

(2)半結實斷面：

$$F_b = 0.60F_y \qquad\qquad (4.9.20)$$

二、容許剪應力

雖然結構鋼材之剪力降伏強度多介於 0.5～0.6 倍的鋼材拉伸降伏強度（理論值為 $F_y/\sqrt{3}$），但在 AISC 規範中，自 1923 年第一次發布以來，容許剪力降伏應力均取為 2/3 倍的基本容許張應力，故 $F_v = (2/3)(0.6F_y) = 0.4F_y$。$F_v = 0.4F_y$ 之規定雖然可以應用到梁腹板的全部區域，但是當腹板與翼板之接合處的長度明顯的小於腹板之深度時，則應審慎檢視此一規定之適用性 [4.14]。

當腹板深厚比 $h/t_w \leq 100/\sqrt{F_y}$ 時，腹板之容許剪應力為：

$$F_v = 0.40F_y \tag{4.9.21}$$

當腹板深厚比 $h/t_w \leq 100/\sqrt{F_y}$ 時，腹板之容許剪應力為：

$$F_v = \frac{F_y}{2.89}(C_v) \leq 0.40F_y \tag{4.9.22}$$

剪力面積取腹板淨深與腹板厚之乘積。上列式中
當 $C_v \leq 0.8$ 時，

$$C_v = \frac{3100K_v}{F_y(h/t_w)^2} \tag{4.9.23}$$

當 $C_v > 0.8$ 時，

$$C_v = \frac{50\sqrt{K_v/F_y}}{h/t_w} \tag{4.9.24}$$

當 $a/h \leq 1.0$ 時，

$$K_v = 4.0 + \frac{5.34}{(a/h)^2} \tag{4.9.25}$$

當 $a/h > 1.0$ 時，

$$K_v = 5.34 + \frac{4.0}{(a/h)^2} \tag{4.9.26}$$

a：垂直加勁板間之淨距
h：腹板介於兩翼板間之淨深度減去 2 倍趾部或角偶半徑之距離
若未使用垂直加勁板$a \approx \infty$，則取 $K_v = 5.34$。

例 4-9-1

重新設計例4-3-1，以我國容許應力設計法規範，使用熱軋 H 型鋼斷面：L = 6.0m，$W_D = 0.3$ tf/m，$W_L = 1.2$ tf/m，SS400 鋼材。

解：

$W = 0.3 + 1.2 = 1.5$ tf/m

$M = \dfrac{1}{8}WL^2 = \dfrac{1}{8} \times 1.5 \times 6^2 = 6.75$ tf-m

假設 $F_b = 0.66F_y = 0.66 \times 2.5 = 1.65$ tf/cm^2

需要之 $S_x = \dfrac{6.75 \times 100}{1.65} = 409.1$ cm^3

H300×150×5.5×8	$S_X = 424$	$W_t = 32.0$
H300×150×6.5×9	$S_X = 481$	$W_t = 36.7$
H200×200×8×12	$S_X = 472$	$W_t = 49.9$

試用 H300×150×5.5×8，d = 29.8，b_f = 14.9，t_w = 0.55，t_f = 0.8，S_x = 424，I_x = 6320，R = 1.3，

$b_f / 2t_f = 9.31 < \lambda_p = \dfrac{17}{\sqrt{F_y}} = 10.75$

$h / t = \dfrac{29.8 - 0.8 \times 2}{0.55} = 51.27 < \lambda_p = \dfrac{170}{\sqrt{F_y}} = 107.5$

∴為結實斷面，有完全側向支承，∴ $L_b \leq L_c$

$F_b = 0.66F_y = 1.65$ tf/cm^2

$M = SF_b = 424 \times 1.65 = 699.6$ t-cm = 6.996 tf-m

$W = 0.3 + 1.2 + 0.032 = 1.532$ tf/m

$\Rightarrow M = \dfrac{1}{8}WL^2 = 6.849$ tf-m < 6.996 tf-m

檢核剪力：

$f_v = \dfrac{V}{dt_w} = \dfrac{0.5 \times 1.532 \times 6}{29.8 \times 0.55} = 0.280$ tf/cm^2

$h / t_w = 46.5 < \dfrac{100}{\sqrt{F_y}} = 63.2$

$F_v = 0.4F_y = 0.4 \times 2.5 = 1$ tf/cm$^2 > f_v$ ……OK#

檢核撓度：

$\Delta_L = \dfrac{5W_L L^4}{384EI} = \dfrac{5 \times 0.012 \times (600)^4}{384 \times 2040 \times 6320} = 1.57 < \dfrac{L}{360} = 1.67$ cm ……OK#

∴斷面使用 H300×150×5.5×8。

例 4-9-2

重新設計例4-3-2，以我國容許應力設計法規範，使用熱軋H型鋼斷面：L = 8.0m，
W_D = 1.0 tf/m，W_L = 0.75 tf/m，A572 Grade65 鋼材。

解：

F_y = 65 Ksi = 4.55 tf/cm^2

W = 1.0 + 0.75 = 1.75 tf/m

$M = \frac{1}{8}WL^2 = \frac{1}{8} \times 1.75 \times 8^2 = 14.0$ tf-m

假設 $F_b = 0.66F_y = 0.66 \times 4.55 = 3.003$ tf/cm^2

需要之 $S_x = \frac{14.0 \times 100}{3.003} = 466.2$ cm^3

H300×150×5.5×8	S_X = 424	W_t = 32.0
H300×150×6.5×9	S_X = 481	W_t = 36.7
H250×175×7×11	S_X = 495	W_t = 43.6

選用 H300×150×6.5×9，

d = 300，b_f = 150，t_w = 6.5，t_f = 9.0，R = 13，S_x = 481，I_x = 7210

$\lambda = \frac{b_f}{2t_f} = \frac{15}{2 \times 0.9} = 8.33 > \lambda_p = \frac{17}{\sqrt{F_y}} = 7.97 \cdots\cdots$NG

$\lambda = \frac{h}{t_w} = \frac{30 - 2 \times 0.9}{0.65} = 43.38 < \lambda_p = \frac{170}{\sqrt{F_y}} = 79.7 \cdots\cdots$OK

翼板 $\lambda_r = \frac{25}{\sqrt{F_y}} = 11.72$

∴翼板之 $\lambda_r > \lambda > \lambda_p$，斷面為部分結實斷面。

因為梁為有完全側撐 ∴ $L_b \approx 0 \leq L_c$

$F_b = F_y[0.79 - 0.0075(\frac{b_f}{2t_f})\sqrt{F_y}]$

$\quad = 4.55 \times \left[0.79 - 0.0075 \times 8.33\sqrt{4.55}\right] = 2.988$

$M = S_x F_b = 481 \times 2.988 = 1437.2$ tf-m = 14.37 tf-m

W = 1.0 + 0.75 + 0.0367 = 1.787 tf/m

$\Rightarrow M = \frac{1}{8}WL^2 = 14.296$ tf-m < 14.37 tf-m $\cdots\cdots$ OK#

檢核剪力：

$f_v = \frac{V}{dt_w} = \frac{0.5 \times 1.787 \times 8}{30.0 \times 0.65} = 0.367$ tf/cm^2

$$h/t_w = 39.38 < \frac{100}{\sqrt{F_y}} = 63.2$$

$$F_v = 0.4F_y = 0.4 \times 4.55 = 1.82 \text{ tf/cm}^2 > f_v \text{ ······OK\#}$$

檢核撓度：

$$\Delta_L = \frac{5W_L L^4}{384EI} = \frac{5 \times 0.0075 \times (800)^4}{384 \times 2040 \times 7210} = 2.72 > \frac{L}{360} = 2.22 \text{ cm ······NG}$$

$$< \frac{L}{240} = 3.33 \text{ cm ······OK}$$

本斷面強度符合規範規定，但撓度超過規範規定，必須選用較大 I_x 之斷面。

例 4-9-3

以容許應力設計法，使用 SS400 鋼材及國內熱軋 H 型鋼，重新設計例 4-4-1：L = 8.0 m，P = 18 tf，W = 1.7 tf/m，四分點有側撐。

解：

$$M = \frac{1}{8} \times 1.7 \times 9^2 + \frac{1}{4} \times 18 \times 8 = 49.6 \text{ tf-m}$$

$$L_b = \frac{8}{4} = 2.0 \text{ m}$$

假設以結實斷面設計：

$$F_b = 0.66F_y = 0.66 \times 2.5 = 1.65 \text{ tf/cm}^2$$

需要之 $S_x = \dfrac{M}{F_b} = \dfrac{49.6 \times 100}{1.65} = 3006 \text{ cm}^3$

且 $L_b < \dfrac{20b_f}{\sqrt{F_y}} = 12.65b_f \quad \Rightarrow \quad b_f \geq 15.81 \text{ cm}$

$$< \frac{1,400}{(d/A_f)F_y} \quad \Rightarrow \quad d/A_f \leq 2.0$$

由標準斷面表：

斷面	S_x	b_f	d/A_f	W_t
H500×300×13×21	3310	30.2	0.78	147
H600×200×13×23	3310	20.2	1.32	132
H600×300×12×17	3400	30.0	1.14	133
H700×300×13×20	4870	30.0	1.15	163
H600×200×12×20	2920	20.1	1.50	118

試用 H600×200×13×23，d = 61.2，b_f = 20.2，t_w = 1.3，t_f = 2.3，I_x = 101000，R = 1.3

$$b_f / 2t_f = 4.39 < \lambda_p = \frac{17}{\sqrt{F_y}} = 10.75$$

$$h / t = \frac{61.2 - 2.3 \times 2}{1.3} = 56.6 < \lambda_p = \frac{170}{\sqrt{F_y}} = 107.5$$

∴為結實斷面

$$L_c = \frac{20b_f}{\sqrt{F_y}} = 256$$

$$L_c = \frac{1400}{(d / A_f)\sqrt{F_y}} = 670$$

∴$L_c = 256$ cm（可由附錄二查得 L_c 值）

∵$L_b < L_c = 256$ cm，所以為有側撐架

∴$F_b = 0.66F_y = 1.65$ tf/cm^2

$M = SF_b = 3382 \times 1.65 = 5580$ tf-m $= 55.80$ tf-m

$$M_{max} = \frac{1}{8}(1.7 + 0.132) \times 8^2 + \frac{1}{4} \times 18 \times 8 = 50.66 \text{ tf-m} < M = 55.80 \cdots\cdots OK$$

檢核剪力：

$$h / t_w = 56.6 < 100 / \sqrt{F_y} = 63.2$$

$$V = \frac{1}{2}(1.7 + 0.132) \times 8 + \frac{1}{2} \times 18 = 16.328 \text{ tf}$$

$$f_v = \frac{V}{dt_w} = \frac{16.328}{61.2 \times 1.3} = 0.205 \text{ tf/cm}^2 < 0.4F_y = 1.0 \text{ tf/cm}^2 \cdots\cdots OK\#$$

檢核撓度：

$$\Delta_{max} = \frac{5WL^4}{384EI} + \frac{PL^3}{48EI}$$

$$= \frac{5 \times 0.01832 \times 800^4}{384 \times 2040 \times 101000} + \frac{18.0 \times 800^3}{48 \times 2040 \times 101000}$$

$$= 0.474 + 0.932 = 1.406 \text{ cm} < \frac{L}{360} = 2.5 \text{ cm} \cdots\cdots OK\#$$

∴斷面使用 H600×200×13×23。

（例 4-4-1 使用 H600×200×10×20）

例 4-9-4

以容許應力設計法重新設計例 4-4-2。

有一 I 型組合梁如圖 4-9-1 所示，為一跨度 13.5 m 之簡支梁，在其三分點處皆有側

向支撐。如果該梁承載之靜載重 W_D 為 1.5 tf/m（含梁自重），求其能承載之活載重為何？F_y = 4.55 tf/cm^2。

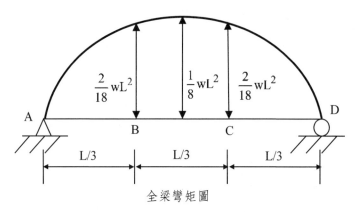

全梁彎矩圖

圖 4-9-1　例 4-9-4 全梁彎矩圖

解：

L = 13.5 m，L_b = 4.5 m，W_D = 1.5 tf/m，F_y = 4.55 tf/cm^2

依例 4-4-2：A = 180.8，I_x = 165426，S_x = 4781，I_y = 17069

$$r_T = \sqrt{\frac{I_y/2}{(A_f + \frac{1}{6}A_w)}} = \sqrt{\frac{17069/2}{(40 \times 1.6 + \frac{1}{6} \times 66 \times 0.8)}} = 10.83$$

$$L_c = \frac{20b_f}{\sqrt{F_y}} = 375.0$$

$$L_c = \frac{1,400}{(d/A_f)F_y} = \frac{1,400}{(69.2/64)4.55} = 284.6 \quad \longleftarrow \text{控制}$$

（各斷面之 L_c 及 r_T 值也可由附錄二查得）

L_b = 450 > L_c = 284.6 cm

由圖 4-9-1 得 $\overline{BC}$ 段 $\dfrac{M_1}{M_2} = -1$

$$C_b = 1.75 + 1.05\left(\frac{M_1}{M_2}\right) + 0.3\left(\frac{M_1}{M_2}\right)^2 = 1.0$$

$$L/r_T = 450/10.83 = 41.55 > \sqrt{\frac{7160 \times 1.0}{4.55}} = 39.67$$

$$< \sqrt{\frac{35800 \times 1.0}{4.55}} = 88.7$$

$$\therefore F_b = [\frac{2}{3} - \frac{F_y(L/r_T)^2}{107600C_b}]F_y$$

$$= [\frac{2}{3} - \frac{4.55 \times 41.55^2}{107,600 \times 1.0}]F_y = 0.594F_y = 2.7 \text{ tf/cm}^2$$

$$F_b = \frac{840 \times C_b}{Ld/A_f} = \frac{840 \times 1.0}{450 \times 69.2/64} = 1.726 \text{ tf/cm}^2$$

$$0.6F_y = 2.73 \text{ tf/cm}^2$$

使用 $F_b = 2.7 \text{ tf/cm}^2$

$$\therefore M = S_x F_b = 4781 \times 2.7 = 12909 \text{ tf-m} = 129.09 \text{ tf-m}$$

$$M_D = \frac{1}{8} \times 1.5 \times 13.5^2 = 34.17 \text{ tf-m}$$

$$M_L = 129.09 - 34.17 = 94.92 = \frac{1}{8}W_L \times 13.5^2$$

$$W_L = 4.17 \text{ tf/m}$$

檢核剪力：

$$\max V = 0.5 \times (1.5 + 4.17) \times 13.5 = 38.27 \text{ tf}$$

$$h/t = 66/0.8 = 82.5 > 100/\sqrt{4.55} = 46.88$$

無加勁板：$k_v = 5.34$

$$C_v = \frac{3100 \times 5.34}{4.55(82.5)^2} = 0.53 < 0.8 \cdots\cdots OK$$

$$\therefore F_v = \frac{F_y}{2.89} \times 0.53 = 0.183F_y = 0.83 \text{ tf/cm}^2$$

$$f_v = 38.27/(69.2 \times 0.8) = 0.691 \text{ tf/cm}^2 < f_v = 0.83 \text{ tf/cm}^2 \cdots\cdots OK\#$$

檢核撓度：

$$\Delta_{L,max} = \frac{5WL^4}{384EI} = \frac{5 \times 0.0417 \times 1350^4}{384 \times 2040 \times 165426} = 5.34 \text{ cm} > \frac{1350}{360} = 3.75 \text{ cm}$$

如果撓度要求控制在 L/360，

$$\frac{5W_L L^4}{384EI} = \frac{L}{360} = 3.75 \text{ cm}$$

$$W_L = \frac{3.75 \times 384EI}{5L^4} = \frac{3.75 \times 384 \times 2040 \times 165426}{5 \times 1350^4} = 0.0293 \text{ tf/cm}$$

$$= 2.93 \text{ tf/m}$$

$\therefore$最大允許活載重爲 2.93 tf/m$\cdots\cdots$#（例 4-4-2：$W_L = 3.56$ tf/m）

例 4-9-5

以容許應力設計法重新設計例 4-4-5，使用 SS 400 鋼材。

如圖 4-9-2 之梁，B 處之集中靜載重為 2.50 tf，集中活載重為 9.0 tf，D 處之集中靜載重為 1.8 tf，集中活載重為 3.5 tf，在支承及集中載重處有側向支撐。試以我國極限強度規範設計最輕之 H 型斷面，使用 A572 Grade50 鋼材。（忽略梁自重）

解：

計算最大彎矩：

P1 = 11.5 tf

P2 = 5.3 tf

$\max M_C = 5.3 \times 6.4 = 33.92$ tf-m

$\max M_B = \dfrac{11.5 \times 7.5 \times 8.5}{16.0} - \left[1.8 \times 6.5 \times \dfrac{7.5}{16.0}\right] = 40.34$ tf-m

$\min M_C = 1.8 \times 6.5 = 11.7$ tf-m

其彎矩圖如圖 4-9-2 所示。

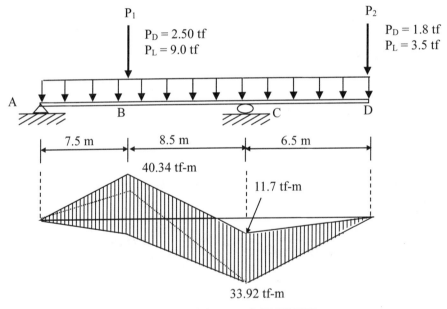

圖 4-9-2　例 4-9-5 全梁彎矩圖

本例之無側撐長度較長，$\overline{AB}$ 段 $L_b = 7.5$ m，$\overline{BC}$ 段 $L_b = 8.5$ m，$\overline{CD}$ 段 $L_b = 6.5$ m，因此 L_b 應該無法滿足 L_c 之規定。

$\overline{AB}$ 段：$C_b = 1.75 + 1.05(\dfrac{0}{40.34}) + 0.3(\dfrac{0}{40.34})^2 = 1.75$

$L_b/C_b = 4.29$ m

$\max M_B = 40.34$ tf-m

$\overline{BC}$ 段：$C_b = 1.75 + 1.05(\dfrac{11.7}{40.34}) + 0.3(\dfrac{11.7}{40.34})^2 = 2.08 < 2.3$

$L_b = 8.5$ m

$L_b/C_b = 4.08$ m

max $M_B = 40.34$ tf-m

與 $\overline{AB}$ 段相似。

使用 max $M_B = 40.34$ tf-m 及 $L_b/C_b = 4.29$ m 由「鋼結構設計手冊──容許應力法」[4.15] 之斷面選用圖，查得可能可用斷面如下：

H400×304×14×21(142.8 kgf/m)　　H478×208×17×28(149.9 kgf/m)

H440×300×11×18(124 kgf/m)　　H488×300×11×18(128.4 kgf/m)

H512×202×12×22(116 kgf/m)　　H494×302×13×21(150 kgf/m)

H606×201×12×20(120 kgf/m)　　H596×199×10×15(95 kgf/m)

檢核 H596×199×10×15，d = 59.6，b_f = 19.9，t_w = 1.0，t_f = 1.5，A = 117.8，S_x = 2240，I_y = 1980，

$A_f = 19.9 \times 1.5 = 29.85$

$A_w = (59.6 - 2 \times 1.5) \times 1.0 = 56.6$

$r_T = \sqrt{\dfrac{I_y/2}{(A_f + A_w/6)}} = \sqrt{\dfrac{1980/2}{(29.85 + 56.6/6)}} = 5.02$

$L_c = \dfrac{20b_f}{\sqrt{F_y}} = \dfrac{20 \times 19.9}{\sqrt{3.5}} = 213$

$L_c = \dfrac{1,400}{(d/A_f)F_y} = 200$ ← 控制　∴ $L_b > L_c$

（各斷面之 L_c 及 r_T 值也可由附錄二查得：L_c = 200，r_T = 5.02）

$\overline{AB}$ 段：

$L/r_T = 750/5.02 = 149.4 > \sqrt{\dfrac{35800 \times 1.75}{3.5}} = 133.8$

$F_b = \dfrac{12,000C_b}{(L/r_T)^2} = \dfrac{12000 \times 1.75}{(149.4)^2} = 0.941$ tf/cm²

$F_b = \dfrac{840 \times C_b}{L_c/A_f} = \dfrac{840 \times 1.75}{750 \times 59.6/29.85} = 0.982$ tf/cm² $< 0.6F_y = 2.1$ tf/cm²

使用 $F_b = 0.982$ tf/cm²

∴ $M = S_x F_b = 2240 \times 0.982 = 2200$ tf-m = 22.0 tf-m

< 40.34 tf-m ……NG#

重新選用 H512×202×12×22：

d = 51.2，b_f = 20.2，t_w = 1.2，t_f = 2.2，A = 146.0，S_x = 2520，I_y = 3030，I_x = 64400

$A_f = 20.2 \times 2.2 = 44.44$

$A_w = (51.2 - 2 \times 2.2) \times 1.2 = 56.16$

$r_T = \sqrt{\dfrac{I_y/2}{(A_f + A_w/6)}} = \sqrt{\dfrac{3030/2}{(44.44 + 56.16/6)}} = 5.31$

$L_c = \dfrac{20b_f}{\sqrt{F_y}} = \dfrac{20 \times 20.2}{\sqrt{3.5}} = 216$ $\quad\longleftarrow$ 控制

$L_c = \dfrac{1,400}{(d/A_f)F_y} = 347 \qquad \therefore L_b > L_c$

（查附錄二表得：$r_T = 5.31$，$L_c = 216$）

$\overline{AB}$ 段：

$L/r_T = 750/5.31 = 141.2 > \sqrt{\dfrac{35800 \times 1.75}{3.5}} = 133.8$

$F_b = \dfrac{12,000C_b}{(L/r_T)^2} = \dfrac{12000 \times 1.75}{(141.2)^2} = 1.05 \text{ tf/cm}^2$

$F_b = \dfrac{840 \times C_b}{Ld/A_f} = \dfrac{840 \times 1.75}{750 \times 51.2/44.44} = 1.70 \text{ tf/cm}^2 < 0.6F_y = 2.1 \text{ tf/cm}^2$

使用 $F_b = 1.70 \text{ tf/cm}^2$

$\therefore M = S_x F_b = 2520 \times 1.7 = 4284 \text{ tf-m} = 42.84 \text{ tf-m}$

$\qquad\qquad\qquad\qquad > 40.34 \text{ tf-m} \cdots\cdots \text{OK\#}$

$\overline{BC}$ 段：檢核 H512×202×12×22，$C_b = 2.08$，$L = 850$

$L/r_T = 850/5.31 = 160.07 > \sqrt{\dfrac{35800 \times 2.08}{3.5}} = 145.9$

$F_b = \dfrac{12,000C_b}{(L/r_T)^2} = \dfrac{12000 \times 2.08}{(145.9)^2} = 1.17 \text{ tf/cm}^2$

$F_b = \dfrac{840 \times 2.08}{Ld/A_f} = \dfrac{840 \times 2.08}{850 \times 51.2/44.44} = 1.78 \text{ tf/cm}^2 < 0.6F_y = 2.1 \text{ tf/cm}^2$

使用 $F_b = 1.78 \text{ tf/cm}^2$

$M = S_x F_b = 2520 \times 1.78 = 4486 \text{ tf-m} = 44.86 \text{ tf-m} > 40.34 \cdots\cdots \text{OK\#}$

$\overline{CD}$ 段：$C_b = 1.75$，$L = 650$，max $M = 33.92$ tf-m，與 $\overline{AB}$ 段及 $\overline{BC}$ 段比較，不用檢核，使用相同斷面 H512×202×12×22。

（例 4-4-5 使用 H450×300×10×15，$A = 132.0$）

檢核剪力：$R_A = \dfrac{(11.5 \times 8.5 - 5.3 \times 6.5)}{16.0} = 3.96 \text{ tf}$

$\qquad\qquad$ Rc $= 11.5 + 5.3 - 3.96 = 12.84$ tf

$\qquad\qquad$ max $V_C = 12.84 - 5.3 = 7.54$ tf

$\qquad\qquad$ max $V_A = 3.96$ tf

$\qquad\qquad$ $V = F_v A_v = 0.4 \times 3.5 \times 51.2 \times 1.2 = 86.0 \text{ tf} > 7.54 \text{ tf} \cdots\cdots \text{OK}$

檢核撓度：

在靜載重作用下：

$M_A = 0$

$M_C = 11.7 \text{ tf-m}$

$M_B = \dfrac{2.5 \times 7.5 \times 8.5}{16.0} - [1.8 \times 6.5 \times \dfrac{7.5}{16.0}] = 4.48 \text{ tf-m}$

在活載重及靜載重作用下：

$M_A = 0$

$M_C = 11.7 \text{ tf-m}$

$M_B = 40.34 \text{ tf-m}$

$$\Delta = \dfrac{5L^2}{48EI}[M_s - 0.1(M_a + M_b)]$$

$$\Delta_{DL} = \dfrac{5 \times 1600^2}{48 \times 2040 \times 64400}\left[4.48 \times 100 - 0.1 \times 11.7 \times 100\right] = 0.67 \text{ cm}$$

$$\Delta_{DL+LL} = \dfrac{5 \times 1600^2}{48 \times 2040 \times 64400}\left[40.34 \times 100 - 0.1 \times 11.7 \times 100\right] = 7.95 \text{ cm}$$

$$\Delta_{LL} = \Delta_{DL+LL} - \Delta_{DL} = 7.95 - 0.67 = 7.28 \text{ cm} > L/240 = 6.0 \text{ cm}$$

$$[\ \Delta_{LL} = \dfrac{PL^3}{48EI} = \dfrac{9.0 \times 1600^3}{48 \times 2040 \times 64400} = 5.85 \text{ cm}\ ]$$

所以本例題所選斷面無法符合規範撓度之要求，必須使用 I_x 較大斷面。如採用斷面 H494×302×13×21，d = 51.2，b_f = 30.2，t_w = 1.3，t_f = 2.1，A = 187.0，S_x = 3310，I_y = 9650，I_x = 81700。

$$\Delta_{DL} = \dfrac{5 \times 1600^2}{48 \times 2040 \times 81700}\left[4.48 \times 100 - 0.1 \times 11.7 \times 100\right] = 0.53 \text{ cm}$$

$$\Delta_{DL+LL} = \dfrac{5 \times 1600^2}{48 \times 2040 \times 81700}\left[40.34 \times 100 - 0.1 \times 11.7 \times 100\right] = 6.27 \text{ cm}$$

$$\Delta_{LL} = \Delta_{DL+LL} - \Delta_{DL} = 6.27 - 0.53 = 5.74 \text{ cm} < L/240 = 6.0 \text{ cm} \cdots\cdots\text{OK\#}$$

所以採用斷面 H494×302×13×21 其活載重變位可滿足小於 L/240 之要求。

三、承受集中載重之腹板及翼板——ASD

對承受集中載重作用時，其翼板與腹板之設計強度與極限設計法相同，需考慮下列五種狀況：(1) 翼板之局部彎曲、(2) 腹板局部降伏、(3) 腹板壓皺、(4) 腹板側向壓屈、(5) 腹板之壓屈。我國規範規定如下：

(1) 翼板之局部彎曲：構材承受集中載重處，若構材翼板之厚度小於下式之計算值

時，構材腹板兩側需設置加勁板，加勁板需延伸至梁腹至少一半之深度。

$$t = 0.4\sqrt{\frac{P_{bf}}{F_{yf}}} \qquad (4.9.27)$$

上列式中：

F_{yf}：翼板之降伏應力（tf/cm^2）

$P_{bf} = 5/3 \times$ 集中工作載重（DL+LL）（tf）

$P_{bf} = 4/3 \times$ 集中工作載重（DL+LL+（EL 或 WL））（tf）

若載重長度在翼板之橫方向小於 $0.15b_f$，b_f 爲翼板寬度，則無須檢核上述公式。當施加之集中載重距梁端在 10 倍翼板厚度以內，且其翼板厚度小於公式（4.9.27）值之兩倍時，則梁腹板兩側需設置加勁板。

(2) 腹板局部降伏：當在腹板與翼板交接處，由集中載重所造成之拉或壓應力大於 $0.66F_{yw}$ 時，腹板兩側需設置加勁板，加勁板需延伸至梁腹至少一半之深度。

當力作用點距構材端部之距離大於 d，

$$\frac{R}{t_w(N+5k)} \le 0.66F_{yw} \qquad (4.9.28)$$

當力作用點距構材端部之距離小於或等於 d，

$$\frac{R}{t_w(N+2.5k)} \le 0.66F_{yw} \qquad (4.9.29)$$

上列式中：

$F_{yw} =$ 腹板之標稱降伏應力（tf/cm^2）

$R =$ 集中載重（tf）

$N =$ 支承長度（cm）

$k =$ 翼板外側至腹板角隅趾端之距離（cm）

$t_w =$ 腹板厚度（cm）

(3) 腹板壓皺：受集中壓載重之梁，若壓載重大於下列公式之計算值，則腹板兩側需設置受壓式加勁板，加勁板需延伸至梁腹至少一半之深度。

當集中荷重距梁端大於 d/2，

$$R = 18.0t_w^2[1+3(\frac{N}{d})(\frac{t_w}{t_f})^{1.5}]\sqrt{\frac{F_{yw}t_f}{t_w}} \qquad (4.9.30)$$

當集中荷重距梁端小於 d/2，

當 $N/d \le 0.2$：

$$R = 9.0t_w^2[1+3(\frac{N}{d})(\frac{t_w}{t_f})^{1.5}]\sqrt{\frac{F_{yw}t_f}{t_w}} \qquad (4.9.31)$$

當 N/d > 0.2：

$$R = 9.0t_w^2[1+(\frac{4N}{d}-0.2)(\frac{t_w}{t_f})^{1.5}]\sqrt{\frac{F_{yw}t_f}{t_w}} \qquad (4.9.32)$$

上列式中：

F_{yw} = 腹板之標稱降伏應力（tf/cm²）

R = 集中載重（tf）

N = 支承長度（cm）

d = 構材之全深（cm）

t_f = 翼板厚度（cm）

t_w = 腹板厚度（cm）

(4) 腹板側向壓屈：受集中壓載重之構材，若壓載重大於下列公式之計算值，且構材翼板之相對側向位移未受拘束，則需設置受壓式加勁板或局部側向支撐。

(a) 受力翼板有轉動束制，且 $\frac{h/t_w}{L/b_f} \leq 2.3$：

$$R = \frac{480t_w^3}{h}[1+0.4(\frac{h/t_w}{L/b_f})^3] \qquad (4.9.33)$$

(b) 受力翼板無轉動束制，且 $\frac{h/t_w}{L/b_f} \leq 1.7$：

$$R = \frac{480t_w^3}{h}[1+0.4(\frac{h/t_w}{L/b_f})^3] \qquad (4.9.34)$$

h = d − 2k

上列式中：

R = 集中載重（tf）

L = 於載重點處，沿任一翼板之最大無支撐段長度（cm）

b_f = 翼板寬度（cm）

t_f = 翼板厚度（cm）

t_w = 腹板厚度（cm）

h = (d − 2k) = 兩角隅趾端間之腹板淨深（cm）

當 $\frac{h/t_w}{L/b_f}$ 分別大於 2.3 或 1.7，或腹板承受分布載重者，則無需檢核上列二式之規定。在集中載重處，若梁之撓曲應力 F_b 小於 0.6F_y，則上述公式內之 480 可以 960 代之。

(5) 腹板之壓屈：兩翼板均受集中壓力載重時，若構件全深 d 大於下式之計算值，

則腹板之兩側需設置受壓式加勁板。加勁板需延伸至整個梁腹深，加勁板與翼板需緊靠在一起，否則需設置足量之銲接。

$$d = \frac{1100t_w^3\sqrt{F_{yw}}}{P_{bf}}$$ （4.9.35）

上列式中：

F_{yw}：腹板之標稱降伏應力（tf/cm^2）

t_w：柱腹板厚度（cm）

$P_{bf} = 5/3 \times$ 集中工作載重（DL+LL）

$P_{bf} = 4/3 \times$ 集中工作載重（DL+LL+（EL 或 WL））

若所受集中載重位於構材端部 d/2 內，則上述公式中之 1100 應以 550 取代。

例 4-9-6

使用容許應力設計法重新設計例 4-6-1。

一 H250×175×7×11 之梁其支承反作用力為 4.5 tf 之靜載重及 9.0 tf 之活載重，支承混凝土 $f'_c = 210$ kgf/cm^2，試依設計此梁之支承板，使用 SS400 鋼材。

解：

R = 4.5 + 9.0 = 13.5 tf

H250×175×7×11：d = 24.4，b_f = 17.5，t_w = 0.7，t_f = 1.1，R = 1.3，k = 2.4

$$\frac{R}{t_w(N+2.5k)} \le 0.66F_y$$

$$N = \frac{R}{t_w \times 0.66F_y} - 2.5k = \frac{13.5}{0.70 \times 0.66 \times 2.5} - 2.5 \times 2.4 = 5.69 \text{ cm}$$

$$P_p = f_p A_1 \ge R \text{；} f_p \le F_p = 0.35f'_c$$

$$A_1 = \frac{R}{f_p} = \frac{R}{0.35 \times 210} = 184 \text{ cm}^2$$

試用 N×B = 11×18 cm 之支承板，A_1 = 198 cm^2

檢核腹板壓皺：

N/d = 11/24.4 = 0.451 > 0.2

$$R = 9.0t_w^2[1+(\frac{4N}{d}-0.2)(\frac{t_w}{t_f})^{1.5}]\sqrt{\frac{F_{yw}t_f}{t_w}}$$

$$= 9.0 \times 0.7^2[1+(\frac{4 \times 11}{24.4}-0.2)(\frac{0.7}{1.1})^{1.5}]\sqrt{\frac{2.5 \times 1.1}{0.7}}$$

$$= 15.86 > 13.5 \text{ tf} \cdots\cdots \text{OK\#}$$

$$f_p = \frac{13.5}{11 \times 18} = 0.068 \text{ tf/cm}^2 < 0.35f'_c = 0.0735 \text{ tf/cm}^2 \cdots\cdots \text{OK\#}$$

$2k_1 = t_w + 2R = 0.7 + 2 \times 1.3 = 3.3 \qquad \therefore k_1 = 1.65$

$M = \dfrac{1}{2} f_p (\dfrac{B}{2} - k_1)^2 N = \dfrac{1}{2} \times 0.068 \times (9.0 - 1.65)^2 \times 11 = 20.204 \text{ tf-cm}$

$F_b = 0.66 F_y = 1.65 \text{ tf/cm}^2$

需要之 $S_x = \dfrac{M}{F_b} = \dfrac{20.204}{1.65} = 12.24 \text{ cm}^3$

$\dfrac{Nt^2}{6} = 12.24$

需要之 $t = 2.58 \text{ cm}$

使用 $B \times N \times t = 180 \times 110 \times 26 \text{ mm}$ 之支承板。

（例 4-6-1 使用 $B \times N \times t = 180 \times 120 \times 21 \text{ mm}$）

四、雙向彎曲——ASD

依我國容許應力設計規範[4.14]，當不考慮軸力時之梁—柱交互影響公式如下：

$$\frac{f_{bx}}{F_{bx}} + \frac{f_{by}}{F_{by}} \leq 1.0 \tag{4.9.36}$$

又

$$f_{bx} = \frac{M_x}{S_x} \tag{4.9.37}$$

$$f_{by} = \frac{M_y}{S_y} \tag{4.9.38}$$

則

$$\frac{M_x / S_x}{F_{bx}} + \frac{M_y / S_y}{F_{by}} \leq 1.0 \tag{4.9.39}$$

此處 F_{bx} 為式（4.9.16）節所述之 F_{bx} 值。

$$F_{by} = 0.75 F_y$$

設計時可代下式估算所需之 S_x 值：

$$S_x \geq \frac{M_x}{F_{bx}} + \frac{M_y}{F_{by}}(\frac{S_x}{S_y}) \tag{4.9.40}$$

由上式可知，必須先預估 F_{bx} 及 $\dfrac{S_x}{S_y}$ 值。

例 4-9-7

以我國容許應力設計法重新設計例 4-8-1。

一梁斷面在工作載重下承受靜載重彎矩 M_x = 2.1 tf-m，M_y = 0.7 tf-m，活載重彎矩 M_x = 6.2 tf-m，M_y = 2.8 tf-m，假設該梁有完全的側向支撐，請依我國設計規範要求，選擇最輕之熱軋 H 型鋼，F_y = 3.5 tf/cm^2。

解：

F_y = 3.5 tf/cm^2

M_x = 2.1 + 6.2 = 8.3 tf-m

M_y = 0.7 + 2.8 = 3.5 tf-m

估計 $F_{bx} = 0.60F_y = 0.6 \times 3.5 = 2.1$ tf/cm^2

$F_{by} = 0.75F_y = 2.625$ tf/cm^2

需要之 $S_x = \dfrac{830}{2.1} + \dfrac{350}{2.625}(\dfrac{S_x}{S_y}) = 395 + 133.3(\dfrac{S_x}{S_y})$

選 $\dfrac{S_x}{S_y} = 3 - 4$

則需要之 S_x = 795～928 cm^3

可能選用之斷面如下：

斷面	S_x	S_y	S_x/S_y	W_t	
H250×250×9×14	860	292	2.96	71.8	
H350×250×8×12	1080	248	4.44	67.6	
H300×200×8×12	756	160	4.82	55.8	……NG
H350×175×7×11	771	112	6.92	49.4	……NG

試 H250×250×9×14：d = 25.0，b_f = 25.0，t_w = 0.9，t_f = 1.4，R = 1.3，

k = t_f + R = 2.7，S_x = 860，S_y = 292

$b_f / 2t_f = 8.93 < \lambda_p = \dfrac{17}{\sqrt{F_y}} = 9.087$

$h / t_w = \dfrac{25 - 2 \times 1.4}{0.9} = 24.67 < \lambda_p = \dfrac{170}{\sqrt{F_y}} = 90.87$

∴為結實斷面

$F_{bx} = 0.66F_y = 2.31$ tf/cm^2 > 原假設之 $0.6F_y$

$F_{by} = 0.75F_y = 2.625$ tf/cm^2

$f_{bx} = \dfrac{M_x}{S_x} = \dfrac{8.3 \times 100}{860} = 0.97$ tf/cm^2

$$f_{by} = \frac{M_y}{S_y} = \frac{3.5 \times 100}{292} = 1.199 \text{ tf/cm}^2$$

$$\frac{f_{bx}}{F_{bx}} + \frac{f_{by}}{F_{by}} \leq 1.0$$

$$\frac{0.97}{2.31} + \frac{1.199}{2.625} = 0.88 \leq 1.0 \quad \cdots\cdots \text{OK\#}$$

試用下一個較輕斷面

H350×250×8×12：

d = 33.6，b_f = 24.9，t_f = 1.2，t_w = 0.8，

R = 1.3，k = t_f + R = 2.5，S_x = 1080，S_y = 248

$$\lambda = \frac{b_f}{2t_f} = \frac{24.9}{2 \times 1.2} = 10.38 > \lambda_p = \frac{17}{\sqrt{F_y}} = \frac{17}{\sqrt{3.5}} = 9.09$$

$$\lambda_r = \frac{37}{\sqrt{F_y - F_r}} = \frac{37}{\sqrt{3.5 - 0.7}} = 22.11$$

∴翼板之 $\lambda_r > \lambda > \lambda_p$，本斷面為部分結實斷面：

$$\lambda = \frac{h}{t_w} = \frac{33.6 - 2 \times 1.2}{0.8} = 39.0 < \lambda_p = \frac{170}{\sqrt{3.5}} = 90.9 \quad \cdots\cdots \text{OK\#}$$

$$F_{bx} = F_y \left[0.79 - 0.0075(\frac{b_f}{2t_f})\sqrt{F_y} \right] = 3.5 \left[0.79 - 0.0075 \times 10.38\sqrt{3.5} \right] = 2.255$$

$$F_{by} = F_y [1.075 - 0.019(\frac{b_f}{2t_f})\sqrt{F_y}]$$

$$= 3.5 \times [1.075 - 0.019 \times 10.38 \times \sqrt{3.5}] = 3.5 \times 0.706 = 2.471 \text{ tf/cm}^2$$

$$f_{bx} = \frac{M_x}{S_x} = \frac{8.3 \times 100}{1080} = 0.769 \text{ tf/cm}^2$$

$$f_{by} = \frac{M_y}{S_y} = \frac{3.5 \times 100}{248} = 1.411 \text{ tf/cm}^2$$

$$\frac{f_{bx}}{F_{bx}} + \frac{f_{by}}{F_{by}} \leq 1.0$$

$$\frac{0.769}{2.255} + \frac{1.411}{2.471} = 0.912 < 1.0 \quad \cdots\cdots \text{OK\#}$$

本斷面使用 H350×250×8×12

（例 4-8-1 使用 H350×250×8×12）

參考文獻

4.1　S.P. Timoshenko and J.N. Goodier, Theory of Elasticity, 2nd Ed., McGraw-Hill, New York, 1951

4.2　S.P. Timoshenko & J.M. Gere, Mechanics of Materials, Van Nostrand Reinhold Company, New York, N.Y., 1972

4.3　T.V. Galambos, Ed., Guide to Stability Design Criteria for Metal Structures, 5th Ed., New York, John Wiley & Sons, 1998

4.4　C. G. Salmon & J. E. Johnson, Steel Structures – Design and Behavior, 4th Ed., Harper Collins Publishers Inc., 1997

4.5　AISC, Torsional Analysis of Steel Members, American Institute of Steel Construction, Inc., Chicago, IL, 1983

4.6　W.F. Chen & T. Atsuta, Theory of Beam-Columns, Vol.1, McGraw-Hill, New York, 1976

4.7　AISC360-10, Specification for Structural Steel Buildings, American Institute of Steel Construction, Inc., Chicago, IL, 2010

4.8　內政部，鋼構造建築物鋼結構設計技術規範（二）鋼結構極限設計法規範及解說，營建雜誌社，民國 96 年 7 月

4.9　中華民國結構工程學會，鋼結構設計手冊——極限設計法（LSD），科技圖書股份有限公司，2003

4.10　P.B. Cooper, T.V. Galambos & M.K. Ravindra, "LRFD Criteria for Plate Girders," *Journal of the Structural Division*, ASCE , Vol. 104, No. ST9, Sept. 1978, pp.1389-1407

4.11　K. Basler, "Strength of Plate Girders in Shear," Journal of the Structural Division, ASCE , Vol. 87, No. ST10, Oct. 1961, pp.151-180

4.12　T.V. Galambos & B. Ellingwood, "Serviceability Limit States: Deflections," Journal of the Structural Division, ASCE , Vol. 112, No. 1, Jan. 1986, pp.67-84

4.13　L.G. Griffis, "Serviceability Limit States Under Wind Load," Engineering Journal, AISC, Vol.30, No. 1, 1st Quarter, 1993, pp.1-16

4.14　內政部，鋼構造建築物鋼結構設計技術規範（一）鋼結構容許應力設計法規範及解說，營建雜誌社，民國 96 年 7 月

4.15　中華民國結構工程學會，鋼結構設計手冊——容許應力法（ASD），科技圖書股份有限公司，1999

習題

4-1 試解釋下列在梁設計中常使用名詞及係數之主要涵義：

　　(a) 結實斷面（Compact Section）

　　(b) 非結實斷面（Noncompact Section）

　　(c) 部分結實斷面（Partially Compact Section）

　　(d) 細長肢斷面（Slender Section）

　　(e) 無側撐長度（Unbraced Length）

　　(f) 側向扭轉壓屈（Lateral-Torsional Buckling）

　　(g) 彎曲係數（Moment Coefficient C_b）

4-2 何謂形狀因子（Shape Factor）？針對強軸撓曲，試排列以下四個斷面之形狀因子大小順序：(a) I 型斷面，(b) 箱型斷面，(c) 圓形斷面，(d) 矩形斷面（可不必計算，但要說明原因：I 型與箱型斷面板厚相同，圓形及矩形為實心）。

4-3 請說明鋼骨結實斷面（Compact Section）與局部壓屈（Local Buckling）有何相關性？

4-4 請說明鋼梁發生側向扭轉壓屈（Lateral Torsional Buckling, LTB）之原因為何？

4-5 影響鋼梁發生側向扭轉壓屈之主要參數為何？

4-6 有一 H 型鋼梁，斷面標示為 H600×300×12×20（mm），試求出：(a) 斷面強軸之慣性矩 I_x = ？(b) 斷面弱軸之迴轉半徑 r_y = ？(c) 斷面強軸之塑性斷面模數 Z_x = ？(d) 斷面強軸之塑性彎矩強度 M_p = ？tf-cm（若鋼材降伏應力 F_y = 3.5 tf/cm^2）

4-7 試用 LRFD 法計算 (a)～(c) 之設計彎曲強度（Design Bending Strength）$\phi_b M_n$，梁斷面為 H700×200×12×25（尺寸 d × b_f × t_w × t_f 之單位為 mm），F_y = 3.5 tf/cm^2，條件為：(a) 梁全長均有側向支撐。(b) 側向支撐長度為 5 m 及 C_b = 1。(c) 側向支撐長度為 8 m 及 C_b = 1.7。

4-8 採極限設計法（LRFD）分析下圖 H500×200×9×14 梁之強軸彎曲設計強度，梁之側向支撐位於支承及集中載重作用處，集中活載重作用於梁之三等分點。（忽略梁自重）（若鋼材降伏應力 F_y = 2.5 tf/cm^2）

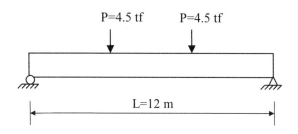

4-9 有一跨度為 8.5 m 之簡支 I 型組合梁如下圖所示（有完全側向支撐），(a) 試依我國極限設計規範規定，求其能承載之最大均布作用載重？(b) 試依 AISC-LRFD 規範規定，求其能承載之最大均布作用載重？其中 20% 為靜載重，80% 為活載重。鋼料為 A572 Grade 50。

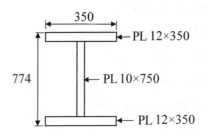

4-10 一 I 型鋼梁承受均布重 W，梁長 8m，側向有支撐，設不計梁重，試依 (a) 我國極限設計規範，(b) AISC-LRFD 規範，求其容許載重 W，並檢核之。鋼料為 A36。

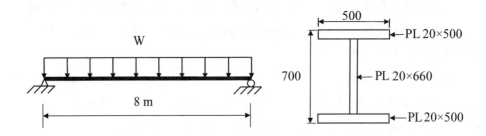

4-11 如下圖所示鋼梁，採用 A36 之 H 型鋼（H500×200×10×16）。假設鋼梁在 a、b、c 三點之側向均有側撐，且梁承受均布載重 w 之橫向力，如圖所示，試依 (a) 我國極限設計規範，(b) AISC-LRFD 規範，求梁構材所能承受之標稱彎矩（Nominal Moment Capacity）M_n。

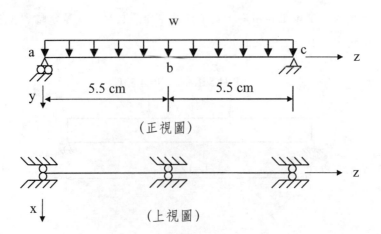

4-12 下圖所示熱軋 H350×250×9×14（塑性設計斷面）之簡支梁，受均布靜載重 $W_D = 1.5$ tf/m（包括自重）和活載重 $W_L = 15$ tf/m 之作用，並於構材支承點和梁跨中點之弱軸方向有側撐。(a) 試根據極限設計法檢核此構材之強度是否足夠。(b) 若梁之腹板不配置加勁板，則梁端支承處的承壓板最少需要多長？鋼料 $F_y = 2.50$ tf/cm^2。

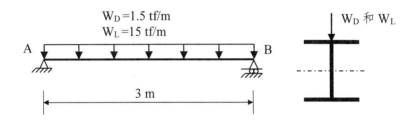

4-13 如下圖所示之兩端固定梁，跨度 9 m，距左端 3 m 處承受 50 tf 之集中活載重。試以 AISC-LRFD 規範，檢核採用 H600×200×11×17 型鋼時，彎矩強度是否足夠。靜載重可不予考慮，鋼料 $F_y = 2.50$ tf/cm^2。（假設梁有充分側支撐，且梁斷面滿足塑性結實斷面之要求）

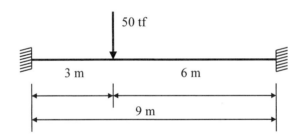

4-14 有一鋼梁，右端為固定左端為簡支，距左端 4 m 處承受一設計載重 P_u（Factored Load），在 A、B、C 點各有側向支撐，其彎矩（強軸）如附圖所示。使用 A36 鋼材，斷面為 H450×200×8×12 型鋼。假設不考慮梁之剪力檢核，試根據 (a) 我國極限設計規範，(b) AISC-LRFD 規範，求其最大設計載重 P_u 為何？

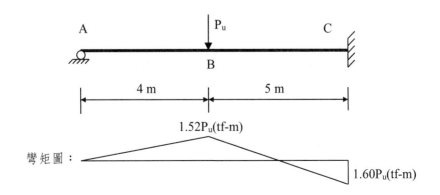

4-15 圖示之 H600×200×10×15 梁，鋼料為 A36（$F_y = 2.50$ tf/cm²），該梁只在兩支承端及集中載重位置有充分側向支撐，若不計梁之自重，試以 AISC-LRFD 檢核該梁之最大容許載重 P = ?（梁受強軸彎矩）

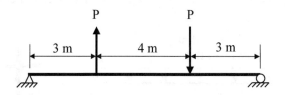

4-16 如下圖所示為一端固定，另一端為輥承（Roller）之鋼梁，該梁所能承受之塑性力矩為 M_p，若斷面為 H500×200×9×14，採用 A36 鋼材，$F_y = 2.50$ tf/cm²，梁長度 L = 850 cm，其受壓翼緣有充分側向支撐，並且側向支撐位置在端點及梁中央處。試依我國極限設計規範 (a) 檢核是否合乎規範塑性設計之要求。(b) 試求到達形成破壞機構（Mechanism）前，該梁能承受之屈服力 P_y 及屈服彎矩 M_y 值。(c) 求到達破壞機構時其極限破壞力 P_u 值。

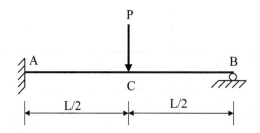

4-17 有一靜不定鋼梁，兩端分別為固接與簡支，鋼梁斷面為 T 型，使用鋼材 $F_y = 2.5$ tf/cm²，$F_u = 4.1$ tf/cm²。假設鋼梁有足夠側向支撐且為結實斷面。試以塑性設計法（Plastic Design），僅考慮撓曲強度，計算鋼梁所能承受之因數化載重 W_u（不考慮鋼梁自重）。

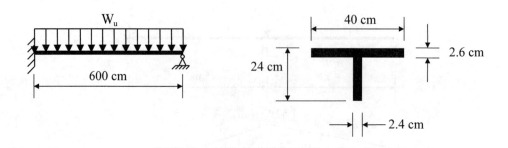

4-18 一梁結構如下圖所示,試求塑性鉸位置、降伏彎矩 M_y、塑性彎矩 M_p 以及極限載重 P_p。

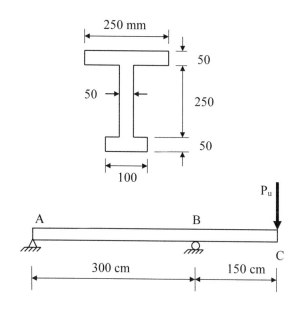

4-19 下列哪些薄壁斷面的翹曲常數(Warping Constant, C_w)為零或可視為零?

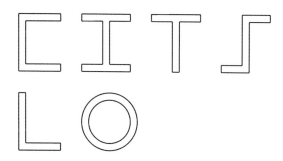

4-20 某簡支梁的跨中(即 L/2 處)承受集中載重 P,側支撐在梁的兩端,根據 (a) AISC-LRFD 規範的規定,(b) 我國極限設計規範,其 C_b 為何?

4-21 $C_b = 1.75 + 1.05(M_1/M_2) + 0.3(M_1/M_2)^2 \leq 2.3$:(a) M_1 及 M_2 分別代表什麼?(b) M_1/M_2 的正負符號如何決定?

4-22 如下圖所示四懸臂梁之斷面長度皆相同,此外四梁皆強軸承受彎矩且僅固定端有側向支撐。在不同之載重型態下,僅考慮梁側向扭轉挫屈(Lateral Torsional Buckling)時,各梁固定端彎矩強度之大小順序為何?

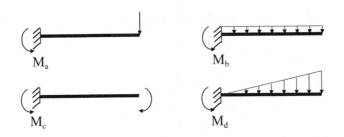

4-23 一承受均布載重簡支梁（A36, H800×300×14×22）如下圖所示，試利用 AISC-LRFD 相關公式，(a) 檢核梁斷面是否為 Compact？(b) 試求梁 L = 3.0 m 及 6.0 m 之彎矩強度（假設梁無側撐）。

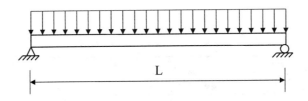

4-24 有一兩跨連續梁在支承點（A、C、E）及集中載重點（B、D）提供側向支撐、其支承點反力與載重情況如圖所示，已知在 B、D 點（跨距中點）之正彎矩為 7.10 tf-m，在 C 點之負彎矩為 13.29 tf-m，斷面為 H450×200×10×17 型鋼且為結實斷面，鋼材降伏強度 $F_y = 3.5$ tf/cm² ，假設不考慮梁之剪力檢核，不考慮正負彎矩重新分配問題。試依 AISC-LRFD 規範，檢核該梁。

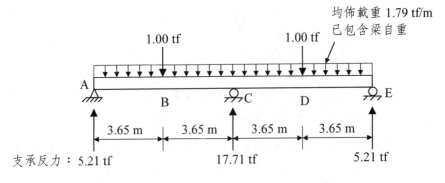

4-25 某鋼梁（H800×350×12×25）長 8 m，其斷面如圖所示，使用 A36 鋼（$F_y = 2.5$ tf/cm²，$F_u = 4.1$ tf/cm²），並於梁中央置側向支撐。此梁承受靜載重（W_D），活載重（W_L）及地震力（W_{Eq}）之最大彎矩分別為 $M_D = 30$ tf-m，$M_L = 48$ tf-m，$M_{Eq} = 125$ tf-m，其承受之剪力分別為 $V_D = 16$ tf，$V_L = 26$ tf，$V_{Eq} = 31$ tf。若使用之載重組合為 $1.2W_D + 0.5 W_L + W_{Eq}$，試依 AISC-LRFD 規範，檢核此梁之斷面是否合適。

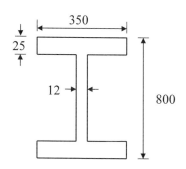

4-26 有一跨度為 1.5 m 之簡支梁，只有在支承處有側向支撐，其上承受均布靜載重 W_D 為 12 tf/m（不含梁自重），均布活載重 W_L 為 18 tf/m。試依 (a) 我國極限設計規範規定，(b) AISC-LRFD 設計規範規定，選用最輕之 H 型鋼，鋼料為 SS400。

4-27 有一跨度為 16.5 m 之簡支梁（有完全側向支撐），其上承受均布靜載重 W_D 為 0.3 tf/m（不含梁自重），均布活載重 W_L 為 1.2 tf/m。試依 (a) 我國極限設計規範規定，(b) AISC-LRFD 設計規範規定，選用最輕之 H 型鋼，鋼料為 SS400。

4-28 有一簡支梁如下圖所示，只有在支承及懸臂端有側向支撐。試依我國極限設計規範規定選用最輕之 H 型鋼，鋼料為 SS400。

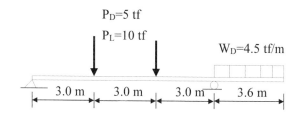

4-29 有一跨度為 9.0 m 之簡支梁如下圖所示，在集中載重及支承處皆有側向支撐。試依我國極限設計規範規定選用最輕之 H 型鋼，鋼料為 SS400。

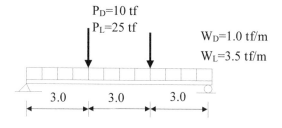

4-30 有一跨度為 2.0 m 之簡支梁如下圖所示，只有在支承處有側向支撐，在距左支承 0.75 m 處有一梁上柱，承載 35 tf 之靜載重及 90 tf 之活載重。試依我國極限設計規範規定檢核該梁之適用性（包括撓曲、剪力及集中作用力）。鋼料為 SS400。

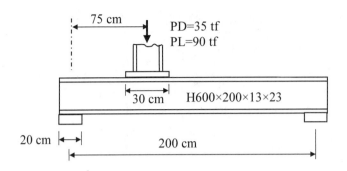

4-31 設計鋼梁時，常要計算 $\dfrac{L}{r_T}$ 值，試問其目的何在？其中 L 及 r_T 值如何決定？

4-32 以我國容許應力設計規範，重新計算習題 4-7。

4-33 以我國容許應力設計規範，重新計算習題 4-8。

4-34 以我國容許應力設計規範，重新計算習題 4-9。

4-35 以我國容許應力設計規範，重新計算習題 4-10。

4-36 以我國容許應力設計規範，重新計算習題 4-11。

4-37 以我國容許應力設計規範，重新計算習題 4-12。

4-38 以我國容許應力設計規範，重新計算習題 4-13。

4-39 以我國容許應力設計規範，重新計算習題 4-14。

4-40 以我國容許應力設計規範，重新計算習題 4-15。

4-41 以我國容許應力設計規範，重新計算習題 4-23。

4-42 以我國容許應力設計規範，重新計算習題 4-24。

4-43 以我國容許應力設計規範，重新計算習題 4-25，載重組合為 $0.75\left(W_D + W_L + W_{Eq}\right)$。

4-44 以我國容許應力設計規範，重新設計習題 4-26。

4-45 以我國容許應力設計規範，重新設計習題 4-27。

4-46 以我國容許應力設計規範，重新設計習題 4-28。

4-47 以我國容許應力設計規範，重新設計習題 4-29。

4-48 以我國容許應力設計規範，重新設計習題 4-30。

第 5 章

梁—柱

5-1 概論

在實際結構系統中，如前面幾章所述的桿件只受到純軸力（張力或壓力）或純彎曲力矩的情況非常少，幾乎所有的桿件都是同時受到兩種力量的作用──軸力與彎矩。當兩種力量差距很大時，例如軸力非常小至其影響可忽略不計時，則該桿件可以受撓曲桿件──梁來設計。反過來，如彎曲力量很小至可忽略不計時，則該桿件可以壓力桿件來設計。而當兩種力量都不可忽視時，這種同時受軸力及彎曲力矩的桿件即是本章要談的梁─柱桿件，如圖 5-1-1 所示之直立桿件。

圖 5-1-1　房屋結構之梁─柱構件

對梁─柱桿件之分析與設計，前面幾章所討論的理論及公式都可適用於本章。當桿件所受到軸力為張力時，一般桿件不穩定的趨勢將減少而由材料的降伏來控制設計。但當軸力為壓力時，由於又加上彎矩的作用，構件不穩定的趨勢將大增，而且會產生所謂的二次彎矩（Secondary Moment）。因此，一般在討論梁─柱問題時都是針對軸力為壓力的狀況。有關梁─柱構件的理論發展過程在文獻 [5.1-5.7] 中有詳細的介紹。在早期的研究，都侷限在材料彈性範圍，之後由於電腦科技的進步，材料的非線性、殘餘應力及起始變形等對梁─柱構件強度之影響，也都逐一被探討研究。

梁─柱構件承載強度之影響因素相當多，從載重的類型與組合、構件的形狀（包括斷面及細長程度）及瑕疵（如殘餘應力及起始平直度等）等等，皆會影響其承載強度 [5.6]。梁─柱之破壞模式一般可分為下面幾類 [5.8]：

1. 軸張力加上彎矩，破壞大部分是由於材料的降伏。

2. 軸壓力加上單軸彎曲，破壞是發生在彎曲平面上產生不穩定，無扭轉產生（無扭轉壓屈行為）。

3. 軸壓力加上強軸方向的彎曲，其破壞模式是側向扭轉壓屈破壞。

4. 軸壓力加上雙軸向彎曲，但斷面扭轉勁度大，其破壞將是在一主應力方向產生不穩定。

5. 軸壓力加上雙軸向彎曲，為斷面扭轉勁度小之薄壁開槽斷面，其破壞將在扭轉勁度較小之軸產生扭轉加彎曲的破壞。

6. 軸壓力加上雙軸向彎曲及扭力，當斷面剪力中心不在彎曲面上時，其破壞模式將是扭轉加上彎曲。

如上所述，梁─柱之破壞模式有很多種可能，因此無法以一簡單設計步驟來涵蓋所有可能的破壞行為。基本上，在設計時可依下類三種方式之一來進行：

(1) 限制組合應力（Limitation on Combined Stress），(2) 以工作應力為基礎的半經驗交互公式（Semi-empirical Interaction Formulas），(3) 以強度為基礎的半經驗交互公式。在使用限制組合應力法時，必須確定構件的不穩定不會發生，否則該法無法提供適當的安全條件。目前各國之設計規範，主要以後兩者為主，因為這兩種方式比較能反應真正的構件行為，一般常見的不穩定的現象，都已被考慮在交互影響公式內[5.6]。本章之介紹，主要交互影響公式為主。

5-2 強度交互影響公式

一般交互影響公式之表示式如公式（5.2.1）及圖 5-2-1 所示[5.6]，在圖 5-2-1 中實線代表理論值，虛線為簡化後的線性近似值。

$$f(\frac{P}{P_n}, \frac{M_x}{M_{nx}}, \frac{M_y}{M_{ny}}) \le 1.0 \qquad （5.2.1）$$

而在實務設計應用上，依構件之受力及破壞行為，公式（5.2.1）常以下列不同方式，呈現在各國設計規範之中。

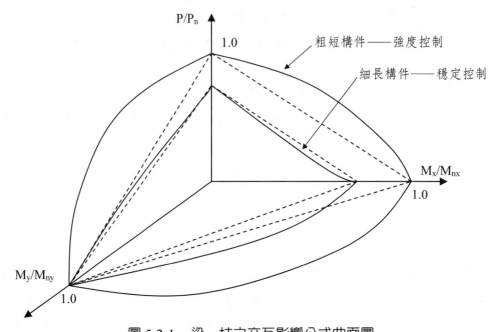

圖 5-2-1 梁─柱之交互影響公式曲面圖

一、無不穩定現象之構件──降伏破壞控制（$KL/r \approx 0$）

對於極短構件，若其斷面為結實斷面，則不會有不穩定現象發生，其極限強度主要是受材料降伏所控制，也就是斷面強度可達其塑性彎矩強度。在早期的 AISC 塑性設計規範，即採用下列交互影響公式 [5.9]：

$$\frac{P_u}{P_y} + \frac{M_u}{1.18M_p} \leq 1.0 \qquad (5.2.2)$$

$$\frac{M_u}{M_p} \leq 1.0 \qquad (5.2.3)$$

上列式中：

$$P_y = A_g \cdot F_y$$
$$M_p = Z_x \cdot F_y$$

二、在彎曲面產生不穩定

當構件為結實斷面，且有足夠的側向支撐時，則構件不會有局部或側向扭轉不穩定發生。當該構件只承受單軸彎曲時，其不穩定將是發生在彎曲面上，其交互影響公式可表示如公式（5.2.4）所示：

$$\frac{P_u}{P_n} + \frac{M_E}{M_p(1 - P_u/P_e)} \le 1.0 \qquad (5.2.4)$$

P_n：標稱軸壓強度 $= A_g \times F_{cr}$，參考第三章壓力桿件設計之公式。

$$P_e = \pi^2 EI / L^2 \qquad (5.2.5)$$

M_E：桿件之當量彎矩（Equivlent Moment）$= C_m \cdot M_2 \qquad (5.2.6)$

$$C_m = \sqrt{\frac{(M_1/M_2)^2 - 2(M_1 - M_2)\cos KL + 1}{2(1 - \cos KL)}} \qquad (5.2.7)$$

或使用近似公式：

$$C_m = 0.6 - 0.4\frac{M_1}{M_2} \qquad (5.2.8)$$

上列式中：$M_2 > M_1$

$\dfrac{M_1}{M_2}$ 為「＋」，當梁為雙曲線變形。

$\dfrac{M_1}{M_2}$ 為「－」，當梁為雙曲線變形。

因此交互公式又可寫成如下式：

$$\frac{P_u}{P_n} + \frac{C_m M_u}{M_p(1 - P_u/P_e)} = 1.0 \qquad (5.2.9)$$

三、產生側向扭轉壓曲之不穩定

當構件無足夠側向支撐或是斷面為非結實斷面時，則構件有可能產生側向扭轉壓屈之不穩定，此時斷面之撓曲強度無法達到 M_p，因此在公式（5.2.9）中以 M_n 取代 M_p 得：

$$\frac{P_u}{P_n} + \frac{C_m M_u}{M_n(1 - P_u/P_e)} \le 1.0 \qquad (5.2.10)$$

P_u, M_u：構件所受軸力及彎矩。

P_n：標稱軸壓強度 $= A_g \times F_{cr}$，參考第三章壓力桿件設計之公式。

M_n：標稱彎曲強度──參考第四章梁設計之公式。

C_m：為彎矩放大係數，如 5-3 節所述。

$P_e = \pi^2 EI / L^2$

四、雙向彎曲

當構件在承受軸壓載重同時，又承受雙軸向撓曲作用時，其行為是相當複雜，簡單的塑性理論無法再適用。在只有單軸彎曲作用時，雖然軸壓的增加會造成有效塑性彎矩的減少，但斷面之塑性行為確實會產生。但當為雙軸向彎曲時，則三個作用力 P_u、M_{ux} 及 M_{uy} 之交互作用關係，可以圖 5-2-1 的曲面來表示。有關這方面的相關研究可參考文獻 [5.1-5.7,5.11]。在文獻 [5.11] 中有針對寬翼 H 型鋼斷面提供一系列不同軸向載重下 M_x 及 M_y 之交互作用關係曲線，如圖 5-2-2 所示：

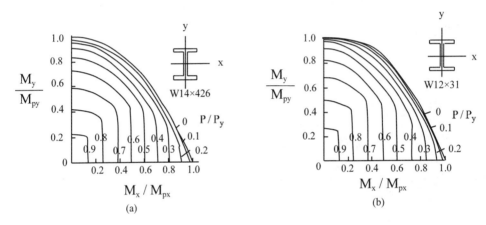

圖 5-2-2   不同軸向載重下 M_x 及 M_y 之交互作用關係曲線 [5.6,5.11]

在設計實務上，一般都是使用單一公式來表示其相互關係。對於短柱，文獻 [5.12] 提供了公式（5.2.11）之線性公式，而文獻 [5.4,5.13] 則提供了更精確的非線性公式（5.2.12）。理論值及公式（5.2.11）與公式（5.2.12）之比較詳如圖 5-2-3 所示 [5.6]。在圖 5-2-3 中顯示，當軸向載重增加時，曲線突出之程度越大，此時使用公式（5.2.12）將獲得較經濟斷面。

$$\frac{P_u}{P_y} + 0.85(\frac{M_{ux}}{M_{px}}) + 0.6(\frac{M_{uy}}{M_{py}}) \leq 1.0 \qquad （5.2.11）$$

$$(\frac{M_{ux}}{M_{px}})^\alpha + (\frac{M_{uy}}{M_{py}})^\alpha \leq 1.0 \qquad （5.2.12）$$

上列式中：

$$\alpha = 1.6 - \frac{P_u / P_y}{2\ln(P_u / P_y)} \qquad （5.2.13）$$

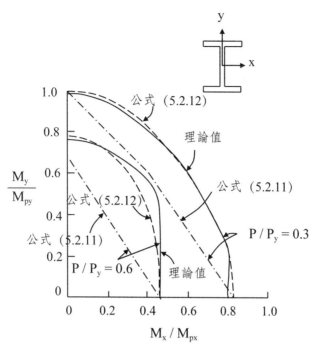

圖 5-2-3 不同軸向載重理論值與公式（5.2.11）及（5.2.12）之比較 [5.6]

對於較細長之構件承受雙軸向彎曲時，SSRC[5.6] 建議下列之經驗公式，作為承受雙軸彎曲構件之設計依據。

$$\frac{P_u}{P_n} + \frac{C_{mx}M_{ux}}{M_{nx}(1 - P_u/P_{ex})} + \frac{C_{my}M_{uy}}{M_{ny}(1 - P_u/P_{ey})} \leq 1 \qquad （5.2.14）$$

文獻 [5.13] 同樣也對細長構件提供以下更精確的非線性公式：

$$(\frac{C_{mx}M_{ux}}{M_{nx}})^{\eta} + (\frac{C_{my}M_{uy}}{M_{ny}})^{\eta} \leq 1.0 \qquad （5.2.15）$$

$$\eta = \begin{cases} 0.4 + \dfrac{P_u}{P_y} + \dfrac{B}{D} & \text{for } B/D \geq 0.3 \\ 1.0 & \text{for } B/D \geq 0.3 \end{cases} \qquad （5.2.16）$$

5-3 彎矩放大係數

一、有側撐構架中梁—柱構件之彎矩放大係數

（一）構件上有側向載重

當一構件在承受軸力的同時，又承載如圖 5-3-1 所示之側向載重時，則會有二次效應彎矩的產生。圖中 δ_0 代表該構件在側向載重 q 作用下所得之側向變位，其對應之撓曲彎矩為 M_m，而 δ_1 則是軸力 P 及變位 δ_0 所產生的二次效應所額外增加的變位量。該構件之側向變位的計算，可根據力矩—面積原理（The Moment Area Principle），跨度中央之變位 δ_1 等於將支點與中央間的 M/EI 彎矩圖面積對支點取力矩而得，假設 δ 之變形曲線為正弦波曲線，則根據其面積及形心位置，如圖 5-3-2 所示，可計算得 δ_1 如公式（5.3.1）。

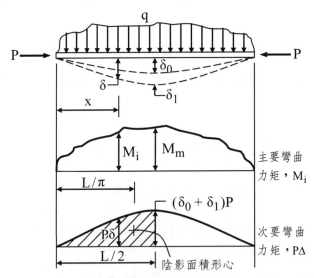

圖 5-3-1　梁—柱構件上有側向載重時之主要及次要彎矩圖

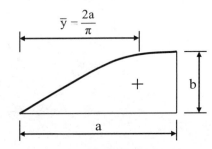

圖 5-3-2　正弦曲線所圍之面積及形心位置

因此該構件在跨度中央因二次效應所額外再增加之變位為：

$$\delta_1 = \frac{P}{EI}(\delta_0 + \delta_1)\left(\frac{L}{2}\right)\left(\frac{2}{\pi}\right)\left(\frac{L}{\pi}\right) = (\delta_0 + \delta_1)\frac{PL^2}{\pi^2 EI} \tag{5.3.1}$$

經移項整理後，得：

$$\delta_1 = \delta_0 \left[\frac{PL^2/(\pi^2 EI)}{1 - PL^2/(\pi^2 EI)}\right] = \delta_0 \left(\frac{\alpha}{1-\alpha}\right) \tag{5.3.2}$$

此時跨度中央之最大變位將為原來變位 δ_0 加上 δ_1

$$\delta_{max} = \delta_0 + \delta_1 = \delta_0 + \delta_0\left(\frac{\alpha}{1-\alpha}\right) = \frac{\delta_0}{1-\alpha} \tag{5.3.3}$$

式中：

$$\alpha = \frac{PL^2}{\pi^2 EI} \tag{5.3.4}$$

則該構件之最大彎曲力矩（含軸向載重效應） M_{max} 為

$$M_{max} = M_m + P \cdot \delta_{max} = M_m + P\left(\frac{\delta_0}{1-\alpha}\right) \tag{5.3.5}$$

式中：

M_{max}：構件跨度中央之最大彎曲力矩

M_m：構件跨度中央之主要彎曲力矩（一階彈性分析）

δ_{max}：構件跨度中央之最大撓度

δ_0：構件跨度中央之主要撓度（一階彈性分析）

當考慮不同的支承條件及載重情況，由公式（5.3.4）可得：$P = \alpha\pi^2 EI/L^2$，將其代入公式（5.3.5），可得下列之通式：

$$M_{max} = M_m\left(\frac{C_m}{1-\alpha}\right) = M_m B \tag{5.3.6}$$

式中：B 為彎矩放大係數

$$B = \frac{C_m}{1-\alpha} \tag{5.3.7}$$

$$C_m = 1 + \left(\frac{\pi^2 EI\delta_0}{M_m L^2} - 1\right)\alpha = 1 + \Psi\alpha \tag{5.3.8}$$

在 AISC 規範中 [5.14]，針對構件有承受各種不同的載重及支承情況，建議採用之 C_m 值如下表，或直接保守採用 1.0。

表 5-3-1　AISC 建議之 C_m 值 [5.14]

放大係數 Ψ 及 C_m		
Case	Ψ	C_m
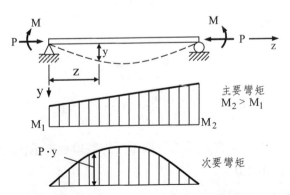	0	1.0
	-0.4	$1-0.4\dfrac{P_u}{P_{e1}}$
	-0.4	$1-0.4\dfrac{P_u}{P_{e1}}$
	-0.2	$1-0.2\dfrac{P_u}{P_{e1}}$
	-0.3	$1-0.3\dfrac{P_u}{P_{e1}}$
	-0.3	$1-0.2\dfrac{P_u}{P_{e1}}$

（二）構件上無側向載重

　　當構件只有在兩端點有受到彎矩作用，而構件上無側向載重，如一般柱在受側向地震力作用狀況，此時其彎矩圖如圖 5-3-3 所示。這種情況下，當主要彎矩與次要彎矩疊加後，其產生最大彎矩的位置，將視 M_1、M_2 及 $P \cdot y$ 的大小而變化，有可能是在兩端點上，或在跨度正中央，也可能在構件上任何位置，這會造成分析及設計上的困擾。

　　一般常使用當量彎矩的觀念，即將不同形狀的彎矩圖，轉換成兩端有相同大小的彎矩，如圖 5-3-4 所示，此時，可確保最大彎矩產生在跨度中央。

圖 5-3-3　梁—柱構件兩端點有彎矩，構件上無側向載重時之主要彎矩與次要彎矩

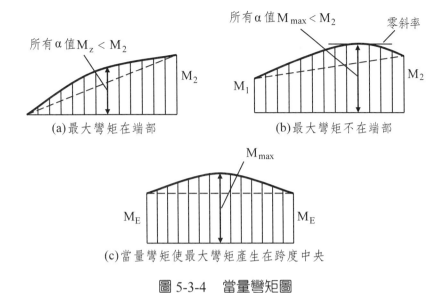

(a) 最大彎矩在端部　　　　　　(b) 最大彎矩不在端部

(c) 當量彎矩使最大彎矩產生在跨度中央

圖 5-3-4　當量彎矩圖

　　當梁－柱承受端點彎矩時，在跨度中央之最大彎矩，根據偏微分公式的推導 [5.8]
可得：

$$M_{max} = M_2 \sqrt{\frac{1 - 2(\frac{M_1}{M_2})\cos\lambda L + (\frac{M_1}{M_2})^2}{\sin^2 \lambda L}} \qquad (5.3.9)$$

假設 $M_1 = M_2$，

則公式（5.3.9）可寫成

$$M_{max} = M_2 \sqrt{\frac{2(1 - \cos\lambda L)}{\sin^2 \lambda L}} \qquad (5.3.10)$$

或

$$M_{max} = M_E \sqrt{\frac{2(1 - \cos\lambda L)}{\sin^2 \lambda L}} \qquad (5.3.11)$$

則公式（5.3.9）＝公式（5.3.11）

$$\therefore M_2 \sqrt{\frac{1 - 2(\frac{M_1}{M_2})\cos\lambda L + (\frac{M_1}{M_2})^2}{\sin^2 \lambda L}} = M_E \sqrt{\frac{2(1 - \cos\lambda L)}{\sin^2 \lambda L}} \qquad (5.3.12)$$

$$M_E = M_2 \sqrt{\frac{(\frac{M_1}{M_2})^2 - 2(\frac{M_1}{M_2})\cos\lambda L + 1}{2(1 - \cos\lambda L)}} \qquad (5.3.13)$$

式中：

$$\lambda = \sqrt{\frac{P}{EI}}$$

對於在跨度中央最大彎矩之近似值，根據前之推導，可以下式表示：

$$M_{max} = M_m B = M_m(\frac{C_m}{1-\alpha}) \qquad (5.3.14)$$

對於如圖 5-3-4(c) 之當量彎矩 M_E（為一均勻分布構件上均布彎矩 $M_1 = M_2 = M_E$），其變位為

$$\delta_0 = \frac{M_E L^2}{8EI} \qquad (5.3.15)$$

將 $M_m = M_E$ 及公式（5.3.15）代入公式（5.3.8）得

$$C_m = 1 + [(\frac{\pi^2 EI}{L^2})\frac{M_E L^2}{8EIM_E} - 1]\alpha \approx 1 \qquad (5.3.16)$$

則公式（5.3.14）可寫成

$$\therefore M_{max} = M_E(\frac{1}{1-\alpha}) \qquad (5.3.17)$$

再將公式（5.3.13）代入公式（5.3.17）則得

$$M_{max} = M_2\sqrt{\frac{(\frac{M_1}{M_2})^2 - 2(\frac{M_1}{M_2})\cos\lambda L + 1}{2(1-\cos\lambda L)}}(\frac{1}{1-\alpha}) \qquad (5.3.18)$$

或

$$M_{max} = M_2(\frac{C_m}{1-\alpha}) \qquad (5.3.19)$$

式中

$$C_m = \sqrt{\frac{(\frac{M_1}{M_2})^2 - 2(\frac{M_1}{M_2})\cos\lambda L + 1}{2(1-\cos\lambda L)}} \qquad (5.3.20)$$

由於上列公式在實務使用上相當不便，AISC 規範建議使用下列簡化公式取代公式（5.3.20）[5.14]。式中：

$$C_m = 0.6 - 0.4\frac{M_1}{M_2} \qquad (5.3.21)$$

上列式中：$M_1 < M_2$，當構件變形為單曲線變形時 M_1/M_2 為負值，當構件變形為雙曲線

變形時 M_1/M_2 爲正值。

二、無側撐構架中梁一柱構件之彎矩放大係數

對無側撐構架，當桿件端點允許側向位移時，壓力構件可能產生不穩定現象，節點將可能產生如圖 5-3-5 所示之側向位移。

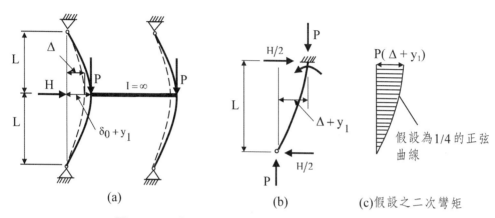

(a) 　　　　(b) 　　　　(c)假設之二次彎矩

圖 5-3-5　無側撐構架梁一柱構件之二次彎矩

其放大係數依公式（5.3.6）可寫成[5.8]：

$$M_{max} = BM_2 = (\frac{C_m}{1-\alpha})M_2 \qquad （5.3.22）$$

而公式（5.3.8）中之構件有效長度 L 在此時應爲如圖 5-3-5(a) 中所示之 2L，因此公式（5.3.8）可改寫成

$$C_m = 1 + (\frac{\pi^2 EI\Delta}{M_m(2L)^2} - 1)\,\alpha \qquad （5.3.23）$$

又此時

$$\Delta = \frac{(H/2)L^3}{3EI} \qquad （5.3.24）$$

$$M_2 = \frac{HL}{2} \qquad （5.3.25）$$

將上二式代入公式（5.3.23）得

$$C_m = 1 + [\frac{\pi^2 EI}{4L^2}(\frac{HL^3}{6EI})(\frac{2}{HL}) - 1]\,\alpha$$
$$= 1 + (\frac{\pi^2}{12} - 1)\alpha = 1 - 0.18\alpha \qquad （5.3.26）$$

式中：

$$\alpha = \frac{P}{P_e} = \frac{P}{(\pi^2 EI)/L^2}$$

公式（5.3.26）是 AISC-ASD 解說所建議公式[5.9]，但在 AISC-LRFD 規範中，則建議對允許側移構架直接採用 $C_m = 1.0$。對於放大係數的使用，在 ASD 中係以放大係數 B 將線性（彈性）分析所得之彎矩加以放大。而 LRFD 使用放大係數 B_1 在有側撐構架中（不允許側向位移），使用放大係數 B_2 在無側撐構架中（允許側向位移）。

5-4 有側撐及無側撐構架

所謂有側撐構架，係指構架有足夠側向支撐系統，使得該構架在達到其極限承載強度前，不會有側向不穩定（Lateral Instability）行為的產生。

SSRC[5.6] 對有側撐構架的定義如下：「構架抵抗側向載重及構架之不穩定是由樓板系統、核心結構、剪力牆、對角斜撐、K 字斜撐或者其他輔助之斜撐系統所共同承擔者」。而 AISC[5.14] 對於有側撐構架的定義為：「當構架之側向穩定（Lateral Stability）是由對角斜撐、剪力牆或其他類似系統與裝置所提供者」。由以上定義大概可了解所謂的有側撐結構，其水平載重是由其他的結構系統來承載，因此構架本身並未承載太大的水平載重，而只承載垂直載重，相對的其側向變形量將比較小，因此，不致有側向不穩定的現象發生。而無側撐構架，則需單獨承載所有的水平及垂直載重，也就是構架本身的梁─柱系統需單獨承載所有水平及垂直載重，並無其他側力抵抗系統的存在，因此相對的，其側向變形量會較大，此時構架的極限承載能力是由結構的側向不穩定行為所控制。事實上 SSRC 及 AISC 對有、無側撐構架的定義只是一個原則性的定義，並無簡易的量化的指標，只有真正對構架進行穩定分析（Stability Analysis），才有可能區分是否為有側撐構架，這在實務設計上並不太可行。

ACI 規範中對有側撐構架的定義就比較具體，在 1989 年版之 ACI Code [5.15]，對有側撐的定義是以該樓層中側力抵抗系統之側向勁度與柱之側向勁度之比值，來區分有側撐構架及無側撐構架。如果任何一層樓滿足下列的規定，則可將該層樓視為有側撐：

$$\frac{斜撐或剪力牆的側向勁度之和}{柱在構架方向的水平勁度之和} \geq 6 \qquad (5.4.1)$$

而在 1999 及 2002 年版 ACI Code[5.16] 中，對有側撐構架重新定義如下：當柱端之彎矩由於二次效應（Second - Order Effects）的增加量，並未超過線性分析（或彈性分

析）所得彎矩（First - Order End Moment）之 5% 時，該構架可稱之爲有側撐構架。同時也提出另一公式，採用樓層穩定指數（Stability Index of a Story）Q，作爲判別是否爲有側撐構架之準則，其定義如下：

$$Q = \frac{\sum P_u \Delta_0}{V_u L_c} \qquad （5.4.2）$$

式中：

$\sum P_u$：作用在該層樓之總垂直荷重

V_u：作用在該層樓之層間總剪力

Δ_0：線性或彈性分析所得層間側向變位值

L_c：該層樓高度（柱高）

如果 Q ≤ 0.05，則此構架可稱爲有側撐構架。根據 ACI 規範規定，在計算樓層穩定指數 Q 時，必須同時計入軸力、桿件開裂區及載重期之長短等對桿件斷面性質的影響。當構架爲有側撐及無側撐，其破壞行爲完全不同。當構架內之柱的長細比比較大時，其所反映出來的二次效應也不一樣。

各種荷重情況對構件所產生的彎矩效果如上節所述，對於有側向支撐的構架，由於不允許節點有側向位移，因此其最大二次彎矩將產生在桿中央。而對無側向支撐構架，其二次最大彎矩將產生在端點，如下圖所示：

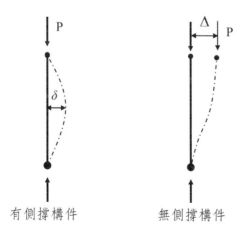

有側撐構件　　　　　無側撐構件

圖 5-4-1　梁－柱構件二次彎矩之產生位置示意圖

在實際構架中可能兩種情況會同時發生在一桿件上，因此 AISC 規範使用了放大係數 B_1 及 B_2 來分別考慮其個別的放大效果：

$$M_u = B_1 M_{nt} + B_2 M_{lt} \qquad （5.4.3）$$

式中：

　　M_{nt}：假設構架為不允許側向位移（No Translation）（不管實際是否有側向支撐）
　　　　　所得之最大彎矩

　　M_{lt}：當構架有側向位移（Lateral Translation）時所產生桿件之最大彎矩，當構架
　　　　　為有側向支撐之構架則 $M_{lt} = 0$

　　B_1：不允許側向位移所產生之最大彎矩（M_{nt}）的放大係數

　　B_2：有側向位移所產生之最大彎矩（M_{lt}）的放大係數

一、有側向支撐構架之桿件

　　對有側向支撐之構架，節點將不允許有側向位移，此時之柱，其變形曲線將可能如
下圖所示：

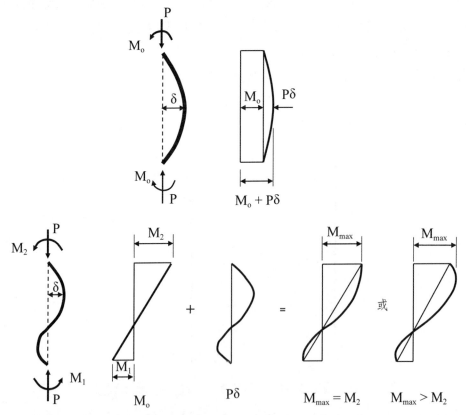

圖 5-4-2　　有側向支撐之構架之梁─柱構件二次彎矩之產生位置示意圖

此時桿件內之最大彎矩將可能在端點，也可能在桿件內某一點，完全依其彎矩在桿件內
之分布而定，因此必須使用當量端點彎矩放大係數 C_m。

此時

$$B_1 = \frac{C_m}{(1-\alpha)} \geq 1 \tag{5.4.4}$$

式中：

$$\alpha = \frac{P}{P_{e1}} = \frac{PL^2}{\pi^2 EI}$$

$$C_m = 0.6 - 0.4(\frac{M_1}{M_2}) \longleftarrow 桿件上無側向載重$$

$\quad = 0.85$ —— C 桿件上有側向載重且端點不可自由轉動（Fixed）

$\quad = 1.0$ —— 桿件上有側向載重且端點可自由轉動（Pinned）

$\quad = 1 + \Psi \dfrac{P_u}{P_{e1}}$ —— 詳細公式（參考表 5-3-1）

二、無側撐構架中之桿件

對於無側撐構架，由於有節點之側向位移，此時柱之主要彎矩圖如圖 5-4-3 所示。

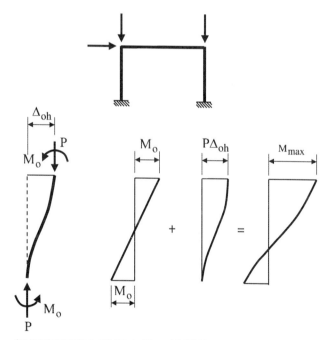

圖 5-4-3　無側向支撐之構架之梁一柱構件二次彎矩之產生位置示意圖

此時最大之主要彎矩及二次彎矩都將發生在桿端位置，因此當量端點彎矩放大係數 C_m 值在此不必使用。此時

$$B_2 = \frac{1}{1 - \sum P_u (\dfrac{\Delta_{oh}}{\sum HL})} \tag{5.4.5}$$

或

$$B_2 = \frac{1}{1 - \dfrac{\sum P_u}{\sum P_{e2}}} \qquad (5.4.6)$$

基本上上列兩式皆可使用，端看何式之使用較爲方便。

$\sum P_u$ ：在同一層樓所有柱軸向載重之總和

Δ_{oh} ：該樓層之側向位移量

$\sum H$ ：作用在該樓層以致產生 Δ_{oh} 側向位移之總水平力

L ：該層樓高

$\sum P_{e2}$ ：在該樓層之所有柱之歐拉臨界載重（Euler Critical Load）

對於 M_{nt} 及 M_{lt} 的計算，在實際構架中，如圖 5-4-4 所示。在圖 5-4-4(a)，無側撐構架同時承載垂直及水平載重，此時 M_{nt} 係只考慮垂直載重之作用所得之結果。而 M_{lt} 係只考慮水平載重之作用所得之結果。對於無側撐構架受到不對稱之垂直載重，如圖 5-4-4(b)所示，此時由於垂直載重爲不對稱，雖然無水平載重之作用，構架會產生水平位移，此時 M_{nt} 之計算必須在構架之頂部以人爲方式加入一假水平支承，以確保節點不會產生水平位移。而假水平支承所產生之反力稱之爲人工節點束制力（Artificial Joint Restraint, AJR）。而在計算 M_{lt} 時，就以此 AJR 反向作用構架而得之。

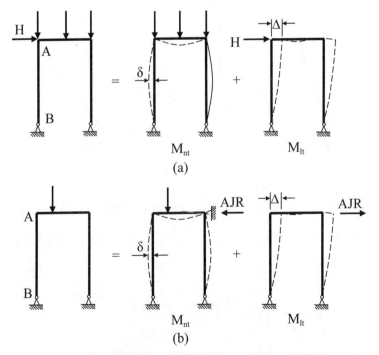

圖 5-4-4　無側向支撐構架之 M_{nt} 及 M_{lt} 示意圖

5-5 極限設計法（LRFD）

AISC 規範對單軸或雙軸對稱之梁—柱構件，在承受撓曲與軸力共同作用時，必須滿足下列公式的要求：

當 $\dfrac{P_r}{P_c} \geq 0.2$ 時，

$$\frac{P_r}{P_c} + \frac{8}{9}\left(\frac{M_{rx}}{M_{cx}} + \frac{M_{ry}}{M_{cy}}\right) \leq 1.0 \qquad (5.5.1(a))$$

當 $\dfrac{P_r}{P_c} < 0.2$ 時，

$$\frac{P_r}{2P_c} + \left(\frac{M_{rx}}{M_{cx}} + \frac{M_{ry}}{M_{cy}}\right) \leq 1.0 \qquad (5.5.1(b))$$

式中：

P_r：需要之設計軸壓力或軸拉力 $= P_u$

P_c：可用之柱標稱抗壓強度 $= \phi_c P_n$（依第三章），$\phi_c = 0.9$
　　　或柱標稱抗拉強度 $= \phi_t P_n$（依第二章）

M_r：需要之設計撓曲彎矩 $= M_u = B_1 M_{nt} + B_2 M_{lt}$

M_c：可用之梁標稱撓曲強度 $= \phi_b M_n$（依第四章），$\phi_b = 0.9$

x：次標代表對斷面強軸之撓曲

y：次標代表對斷面弱軸之撓曲

如果是雙軸對稱之梁—柱構件，只承受單軸撓曲及軸壓力作用時，則必須滿足下列兩條件：

(1) 撓曲平面不穩定之極限：符合公式（5.5.1）之規定。

(2) 面外之壓屈（撓曲—扭轉壓屈）之極限：符合下列公式之規定：

$$\frac{P_r}{P_{c0}} + \left(\frac{M_r}{M_{cx}}\right)^2 \leq 1.0 \qquad (5.5.2)$$

式中：

P_{c0}：柱標稱抗壓強度 $= \phi_c P_n$（撓曲軸面外，若撓曲軸為強軸，則為對弱軸之標稱抗壓強度）

M_{cx}：可用之梁標稱撓曲—扭轉強度 $= \phi_b M_n$（依第四章），$\phi_b = 0.9$

如果單撓曲軸是弱軸的話，則公式（5.5.2）之撓曲項需忽略。對於斷面同時還承受扭轉及非對稱斷面等構件，在 AISC 規範中之 H2 及 H3 節也有相關交互影響公式規定，因不在本書範圍，不在此贅述。

事實上公式（5.5.1）仍然可寫成上一版 LRFD 之形式如下：

當 $\dfrac{P_u}{\phi P_n} \geq 0.2$ 時，

$$\frac{P_u}{\phi P_n} + \frac{8}{9}\left(\frac{M_{ux}}{\phi_b M_{nx}} + \frac{M_{uy}}{\phi_b M_{ny}}\right) \leq 1.0 \tag{5.5.3(a)}$$

當 $\dfrac{P_u}{\phi P_n} < 0.2$ 時，

$$\frac{P_u}{2\phi P_n} + \left(\frac{M_{ux}}{\phi_b M_{nx}} + \frac{M_{uy}}{\phi_b M_{ny}}\right) \leq 1.0 \tag{5.5.3(b)}$$

式中：

P_u：柱軸壓力或軸拉力

P_n：柱標稱抗壓縮強度或抗拉強度

$\phi = \phi_c = 0.90$（依第三章規定）；$\phi = \phi_t$（軸張力，依第二章規定）

M_{ux}：$M_{ux} = B_1 M_{ntx} + B_2 M_{ltx}$

M_{nx}：對強軸之標稱撓曲強度（依第四章規定）

M_{uy}：$M_{uy} = B_1 M_{nty} + B_2 M_{lty}$

M_{ny}：對弱軸之標稱撓曲強度（依第四章規定）

ϕ_b：0.90

$$B_1 = \frac{C_m}{(1-\alpha)} \geq 1 \ ; \ \alpha = \frac{P_u}{P_{e1}} = \frac{P_u L^2}{\pi^2 EI} \tag{5.5.4}$$

$$C_m = 0.6 - 0.4\left(\frac{M_1}{M_2}\right) \longleftarrow \text{桿件上無側向載重} \tag{5.5.5}$$

$$= 0.85 \text{——桿件上有側向載重且端點不可自由轉動（Fixed）}$$

$$= 1.0 \text{——桿件上有側向載重且端點可自由轉動（Pinned）}$$

$$= 1 + \Psi\frac{P_u}{P_{e1}} \text{——— 詳細公式（參考表 5-3-1）}$$

$$B_2 = \frac{1}{1 - \sum P_u\left(\dfrac{\Delta_{oh}}{\sum HL}\right)} \ ; \quad \text{或 } B_2 = \frac{1}{1 - \dfrac{\sum P_u}{\sum P_{e2}}} \tag{5.5.6}$$

$\sum P_u$：在同一層樓所有柱軸向載重之總和

Δ_{oh}：該樓層之側向位移量

$\sum H$：作用在該樓層以致產生 Δ_{oh} 側向位移之總水平力

L：該層樓高

P_{e1}：在撓曲平面上有側撐柱之歐拉臨界載重（Euler Critical Load），柱有效長度係數 $K \leq 1.0$。

ΣP_{e2}：在該樓層之所有柱在撓曲平面上之歐拉臨界載重，無側撐柱有效長度係數 $K \geq 1.0$。

我國極限設計規範 [5.17] 對單軸或雙軸對稱之梁—柱構件，在承受撓曲與軸力共同作用時，基本上採用與 AISC-LRFD 上一版相同公式，即公式（5.5.3）。但其中當軸力為壓力時，採用 $\phi = \phi_c = 0.85$（軸壓力）。而對 B_1 及 B_2 之規定如下：

(1)含斜撐構架之受束制壓力構材，無橫向載重。

$$B_1 = \frac{0.64}{1-(P_u/P_{e1})}[1-\frac{M_1}{M_2}]+0.32\frac{M_1}{M_2} \geq 1.0 \qquad （5.5.7）$$

(2)含斜撐構架之壓力構材，有橫向載重。

構材兩端有束制：

$$B_1 = \frac{0.85}{1-(P_u/P_{e1})} \geq 1.0 \qquad （5.5.8）$$

構材兩端無束制：

$$B_1 = \frac{1.0}{1-(P_u/P_{e1})} \geq 1.0 \qquad （5.5.9）$$

$$B_2 = \frac{1.0}{1-(\Sigma P_u/\Sigma P_{e2})} \quad 或 \quad B_2 = \frac{1.0}{1-\Sigma P_u(\Delta_{oh}/\Sigma HL)} \qquad （5.5.10）$$

ΣP_u：同一樓層中所有柱所受軸力之和（tf）

Δ_{oh}：所考慮樓層之側向位移

ΣH：樓層產生 h、Δ_{oh} 之樓層水平力之和（tf）

L：樓層高度（cm）

$$P_e = A_g F_y / \lambda_c^2，\lambda_c = \frac{KL}{\pi r}\sqrt{\frac{F_y}{E}} \text{ 或 } P_e = \frac{\pi^2 EA_g}{(KL/r)^2} \qquad （5.5.11）$$

P_{e1}：在撓曲平面上有側撐柱之歐拉臨界載重，柱有效長度係數 $K \leq 1.0$。

ΣP_{e2}：在該樓層之所有柱在撓曲平面上之歐拉臨界載重，無側撐柱有效長度係數 $K \geq 1.0$。

綜合上述規範規定之梁—柱交互影響公式，一般梁—柱構件之設計步驟如下：

一、當柱軸力作用較大時：一般利用交互影響公式，將所有作用力轉換成當量軸力，以柱來設計此構件：

當 $\frac{P_u}{\phi_c P_n} \geq 0.2$ 時，

$$\frac{P_u}{\phi_c P_n}+\frac{8}{9}(\frac{M_{ux}}{\phi_b M_{nx}}+\frac{M_{uy}}{\phi_b M_{ny}}) \leq 1.0 \qquad （5.5.12）$$

各邊乘上 $\phi_c P_n$ 得：

$$P_u + \frac{8}{9}(\frac{\phi_c P_n}{\phi_b M_{nx}})M_{ux} + \frac{8}{9}(\frac{\phi_c P_n}{\phi_b M_{ny}})M_{uy} \le \phi_c P_n = P_{u,EQ} \tag{5.5.13}$$

在初步設計時可以先假設斷面不會有側向扭轉壓屈及翼板與腹板的局部壓屈行為，因此可令 $M_{nx} = F_y \cdot Z_x$，$M_{ny} = F_y \cdot Z_y$，所以公式（5.5.13）可以寫成：

$$P_{u,EQ} = P_u + \frac{8}{9}(\frac{\phi_c F_{cr}}{\phi_b F_y})\frac{A_g}{Z_x}M_{ux} + \frac{8}{9}(\frac{\phi_c F_{cr}}{\phi_b F_y})\frac{A_g}{Z_y}M_{uy} \tag{5.5.14}$$

一般對 H 型鋼斷面：

$$Z_x \approx 2A_f(\frac{d}{2}) \tag{5.5.15}$$

$$A_g \approx 2A_f \tag{5.5.16}$$

$$\therefore \frac{A_g}{Z_x} \approx (\frac{2}{d}) \tag{5.5.17}$$

$$Z_y \approx \frac{A_f \cdot b_f}{4} \tag{5.5.18}$$

$$\therefore \frac{A_g}{Z_y} \approx \frac{8}{b_f} \tag{5.5.19}$$

因此 Yura[5.18] 提出下列公式，供有側撐及無側撐構架使用。

$$P_{u,EQ} = P_u + M_{ux}(\frac{2}{d}) + M_{uy}(\frac{7.5}{b_f}) \tag{5.5.20}$$

d：斷面深度（m）；b_f：斷面翼寬（m）

$M_{ux}, M_{uy} = B_1 M_{nt}$ 　　　　（有側撐構架）

$\quad\quad\quad\quad = B_1 M_{nt} + B_2 M_{lt}$ 　　（無側撐構架）

二、當彎矩作用較大時：一樣可利用交互影響公式，將所有作用力轉換成當量彎矩，而以梁設計之。

$$\frac{P_u}{\phi_c P_n} + \frac{8}{9}(\frac{M_{ux}}{\phi_b M_{nx}} + \frac{M_{uy}}{\phi_b M_{ny}}) \le 1.0 \tag{5.5.21}$$

將上式乘上 $\phi_b M_{nx}$：

$$\frac{P_u \phi_b M_{nx}}{\phi_c P_n} + \frac{8}{9}M_{ux} + \frac{8}{9}M_{uy}\frac{\phi_b M_{nx}}{\phi_b M_{ny}} \le \phi_b M_{nx}$$

令 $M_{nx} = F_y \cdot Z_x$，$M_{ny} = F_y \cdot Z_y$，$P_n = F_{cr} \cdot A_g$

則 $P_u \frac{\phi_b}{\phi_c}\frac{F_y}{F_{cr}}\frac{Z_x}{A_g} + \frac{8}{9}M_{ux} + \frac{8}{9}M_{uy}\frac{F_y}{F_y}\frac{Z_x}{Z_y} \le \phi_b M_{nx}$

令 $\beta_{az} = A_g/Z_x$，$\beta_b = Z_x/Z_y$，則上列公式等號右邊 $= M_{u,EQ}$，則

$$M_{u,EQ} = \frac{8}{9}M_{ux} + \frac{8}{9}M_{uy} \cdot \beta_b + P_u(\frac{1}{\beta_{az}})(\frac{\phi_b F_y}{\phi_c F_{cr}}) \qquad (5.5.22)$$

對單軸撓曲則：

$$M_{u,EQ} = \frac{8}{9}M_u + P_u(\frac{1}{\beta_{az}})(\frac{\phi_b F_y}{\phi_c F_{cr}}) \qquad (5.5.23)$$

對雙軸撓曲，則$(\beta_{az})_x = A_g/Z_x \approx 2/d$，$(\beta_{az})_y = A_g/Z_y \approx 8/b_f$

$\beta_b = Z_x/Z_y \approx 4d/b_f$，假設$\phi_b F_y/\phi_e F_{cr} \approx 1.4$，且$1/\beta_{az} \approx d/2$，則公式可寫成

$$M_{u,EQ} = P_u(0.7d) + \frac{8}{9}\left[M_{ux} + (\frac{4d}{b_f})M_{uy}\right] \qquad (5.5.24)$$

例 5-5-1

在一有側向支撐之構架中，有一梁－柱構件斷面為 H400×300×10×16，受到如下圖之載重作用，在工作載重下其軸力為 P = 40.0 tf 之靜載重及 120.0 tf 之活載重。其彎矩為 M = 2.0 tf-m 之靜荷重及 7.0 tf-m 之活荷重。L = 4.6 m，$F_y = 4.2$ tf/cm^2。請依極限設計法規定檢核該桿件。

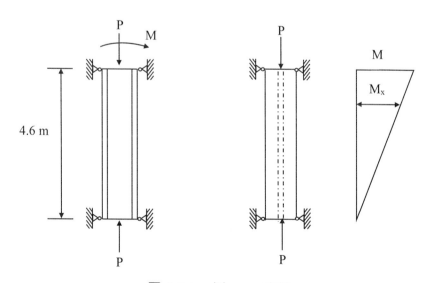

圖 5-5-1　例 5-5-1 之柱

解：

$P_u = 1.2P_D + 1.6P_L = 240$ tf

$M_{nt} = 1.2M_D + 1.6M_L = 13.6$ tf-m

$M_u = B_1 M_{nt}$

H400×300×10×16：$A_g = 133.20$，$d = 39.0$，$b_f = 30.0$，$t_w = 1.0$，$t_f = 1.6$，$R = 1.3$，$k = 1.6 + 1.3 = 2.9$，$r_x = 16.87$，$r_y = 7.35$，$S_x = 1940$，$S_y = 480$，$Z_x = 2140$，$I_y = 7200$

（一）依 AISC-LRFD 規範：

$$柱：\frac{KL}{r_y} = \frac{460}{7.35} = 62.59 < 4.71\sqrt{\frac{E}{F_y}} = 4.71\sqrt{\frac{2040}{4.2}} = 103.80$$

$$\therefore F_e = \frac{\pi^2 E}{(KL/r)^2} = \frac{\pi^2 \times 2040}{(62.59)^2} = 5.139 \text{ tf/cm}^2$$

$$\therefore F_{cr} = [0.658^{\frac{F_y}{F_e}}]F_y = [0.658^{\frac{4.2}{5.139}}]F_y = 0.710F_y = 2.982 \text{ tf/cm}^2$$

$$\phi_c P_n = \phi_c F_{cr} \cdot A_g = 0.9 \times 2.982 \times 133.2 = 357.48 \text{ tf}$$

$$\frac{P_r}{P_c} = \frac{P_u}{\phi_c P_n} = \frac{240}{357.48} = 0.671 \geq 0.2$$

$$梁：\lambda = \frac{h}{t_w} = \frac{39 - 2 \times 2.9}{1.0} = 33.2 < \lambda_p = 3.76\sqrt{\frac{E}{F_y}} = 82.78$$

$$\lambda = \frac{b_f}{2t_f} = \frac{30}{2 \times 1.6} = 9.375 > \lambda_p = 0.38\sqrt{\frac{E}{F_y}} = 8.37$$

$$< \lambda_r = 1.0\sqrt{\frac{E}{F_y}} = 22.04$$

$\therefore$ 翼板 $\lambda_p < \lambda < \lambda_r$ 為部分結實斷面。

$$M_n = M_p - (M_p - 0.7F_y \cdot S_x)\frac{\lambda - \lambda_p}{\lambda_r - \lambda_p} \leq M_p$$

$$M_p = Z_x F_y = 2140 \times 4.2 = 8988 \text{ tf-cm} = 89.88 \text{ tf-m}$$

$$M_n = 89.88 - (89.88 - 0.7 \times 4.2 \times \frac{1940}{100})(\frac{9.375 - 8.37}{22.04 - 8.37})$$

$$= 87.46 \text{ tf-m} < M_p = 89.88 \text{ tf-m}$$

$$L_b = 460 > L_p = 1.76r_y\sqrt{\frac{E}{F_y}} = 1.76 \times 7.35\sqrt{\frac{2040}{4.2}} = 285 \text{ cm}$$

$$L_r = 1.95r_{ts}\frac{E}{0.7F_y}\sqrt{\frac{J \cdot c}{S_x h_o}}\sqrt{1 + \sqrt{1 + 6.76(\frac{0.7F_y}{E} \cdot \frac{S_x h_o}{J \cdot c})^2}}$$

$$r_{ts}^2 = \frac{\sqrt{I_y C_w}}{S_x}：c = 1.0$$

$$J = \sum\frac{1}{3}bt^3 = \frac{1}{3}(2 \times 1.6^3 \times 30 + 1.0^3 \times (39 - 1.6)) = 94.39$$

$$h_o = 39 - 1.6 = 37.4$$

$$C_w = \frac{I_y h_o^2}{4} = \frac{1}{4} \times 7200 \times 37.4^2 = 2517768$$

$$\therefore r_{ts}{}^2 = \sqrt{\frac{7200 \times 2517768}{1940}} = 69.40 \; ; \; r_{ts} = 8.33 \text{ cm}$$

$$L_r = 1.95 \times 8.33 \frac{2040}{0.7 \times 4.2} \sqrt{\frac{94.39 \times 1.0}{1940 \times 37.4}} \sqrt{+\sqrt{1 + 6.76(\frac{0.7 \times 4.2 \times 1940 \times 37.4}{2040 \times 94.39 \times 1.0})^2}}$$

$$= 818 \text{cm}$$

$$L_p = 285 < L_b = 460 < L_r = 818$$

$$C_b = \frac{12.5 M_{max}}{2.5 M_{max} + 3 M_A + 4 M_B + 3 M_C}$$

$$= \frac{12.5 \times 1}{2.5 \times 1 + 3 \times \frac{1}{4} + 4 \times \frac{2}{4} + 3 \times \frac{3}{4}} = 1.67$$

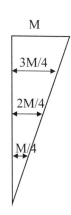

$$\therefore M_n = C_b[M_p - (M_p - 0.7 F_y S_x)(\frac{L_b - L_p}{L_r - L_p})] \le M_p$$

$$= 1.67 \times [89.88 - (89.88 - 0.7 \times 4.2 \times \frac{1940}{100})(\frac{460 - 285}{818 - 285})]$$

$$= 132.09 > M_p = 89.88$$

$$\therefore M_n = 87.46 \text{ tf-m}$$

$$C_m = 0.6 - 0.4 \frac{M_1}{M_2} = 0.60$$

$$\frac{KL}{r_x} = \frac{460}{16.87} = 27.27$$

$$P_{e1} = \frac{\pi^2 E A_g}{(KL/r_x)} = \frac{\pi^2 \times 2040 \times 133.2}{(27.27)^2} = 3606 \text{ tf}$$

$$B_1 = \frac{0.6}{1 - P_u/P_{e1}} = \frac{0.6}{1 - 240/3606} = 0.64 < 1.0$$

$$\therefore M_{ux} = B_1 M_{nt} = 1.0 \times 13.6 = 13.6 \text{ tf-m}$$

$$\frac{P_r}{P_c} + \frac{8}{9}(\frac{M_{rx}}{M_{cx}}) \le 1.0$$

$$\frac{P_u}{\phi_c P_n} + \frac{8}{9}(\frac{M_{ux}}{\phi_b M_{nx}}) \le 1.0$$

$$0.671 + \frac{8}{9}(\frac{13.6}{0.9 \times 87.46}) = 0.671 + 0.154 = 0.825 < 1.0 \cdots\cdots OK\#$$

$\therefore$ H400×300×10×16 斷面符合規範規定。 #

（二）依我國極限設計規範：

$$柱 : \frac{KL}{r_y} = \frac{460}{7.35} = 62.59$$

$$\lambda_c = \frac{KL}{r} \sqrt{\frac{F_y}{\pi^2 E}} = 62.59 \sqrt{\frac{4.2}{\pi^2 \times 2040}} = 0.904 < 1.5$$

$$\therefore F_{cr} = [\exp(-0.419 \lambda_c{}^2)] F_y = 0.710 F_y = 2.982 \text{ tf/cm}^2$$

$$\phi_c P_n = \phi_c F_{cr} A_g = 0.85 \times 2.982 \times 133.20 = 337.12 \text{ tf}$$

$$\frac{P_u}{\phi_c P_n} = \frac{240}{337.12} = 0.712 > 0.2$$

$$\lambda = \frac{h}{t_w} = \frac{39.0 - 2 \times 1.6}{1.0} = 35.8$$

$$\frac{P_u}{\phi_b P_y} = \frac{240}{0.9 \times 133.2 \times 4.2} = 0.477 > 0.125$$

$$\lambda_p = \frac{51}{\sqrt{F_y}}[2.33 - \frac{P_u}{\phi_b P_y}] = \frac{51}{\sqrt{4.2}}[2.33 - 0.477] = 46.11 > \frac{68}{\sqrt{F_y}} = 33.18$$

腹板 $\lambda < \lambda_p$ 為結實斷面

$$\lambda = \frac{b_f}{2t_f} = 9.375 > \lambda_p = \frac{17}{\sqrt{F_y}} = 8.29$$

$$\lambda_r = \frac{37}{\sqrt{F_{yw} - 0.7}} = 19.78$$

翼板 $\lambda_p < \lambda < \lambda_r$ 為部分結實斷面

$$M_n = M_p - (M_p - M_r)\frac{\lambda - \lambda_p}{\lambda_r - \lambda_p} \leq M_p$$

$$M_p = Z_x F_y = 2140 \times 4.2 = 8988 \text{ tf-cm} = 89.88 \text{ tf-m}$$

$$M_r = (F_y - F_r)S_x = (4.2 - 0.7) \times 1940 = 6790.0 \text{ tf-cm} = 67.9 \text{ tf-m}$$

$$M_n = 89.88 - (89.88 - 67.9)\frac{9.375 - 8.29}{19.78 - 8.29} = 87.8 < M_p = 89.88 \text{ tf-m}$$

$$L_b = 460 \text{ cm} > L_p = \frac{80}{\sqrt{F_y}} r_y = 287 \text{ cm}$$

$$L_r = \frac{r_y \cdot X_1}{(F_y - F_r)}\sqrt{1 + \sqrt{1 + X_2(F_y - F_r)^2}}$$

$$r_y = 7.35 \; ; \; E = 2040 \text{ tf/cm}^2 \; ; \; G = 810 \text{ tf/cm}^2$$

$$X_1 = \frac{\pi}{S_x}\sqrt{\frac{EGJA}{2}}$$

$$J = \frac{1}{3}(2 \times 1.6^3 \times 30 + 1.0^3 \times (39 - 1.6)) = 94.39 \text{ （查表得 94.39）}$$

$$X_1 = \frac{\pi}{1940}\sqrt{\frac{2040 \times 810 \times 94.39 \times 133.0}{2}} = 165 \text{ （查表得 165）}$$

$$C_w = \frac{I_y h^2}{4} = \frac{1}{4} \times 7200 \times (39 - 1.6)^2 = 2517768 \text{ （查表得 2517769）}$$

$$X_2 = 4\frac{C_w}{I_y}(\frac{S_x}{GJ})^2 = 4 \times \frac{2517768}{7200} \times (\frac{1940}{810 \times 94.39})^2 = 0.90 \text{ （查表得 0.901）}$$

$$L_r = \frac{7.35 \times 165}{(4.2 - 0.7)} \sqrt{1 + \sqrt{1 + 0.90(4.2 - 0.7)^2}} = 732 \text{ cm}$$

$$L_p = 287 < L_b = 460 < L_r = 732$$

$$\because M_1 = 0 \; ; \; \therefore C_b = 1.75$$

$$M_n = C_b[M_p - (M_p - M_r)(\frac{L_b - L_p}{L_r - L_p})] \leq M_p$$

$$= 1.75 \times [89.88 - (89.88 - 67.9)\frac{460 - 287}{732 - 287}] = 142.34 > M_p = 89.88 \text{ tf-m}$$

$$\therefore M_n = 87.8 \text{ tf-m}$$

$$C_m = 0.6 - 0.4 M_1/M_2 = 0.60$$

$$\frac{KL}{r_x} = \frac{460}{16.87} = 27.27 \; ; \; P_{e1} = \frac{\pi^2 EA_g}{(KL/r_x)^2} = \frac{\pi^2 \times 2040 \times 133.20}{(27.27)^2} = 3606 \text{ tf}$$

$$B_1 = \frac{0.64}{1 - (P_u/P_{e1})}[1 - \frac{M_1}{M_2}] + 0.32\frac{M_1}{M_2}$$

$$= \frac{0.64}{1 - (P_u/P_{e1})} = \frac{0.64}{1 - (240/3606)} = 0.686 < 1.0$$

$$\therefore 使用 B_1 = 1.0 \; ; \; M_{ux} = B_1 M_{nt} = 13.60$$

$$\frac{P_u}{\phi P_n} + \frac{8}{9} \times \frac{M_{ux}}{\phi M_{nx}} \leq 1.0$$

$$0.712 + \frac{8}{9} \times \frac{13.60}{0.9 \times 87.8} = 0.712 + 0.153 = 0.865 < 1.0$$

H400×300×10×16 斷面符合我國極限設計規範之要求。

例 5-5-2

在一無側撐構架中之柱，長度為 4.6 m，斷面為 H300×300×10×15，材料為 SN400B 鋼材，該柱在受垂直載重（靜載重及活載重）及水平載重（風力）作用下，其一階線性分析（First-Order）結果如圖 5-5-2 所示。本構架為對稱構架，且受對稱之垂直載重。所有彎矩都作用在強軸上。有效長度係數 K_x = 1.2（允許側向位移），K_x = 1.0（不允許側向位移），K_y = 1.0。請依極限設計規範，評估柱之安全性。

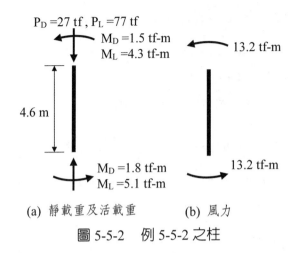

$P_D = 27$ tf , $P_L = 77$ tf

$M_D = 1.5$ tf-m
$M_L = 4.3$ tf-m

13.2 tf-m

4.6 m

$M_D = 1.8$ tf-m
$M_L = 5.1$ tf-m

13.2 tf-m

(a) 靜載重及活載重   (b) 風力

圖 5-5-2   例 5-5-2 之柱

解:

（一）依 AISC-LRFD 規範:

可能之載重組合為:

(1) 1.4D

(2) 1.2D + 1.6L

(3) 1.2D + 0.5L + 1.3W

(4) 0.9D + 1.3W

依受力狀況判斷活載重大於靜載重,風載重又大於活載重,因此最可能載重組合為 (2) 及 (3)。

其組合後之放大載重如圖 5-5-3 所示。

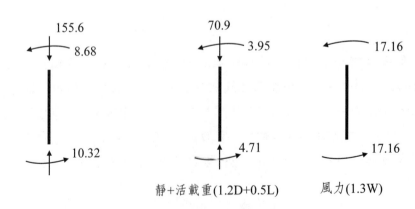

155.6

8.68

70.9

3.95

17.16

10.32

4.71

17.16

靜+活載重(1.2D+0.5L)   風力(1.3W)

載重組合(1.2D+1.6L)   載重組合(1.2D+0.5L+1.3W)

圖 5-5-3   例 5-5-2 之 AISC-LRFD 載重組合

(1)載重組合 1.2D+1.6L：

$P_u = 155.6$ tf；$M_{nt} = 10.32$ tf-m；$M_{lt} = 0.0$

$C_m = 0.6 - 0.4(\dfrac{M_1}{M_2}) = 0.6 - 0.4\dfrac{8.68}{10.32} = 0.264$

H300×300×10×15：$d = 30.0$，$b_f = 30.0$，$t_w = 1.0$，$t_f = 1.5$，$A = 118.40$，

$R = 1.3$，$r_x = 13.06$，$r_y = 7.55$，$I_x = 20200$，$I_y = 6750$，$S_x = 1350$ cm³，

$Z_x = 1480$，SN400B 鋼料 $F_y = 2.4$ tf/cm²

本載重組合無側移，$\therefore K_x = 1.0$

$\dfrac{K_x L_x}{r_x} = \dfrac{1.0 \times 460}{13.06} = 35.22$

$B_1 = \dfrac{C_m}{1 - P_u / P_{e1}} \geq 1.0$

LRFD：$P_u = 155.6$ tf

$P_{e1} = \dfrac{\pi^2 E I_x}{(K_x L_x)^2} = \dfrac{\pi^2 \times 2040 \times 20200}{(1.0 \times 460)^2} = 1922$ tf

$\therefore B_1 = \dfrac{0.264}{1 - 155.6 / 1922} = 0.287 < 1.0$

$\therefore$ 使用 $B_1 = 1.0$

$\therefore M_u = B_1 M_{nt} + B_2 M_{lt} = 1.0 \times M_{nt} = 10.32$ tf-m

$L_b = 460$，$M_p = F_y \times Z_x = 2.4 \times 1480 = 3552$ tf-cm $= 35.52$ tf-m

$b_f / 2t_f = \dfrac{30}{2 \times 1.5} = 10.0 < \lambda_p = 0.38\sqrt{E / F_y} = 0.38\sqrt{2040 / 2.4} = 11.0$

$h / t_w = \dfrac{30 - 2 \times (1.5 + 1.3)}{1.0} = 24.4 < \lambda_p = 3.76\sqrt{2040 / 2.4} = 109.6$

$\therefore$斷面為結實斷面。

$L_p = 1.76 r_y \sqrt{E / F_y} = 1.76 \times 7.55 \sqrt{\dfrac{2040}{2.4}} = 387$ cm（查表得 387）

$L_b = 460 > L_p = 387$

$L_r = 1.95 r_{ts} \dfrac{E}{0.7 F_y} \sqrt{\dfrac{J \cdot c}{S_x h_o}} \sqrt{1 + \sqrt{1 + 6.76(\dfrac{0.7 F_y}{E} \dfrac{S_x h_o}{J \cdot c})}}$

$E = 2040$ tf/cm；$h_o = 30 - 1.5 = 28.5$ cm

$J = \dfrac{1}{3}\left[2 \times 30 \times 1.5^3 + (30 - 1.5) \times 1.0^3\right] = 77.0$ cm⁴（查表得 77）

$C_w = \dfrac{I_y h_o^2}{4} = \dfrac{6750 \times 28.5^2}{4} = 1370672$（查表得 1370672）

$r_{ts}^2 = \dfrac{\sqrt{I_y C_w}}{S_x} = \dfrac{\sqrt{6750 \times 1370672}}{1350} = 71.25$；$r_{ts} = 8.44$（查表得 8.44），

c = 1.0

$$L_r = 1.95 \times 8.44 \times \frac{2040}{0.7 \times 2.4} \sqrt{\frac{77 \times 1.0}{1350 \times 28.5}} \sqrt{1 + \sqrt{1 + 6.76(\frac{0.7 \times 2.4}{2040} \times \frac{1350 \times 28.5}{77 \times 1})^2}}$$

$$= 1404 \text{ cm}（查表得 1404）$$

$$C_b = \frac{12.5M_{max}}{2.5M_{max} + 3M_A + 4M_B + 3M_C}$$

$$= \frac{12.5 \times 10.32}{2.5 \times 10.32 + 3 \times 3.93 + 4 \times 0.82 + 3 \times 5.57}$$

$$= 2.24$$

$$M_n = C_b[M_p - (M_p - 0.75F_y \cdot S_x)(\frac{L_b - L_p}{L_r - L_p})] \leq M_p$$

$$= 2.24 \times [35.52 - (35.52 - 0.75 \times 2.4 \times \frac{1350}{100})(\frac{460 - 387}{1404 - 387})]$$

$$= 77.76 \text{ tf-m} > M_p = 35.52 \text{ tf-m}$$

$$\therefore M_n = M_p = 35.52 \text{ tf-m}$$

$$\phi_b M_n = 0.9 \times 35.52 = 31.968 \text{ tf-m}$$

$$\frac{K_x L_x}{r_x} = \frac{460}{13.06} = 35.22$$

$$\frac{K_y L_y}{r_y} = \frac{460}{7.55} = 60.93 \longleftarrow 控制$$

$$F_e = \frac{\pi^2 E}{(KL/r)^2} = \frac{\pi^2 \times 2040}{60.93^2} = 5.423 \text{ tf/cm}^2 > 0.44F_y = 1.056$$

$$\therefore F_{cr} = (0.658^{\frac{F_y}{F_e}})F_y = [0.658^{\frac{2.4}{5.423}}]F_y = 0.831F_y = 1.994 \text{ tf/cm}^2$$

$$P_n = F_{cr} \cdot A_g = 1.994 \times 118.4 = 236.09 \text{ tf}$$

$$\frac{P_u}{\phi_c P_n} = \frac{155.6}{0.9 \times 236.09} = 0.732 > 0.2$$

$$\frac{P_r}{P_c} + \frac{8}{9}(\frac{M_{rx}}{M_{cx}} + \frac{M_{ry}}{M_{cy}}) \leq 1.0$$

$$\frac{P_u}{\phi_c P_n} + \frac{8}{9}(\frac{M_{ux}}{\phi_b M_{nx}}) \leq 1.0$$

$$0.732 + \frac{8}{9}(\frac{10.32}{31.968}) = 1.019 > 1.0 \cdots\cdots NG$$

本斷面強度在本載重組合情況下無法符合 AISC-LRFD 規範規定。

(2) 載重組合：1.2D+0.5L+1.3W

$P_u = 70.9\text{tf}$；$M_{nt} = 4.71 \text{ tf-m}$；$M_{lt} = 17.16 \text{ tf-m}$

對無側向位移情況：

$$C_m = 0.6 - 0.4(\frac{M_1}{M_2}) = 0.6 - 0.4\frac{3.95}{4.71} = 0.264$$

$P_{el} = 1922 \text{ tf}$（同前面計算）

$$\therefore B_l = \frac{0.264}{1 - 70.9/1922} = 0.274 < 1.0$$

$\therefore$ 使用 $B_1 = 1.0$

對有側向位移情況

$$B_2 = \frac{1}{1 - \dfrac{\sum P_u}{\sum P_{e2}}} \approx \frac{1}{1 - \dfrac{P_u}{P_{e2}}}$$

LRFD：

$P_u = 70.9$

在有側移時　　$K_x = 1.2$；$K_y = 1.0$

$\therefore K_x L_x = 1.2 \times 460 = 552 \text{ cm}$

$$\frac{K_x L_x}{r_x} = \frac{552}{13.06} = 42.27$$

$$\frac{K_y L_y}{r_y} = \frac{460}{7.55} = 60.93 \longleftarrow \quad 控制$$

$$F_e = \frac{\pi^2 E}{(KL/r)^2} = \frac{\pi^2 \times 2040}{60.93^2} = 5.423 \text{ tf/cm}^2 > 0.44 F_y = 1.056$$

$$\therefore F_{cr} = (0.658^{\frac{F_y}{F_e}})F_y = [0.658^{\frac{2.4}{5.423}}]F_y = 0.831 F_y = 1.994 \text{ tf/cm}^2$$

$$P_n = F_{cr} \cdot A_g = 1.994 \times 118.4 = 236.09 \text{ tf}$$

$$P_{e2} = \frac{\pi^2 E I_x}{(K_x L_x)^2} = \frac{\pi^2 \times 2040 \times 20200}{(552)^2} = 1335 \text{ tf}$$

$$\therefore B_2 = \frac{1}{1 - \dfrac{70.9}{1335}} = 1.056$$

$$\therefore M_u = B_1 M_{nt} + B_2 M_{lt} = 1.0 \times 4.71 + 1.056 \times 17.16 = 22.83 \text{ tf-m}$$

$L_b = 460$

$L_p = 387$

$L_r = 1404$

$$C_b = \frac{12.5 M_{max}}{2.5 M_{max} + 3 M_A + 4 M_B + 3 M_C}$$

$$= \frac{12.5 \times 21.87}{2.5 \times 21.87 + 3 \times 10.365 + 4 \times 0.38 + 3 \times 11.125}$$

$$= 2.27$$

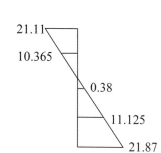

$$M_n = C_b[M_p - (M_p - 0.75F_y \cdot S_x)(\frac{L_b - L_p}{L_r - L_p})] \leq M_p$$

$$= 2.27 \times [35.52 - (35.52 - 0.75 \times 2.4 \times \frac{1350}{100})(\frac{460 - 387}{1404 - 387})]$$

$$= 78.08 \text{ tf-m} > M_p = 35.52 \text{ tf-m}$$

$$\therefore M_n = M_p = 35.52 \text{ tf-m}$$

$$\phi_b M_n = 0.9 \times 35.52 = 31.968 \text{ tf-m}$$

$$\frac{P_r}{P_c} = \frac{P_u}{\phi_c P_n} = \frac{70.9}{0.9 \times 236.09} = 0.334 > 0.2$$

$$\frac{P_r}{P_c} + \frac{8}{9}(\frac{M_{rx}}{M_{cx}} + \frac{M_{ry}}{M_{cy}}) \leq 1.0$$

$$\frac{P_u}{\phi_c P_n} + \frac{8}{9}(\frac{M_{ux}}{\phi_b M_{nx}}) \leq 1.0$$

$$0.334 + \frac{8}{9}(\frac{22.83}{31.968}) = 0.334 + 0.635 = 0.969 < 1.0 \quad \cdots\cdots \text{OK}$$

∴本斷面由載重組合(1)1.2D+1.6L 控制，斷面無法符合 AISC-LRFD 規範要求。

（二）依我國極限設計規範規定：

可能之荷重組合：

(1) 1.4D

(2) 1.2D+1.6L

(3) 1.2D+0.5L+1.6W

(4) 0.9D+1.6W

由受力狀況可判斷，活載重之作用力比靜載重之作用力大三倍左右，而風力作用又比活載重大三倍左右，因此最可能載重組合應為

(2) 1.2D+1.6L　及

(3) 1.2D+0.5L+1.6W

其組合後之放大載重如下：

(a) 載重組合(1.2D+1.6L)　　(b) 載重組合(1.2D+0.5L+1.6W)

圖 5-5-4　例 5-5-2 之我國極限設計規範載重組合

1. 載重組合 1.2D+1.6L：為對稱載重，無側向位移

   $P_u = 155.6tf$；$M_{nt} = 10.32$ tf-m；$M_{lt} = 0$

   H300×300×10×15：$d = 30.0$，$b_f = 30.0$，$t_w = 1.0$，$t_f = 1.5$，$A = 118.40$，

   $R = 1.3$，$r_x = 13.06$，$r_y = 7.55$，$I_x = 20200$，$I_y = 6750$，$S_x = 1350 cm^3$，

   $Z_x = 1480 \ cm^3$

   SN400B 鋼料，$F_y = 2.4 \ tf/cm^2$

   本載重組合無側移 $\therefore K_x = 1.0$

   $$\frac{K_x L_x}{r_x} = \frac{1.0 \times 460}{13.06} = 35.22$$

   $$P_{e1} = \frac{\pi^2 E A_g}{(KL/r)^2} = \frac{\pi^2 \times 2040 \times 118.40}{(35.22)^2} = 1922 \ tf$$

   無側向位移之放大係數

   $$B_1 = \frac{0.64}{1-(P_u/P_{e1})}(1-\frac{M_1}{M_2}) + 0.32(\frac{M_1}{M_2})$$

   $$= \frac{0.64}{1-(155.6/1922)}(1-\frac{8.68}{10.32}) + 0.32(\frac{8.68}{10.32}) = 0.380 < 1.0$$

   $\therefore$ 使用 $B_1 = 1.0$

   $M_u = B_1 M_{nt} + B_2 M_{lt} = 10.32$ tf-m

   $L_b = 460$ cm

   $M_p = F_y \times Z_x = 2.4 \times 1480 = 3552$ tf-cm $= 35.52$ tf-m

   $$\lambda = \frac{h}{t_w} = \frac{30.0 - 2 \times 1.5}{1.0} = 27$$

   $$\frac{P_u}{\phi_b P_y} = \frac{155.6}{0.9 \times 118.4 \times 2.4} = 0.608 > 0.125$$

   $$\lambda_p = \frac{51}{\sqrt{F_y}}[2.33 - \frac{P_u}{\phi_b P_y}] = \frac{51}{\sqrt{2.4}}[2.33 - 0.608] = 56.69 > \frac{68}{\sqrt{F_y}} = 43.89$$

   腹板 $\lambda < \lambda_p$ 為結實斷面。

   $$\lambda = \frac{b_f}{2t_f} = 10.0 < \lambda_p = \frac{17}{\sqrt{F_y}} = 10.97$$

   翼板 $\lambda < \lambda_p$ 為結實斷面。

   $$L_p = \frac{80}{\sqrt{F_y}} \times r_y = \frac{80}{\sqrt{2.4}} \times 7.55 = 390 \ cm$$

   $L_b > L_p$

   $$L_r = \frac{r_y X_1}{(F_y - F_r)}\sqrt{1+\sqrt{1+X_2(F_y-F_r)^2}}$$

   $E = 2040$，$G = 810 \ tf/cm^2$

$$J = \frac{1}{3}(2 \times 30 \times 1.5^3 + (30 - 1.5) \times 1.0^3) = 77 \text{ cm}^4$$

$$C_w = \frac{I_y h^2}{4} = \frac{1}{4} \times 6750 \times (30 - 1.5)^2 = 1370672$$

$$X_1 = \frac{\pi}{S_x}\sqrt{\frac{EGJA}{2}} = \frac{\pi}{1350}\sqrt{\frac{2040 \times 810 \times 77 \times 118.40}{2}} = 202$$

$$X_2 = 4\frac{C_w}{I_y}(\frac{S_x}{GJ})^2 = 4\frac{1370672}{6750}(\frac{1350}{810 \times 77})^2 = 0.381$$

$$L_r = \frac{7.55 \times 202}{(2.4 - 0.7)}\sqrt{1 + \sqrt{1 + 0.381(2.4 - 0.7)^2}} = 1404 \text{ cm}$$

（H300×300×10×15 查表得 J = 77，C_w = 1370672，X_1 = 202，X_2 = 0.381，L_p = 390，L_r = 1404）

$M_r = (F_y - F_r)S_x = (2.4 - 0.7) \times 1350 = 2295$ tf-cm = 22.95 tf-m

$$C_b = 1.75 + 1.05(\frac{8.68}{10.32}) + 0.3(\frac{8.68}{10.32})^2 = 2.845 > 2.3$$

∴使用 C_b = 2.3

$$M_n = C_b[M_p - (M_p - M_r)(\frac{L_b - L_p}{L_r - L_p})] \le M_p$$

$$M_n = 2.3[35.52 - (35.52 - 22.95)(\frac{4.6 - 3.9}{14.04 - 3.9})] = 79.70 \text{ tf-m} > M_p = 35.52$$

∴ $M_n = M_p = 35.52$ tf-m

$\phi_b M_n = 0.9 \times 35.52 = 31.968$ tf-m

H300×300×10×15

$K_y \cdot L_y = 1.0 \times 460 = 460$ cm

$K_x \cdot L_x = 1.0 \times 460 = 460$ cm

$$\frac{K_y L_y}{r_y} = \frac{460}{7.55} = 60.93 \longleftarrow 弱軸控制$$

$$\frac{K_x L_x}{r_x} = \frac{460}{13.06} = 35.22$$

$$\lambda_c = \frac{KL}{r}\sqrt{\frac{F_y}{\pi^2 E}} = 60.93\sqrt{\frac{2.4}{\pi^2 \times 2040}} = 0.665 < 1.5$$

$F_{cr} = [\exp(-0.419\lambda_c^2)]F_y = [\exp(-0.419 \times 0.665^2)]F_y = 0.830F_y = 1.992 \text{ tf/cm}^2$

$P_n = F_{cr} \cdot A_g = 1.992 \times 118.40 = 235.85$ tf

$$\frac{P_u}{\phi_c P_n} = \frac{155.6}{0.85 \times 235.85} = 0.776 > 0.2$$

$$\therefore \frac{P_u}{\phi_c P_n} + \frac{8}{9}(\frac{M_{ux}}{\phi_b M_{nx}} + \frac{M_{uy}}{\phi_b M_{ny}}) \le 1.0$$

$$0.776 + \frac{8}{9}(\frac{10.32}{33.78} + 0) = 1.044 > 1.0 \cdots\cdots \text{NG}$$

本斷面強度在本載重組合，無法符合我國極限設計規範之要求。

2. 載重組合 $1.2D + 0.5L + 1.6W$

$P_u = 70.9$ tf；$M_{nt} = 4.71$ tf-m；$M_{lt} = 21.12$ tf-m

對無側向位移情況：

$$C_m = 0.6 - 0.4(\frac{M_1}{M_2}) = 0.6 - 0.4(\frac{3.95}{4.71}) = 0.265$$

$P_{e1} = 1922$ tf（同前面計算）

$$B_1 = \frac{0.64}{1 - P_u/P_{e1}}(1 - \frac{M_1}{M_2}) + 0.32(\frac{M_1}{M_2})$$

$$= \frac{0.64}{1 - \frac{70.9}{1922}}(1 - \frac{3.95}{4.71}) + 0.32(\frac{3.95}{4.71}) = 0.376 < 1.0$$

使用 $B_1 = 1.0$

對有側向位移情況：

$$B_2 = \frac{1}{1 - \frac{\sum P_u}{\sum P_{e2}}} \approx \frac{1}{1 - \frac{P_u}{P_{e2}}}$$

$$K_x L = 1.2 \times 460 = 552$$

$$P_{e2} = \frac{\pi^2 EI_x}{(K_x L)^2} = \frac{\pi^2 \times 2040 \times 20200}{552^2} = 1335 \text{ tf}$$

$$\therefore B_2 \approx \frac{1}{1 - \frac{70.9}{1335}} = 1.056$$

$$\therefore M_u = B_1 M_{nt} + B_2 M_{lt}$$

$$= 1.0 \times 4.71 + 1.056 \times 21.12$$

$$= 27.01 \text{ tf-m}$$

$$\frac{K_y L_y}{r_y} = \frac{460}{7.55} = 60.93 \longleftarrow \text{弱軸控制}$$

$$\frac{K_x L_x}{r_x} = \frac{552}{13.06} = 42.27$$

$$\lambda_c = \frac{KL}{r}\sqrt{\frac{F_y}{\pi^2 E}} = 60.93\sqrt{\frac{2.4}{\pi^2 \times 2040}} = 0.665 < 1.5$$

$$F_{cr} = [\exp(-0.419\lambda_c^2)]F_y = [\exp(-0.419 \cdot 0.665^2)]F_y = 0.830F_y = 1.992 \text{ tf/cm}^2$$

$$P_n = F_{cr} \cdot A_g = 1.992 \times 118.40 = 235.85 \text{ tf}$$

$$L_p = 390 \text{ cm} \text{；} L_b = 460 \text{ cm} \text{；} L_r = 1404 \text{ cm}$$

$$M_1 = 3.95 + 21.12 = 25.07$$

$$M_2 = 4.71 + 21.12 = 25.83$$

$$C_b = 1.75 + 1.05(\frac{25.07}{25.83}) + 0.3(\frac{25.07}{25.83})^2 = 3.05 > 2.3$$

$$\therefore 使用 \ C_b = 2.3$$

$$M_n = C_b[M_p - (M_p - M_r)(\frac{L_b - L_p}{L_r - L_p})] \le M_p$$

$$M_n = 2.3[35.52 - (35.52 - 22.95)(\frac{4.6 - 3.9}{14.04 - 3.9})] = 79.70 \text{ tf-cm} > M_p = 35.52$$

$$\therefore M_n = M_p = 35.52 \text{ tf-m}$$

$$\phi_b M_n = 0.9 \times 35.52 = 31.968 \text{ tf-m}$$

$$\frac{P_u}{\phi_c P_n} = \frac{70.9}{0.85 \times 235.85} = 0.354 > 0.2$$

$$\therefore \frac{P_u}{\phi_c P_n} + \frac{8}{9}(\frac{M_{ux}}{\phi_b M_{nx}} + \frac{M_{uy}}{\phi_b M_{ny}}) \le 1.0$$

$$0.354 + \frac{8}{9}(\frac{27.01}{31.968} + 0) = 1.105 > 1.0 \cdots\cdots NG\#$$

$$\therefore 本斷面無法滿足規範要求，必須使用較大斷面。$$

例 5-5-3

有一柱受 45 tf 靜載重及 14 tf 活載重之軸壓力及 14 tf-m 靜載重彎矩及 14 tf-m 活載重彎矩，而在風力作用下該柱受到的彎矩為 28.0 tf-m。假設彎矩均勻作用在全根柱上。柱長為 4.3 m，而且只有在柱兩端有側向支撐，假設該柱在有側撐構架內。試依極限設計法規範之規定選用 H350 之最輕斷面（假設對強軸撓曲）。使用 SN400B 鋼料。

解：

（一）依 AISC-LRFD 規範：

可能載重組合為：

(1) 1.2D+1.6L

(2) 1.2D+0.5L+1.3W

(1) 1.2D+1.6L

$$P_u = 1.2 \times 45 + 1.6 \times 14 = 76.4 \text{ tf}$$

$$M_u = 1.2 \times 14 + 1.6 \times 14 = 39.2 \text{ tf-m}$$

(2) $1.2D + 0.5L + 1.3W$

$P_u = 1.2 \times 45 + 0.5 \times 14 = 61$ tf

$M_u = 1.2 \times 14 + 0.5 \times 14 + 1.3 \times 28 = 60.2$ tf-m

第 (1) 組合：$P_{u,EQ} = P_u + M_{ux}(\dfrac{2}{d}) = 76.4 + 39.2(\dfrac{2}{0.35}) = 300.4$ tf

第 (2) 組合：$P_{u,EQ} = 61.0 + 60.2(\dfrac{2}{0.35}) = 405.0$ tf

所以應為第 (2) 組控制，採用第 (2) 組載重進行設計。

SN400B 鋼料：$F_y = 2.4$ tf/cm^2

對 H350×350 斷面：

$r_y = 8.40 \sim 9.18$

取 $r_y = 8.5$

$KL/r = \dfrac{430}{8.5} = 50.588$

$F_e = \dfrac{\pi^2 E}{(KL/r)^2} = \dfrac{\pi^2 \times 2040}{(50.588)^2} = 7.867$ tf/cm$^2 > 0.44F_y = 1.056$ tf/cm^2

$\therefore F_{cr} = (0.658^{\frac{F_y}{F_e}})F_y = (0.658^{\frac{2.4}{7.867}})F_y = 0.880F_y = 2.112$ tf/cm^2

$\therefore$ 需要之 $A_g = \dfrac{P_u}{\phi Fcr} = \dfrac{405}{0.9 \times 2.112} = 213.07$ cm^2

試選用 H350×350×16×24：$d = 36.0$，$b_f = 35.4$，$t_w = 1.6$，$t_f = 2.4$，$R = 1.3$，$k = 3.7$，$A_g = 221.0$，$S_x = 2910$，$Z_x = 3270$，$r_x = 15.40$，$r_y = 8.97$，$I_x = 52400$

$KL/r_y = 430/8.97 = 47.94$

$F_e = \dfrac{\pi^2 E}{(KL/r)^2} = \dfrac{\pi^2 \times 2040}{(47.94)^2} = 8.761 > 0.44F_y = 1.056$ tf/cm^2

$F_{cr} = (0.658^{\frac{2.4}{8.761}})F_y = 0.892F_y = 2.141$ tf/cm^2

$P_n = F_{cr}A_g = 2.141 \times 221.0 = 473.2$ tf

$\dfrac{P_u}{\phi P_n} = \dfrac{61}{0.9 \times 473.2} = 0.143 < 0.2$

使用 $\dfrac{P_r}{2P_c} + (\dfrac{M_{rx}}{M_{cx}} + \dfrac{M_{ry}}{M_{cy}}) \le 1.0$

對 H350×350×16×24：

$L_p = 1.76 r_y \sqrt{\dfrac{E}{F_y}} = 1.76 \times 8.97 \sqrt{\dfrac{2040}{2.4}} = 460$ cm（查表得 460）

$L_b = 4.3m < L_p$

$\dfrac{b_f}{2t_f} = \dfrac{35.4}{2 \times 2.4} = 7.375 < \lambda_p = 0.38\sqrt{\dfrac{E}{F_y}} = 11.08$

$\dfrac{h}{t_w} = \dfrac{36.0 - 2 \times 3.7}{1.6} = 17.9 < \lambda_p = 3.76\sqrt{\dfrac{E}{F_y}} = 109.6$

∴斷面爲結實斷面，且 $L_b < L_p$

$M_{nx} = M_{px} = Z_x F_y = 3270 \times 2.4 = 7848 \text{ tf-cm}$

$M_{cx} = \phi_b M_{nx} = 0.9 \times 7848 = 7063.2 \text{ tf-cm} = 70.63 \text{ tf-m}$

對撓曲軸

$KL/r_x = 430/15.4 = 27.922$

該柱在有側撐構架內，構件上有均勻之彎矩作用

$C_m = 1.0$（彎矩爲常數）

$P_{e1} = \dfrac{\pi^2 E I_x}{(K_x L_x)^2} = \dfrac{\pi^2 \times 2040 \times 52400}{(430)^2} = 5706 \text{ tf}$

$B_1 = \dfrac{C_m}{1 - P_u/P_{e1}} \geq 1.0 \; ; \; B_1 = \dfrac{1.0}{1 - \dfrac{61}{5706}} = 1.01$

$M_{ux} = B_1 M_{nt} = 1.01 \times 60.2 = 60.8 \text{ tf-m}$

$M_{rx} = M_{ux} = 60.8$

$\dfrac{P_r}{2P_c} + \dfrac{M_{rx}}{M_{cx}} = \dfrac{61}{2 \times 0.9 \times 473.2} + \dfrac{60.8}{70.63} = 0.932 < 1.0 \;\cdots\cdots\text{OK\#}$

所以斷面 H350×350×16×24 符合規範規定。

（二）依我國極限設計法：

(1)活載重＋靜載重之組合：1.2D+1.6L

$P_u = 1.2 \times 45 + 1.6 \times 14 = 76.4 \text{ tf}$

$M_u = 1.2 \times 14 + 1.6 \times 14 = 39.2 \text{ tf-m}$

(2)活載重＋靜載重＋風力之組合：1.2D+0.5L+1.6W

$P_u = 1.2 \times 45 + 0.5 \times 14 = 61 \text{ tf}$

$M_u = 1.2 \times 14 + 0.5 \times 14 + 1.6 \times 28.0 = 68.6 \text{ tf-m}$

第 (1) 組：$P_{u,EQ} = P_u + M_{ux}(\dfrac{2}{d}) = 76.4 + 39.2(\dfrac{2}{0.35}) = 300.4 \text{ tf}$

第 (2) 組：$P_{u,EQ} = P_u + M_{ux}(\dfrac{2}{d}) = 61 + 68.6 \times (\dfrac{2}{0.35}) = 453 \text{ tf}$

比較上列兩種組合，應該第二種組合會控制設計，因此直接用第二種組合力量爲設計值：

SN400B 鋼料：$F_y = 2.4 \text{ tf/cm}^2$

對 H350×350 斷面：

$r_y = 8.40 \sim 9.18$

取 $r_y = 8.5$

$$\lambda_c = \frac{KL}{r}\sqrt{\frac{F_y}{\pi^2 E}} = \frac{430}{8.5}\sqrt{\frac{2.4}{\pi^2 \times 2040}} = 0.552 < 1.5$$

$$F_{cr} = [\exp(-0.419\lambda_c^2)]F_y = 0.880F_y = 2.11 \text{ tf/cm}^2$$

$$\therefore 需要之\ A_g \approx \frac{P_u}{\phi F_{cr}} = \frac{453}{0.85 \times 2.11} = 253 \text{ cm}^2$$

試選用 H350×350×18×28：$d = 36.8$，$b_f = 35.6$，$t_w = 1.8$，$t_f = 2.8$，$R = 1.3$，$k = 4.1$，$A_g = 257.0$，$S_x = 3400$，$Z_x = 3850$，$r_x = 15.61$，$r_y = 9.06$

$$\frac{KL}{r} = \frac{KL}{r_y} = \frac{430}{9.06} = 47.46$$

$$\lambda_c = (\frac{KL}{r})\sqrt{\frac{F_y}{\pi^2 E}} = 47.46\sqrt{\frac{2.4}{\pi^2 \times 2040}} = 0.518 < 1.5$$

$$F_{cr} = [\exp(-0.419\lambda_c^2)]F_y = 0.894F_y = 2.146 \text{ tf/cm}^2$$

$$P_n = F_{cr} \cdot A_g = 2.146 \times 257.0 = 551.5 \text{ tf}$$

$$\frac{P_u}{\phi_c P_n} = \frac{61}{0.85 \times 551.5} = 0.130 < 0.20$$

對 H350×350×18×28：

$$L_p = \frac{80}{\sqrt{F_y}}r_y = \frac{80}{\sqrt{2.4}} \times 9.06 = 468 \text{ cm}$$

$$L_b = 4.3\text{m} < L_p$$

$$\frac{b_f}{2t_f} = \frac{35.6}{2 \times 2.8} = 6.36 < \lambda_p = \frac{17}{\sqrt{F_y}} = \frac{17}{\sqrt{2.4}} = 10.97$$

翼板 $\lambda < \lambda_p$ 爲結實斷面。

$$\frac{h}{t_w} = \frac{36.8 - 2 \times 2.8}{1.8} = 17.33$$

$$\frac{P_u}{\phi_b P_y} = \frac{61}{0.9 \times 207.4 \times 2.4} = 0.109 < 0.125$$

$$\lambda_p = \frac{170}{\sqrt{F_y}}[1 - 2.75\frac{P_u}{\phi_b P_y}] = \frac{170}{\sqrt{2.4}}[1 - 2.75 \times 0.109] = 76.84$$

腹板 $\lambda < \lambda_p$ 爲結實斷面。

斷面爲結實斷面且 $L_b < L_p$

$$M_p = Z_x F_y = 3850 \times 2.4 = 9240 \text{ tf-cm} = 92.4 \text{ tf-m}$$

$$\phi_b M_n = \phi_b M_p = 0.9 \times 9240 = 8316 \text{ tf-cm} = 83.16 \text{ tf-m}$$

對撓曲軸：

$$\frac{KL}{r_x} = \frac{430}{15.61} = 27.55$$

$C_m = 1.0$（彎矩為常數）

$$P_{e1} = \frac{\pi^2 E A_g}{(KL/r)^2} = \frac{\pi^2 \times 2040 \times 257.0}{(27.55)^2} = 6817 \text{ tf}$$

該柱在有側撐構架內，構件上有均勻之彎矩作用，且保守假設兩端無束制，則：

$$B_1 = \frac{1.0}{1 - \dfrac{P_u}{P_{e1}}} = \frac{1.0}{1 - \dfrac{61}{6817}} = 1.01$$

$$M_{ux} = B_1 M_{nt} = 1.01 \times 68.6 = 69.29$$

$$\frac{P_u}{2\phi_c P_n} + (\frac{M_{ux}}{\phi_b M_{nx}}) \le 1.0$$

$$\frac{61}{2 \times 0.85 \times 551.5} + \frac{69.29}{83.16} = 0.065 + 0.833 = 0.898 < 1 \cdots\cdots OK$$

可以考慮使用小一號斷面

H350×350×16×24：d = 36.0，b_f = 35.4，t_w = 1.6，t_f = 2.4，R = 1.3，k = 3.7，A_g = 221.0，S_x = 2910，Z_x = 3270，r_x = 15.40，r_y = 8.97，I_x = 52400

$$\frac{KL}{r_y} = \frac{430}{8.97} = 47.94$$

$$\lambda_c = 47.94\sqrt{\frac{2.4}{\pi^2 \times 2040}} = 0.523 < 1.5$$

$$F_{cr} = [\exp(-0.419 \times 0.523^2)]F_y = 0.892 F_y = 2.141 \text{ tf/cm}^2$$

$$P_n = F_{cr} \times A_g = 2.141 \times 221.0 = 473.2 \text{ tf}$$

$$\frac{P_u}{\phi_c P_n} = \frac{61}{0.85 \times 473.2} = 0.152 < 0.20$$

$$L_p = \frac{80}{\sqrt{F_y}} \cdot r_y = \frac{80}{\sqrt{2.4}} \times 8.97 = 463 \text{ cm}$$

$$L_b = 4.3 < L_p$$

$$\frac{b_f}{2t_f} = \frac{35.4}{2 \times 2.4} = 7.38 < \lambda_p = \frac{17}{\sqrt{F_y}} = 10.97$$

翼板 $\lambda < \lambda_p$ 為結實斷面

$$\frac{h}{t_w} = \frac{36 - 2 \times 2.4}{1.6} = 19.5$$

$$\frac{P_u}{\phi_b P_y} = \frac{61}{0.9 \times 221 \times 2.4} = 0.128 > 0.125$$

$$\lambda_p = \frac{51}{\sqrt{F_y}}[2.33 - \frac{P_u}{\phi_b P_y}] = \frac{51}{\sqrt{2.4}}[2.33 - 0.128] = 72.49 > \frac{68}{\sqrt{F_y}} = 43.89$$

腹板 $\lambda < \lambda_p$ 為結實斷面。

斷面為結實斷面，且 $L_b < L_p$

$\therefore M_n = M_p = Z_X \cdot F_y = 3270 \times 2.4 = 7848.0$ tf-cm

$\phi_b M_n = \phi_b M_p = 0.9 \times 7848 = 7063.2$ tf-cm $= 70.63$ tf-m

對撓曲軸：$\dfrac{KL}{r_x} = \dfrac{430}{15.40} = 27.92$

$C_m = 1.0$

$$P_{e1} = \frac{\pi^2 E A_g}{(KL/r)^2} = \frac{\pi^2 \times 2040 \times 221.0}{(27.92)^2} = 5708 \text{ tf}$$

$$B_1 = \frac{1.0}{1 - \dfrac{P_u}{P_{e1}}} = \frac{1.0}{1 - \dfrac{61}{5708}} = 1.01$$

$M_{ux} = B_1 M_{nt} = 1.01 \times 68.6 = 69.29$

$$\frac{P_u}{2\phi_c P_n} + (\frac{M_{ux}}{\phi_b M_{nx}}) \le 1.0$$

$$\frac{61}{2 \times 0.85 \times 473.2} + \frac{69.29}{70.63} = 0.076 + 0.981 = 1.057 > 1.0 \cdots\cdots \text{NG}$$

∴使用 H350×350×16×24 斷面有點不符合規範規定，

故仍建議使用 H350×350×18×28 斷面。

例 5-5-4

在一有側撐構架內，一構件承受放大載重荷重時其受力情形為：軸力 $P_u = 68$ tf 對強軸之彎矩 $M_{ux} = 10.5$ tf-m，對弱軸之彎矩 $M_{uy} = 4.2$ tf-m。其彎矩作用在構件之一端，另一端為鉸接節點。該構件強軸及弱軸方向之有效長度為 4.6 m，且在構件上無橫向載重，試依極限設計法選擇最輕之 H300 型鋼，使用 SN400B 鋼材。

解：

$P_u = 68$ tf

$M_{ux} = B_1 M_{ntx} \approx 10.5$ tf-m

$M_{uy} = B_1 M_{nty} \approx 4.2$ tf-m

試用 H300 型鋼：（d = 30 cm，b_f = 30 cm）

$$P_{u,EQ} = P_u + M_{ux}\left(\frac{2}{d}\right) + M_{uy}\left(\frac{7.5}{b_f}\right)$$

$$P_{u,EQ} = 68 + 10.5\left(\frac{2}{0.3}\right) + 4.2\left(\frac{7.5}{0.3}\right) = 243 \text{ tf}$$

KL = 4.6 m

SN400B 鋼料：$F_y = 2.4$ tf/cm^2

（一）依 AISC-LRFD 規範：

對 H300×300 斷面，$r_y = 7.20 \sim 7.79$，取 $r_y = 7.5$

$$KL/r_y = \frac{460}{7.5} = 61.33$$

$$F_e = \frac{\pi^2 E}{(KL/r)^2} = \frac{\pi^2 \times 2040}{(61.33)^2} = 5.353 \text{ tf/cm}^2 > 0.44F_y = 1.056 \text{ tf/cm}^2$$

$$F_{cr} = (0.658^{\frac{F_y}{F_e}})F_y = (0.658^{\frac{2.4}{5.353}})F_y = 0.829F_y = 1.990 \text{ tf/cm}^2$$

需要之 $A_g = \dfrac{P_u}{\phi F_{cr}} = \dfrac{243}{0.9 \times 1.990} = 135.7 \text{ cm}^2$

試選用 H300×300×11×17：d = 30.4，b_f = 30.1，t_w = 1.1，t_f = 1.7，A_g = 133.0，I_x = 23200，I_y = 7730，r_x = 13.21，r_y = 7.62，S_x = 1520，S_y = 514，Z_x = 1690，Z_y = 779，R = 1.3，k = 1.7+1.3 = 3.0

$KL/r_y = 460/7.62 = 60.37$

$$F_e = \frac{\pi^2 E}{(KL/r)^2} = \frac{\pi^2 \times 2040}{(60.37)^2} = 5.524 \text{ tf/cm}^2 > 0.44F_y = 1.056 \text{ tf/cm}^2$$

$$F_{cr} = (0.658^{\frac{F_y}{F_e}})F_y = (0.658^{\frac{2.4}{5.524}})F_y = 0.834F_y = 2.002 \text{ tf/cm}^2$$

$$P_n = F_{cr} \cdot A_g = 2.002 \times 133.0 = 266.27 \text{ tf}$$

$$\frac{P_u}{\phi P_n} = \frac{68}{0.9 \times 266.27} = 0.284 > 0.2$$

使用

$$\frac{P_r}{P_c} + \frac{8}{9}\left(\frac{M_{rx}}{M_{cx}} + \frac{M_{ry}}{M_{cy}}\right) \le 1.0$$

對強軸

$KL/r_x = 460/13.21 = 34.82$

$$C_m = 0.6 - 0.4\left(\frac{M_1}{M_2}\right) = 0.6$$

$$P_{e1} = \frac{\pi E I_x}{(K_x L_x)^2} = \frac{\pi^2 \times 2040 \times 23200}{(460)^2} = 2208 \text{ tf}$$

$$B_1 = \frac{C_m}{1 - P_u / P_{e1}} \geq 1.0 \;\text{；}\; B_1 = \frac{0.60}{1 - \dfrac{68}{2208}} = 0.619 < 1.0$$

$\therefore$ 使用 $B_1 = 1.0$

$M_{ux} = B_1 M_{ntx} = 10.5$ tf-m

$$C_b = \frac{12.5 \times 1}{2.5 \times 1 + 3 \times \dfrac{1}{4} + 4 \times \dfrac{1}{2} \times 3 \times \dfrac{3}{4}} = 1.67$$

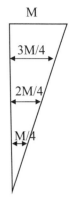

檢核結實斷面：

$$\frac{bf}{2t_f} = \frac{30.1}{2 \times 1.7} = 8.85 < \lambda_p = 0.38\sqrt{\frac{E}{F_y}} = 11.08$$

$$\frac{h}{t_w} = \frac{30.4 - 2 \times 3.0}{1.1} = 22.18 < \lambda_p = 3.76\sqrt{\frac{E}{F_y}} = 109.6$$

$\therefore$ 為結實斷面

$$L_p = 1.76 r_y \sqrt{\frac{E}{F_y}} = 1.76 \times 7.62\sqrt{\frac{2040}{2.4}} = 391 \text{ cm}$$

$L_b = 460 > L_p$

$$L_r = 1.95 r_{ts} \frac{E}{0.7F_y}\sqrt{\frac{J \cdot c}{S_x \cdot h_o}}\sqrt{1 + \sqrt{1 + 6.76\left(\frac{0.7F_y}{E} \cdot \frac{S_x h_o}{J \cdot c}\right)^2}}$$

$c = 1.0$（雙對稱 I 型鋼）

$h_o = 30.4 - 1.7 = 28.7$

$$J = \frac{1}{3}[2 \times 30.1 \times 1.7^3 + 28.7 \times 1.1^3] = 111.32$$

$$r_{ts}^{\ 2} = \frac{\sqrt{I_y C_w}}{S_x}$$

$$C_w = \frac{I_y h_o^{\ 2}}{4} = \frac{7730 \times 28.7^2}{4} = 1591781$$

$$r_{ts}^{\ 2} = \frac{\sqrt{7730 \times 1591781}}{1520} = 72.98$$

$r_{ts} = 8.54$

$$\therefore L_r = 1.95 \times 8.54\frac{2040}{0.7 \times 2.4}\sqrt{\frac{111.32 \times 1.0}{1520 \times 28.7}}\sqrt{1 + \sqrt{1 + 6.76\left(\frac{0.7 \times 2.4}{2040} \cdot \frac{1520 \times 28.7}{111.32 \times 1.0}\right)^2}}$$

$\qquad = 1551$ cm

$\therefore L_p < L_b < L_r$

$$M_{nx} = C_b\left[M_{px} - (M_{px} - 0.75F_y \cdot S_x)\left(\frac{L_b - L_p}{L_r - L_p}\right)\right] \leq M_p$$

$$M_{px} = F_y \cdot Z_x = 2.4 \times 1690 = 4056 \text{ tf-cm} = 40.56 \text{ tf-m}$$

$$\therefore M_{nx} = 1.67 \left[40.56 - (40.56 - 0.75 \times 2.4 \times 1520 / 100)(\frac{460 - 391}{1551 - 391}) \right]$$

$$= 66.42 \text{ tf-m} > M_{px} = 40.56 \text{ tf-m}$$

$$\therefore M_{nx} = M_{px} = 40.56 \text{ tf-m}$$

對弱軸：結實斷面

$$M_{ny} = M_{py} = F_y \times Z_y = 2.4 \times 779 = 1869.6 \text{ tf-cm} = 18.696 \text{ tf-m}$$

$$\frac{P_r}{P_c} + \frac{8}{9}(\frac{M_{rx}}{M_{cx}} + \frac{M_{ry}}{M_{cy}}) = 0.284 + \frac{8}{9}(\frac{10.5}{0.9 \times 40.56} + \frac{4.2}{0.9 \times 18.696})$$

$$= 0.761 < 1.0 \cdots\cdots OK\#$$

可以選用較輕斷面

改試用 H300×300×10×15，d = 30.0, b_f = 30.0, t_w = 1.0, t_f = 1.5, R = 1.3, r_x = 13.06, r_y = 7.55, Z_x = 1480, Z_y = 683, A_g = 118.4, S_x = 1350, S_y = 450, I_x = 20200, I_y = 6750, k = 1.5+1.3 = 2.8

KL/r_y = 460/7.55 = 60.93

$$F_e = \frac{\pi^2 E}{(KL / r_y)} = \frac{\pi^2 \times 2040}{(60.93)^2} = 5.423 > 0.44F_y = 1.056 \text{ tf/cm}^2$$

$$F_{cr} = (0.658^{\frac{F_y}{F_e}})F_y = (0.658^{\frac{2.4}{5.423}})F_y = 0.831F_y = 1.994 \text{ tf/cm}^2$$

$$P_n = F_{cr} \cdot A_g = 1.994 \times 118.4 = 236.09 \text{ tf}$$

$$\frac{P_u}{\phi P_n} = \frac{68}{0.9 \times 236.09} = 0.320 > 0.2$$

使用 $\frac{P_r}{P_c} + \frac{8}{9}(\frac{M_{rx}}{M_{cx}} + \frac{M_{ry}}{M_{cy}}) \leq 1.0$

對強軸：

KL/r_x = 460/13.06 = 35.22

C_m = 0.6

$$P_{e1} = \frac{\pi^2 EI_x}{(K_x L_x)^2} = \frac{\pi^2 \times 2040 \times 20200}{(460)^2} = 1922 \text{ tf}$$

$$B_1 = \frac{C_m}{1 - P_u / P_{e1}} \geq 1.0 \; ; \; B_1 = \frac{0.60}{1 - 68/1922} = 0.622 < 1.0$$

∴使用 B_1 = 1.0

$M_{rx} = M_{ux} = B_1 M_{ntx}$ = 10.5 tf-m

C_b = 1.67

$$\frac{b_f}{2t_f} = \frac{30}{2 \times 1.5} = 1.0 < \lambda_p = 0.38\sqrt{\frac{E}{F_y}} = 11.08$$

$$h/t_w = \frac{30 - 2 \times 2.8}{1.0} = 24.4 < \lambda_p = 3.76\sqrt{\frac{E}{F_y}} = 109.6$$

∴為結實斷面。

$$L_p = 1.76r_y\sqrt{\frac{E}{F_y}} = 1.76 \times 7.55\sqrt{\frac{2040}{2.4}} = 387 \text{ cm}$$

$$L_b = 460 > L_p$$

$$L_r = 1.95r_{ts}\frac{E}{0.7F_y}\sqrt{\frac{J \cdot c}{S_x \cdot h_o}}\sqrt{1 + \sqrt{1 + 6.76(\frac{0.7F_y}{E} \cdot \frac{S_x h_o}{J \cdot c})^2}}$$

$$c = 1.0$$

$$h_o = 30 - 1.5 = 28.5$$

$$J = \frac{1}{3}(2 \times 30 \times 1.5^3 + 28.5 \times 1.0^3) = 77.0$$

$$C_w = \frac{I_y h_o^2}{4} = \frac{6750 \times 28.5^2}{4} = 1370672$$

$$r_{ts}^2 = \frac{\sqrt{I_y C_w}}{S_x} = \frac{\sqrt{6750 \times 1370672}}{1350} = 71.25$$

$$r_{ts} = 8.44$$

$$L_r = 1.95 \times 8.44\frac{2040}{0.7 \times 2.4}\sqrt{\frac{77 \times 1.0}{1350 \times 28.5}}\sqrt{1 + \sqrt{1 + 6.76(\frac{0.7 \times 2.4}{2040} \cdot \frac{1350 \times 28.5}{77 \times 1})^2}}$$

$$= 1404$$

∴ $L_p < L_b < L_r$

$$M_{nx} = C_b[M_{px} - (M_{px} - 0.75F_y \cdot S_x)(\frac{L_b - L_p}{L_r - L_p})] \leq M_{px}$$

$$M_{px} = F_y \cdot Z_x = 2.4 \times 1480 = 3552 \text{ tf-cm} = 35.52 \text{ tf-m}$$

$$M_{nx} = 1.67[35.52 - (35.52 - 0.75 \times 2.4 \times 1350/100)(\frac{460 - 387}{1404 - 387})]$$

$$= 57.97 \text{ tf-m} > M_{px} = 35.52 \text{ tf-m}$$

∴ $M_{nx} = M_{px} = 35.52$ tf-m

對弱軸：

結實斷面 $M_{ny} = M_{py} = F_y \cdot Z_y = 2.4 \times 683 = 1639.2$ tf-cm

$$= 16.392 \text{ tf-m}$$

$$\frac{P_r}{P_c} + \frac{8}{9}(\frac{M_{rx}}{M_{cx}} + \frac{M_{ry}}{M_{cy}}) = 0.32 + \frac{8}{9}(\frac{10.5}{0.9 \times 35.52} + \frac{4.2}{0.9 \times 16.392}) = 0.865 < 1.0$$

∴使用 H300×300×10×15 斷面。#

(二) 依我國極限設計規範：

對 H300×300 斷面，$r_y = 7.20 \sim 7.79$，取 $r_y = 7.5$

$$\lambda_c = \frac{KL}{r}\sqrt{\frac{F_y}{\pi^2 E}} = \frac{460}{7.5}\sqrt{\frac{2.4}{\pi^2 \times 2040}} = 0.670 < 1.5$$

$$F_{cr} = [\exp(-0.419\lambda_c^2)]F_y = 0.829F_y = 1.990 \text{ tf/cm}^2$$

需要之 $A_g = \dfrac{P_u}{\phi F_{cr}} = \dfrac{243}{0.85 \times 1.990} = 143.66 \text{ cm}^2$

試用 H300×300×10×15，$d = 30.0$, $b_f = 30.0$, $t_w = 1.0$, $t_f = 1.5$, $R = 1.3$,

$r_x = 13.06$, $r_y = 7.55$, $Z_x = 1480$, $Z_y = 683$, $A_g = 118.4$, $S_x = 1350$, $S_y = 450$,

$I_x = 20200$, $I_y = 6750$, $k = 1.5 + 1.3 = 2.8$

$KL/r_y = 460/7.55 = 60.93$

$$\lambda_c = (\frac{KL}{r})\sqrt{\frac{F_y}{\pi^2 E}} = 0.665 < 1.5$$

$$F_{cr} = [\exp(-0.419\lambda_c^2)]F_y = 0.831F_y = 1.994 \text{ tf/cm}^2$$

$$\phi P_n = \phi F_{cr} \cdot A_g = 0.85 \times 1.994 \times 118.4 = 200.68 \text{ tf}$$

$$\frac{P_u}{\phi_c P_n} = \frac{68}{200.68} = 0.339 > 0.2$$

對強軸：

$$\frac{KL}{r_x} = \frac{460}{13.06} = 35.22 \text{，} M_1 = 0$$

$$P_{ex} = \frac{\pi^2 E A_g}{(KL/r)^2} = 1922 \text{ tf，} B_1 = \frac{0.64}{(1 - P_u/P_{e1})}(1 - \frac{M_1}{M_2}) + 0.32\frac{M_1}{M_2} \geq 1.0$$

∵ $M_1 = 0$

$$\therefore B_1 = \frac{0.64}{1 - \dfrac{P_u}{P_{e1}}} = \frac{0.64}{1 - \dfrac{68}{1922}} = 0.66 < 1.0$$

使用 $B_1 = 1.0$；

$$M_{ux} = B_1 M_{ntx} = 1.0 \times 10.5 = 10.5 \text{ tf-m}$$

∵ $M_1 = 0$

∴ $C_b = 1.75$

檢核結實斷面 H300×300×10×15。

$$\frac{b_f}{2t_f} = 10 < \lambda_p = \frac{17}{\sqrt{F_y}} = 10.97$$

翼板 $\lambda < \lambda_p$ 為結實斷面。

翼板 $\lambda < \lambda_p$ 為結實斷面。

$$h / t_w = \frac{30 - 2 \times 1.5}{1.0} = 27$$

$$\frac{P_u}{\phi_b P_y} = \frac{68}{0.9 \times 118.4 \times 2.4} = 0.265 > 0.125$$

$$\lambda_p = \frac{51}{\sqrt{F_y}} [2.33 - \frac{P_u}{\phi_b P_y}] = \frac{51}{\sqrt{2.4}} [2.33 - 0.265] = 67.98 > \frac{68}{\sqrt{F_y}} = 43.89$$

腹板 $\lambda < \lambda_p$ 為結實斷面。

斷面為結實斷面：

$$M_{px} = F_y \times Z_x = 2.4 \times 1480 = 3552 \text{ tf-cm} = 35.52 \text{ tf-m}$$

$$M_{rx} = (F_y - F_r) S_x = (2.4 - 0.7) \times 1350 = 2295 \text{ tf-cm} = 22.95 \text{ tf-m}$$

$$L_p = \frac{80}{\sqrt{F_y}} r_y = \frac{80}{\sqrt{2.4}} \times 7.55 = 390 \text{ cm} < L_b = 460 \text{ cm}$$

$$L_r = \frac{r_y X_1}{(F_y - F_r)} \sqrt{1 + \sqrt{1 + X_2 (F_y - F_r)^2}}$$

$$J = \frac{1}{3} (2 \times 30 \times 1.5^3 + (30 - 1.5) \times 1.0^3) = 77.0 \text{ cm}^4$$

$$C_w = \frac{I_y h_o^2}{4} = \frac{1}{4} [6750 \times (30 - 1.5)^2] = 1370672$$

$$X_1 = \frac{\pi}{S_x} \sqrt{\frac{EGJA}{2}} = \frac{\pi}{1350} \sqrt{\frac{2040 \times 810.0 \times 77 \times 118.40}{2}} = 202$$

$$X_2 = 4 \frac{C_w}{I_y} (\frac{S_x}{GJ})^2 = 4 \times \frac{1370672}{6750} \times (\frac{1350}{810.0 \times 77})^2 = 0.381$$

$$L_r = \frac{7.55 \times 202}{(2.4 - 0.7)} \sqrt{1 + \sqrt{1 + 0.381(2.4 - 0.7)^2}} = 1404 \text{ cm}$$

$$L_r > L_b = 460 > L_p$$

$$M_{nx} = C_b [M_{px} - (M_{px} - M_{rx})(\frac{L_b - L_p}{L_r - L_p})] \le M_p$$

$$M_{nx} = 1.75[35.52 - (35.52 - 22.95)(\frac{460 - 390}{1404 - 390})] = 60.64 \text{ tf-m} > M_P$$

$$\therefore M_{nx} = M_{px} = 35.52 \text{ tf-m}$$

對弱軸：

結實斷面：

$$\therefore M_{ny} = M_{py} = F_y \times Z_y = 2.4 \times 683.0 = 1639.2 \text{ tf-cm} = 16.39 \text{ tf-m}$$

$$\therefore \frac{P_u}{\phi_c P_n} + \frac{8}{9} (\frac{M_{ux}}{\phi_b M_{nx}} + \frac{M_{uy}}{\phi_b M_{ny}}) \le 1.0$$

$$0.339 + \frac{8}{9}(\frac{10.5}{0.9 \times 35.52} + \frac{4.2}{0.9 \times 16.39}) = 0.884 < 1.0 \cdots\cdots OK$$

例 5-5-5

如圖 5-5-5 之單層無側撐構架，承載靜載重、屋頂活載重及風力如圖所示。請依極限設計規範選擇最輕之 H300 之柱斷面。在工作載重下，允許之側向位移量為 1/400 層高。柱皆為對強軸之彎曲。且只有在頂端及底端有側向支撐。$K_x = K_y = 1.0$，鋼材 $F_y = 3.5$ tf/cm^2。

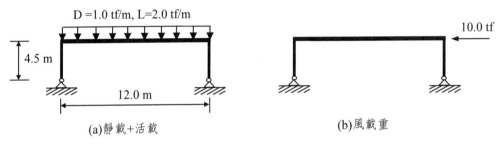

圖 5-5-5　例 5-5-5 之單層無側撐構架及其載重

解：

（一）依 AISC-LRFD 規範：其可能載重組合為

(1) 1.4D

(2) 1.2D+1.6L

(3) 1.2D+0.5L+1.3W

在各種載重作用下結構分析之柱作用力如圖 5-5-6：

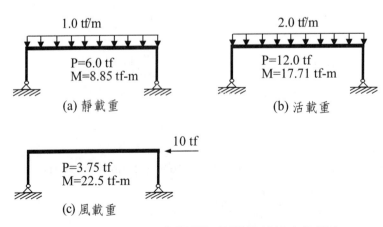

圖 5-5-6　例 5-5-5 之單層無側撐構架柱之作用力

(1) 1.4D：

$P_u = 1.4 \times 6.0 = 8.4$ tf

$M_{nt} = 1.4 \times 8.85 = 12.39$ tf-m

$M_{lt} = 0$

(2) 1.2D+1.6L

$P_u = 1.2 \times 6.0 + 1.6 \times 12.0 = 26.4$ tf

$M_{nt} = 1.4 \times 8.85 + 1.6 \times 17.71 = 38.956$ tf-m

$M_{lt} = 0$

(3) 1.2D+0.5L+1.3W：

$P_u = 1.2 \times 6.0 + 0.5 \times 12.0 + 1.3 \times 3.75 = 18.075$ tf

$M_{nt} = 1.2 \times 8.55 + 0.5 \times 17.71 = 19.475$ tf-m

$M_{lt} = 1.3 \times 22.5 = 29.25$ tf-m

比較上例三組組合，比較可能組合爲 (2) 及 (3)

由 (2)：

$P_{u,EQ} = P_u + M_{ux}(\frac{2}{d}) = 26.4 + 38.956(\frac{2}{0.3}) = 286.0$ tf

由 (3)：令 $M_{ux} = 19.475 + 29.25 = 48.725$

$P_{u,EQ} = P_u + M_{ux}(\frac{2}{d}) = 18.075 + 48.725(\frac{2}{0.3}) = 342.9$ tf

∴應該是由第 (3) 級載重組合控制設計

KL = 450 cm

對 H300×300 斷面，$r_y = 7.20 \sim 7.79$，取 $r_y = 7.5$

$\frac{KL}{r_y} = \frac{450}{7.5} = 60$

$F_e = \frac{\pi^2 E}{(KL/r_y)^2} = \frac{\pi^2 \times 2040}{(60)^2} = 5.593$ tf/cm^2 > $0.44F_y = 1.54$ tf/cm^2

$F_{cr} = (0.658^{\frac{F_y}{F_e}})F_y = (0.658^{\frac{3.5}{5.593}})F_y = 0.770F_y$

$= 0.77 \times 3.5 = 2.695$ tf/cm^2

需要之 $A_g = \frac{P_u}{\phi F_{cr}} = \frac{342.9}{0.9 \times 2.695} = 141.37$ cm^2

試選用 H300×300×11×17：d = 30.4，b_f = 30.1，t_w = 1.1，t_f = 1.7，A_g = 133.0，I_x = 23200，I_y = 7730，r_x = 13.21，r_y = 7.62，S_x = 1520，S_y = 514，Z_x = 1690，Z_y = 779，R = 1.3，k = 1.7+1.3 = 3.0

$KL/r_y = 450/7.62 = 59.06$

$$F_e = \frac{\pi^2 E}{(KL/r_y)^2} = \frac{\pi^2 \times 2040}{(59.06)^2} = 5.772 \text{ tf/cm}^2 > 0.44F_y = 1.54 \text{ tf/cm}^2$$

$$F_{cr} = (0.658^{\frac{F_y}{F_e}})F_y = (0.658^{\frac{3.5}{5.772}})F_y = 0.776F_y$$

$$= 0.776 \times 3.5 = 2.716 \text{ tf/cm}^2$$

$$P_n = F_{cr} \cdot A_g = 2.716 \times 133.0 = 361.228 \text{ tf}$$

$$\frac{P_u}{\phi P_n} = \frac{18.075}{0.9 \times 361.228} = 0.056 < 0.2$$

使用 $\dfrac{P_r}{2P_c} + (\dfrac{M_{rx}}{M_{cx}} + \dfrac{M_{ry}}{M_{cy}}) \le 1.0$

對撓曲軸（強軸）：

$$KL/r_x = 450/13.21 = 34.07$$

$\because M_1 = 0$

$\therefore C_m = 0.60$

$$P_{e1} = \frac{\pi^2 E I_x}{(k_x L_x)^2} = \frac{\pi^2 \times 2040 \times 23200}{(450)^2} = 2307 \text{ tf}$$

$$B_1 = \frac{C_m}{1 - \dfrac{P_u}{P_{e1}}} = \frac{0.60}{1 - \dfrac{18.075}{2307}} = 0.605 < 1.0$$

$\therefore$ 使用 $B_1 = 1.0$

在本載重組合，風載重對柱造成之軸力為一張一壓，因此：

$$\sum P_u = (1.2 \times 6 + 0.5 \times 12) \times 2 = 26.4 \text{ tf}$$

$$B_2 = \frac{1}{1 - \sum P_u (\dfrac{\Delta_{oh}}{\sum HL})} = \frac{1}{1 - \dfrac{\sum P_u}{\sum H}(\dfrac{\Delta_{oh}}{L})} = \frac{1}{1 - \dfrac{26.4}{10}(\dfrac{1}{400})} = 1.007$$

或

$$B_2 = \frac{1.0}{1 - \dfrac{\sum P_u}{\sum P_{e2}}} = \frac{1.0}{1 - \dfrac{26.4}{2 \times 2307}} = 1.006$$

$\therefore$ 使用 $B_2 = 1.007$

$$M_{ux} = B_1 \cdot M_{nt} + B_2 M_{lt}$$

$$= 1.0 \times 19.475 + 1.007 \times 29.25 = 48.93 \text{ tf-m}$$

$$C_b = \frac{12.5 \times 1}{2.5 \times 1 + 3 \times \dfrac{1}{4} + 4\dfrac{1}{2} + 3 \times \dfrac{3}{4}} = 1.67$$

$$\frac{b_f}{2t_f} = \frac{30.1}{2 \times 1.7} = 8.85 < \lambda_p = 0.38\sqrt{\frac{E}{F_y}} = 9.17$$

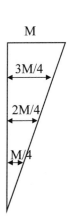

$$\frac{h}{t_w} = \frac{30.4 - 2 \times 3.0}{1.1} = 22.18 < \lambda_p = 3.76\sqrt{\frac{E}{F_y}} = 90.78$$

∴爲結實斷面

$$L_p = 1.76r_y\sqrt{\frac{E}{F_y}} = 1.76 \times 7.62 \times \sqrt{\frac{2040}{3.5}} = 324 \text{ cm}$$

$L_b = 450 > L_p$

$$L_r = 1.95r_{ts}\frac{E}{0.7F_y}\sqrt{\frac{J \cdot c}{S_x h_o}}\sqrt{1 + \sqrt{1 + 6.76(\frac{0.7F_y}{E} \cdot \frac{S_x h_o}{J \cdot c})^2}}$$

$c = 1.0$

$h_o = 30.4 - 1.7 = 28.7$

$$J = \frac{1}{3}\left[2 \times 30.1 \times 1.7^3 + 28.7 \times 1.1^3\right] = 111.32$$

$$C_w = \frac{I_y h_o}{4} = \frac{7730 \times 28.7^2}{4} = 1591781$$

$$r_{ts}^2 = \frac{\sqrt{I_y C_w}}{S_x} = \frac{\sqrt{7730 \times 1591781}}{1520} = 72.98$$

$r_{ts} = 8.54$

$$L_r = 1.95 \times 8.54 \times \frac{2040}{0.7 \times 3.5}\sqrt{\frac{111.32 \times 1}{1520 \times 28.7}}\sqrt{1 + \sqrt{1 + 6.76(\frac{0.7 \times 3.5}{2040} \cdot \frac{1520 \times 28.7}{111.32 \times 1})^2}}$$

$\quad = 1126 \text{ cm}$

$L_p < L_b < L_r$

$M_{px} = F_y \cdot Z_x = 3.5 \times 1690 = 5915 \text{ tf-cm} = 59.15 \text{ tf-m}$

$$M_{nx} = C_b[M_{px} - (M_{px} - 0.75F_y S_x)(\frac{L_b - L_p}{L_r - L_p})] \le M_{px}$$

$$\quad = 1.67[59.15 - (59.15 - 0.75 \times 3.5 \times 1520/100)(\frac{450 - 324}{1126 - 324})]$$

$\quad = 93.73 \text{ tf-m} > Mpx = 59.15 \text{ tf-m}$

∴ $M_{nx} = M_{px} = 59.15$ tf-m

$$\frac{P_r}{2P_c} + (\frac{M_{rx}}{M_{cx}} + \frac{M_{ry}}{M_{cy}}) = \frac{0.056}{2} + \frac{48.93}{0.9 \times 59.15} = 0.947 < 1.0$$

∴使用 H300×300×11×17 斷面符合規範規定。 #

（二）依我國極限設計規範：其可能載重組合爲

　　可能之荷重組合

　　(1)1.4D

　　　　$P_u = 1.4 \times 6.0 = 8.4$tf

$M_{nt} = 1.4 \times 8.85 = 12.39$ tf-m

$M_{lt} = 0$

(2) 1.2D+1.6L

$P_u = 1.2 \times 6.0 + 1.6 \times 12.0 = 26.4$ tf

$M_{nt} = 1.2 \times 8.85 + 1.6 \times 17.71 = 38.956$ tf-m

$M_{lt} = 0$

(3) 1.2D+0.5L+1.6W

$P_u = 1.2 \times 6.0 + 0.5 \times 12.0 + 1.6 \times 3.75 = 19.2$ tf

$M_{nt} = 1.2 \times 8.55 + 0.5 \times 17.71 = 19.475$ tf-m

$M_{lt} = 1.6 \times 22.5 = 36.0$ tf-m

很明顯第三種載重組合將控制本例設計：

初步設計設 $B_1 = B_2 = 1.0$，H300 斷面

$M_{ux} = B_1 M_{nt} + B_2 M_{lt} = 19.475 + 36.0 = 55.475$ tf-m

$\therefore P_{u,EQ} = P_u + M_{ux}(\dfrac{2}{d}) = 19.2 + 55.475(\dfrac{2}{0.30}) = 389$ tf

KL = 4.5 m

對 H300×300 斷面，$r_y = 7.2 \sim 7.79$，取 $r_y = 7.5$

$\dfrac{KL}{r_y} = \dfrac{450}{7.5} = 60$；$\lambda_c = (\dfrac{KL}{r})\sqrt{\dfrac{F_y}{\pi^2 E}} = 0.791 < 1.5$

$F_{cr} = [\exp(-0.419\lambda_c^2)]F_y = 0.769F_y = 2.692$ tf/cm^2

req $A_g = \dfrac{P_u}{\phi F_{cr}} = \dfrac{389}{0.85 \times 2.692} = 170.0$ cm^2

H300×300×11×17	$A_g = 133.0$
H300×300×13×21	$A_g = 164.0$
H300×300×17×24	$A_g = 195.0$

試選用 H300×300×13×21：d = 31.2，b_f = 30.3，t_w = 1.3，t_f = 2.1，R = 1.3，k = 2.1 + 1.3 = 3.4，A_g − 164.0，S_x = 1880，S_y = 643，Z_x = 2110，Z_y = 977，r_x = 13.39，r_y = 7.71，I_y = 9740

無側位移時

$\dfrac{K_x L}{r_x} = \dfrac{450}{13.390} = 33.61$

$P_{e1} = \dfrac{\pi^2 E A_g}{(KL/r)^2} = \dfrac{\pi^2 \times 2040 \times 164.0}{33.61^2} = 2923$ tf

$\because M_1 = 0$

$$B_1 = \frac{0.64}{1 - \dfrac{P_u}{P_{e1}}} = \frac{0.64}{1 - \dfrac{19.2}{2923}} = 0.64 < 1.0$$

使用 $B_1 = 1.0$

在本載重組合，風載重對柱造成之軸力為一張一壓，因此：

$$\sum P_u = (1.2 \times 6 + 0.5 \times 12) \times 2 = 26.4 \text{ tf}$$

$$B_2 = \frac{1}{1 - \sum P_u \left(\dfrac{\Delta_{oh}}{\sum HL} \right)} = \frac{1}{1 - \dfrac{\sum P_u}{\sum H} \left(\dfrac{\Delta_{oh}}{L} \right)} = \frac{1}{1 - \dfrac{26.4}{10} \left(\dfrac{1}{400} \right)} = 1.007$$

或

$$B_2 = \frac{1.0}{1 - \dfrac{\sum P_u}{\sum P_{e2}}} = \frac{1.0}{1 - \dfrac{26.4}{2 \times 2923}} = 1.005$$

$\therefore$ 使用 $B_2 = 1.007$

$$M_{ux} = B_1 \cdot M_{nt} + B_2 \cdot M_{lt} = 1.0 \times 19.475 + 1.007 \times 36 = 55.727 \text{ tf-m}$$

$$M_{rx} = (3.5 - 0.7) \times 1880 = 5264.0 \text{ tf-cm} = 52.64 \text{ tf-m}$$

$$C_b = 1.75$$

$$L_p = \frac{80}{\sqrt{F_y}} r_y = \frac{80}{\sqrt{3.5}} \times 7.71 = 330 \text{ cm}$$

$$L_b = 450 > L_p$$

$$L_r = \frac{r_y X_1}{(F_y - F_r)} \sqrt{1 + \sqrt{1 + X_2 (F_y - F_r)^2}}$$

$$h_o = 31.2 - 2.1 = 29.1$$

$$J = \frac{1}{3} (2 \times 30.3 \times 2.1^3 + (31.2 - 2.1) \times 1.3^3) = 208.38 \text{ cm}^4$$

$$C_w = \frac{I_y h_o^2}{4} = \frac{1}{4} [9740 \times 29.1^2] = 2061982$$

$$X_1 = \frac{\pi}{S_x} \sqrt{\frac{EGJA}{2}} = \frac{\pi}{1880} \sqrt{\frac{2040 \times 810.0 \times 208.38 \times 164.0}{2}} = 281$$

$$X_2 = 4 \frac{C_w}{I_y} \left(\frac{S_x}{GJ} \right)^2 = 4 \times \frac{2061982}{9740} \times \left(\frac{1880}{810.0 \times 208.38} \right)^2 = 0.105$$

$$L_r = \frac{7.71 \times 281}{(3.5 - 0.7)} \sqrt{1 + \sqrt{1 + 0.105(3.5 - 0.7)^2}} = 1186 \text{ cm}$$

$\therefore L_p < L_b < L_r$

$$M_{px} = F_y \times Z_x = 3.5 \times 2110 = 7385 \text{ tf-cm} = 73.85 \text{ tf-m}$$

$$M_{nx} = C_b \left[M_{px} - (M_{px} - M_{rx}) \left(\frac{L_b - L_p}{L_r - L_p} \right) \right] \leq M_p$$

$$= 1.75[73.85 - (73.85 - 52.64)(\frac{4.5 - 3.3}{11.86 - 3.3})] = 124.03 \text{ tf-m} > 73.85 \text{ tf-m}$$

$$\frac{b_f}{2t_f} = \frac{30.3}{(2 \times 2.1)} = 7.21 < \lambda p = \frac{17}{\sqrt{F_y}} = 9.09$$

$$\frac{h}{t_w} = \frac{31.2 - 2 \times 2.1}{1.3} = 20.8$$

$$\frac{P_u}{\phi_b P_y} = \frac{19.2}{0.9 \times 164 \times 3.5} = 0.037 < 0.125$$

$$\lambda_p = \frac{170}{\sqrt{3.5}}[1 - 2.75 \times 0.037] = 81.6$$

∴為結實斷面

∴ $M_{nx} = M_p = 73.85 \text{tf-m}$

$$\frac{KL}{r_y} = \frac{450}{7.71} = 58.37; \quad \lambda_c = \frac{KL}{r}\sqrt{\frac{F_y}{\pi^2 E}} = 0.770$$

$$F_{cr} = [\exp(-0.419\lambda_c^2]F_y = 0.780F_y = 2.73 \text{ tf/cm}^2$$

$$\phi P_n = \phi F_{cr} A_g = 0.85 \times 2.73 \times 164.0 = 380.6 \text{ tf}$$

$$\frac{P_u}{\phi_c P_n} = \frac{19.2}{380.6} = 0.0504 < 0.2$$

$$\frac{P_u}{2\phi_c P_n} + (\frac{M_{ux}}{\phi_b M_{nx}} + \frac{M_{uy}}{\phi_b M_{ny}}) \le 1.0$$

$$\frac{0.0504}{2} + (\frac{55.727}{0.9 \times 73.85}) = 0.865 < 1.0 \cdots\cdots \text{ OK}$$

使用 H300×300×13×21 ……OK#

5-6 容許應力設計法（ASD）

AISC 規範 [5.14] 對單軸或雙軸對稱之梁—柱構件，在承受撓曲與軸力共同作用時，必須滿足下列公式的要求：

當 $\frac{P_r}{P_c} \ge 0.2$ 時，

$$\frac{P_r}{P_c} + \frac{8}{9}(\frac{M_{rx}}{M_{cx}} + \frac{M_{ry}}{M_{cy}}) \le 1.0 \qquad\qquad （5.6.1(a)）$$

當 $\frac{P_r}{P_c} < 0.2$ 時，

$$\frac{P_r}{2P_c} + (\frac{M_{rx}}{M_{cx}} + \frac{M_{ry}}{M_{cy}}) \le 1.0 \qquad\qquad （5.6.1(b)）$$

式中：

P_r：需要之工作軸壓力或軸拉力 = P

P_c：可用之柱容許抗壓強度 = P_n/Ω_c（依第三章），$\Omega_c = 1.67$

或柱容許抗拉強度 = P_n/Ω_t（依第二章）

M_r：需要之工作撓曲彎矩 = M

M_c：可用之梁容許撓曲強度 = M_n/Ω_b（依第四章），$\Omega_b = 1.67$

x：次標代表對斷面強軸之撓曲

y：次標代表對斷面弱軸之撓曲

如果是雙軸對稱之梁—柱構件，只承受單軸撓曲及軸壓力作用時，則必須滿足下列兩條件：

(1) 撓曲平面不穩定之極限：符合公式（5.6.1）之規定。

(2) 面外之壓屈（撓曲—扭轉壓屈）之極限：符合下列公式之規定：

$$\frac{P_r}{P_{c0}} + (\frac{M_r}{M_{cx}})^2 \leq 1.0 \tag{5.6.2}$$

式中：

P_c0：柱標稱抗壓強度 = P_n/Ω_c（依第三章），$\Omega_c = 1.67$（撓曲軸面外之標稱抗壓強度，若撓曲軸為強軸，則為對弱軸之標稱抗壓強度）

M_cx：可用之梁標稱撓曲—扭轉強度 = M_n/Ω_b（依第四章），$\Omega_b = 1.67$

如果單撓曲軸是弱軸的話，則公式（5.6.2）之撓曲項需忽略。

我國容許規範 [5.19] 要求

（一）軸壓力與彎矩共同作用：

當 $\frac{f_a}{F_a} \leq 0.150$ ： $\frac{f_a}{F_a} + \frac{f_{bx}}{F_{bx}} + \frac{f_{by}}{F_{by}} \leq 1.0 \tag{5.6.3(a)}$

當 $\frac{f_a}{F_a} > 0.15$ ： $\frac{f_a}{F_a} + \frac{C_{mx} \cdot f_{bx}}{(1 - f_a/F'_{ex})F_{bx}} + \frac{C_{my} \cdot f_{by}}{(1 - f_a/F'_{ey})F_{by}} \leq 1.0 \tag{5.6.3(b)}$

及

$$\frac{f_a}{0.6F_y} + \frac{f_{bx}}{F_{bx}} + \frac{f_{by}}{F_{by}} \leq 1.0 \tag{5.6.3(c)}$$

式中：

f_a = 依計算求得作用於構材之軸應力

F_a = 構材僅受壓力時之容許軸壓應力，依第三章相關規定計算

f_b = 依計算求得作用於構材之彎曲應力

F_b = 構材僅受彎矩時之容許彎曲應力，依第四章相關規定計算

x：次標代表對斷面強軸之撓曲

y：次標代表對斷面弱軸之撓曲

$$F'_e = \frac{12\pi^2 E}{23(KL/r)^2} \qquad (5.6.4)$$

$C_m = 0.85$：無側撐構架。

$\quad = 0.6 - 0.4\dfrac{M_1}{M_2}$：有側撐構架，無橫向載重，柱端受束制。

M_1/M_2 為所考慮彎矩平面上構材之無支撐段兩端較小與較大彎矩之比值。構材為雙曲率彎曲時 M_1/M_2 為正值，構材為單曲率彎曲時，M_1/M_2 為負值。

$\quad = 0.85$：有側撐構架，有橫向載重，柱端有束制。

$\quad = 1.0$：有側撐構架，有橫向載重，柱端無束制。

（二）軸拉力與彎矩共同作用。

$$\frac{f_a}{F_t} + \frac{f_{bx}}{F_{bx}} + \frac{f_{by}}{F_{by}} \le 1.0 \qquad (5.6.5)$$

其中，F_t 為構材僅受軸拉力作用時之容許拉應力，f_a、f_b 與 F_b 之定義同前面定義，惟依各單獨載重計算求得之 F_b 不得大於第四章中容許撓曲應力之規定。

在容許應力設計法部分，以下就以我國設計規範之交互影響公式為依據。一般在設計時，都是將撓曲彎矩轉成當量軸力，以進行設計及選擇斷面後，再依梁－柱交互影響公式進行檢核。其公式應用如下：

當 $\dfrac{f_a}{F_a} > 0.15$ 時，必須滿足下列二式：

$$\frac{f_a}{F_a} + \frac{C_{mx} \cdot f_{bx}}{(1 - f_a/F'_{ex})F_{bx}} + \frac{C_{my} \cdot f_{by}}{(1 - f_a/F'_{ey})F_{by}} \le 1.0 \qquad (5.6.6)$$

及

$$\frac{f_a}{F_a} + \frac{f_{bx}}{F_{bx}} + \frac{f_{by}}{F_{by}} \le 1.0 \qquad (5.6.7)$$

公式（5.6.6）可以寫成：

$$\frac{P}{A_g F_a} + \frac{C_{mx} M_x}{S_x(1 - f_a/F'_{ex})F_{bx}} + \frac{C_{my} M_y}{S_y(1 - f_a/F'_{ey})F_{by}} \le 1.0 \qquad (5.6.8)$$

$$\therefore P_{EQ} = P + \frac{A_g F_a C_{mx} M_x}{S_x(1 - \dfrac{f_a}{F'_{ex}})F_{bx}} + \frac{A_g F_a C_{my} M_y}{S_y(1 - \dfrac{f_a}{F'_{ex}})F_{by}} \qquad (5.6.9)$$

又 $\dfrac{1}{1-f_a/F_{ex}'} = \dfrac{F_{ex}'}{F_{ex}'-f_a} = \dfrac{\dfrac{12}{23}\dfrac{\pi^2 E}{(KL_x/r_x)^2}}{\dfrac{12}{23}\dfrac{\pi^2 E}{(KL_x/r_x)^2}-P/A_g}$

$$= \dfrac{\dfrac{12}{23}\pi^2 E r_x^{\,2}}{(KL_x)^2\left[\dfrac{12}{23}\dfrac{\pi^2 E r_x^{\,2}}{(KL_x)^2}-\dfrac{P}{A_g}\right]} = \dfrac{\dfrac{12}{23}\pi^2 E \cdot r_x^{\,2}\cdot A_g}{\dfrac{12}{23}\pi^2 E \cdot r_x^{\,2}\cdot A_g - P(KL_x)^2} \qquad (5.6.10)$$

當 E = 2040 tf/cm² 代入上式，得

$$\dfrac{1}{1-f_a/F_{e'x}} = \dfrac{10505\times r_x^{\,2}\cdot A_g}{10505\times r_x^{\,2}\cdot A_g - P(KL_x)^2} = \dfrac{a_x}{a_x - P(KL_x)^2} \qquad (5.6.11)$$

$$a_x = 10505(\text{tf/cm}^2)\times r_x^2 A_g \qquad (5.6.12)$$

$$a_y = 10505(\text{tf/cm}^2)\times r_y^2 A_g \qquad (5.6.13)$$

$$\therefore P_{EQ} = P + B_x M_x C_{mx}\left(\dfrac{F_a}{F_{bx}}\right)\left[\dfrac{a_x}{a_x - P(KL_x)^2}\right]$$

$$+ B_y M_y C_{my}\left(\dfrac{F_a}{F_{by}}\right)\left[\dfrac{a_y}{a_y - P(KL_y)^2}\right] \qquad (5.6.14)$$

式中 $B_x = \dfrac{A_g}{S_x}$; $B_y = \dfrac{A_g}{S_y}$

同理 $\dfrac{f_a}{0.6F_y} + \dfrac{f_{bx}}{F_{bx}} + \dfrac{f_{by}}{F_{by}} \le 1.0$ 可以改寫成：

$$P_{EQ} = P\left(\dfrac{F_a}{0.6F_y}\right) + B_x M_x\left(\dfrac{F_a}{F_{bx}}\right) + B_y M_y\left(\dfrac{F_a}{F_{by}}\right) \qquad (5.6.15)$$

當 $\dfrac{f_a}{F_a} \le 0.15$ 時，必須滿足下式：

$$\dfrac{f_a}{F_a} + \dfrac{f_{bx}}{F_{bx}} + \dfrac{f_{by}}{F_{by}} \le 1.0 \qquad (5.6.16)$$

$$\dfrac{P}{A_g F_a} + \dfrac{M_x}{S_x\cdot F_{bx}} + \dfrac{M_y}{S_y\cdot F_{by}} \le 1.0 \qquad (5.6.17)$$

$$P + \dfrac{A_g\cdot F_a\cdot M_x}{S_x\cdot F_{bx}} + \dfrac{A_g\cdot F_a\cdot M_y}{S_y\cdot F_{by}} \le A_g F_a = P_{EQ} \qquad (5.6.18)$$

上式可寫成：$P_{EQ} = P + \left(\dfrac{A_g}{S_x}\right)\cdot M_x\cdot\left(\dfrac{F_a}{F_{bx}}\right) + \left(\dfrac{A_g}{S_y}\right)M_y\left(\dfrac{F_a}{F_{by}}\right)$

$$= P + B_x M_x\left(\dfrac{F_a}{F_{bx}}\right) + B_y M_y\left(\dfrac{F_a}{F_{by}}\right) \qquad (5.6.19)$$

根據前面所推導之公式，一般梁－柱構件之設計步驟如下：

1. 首先計算當量軸力 P_{EQ} 大小：

當 $\dfrac{f_a}{F_a} > 0.15$：$P_{EQ} = P + B_x M_x C_{mx}(\dfrac{F_a}{F_{bx}})[\dfrac{a_x}{a_x - P(KL)^2}]$

$$+ B_y M_y C_{my}(\dfrac{F_a}{F_{by}})[\dfrac{a_y}{a_y - P(KL)^2}] \qquad （5.6.20）$$

或：$P_{EQ} = P(\dfrac{F_a}{0.6F_y}) + B_x M_x(\dfrac{F_a}{F_{bx}}) + B_y M_y(\dfrac{F_a}{F_{by}})$　（5.6.21）

當 $\dfrac{f_a}{F_a} \le 0.15$ 時，可用：

$$P_{EQ} = P + B_x M_x(\dfrac{F_a}{F_{bx}}) + B_y M_y(\dfrac{F_a}{F_{by}}) \qquad （5.6.22）$$

其中 $B_x = \dfrac{A_g}{S_x}$；$B_y = \dfrac{A_g}{S_y}$

$$a_x = 0.149 \times 10^6 (ksi) A_g r_x^2 = 10505(tf/cm^2) A_g r_x^2 \qquad （5.6.23）$$

$$a_y = 0.149 \times 10^6 (ksi) A_g r_y^2 = 10505(tf/cm^2) A_g r_y^2 \qquad （5.6.24）$$

2. 以 P_{EQ} 當軸向作用壓力，然後仿照第三章柱的設計步驟設計之。

　上式係數可由下表內查得：

斷面	B_x	B_y	$a_x(\times 10^6)$	$a_y(\times 10^6)$
H100	0.3	0.81-1.98	1.97-4.02	0.15-1.40
H150	0.19	0.54-1.37	7.0-17.2	0.52-5.93
H200	0.14	0.40-1.01	16.6-52.4	1.19-17.9
H250	0.11	0.32-0.80	37.1-120	2.67-40.7
H300	0.1	0.26-0.69	66.3-445	4.64-146
H350	0.079	0.21-0.58	142-802	8.33-265
H400	0.068	0.18-.050	210-3129	15.2-991
H450	0.064	0.28-0.53	301-1115	16.6-164
H500	0.056	0.17-0.55	439-1652	19.4-469
H600	0.05	0.30-0.61	722-2666	20.7-213
H700	0.033	0.32-0.35	1811-3787	94.7-211
H800	0.033	0.25-0.37	2665-4924	104-205
H900	0.034	0.34-0.36	3627-5695	108-181

例 5-6-1

以我容國容許應力設計規範重新評估 5-5-1。

一有側向支撐之構架中有一梁一柱爲 H400×300×10×16 受到如圖 5-6-1 之載重作用，在工作載重下其軸力爲 P = 40.0 tf 之靜載重及 120.0 tf 之活載重。其彎矩爲 M = 2.0 tf-m 之靜荷重及 7.0 tf-m 之活荷重。L = 4.6 m，F_y = 4.2 tf/cm²。

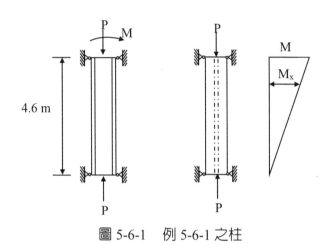

圖 5-6-1　例 5-6-1 之柱

解：

P = 40 + 120 = 160 tf

M = 9.0 tf-m

H400×300×10×16：A_g = 133.20，d = 39.0，b_f = 30.0，t_w = 1.0，t_f = 1.6，R = 1.3，k = 1.6 + 1.3 = 2.9，r_x = 16.87，r_y = 7.35，S_x = 1940，S_y = 480，Z_x = 2140，I_y = 7200

$$\frac{KL}{r_y} = \frac{460}{7.35} = 62.59$$

$$C_c = \sqrt{\frac{2\pi^2 E}{F_y}} = 97.92 > \frac{KL}{r}$$

$$\frac{KL/r}{C_c} = \frac{62.59}{97.92} = 0.639$$

$$F_a = \frac{[1 - \frac{1}{2}(\frac{KL/r}{C_c})^2]F_y}{\frac{5}{3} + \frac{3}{8}(\frac{KL/r}{C_c}) - \frac{1}{8}(\frac{KL/r}{C_c})^3} = \frac{[1 - \frac{1}{2} \times 0.639^2]F_y}{\frac{5}{3} + \frac{3}{8}(0.639) - \frac{1}{8}(0.639)^3}$$

$$= 0.425 F_y = 1.785 \text{ tf/cm}^2$$

$$f_a = \frac{P}{A_g} = \frac{160}{133.20} = 1.201 \text{ tf/cm}^2$$

$$\frac{f_a}{F_a} = 0.673 > 0.15$$

$$C_m = 0.6 - 0.4\frac{M_1}{M_2} = 0.60$$

$$f_b = \frac{M}{S} = \frac{900}{1940} = 0.464 \text{ tf/cm}^2$$

$$C_b = 1.75 + 1.05(\frac{M_1}{M_2}) + 0.3(\frac{M_1}{M_2})^2 = 1.75$$

$$\lambda = \frac{h}{t_w} = \frac{39.0 - 2\times1.6}{1.0} = 35.8$$

$$\frac{f_a}{F_y} = \frac{1.201}{4.2} = 0.286 > 0.16$$

$$\lambda_p = \frac{68}{\sqrt{F_y}} = 33.18 \text{ ; } \lambda_r = \frac{260}{\sqrt{F_y}} = 126.86$$

腹板 $\lambda_p < \lambda < \lambda_r$ 為部分結實斷面。

$$\lambda = \frac{b_f}{2t_f} = 9.375 > \lambda_p = \frac{17}{\sqrt{F_y}} = 8.29 \text{ ; } \lambda_r = \frac{25}{\sqrt{F_y}} = 12.2$$

翼板 $\lambda_p < \lambda < \lambda_r$ 為部分結實斷面。

$$F_b = F_y[0.79 - 0.0075(\frac{b_f}{2t_f})\sqrt{F_y}] = 0.646F_y > 0.6$$

保守取 $F_b = 0.6F_y$

$$L_b = 460 \text{ cm}$$

$$L_c = \frac{20b_f}{\sqrt{F_y}} = \frac{20\times30}{\sqrt{4.2}} = 293 \longleftarrow \text{ 控制}$$

或

$$L_c = \frac{1400}{(d/A_f)F_y} = \frac{1400}{[39/(30\times1.6)]\times4.2} = 410$$

$$L_b = 460 \text{ cm} > L_c = 293$$

$$r_T = \sqrt{\frac{\frac{1}{2}I_y}{A_f + \frac{1}{6}A_w}} = \sqrt{\frac{\frac{1}{2}\times7200}{1.6\times30 + \frac{1}{6}\times1.0\times(39 - 2\times1.6)}} = 8.17 \text{ cm}$$

$$L/r_T = \frac{460}{8.17} = 56.30$$

$$\sqrt{\frac{7160C_b}{F_y}} = 54.62 \text{ ; } \sqrt{\frac{35800C_b}{F_y}} = 122.13$$

$$\sqrt{\frac{7160C_b}{F_y}} < L/r_T < \sqrt{\frac{35800C_b}{F_y}}$$

$$\therefore F_b = [\frac{2}{3} - \frac{F_y(L/r_T)^2}{107600C_b}]F_y = 0.596F_y = 2.50 \text{ tf/cm}^2$$

$$F_b = \frac{840C_b}{Ld/A_f} = \frac{840 \times 1.75}{460 \times 39.0/(30 \times 1.6)} = 3.93 \text{ tf/cm}^2$$

依規範規定，F_b 取上列二式之大者，所以 $F_b = 3.93$ tf/cm^2，但規範規定其值不能大於 $0.6F_y$。

$$0.6F_y = 2.52 \text{ tf/cm}^2$$

$$\therefore F_b = 0.6F_y = 2.52 \text{ tf/cm}^2$$

$$F_{ex} = \frac{12\pi^2 E}{23(KL/r)^2} = \frac{12\pi^2 \times 2040}{23 \times (460/16.87)^2} = 14.129 \text{ tf/cm}^2$$

$$\frac{f_a}{F_a} + \frac{C_{mx} \cdot f_{bx}}{(1 - \frac{f_a}{F'_{ex}})F_{bx}} \le 1.0$$

$$0.673 + \frac{0.6 \times 0.464}{(1 - \frac{1.201}{14.129}) \times 2.52} = 0.673 + 0.121 = 0.794 < 1.0 \cdots\cdots \text{OK}$$

$$\frac{f_a}{0.6F_y} + \frac{f_{bx}}{F_{bx}} = \frac{1.201}{2.52} + \frac{0.464}{2.52} = 0.661 < 1.0 \cdots\cdots \text{OK}$$

H400×300×10×16 符合我國容許應力設計規範之規定。

（結果與極限設計法相同，例 5-5-1 Ratio = 0.865）

例 5-6-2

以我國容許應力設計規範重新評估例 5-5-2。

在一無側撐構架中之柱其長度為 4.6m，斷面為 H300×300×10×15 材料為 SN400B 鋼材，該柱在受垂直載重（靜載重及活載重）及水平載重（風力）作用下，其一階線性分析（First-Order）結果如圖 5-6-2 所示。本構架為對稱構架，且受對稱之垂直載重。所有彎矩都作用在強軸上。有效長度係數 $K_x = 1.2$（允許側向移），$K_x = 1.0$（不允許側向位移），$K_y = 1.0$。

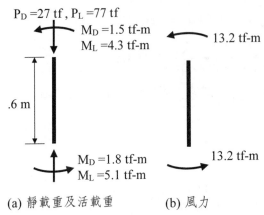

(a) 靜載重及活載重　　　　(b) 風力

圖 5-6-2　例 5-6-2 之柱

解：

可能載重組合：

(1) D+L

(2) D+0.75(L+1.25W)

(3) 0.7D+1.25W

(1) D+L

設計力為：P = 104 tf；M = 6.9 tf-m

$C_m = 0.6 - 0.4 \dfrac{5.8}{6.9} = 0.264$

SN400B 鋼料：$F_y = 2.4$ tf/cm^2

H300×300×10×15：d = 30.0，b_f = 30.0，t_w = 1.0，t_f = 1.5，A = 118.40，

S_x = 1350，r_x = 13.06，r_y = 7.55，I_y = 6750

$f_a = 104/118.4 = 0.878$ tf/cm^2

$f_b = 6900/1350 = 0.511$ tf/cm^2

本載重組合無側移

K_x 取 $1.0 \rightarrow K_x L/r_x = 460/13.06 = 35.22$

K_y 取 $1.0 \rightarrow K_y L/r_y = 460/7.55 = 60.93$ ⟵ 控制

$C_c = \sqrt{\dfrac{2\pi^2 E}{F_y}} = 129.53$

$K_y L / r_y < C_c \rightarrow \therefore \dfrac{K_y L / r_y}{C_c} = 0.470$

$F_a = \dfrac{(1 - \frac{1}{2} \times 0.470^2) F_y}{\frac{5}{3} + \frac{3}{8} \times 0.470 - \frac{1}{8} \times 0.470^3} = 0.486 F_y = 1.166$ tf/cm^2

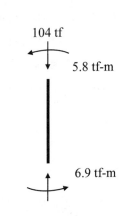

$f_a/F_a = 0.878/1.166 = 0.753 > 0.15$

$\lambda = \dfrac{h}{t_w} = \dfrac{30.0 - 2 \times 1.5}{1.0} = 27$

$\dfrac{f_a}{F_y} = \dfrac{0.878}{2.4} = 0.366 > 0.16 \; ; \; \lambda_p = \dfrac{68}{\sqrt{F_y}} = 43.89 > 27$

$\lambda = \dfrac{b_f}{2t_f} = 10.0 < \lambda_p = \dfrac{17}{\sqrt{F_y}} = 10.97$

斷面爲結實斷面。

$L_b = 460 \text{ cm} \; ; \; L_c = \dfrac{20b_f}{\sqrt{F_y}} = \dfrac{20 \times 30}{\sqrt{2.4}} = 387 \longleftarrow$ 控制

或

$L_c = \dfrac{1400}{(d/A_f)F_y} = \dfrac{1400}{[30/(30 \times 1.5)] \times 2.4} = 875$

$L_b = 460 \text{ cm} > L_c = 387$

$r_T = \sqrt{\dfrac{\dfrac{1}{2}I_y}{t_f b_f + \dfrac{1}{6}t_w(d - 2t_f)}} = \sqrt{\dfrac{\dfrac{1}{2} \times 6750}{1.5 \times 30 + \dfrac{1}{6} \times 1.0(30 - 2 \times 1.5)}} = 8.26 \text{ cm}$

（查本書附錄二表：$L_c = 387 \text{ cm}$ ；$r_T = 8.26 \text{ cm}$）

$\dfrac{L}{r_T} = \dfrac{460}{8.26} = 55.69$

$C_b = 1.75 + 1.05(\dfrac{5.8}{6.7}) + 0.3(\dfrac{5.8}{6.7})^2 = 2.84 > 2.3$

使用 $C_b = 2.3$

$L/r_T < \sqrt{\dfrac{7160C_b}{F_y}} = 82.84$

$F_b = \dfrac{840C_b}{Ld/A_f} = \dfrac{840 \times 2.3}{460 \times 30.0/(30 \times 1.5)} = 6.3 \text{ tf/cm}^2 > F_b = 0.6F_y$

$\therefore F_b = 0.6F_y = 1.44 \text{ tf/cm}^2$

$F'_{ex} = \dfrac{12\pi^2 E}{23(K_x L/r_x)^2} = \dfrac{12\pi^2 \times 2040}{23 \times 35.22^2} = 8.47 \text{ tf/cm}^2$

$\dfrac{f_a}{F_a} + \dfrac{C_m \cdot f_{bx}}{(1 - \dfrac{f_a}{F'_{ex}})F_{bx}} \leq 1.0$

$0.753 + \dfrac{0.264 \times 0.511}{(1 - \dfrac{0.878}{8.47}) \times 1.44} = 0.753 + 0.105 = 0.858 < 1.0 \cdots\cdots \text{OK}$

$$\frac{f_a}{0.6F_y} + \frac{f_{bx}}{F_{bx}} = \frac{0.878}{1.44} + \frac{0.511}{1.44} = 0.965 < 1.0 \cdots\cdots OK$$

在靜載重及活載重作用下，符合我國容許應力設計規範規定。（例 5-5-2 Ratio = 1.044）

(2) 含風力作用之可能載重組合為：

D+0.75(L+1.25W) = D+0.75L+0.9375W

或 0.7D+1.25W

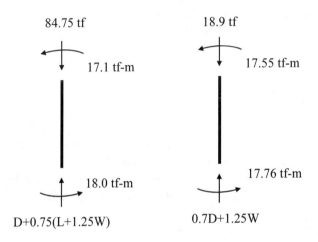

比較上列二圖，可知設計之控制載重組合為 [D+0.75(L+1.25W)]：

$\therefore P = 84.75$ tf；M = 18.0 tf-m

$f_a = 84.75 / 118.40 = 0.716$ tf/cm^2

$f_b = 1800/1350 = 1.333$ tf/cm^2

$C_m = 0.6 - 0.4\dfrac{17.1}{18.0} = 0.220$

如前面計算：

$F_a = 1.166$ tf/cm^2

$\dfrac{f_a}{F_a} = \dfrac{0.716}{1.166} = 0.614 > 0.15$

$C_b = 1.75 + 1.05\left(\dfrac{17.1}{18.0}\right) + 0.3\left(\dfrac{17.1}{18.0}\right)^2 = 3.02 > 2.3$

使用 $C_b = 2.3$

如前面計算

$F_b = 0.6F_y = 1.44$ tf/cm^2

$F'_{ex} = 8.47$ tf/cm^2

$$\frac{f_a}{F_a} + \frac{C_m \cdot f_{bx}}{(1 - \frac{f_a}{F'_{ex}})F_{bx}} = 0.614 + \frac{0.220 \times 1.333}{(1 - \frac{0.716}{8.47}) \times 1.44}$$

$$= 0.614 + 0.222 = 0.836 < 1.0 \cdots\cdots OK$$

$$\frac{f_a}{0.6F_y} + \frac{f_{bx}}{F_{bx}} = \frac{0.716}{1.44} + \frac{1.333}{1.44} = 0.497 + 0.926 = 1.423 > 1.0 \cdots\cdots NG$$

在含風力載重組合作用力下，無法滿足我國規範要求。（例 5-7-2 Ratio = 1.105）

例 5-6-3

依容許應力設計規範重新設計例 5-5-3。

有一柱受 45 tf 靜載重及 14 tf 活載重之軸壓力，及 14 tf-m 靜載重彎矩及 14 tf-m 活載重彎矩，而在風力作用下，該柱受到的彎矩為 28.0 tf-m。假設彎矩均勻作用在全根柱上。柱長為 4.3 m，而且只有在柱兩端有側向支撐，假設該柱在有側撐構架內。試選用 H350 之最輕斷面（假設對強軸撓曲）。使用 SN400B 鋼料。

解：

(1) 載重組合（D+L）：

P = D+L = 45+14 = 59 tf

M = 14+14 = 28 tf-m

(2) 載重組合 D+0.75（L+1.25W）：

P = 45 + 0.75×14 = 55.5 tf

M = 14 + 0.75×14 + 0.75×1.25×28.0 = 50.75 tf-m

(3) 載重組合 0.7D+1.25W

P = 0.7×45 = 31.5 tf

M = 0.7×14 + 1.25×28 = 44.8 tf-m

很明顯第 (2) 種載重組合控制

以第 (2) 種組合設計：H350 斷面，$B_x \cong 0.079$

SN400B 鋼料，$F_y = 2.4 \ tf/cm^2$

設 $F_a \cong F_b \cong 0.6F_y = 1.44$

$P_{EQ} = P + B_x M_x$

$= 55.5 + 0.079 \times 100 \times 50.75 = 456.4 \ tf$

L = 430 cm

需要之 $A_g = \dfrac{456.4}{1.44} = 316.9 \text{ cm}^2$

由斷面表：

H350×350×16×24	$A_g = 221.0$
H350×350×18×28	$A_g = 257.0$
H350×350×20×33	$A_g = 300.0$

試用 H350×350×20×33：d = 37.8，b_f = 35.8，t_w = 2.0，t_f = 3.3，A = 300，S_x = 4020，r_x = 15.91，r_y = 9.18，I_y = 25300

$f_a = 55.5/300 = 0.185 \text{ tf/cm}^2$；$f_b = 5075/4020 = 1.262 \text{ tf/cm}^2$

$KL/r_y = 430/9.18 = 46.84$；$C_c = \sqrt{\dfrac{2\pi^2 E}{F_y}} = 129.53$

$\dfrac{KL/r}{C_c} = \dfrac{46.84}{129.53} = 0.362$

$F_a = \dfrac{(1 - \dfrac{1}{2} \times 0.362^2)F_y}{\dfrac{5}{3} + \dfrac{3}{8} \times 0.362 - \dfrac{1}{8} \times 0.362^3} = 0.520F_y = 1.248 \text{ tf/cm}^2$

$\dfrac{f_a}{F_a} = \dfrac{0.185}{1.248} = 0.148 < 0.15$

$L_b = 430 \text{ cm}$；$L_c = \dfrac{20b_f}{\sqrt{F_y}} = \dfrac{20 \times 35.8}{\sqrt{2.4}} = 462 \longleftarrow$ 控制

或

$L_c = \dfrac{1400}{(d/A_f)F_y} = \dfrac{1400}{[37.8/(35.8 \times 3.3)] \times 2.4} = 1823$

$L_b = 430 \text{ cm} < L_c = 462 \text{ cm}$

檢核結實斷面：

$\dfrac{b_f}{2t_f} = \dfrac{35.8}{2 \times 3.3} = 5.42 < \lambda_p = \dfrac{17}{\sqrt{F_y}} = \dfrac{17}{\sqrt{2.4}} = 10.97$

$\dfrac{h}{t_w} = \dfrac{37.8 - 2 \times 3.3}{2.0} = 15.6$

$\because \dfrac{f_a}{F_y} = \dfrac{0.185}{2.4} = 0.077 < 0.16$

$\therefore \lambda_p = \dfrac{170}{\sqrt{F_y}}[1 - 3.74 \dfrac{f_a}{F_y}] = \dfrac{170}{\sqrt{2.4}}[1 - 3.74 \times 0.077] = 78.133 > 15.6$

所以本斷面為結實斷面，且 $L_b < L_c$：

$\therefore F_b = 0.66F_y = 1.584 \text{ tf/cm}^2$

$\dfrac{f_a}{F_a} + \dfrac{f_b}{F_b} = 0.148 + \dfrac{1.262}{1.584} = 0.945 < 1.0$

$$\frac{f_a}{0.6F_y} + \frac{f_b}{F_b} = \frac{0.185}{1.44} + \frac{1.262}{1.584} = 0.925 < 1.0 \cdots\cdots OK$$

∴使用 H350×350×20×33 柱斷面。

（例 5-5-3 使用 H350×350×18×28　Ratio = 0.898）

例 5-6-4

以容許應力設計法重新設計例 5-5-5。

如下圖之單層無側撐構架，承載靜載重、屋頂活載重及風力如圖 5-6-3 所示。請依我國容許應力設計法規範選擇最輕之 H300 斷面之柱斷面。在工作載重下，允許之側向位移量為 1/400 層高。柱皆為對強軸之彎曲。且只有在頂端及底端有側向支撐。$K_x = K_y = 1.0$，鋼材 $F_y = 3.5$ tf/cm²。

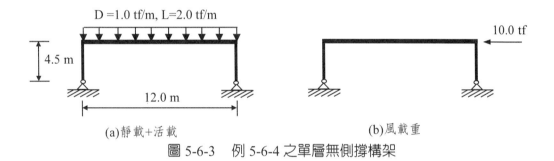

圖 5-6-3　例 5-6-4 之單層無側撐構架

解：

在各種載重作用下之結構分析如圖 5-6-4：

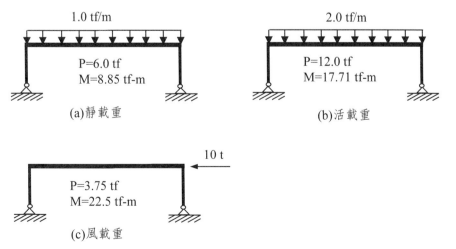

圖 5-6-4　例 5-6-4 單層無側撐構架結構分析結果之柱內力

(1) D+L

    P = 6+12.0 = 18 tf

    M = 8.85+17.71 = 26.56 tf-m

(2) D+0.75(L+1.25W)

    P = 6+0.75×12 + 0.75×1.25×3.75 = 18.51 tf

    M = 8.85+0.75×17.71 + 0.75×1.25×22.5 = 42.95 tf-m

(3) 0.7D+1.25W

    P = 0.7×6 + 1.25×3.75 = 8.89 tf

    M = 0.7×8.85 + 1.25×22.5 = 34.32 tf-m

比較上列三種組合，應爲第 (2) 種載重組合控制設計。

H300 斷面：$B_x \cong 0.10$

設 $F_a \cong F_b \cong 0.6F_y$

$P_{EQ} = P + B_x M_x = 18.0 + 0.1 \times 100 \times 42.95 = 447.5$ tf

$L_b = 4.5$ m

需要之 $A_g = \dfrac{447.4}{0.6 \times 3.5} = 213.1$ cm^2

試用 H300×300×17×24：d = 31.8，b_f = 30.7，t_w = 1.7，t_f = 2.4，A_g = 195.0，S_x = 2200，r_x = 13.40，r_y = 7.71，I_y = 11600

    $f_a = 18.51/195 = 0.095$ tf/cm^2；$f_b = 4295/2200 = 1.952$ tf/cm^2

KL/r_y = 450/7.71 = 58.37

$C_c = \sqrt{\dfrac{2\pi^2 E}{F_y}} = 107.26 > KL/r_y$

$\dfrac{KL/r}{C_c} = \dfrac{58.37}{107.26} = 0.544$

$F_a = \dfrac{(1 - \frac{1}{2} \times 0.544^2)F_y}{\frac{5}{3} + \frac{3}{8} \times 0.544 - \frac{1}{8} \times 0.544^3} = 0.460F_y = 1.610$ tf/cm^2

$\dfrac{f_a}{F_a} = \dfrac{0.095}{1.610} = 0.059 < 0.15$

$\dfrac{b_f}{2t_f} = \dfrac{30.3}{2 \times 2.1} = 7.21 < \lambda_p = \dfrac{17}{\sqrt{F_y}} = \dfrac{17}{\sqrt{3.5}} = 9.09$

$\dfrac{h}{t_w} = \dfrac{31.2 - 2 \times 2.1}{1.3} = 20.8$

$\therefore \dfrac{f_a}{F_y} = \dfrac{0.095}{3.5} = 0.027 < 0.16$

$$\therefore \lambda_p = \frac{170}{\sqrt{F_y}}[1 - 3.74\frac{f_a}{F_y}] = \frac{170}{\sqrt{3.5}}[1 - 3.74 \times 0.027] = 81.69 > 20.8$$

所以本斷面為結實斷面。

$$L_c = \frac{20b_f}{\sqrt{F_y}} = 328 \text{ cm} \quad 或 \quad L_c = \frac{1400}{(d/A_f)F_y} = \frac{1400}{\left[31.8/(2.4 \times 30.7)\right] \times 3.5} = 927 \text{ cm}$$

$$L_b = 450 > L_c = 328 \text{ cm}$$

$$r_T = \sqrt{\frac{\frac{1}{2} \times 11600}{2.4 \times 30.7 + \frac{1}{6} \times 1.7 \times (31.8 - 2 \times 2.4)}} = 8.44 \text{ cm}$$

（查本書附錄二得：$L_c = 328$ cm，$r_T = 8.44$ cm）

$$L/r_T = 450/8.44 = 53.32$$

又 $C_b = 1.75$

$$\sqrt{\frac{7160 \times C_b}{F_y}} = 59.83 > L/r_T$$

$$\therefore F_b = \frac{840C_b}{Ld/A_f} = \frac{840 \times 1.75}{\dfrac{450 \times 31.8}{2.4 \times 30.7}} = 7.57 \text{ tf/cm}^2 > 0.6F_y = 2.1 \text{ tf/cm}^2$$

$$\therefore F_b = 0.60F_y = 2.1 \text{ tf/cm}^2$$

$$\frac{f_a}{F_a} + \frac{f_b}{F_b} = 0.059 + \frac{1.952}{2.1} = 0.988 < 1.0 \cdots\cdots \text{OK}$$

$$\frac{f_a}{0.6F_y} + \frac{f_b}{F_b} = 2.1 + \frac{1.952}{2.1} = 0.975 < 1.0 \cdots\cdots \text{OK\#}$$

∴使用 H300×300×17×24 之柱斷面。

（例 5-5-5 斷面為 H300×300×13×21，Ratio = 0.866）

參考文獻

5.1　W.F. Chen & S. Santathadaporn, "Review of Column Behaviour Under Biaxial Loading," *Journal of Structural Division*, ASCE, Vol. 94, No. ST12, 1968, pp.2999-3012

5.2　C. Massonnet, "Forty Years of Research on Beam-Columns," Solid Mech. Arch., Vol. 1, No. 2, 1976

5.3　B.G. Johnston, Guide to Stability Design Criteria for Metal Structures, 3rd Ed., Wiley, New

York, 1976

5.4 W.F. Chen & T. Atsuta, Theory of Beam-columns, Vols.1 & 2, McGraw-Hill, New York, 1977

5.5 W.F. Chen, "Recent Advances in Analysis and Design of Steel Beam-Columns in U.S.A.," Proc. U.S.-Jpn. Sem. Inelastic Instabil. Steel Struct. Elements, Tokyo, May 1981

5.6 T.V. Galambos, *Guide to Stability Design Criteria for Metal Structures*, 4th Ed., John Wiley & Sons, New York, 1998

5.7 Thomas Sputo, "History of Steel Beam-Column Design," *Journal of Structural Engineering*, ASCE, Vol. 119, No. 2, Feb. 1993, pp.547-557

5.8 C. G. Salmon & J. E. Johnson, Steel Structures – Design and Behavior, 4th Ed., Harper Collins Publishers Inc., 1997

5.9 AISC, Specification for the Design, Fabrication and Erection of Structural Steel for Building, American Institute of Steel Construction, Inc., Chicago, IL, 1989

5.10 R.L. Ketter, "Further Studies of the Strength of Beam-Columns," *Journal of the Structural Division*, ASCE, Vol. 87, No. ST6, 1961, pp.135-152

5.11 S. Santathadaporn & W.F. Chen, "Interaction Curves for Sections Under Combined Biaxial Bending and Axial Forces," Welding Research Council Bulletins, No. 148, Feb. 1970

5.12 U.S. Pillai, "Beam Columns of Hollow Sections," Canadian Journal of Civil Engineering, Vol. 1, 1974, pp.194-198

5.13 N. Tebedge & W.F. Chen, "Design Criteria for Steel H-Columns Under Biaxial Loading," *Journal of the Structural Division*, ASCE, Vol. 100, No. ST3, 1974, pp.579-598

5.14 AISC360-10, Specification for Structural Steel Buildings, American Institute of Steel Construction, Inc., Chicago, IL, 2010

5.15 ACI Committee 318, Building Code Requirements for Reinforced Concrete (ACI 318-89) and Commentary (ACI 318R-89), American Concrete Institute, 1989

5.16 ACI Committee 318, Building Code Requirements for Structural Concrete (ACI 318-02) and Commentary (ACI 318R-02), American Concrete Institute, 2002

5.17 內政部，鋼構造建築物鋼結構設計技術規範（二）鋼結構極限設計法規範及解說，營建雜誌社，民國 96 年 7 月

5.18 J.A. Yura, "Combined Bending and Axial Load," Notes distributed by AISC at 1988 Nationel Steel Construction conference, Miami Beach, FL to assist classroom teaching of LRFD, Chicago, IL, AISC, 1988.

5.19 內政部，鋼構造建築物鋼結構設計技術規範（一）鋼結構容許應力設計法規範及解

說，營建雜誌社，民國 96 年 7 月

習題

5-1 當設計鋼骨梁—柱（Beam-Column）構材時，AISC 規範要求必須滿足以下三組公式之規定：

$$\frac{f_a}{F_a} + \frac{C_{mx}f_{bx}}{(1-\frac{f_a}{F'_{ex}})F_{bx}} + \frac{C_{my}f_{by}}{(1-\frac{f_a}{F'_{ey}})F_{by}} \leq 1.0 \tag{1}$$

$$\frac{f_a}{0.6F_y} + \frac{f_{bx}}{F_{bx}} + \frac{f_{by}}{F_{by}} \leq 1.0 \tag{2}$$

當 $f_a / F_a \leq 0.15$ 時，可用以下公式取代上述二公式：

$$\frac{f_a}{F_a} + \frac{f_{bx}}{F_{bx}} + \frac{f_{by}}{F_{by}} \leq 1.0 \tag{3}$$

試說明：(1) 以上三組公式所代表的失敗模式各有何不同？

(2) 為何須使用 C_m 係數？其物理意義為何？

(3) 指出公式 (1) 中如何考慮二次彎矩（Secondary Moment）對梁—柱強度之影響？

(4) 公式 (3) 只適用於何種情況？

(5) 若所設計之柱屬於未受側向支撐構架（即 Unbraced Frame）中之一柱，請問該柱之有效長度係數 K 值不得小於何值？

5-2 在一有側撐構架中，有一柱其斷面為 H200×150×6×9 長度為 3.5 m，如果受載重情形如下圖所示，只有在支撐處有側向支撐，試依 (a) AISC - LRFD，(b) 我國極限設計規範規定，檢核該斷面之適用性。鋼料為 SN400B。

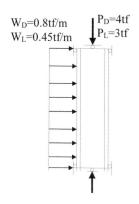

$W_D = 0.8$tf/m
$W_L = 0.45$tf/m
$P_D = 4$tf
$P_L = 3$tf

5-3 試求如下圖柱之最大側向工作載重 H 為何？（20% 為靜載重，80% 為活載重），假設柱兩端皆為鉸接，而且在跨度中央弱軸方向有一側向支撐。柱斷面為 H300×300×20×28，鋼料為 SS400，試依 (a) AISC-LRFD，(b) 我國極限設計規範規定。工作載重 PD = 45 tf，PL = 65 tf。鋼材為 SN400B。（柱兩端有側向支撐）

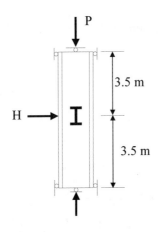

5-4 梁柱之斷面尺寸及載重大小如下圖所示。假設此構材對弱軸彎曲，試依據 (a) AISC-LRFD 規範，(b) 我國極限設計規範，檢驗此斷面是否有足夠強度承受荷重。鋼材為 SN400B。

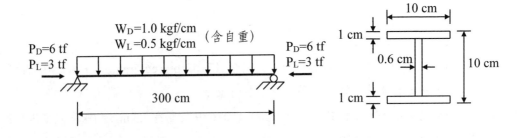

5-5 一可側傾之鋼柱長 4 m，採用 A36 之 H350×350×20×33 斷面，該柱受軸力 P_D = 60 tf，P_L = 60 tf 及雙向彎矩如圖示，假設有效長度因子 K_x = 1.8，K_y = 0.8。求在此情況下，是否滿足：(a) AISC-LRFD，(b) 我國極限設計規範規定。已知 H350×350×20×33 為結實斷面，且有足夠之側支撐。

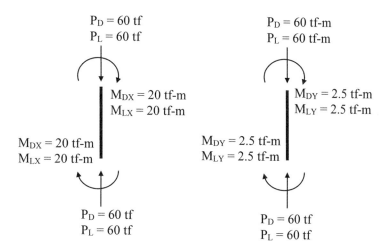

5-6 梁柱構材 ACB，僅 AB 兩端點有側向支撐，C 點受一集中工作載重 P，使構材繞強軸彎曲，$F_y = 2530$ kgf/cm²，$E = 2.04 \times 10^6$ kgf/cm²，構材斷面 H500×300×13×21 為結實斷面，試用 (a) AISC-LRFD，(b) 我國極限設計規範規定，求 P 值最大可為多少？

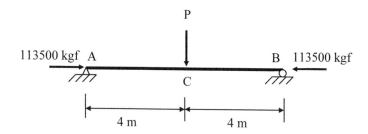

5-7 某柱長 $L_b = 350$ cm，兩端皆為鉸接，如圖所示。軸壓力 $P_D = 80000$ kgf，$P_L = 80000$ kgf，$M_{DX} = M_{LX} =$ 繞強軸彎矩 $= 1025600$ kgf-cm，柱兩端內無橫向載重。此柱採用結實斷面的寬翼型鋼（H350×350×16×24），試用 (a) AISC-LRFD，(b) 我國極限設計規範規定，檢核此柱是否合乎規範要求（$K_X = K_Y = 1.0$）。鋼材為 SN400B。

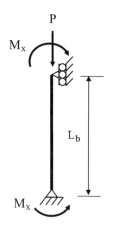

5-8 下圖所示之 H150×150×7×10 梁—柱構材，承受一偏心工作載重 $P_D = 7500$ kgf，$P_L = 7500$ kgf，此構材之無支撐長度為 460 cm，且兩端為鉸接 $K_X = 1$，$K_Y = 1$，試依 (a) AISC-LRFD，(b) 我國極限設計規範規定，檢核斷面是否合乎要求？鋼材為 SS400。

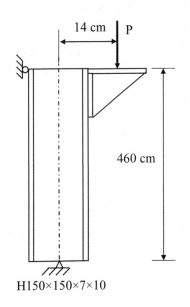

H150×150×7×10

5-9 有一梁—柱構材 H350×350×13×13，如圖所示，受集中軸向載重 $P_D = 80$ tf，$P_L = 80$ tf，彎矩 $M_D = 400$ tf-cm，$M_L = 400$ tf-cm，若構材之降伏應力為 4.2 tf/cm^2，試依 (1) AISC-LRFD，(2) 我國極限設計規範規定，求：(a) 構材之極限軸壓強度 P_n。(b) 構材之極限撓曲強度 M_n。(c) 軸力作用下，此構材之彎矩放大因子。(d) 考慮軸力與彎矩共同作用下，由穩定及降伏觀點檢核此構材滿足設計規定之公式及結果。

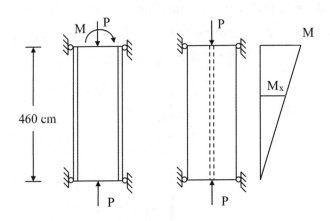

5-10 一斷面為 H350×350×12×19 型鋼之構材，受如下圖所示之因數化載重作用，構材兩端皆為鉸接，且在構材中點處弱軸有側撐，試依 (a) AISC-LRFD，(b) 我國極限設計規範

規定，檢核此斷面是否適用？（忽略構材自重，且不必檢核剪力。$F_y = 2.5$ tf/cm^2，$K_x = K_y = 1.0$。）

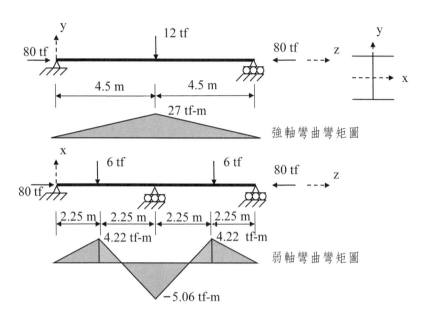

5-11　鋼結構設計規範規定鋼骨梁—柱構件之設計必須滿足以下規定：

$$\frac{f_a}{F_a} + \frac{C_{mx}f_{bx}}{(1-\frac{f_a}{F'_{ex}})F_{bx}} + \frac{C_{my}f_{by}}{(1-\frac{f_a}{F'_{ey}})F_{by}} \leq 1.0 \tag{1}$$

$$\frac{f_a}{0.6F_y} + \frac{f_{bx}}{F_{bx}} + \frac{f_{by}}{F_{by}} \leq 1.0 \tag{2}$$

當 $f_a / F_a \leq 0.15$ 時，可用以下公式取代上述二公式：

$$\frac{f_a}{F_a} + \frac{f_{bx}}{F_{bx}} + \frac{f_{by}}{F_{by}} \leq 1.0 \tag{3}$$

試回答下列三子題：

（一）(1) 式及 (2) 式所對應的破壞模式有何不同？

（二）說明為何當 $f_a / F_a \leq 0.15$ 時，可用 (3) 式取代 (1) 式及 (2) 式。

（三）若如下圖所示之兩根梁—柱其強度皆為 (1) 式所控制，且其長度、斷面及材料皆相同，所受之軸壓力大小也相等。則哪根梁—柱所能承受的 M_1 較大？

5-12 如下圖示之梁柱構材採用 H200×200×8×12 型鋼，此構材僅在兩端點的斷面弱軸有側撐。若構材受圖示之活載重作用（不必考慮自重），試依 (a) AISC-LRFD，(b) 我國極限設計規範規定，檢驗此斷面是否足夠？鋼材為 A36。

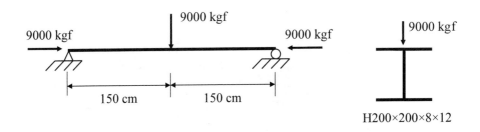

5-13 圖示之梁—柱構材 A、B、C 三點弱軸有側向支撐，構材受軸壓力 $P_D = 60$ tf，$P_L = 60$ tf，圖示之斷面合乎結實斷面之規定，若忽略自重，試依 (a) AISC-LRFD，(b) 我國極限設計規範規定，求構材中點所能承受之最大水平荷重 Q_u 為多少？鋼材為 SN400B。

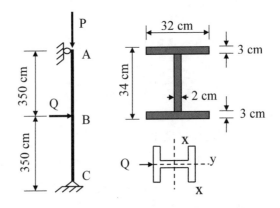

5-14 圖示之 3 m 長構材，斷面為 H350×350×12×19 之熱軋型鋼（結實斷面），已知此構材之底端為固接，頂部弱軸有側撐。若構材頂端承受 300 tf 之因數化（Factored）偏心載重，請問若要滿足極限設計法（LRFD）的規定，則最大允許偏心距為多少公分？鋼材為 A36（有效長度係數取設計值）。

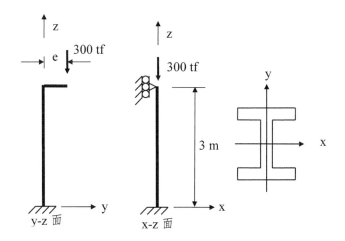

y-z 面　　　x-z 面

5-15 以 AISC-LRFD 彎矩放大係數 B_2 之公式來估算下圖所示柱 ab 底部在二次效應（Second-order Effect）下之彎矩 M_a。

$$B_2 = \frac{1}{1 - \sum P_u [\frac{\Delta_{oh}}{\sum HL}]}$$

$\sum P_u$ ＝同一層樓中所有柱子所受軸力之和（tf）

Δ_{oh} ＝所考慮之樓層的側向位移（cm）

$\sum H$ ＝樓層產生 Δ_{oh} ＝之樓層水平之和（tf）

L ＝樓層高度（cm）

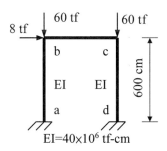

EI=40×10^6 tf-cm

5-16 在一有側撐構架中有一有效長度為 4.5 m 之柱，在工作載重下承受靜載重 $P_D = 45$ tf，$M_D = 17.5$ tf-m 活載重 $P_L = 65$ tf，$M_L = 45$ tf-m，只有在柱兩端有側向支撐，試依 (a) AISC-LRFD，(b) 我國極限設計規範規定，選用最輕之 H400 型鋼斷面。鋼料為 SN400B。

5-17 在一構架中有長度為 4.5 m 之柱，在受力平面為無側撐構架其 $K_x = 1.4$，而垂直受力平面方向為有側撐構架其 $K_y = 1.0$，工作載重下之一階分析結果如下圖所示。試

依 (a) AISC-LRFD，(b) 我國極限設計規範規定，使用 H 型鋼斷面設計該柱。鋼料為
SN400B。

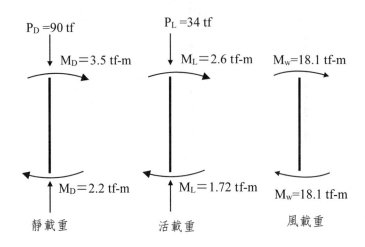

5-18 在一有側撐構架中，有一有效長度為 3.2 m 之柱，其底端為鉸接，頂端為固接，在
放大載重下承受軸力 $P_u = 135tf$，固接端力矩 $M_{ux} = 37$ tf-m，$M_{uy} = 5.5$ tf-m。試依 (1)
AISC-LRFD，(2) 我國極限設計規範規定，選用最輕之 H350 型鋼，鋼料為 SN400B。

5-19 某桿件一端固定於地面，另一端為自由端。軸壓力 P = 2500 kg，桿件長度 L = 8 m。
桿件由結實斷面的圓管構成，其迴轉半徑 r = 12 cm，彈性斷面模數 S = 1387 cm^3，斷
面積 $A_g = 171$ cm^2，$F_y = 2530$ kgf/cm^2，$E = 2.04 \times 10^6$ kgf/cm^2。試用容許應力設計法檢
核此桿件所能承載的最大水平力 H = ？（不必檢核剪力，桿件自重不計）

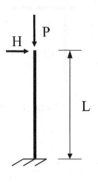

5-20 某結實斷面的寬翼型鋼柱長 $L_b = 430$ cm，承受軸壓力 P = 52600 kgf，在節點 1 偏心距
$e_x = 2$ cm，$e_y = 7$ cm，在節點 2 偏心距 $e_x = 2$ cm，$e_y = 7$ cm。柱兩端兩向皆為鉸接，強
軸 x-x 與 X 軸平行，如圖所示。鋼材 $F_y = 2.5$ tf/cm^2，此型鋼斷面積 $A_g = 108$ cm^2，$S_x =$
1511 cm^3，$S_y = 198$ cm^3，$r_x = 17$ cm，$r_y = 4$ cm，$C_C = 127$ cm，柱兩端內無橫向載重。
用我國容許應力設計法（ASD）檢核此柱是否合乎規範要求。（不必檢核剪力，桿件

自重不計。)

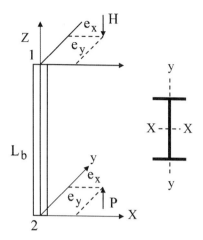

5-21 圖示之 H400×200×8×13 構材受 30 tf 軸拉力及 3.8 tf/m 之均布載重作用（工作載重，含
　　構材自重），假設沿構材全長，斷面弱軸有連續側撐，防止局部壓屈，試用我國容許
　　應力設計法（ASD），檢核此構材是否適用？鋼材 $F_y = 2.5$ tf/cm^2。

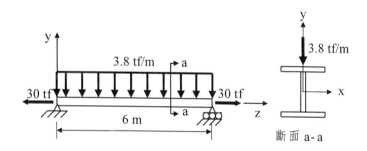

斷面 a-a

5-22 下圖所示之梁─柱構材受一偏心載重 P 作用，假設沿構材長度方向，斷面弱軸有連續
　　側撐，使構材只能繞強軸彎曲且無局部壓屈之慮，試問若採用熱軋 H350×250×9×14 型
　　鋼時，則依我國容許應力設計法（ASD），所能允許之最大載重 P 為多少？鋼材 $F_y =$
　　2.5 tf/cm^2。

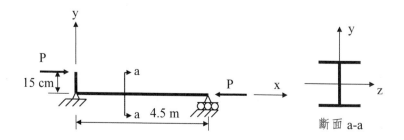

斷面 a-a

5-23 如下圖所示，一 H350×350×13×13 柱承受軸壓力（P = 60 tf）及雙軸力矩（M_x = 5 tf-m，M_y = 3 tf-m），依我國容許應力設計法（ASD），求此結構是否適當，為保守設計假設 C_b = 1。所有鋼板為 A36。

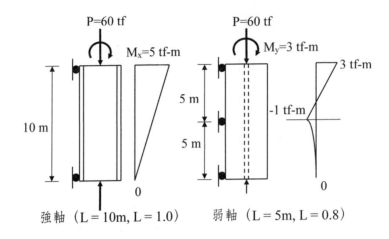

強軸（L = 10m, L = 1.0）　　弱軸（L = 5m, L = 0.8）

5-24 有一梁柱構材長度為 6 m，其斷面為 H350×350×20×33 型鋼且為結實斷面，受一軸向載重 (P) 及端點之強軸，弱軸彎矩如附圖所示，使用 A36 鋼材，假設其 $K_x = K_y$ = 1.0，依我國容許應力設計法（ASD），試檢核該構材是否滿足規範要求？

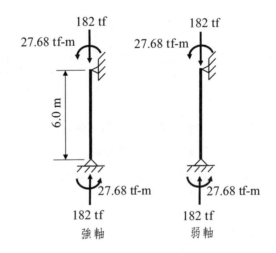

強軸　　　　　弱軸

5-25 有一同時受軸壓力與端點彎矩作用之鋼柱，請依我國「鋼結構容許應力設計法規範」檢核該柱是否滿足需求？

(1) 通過柱軸心之壓力 P = 800 tf。

(2) 柱之兩端各受到一個對 x 軸彎曲之彎矩（其大小相等，方向相反，對柱造成單曲率彎曲）。經由一階分析所得 M_x = 200 tf-m。

(3) 柱長為 4 m，假設有效長度係數 $K_x = K_y = 1.8$，且假設 $C_{mx} = 0.85$，$C_{my} = 0.85$。

(4) 柱斷面為箱型 H700×700×36×36，且符合結實斷面規定。

(5) 柱段面積 $A = 956.2 \text{ cm}^2$，斷面模數 $S_x = S_y = 20134 \text{ cm}^3$，迴轉半徑 $r_x = r_y = 27.15$ cm，材料降伏應力 $F_y = 3.5 \text{ tf/cm}^2$。

5-26 以我國容許應力設計法，重新分析習題 5-2。

5-27 以我國容許應力設計法，重新分析習題 5-3。

5-28 以我國容許應力設計法，重新分析習題 5-4。

5-29 以我國容許應力設計法，重新分析習題 5-5。

5-30 以我國容許應力設計法，重新分析習題 5-6。

5-31 以我國容許應力設計法，重新分析習題 5-7。

5-32 以我國容許應力設計法，重新分析習題 5-8。

5-33 以我國容許應力設計法，重新分析習題 5-9。

5-34 以我國容許應力設計法，重新分析習題 5-12。

5-35 以我國容許應力設計法，重新分析習題 5-13。

5-36 以我國容許應力設計法，重新分析習題 5-14。

5-37 以我國容許應力設計法，重新分析習題 5-16。

5-38 以我國容許應力設計法，重新設計習題 5-17。

5-39 以我國容許應力設計法，重新設計習題 5-18。

第6章

螺栓接合

6-1 概述

　　鋼結構與鋼筋混凝土結構在施工上的最大不同在於梁柱接頭的處理。鋼筋混凝土結構的梁、柱構件及其接頭都是現場一次澆濤，一體成型（預鑄除外），但鋼構的梁、柱構件不管是熱軋或銲接組合斷面都是在工廠內製作完成，但卻必須在工地現場經過組裝後才能完成完整的結構體。大部分的型鋼斷面雖然都有固定的尺寸，但其接合方式卻會因結構系統的不同需求，或設計者不同的設計理念而會有相當程度上的差異。而台灣地區之高層結構主要又是以側向作用力（不管是風力或是地震力）爲主要的設計載重，梁柱接合處爲受力最大的地方，因此梁柱接合的設計與施工往往關係著整個工程安全與成本，是鋼結構工程重要的一環。

　　在鋼構中常用的接合器（Fasteners），如圖 6-1-1，有下列四種：(1) 鉚釘（Rivets）、(2) 樞接（Pins）、(3) 螺栓（Bolts）、(4) 銲接（Welds）。鉚釘接合在鋼結構中歷史最悠久，其方法係將鉚釘加熱至櫻桃紅色，再裝入鉚釘孔中，然後將其另一端以空氣壓縮之鉚釘槍擊成圓狀或平頂之頭型，當其冷卻後，接合部分將收縮而緊壓。鉚釘材料一般爲軟碳鋼 ASTM A502 Grade1 及 Grade2，其降伏強度在 1.96 tf/cm^2（28 ksi）以上。雖然使用鉚接沒有像使用螺栓有螺帽鬆動的問題，但因強度較低及其施工的危險性，目前已幾乎完全被螺栓接合及銲接所取代。樞接就是使用插梢的接合方式，這種接合具有鉸（Hinge）的特性，在接合處不具備對旋轉的束制，也就是被接合的構件在接合處可以自由轉動，這種接合方式一般常見於結構系統中需具備鉸行爲的地方，如鉸支承。

　　螺栓接合在鋼構中之使用亦有相當的歷史。普通螺栓在受震動或反覆之作用力時，有螺帽易鬆動的缺點，但高強度螺栓在施工時有預施預力作用，其效果與鉚接相同。高強度螺栓因其強度高，接合施工比鉚接方便、迅速及工資低，因此幾乎已完全取代鉚釘接合，而成爲目前工程界最常見的接合方式之一。銲接接合是將兩片金屬板加熱至塑液或液態而使其接合在一起，在西元五千年以前就已有這種接合技術，但早期受限

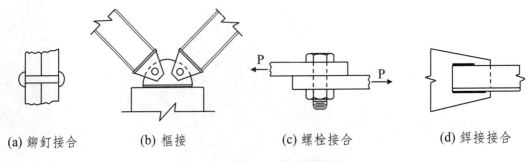

(a) 鉚釘接合　　　　(b) 樞接　　　　　(c) 螺栓接合　　　　(d) 銲接接合

圖 6-1-1　　常見的接合器種類

於材料及設備，這種接合方式在工程上的應用並不普及。一直到了近代，特別是第一次世界大戰之後，拜材料科技的發展、銲接技術的改進及檢測技術的突破，大幅提昇對銲接品質的掌握，使銲接接合的普及也不遜於螺栓接合，是目前工程界最常見的接合方式之一。因此本章將集中於高強度螺栓接合之討論，而下一章將討論銲接接合。

螺栓一般分為普通螺栓（或稱為機械螺栓及錨定螺栓）及高強度螺栓兩類。普通螺栓是以低碳鋼製成，成本較低。其構造分頭部、頸部及螺帽三部分，其外型有圓頸形、方頸形及六角形三種。六角形為最常用者。所使用材料一般為 ASTM A307，是最普通的碳鋼螺栓，就是普通所稱的機械螺栓（Machine Bolts）。這類螺栓材料其應力—應變曲線並無明顯降伏點存在，規範也無最低降伏強度的要求。其 Grade A 級的最小張力強度（Minimum Tensile Strength）為 4.2 tf/cm^2（60 ksi），未規定其降伏強度，一般用於臨時組裝時使用，可熱浸鍍鋅。Grade B 級之張力強度（Tensile Strength）為 4.2～7.0 tf/cm^2（60～100 ksi），未規定其降伏強度，一般用於管線系統中之鑄鐵管環狀端板接合。Grade C 級為無頭螺桿，其材料性質需符合 A36 規定，張力強度為 4.1～5.6 tf/cm^2（58～80 ksi），其降伏強度為 2.5 tf/cm^2（36 ksi），適用於結構錨定用 [6.1]。

圖 6-1-2　普通螺栓

使用高強度螺栓在鋼構施工最早出現於 1934 年，在 1951 年規範開始允許使用高強度螺栓來取代鉚釘。在 1960 年旋轉螺帽法（Turn-of-the-nut Method）開始引進，成為傳統扭力板手鎖緊工法的替代工法 [6.2]。高強度螺栓因接合必須施加預力，因此沒有普通螺栓容易鬆脫的缺點。高強度螺栓（High Strength Bolts, HSB），為經淬火及回火處理之碳鋼、中碳鋼或合金鋼材。目前國內工程界常用之高強度螺栓有美國 ASTM 的 A325、A449、A490 及日本 JIS 的 F10T。

A325 高強度螺栓是一般鋼結工程常用的所謂高強度螺栓，如圖 6-1-3。又分為 Type I、Type II 及 Type III 三種，Type I 為最常用者，使用碳鋼、中碳鋼或中碳合金鋼材。Type II 在 1991 年已取消。Type III 屬於耐候性螺栓，其鋼材近似於 A588 鋼材。其最小張力強度當螺栓直徑小於 2.5 公分（1.0 英寸）時為 8.4 tf/cm^2（120 ksi），而直

徑在 2.5 到 3.8 公分（1～1.5 英寸）之間時為 7.35 tf/cm^2（105 ksi），其降伏強度當螺栓直徑在 1.3 到 2.5 公分（0.5～1.0 英寸）間時為 6.4 tf/cm^2（92 ksi），而直徑在 2.9 到 3.8 公分（1.125～1.5 英寸）間時為 5.6 tf/cm^2（81 ksi）[6.3]。

A449 高強度螺栓，其材料性質接近 A325，但最大直徑可到 7.6 公分。分為 Type I、及 Type II 二種。Type I 為中碳鋼，直徑在 0.6 到 7.6 公分（0.25～3 英寸）之間。適用於一般鐵結構。Type II 為低碳鋼或中碳麻田散鐵鋼（Medium-Carbon Martensitic Steel），直徑在 0.6 到 2.5 公分（0.25～1 英寸）之間。其最小張力強度為 6.3 到 8.4 tf/cm^2（90～120 ksi），而其降伏強度為 4.0 到 6.4 tf/cm^2（58～92 ksi）[6.4]。

A490 高強度螺栓是經過淬火及回火熱處理的合金鋼，最大碳含量可達 0.53%，螺栓直徑介於 1.3 到 3.8 公分（0.5～1.5 英寸）之間。分為 Type I、Type II 及 Type III 三種，Type I 為中碳合金鋼材。Type II 在 2002 年已取消。Type III 屬於耐候性螺栓。其張力強度為 10.5 到 12.1 tf/cm^2（150～173 ksi），而其降伏強度為 9.1 tf/cm^2（130 ksi）[6.5]。圖 6-1-3 為 A325 高強度螺栓，表 6-1-1 至表 6-1-3 為 ASTM 及 JIS 螺栓尺寸及其機械性質。

圖 6-1-3　高強度螺栓

表 6-1-1　ASTM 螺栓之標稱直徑及斷面積（本表公制面積為由 AISC 英制直接換算）

直徑 (in) mm	(4/8) 13	(5/8) 16	(6/8) 19	(7/8) 22	(8/8) 25	(9/8) 29	(10/8) 32	(11/8) 35	(12/8) 38
斷面積 (in^2) cm^2	(0.1963) 1.27	(0.3068) 1.98	(0.4418) 2.85	(0.6013) 3.88	(0.7854) 5.07	(0.9940) 6.41	(1.227) 7.92	(1.485) 9.58	(1.767) 11.40

表 6-1-2 JIS 螺栓之標稱直徑及斷面積

直徑（mm）	M16	M20	M22	M24	M27	M30
斷面積（cm²）	2.01	3.14	3.80	4.52	5.73	7.07

表 6-1-3 高強度螺栓之機械性質

螺栓種類	直徑 (mm)	降伏強度 tf/cm² (ksi)	張力強度 tf/cm² (ksi)		伸長率
			Min.	Max.	
A325	13～25	6.44 (92)	8.40 (120)	-	-
	29～38	5.67 (81)	7.35 (105)	-	14
A449	6～25	6.44 (92)	8.40 (120)	-	14
	29～38	5.67 (81)	7.35 (105)	-	14
	44～76	4.06 (58)	6.30 (90)	-	14
A490	13～38	9.1 (130)	10.5 (150)	11.9 (173)	14
F8T	-	6.4	8	10	16
F10T	-	9.0	10	12	14
F11T	-	9.5	11	13	14

　　高強度螺栓一般依其受力方式之不同又分成下類兩類：(1) 承壓型（Bearing Type）：主要係由接合部分之支承力作用來傳遞力量。(2) 臨界滑動型（Slip-Critical Type）或又稱摩阻型（Friction Type）：主要係靠高強度螺栓之預力夾緊作用所產生之摩擦力來傳遞接頭力量，適合於結構物受衝擊、震動、重複應力或不允許有任何滑動情形之接頭，接合時應避免表面過度光滑、油漬、油漆及鍍鋅等。

6-2 高強度螺栓之施工

　　高強度螺栓之施工，一般分為二次施作，第一次施作為將鋼板鎖緊至密貼，然後再進行第二次施作，將其鎖緊至最小預張力。預張力大小約為極限拉力強度之70%。工程界常用之鎖緊方法有下列四種[6.6]：(1) 使用校準扭力板手鎖緊法（Calibrated Wrench Tightening），該法係以人工或電動板手將螺栓鎖緊，再利用校正過之扭力板手做檢測，扭力板手如圖 6-2-1 所示。此法必須先以張力計確立扭力值與張力值之關係。(2) 旋轉螺帽法（Turn-of-the-nut Tightening），為過去使用在高強度螺栓鎖緊的最常用方

圖 6-2-1　扭力板手

法，其施作程序是先將螺帽旋緊至鋼板緊貼狀態，於螺帽上做一刻劃，再將螺帽旋轉到規定的角度。其原理係根據螺帽旋緊時，將使螺桿產生拉長而產生軸力。雖然在第一次鎖緊階段，可能會因為接合鋼板表面狀況的不同而有相當大的差異，但這種差異對螺栓最後之預張力影響並不大，如圖 6-2-2 所示，在對應到旋轉 1/2 圈之最大鎖緊張力為 22 tf（48.6 Kips）時，螺桿允許相當大的一個伸長量，也就是當螺帽充分鎖緊時，此時材料已進入非線性，此時螺帽鎖緊過程中產生的些許誤差（旋轉不足或過度），並不會造成對螺桿預應力有太大的影響，表 6-2-1 為旋轉螺帽法螺帽所需旋轉圈數表 [6.2,6.6,6.7]。

(3) 直接張力指示器法（Direct Tension Indicator Tightening），前述兩種方法施工簡便，但在查核上卻相當不方便，必須以扭力板手一一測試，造成在工地品管上的困擾。而直接張力指示器是一種比較有效率的方法。該法是採用一種上面有突出設計的特殊墊片，這種墊片在螺栓鎖緊時，其突出部將因受壓而被壓扁，其壓扁量與螺栓之軸張力有關，因此只要量取其壓扁後之間隙值就可得知是否已鎖緊至要求之張力值。(4) 扭矩控制型螺栓或稱扭斷型（Twist-off）螺栓，這是目前工程界使用最普遍的施工法。這種螺栓之尾端是經過特殊設計，尾端為齒輪狀，齒輪狀尾端前為一頸縮之凹槽作為扭矩控制斷面。其安裝是以具有內外套環之電動板手，內套環夾住齒輪狀尾端，而外套環夾住螺帽進行單邊鎖緊作業，當齒輪狀尾端被扭斷時就代表螺栓已鎖緊至所需的預張力，如圖 6-2-3 所示。規範一般都規定有最小施預張力量，一般都是使其應力達最小抗張強度之 70%，也就是達 $0.7F_u$，而實際螺栓淨斷面積之計算，一般依不含螺牙面積之 75% 估算，也就是 $0.75A_b$。螺栓標稱斷面積如表 6-2-2 及表 6-2-3 所示 [6.8,6.9,6.10]。

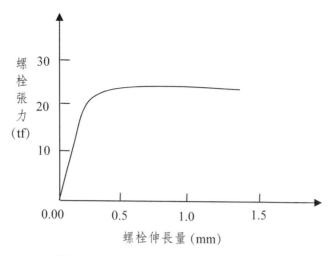

圖 6-2-2　螺桿預應力與伸長量關係

表 6-2-1　螺帽旋轉圈數表

螺桿長度 D 為螺栓直徑	接合鋼板面狀況		
	兩面皆垂直於螺桿	一面垂直於螺桿，另一面 呈傾斜（傾斜角小六 1:20）	兩面皆呈傾斜（傾斜 角小六 1:20）
L ≤ 4D	1/3 轉	1/2 轉	2/3 轉
4D ＜ L ≤ 8D	1/2 轉	2/3 轉	5/6 轉
8D ＜ L ≤ 12D	2/3 轉	5/6 轉	1 轉

圖 6-2-3　扭斷型高強度螺栓之鎖緊作業

表 6-2-2　ASTM 高強度螺栓之最小預力（tf）[kips]

螺栓（in）直徑 mm	(4/8) 13	(5/8) 16	(6/8) 19	(7/8) 22	(1) 25	(9/8) 29	(10/8) 32	(11/8) 35	(12/8) 38
標稱面積 （cm²）	1.27	1.98	2.85	3.88	5.07	6.41	7.92	9.58	11.4
A325	5.4 [12]	8.6 [19]	12.7 [28]	17.7 [39]	23.2 [51]	25.4 [56]	32.2 [71]	38.6 [85]	46.8 [103]
A490	6.8 [15]	10.9 [24]	15.9 [35]	22.2 [49]	29.1 [64]	36.3 [80]	46.3 [102]	54.9 [121]	67.2 [148]

表 6-2-3　JIS 螺栓之最小預力（tf）

螺栓直徑（mm）	16	20	22	24	27	30
標稱面積 （cm²）	2.01	3.14	3.80	4.52	5.73	7.07
F8T	8.5	13.3	16.5	19.2	24.2	30.0
F10T	10.6	16.5	20.5	23.8	30.1	37.1
F11T	11.2	17.4	21.6	25.1	31.7	39.2

6-3 螺栓之標稱強度

　　鋼構件在接合處是靠螺栓將載重由一構件傳遞到另一構件上，一般在工程界常見的螺栓接合方式如圖 6-3-1 所示。其中圖 (a) 是最簡單的接合方式，最常見於張力桿的疊接或對接，這種接合，螺栓主要是以承受剪力為主。圖 (b) 之接合常見於廠房內之托架（如天車軌道之支承），螺栓主要仍是以以承受剪力為主。圖 (c) 一般常見於吊桿的接合方式，螺栓主要是以承受張力為主。圖 (d) 則是較複雜的接合方式，螺栓需同時承受剪力及張力，常見於梁與柱及斜撐與柱之接合。

　　如果依每根螺栓之受力情況，其標稱強度一般可分下面三類來探討：(1) 剪力接合（Shear Connections）：如圖 6-3-1(a) 及 (b)，作用在螺栓上之主要作用力為剪力作用。(2) 張力接合（Tension Connections）：如圖 6-3-1(c)，作用在螺栓上之主要作用力為張力作用。(3) 剪力及張力聯合作用接合（Combined Shear and Tension Connections）：如圖 6-3-1(d)，螺栓同時受剪力及張力的作用。

　　在接合處螺栓傳遞用力的方式一般可分承壓型（Bearing Type）及摩阻型（Slip-critical Type or Friction Type）兩種，承壓型螺栓是靠鋼板與螺桿接觸之支承強度（Bearing Strength）來傳遞接合處之作用力，如圖 6-3-2 所示，鋼板承受的是支承應力，而螺栓

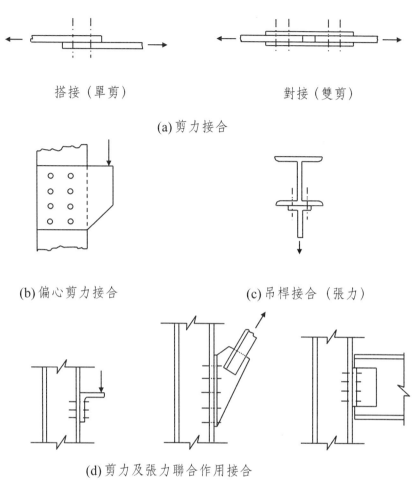

搭接（單剪）　　　　　　對接（雙剪）

(a) 剪力接合

(b) 偏心剪力接合　　　　(c) 吊桿接合（張力）

(d) 剪力及張力聯合作用接合

圖 6-3-1　常見之螺栓接合方式

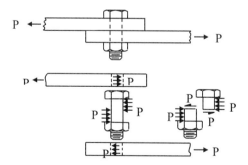

圖 6-3-2　承壓型螺栓之傳力機構

除了承受同樣的支承應力外，主要的受力為剪斷力。

　　由於高強度螺栓的出現，因此才有摩阻型的接合工法出現。摩阻型螺栓是利用螺栓鎖緊時對螺桿所施加預張力會造成對接合鋼板產生垂直於鋼板面的正向壓力，該正向壓力會使接合鋼板間產生摩擦力，利用這個摩擦力來傳遞作用在接合鋼板上的作用力，如圖 6-3-3 所示。由於該法主要傳力機構是靠鋼板間之摩擦力，為了確保摩擦力的可靠，螺栓必須施加足夠的預力及接觸之鋼板面必須有足夠的摩擦係數。一般這種接合是不允許鋼板間有任何的滑動位移，如果有滑動產生，即代表該接合已破壞。但事實上在摩阻型接合產生滑動後，當鋼板與螺桿接觸後就成為承壓型接合，其強度遠大於摩阻型接合強度。因此摩阻型接合是一種比較保守的設計，通常應用在受振動或反覆載重及支承精密設備的結構上。

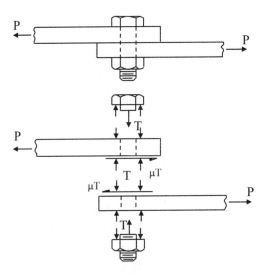

圖 6-3-3　　摩阻型螺栓之傳力機構

　　當螺栓應用在各式接合設計上，因受力狀況的不同，可能的破壞模式大約有下列幾種：(1) 螺栓之剪力破壞、(2) 螺栓之承壓破壞、(3) 螺栓之張力破壞、(4) 螺栓之彎曲破壞、(5) 鋼板之剪力破壞、(6) 鋼板之承壓破壞、(7) 鋼板之張力破壞。螺栓剪力破壞是在螺栓桿上產生剪斷，常發生在螺栓受純剪力情況下，一般常發生在鋼板的搭接處，如圖 6-3-4(a) 所示。螺栓承壓破壞是螺桿與鋼板接觸面承受過大的壓應力，以致螺桿被壓毀，如圖 6-3-4(b) 所示，一般只發生在鋼板承壓應力大於螺栓之承壓應力情況下，而一般高強度螺栓材料強度都遠大於鋼板材料強度，所以這種情況比較不易產生。螺栓之張力破壞一般是發生在螺栓承受純張力情況下，一般會發生在吊桿接合或是螺栓施加過度的預力情況，如圖 6-3-4(c) 所示。螺栓彎曲破壞一般只發生在接合鋼板總厚度太大，也就是螺栓桿太長的情況，如圖 6-3-4(d) 所示，此時螺桿可能會產生過度的撓曲而破壞。

鋼板剪力破壞一般會發生在螺栓孔的邊距太小時，造成如圖 6-3-4(e) 所示的鋼板剪力破壞。鋼板承壓破壞，一般發生在鋼板太薄時，鋼板所受到的承壓應力太大，造成螺栓孔處之鋼板被壓毀，如圖 6-3-4(f) 所示。鋼板之張力破壞，一般會發生在鋼板太薄及螺栓孔有初始裂紋存在情況，如圖 6-3-4(g) 所示。

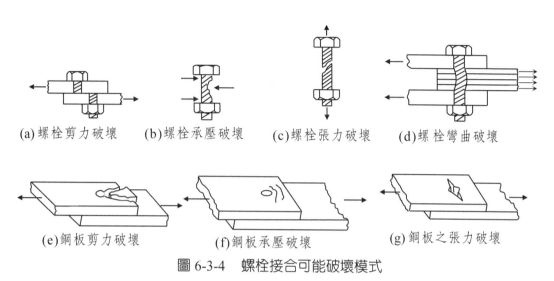

(a) 螺栓剪力破壞　　(b) 螺栓承壓破壞　　(c) 螺栓張力破壞　　(d) 螺栓彎曲破壞

(e) 鋼板剪力破壞　　　　(f) 鋼板承壓破壞　　　　(g) 鋼板之張力破壞

圖 6-3-4　螺栓接合可能破壞模式

（一）螺栓張力強度（Tensile Strength）

在螺栓螺紋處之淨斷面積 A_n，一般約為總斷面積（A_b）之 75%～79%，所以其標稱張力強度為：

$$R_n = F_u \cdot A_n = F_u \cdot (0.75A_b) \qquad (6.3.1)$$

（二）剪力強度（Shear Strength）

根據試驗結果顯示，螺栓之極限剪力強度大約為極限張力強度之 62%，因此可表示如下：

$$R_n = m \cdot A_b \cdot \tau_u = m \cdot A_b \cdot (0.62F_u) \qquad (6.3.2)$$

若考慮整個接頭的效應，對接頭長度較大時，因不同的應變在螺栓間會產生不均勻的力量分布，需考慮折減螺栓之強度，此時每根螺栓所反映出來的強度大約會有 20% 的折損，因此剪力面不含螺紋之標稱強度：

$$R_n = m \cdot A_b \cdot 0.062F_u \times 0.8 = m \cdot A_b \cdot 0.5F_u \qquad (6.3.3)$$

當剪力面含螺紋時，螺紋處之斷面積 A_n，一般約為總斷面積（A_b）之 75%～79%，因此其標稱強度為：

$$R_n = [0.80(0.62F_u) \cdot m \cdot (0.75A_b)] = (0.37F_u) \cdot m \cdot A_b \qquad (6.3.4)$$

式中：

　　m：剪力面

　　A_b：每根螺栓之總斷面積

　　F_u：螺栓材料之張力強度

（三）承壓強度（Bearing Strength）

螺栓孔之承壓強度，一般與螺栓孔之變形有關，或是與鋼板被撕裂的行為有關。所以一般當螺栓孔尾端之邊距（L_e）（如圖 6-3-5 所示）愈大時，其可能產生的破裂破壞機會就愈小。

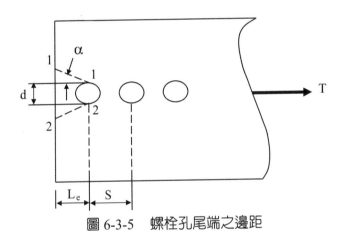

圖 6-3-5　螺栓孔尾端之邊距

鋼板尾端之撕裂破壞最可能位置為圖 6-3-5 之 1-1 及 2-2 破壞線，而其最小之強度為當 $\alpha = 0$ 時，此時其標稱強度為

$$R_n = 2t\left[L_e - \frac{d}{2}\right]\tau_u = 2t\left[L_e - \frac{d}{2}\right](0.62F_u)$$

$$= 1.24F_u \cdot d \cdot t \cdot \left[\frac{L_e}{d} - \frac{1}{2}\right]$$

$$\approx F_u \cdot d \cdot t \cdot \left[\frac{L_e}{d}\right] = F_u \cdot t \cdot L_e \qquad (6.3.5)$$

一般螺栓孔之中心間距常用者為 $S = 3d$，如果將 L_e 以 $3d$ 代入則：

$$R_n = 3.0 \cdot F_u \cdot d \cdot t \qquad (6.3.6)$$

AISC-LRFD 規範及我國極限設計規範 [6.8,6.9,6.18]，對螺栓設計強度及一般要求如下：

（一）螺栓張力及剪力強度

$$\phi R_n \geq P_u \; ; \; \phi = 0.75 \qquad (6.3.7)$$

$$R_n = F_n \cdot A_b \qquad (6.3.8)$$

式中：

F_n：螺栓標稱張力強度 F_{nt} 或剪力強度 F_{nv}，如表 6-3-1 所示。

A_b：螺桿無螺紋處之標稱面積，如表 6-1-1 及 6-1-2 所示。

在表 6-3-1 中所列 F_{nt} 基本上是以螺栓最小張力強度之 75% 計，也就是 $0.75F_u$，而 F_{nv} 對剪力面無螺紋者是以 $0.50F_u$，而對剪力面有螺紋者是以 $0.40F_u$ 計算。

表 6-3-1　螺栓之標稱強度 [6.8,6.9,6.18]

螺栓種類	標稱張力強度 F_{nt} tf/cm^2[ksi]	標稱剪力強度 F_{nv} tf/cm^2[ksi]
F10T（S10T）螺栓、螺紋在剪力平面	7.50[f]	4.00[g]
F10T（S10T）螺栓、螺紋不在剪力平面	7.50[f]	5.00[g]
A307	3.15[45][a]	1.68[24][b][e]{27}[h]
A325 剪力面有螺紋者	6.30[90][d]	3.36[48][e]{54}[h]
A325 剪力面無螺紋者	6.30[90][d]	4.20[60][e]{68}[h]
A490 剪力面有螺紋者	7.95[113][d]	4.20[60]{68}[h]
A490 剪力面無螺紋者	7.95[113][d]	5.25[75]{84}[h]
A449 螺桿、螺紋在剪力平面	6.30（直徑≧25mm） 5.51（38≧直徑≧27） 4.72（直徑≧40mm）	3.36（直徑≧25mm） 2.94（38≧直徑≧27） 2.52（直徑≧40mm）
螺牙桿件符合 AISC A3.4 節規定剪力面有螺紋者	$0.75F_u$[a][c]	$0.40F_u${$0.45F_u$}[h]
螺牙桿件符合 AISC A3.4 節規定剪力面無螺紋者	$0.75F_u$[a][c]	$0.50F_u${$0.563F_u$}[h]

註：

[a] 僅適用於靜載重。

[b] 允許螺紋在剪力平面內。

[c] 擴頭桿螺紋部分之標稱拉力強度，依據主螺紋直徑之斷面積 A_b，須大於未放大部分標稱桿身斷面積乘以標稱降伏強度 F_y 值。

[d] 對於 A325 與 A490 螺栓承受拉力疲勞載重，見附錄 5。

[e] 續接拉力構材以承壓式接合時，螺栓及螺牙桿件排列形式，其在平行拉力方向上之長度超過 125 cm 時，表列各值須減少 20%。

[f] F10T 螺栓承受拉力疲勞載重時，其疲勞強度為 A490 螺栓之 0.95 倍，另見附錄 5。

[g] 續接拉力構材以承壓式接合時，螺栓及螺牙桿件排列形式，其在平行拉力方向上之長度超過 125 cm 時，表列各值須減少 20%。

[h] 括號 {} 內為文獻 [6.18]Table J3.2 所列之值，配合我國規範本書乃以文獻 [6.8] 為依據。

（二）螺栓孔承壓強度

$$\phi R_n \geq P_u \;；\; \phi = 0.75 \qquad\qquad （6.3.9）$$

1. 標準孔或摩阻型超大孔、短槽孔或作用力方向與槽之長向平行的摩阻型接合。

(1) 當螺栓孔附近之變形為設計之考量因素時

$$R_n = 1.2 L_c t F_u \leq 2.4 dt F_u \qquad\qquad （6.3.10）$$

(2) 當螺栓孔附近之變形非為設計之考量因素時

$$R_n = 1.5 L_c t F_u \leq 3.0 dt F_u \qquad\qquad （6.3.11）$$

2. 作用力方向與槽孔之長向正交的接合。

$$R_n = 1.0 L_c t F_u \leq 2.0 dt F_u \qquad\qquad （6.3.12）$$

其中：

R_n = 螺栓孔之標稱承壓強度

L_c = 力量作用方向之淨距離，為兩個螺栓孔邊緣之距離或螺栓孔邊緣至結構桿
　　件邊緣之距離。

t = 連接桿件之板厚

F_u = 連接桿件之標稱張力強度

d = 螺栓標稱直徑

（三）螺栓間最小間距S（Minimum Spacing）≧3d

　　螺栓孔在最大承壓強度達到標稱強度 R_n 時，螺栓中心沿作用力方向到接合部邊緣間之最小邊距不得小於該螺栓直徑之 1.5 倍。同理，欲達到最大承壓強度，從任一螺栓孔中心沿作用力方向至鄰近螺栓孔中心之距離不得小於該螺栓直徑的 3 倍。由試驗顯示，螺栓孔之承壓強度與至鄰近螺栓孔中心之間距成正比，但當螺栓孔中心間距超過 3 倍螺栓孔直徑時，則承壓強度不再增加。

（四）螺栓孔之最小邊距（Minimum End Distance）

　　螺栓孔之臨界承壓應力與承壓鋼材之張力強度、螺栓間距及沿作用力方向由螺栓孔中心至接合部邊緣間之距離等因素有關。由試驗顯示，螺栓孔的臨界承壓應力與接合鋼材張力強度的比值和螺栓沿作用力方向之間距與所用螺栓直徑之比值成線性關係。

$$\frac{F_{pcr}}{F_u} = \frac{L_e}{d} \qquad\qquad （6.3.13）$$

其中：F_{pcr} = 臨界承壓應力（tf/cm^2）

　　　F_u = 接合部鋼材之標稱抗拉應力（tf/cm^2）

　　　L_e = 沿作用力方向由螺栓孔中心至最近之螺栓孔邊緣或接合板邊緣間之距離（cm）

　　　d = 螺栓直徑（cm）

一般使用 1.25d～1.75d 之間，詳如表 6-3-2 所示。

表 6-3-2　螺栓孔之最小邊距（mm）[in][6.9]

螺栓及螺牙桿件標稱直徑	剪斷邊	鋼板，型鋼或鋼條之軋壓邊或熱切割邊[b]
13 [1/2]	22.0 [0.875]	19.0 [0.75]
16 [5/8]	28.5 [1.125]	22.0 [0.875]
20 [3/4]	32.0 [1.25]	25.0 [1.0]
22 [7/8]	38.0 [1.5][c]	28.5 [1.125]
24 [1]	44.5 [1.75][c]	32.0 [1.25]
27 [1.125]	50.0 [2.0]	38.0 [1.50]
30 [1.25]	57.0 [2.25]	41.0 [1.625]
> 30 [>1.25]	1.75×直徑	1.25×直徑

[a]：對於超大孔或槽孔，參閱我國規範表 10.3-8。

[b]：若構件在螺栓孔處之實際應力不大於此構件最大設計強度之 25%，則此欄內之邊距可以減小 3 mm。

[c]：若角鋼用於梁之接頭，則其兩端之邊距可為 32 mm。

（五）螺栓孔之最大邊距（Maximum Edge Distance）及間距

　　為了預防濕氣進入接頭造成鋼板的銹蝕，規範規定任一螺栓孔中心至最近之接合板邊緣之距離不得大於接合板厚度之 12 倍，亦不得大於 150 mm。鋼板面間採連續密接時，螺栓之縱向間距需符合下列規定：

(1)塗裝構材或不受腐蝕之未塗裝構材：螺栓孔間距不得大於較薄板厚之 24 倍或 30 cm。

(2)未經油漆處理而暴露於空氣中之耐候鋼之螺栓接頭，其螺栓孔間距不得大於較薄板厚度之 14 倍或 18 cm。

6-4 臨界滑動型接合

　　如果高強度螺栓接合是以臨界滑動型接合設計，則該接合在服務載重或需求載重下

必須能預防接合處產生滑動之外,該接頭還需依規範檢核其剪力及承壓強度。在使用高強度螺栓接合的接頭,力量的傳遞一般係靠摩擦力,也就是由於螺栓的施預力 T,而在鋼板面產生 μT 摩阻力,對於鋼板一般大約在 0.2～0.6 之間。AISC 規範[6.8] 規定其設計強度可表示如下:

$$\phi R_n \geq P_u \qquad (6.4.1)$$

$$R_n = \mu D_u h_{sc} T_b N_s \qquad (6.4.2)$$

式中

$\phi = 1.0$,當接頭是設計在服務性能限度(Serviceability)下不允許有滑動產生。

$\phi = 0.85$,當接頭是設計在需求強度(Required Strength)下不允許有滑動產生。

μ:摩擦係數,使用 A 級或 B 級表面之摩擦係數或由試驗測定。

> = 0.35,去除黑皮後未塗裝之鋼板面,或噴砂後進行 A 級塗裝之鋼板面,及熱浸鍍鋅後進行表面粗糙化處理之鋼板面。

> = 0.50,噴砂後未塗裝之鋼板面,或噴砂後進行 B 級塗裝之鋼板面。

D_u:1.13,為螺栓平均預施張力與規範規定最大預張力之比值,可依實際施工紀錄訂定。

h_{sc}:螺栓孔參數

> = 1.00(標準孔)

> = 0.85(超大孔及短槽孔)

> = 0.70(長槽孔)

T_b:最小預張力,如表 6-2-2 及表 6-2-3。

N_s:滑動面數目

而我國規範[6.9] 規定在係數化載重下,其抵抗滑動之強度表示如下:

$$\phi R_{str} \geq P_u \qquad (6.4.3)$$

$$R_{str} = 1.13 \mu T_b N_b N_s \qquad (6.4.4)$$

式中:

ϕ:強度折減係數

> = 1.0(標準孔)

> = 0.85(超大孔及短槽孔)

> = 0.70(垂直於在載重方向之長槽孔)

> = 0.60(平行於在載重方向之長槽孔)

T_b = 螺栓最小預張力，如表 6-2-2 及表 6-2-3。

N_b = 接頭之總螺栓數

N_s = 鋼板摩擦面數

μ：鋼板接合面之滑動係數，依表面塗裝狀況選用下列數值或由試驗求得。

= 0.33（去除黑皮後未塗裝之鋼板面，或噴砂後進行 A 級塗裝之鋼板面。）

= 0.50（噴砂後未塗裝之鋼板面，或噴砂後進行 B 級塗裝之鋼板面。）

= 0.35（熱浸鍍鋅後進行表面粗糙化處理。）

在工程設計上爲了避免直接使用 μ 值，且能與承壓型接合有相同的設計方法，一般將摩擦力 μT 除以螺栓總斷面積 A_b 而得所謂的剪應力（Shear Stress）即：

$$F_v = \frac{\mu T}{A_b} \qquad (6.4.5)$$

此 F_v 即相當於該螺栓能承擔之最大剪應力。我國規範[6.9]對當量之 F_v 值之規定如下：

表 6-4-1　ASTM 高強度螺栓容許摩阻剪應力強度 [a][6.9]（tf/cm^2）

螺栓型式	容許剪應力強度			
	標準孔	擴大孔與短槽孔	長槽孔	
			載重平行於槽孔長向	載重垂直於槽孔長向
A325	1.19	1.05	0.71	0.84
A490	1.40	1.20	0.89	1.05

[a] 潔淨銹皮與噴氣清除及表面塗以護膜者，其滑動係數應在 0.33 以上，或參考我國規範 10.3.6 節之滑動係數修正設計強度值。

表 6-4-2　JIS 高強度螺栓容許摩阻剪應力強度 [a][6.9]（tf/cm^2）

螺栓型式	容許剪應力強度			
	標準孔	擴大孔與短槽孔	長槽孔	
			載重平行於槽孔長向	載重垂直於槽孔長向
F10T	1.40	1.20	0.85	1.00

[a] 潔淨銹皮與噴氣清除及表面塗以護膜者，其滑動係數應在 0.33 以上，或參考我國規範 10.3.6 節之滑動係數修正設計強度值。

6-5 拉力桿件接合設計──螺栓受剪力作用

在張力桿件接合中，一般在設計時皆使螺栓群中心與張力合力作用位置合一，以免造成偏心作用的扭轉現象，此時螺栓主要以受剪力及承壓力作用為主。其設計方式如下列例題所示。

例 6-5-1

如下圖之接頭，鋼板為 16×150，A572 Grade 50（$F_y = 3.5$ tf/cm²、$F_u = 4.55$ tf/cm²），使用 D22 之 A325 螺栓標準孔，且需考慮螺栓孔之變形。如果活載重為靜載重的三倍。如果接頭以承壓型設計，試依我國極限強度設計規範，求該接頭能承載的工作載重為何？(a) 螺紋不包括在剪力面。(b) 螺紋包括在剪力面。

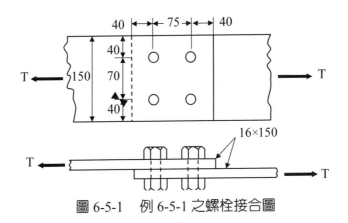

圖 6-5-1　例 6-5-1 之螺栓接合圖

解：

$A_g = 15 \times 1.6 = 24$ cm²

$A_n = [15 - 2 \times (2.2 + 0.3)] \times 1.6 = 24$ cm²

鋼板強度：

$\phi T_n = \phi F_y A_g = 0.9 \times 3.5 \times 24 = 75.6$ tf

$\phi T_n = \phi F_u A_e = 0.75 \times 4.55 \times 16 = 54.6$ tf

所以鋼板強度：$\phi T_n = 54.6$ tf

螺栓剪力強度：

A325-D22 螺栓，$F_u = 8.4$ tf/cm²，$A_b = 3.88$ cm²

(a) $\phi R_n = \phi(0.50 F_u) m \cdot A_b = 0.75 \times 0.50 \times 8.4 \times 1 \times 3.88 = 12.22$ tf / 根

(b) $\phi R_n = \phi(0.4 F_u) m \cdot A_b = 0.75 \times 0.4 \times 8.4 \times 1 \times 3.88 = 9.78$ tf / 根

螺栓孔之承壓強度：螺栓間距 > 3d，邊距 > 1.5d 標準孔。

$$\phi R_n = \phi \times 1.2 L_c \times t \times F_u \le \phi \times 2.4 d \times t \times F_u$$

$$= 0.75 \times 1.2 \times (7.5 - 2.5) \times 1.6 \times 4.55 = 32.76 \text{ tf / 根}$$

$$> 0.75 \times 2.4 \times 2.2 \times 1.6 \times 4.55 = 28.83 \text{ tf / 根}$$

$\therefore \phi R_n = 28.83 \text{ tf / 根}$

所以很明顯本接頭螺栓之強度係由剪力所控制。

(a) $\phi R_n = 12.22 \text{ tf / 根}$

$\phi T_n = 12.22 \times 4 = 48.88 < 54.6 \text{ tf}$

$\therefore \phi T_n = 48.88 \text{ tf}$

(b) $\phi R_n = 9.78 \text{ tf / 根}$

$\phi T_n = 9.78 \times 4 = 39.12 < 54.6 \text{ tf}$

$\therefore \phi T_n = 39.12 \text{ tf}$

計算工作荷重：

(a) $\phi T_n = T_u = 1.2D + 1.6L$

$48.88 = 1.2D + 1.6(3D) = 6.0D$
$D = 8.15 \text{ tf}$
$L = 3D = 24.45 \text{ tf}$
$T = D + L = 32.6 \text{ tf} (A325 - X)$

(b) $39.12 = 6D$

$D = 6.52 \text{ tf}$

$L = 3D = 19.56 \text{ tf}$

$T = D + L = 26.08 \text{ tf} (A325 - N)$

例 6-5-2

一鋼板厚 14 mm 與兩塊厚 7 mm 之鋼板接合，鋼板寬度為 48 cm，使用 SS400 鋼材，當 14 mm 之鋼板在工作荷重下承受 20 tf 之靜載重及 65 tf 之活載重，如果接合使用 D22 之 A325-X 承壓型螺栓，其所需根數為何？依我國極限設計規範（使用標準孔且需考慮螺栓孔附近之變形）。

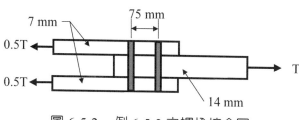

圖 6-5-2　例 6-5-2 之螺栓接合圖

解：

計算每根螺栓之強度：

$A_b = 3.88 \text{ cm}^2$

$\phi R_n = \phi(0.50F_u)m \cdot A_b = 0.75 \times 0.50 \times 8.4 \times 2 \times 3.88 = 24.44 \text{ tf/根}$

$\phi R_n = \phi \times 1.2L_c \times t \times F_u \le \phi \times 2.4d \times t \times F_u$

$\quad = 0.75 \times 1.2 \times (7.5 - 2.5) \times 1.4 \times 4.1 = 25.83 \text{ tf/根}$

$\quad > 0.75 \times 2.4 \times 2.2 \times 1.4 \times 4.1 = 22.73 \text{ tf/根}$

$\therefore \phi R_n = 22.73 \text{ tf/根}$

$T_u = 1.2 \times 20 + 1.6 \times 65 = 128 \text{ tf}$

需螺栓數 $N = \dfrac{T_u}{\phi R_n} = \dfrac{128}{22.73} = 5.63$ 根

使用 $2 \times 3 = 6$ 根螺栓

鋼板強度：

$A_g = 48 \times 1.4 = 67.2 \text{ cm}^2$

$A_n = [48 - 3 \times (2.2 + 0.3)] \times 1.4 = 56.7 \text{ cm}^2$

$\phi T_n = \phi F_y A_g = 0.9 \times 2.5 \times 67.2 = 151.2 \text{ tf}$

$\phi T_n = \phi F_u A_e = 0.75 \times 4.1 \times 56.7 = 174.4 \text{ tf}$

所以鋼板強度：$\phi T_n = 151.2 \text{ tf} > 128 \text{ tf}$ ……OK

例 6-5-3

重新設計例 6-5-2 以 A325-SC 螺栓（摩阻型），鋼材表面為 A 級處理。

解：

（一）依 AISC-LRFD 規範：

$T_u = 128 \text{ tf}$

假設在服務性能下不允許有滑動產生，則 $\phi = 1.0$

$\phi R_n = \phi \mu D_u h_{sc} T_b N_s$

$\quad = 1.0 \times 0.35 \times 1.13 \times 1.0 \times 17.7 \times 2 = 14.0 \text{ tf/根}$

需要之螺栓數 $N = \dfrac{128}{14.0} = 9.14$ 根

$\therefore$ 使用 10-D22 A325-SC 螺栓。

（二）依我國極限設計規範

從例 6-5-2，

$T_u = 128$ tf

$\phi R_{str} = \phi \times 1.13 \times \mu \times T_b \times N_b \times N_s$

$\qquad = 1.0 \times 1.13 \times 0.33 \times 17.7 \times 1 \times 2 = 13.2$ tf / 根

需要之螺栓數 $N = \dfrac{128}{13.2} = 9.69$ 根

$\therefore$ 使用 10-D22，A325-SC 螺栓。　　#

6-6 高強度螺栓受張力設計

　　螺栓承受純張力作用一般發生在吊桿的接頭。當使用高強度螺栓時，由於預施預力的關係，最後螺栓之受力將為 [6.2]：

$$T_f = T_b + \frac{P}{1 + A_p / A_b} \qquad (6.6.1)$$

T_f = 在外力作用下螺栓之最後總張力

T_b = 螺栓所施之預力

P = 外力作用

A_p = 接合板接觸之面積

A_b = 螺栓之斷面積

螺栓承受純張力作用時，其標稱拉力強度 F_{nt} 如表 6-3-1 所列，一般設定為：

$$F_{nt} = 0.75F_u \qquad (6.6.2)$$

$$\phi_t R_{nt} = \phi_t F_{nt} A_b \geq R_u ; \quad \phi_t = 0.75 \qquad (6.6.3)$$

R_{nt} = 每根螺栓標稱張力強度

R_u = 每根螺栓之設計張力

例 6-6-1

　　如下圖之接頭，使用 D22 之 A325 螺栓，受直接張力作用，假設螺栓間距為 7.5 cm，邊距為 4.0 cm，假設每根螺栓分配到之接頭鋼板接觸面積為 58 cm^2，如果接頭承受 LRFD 規範允許之最大荷重，試求螺栓在受力後，其張力增加率為何？（20% 靜載重，80% 活載重）

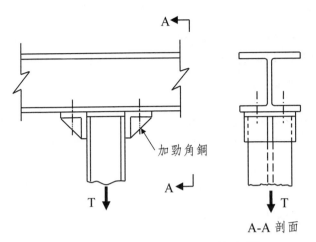

圖 6-6-1　例 6-6-1 之螺栓接合圖

解：

螺栓之強度：

D22; $A_b = 3.88 \text{ cm}^2$

$\phi R_n = \phi F_{nt} \cdot A_b = 0.75 \times 6.30 \times 3.88 = 18.33 \text{ tf}$

$R_u = 1.2D + 1.6L = 1.2 \times 0.2R + 1.6 \times 0.8R = 1.52R$

$18.33 = 1.52R$

$R = 12.06 \text{ tf}$

預力：$T_b = 17.7 \text{ tf}$

$\dfrac{A_p}{A_b} = \dfrac{58}{3.88} = 14.95$

$T_f = T_b + \dfrac{P}{1 + A_p / A_b} = 17.7 + \dfrac{12.06}{1 + 14.95} = 18.46 \text{ tf}$

張力增加約 $\dfrac{18.46 - 17.7}{17.7} = 0.043 = 4.3\%$

例 6-6-2

試依我國極限設計規範，計算如下圖之接頭所需之螺栓數，使用 D19，A490 螺栓，假設接頭鋼板有足夠勁度，強度完全由螺栓控制，P = 60 tf。（載重 10% 為靜載重，90% 為活載重）

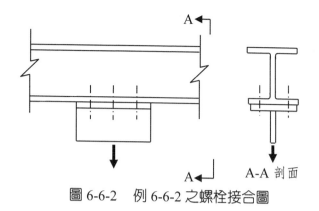

圖 6-6-2　例 6-6-2 之螺栓接合圖

解：

螺栓強度：

D19：$A_b = 2.85 \text{ cm}^2$

$\phi R_n = \phi F_{nt} A_b = 0.75 \times 7.95 \times 2.85 = 16.99 \text{ tf}$

$T_u = 1.2 \times 0.1 \times 60 + 1.6 \times 0.9 \times 60 = 93.6 \text{ tf}$

需要之螺栓數 $N = \dfrac{T_u}{\phi R_n} = \dfrac{93.6}{16.99} = 5.5$

∴使用 6-D19，A490 螺栓。

6-7 螺栓受剪力及張力聯合作用

在大部分的接頭中，一般都必須考慮螺栓同時受到剪力及張力作用的情形，如圖 6-7-1 所示。

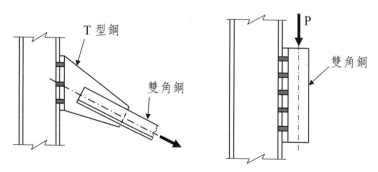

圖 6-7-1　螺栓同時受到剪力及張力作用之接合

在前面幾節螺栓的剪力強度及張力強度都已探討過，這是針對只有一種作用力的作用情況，而當兩種作用力同時作用時，其強度一般無法達到其個別作用的最大強度。根據試驗結果，可以下列交互影響公式來表示螺栓的最大強度 [6.11,6.12]。

$$\left[\frac{R_{ut}}{\phi_t R_{nt}}\right]^2 + \left[\frac{R_{uv}}{\phi_v R_{nv}}\right]^2 \le 1.0 \;; \quad \phi_t = 0.75 \;; \quad \phi_v = 0.75 \qquad (6.7.1)$$

R_{ut}：設計張力

R_{uv}：設計剪力

R_{nt}：在只有張力作用下螺栓之張力強度

R_{nv}：在只有剪力作用下螺栓之剪力強度

$$R_{nt} = 0.75 F_u A_b \qquad (6.7.2)$$

$$R_{nv} = \begin{cases} m \cdot A_b \cdot (0.50 F_u) & \text{—— 剪力面無螺紋} \\ m \cdot A_b \cdot (0.40 F_u) & \text{—— 剪力面有螺紋} \end{cases} \qquad (6.7.3)$$

公式（6.7.1）可表示如下圖：

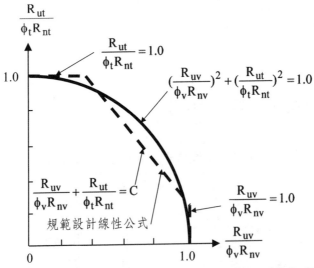

圖 6-7-2　螺栓之剪力及張力作用之交互影響公式圖

而在 AISC-LRFD[6.8] 規範中為了簡化設計，將上述圖形公式以直線來表示如下：

$$\frac{R_{ut}}{\phi_t R_{nt}} + \frac{R_{uv}}{\phi_v R_{nv}} \le C \qquad (6.7.4)$$

$$R_{ut} \le C \cdot \left[\phi_t R_{nt}\right] - \frac{R_{uv}}{\phi_v R_{nv}} (\phi_t R_{nt})$$

$$f_{ut} \le \phi_t (\frac{CR_{nt}}{A_b} - \frac{R_{nt}}{\phi_v R_{nv}} \cdot \frac{R_{uv}}{A_b}) = \phi_t F'_{nt}$$

$$\therefore F'_{nt} = \frac{CR_{nt}}{A_b} - \frac{R_{nt}}{\phi_v R_{nv}} \cdot \frac{R_{uv}}{A_b} \qquad (6.7.5)$$

$$F'_{nt} = CF_{nt} - \frac{F_{nt}}{\phi_v F_{nv}} f_{uv} \qquad (6.7.6)$$

AISC-LRFD 規範規定同時承受張力及剪力聯合作用之承壓型螺栓取 C = 1.3，其設計強度需符合：

$$\phi R_n \ge T_u \ ; \ \phi = 0.75 \qquad (6.7.7)$$

$$R_n = F'_{nt} A_b \qquad (6.7.8)$$

$$F'_{nt} = 1.3 F_{nt} - \frac{F_{nt}}{\phi_v F_{nv}} f_{uv} \le F_{nt} \qquad (6.7.9)$$

式中：

F_{nt}、F_{nv}：爲螺栓之標稱張應力及剪應力強度，如表 6-3-1 所列

f_{uv}：螺栓所承載之設計剪應力

而我國極限設計規範之規定，以 A325-X 螺栓爲例 $F_u = 8.4 \ tf/cm^2$，取 C = 1.3 則

$$F'_{nt} = 1.3 \times 0.75 \times 8.4 - \frac{0.75 \times 8.4}{0.75 \times 0.5 \times 8.4} f_{uv} \qquad (6.7.10)$$

$$F'_{nt} = 8.19 - 2.0 f_{uv} （剪力面無螺紋） \qquad (6.7.11)$$

我國極限設計規範對同時承受張力及剪力之螺栓，其極限拉應力規定如下：

$$A307：F'_{nt} = 4.13 - 2.5 f_{uv} \le 3.2 （tf/cm^2） \qquad (6.7.12)$$

$$A325\text{-}N：F'_{nt} = 8.19 - 2.5 f_{uv} \le 6.3 \qquad (6.7.13)$$

$$A325\text{-}X：F'_{nt} = 8.19 - 2.0 f_{uv} \le 6.3 \qquad (6.7.14)$$

$$A449\text{-}N：F'_{nt} = 6.17 - 2.5 f_{uv} \le 4.7 \qquad (6.7.15)$$

$$A449\text{-}X：F'_{nt} = 6.17 - 2.0 f_{uv} \le 4.7 \qquad (6.7.16)$$

$$A490\text{-}N：F'_{nt} = 10.29 - 2.5 f_{uv} \le 7.9 \qquad (6.7.17)$$

$$A490\text{-}X：F'_{nt} = 10.29 - 2.0 f_{uv} \le 7.9 \qquad (6.7.18)$$

$$F10T\text{-}N：F'_{nt} = 9.8 - 2.5f_{uv} \leq 7.5 \quad\quad（6.7.19）$$

$$F10T\text{-}X：F'_{nt} = 9.8 - 2.0f_{uv} \leq 7.5 \quad\quad（6.7.20）$$

在 AISC-LRFD 規範中對臨界滑動型接合，考慮因張力作用會減少螺栓之預施張力，相對降低摩擦力。因此當螺栓同時承受張力作用時公式（6.4.2）抵抗滑動之標稱強度，必須乘上 k_s 折減係數如下：

$$\phi R_n \geq V_u \quad\quad（6.7.21）$$

$$R_n = k_s \mu D_u h_{sc} T_b N_s \quad\quad（6.7.22）$$

$$k_s = 1 - \frac{T_u}{D_u T_b N_b} \qu\quad（6.7.23）$$

式中：

　　$\phi = 1.0$，當接頭是設計在服務性能限度下不允許有滑動產生。

　　$\phi = 0.85$，當接頭是設計在需求強度下不允許有滑動產生。

　　μ：摩擦係數，使用 A 級或 B 級表面之摩擦係數或由試驗測定。

　　　　$= 0.35$（去除黑皮後未塗裝之鋼板面，或噴砂後進行 A 級塗裝之鋼板面，及熱浸鍍鋅後進行表面粗糙化處理之鋼板面。）

　　　　$= 0.50$（噴砂後未塗裝之鋼板面，或噴砂後進行 B 級塗裝之鋼板面。）

　　D_u：1.13，為螺栓平均預施張力興規範規定最大預張力之比值，可依實際施工紀錄訂定。

　　h_{sc}：螺栓孔參數

　　　　$= 1.00$（標準孔）

　　　　$= 0.85$（超大孔及短槽孔）

　　　　$= 0.70$（長槽孔）

　T_b：最小預張力，如表 6-2-2 及表 6-2-3。

　N_s：滑動面數目

　N_b：承載張力 T_u 之螺栓數目

　T_u：在係數化載重下接合處螺栓所承受之張力

而我國極限設計規範對於臨界滑動型接合，當螺栓同時承受張力作用時，公式（6.4.4）抵抗滑動之標稱強度，必須乘上 k_s 折減係數如下：

$$\phi R_{str} \geq V_u \quad\quad（6.7.24）$$

$$R_{str} = 1.13\mu T_b N_b N_s k_s \tag{6.7.25}$$

$$k_s = 1 - \frac{T_u}{1.13 T_b N_b} \tag{6.7.26}$$

式中：

ϕ：強度折減係數

= 1.0（標準孔）

= 0.85（超大孔及短槽孔）

= 0.70（垂直於在載重方向之長槽孔）

= 0.60（平行於在載重方向之長槽孔）

T_b：螺栓最小預張力，如表 6-2-2 及表 6-6-3

T_u：在係數化載重下接合處螺栓所承受之張力

N_b：接頭之總螺栓數

N_s：鋼板摩擦面數

μ：鋼板接合面之滑動係數，依表面塗裝狀況選用下列數值或由試驗求得。

= 0.33（去除黑皮後未塗裝之鋼板面，或噴砂後進行 A 級塗裝之鋼板面。）

= 0.50（噴砂後未塗裝之鋼板面，或噴砂後進行 B 級塗裝之鋼板面。）

= 0.35（熱浸鍍鋅後進行表面粗糙化處理。）

例 6-7-1

如下圖之接頭：P = 36.0 tf（10% 靜載重，90% 活載重），使用 8-D19，標準螺栓孔，(a)A325-X，(b)A325SC，A 級表面，試依極限設計規範，檢核其適用性。

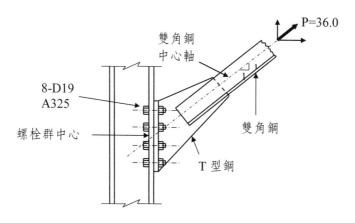

圖 6-7-3　例 6-7-1 之螺栓接合圖

解：

(a) D19-A325-X：$A_b = 2.85 \text{ cm}^2$

　$P_u = 1.2 \times 0.1 \times 36.0 + 1.6 \times 0.9 \times 36.0 = 56.16 \text{ tf}$

　$T_u = T_u = 56.16 \times \dfrac{\sqrt{2}}{2} = 39.71 \text{ tf}$

　$V_u = 39.71 \text{ tf}$

　每根螺栓所受之力量：

　$T_u = 39.71/8 = 4.96 \text{ tf}$

　$V_u = 39.71/8 = 4.96 \text{ tf}$

（一）依 AISC-LRFD 規範：

　　$\phi R_n \geq T_u$；$\phi = 0.75$

　　$R_n = F'_{nt} A_b$

　　$F'_{nt} = [1.3 F_{nt} - \dfrac{F_{nt}}{\phi_v F_{nv}} \cdot f_{uv}] \leq F_{nt}$

　　A325-X 螺栓

　　$F_{nt} = 6.3 \text{ tf/cm}^2$，$F_{nv} = 4.2 \text{ tf/cm}^2$

　　$f_{uv} = 4.96/2.85 = 1.74 \text{ tf/cm}^2$

　　$\therefore F'_{nt} = [1.3 \times 6.3 - \dfrac{6.3}{0.75 \times 4.2} \times 1.74] = 4.71 \text{ tf/cm}^2 < F_{nt} = 6.3 \text{ tf/cm}^2$

　　$\therefore \max T_u = \phi R_n = \phi F'_{nt} A_b = 0.75 \times 4.71 \times 2.85$

　　　　　　$= 10.07 \text{ tf/根} > T_u = 4.96 \text{ tf} \cdots\cdots \text{OK\#}$

　　螺栓剪力強度：

　　$\phi R_n = \phi F_{nv} \cdot A_b$

　　　　$= 0.75 \times 4.2 \times 2.85 = 8.978 \text{ tf/根} > V_u = 4.96 \text{ tf} \cdots\cdots \text{OK\#}$

　　$\therefore$ 使用 8-D19 A325-X 螺栓符合規定。

（二）依我國極限設計規範：

　　$F'_{nt} \leq 8.19 - 2.0 f_{uv} \leq 6.3$

　　$F'_{nt} = 8.19 - 2.0 \times \dfrac{4.96}{2.85} = 4.71 < 6.3 \cdots\cdots \text{OK}$

　　$\therefore \max T_u = \phi F'_{nt} \cdot A_b = 0.75 \times 4.71 \times 2.85$

　　螺栓剪力強度：

　　$\phi_v R_{nv} = 0.75(0.50 F_u) m \cdot A_b$

　　　　$= 0.75 \times 0.50 \times 8.4 \times 1 \times 2.85$

　　　　$= 8.98 \text{ tf} > V_u = 4.96 \text{ tf} \cdots\cdots \text{OK}$

　　$\therefore$ 使用 8-D19 A325-X 螺栓符合規定。

(b) A325-SC：

$P_u = 56.16$ tf

$T_u = 39.71$ tf

$V_u = 39.71$ tf

每根螺栓受力：T = 39.71/8 = 4.96 tf

V = 39.71/8 = 4.96 tf

（一）依 AISC-LRFD：

$\phi R_n \geq V_u$；$\phi = 1.0$（假設在服務性能限度下不允許有滑動產生）

$$R_n = k_s \mu D_u h_{sc} T_b N_s = [1 - \frac{T_u}{D_u T_b N_b}] \mu D_u h_{sc} T_b N_s$$

$$= [1 - \frac{4.96}{1.13 \times 12.7 \times 1}] \times 0.35 \times 1.13 \times 1.0 \times 12.7 \times 1 = 3.29 \text{ tf/根}$$

$\phi R_n = 1.0 \times 3.29 < V_u = 4.96$ tf

∴本接合不符合 A325SC 接合要求

（二）依我國極限設計規範規定：

$\phi R_{str} \geq V_u$

$$R_{str} = k_s [1.13 \mu T_b N_b N_s] = [1 - \frac{T_u}{1.13 T_b N_b}][1.13 \mu T_b N_b N_s]$$

$$= [1 - \frac{4.96}{1.13 \times 12.7 \times 1}][1.13 \times 0.33 \times 12.7 \times 1] = 3.099 \text{ tf/根}$$

$\phi R_{st} = 1.0 \times 3.099$ tf/根 $< V_u = 4.96$ tf

∴本接合不符合 A325-SC 接合要求。

例 6-7-2

如圖 6-7-4 之接頭，P = 45.5 tf（20% 靜載重，80% 活載重），請依極限設計規範，使用 D22 A325-X 型螺栓，設計 T 型鋼與柱之接合，假設 T 型鋼鋼板有足夠厚度，不會控制設計。

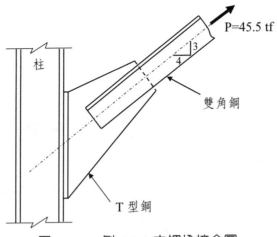

圖 6-7-4　例 6-7-2 之螺栓接合圖

解：

A325-X：$F_u = 8.4$ tf/cm^2

D22：$A_b = 3.88$ cm^2

$P_u = 1.2 \times 0.2 \times 45.5 + 1.6 \times 0.8 \times 45.5 = 69.16$ tf

$T_u = 69.16 \times \dfrac{4}{5} = 55.328$ tf

$V_u = 69.16 \times \dfrac{3}{5} = 41.496$ tf

（一）依 AISC-LRFD：

張力 + 剪力聯合作用公式：

$\phi R_n \geq T_u$；$\phi = 0.75$

$R_n = F'_{nt} A_b = (1.3 F_{nt} - \dfrac{F_{nt}}{\phi_v F_{nv}} f_{uv}) A_b$

$\phi \sum R_n = \phi(1.3 F_{nt} - \dfrac{F_{nt}}{\phi_v F_{nv}} f_{uv}) \sum A_b \geq \sum T_u$

$\phi 1.3 F_{ut} \cdot (\sum A_b) - \dfrac{\phi F_{nt}}{\phi_v F_{nv}} (f_{uv} \cdot \sum A_b) \geq \sum T_u$

$$\sum A_b \geq \dfrac{\sum T_u + \dfrac{\phi F_{nt}}{\phi_v F_{nv}} \cdot (\sum V_u)}{\phi 1.3 F_{nt}}$$

$$= \dfrac{55.328 + \dfrac{0.75 \times 6.3}{0.75 \times 4.20} \times 41.496}{0.75 \times 1.3 \times 6.3} = 19.14 \text{ cm}^2 \longleftarrow 控制$$

剪力公式：

$\phi R_n \geq V_u$；$\phi = 0.75$

$$R_n = F_{nv} \cdot A_b = 4.2 \cdot A_b$$

$$\therefore \sum A_b \geq \frac{\sum V_u}{\phi F_{nv}} = \frac{41.496}{0.75 \times 4.2} = 13.17 \text{ cm}^2 < 19.14$$

取 $A_b = 19.14 \text{ cm}^2$

$\therefore$ 需要之螺栓根數 $N = \dfrac{19.14}{3.88} = 4.93$ 根

使用 6-D22 A325-X 螺栓。

（二）依我國極限設計規範

張力 + 剪力聯合作用公式：

$$F'_{nt} \leq 8.19 - 2.0f_{uv} \leq 6.3$$

$$F'_{nt} \cdot A_b = 8.19A_b - 2.0 \cdot f_{uv} \cdot A_b$$

$$\sum R_{nt} = \sum F'_{nt} \cdot A_b \leq 8.19\sum A_b - 2.0\sum V_u$$

$$\therefore \sum A_b \geq \frac{\sum R_{nt} + 2.0\sum V_u}{8.19} = \frac{(55.328/0.75 + 2.0 \times 41.496)}{8.19} = 19.14 \text{ cm}^2$$

剪力公式：

$$\phi_v R_{nv} = 0.75(0.50F_u)m \cdot A_b = 0.75 \times 0.50 \times 8.4 \times 1 \cdot A_b = 3.15A_b$$

$$\sum A_b \geq \frac{V_u}{3.15} = \frac{41.496}{3.15} = 13.173 \text{cm}^2 < 19.14$$

取 $A_b = 19.14 \text{ cm}^2$

需要之螺栓根數 $N = 19.14/3.88 = 4.93$

使用 6-D22 A325-X 螺栓　　　#

6-8 螺栓接合受偏心載重之設計

　　當接頭所承受的載重並不作用在螺栓群之中心時，例如一般常見於廠房托架結構，可能產生如圖 6-8-1 之兩種情況，在情況 (a) 中的接合螺栓群將同時受到剪力及扭力的作用，而對個別螺栓會造成純剪力的作用。而在情況 (b) 中的接合螺栓群將同時受到剪力及張力的作用，而對個別螺栓則造成剪力加張力的聯合作用。因其作用力方式有所不同，對個別螺栓的影響也有所不同。本節將對這兩種接合方式分別討論之。

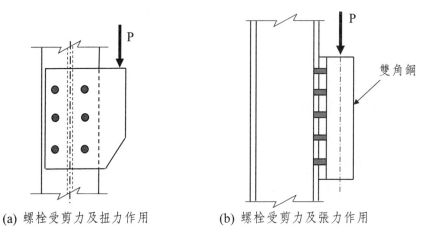

(a) 螺栓受剪力及扭力作用　　　　(b) 螺栓受剪力及張力作用

圖 6-8-1　承受偏心載重之螺栓接合圖

一、受剪力及扭力聯合作用之偏心載重

　　對此類之偏心載重,在文獻 [6.12,6.13,6.14] 中有提供不少的試驗數據來評估其接合強度。對這種載重,一般可將其轉換成一純扭矩及一純剪力作用的情況,如下圖 6-8-2 所示。分析此類接頭的方法有二:(1) 傳統的彈性分析(Traditional Elastic Analysis Method),也就是所謂的向量法(Vector Method)。(2) 極限強度分析法(Ultimate Strength Analysis Method),或是所謂的塑性分析法(Plastic Analysis Method)。

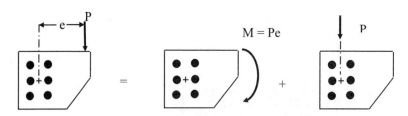

圖 6-8-2　承受剪力及扭力聯合作用之偏心載重

　　彈性分析法係假設鋼板之間並無摩擦力存在,且鋼板為剛性體,而螺栓為彈性體。在純扭矩作用下,每顆螺栓受力的大小將與該螺栓距螺栓群中心的距離成正比,而且其方向將垂直於與螺栓群中心之連線方向,如圖 6-8-3 所示。

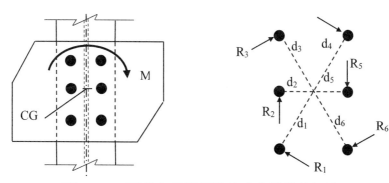

圖 6-8-3　受扭力作用螺栓接合之彈性分析法

此時

$$\frac{R_1}{d_1} = \frac{R_2}{d_2} = \cdots = \frac{R_6}{d_6} \tag{6.8.1}$$

且

$$M = R_1 d_1 + R_2 d_2 + \cdots + R_6 d_6 = \sum R \times d \tag{6.8.2}$$

又可寫成

$$R_1 = \frac{R_1 d_1}{d_1}$$

$$R_2 = \frac{R_1 d_2}{d_1}$$

$$R_3 = \frac{R_1 d_3}{d_1}$$

$$\vdots$$

$$R_6 = \frac{R_1 d_6}{d_1} \tag{6.8.3}$$

且

$$M = \frac{R_1}{d_1} d_1^2 + \frac{R_1}{d_1} d_2^2 + \cdots = \frac{R_1}{d_1} d_6^2 = \frac{R_1}{d_1} \left(\sum d_i^2 \right) \tag{6.8.4}$$

所以第一顆螺栓受力將為

$$R_1 = \frac{M d_1}{\sum d_i^2} \tag{6.8.5}$$

同理得

$$R_2 = \frac{M d_2}{\sum d_i^2}$$

$$R_3 = \frac{Md_3}{\sum d_i^2}$$

$$\vdots$$

$$R_6 = \frac{Md_6}{\sum d_i^2}$$

或

$$R_i = \frac{Md_i}{\sum d_i^2} \qquad (6.8.6)$$

如果將合力 R 寫成 x, y 兩方向之分量，如圖 6-8-4 所示。

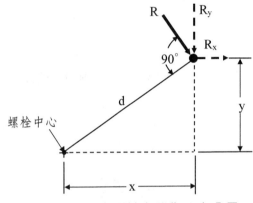

圖 6-8-4　螺栓之彈性力學作用力分量

則

$$R_x = \frac{y}{d} R \qquad (6.8.7)$$

$$R_y = \frac{x}{d} R \qquad (6.8.8)$$

或

$$R_x = \frac{M \cdot y}{\sum d^2} = \frac{M \cdot y}{\sum x^2 + \sum y^2} \qquad (6.8.9)$$

$$R_y = \frac{M \cdot X}{\sum d^2} = \frac{M \cdot X}{\sum x^2 + \sum y^2} \qquad (6.8.10)$$

且

$$R = \sqrt{R_y^2 + R_x^2} \qquad (6.8.11)$$

而螺栓所受之直接剪力：

$$R_v = \frac{P}{\sum N} \qquad (6.8.12)$$

所以最後螺栓所受的總合力為：

$$R = \sqrt{(R_y + R_v)^2 + R_x^2}$$　　　　（6.8.13）

例 6-8-1

依我國極限設計規範及彈性分析法，求下圖接頭螺栓所受之最大力量為何？又如螺栓為 D22 A325-N，是否適用？其中 P = 11 tf（30% 靜載重，70% 活載重）。

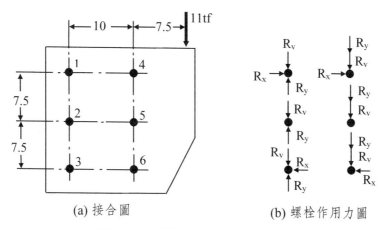

(a) 接合圖　　　　　(b) 螺栓作用力圖

圖 6-8-5　例 6-8-1 之螺栓接合圖

解：

$P_u = 1.2 \times 0.3 \times 11 + 1.6 \times 0.7 \times 11 = 16.28$ tf

$M_u = 16.28 \times 12.5 = 203.5$ tf-cm

$\sum x^2 + \sum y^2 = 6 \times 5^2 + 4 \times 7.5^2 = 375$ cm^2

$R_{ux} = \dfrac{M_u \cdot y}{\sum x^2 + \sum y^2} = \dfrac{203.5 \times 7.5}{375} = 4.07$ tf

$R_{uy} = \dfrac{M_u \cdot X}{\sum x^2 + \sum y^2} = \dfrac{203.5 \times 5}{375} = 2.71$ tf

$R_{uv} = \dfrac{P_u}{N} = \dfrac{16.28}{6} = 2.71$ tf

$R_u = \sqrt{(R_{uy} + R_{uv})^2 + R_{ux}^2} = \sqrt{(2.71 + 2.71)^2 + 4.07^2} = 6.78$ tf

A325-N：

$\phi R_n = 0.75(0.40F_u)m \cdot A_b = 0.75 \times 0.40 \times 8.4 \times 1 \times 3.88$

　　　　　$= 9.78 > 6.78$ tf …… OK

例 6-8-2

依彈性分析法，計算下圖接頭最右上角螺栓所受力量為何？其中 P = 4.5 tf（30% 靜載重，70% 活載重）。

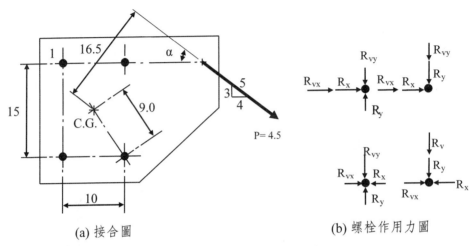

(a) 接合圖　　　　　　　　　(b) 螺栓作用力圖

圖 6-8-6　例 6-8-2 之螺栓接合

解：

$$P_u = 1.2 \times 0.3 \times 4.5 + 1.6 \times 0.7 \times 4.5 = 6.66 \text{ tf}$$

$$M_u = 6.66 \times 16.5 = 109.89 \text{ tf-cm}$$

$$\sum d^2 = 4 \times 9^2 = 324$$

$$R_x = \frac{M \cdot y}{\sum d^2} = \frac{109.89 \times 7.5}{324} = 2.544 \text{ tf}$$

$$R_y = \frac{M \cdot x}{\sum d^2} = \frac{109.89 \times 5}{324} = 1.696 \text{ tf}$$

$$R_{vx} = \frac{P \cos \alpha}{N} = \frac{6.66 \times 0.8}{4} = 1.332 \text{ tf}$$

$$R_{vy} = \frac{P \sin \alpha}{N} = \frac{6.66 \times 0.6}{4} = 0.999 \text{ tf}$$

右上角之螺栓：

$$R = \sqrt{(R_y + R_{vy})^2 + (R_x + R_{vx})^2}$$

$$= \sqrt{(1.696 + 0.999)^2 + (2.544 + 1.332)^2} = 4.713 \text{ tf}$$

如為最左下角之螺栓：

$$R = \sqrt{(R_y - R_{vy})^2 + (R_x - R_{vx})^2}$$

$$= \sqrt{(1.696 - 0.999)^2 + (2.544 - 1.332)^2} = 1.398 \text{ tf}$$

極限強度分析法係假設受偏心靜重之螺栓群將繞著一瞬時中心（Instantaneous Center, IC）旋轉，而且各螺栓之變形量將與該螺栓距 IC 之距離成正比，如圖 6-8-7 所示。這種分析方法是螺栓設計準則 [6.12] 所認定最正統的解析法。

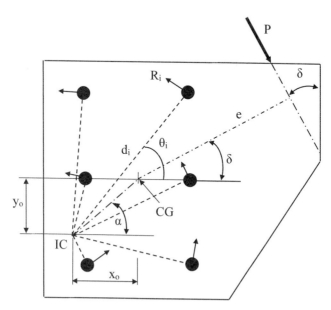

圖 6-8-7　受扭力作用螺栓接合之極限強度分析法

其平衡條件如下：

$$\sum F_H = 0，則 \sum R_i \cdot \sin\theta_i - P \cdot \sin\delta = 0 \qquad (6.8.13)$$

$$\sum F_v = 0，則 \sum R_i \cdot \cos\theta_i - P \cdot \cos\delta = 0 \qquad (6.8.14)$$

$$\sum M = 0，則 \sum R_i \cdot d_i - P(e + x_0\cos\delta + y_0\sin\delta) = 0 \qquad (6.8.15)$$

上式中當 $\delta = 0$ 時，則可變成：

$$\sum R_i \cdot d_i - P(e + x_0) = 0 \qquad (6.8.16)$$

對承壓型接頭，螺栓之強度將與其變形量成比例如下 [6.12,6.13]：

$$R_i = R_{ult}(1 - e^{-3.937\Delta})^{0.55} \quad（公制，\Delta = cm） \qquad (6.8.17)$$

$$R_i = R_{ult}(1 - e^{-10\Delta})^{0.55} \quad（英制，\Delta = in） \qquad (6.8.18)$$

此處

$$R_{ult} = \tau_u A_b \qquad (6.8.19)$$

$$\tau_u = 0.70 F_u \qquad\qquad (6.8.20)$$

$$\Delta_{max} = 0.864 \text{ cm (0.34 in)} \qquad\qquad (6.8.21)$$

對臨界滑動型接頭，則假設每根螺栓之強度都相同為 R_s 取代承壓型中之 R_i。

例 6-8-3

如例題 6-8-1 之接頭以我國極限設計規範及塑性分析法，求該接頭能承載之最大標稱載重 P_n 為何？假設 $\Delta_{max} = 0.864$ cm（0.34 in）。

解：

對 D22 A325 螺栓

$$R_i = (0.70 F_u A_b)(1 - e^{-3.937\Delta})^{0.55} = 0.70 \times 8.4 \times 3.88(1 - e^{-3.937\Delta})^{0.55}$$

$$= 22.814(1 - e^{-3.937\Delta})^{0.55}$$

在本接頭：$\delta = 0$，$\sin\theta_i = \dfrac{y_i}{d_i}$，$\cos\theta_i = \dfrac{x_i}{d_i}$

因此之平衡公式可寫成

$$\sum R_i \frac{y_i}{d_i} = 0$$

$$\sum R_i \frac{x_i}{d_i} = P_n$$

$$\sum R_i d_i = P_n(e + x_0)$$

且　$\Delta_i = \dfrac{d_i}{d_{max}}\Delta_{max} = \dfrac{d_i}{d_{max}} \times 0.864$

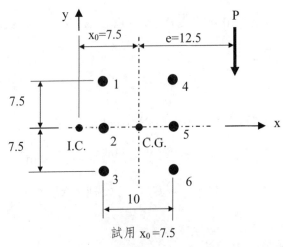

試用 $x_0 = 7.5$

圖 6-8-8　例 6-8-3 螺栓接合之極限強度分析法

先行假設 $x_0 = 7.5$ cm，$d_{max} = \sqrt{12.5^2 + 7.5^2} = 14.58$

螺栓	x_i	y_i	d_i	Δ_i	R_i	$\dfrac{R_i x_i}{d_i}$	$R_i d_i$
1	2.5	7.5	7.905	0.469	20.7	6.6	163.6
2	2.5	0	2.5	0.148	14.6	14.6	36.5
3	2.5	−7.5	7.905	0.469	20.7	6.6	163.6
4	12.5	7.5	14.578	0.864	22.4	19.2	326.5
5	12.5	0	12.5	0.741	22.1	22.1	276.3
6	12.5	−7.5	14.578	0.864	22.4	19.2	326.5
sum						88.3	1293.0

$$\therefore P_n = \sum R_i \frac{x_i}{d_i} = 88.3 \text{ tf}$$

$$\text{或 } P_n = \frac{\sum R_i d_i}{e + x_0} = \frac{1293}{20} = 64.65 \text{ tf}$$

兩者並不接近，無法滿足平衡條件，因此必須再重新假設 x_0，而一般正確答案都比較接近第二式，因此重新選 $x_0 = 5.15$ cm

螺栓	x_i	y_i	d_i	Δ_i	R_i	$\dfrac{R_i x_i}{d_i}$	$R_i d_i$
1	0.15	7.5	7.501	0.514	21.1	0.4	158.3
2	0.15	0	0.15	0.010	3.8	3.8	0.6
3	0.15	−7.5	7.501	0.514	21.1	0.4	158.3
4	10.15	7.5	12.620	0.864	22.4	18.0	282.7
5	10.15	0	10.150	0.695	22.0	22.0	223.3
6	10.15	−7.5	12.620	0.864	22.4	18.0	282.7
sum						62.6	1105.9

$$\therefore P_n = \sum R_i \frac{x_i}{d_i} = 62.6 \text{ tf}$$

$$\text{或 } P_n = \sum \frac{R_i x_i}{e + x_0} = \frac{1105.9}{17.65} = 62.6 \text{ tf}$$

而依例 6-8-1 A325N 之 $\phi R_n = 9.78$ tf $\Rightarrow R_n = 9.78/0.75 = 13.04$ tf，而上表中最大 $R_i = 22.4$

tf，所以

$$P_n = 62.6 \times \frac{13.04}{22.4} = 36.44 \text{ tf}$$

$$\phi P_n = 0.75 \times 36.44 = 27.33 > 16.28 \text{ tf} \cdots\cdots\text{OK}$$

（例 6-8-1 能承受最大 $\phi P_n = 16.28 \times \dfrac{9.78}{6.78} = 23.48 \text{ tf}$）

例 6-8-4

　　重新計算例 6-8-3 之最大標稱載重 P_n 為何？但假設該接頭為臨界滑動型接頭。

解：

　　依 $R_i = R_n$ 及 $\delta = 0$，則三個平衡條件可寫成：

$$R_n \sum \frac{y_i}{d_i} = 0$$

$$R_n \sum \frac{x_i}{d_i} = P$$

$$R_n \sum d_i = P(e + x_0)$$

試選用 $x_0 = 5.0 \text{cm}$

螺栓	x_i	y_i	d_i	$\dfrac{x_i}{d_i}$
1	0	7.5	7.5	0.000
2	0	0	0	0.000
3	0	−7.5	7.5	0.000
4	10	7.5	12.5	0.800
5	10	0	10.0	1.000
6	10	−7.5	12.5	0.800
sum			50.0	2.600

$$\therefore P_n = R_n \sum \frac{x_i}{d_i} = 2.6 R_n$$

$$\text{或 } P_n = \frac{R_n \sum d_i}{(e + x_0)} = \frac{50 R_n}{17.5} = 2.86 R_n$$

兩者並不接近，無法滿足平衡條件，因此必須再重新假設 x_0，因此重新選 $x_0 = 6.0 \text{ cm}$，$y_0 = 4.23 \text{ cm}$。

螺栓	x_i	y_i	d_i	$\dfrac{x_i}{d_i}$
1	1	3.3	3.42	0.290
2	1	−4.2	4.34	0.232
3	1	−11.7	11.77	0.085
4	11	3.3	11.48	0.958
5	11	−4.2	11.79	0.934
6	11	−11.7	16.08	0.685
sum			58.88	3.183

$$\therefore P_n = R_n \sum \frac{x_i}{d_i} = 3.183 R_n$$

$$\text{或 } P_n = \frac{R_n \sum d_i}{(e + x_0)} = \frac{58.88 R_n}{18.5} = 3.183 R_n$$

因此本題最接近之解為 $P_n = 3.183 R_n$。

對臨界滑動型，$R_n = R_{str} = 1.13 \times \mu \times T_b \times N_b \times N_s$

$$= 1.13 \times 0.33 \times 17.7 \times 1 \times 1 = 6.6 \text{ tf/根}$$

$$P_n = 3.183 R_n = 3.183 \times 6.6 = 21.01 \text{ tf} > 11 \text{ tf}$$

$$\phi P_n = 1.0 \times 21.01 \text{ tf} > P_u = 16.28 \text{ tf} \quad \cdots\cdots \text{OK\#}$$

　　在 AISC 的設計手冊 [6.15] 中，有提供相關設計表，讓設計者可以根據接合處所承受之載重及偏心大小，很快的設計出所需之螺栓數目。對於一般規則性接合，這些表格是一個非常好用的工具。但對於一些不規則的接合，則可利用下列簡化的單排螺栓設計公式 [6.2]。

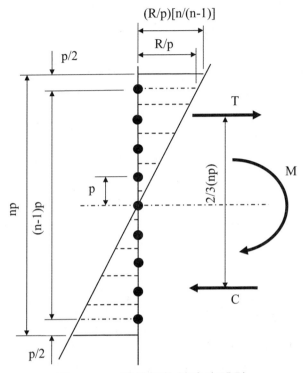

圖 6-8-9　　單排螺栓接合之設計

$$T = \frac{1}{2}(\frac{np}{2})[\frac{R}{p}(\frac{n}{n-1})] = \frac{Rn^2}{4(n-1)} \qquad (6.8.22)$$

$$M = T(\frac{2}{3}np) = \frac{Rn^2}{4(n-1)}(\frac{2}{3}np) = \frac{Rn^3 p}{6(n-1)} \qquad (6.8.23)$$

$$\frac{6M}{R \cdot p} = \frac{n^3}{(n-1)} = n^2(\frac{n}{n-1}) \qquad (6.8.24)$$

$$n^2 = \frac{6M}{R \cdot p}(\frac{n-1}{n}) \qquad (6.8.25)$$

$$n = \sqrt{\frac{6M}{R \cdot p}(\frac{n-1}{n})} \approx \sqrt{\frac{6M}{R \cdot p}} \qquad (6.8.26)$$

上列式中：

　　n：需要之螺栓數

　　M：外力作用彎矩

　　R：每根螺栓之剪力強度

　　p：螺栓間距

例 6-8-5

　如圖 6-8-10 之接頭，如使用 D22 A325N 螺栓，試依我國極限設計法，求在 A-A 斷面所需之螺栓數 n 為何？靜載重作用下 $P_D = 3.2$ tf，活載重作用下 $P_L = 18.6$ tf，e = 15 cm，S = 10 cm，SS400 鋼料，板厚 13 mm。假設角鋼有足夠厚度不會控制接合設計。

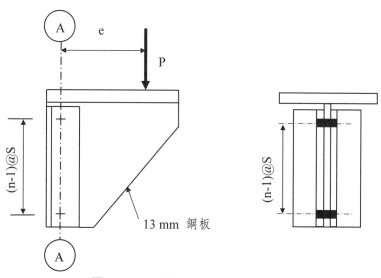

圖 6-8-10　例 6-8-5 之螺栓接合

解：

$P_u = 1.2 \times 3.2 + 1.6 \times 18.6 = 33.6$ tf

$M_u = 33.6 \times 15.0 = 504$ tf-cm

螺栓強度：

$\phi R_n = \phi(0.40 F_u) m \cdot A_b$

　　$= 0.75 \times 0.40 \times 8.4 \times 2 \times 3.88 = 19.56$ tf ⟵ 雙剪力面

或

$\phi R_n = \phi \times 1.2 L_c \times t \times F_u = 0.75 \times 1.2 \times (10 - 2.5) \times 1.3 \times 4.1$

　　$= 35.98$ tf

　　$\leq \phi(2.4 F_u) d \cdot t = 0.75 \times 2.4 \times 4.1 \times 2.2 \times 1.3$

　　　　$= 21.1 > 19.56$ tf ⟵ 剪力控制

$\therefore \phi R_n = 19.56$ tf

$\therefore$ 需要之螺栓數 $n = \sqrt{\dfrac{6M}{R \cdot p}} = \sqrt{\dfrac{6 \times 504}{19.56 \times 10.0}} = 3.93$

使用 4-D22, A325N 螺栓

檢核：(使用彈性分析法)

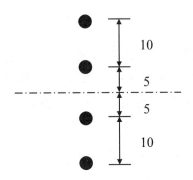

$$\Sigma d^2 = 2 \times 5^2 + 2 \times 15^2 = 500$$

$$R_{uy} = \frac{P_u}{4} = \frac{33.60}{4} = 8.4 \text{ tf / 根}$$

$$R_{ux} = \frac{M_u \cdot y}{\Sigma d^2} = \frac{504 \times 15}{500} = 15.12 \text{ tf / 根}$$

$$\therefore \max R_{uv} = \sqrt{R_{uy}^2 + R_{ux}^2} = \sqrt{8.4^2 + 15.12^2}$$

$$= 17.30 \text{ tf / 根} < \phi R_n = 19.56 \text{ tf / 根} \cdots\cdots OK\#$$

例 6-8-6

　　如圖 6-8-11 之接頭，使用 D19 A325SC 螺栓（A 級表面），若採用 4 垂直線排列，試依我國極限設計法，求所需之螺栓數。S = 7.5 cm，P_D = 2.5 tf，P_L = 25 tf。

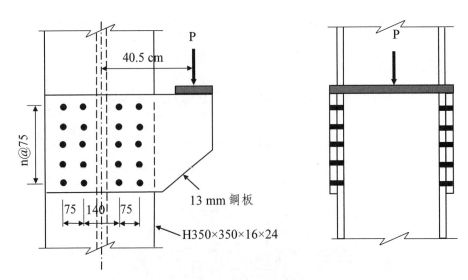

圖 6-8-11　　例 6-8-6 之螺栓接合

解：

$$P_u = 1.2 \times 2.5 + 1.6 \times 25 = 43.0 \text{ tf}$$

每塊鋼板 $P_u = 43.0 / 2 = 21.5 \text{ tf}$

$$M_u = P_u \times e = 21.5 \times 40.5 = 870.75 \text{ tf-cm}$$

每排螺栓受之 $M_u = 870.75 / 4 = 217.69 \text{ tf-cm}$

$$R_n = R_{st} = 1.13 \mu T_b \cdot N_b \cdot N_s = 1.13 \times 0.33 \times 12.7 \times 1 \times 1 = 4.73 \text{ tf / 根}$$

$$\phi R_n = 1.0 \times 4.73 = 4.73 \text{ tf / 根}$$

則每排所需之螺栓數 $n = \sqrt{\dfrac{6M}{R \times p}} = \sqrt{\dfrac{6 \times 217.69}{4.73 \times 7.5}} = 6.07$ 根

使用每排 5 根螺栓。

檢核：使用彈性分析法：

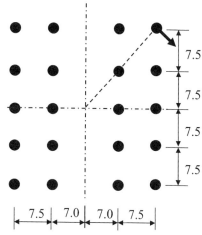

$$\Sigma d^2 = \Sigma x^2 + \Sigma y^2 = 8 \times 7.5^2 + 8 \times 15^2 + 10 \times 7^2 + 10 \times 14.5^2 = 4842.5$$

最右上角螺栓受力

$$R_{ux} = \frac{M_u y}{\Sigma d^2} = \frac{870.75 \times 15}{4842.5} = 2.697 \text{ tf / 根}$$

$$R_{uy} = \frac{M_u x}{\Sigma d^2} = \frac{870.75 \times 14.5}{4842.5} = 2.607 \text{ tf / 根}$$

$$R_{uv} = \frac{21.5}{20} = 1.075 \text{ tf / 根}$$

$$\therefore R_u = \sqrt{\left(R_{uv} + R_{uy}\right)^2 + R_{ux}{}^2} = \sqrt{\left(1.075 + 2.607\right)^2 + 2.697^2}$$
$$= 4.56 \text{ tf / 根} < \phi R_n = 4.73 \text{ tf / 根} \cdots\cdots \text{OK\#}$$

$\therefore$ 使用每排 5 根螺拴。

二、剪力及張力聯合作用之偏心荷重

　　廠房中之托架（或牛腿）為此類接頭的代表，其設計方法一般有兩種：(1) 忽略螺栓的預施張力，(2) 考慮螺栓的預施張力。一般如果使用 A307 螺栓，其預施張力非常小，可以 (1) 法設計可得較保守的結果。而如果使用高強度螺栓則以 (2) 法設計。

　　如不考慮預施張力，則在受偏心載重時，其上半部之螺栓將有被拉開趨勢而受張力作用，而下半部螺栓則受壓力作用，如圖 6-8-12 所示 [6.2]。

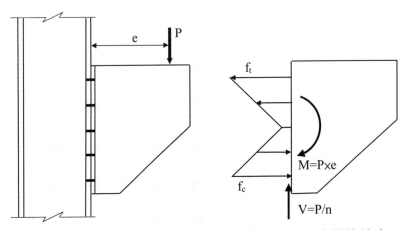

圖 6-8-12　無預施張力承受剪力及張力聯合作用之螺栓接合

　　目前一般主結構之接頭很少使用普通螺栓，大部分皆使用高強度螺栓，其受力情形如圖 6-8-13 所示。由於預力產生之壓應力：

$$f_{bi} = \frac{\sum T_b}{bd} \qquad (6.8.27)$$

$\sum T_b$：螺栓所產生之總預拉力

由於彎矩作用在接合板最上緣所產生之張應力：

$$f_{tb} = \frac{M\frac{d}{2}}{I} = \frac{6M}{bd^2} \qquad (6.8.28)$$

設計時必須使 $f_{tb} < f_{bi}$，才能使接合板保持受壓狀態（密接）。假設螺栓之間距為 p，而最上面螺栓距接合板外緣為 p/2，則此時在螺栓位置所受之最大應力為

$$f_{t,bolt} = f_{tb}(\frac{d-p}{d}) \qquad (6.8.29)$$

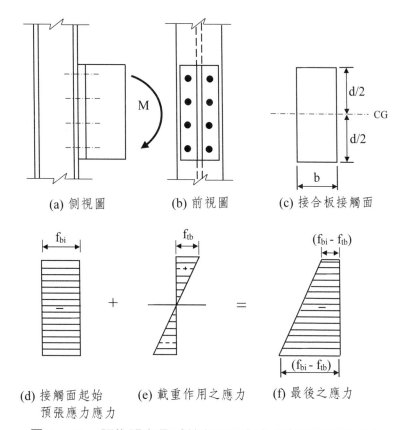

(a) 側視圖　　　(b) 前視圖　　　(c) 接合板接觸面

(d) 接觸面起始　　(e) 載重作用之應力　　(f) 最後之應力
　　預張應力應力

圖 6-8-13　預施張力承受剪力及張力聯合作用之螺栓接合

則此時螺栓所受之最大拉力

$$T = f_{t,bolt} \cdot p \cdot b$$

$$= f_{tb} \cdot (\frac{d-p}{d})(bp) = \frac{6M}{bd^2}(\frac{d-p}{d})(bp) = \frac{6M \cdot p}{d^2}(\frac{d-p}{d}) \qquad （6.8.30）$$

如果螺栓之斷面積都相同，而且平均分布在接合面上，則可利用彈性撓曲公式 $f = \dfrac{M \cdot y}{I}$ 計算如下：

$$f_t = \frac{M \cdot y}{I} = \frac{M \cdot y}{\sum A_b \cdot y^2} \qquad （6.8.31）$$

$$T = A_b \cdot f_t = \frac{M \cdot y}{\sum y^2} \qquad （6.8.32）$$

例 6-8-7

　　如圖 6-8-13 之托架接合，使用 D22 螺栓及 S = 7.5 cm 之間距，求與柱接合處所需之螺栓數目？靜載重 P_D = 3.6 tf，活載重 P_L = 23.6 tf。(a) 使用承壓型螺栓（A325-X），(b) 使用臨界滑動型（A325-SC）。

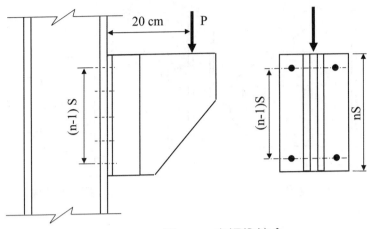

圖 6-8-14　例 6-8-7 之螺栓接合

解：

(a) 使用承壓型螺栓（A325-X）

$P_u = 1.2P_D + 1.6P_L = 42.08 \text{ tf}$

A325X 螺栓之剪力強度：

$\phi_v R_{nv} = 0.75(0.50F_u)m \cdot A_b$

$= 0.75 \times 0.50 \times 8.4 \times 1 \times 3.88$

$= 12.22 \text{ tf / bolt}$

A325X 螺栓之張力強度：

$\phi_t R_{nt} = 0.75(0.75F_u)A_b$

$= 0.75 \times 0.75 \times 8.4 \times 3.88$

$= 18.33 \text{ tf / bolt}$

本接頭為雙排螺栓，每排螺栓所受到的最大彎矩：

$M_u = \dfrac{42.08 \times 20}{2} = 420.8 \text{ tf-cm}$

需要之螺栓數 $n = \sqrt{\dfrac{6M}{R \times p}} = \sqrt{\dfrac{6M_u}{R_{ut} \times p}} = \sqrt{\dfrac{6 \times 420.8}{18.33 \times 7.5}} = 4.29$ ——對彎矩

或　　　　　　　$n = \dfrac{P_u / 2}{\phi R_{nv}} = \dfrac{42.08/2}{12.22} = 1.72$　　　　　　　——對剪力

$\therefore n = \sqrt{4.29^2 + 1.72^2} = 4.6$ 根

試用 n = 5（每排）

$\therefore \sum y^2 = (7.5^2 + 15^2) \times 4 = 1125 \text{ cm}^2$

$R_{ut} = \dfrac{M_u \cdot y}{\sum y^2} = \dfrac{42.08 \times 20 \times 15}{1125} = 11.22 \text{ tf} < 18.33 \text{ tf} \cdots\cdots \text{OK}$

$R_{uv} = \dfrac{P_u}{\sum n} = \dfrac{42.08}{10} = 4.208 \text{ tf} < 12.22 \text{ tf} \cdots\cdots \text{OK}$

檢核交互影響公式：A325-X

$F'_{nt} = 8.19 - 2.0\,f_v \le 6.3\ \text{tf/cm}^2$

$F'_{nt} = 8.19 - 2.0 \times \dfrac{4.208}{3.88} = 6.02\ \text{tf/cm}^2 < 6.3\ \text{tf/cm}^2$

$\therefore F'_{nt} = 6.02\ \text{tf/cm}^2$

$\phi R_{nt} = \phi F'_{nt} \cdot A_b = 0.75 \times 6.02 \times 3.88 = 17.52\ \text{tf} > 11.22\ \text{tf}$

如果改用每排 4 根螺栓：

$\therefore \sum y^2 = (3.75^2 + 11.25^2) \times 4 = 562.5\ \text{cm}^2$

$R_{ut} = \dfrac{M_u \cdot y}{\sum y^2} = \dfrac{42.08 \times 20 \times 11.25}{562.5} = 16.83\ \text{tf} < 18.33\ \text{tf} \cdots\cdots \text{OK}$

$R_{uv} = \dfrac{P_u}{\sum n} = \dfrac{42.08}{8} = 5.26\ \text{tf} < 12.22\ \text{tf} \cdots\cdots \text{OK}$

$F'_{nt} = 8.19 - 2.0 \times \dfrac{5.26}{3.88} = 5.48\ \text{tf/cm}^2 < 6.3\ \text{tf/cm}^2$

$\therefore F'_{nt} = 5.48\ \text{tf/cm}^2$

$\phi R_{nt} = \phi F'_{nt} \cdot A_b = 0.75 \times 5.48 \times 3.88 = 15.95\ \text{tf} < 16.83\ \text{tf} \cdots\cdots \text{NG\#}$

∴還是使用每排 5 根螺栓 10-D22A325-X。

(b)使用臨界滑動型（A325-SC）

每排螺栓受力：$P_u = 42.08/2 = 21.04\ \text{tf}$

$M_u = 21.04 \times 20 = 420.8\ \text{tf-cm}$

臨界滑動型螺栓：

$R_{nv} = R_{str} = 1.13\mu T_b N_b N_s$

$= 1.13 \times 0.33 \times 17.7 \times 1 \times 1 = 6.6\ \text{tf} / 根$

$\phi R_{nv} = 1.0 \times 6.6 = 6.6\ \text{tf} / 根$

對剪力所需螺栓數：

$\text{req}\ n = \dfrac{P_u}{\phi R_{nv}} = \dfrac{21.04}{6.6} = 3.2\ 根$

對彎矩所需螺栓數

$\phi R_{nt} = 0.75 \times 0.75 \times 8.4 \times 3.88 = 18.33\ \text{tf} / 根$

需要 $n = \sqrt{\dfrac{6M}{R \times p}} = \sqrt{\dfrac{6M_u}{\phi R_{nt} \times p}} = \sqrt{\dfrac{6 \times 420.8}{18.33 \times 7.5}} = 4.3$

$\therefore n = \sqrt{3.2^2 + 4.3^2} = 5.4\ 根$

使用 5 根螺栓：

$\Sigma y^2 = 2 \times 7.5^2 + 2 \times 15^2 = 562.5$

$R_{ut} = \dfrac{M_u \cdot y}{\Sigma y^2} = \dfrac{420.8 \times 15}{562.5} = 11.22\ \text{tf} / 根$

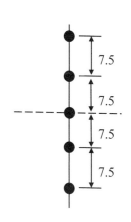

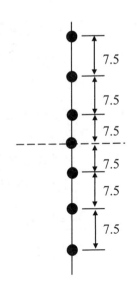

$$R_{uv} = \frac{P_u}{n} = \frac{21.04}{5} = 4.208 \text{ tf}/\text{根}$$

螺栓張力對剪力強度之折減（對最上面螺栓）

$$k_s = 1 - \frac{T_u}{1.13 T_b N_b} = 1 - \frac{11.22}{1.13 \times 17.7 \times 1} = 0.439$$

$$\phi R_{nv} = 6.6 \times 0.439 = 2.90 \text{ tf}/\text{根} < 4.208 \text{ tf}/\text{根} \cdots\cdots NG$$

改用 n = 6 根

$$\Sigma y^2 = 2(3.75^2 + 11.25^2 + 18.75^2) = 984.38$$

$$R_{ut} = \frac{M_u \cdot y}{\Sigma y^2} = \frac{420.8 \times 18.75}{984.38} = 8.02 \text{ tf}/\text{根}$$

$$R_{uv} = \frac{21.04}{6} = 3.5 \text{ tf}/\text{根}$$

$$k_s = 1 - \frac{T_u}{1.13 T_b N_b} = 1 - \frac{8.02}{1.13 \times 17.7 \times 1} = 0.599$$

$$\phi R_{nv} = 6.6 \times 0.599 = 3.95 \text{ tf}/\text{根} > R_{uv} = 3.5 \text{ tf}/\text{根}$$

∴本斷面需使用 2-D22A325-SC 螺栓雙排配置。

6-9 螺栓容許應力設計法

一、螺栓之容許應力

AISC-ASD 規範[6.8]，對高強度螺栓之容許應力規定如下：

（一）螺栓容許張力及容許剪力強度：

$$\frac{R_n}{\Omega} \geq P_a \ ; \ \Omega = 2.0 \qquad\qquad (6.9.1)$$

$$R_n = F_n \cdot A_b \qquad\qquad (6.9.2)$$

式中：

F_n：螺栓標稱張力強度 F_{nt} 或剪力強度 F_{nv}，如表 6-3-1 所示。

A_b：螺桿無螺紋處之標稱面積，如表 6-1-1 及 6-1-2 所示。

（二）螺栓孔容許承壓強度：

$$\frac{R_n}{\Omega} \geq P_a \ ; \ \Omega = 2.0 \qquad\qquad (6.9.3)$$

R_n 之計算詳如公式（6.3.10）至公式（6.3.12）。

（三）臨界滑動型螺栓之容許抗滑強度：

$$\frac{R_n}{\Omega} \geq P_a \tag{6.9.4}$$

$\Omega = 1.5$，當接頭是設計在服務性能限度（Serviceability）下不允許有滑動產生。

$\Omega = 1.76$，當接頭是設計在需求強度（Required Strength）下不允許有滑動產生。

R_n 之計算詳如公式（6.4.2）。

（四）受張力及剪力聯合作用螺栓之容許設計強度：

$$\frac{R_n}{\Omega} \geq P_a \; ; \; \Omega = 2.0 \tag{6.9.5}$$

R_n 之計算詳如公式（6.7.8）及公式（6.7.9）。

在 AISC-ASD 規範中有關螺栓孔最大與最小間距及螺栓孔最大與最小邊距之規定，在 6.3 節有詳細的介紹。

我國容許應力設計規範 [6.16] 高強度螺栓之每個螺栓的容許設計強度規定如下：

$$R_v = m \cdot A_b \cdot F_v \tag{6.9.6}$$

$$R_t = A_b \cdot F_t \tag{6.9.7}$$

$$R_p = d \cdot t \cdot F_p \tag{6.9.8}$$

式中：

　　F_v：螺栓之容許剪應力

　　F_t：螺栓之容許張應力

　　F_p：螺栓之容許承壓應力

　　A_b：螺栓之標稱斷面積

　　m：接合處之剪力面（滑動面）數目

　　d：螺栓標稱直徑

　　t：支承之鋼板厚

（一）容許張應力 F_t 及容許剪應力 F_v 規定如表 6-9-1 所示。

（二）容許承載應力 F_p：

　　當螺栓孔中心到接合鋼板邊緣之距離 L_e 大於 1.5d，而螺栓孔中心距離大於 3d 時，且作用力線上有二個（含）以上之螺栓時，其容許承壓應力為

$$F_p = 1.2F_u \qquad (6.9.9)$$

長槽孔且其方向與載重垂直者：

$$F_p = 1.0F_u \qquad (6.9.10)$$

對於最靠邊緣且在作用線上邊距小於 1.5d 之螺栓，或接合不包括在前二式範圍內者，其容許承壓應力為

$$F_p = L_eF_u/2d \leq 1.2F_u \qquad (6.9.11)$$

當螺栓孔之變形不是設計之主要考量，且螺栓之間距及邊距均符合規範之規定時，公式（6.9.9）可以下式取代

$$F_p = 1.5F_u \qquad (6.9.12)$$

且公式（6.9.11）變成

$$F_p = L_eF_u/2d \leq 1.5F_u \qquad (6.9.13)$$

其中：

d ＝標稱螺栓直徑（cm）

L_e ＝作用力線上，標準孔或超大孔或槽孔端半圓中心至接合物邊緣之距離（cm）。

（三）臨界滑動型螺栓之容許抗滑強度 F_v 規定如表 6-9-1 所示。

表 6-9-1　高強度螺栓之容許應力值（tf/cm²）[6.16]

	容許張應力（F_t）	容許剪應力（F_v）				
		摩阻型接合				承壓型接合
		標準孔	加大孔或短槽孔	長槽孔		
				載重垂直	載重平行	
F10T（S10T）螺栓、螺紋在剪力平面	3.62[d]	1.41	1.20	1.00	0.87	1.87[e]
F10T（S10T）螺栓、螺紋不在剪力平面	3.62[d]	1.41	1.20	1.00	0.87	2.68[e]
A307 螺栓	1.40					0.70[b,e]
A325 螺栓、剪力面含螺紋	3.05	1.19	1.05	0.84	0.70	1.45
A325 螺栓、剪力面不含螺紋	3.05	1.19	1.05	0.84	0.70	2.10

表 6-9-1　　高強度螺栓之容許應力值（tf/cm²）（續）

	容許張應力（F_t）	容許剪應力（F_v）				
		摩阻型接合				承壓型接合
		標準孔	加大孔或短槽孔	長槽孔		
				載重垂直	載重平行	
A490 螺栓、剪力面含螺紋	3.75	1.47	1.26	1.05	0.91	1.95
A490 螺栓、剪力面不含螺紋	3.75	1.47	1.26	1.05	0.91	2.80
螺牙桿件符合 3.4 節規定螺栓、螺紋在剪力平面	$0.33F_u^{[a,c]}$					$0.17F_u$
螺牙桿件符合 3.4 節規定螺栓、螺紋不在剪力平面	$0.33F_u^{[a]}$					$0.22F_u$

註：

[a] 僅適用於靜載重。

[b] 允許螺紋在剪力平面內。

[c] 擴頭桿螺紋部分之標稱拉力強度，依據主螺紋直徑之斷面積，須大於未放大部分標稱桿身斷面積乘以 $0.6F_y$。

[d]F10T 螺栓承受拉力疲勞載重時，其強度為附錄 4 中表 A-4.4 中 A490 螺栓疲勞強度之 95%。

[e] 續接拉力構材以承壓式接合時，螺栓及螺牙桿件排列形式，其在平行拉力方向上之長度超過 125 cm 時，表列各值須減少 20%。

[f] 載重之作用方向相對於長槽孔之長軸。

[g] 潔淨銹皮與噴氣清除及表面塗以護膜者，其滑動係數應在 0.33 以上。

（四）受張力及剪力聯合作用螺栓之容許設計強度：

（1）承壓型：

$$A307：F_t = 1.82 - 1.8f_v \leq 1.4(\text{tf}/\text{cm}^2) \tag{6.9.14}$$

$$A325X：F_t = \sqrt{(3.05)^2 - 2.15f_v^2} \tag{6.9.15}$$

$$A325N：F_t = \sqrt{(3.05)^2 - 4.39f_v^2} \tag{6.9.16}$$

$$A490X：F_t = \sqrt{(3.75)^2 - 1.82f_v^2} \tag{6.9.17}$$

$$A490N：F_t = \sqrt{(3.75)^2 - 3.75f_v^2} \tag{6.9.18}$$

$$\text{F10TX：} F_t = \sqrt{(3.62)^2 - 1.82\,f_v^2} \qquad (6.9.19)$$

$$\text{F10TN：} F_t = \sqrt{(3.62)^2 - 3.75\,f_v^2} \qquad (6.9.20)$$

(2)摩阻型：

其容許剪應力為表 6-9-1 之承容許剪應力 F_v 乘上 $(1 - f_t A_b / T_b)$，其中 f_t 為螺栓之平均張應力，T_b 為螺栓之最小預力。

（五）最小預施預力量：詳表 6-2-2 及表 6-2-3。

（六）螺栓受張力之設計：

$$T_f = T_b + \dfrac{P}{1 + \dfrac{A_p}{A_b}} \qquad (6.9.21)$$

T_f：在外力作用下螺栓之最後總張力。

T_b：螺栓所施之預力。

P：作用之外力。

A_p：接合板接觸之面積。

A_b：螺栓之面積。

例 6-9-1

以我國容許應力法，重新計算例 6-5-1。

如圖 6-9-1 之接頭，鋼板為 16×150，A572 Grade 50（$F_y = 3.5$ tf/cm^2、$F_u = 4.55$ tf/cm^2），使用 D22 之 A325 螺栓標準孔，且需考慮螺栓孔之變形。如果活載重為靜載重的三倍。如果接頭以承壓型設計，求該接頭能承載的工作載重為何？(a) 螺紋不包括在剪力面。(b) 螺紋包括在剪力面。

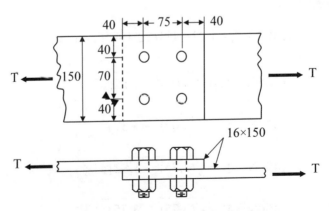

圖 6-9-1　例 6-9-1 之螺栓接合圖

解：

$A_g = 15 \times 1.6 = 24 \text{ cm}^2$

$A_n = [15 - 2 \times (2.2 + 0.3)] \times 1.6 = 16 \text{ cm}^2$

鋼板強度：

$T = 0.60 F_y A_g = 0.60 \times 3.5 \times 24 = 50.4 \text{ tf}$

$T = 0.50 F_u A_e = 0.50 \times 4.55 \times 16 = 36.4 \text{ tf}$

$\therefore T = 36.4 \text{ tf}$

螺栓剪力強度：D22，$A_b = 3.88 \text{ cm}^2$

(a) A325-X

$F_v = 2.1 \text{ tf/cm}^2$

$R_v = m A_b F_v = 1.0 \times 3.88 \times 2.1 = 8.148 \text{ tf／根}$

(b) A325-N

$F_v = 1.45 \text{tf/cm}^2$

$R_v = m A_b F_v = 1.0 \times 3.88 \times 1.45 = 5.626 \text{ tf／根}$

螺栓孔鋼板容許承壓強度：

A572 Grade 50，$F_u = 4.55 \text{ tf/cm}^2$

孔距 $= 7.0 \text{ cm} > 3d = 3 \times 2.2 = 6.6 \text{ cm}$

邊距 $= 4.0 \text{ cm} > 1.5d = 1.5 \times 2.2 = 3.3 \text{ cm}$

$F_p = 1.2 F_u = 1.2 \times 4.55 = 5.46 \text{ tf/cm}^2$

$R_p = d \cdot t \cdot F_p = 2.2 \times 1.6 \times 5.46 = 19.22 \text{ tf／根}$

$\therefore$ 剪力強度控制

(a) $T = R_v \times 4 = 8.148 \times 4 = 32.59 \text{ tf}$ —— A325-X

（例 6-5-1：$T = 32.6 \text{ tf}$）

(b) $T = R_v \times 4 = 5.626 \times 4 = 22.50 \text{ tf}$ —— A325-N

（例 6-5-1：$T = 26.08 \text{ tf}$）

例 6-9-2

以我國容許應力法，重新設計例 6-5-2。

一鋼板厚 14 mm 與兩塊厚 7 mm 之鋼板接合，鋼板寬度為 48 cm，使用 SS400 鋼材，當 14 mm 之鋼板在工作載重下承受 20 tf 之靜載重及 65 tf 之活載重，如果接合使用 D22 之 A325-X 承壓型螺栓，其所需根數為何？（使用標準孔且需考慮螺栓孔附近之變形）

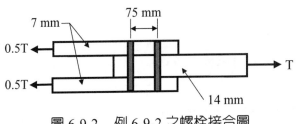

圖 6-9-2　例 6-9-2 之螺栓接合圖

解：

T = 20+65 = 85 tf

計算每根螺栓之強度：

D22 A325-X：$A_b = 3.88 \text{ cm}^2$

螺栓剪力強度：

$R_v = m\,A_b\,F_v = 2 \times 3.88 \times 2.1 = 16.30$（tf／根）

螺栓孔鋼板容許承壓強度：SS400 鋼板，$F_u = 4.1 \text{ tf/cm}^2$

$F_p = 1.2F_u = 1.2 \times 4.1 = 4.92 \text{ tf/cm}^2$

$R_p = d \cdot t \cdot F_p = 2.2 \times 1.4 \times 4.92 = 15.15$（tf／根）

$\therefore R = 15.15$（tf／根）

所需螺栓根數 $N = \dfrac{85}{15.15} = 5.61$ 根

使用 2×3 = 6 根螺栓（與例 6-5-2 結果相同）

檢核構件本身之強度：

鋼板強度：

$A_g = 48 \times 1.4 = 67.2 \text{ cm}^2$

$A_n = \left[48 - 3 \times (2.2 + 0.3)\right] \times 1.4 = 56.7 \text{ cm}^2$

$T = 0.6F_yA_g = 0.6 \times 2.5 \times 67.2 = 100.8 \text{ tf}$

$T = 0.5F_uA_e = 0.5 \times 4.1 \times 56.7 = 116.24 \text{ tf}$

所以鋼板強度：T = 100.8 tf > 85 tf ……OK

使用 6-A325-X 螺栓。

例 6-9-3

依我國容許應力法，重新設計例 6-9-2，使用 A325-SC 螺栓，鋼材表面 A 級處理。

解：

T = 20 + 65 = 85 tf

$$R = m \cdot F_v \cdot A_b$$
$$\quad = 2 \times 1.19 \times 3.88 = 9.23 \text{ tf} / \text{根}$$

需要根數 $N = \dfrac{85}{9.23} = 9.21$ 根

使用 $10 - D22A325 - SC$ 螺栓。

（例 6-5-3，使用 $10 - D22$，$A325 - SC$ 螺栓）

例 6-9-4

以我國容許應力法，重新計算例 6-6-1。

如圖 6-9-3 之接頭，使用 D22 之 A325 螺栓，受直接張力作用，假設螺栓間距為 7.5 cm，邊距為 4.0 cm，假設每根螺栓分配到之接頭鋼板接觸面積為 58 cm²，如果接頭承受我國容許應力法規範允許之最大載重，試求螺栓在受力後，其張力增加率為何？

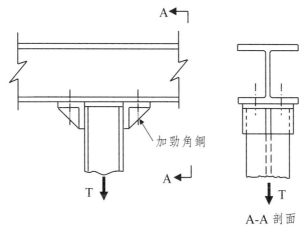

圖 6-9-3　例 6-9-4 之螺栓接合圖

解：

A325 螺栓，$F_t = 3.05 \text{ tf/cm}^2$

D22：$A_b = 3.88 \text{ cm}^2$

$R_t = F_t \cdot A_b = 3.05 \times 3.88 = 11.84 \text{ tf} / \text{根}$

預力 $T_b = 17.7 \text{ tf} / \text{根}$

$$\dfrac{A_p}{A_b} = \dfrac{58}{3.88} = 14.95$$

$$T_f = T_b + \dfrac{P}{1 + A_p / A_b} = 17.7 + \dfrac{11.84}{1 + 14.95} = 18.54 \text{ tf} / \text{根}$$

張力增加約：$\dfrac{18.54 - 17.7}{17.7} = 4.7\%$

例 6-9-5

以我國容許應力設計規範規定，重新計算 6-6-2。

如圖 6-9-4 之接頭所需之螺栓數，使用 D19，A490 螺栓，假設接頭鋼板有足夠勁度，強度完全由螺栓控制（載重 10% 為靜載重，90% 為載荷重），P = 60 tf。

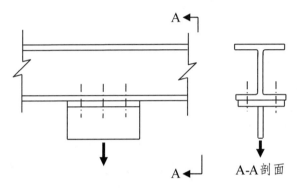

圖 6-9-4　例 6-9-5 之螺栓接合圖

解：

T = 60 tf，A490 螺栓：$F_t = 3.75 \text{ tf/cm}^2$

D19，$A_b = 2.85 \text{ cm}^2$

$R_t = F_t \cdot A_b = 3.75 \times 2.85 = 10.69 \text{ tf / 根}$

$N = \dfrac{T}{R_t} = \dfrac{60}{10.69} = 5.6 \text{ 根}$

∴使用 6-D19 A490 螺栓（例 6-6-2，n = 5.5 根）。

例 6-9-6

以我國容許應力設計規範，重新設計 6-7-1。

P = 36.0 tf，使用 8-D19，(a)A325-X，(b)A325SC，A 級表面，檢核其適用性。

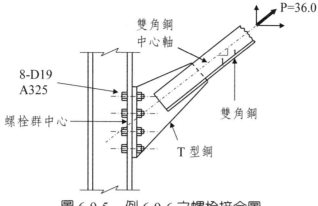

圖 6-9-5　例 6-9-6 之螺栓接合圖

解：

(a) A325-X，$A_b = 2.85$ cm^2，$F_v = 2.1$ tf/cm^2，$F_t = 3.05$ tf/cm^2

P = 36 tf

T = Pcos45° = 25.46 tf

V = Psin45° = 25.46 tf

$f_v = \dfrac{25.46}{8 \times 2.85} = 1.117 \text{ tf/cm}^2 < 2.1 \text{ tf/cm}^2 \cdots\cdots \text{OK}$

$f_t = \dfrac{25.46}{8 \times 2.85} = 1.117 \text{ tf/cm}^2 < 3.05 \text{ tf/cm}^2 \cdots\cdots \text{OK}$

$F_t = \sqrt{(3.05)^2 - 2.15 f_v^2} = \sqrt{3.05^2 - 2.15 \times 1.117^2}$

$\qquad\qquad = 2.573 \text{ tf/cm}^2 > 1.117 \text{ tf/cm}^2 \cdots\cdots \text{OK}$

∴使用 8-D19 A325-X 螺栓符合規範規定。

（結果與例 6-7-1 相同）

(b) A325-SC-A 級表面，$F_v = 1.19$ tf/cm^2，$F_t = 3.05$ tf/cm^2

$f_v = 1.117$ (tf/cm^2) < 1.19 (tf/cm^2) $\cdots\cdots$OK

$f_t = 1.117$ (tf/cm^2) < 1.19 (tf/cm^2) $\cdots\cdots$OK

$F_v = 1.19(1 - \dfrac{f_t A_b}{T_b})$

$\quad = 1.19(1 - \dfrac{1.117 \times 2.85}{12.7}) = 0.892 < 1.117 \text{ (tf/cm}^2) \cdots\cdots \text{NG}$

使用 8-D19 A325-SC 螺栓不符合 ASD 之規定。

（結果與例 6-7-1 相同）

例 6-9-7

以我國容許應力設計規範，重新設計例 6-7-2。

如圖 6-9-6 之接頭，P = 45.5 tf，請使用 D22 A325-X 型螺栓，設計 T 型鋼與柱之接合，假設 T 型鋼鋼板有足夠厚度不會控制設計。

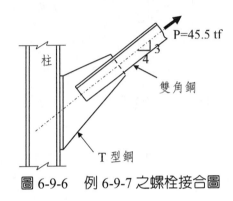

圖 6-9-6　例 6-9-7 之螺栓接合圖

解：

P = 45.5 tf

A325-X，$A_b = 3.88 \text{ cm}^2$，$F_v = 2.1 \text{ tf/cm}^2$，$F_t = 3.05 \text{ tf/cm}^2$

$T = 45.5 \times \dfrac{4}{5} = 36.4 \text{ tf}$

$V = 45.5 \times \dfrac{3}{5} = 27.3 \text{ tf}$

$R_v = 2.1 \times 3.88 = 8.15 \text{ tf/根}$

$R_t = 3.05 \times 3.88 = 11.834 \text{ tf/根}$

req　$N_v = V / R_v = 27.3 / 8.15 = 3.35$ 根
req　$N_t = T / R_t = 36.4 / 11.834 = 3.08$ 根

$N = \sqrt{3.35^2 + 3.08^2} = 4.55$ 根

試用 6 根螺栓

$f_t = \dfrac{36.4}{6 \times 3.88} = 1.564 \text{ tf/cm}^2 < 3.05 \text{ tf/cm}^2 \ \cdots\cdots \text{OK}$

$f_v = \dfrac{27.3}{6 \times 3.88} = 1.173 \text{ tf/cm}^2 < 2.1 \text{ tf/cm}^2 \ \cdots\cdots \text{OK}$

$F_t = \sqrt{(3.05)^2 - 2.15 f_v^2} = \sqrt{3.05^2 - 2.15 \times 1.173^2}$
$\qquad = 2.519 \text{ tf/cm}^2 > f_t = 1.564 \text{ tf/cm}^2 \ \cdots\cdots \text{OK}$

∴使用 6-D22 A325X 螺栓 ⋯⋯OK#

（例 6-7-2 使用 6-D22 A325X 螺栓）

二、受剪力及扭力聯合作用之偏心載重——ASD

當接合處同時承受剪力及扭力聯合作用時，在容許應力法中基本上是以彈性分析法為主，其應用公式詳如 6-8-1 節。

$$R_x = \frac{M \cdot y}{\sum d^2} = \frac{M \cdot y}{\sum x^2 + \sum y^2} \tag{6.9.22}$$

$$R_y = \frac{M \cdot x}{\sum d^2} = \frac{M \cdot x}{\sum x^2 + \sum y^2} \tag{6.9.23}$$

$$R_v = \frac{P}{\sum N} \tag{6.9.24}$$

$$R = \sqrt{(R_y + R_v)^2 + R_x^2} \tag{6.9.25}$$

例 6-9-8

以我國容許應力設計規範，重新設計分析例 6-8-1。

求下圖接頭螺栓所受之最大力量為何？又如螺栓為 D22 A325-N，是否適用？其中 P = 11 tf。

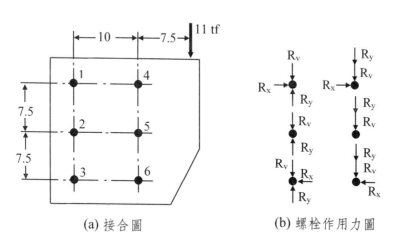

(a) 接合圖　　　　　　(b) 螺栓作用力圖

圖 6-9-7　例 6-9-8 之螺栓接合圖

解：

P = 11 tf

M = 11×12.5 = 137.5 tf-cm

$\sum x^2 + \sum y^2 = 375 \ cm^2$

$R_x = \dfrac{M \cdot y}{\sum x^2 + \sum y^2} = \dfrac{137.5 \times 7.5}{375} = 2.75 \ tf$

$$R_y = \frac{M \cdot x}{\sum x^2 + \sum y^2} = \frac{137.5 \times 5}{375} = 1.83 \text{ tf}$$

$$R_v = \frac{P}{\sum N} = \frac{11}{6} = 1.83 \text{ tf}$$

$$\max R_v = \sqrt{(R_y + R_v)^2 + R_x^2} = \sqrt{(1.83 + 1.83)^2 + 2.75^2} = 4.58 \text{ tf / 根}$$

A325-N，$F_v = 1.45 \text{ tf/cm}^2$

$$R_v = m \times A_b \times F_v = 1 \times 3.88 \times 1.45 = 5.626 \text{ tf / 根} > \max R_v = 4.58 \cdots\cdots \text{OK\#}$$

（結果與例 6-8-1 相同）

例 6-9-9

以我國容許應力設計規範，重新分析例 6-8-2。

計算下圖接頭最右上角螺栓所受力量 = ？其中 P = 4.5 tf。

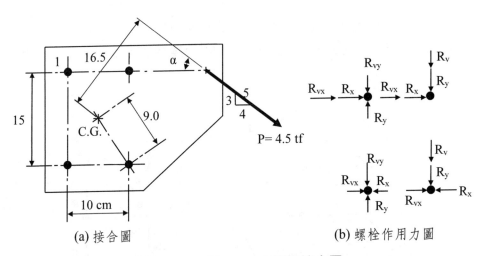

(a) 接合圖　　　　　　　　(b) 螺栓作用力圖

圖 6-9-8　例 6-9-9 之螺栓接合圖

解：

P = 4.5 tf

M = 4.5×16.5 = 74.25 tf-cm

$\sum d^2 = 324 \text{ cm}^2$

右上角之螺栓受力為：

$$R_x = \frac{M \cdot y}{\sum d^2} = \frac{74.25 \times 7.5}{324} = 1.719 \text{ tf}$$

$$R_y = \frac{M \cdot x}{\sum d^2} = \frac{74.25 \times 5}{324} = 1.146 \text{ tf}$$

$$R_{vx} = \frac{P\cos\alpha}{\sum N} = \frac{4.5 \times 0.8}{4} = 0.90 \text{ tf}$$

$$R_{vy} = \frac{P\sin\alpha}{\sum N} = \frac{4.5 \times 0.6}{4} = 0.675 \text{ tf}$$

$$\max R_v = \sqrt{(R_y + R_{vy})^2 + (R_x + R_{vx})^2}$$
$$= \sqrt{(1.146 + 0.675)^2 + (1.719 + 0.90)^2} = 3.19 \text{ tf}$$

例 6-9-10

以我國容許應力設計規範，重新設計例 6-8-5。

如下圖之接頭，如使用 D22 A325N 螺栓，試求在 A-A 斷面所需之螺栓數 n = ？靜載重作用下 P_D = 3.2 tf，活載重作用下 P_L = 18.6 tf，e = 15 cm，S = 10 cm，SS400 鋼料，板厚 13 mm。

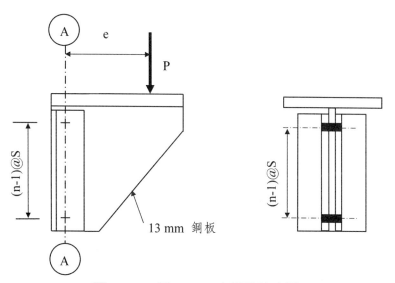

圖 6-9-9 例 6-9-10 之螺栓接合圖

解：

P = 3.2 + 18.6 = 21.8 tf

M = 21.8×15.0 = 327 tf-cm

螺栓強度：A325-N，F_v = 1.45 tf/cm^2，D22：A_b = 3.88 cm^2

$R_v = m \cdot A_b \cdot F_v$

$R_v = 2 \times 3.88 \times 1.45 = 11.252$ tf / 根 ◄── 剪力控制

假設螺栓孔距及邊距皆符合規範要求，SS400，F_u = 4.1 tf/cm^2

$$F_p = 1.2F_u = 1.2 \times 4.1 = 4.92 \text{ tf/cm}^2$$

$$R_p = d \cdot t \cdot F_p = 2.2 \times 1.3 \times 4.92 = 14.071 \text{ tf/根}$$

螺栓強度由剪力控制：

$$\therefore R = 11.252 \text{ tf/根}$$

需要螺栓數 $N = \sqrt{\dfrac{6M}{R \cdot p}} = \sqrt{\dfrac{6 \times 327}{11.252 \times 10.0}} = 4.18$ 根

試使用 4 根 D22 A325N

彈性法檢核：

$$R_x = \frac{M \cdot y}{\sum d^2} = \frac{327 \times 15.0}{2(5^2 + 15^2)} = 9.81 \text{ tf}$$

$$R_v = \frac{P}{\sum N} = \frac{21.8}{4} = 5.45 \text{ tf}$$

$$R = \sqrt{9.81^2 + 5.45^2} = 11.22 \text{ tf/根} < 11.252 \text{ tf/根} \cdots\cdots \text{OK!}$$

（例 6-8-5，使用 4 根 D22 A325N 螺栓）

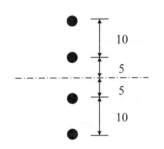

例 6-9-11

以我國容許應力設計規範，重新設計例 6-8-6。

如圖 6-9-10 之接頭，使用 D19 A325SC 螺栓（A 級表面），若採用 4 垂直線排列，試求所需之螺栓數。S = 7.5 cm，$P_D = 2.5$ tf，$P_L = 25$ tf。

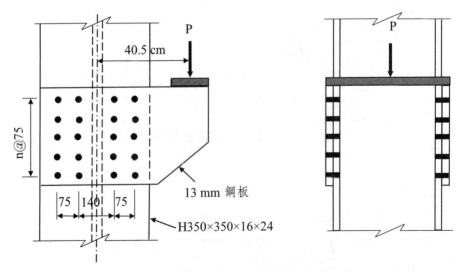

圖 6-9-10　例 6-9-11 之螺栓接合圖

解：

P = 2.5 + 25 = 27.5 tf

每塊鋼板 P = 27.5 / 2 = 13.75 tf

A325-SC-A 級

$R_v = m \cdot A_b \cdot F_v$

$R_v = 1.0 \times 2.85 \times 1.19 = 3.39$（tf／根）

M = 13.75×40.5 = 556.88 tf-cm

每排螺栓之 M = 556.88/4 = 139.22 tf-cm

每排所需之螺栓數：

$n = \sqrt{\dfrac{6M}{R \times p}} = \sqrt{\dfrac{6 \times 139.22}{3.39 \times 7.5}} = 5.7$（根）

試用每排 5 根螺栓

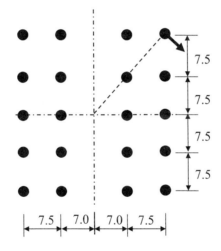

$\sum x^2 + \sum y^2 = 8 \times 7.5^2 + 8 \times 15^2 + 10 \times 7^2 + 10 \times 14.5^2 = 4842.5$

最右上角螺栓受力：

$R_x = \dfrac{M \cdot y}{\sum x^2 + \sum y^2} = \dfrac{556.88 \times 15.0}{4842.5} = 1.725$ tf／根

$R_y = \dfrac{M \cdot x}{\sum x^2 + \sum y^2} = \dfrac{556.88 \times 14.5}{4842.5} = 1.667$ tf／根

$R_v = \dfrac{P}{\sum N} = \dfrac{13.75}{4 \times 5} = 0.688$ (tf)

$R = \sqrt{(R_y + R_v)^2 + R_x^2}$

$\quad = \sqrt{(1.667 + 0.688)^2 + 1.725^2} = 2.919$（tf／根）< 3.39（tf／根）…… OK#

（結果與例 6-8-6 相同，使用 20 根 D22 A325SC 螺栓）

三、受剪力及張力聯合作用之偏心荷重——ASD

當接合處同時承受剪力及張力聯合作用時，在容許應力法設計中仍假設使用高強度螺栓且使 $f_{tb} < f_{bi}$，以確保接合板保持密接（受壓狀態），公式推導詳如 6-8-2 節。

$$f_{t,bolt} = f_{tb}(\frac{d-p}{d}) \tag{6.9.26}$$

$$T = \frac{6M \cdot p}{d^2}(\frac{d-p}{d}) \tag{6.9.27}$$

如果螺栓斷面都相同且平均分布在接合面，則

$$f_t = \frac{M \cdot y}{I} = \frac{M \cdot y}{\sum A_b \cdot y^2} \tag{6.9.28}$$

$$T = A_b f_t = \frac{M \cdot y}{\sum y^2} \tag{6.9.29}$$

例 6-9-12

以我國容許應力設計規範，重新設計例 6-8-7。

如圖 6-9-11 之托架接合，使用 D22 A325X 螺栓以 S = 7.5 cm 之間距，求與柱接合處所需之螺栓數目？靜載重 P_D = 3.6 tf，活載重 P_L = 23.6 tf。(a) 使用承壓型螺栓（A325-X），(b) 使用臨界滑動型（A325-SC）。

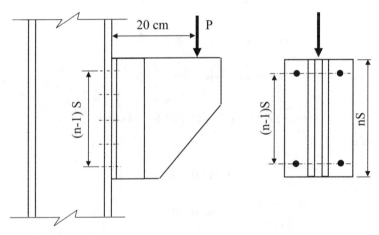

圖 6-9-11　例 6-9-12 之螺栓接合圖

解：

每排螺栓作用力：

P = (3.6 + 23.6)/2 = 27.2/2 = 13.6 tf

(a) A325-X，F_v = 2.1 tf/cm^2，F_t = 3.05 tf/cm^2

$R_v = m \cdot A_b \cdot F_v$

$R_v = 1.0 \times 3.88 \times 2.1 = 8.148 \text{ tf / 根}$

$R_t = A_b F_t$

$R_t = 3.88 \times 3.05 = 11.834 \text{ tf / 根}$

$R_p = d \cdot t \cdot F_p$（假設鋼板厚度足夠，不會控制設計。）

每排螺栓所受之最大彎矩：

$M = 27.2 \times 20/2 = 272 \text{ tf-cm}$

$n = \sqrt{\dfrac{6M}{R_t \cdot p}} = \sqrt{\dfrac{6 \times 272}{11.834 \times 7.5}} = 4.29 \text{ 根} \longrightarrow$ 彎矩控制

或　$n = \dfrac{P}{R_v} = \dfrac{27.2/2}{8.148} = 1.7 \text{ 根} \longrightarrow$ 剪力控制

$n = \sqrt{4.29^2 + 1.7^2} = 4.6 \text{ 根}$

試用 n = 5（每排）：

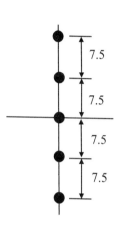

$\sum y^2 = (7.5^2 + 15^2) \times 2 = 562.5 \text{ cm}^2$

$R_t = \dfrac{M \cdot y}{\sum y^2} = \dfrac{272 \times 15}{562.5} = 7.26 \text{ tf} < 11.834 \text{ tf} \cdots\cdots \text{OK}$

$R_v = \dfrac{P}{\sum N} = \dfrac{27.2/2}{5} = 2.72 \text{ tf} < 8.148 \text{ tf} \cdots\cdots \text{OK}$

檢核交互影響公式：

A325X：$F_t = \sqrt{3.05^2 - 2.15 f_v^2}$

$\qquad R_t = F_t A_b = \sqrt{(3.05 A_b)^2 - 2.15 R_v^2}$

$\qquad\qquad = \sqrt{(3.05 \times 3.88)^2 - 2.15 \times 2.72^2}$

$\qquad\qquad = 11.14 \text{ tf} > 7.26 \text{ tf} \cdots\cdots \text{OK}$

如果改用每排 4 根螺栓：

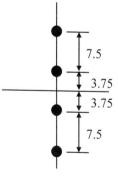

$\sum y^2 = (3.75^2 + 11.25^2) \times 2 = 281.25 \text{ cm}^2$

$R_t = \dfrac{M \cdot y}{\sum y^2} = \dfrac{272 \times 11.25}{281.25} = 10.88 \text{ tf} < 11.834 \text{ tf} \cdots\cdots \text{OK}$

$R_v = \dfrac{P}{\sum N} = \dfrac{27.2}{8} = 3.4 \text{ tf} < 8.148 \text{ tf} \cdots\cdots \text{OK}$

$R_t = F_t A_b = \sqrt{(3.05 A_b)^2 - 2.15 R_v^2}$

$\qquad\qquad = \sqrt{(3.05 \times 3.88)^2 - 2.15 \times 3.42^2}$

$\qquad\qquad = 10.73 \text{ tf} < 10.88 \text{ tf} \cdots\cdots \text{NG!}$

使用 10-D22 A325-X 螺栓。（例 6-8-7 使用 10-D22 A325-X 螺栓）

(b)臨界滑動型（A325-SC）：

每排螺栓作用力：P = 13.6 tf

$\qquad\qquad\qquad M = 272 \text{ tf-cm}$

$$R_v = m \cdot A_v \cdot F_v = 1 \times 3.88 \times 1.19 = 4.62 \text{ tf}$$

需要之螺栓控制 $n = \dfrac{13.6}{4.62} = 2.94$ 根 $\longrightarrow$ 剪力控制

由前面計算：需要之螺栓 $n = 4.29$ 根 $\longrightarrow$ 彎矩

$$n = \sqrt{2.94^2 + 4.29^2} = 5.2 \text{ 根}$$

試用 5 根

$$\sum y^2 = (7.5^2 + 15.0^2) \times 2 = 562.5$$

$$R_t = \frac{M \cdot y}{\sum y^2} = \frac{272 \times 15}{562.5} = 7.26 \text{ tf} < 11.834 \text{ tf} \cdots\cdots \text{OK}$$

$$R_v = \frac{P}{\sum N} = \frac{13.6}{5} = 2.72 \text{ tf} < 4.62 \text{ tf} \cdots\cdots \text{OK}$$

$$F_v = 1.19(1 - \frac{f_t A_b}{T_b}) = 1.19(1 - \frac{7.26}{17.8}) = 0.702 \text{ tf/cm}^2$$

$$\max R_v = F_v \cdot A_b = 0.702 \times 3.88 = 2.723 \text{ tf} > 2.72 \text{ tf} \cdots\cdots \text{OK}$$

∴使用 10-D22A325-SC 螺栓雙排配置。　#

（例 6-8-7 使用 12-D22 A325-SC 螺栓）

參考文獻

6.1　ASTM A307, Stand Specification for Carbon Steel Bolts and Studs, 60000Psi Tensile Strength, American Society for Testing and Materials, 2003

6.2　C. G. Salmon & J. E. Johnson, Steel Structures – Design and Behavior, 4th Ed., Harper Collins Publishers Inc., 1997

6.3　ASTM A325, Stand Specification for Structural Bolts, Steel, Heat Treated, 120/105 Ksi Minimum Tensile Strength, American Society for Testing and Materials, 2004

6.4　ASTM A449, Stand Specification for Quenched and Tempered Steel Bolts and Studs, American Society for Testing and Materials, 2004

6.5　ASTM A490-04, Stand Specification for Structural Bolts, Alloy Steel, Heat Treated, 150Ksi Minimum Tensile Strength, American Society for Testing and Materials, 2004

6.6　Research Council on Structural Connections, Load and Resistance Factor Design Specification for Structural Joints Using ASTM A325 or A490 Bolts, Chicago, IL, American Institute of Steel Construction, 1988

6.7 J.L. Rumpf & J.W. Fisher, "Calibration of A325 Bolts," Journal of the Structural Division, ASCE, Vol. 89, No. ST6, Dec. 1963, pp.215-234

6.8 AISC360-05, Specification for Structural Steel Buildings, 3rd Ed., American Institute of Steel Construction, Inc., Chicago, IL, 2005

6.9 內政部，鋼構造建築物鋼結構設計技術規範（二）鋼結構極限設計法規範及解說，營建雜誌社，民國 96 年 7 月

6.10 中華民國結構工程學會，鋼結構設計手冊——極限設計法（LSD），科技圖書股份有限公司，2003

6.11 Eugene Chesson, Jr., Norberto L. Faustino & William H. Munse, "High-Strength Bolts Subjected to Tension and Shear," Journal of the Structural Division, ASCE, Vol.91, No. ST5, October 1965, pp.155-180

6.12 G.L. Kulak, J.W. Fisher & J.H. Struik, Guide to Design Criteria for Bolted and Riveted Joints, 2nd Ed., New York, John Wiley & Sons, 1987

6.13 S.F. Crawford & G.L. Kulak, "Eccentrically Loaded Bolted Connections," *Journal of the Structural Division*, ASCE, Vol. 97, No. ST3, March 1971, pp.765-783

6.14 G.L. Kulak, "Eccentrically Loaded Slip-Resistant Connections," *Engineering Journal*, AISC, Vol. 12, No. 2, 2nd Quarter 1975, pp.52-55

6.15 AISC, Manual of Steel Construction, Load & Resistance Factor Design, 3rd Ed., American Institute of Steel Construction, Inc., Chicago, IL, 2001

6.16 內政部，鋼構造建築物鋼結構設計技術規範（一）鋼結構容許應力設計法規範及解說，營建雜誌社，民國 96 年 7 月

6.17 中華民國結構工程學會，鋼結構設計手冊——容許應力法（ASD），科技圖書股份有限公司，1999

6.18 AISC360-10, Specification for Structural Steel Buildings, American Institute of Steel Construction, Inc., Chicago, IL, 2010

習題

6-1 使用抗滑型高強度螺栓接合時，其鋼板表面之處理方式為何？

6-2 某一設計圖說上標示「本工程之所有高強度螺栓採用 ASTM A325 或 JIS F10T」，此是否有問題？試說明其在設計上及施工上可能不同之處。

6-3 摩擦式（Friction Type）螺栓與承壓式（Bearing Type）螺栓之鎖緊（或栓固）程序有

何不同？

6-4 當小梁垂直大梁（Girders）以螺栓接合時，常須檢驗「區塊剪力破壞」（Block Shear Failure），試繪圖說明為什麼？

6-5 試列出螺栓接合（Bolted Connections）之各類破壞模式，注意至少列出五種。

6-6 若 A490 螺栓的極限拉力強度為 F_u，則在鋼骨建築的梁—柱接頭上安裝此種螺栓時，應使螺栓在鎖緊時的預拉力（Pretension）達到多少百分比的 F_u？

6-7 螺栓摩阻型（Friction Type or Slip-Critical）接合，每一剪力面之抗剪強度為 μT，其中 T 為螺栓預拉力，μ 為何？影響 μ 值之主要因素為何？

6-8 試舉列說明在何種情形下，高強度螺栓會受到剪力與拉力之同時作用？若以 A325 Bolts, Bearing Type Connection 而言，其 N-type 與 X-type 之允許拉應力應如何計算？

6-9 依據我國鋼結構設計規範，請回答以下問題：

(1) 高強度螺栓在鎖緊時之「預拉力」為何？鎖緊後「接合力之傳遞」方式為何？

(2) 沿作用力方向，相鄰螺栓孔中心之間距，不得小於螺栓直徑之幾倍？

(3) 在「鋼結構極限設計法」中，受拉鋼構材之設計強度為 ϕP_n。試說明規範中，如何考慮「降伏」與「斷裂」兩種破壞模式，其 ϕP_n 值各應如何決定？

(4) 進行螺栓接合時，對高強度螺栓施加預拉力之意義為何？

(5) 何謂螺栓接合之塊狀剪力失敗（Block Shear Failure）？試繪圖說明之。

6-10 請簡要說明高強度螺栓於施工作業時，遇到下列情況，如何處理？

(1) 當以高強度螺栓接合之板面無法平整密接時，如何預先處理？

(2) 當螺栓安裝時，如不能以手將螺栓穿入孔內時，如何校正？

(3) 已使用過之高強度螺栓，若重新拆卸後是否可以重複使用，其原因何在？

(4) 同一接合之螺栓群不宜一次鎖固（或栓固），其原因為何？

6-11 如下圖所示梁柱接合，需檢核哪些項目？

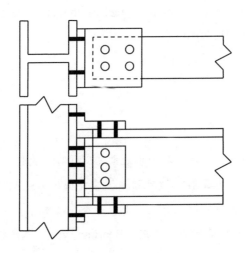

6-12 試依 AISC-LRFD 規範,求下圖接頭之容許工作載重 = ?(10% 為靜載重,90% 為活載重),鋼料為 SS400,螺栓為 D22 之 (a) A325X,(b) A325SC。

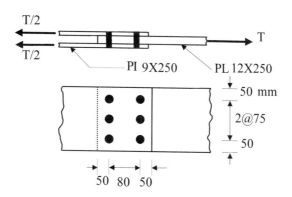

6-13 有一 L10 cm×10 cm×0.7 cm 角鋼與厚 0.4 cm 之接合板,以 2.2 cm 直徑高強度螺栓以承壓式相接(如下圖),螺牙不在剪斷面內,試依 AISC-LRFD 規範,計算其所能承受之標稱拉力 T_n。角鋼與接合板之降伏強度及極限強度分別為 $F_y = 2.5$ tf/cm^2 及 $F_u = 4.0$ tf/cm^2,高強度螺栓極限強度為 $F_u = 8.4$ tf/cm^2。

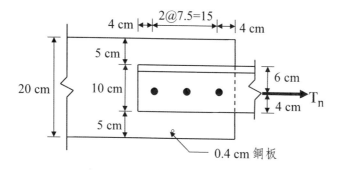

6-14 下圖所示為一拉力構材之接續接合,已知該構材承受 T = 100 tf 工作載重(50% 為靜載重,50% 為活載重),且 H 型鋼部分具足夠之強度。試依我國極限設計規範規定,求出 (a) 該接合所需螺栓個數,(b) 接合板所需最小厚度(以整數 mm 為最小單位)。使用 SS400 鋼材及 25mmϕ 高拉力螺栓。

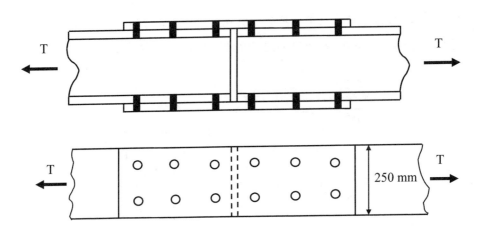

6-15 試根據我國極限設計規範規定，求下圖所示拉力構材（300×200×11×17 之 T 型鋼）所能承擔之最大設計載重 P_u 為何？不需考慮塊狀剪力撕裂。使用 SS400 鋼材及 25 mmφ 高拉力螺栓。

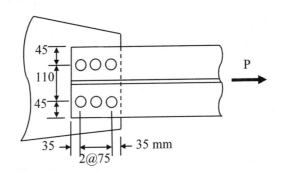

6-16 下圖所示為一 H150×150×7×10 斷面之拉力構材之續接。該構材承受靜載重 DL = 40 tf 及活載重 LL = 30 tf，在服務載重下，該接合不可產生滑動。依我國極限設計規範，設計此接合。（在規定範圍內盡量縮短接合之長度）。設計內容包括螺栓之直徑 d、個數、配置方法，接合板（外接合板及內接合板）之厚度、寬度、長度，螺栓孔形式、配置（繪簡圖標示之）。拉力構材及接合板使用 A36 鋼材，假設接合板為全斷面降伏控制；使用 A325 螺栓，螺栓孔最小邊距為 1.5d，最小間距為 3d，所有尺寸皆以 1 mm 為最小增量。（本設計僅在翼板連接，不在腹板接合）。

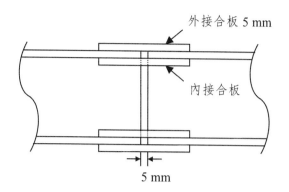

外接合板 5 mm

內接合板

5 mm

6-17 如下圖所示為一簡支梁端點之接合，已知剪力接合板及其銲道具足夠之強度，依 AISC-LRFD 規範，求型鋼與剪力接合板接合所能傳遞之最大服務（或工作）剪力 V_{max}。使用 25 mmϕA325 承壓型（Bearing Type）螺栓，螺栓螺紋通過剪力面，應扣除螺栓孔直徑為 28 mm，螺栓孔之容許承壓應力 $F_p = 1.2F_u$。

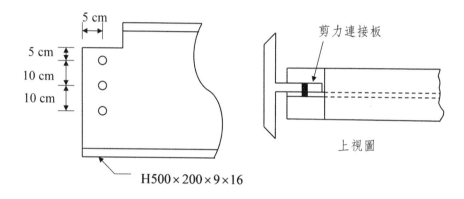

5 cm

5 cm

10 cm

10 cm

剪力連接板

上視圖

H500×200×9×16

6-18 如下圖之托架，試依我國極限設計規範，求其最大工作載重 P = ？（15% 為靜載重，85% 為活載重）。使用 D22 A325N 之螺栓，托架鋼料為 SS400。使用 (a) 彈性分析法 (b) 極限強度法。

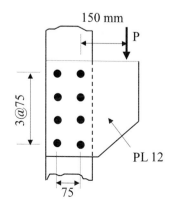

150 mm

P

3@75

PL 12

75

6-19 試依 AISC-LRFD 規範，求下圖接頭之容許最大載重 P。假設螺栓之最大容許剪力 Q_a =9.5 tf/ 支，接合各鋼件強度足夠，螺栓之邊距、間距皆滿足需求。（本題採用彈性分析）。

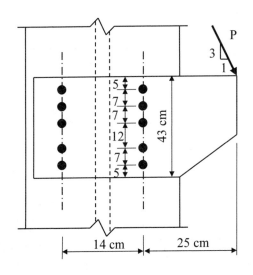

6-20 試求下圖接頭中，螺栓產生之最大剪力，並標示其位置。假設接合各板強度足夠，螺栓之邊距、間距皆符合需求。（本題用彈性分析法）。

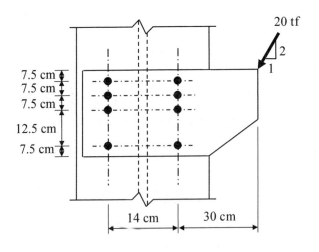

6-21 下圖之接合，受偏心工作載重 P = 20 tf（50% 為靜載重，50% 為活載重）之作用，螺栓對稱配置於型鋼腹板兩側，其中心距為 7 cm。假設螺栓採用標稱直徑 22 mm 之 A325X 承壓型螺栓（標準孔），螺栓孔附近之變形非為設計之考量因素。試根據我國極限設計規範，以彈性分析法檢核此接合的強度是否足夠？

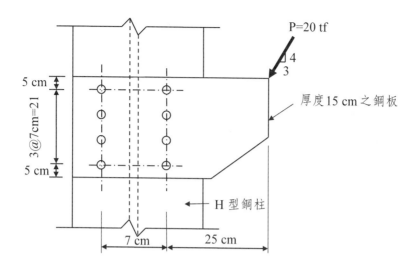

6-22 有一托座（Bracket）承受一偏心靜工作載重 P，柱子為 H 型鋼，鋼柱及托座皆使用 A36 鋼材，由於施工疏忽，僅使用 7 根 A490-N 螺栓，如下圖所示。假設 A490-N 螺栓（標稱直徑 = 22mm）為承壓式單剪接合，接合相關之各接板強度足夠，螺栓剪力控制設計，請回答以下問題：

(1) 試根據彈性分析方法，當托座在偏心靜使用載重 P = 30.0 tf，θ = 45° 的作用力下，求螺栓所承受之最大水平力與垂直力，並計算其最大合力。

(2) 當斜角 θ = 90°時，試根據我國極限設計規範，以彈性分析求該接合所能承受之最大因數化載重（Factored Load, P_u）。

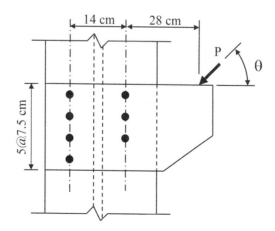

6-23 如下圖所示，為一偏心剪力接合，該接合承受垂直方向載重 P 以及水平方向載重 H，P 包括靜載重 P_{DL} = 2 tf 及活載重 P_{LL} = 10 tf，H 僅有活載重 H_{LL} = 2 tf。使用 A490 螺栓、承壓型螺栓、標準螺栓孔、螺牙不通過剪力面及 A572 Gr.50 鋼材，試依我國極限設計規範，求所需螺栓最小直徑，以 1 mm 為螺栓直徑最小增量。使用彈性分析法求螺栓

之設計力。

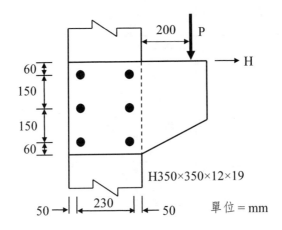

6-24 有一雙角鋼張力桿件靠一 CT 型鋼與一 H 型鋼柱接合如下圖所示，使用 D22 之螺栓，假設柱翼板及 CT 型鋼腹板都有足夠厚度不影響螺栓強度。雙角鋼與 WT 型鋼以單排螺栓接合，而 CT 型鋼與 H 型鋼以雙排螺栓接合，螺栓間距皆為 7.5 cm。假設張力桿能發揮其最大強度。試依我國極限設計規範，設計該接頭使用 (a) A325X，(b) A325SC。角鋼鋼料為 SS400。載重（20% 為靜載重，80% 為活載重）

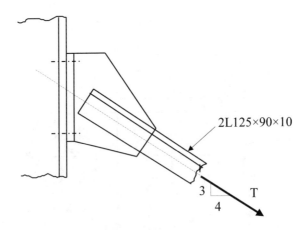

6-25 下圖所示之接頭，承受 50 tf 之工作載重（60% 為靜載重，40% 為活載重），試依 AISC-LRFD 規範求螺栓所產生之最大拉力與剪力。假設彎矩僅由螺栓承受，且接合各板之強度足夠，螺栓邊距、間距皆符合規定。不考慮撬抬力（Prying Force）之效應。

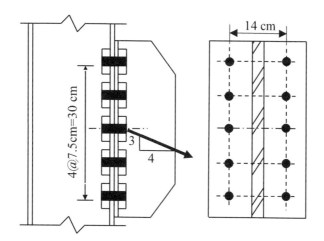

6-26 如下圖之接頭承受 25 tf 之剪力及 50 tf 之拉力（靜、活載重各占 50%），其作用力通過螺栓群中心，假設各接合鋼板之強度足夠，螺栓間距、邊距皆可滿足需求。若接頭採用直徑 20 mm 之 A325 高強度螺栓，螺紋在剪力面上，試依 AISC-LRFD 規範，求使用：(a) 承壓型螺栓，(b) 抗滑型螺栓，所需之最少螺栓數。

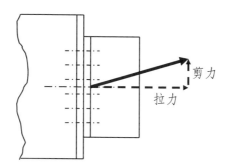

6-27 如下圖為長肢背對背雙角鋼受拉構材與柱之接合，接合全部採用標稱直徑 19 mm 之 A325X 承壓螺栓（標準孔），螺栓孔附近之變形非為設計之考量因素。計算時必須扣除之螺栓孔徑為 22 mm。已知柱和 CT 型鋼強度足夠。

(1) 試依我國極限設計規範，決定雙角鋼與 CT 型鋼腹板接合所需螺栓數量。假設螺栓至構材邊距大於 1.5 倍之螺栓直徑，且螺栓心距大於 3 倍之螺栓直徑，並將螺栓排成一列。不必考慮塊狀剪力。

(2) 已知柱和 CT 型鋼以 8 顆螺栓接合，試依我國極限設計規範，檢核此接合強度是否足夠？

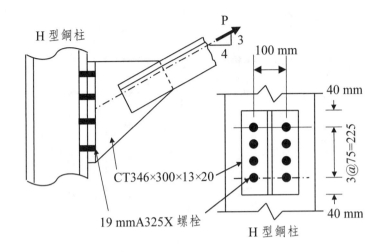

6-28 如下圖之托架，在工作載重下承載 5 tf 之靜載重及 25 tf 之活載重，使用 D22 之 A325X 螺栓，試依我國極限設計規範規定，設計該接頭。柱翼板及 CT 型鋼翼板之厚度皆為 16 mm，鋼料為 SS400。

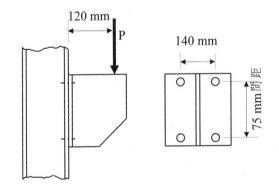

6-29 有一柱子其托座（Bracket）係由 CT 型鋼組成，柱子為 H 型鋼，承受一偏心垂直載重 （P），鋼柱與接合板皆使用 A36 鋼材，使用兩排垂直共 8 根之 A325-X 螺栓，螺栓垂直間距為 7.5 cm，如下圖所示。假設 A325-X 螺栓（標稱直徑 = 22 mm）為承壓式單剪接合，接合各板強度足夠，請回答以下問題：

(1) 試以我國極限設計法規範，根據彈性分析方法，檢核螺栓接合在 P = 12.0 tf（靜、活載重各占 50%）作用下，其應力是否滿足規範之張應力與剪應力要求。

(2) 試根據我國極限設計法規範，求該接合所能承受之最大偏心垂直工作載重（P）。

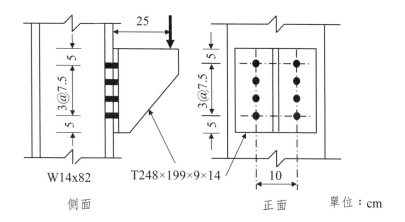

側面　　　　　　　　　　　正面　　　單位：cm

W14x82　　T248×199×9×14

6-30 如下圖所示之梁端接合須傳遞 35 tf 之工作剪力（靜、活載重各佔 50%），若梁腹板採用 4 支抗滑型螺栓與 WT 斷面之腹板相接，但 WT 之翼板用 8 支承壓型螺栓與柱翼相連；若所有螺栓皆為 25 mm 直徑之 A325 規格，且剪力面皆不含螺紋；假設螺栓標準孔之間距與邊距皆符合規定，且不必考慮撬抬作用（Prying Action），試以我國極限設計法規範，檢核此接合強度是否足夠。

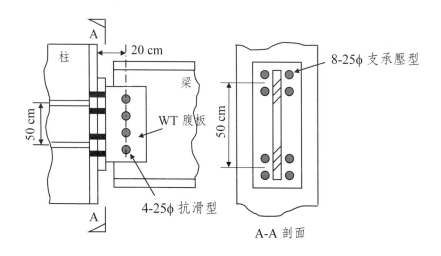

A-A 剖面

6-31 如下圖之鋼梁續接接頭，承受彎矩 M = 16 tf-m，剪力 V = 20 tf，假設剪力全由腹板螺栓承受，彎矩則依翼板及腹板之慣性矩比例分擔，即 $M_F = \dfrac{I_F}{I} \cdot M$，$M_W = \dfrac{I_W}{I} \cdot M$。試以我國容許應力設計規範，檢核圖示之螺栓數是否足夠。其他已知條件如下：I = 23700 cm^4（其中 I_F = 20210 cm^4，I_W = 3490 cm^4），螺栓容許剪力 R_a = 4.7 tf/ 支（單剪）。假設接合各鋼板強度足夠。

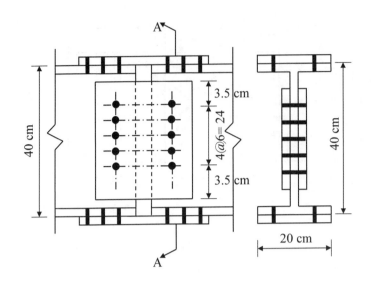

6-32　以我國容許應力設計法規範，重新計算習題 6-12。

6-33　以我國容許應力設計法規範，重新計算習題 6-13 之容許拉力強度 T 為何？

6-34　以我國容許應力設計法規範，重新計算習題 6-14。

6-35　以我國容許應力設計法規範，重新計算習題 6-15 之容許拉力強度 P 為何？

6-36　以我國容許應力設計法規範，重新設計習題 6-16。

6-37　以我國容許應力設計法規範，重新計算習題 6-17。

6-38　以我國容許應力設計法規範，重新計算習題 6-18(a)。

6-39　以我國容許應力設計法規範，重新計算習題 6-19。

6-40　以我國容許應力設計法規範，重新計算習題 6-21。

6-41　以我國容許應力設計法規範，重新計算習題 6-22(2)。

6-42　以我國容許應力設計法規範，重新計算習題 6-23。

6-43　以我國容許應力設計法規範，重新設計習題 6-24。

6-44　以我國容許應力設計法規範，重新計算習題 6-25。

6-45　以我國容許應力設計法規範，重新設計習題 6-26。

6-46　以我國容許應力設計法規範，重新設計習題 6-27。

6-47　以我國容許應力設計法規範，重新設計習題 6-28。

6-48　以我國容許應力設計法規範，重新設計習題 6-29。

6-49　以我國容許應力設計法規範，重新計算習題 6-30。

第 7 章

銲接接合

7-1 概述

　　銲接的定義是在未加壓或加壓情況下，將兩片金屬片加熱至塑態或液態而使其接合在一起。最早的銲接技術可追溯至西元前五千年，埃及人將銅片捲成管狀，再將銅片邊緣重疊部分鎚打至其接合在一起。此種方法一般稱之爲鍛造銲接（Forge Welding）[7.1,7.2]。我國在兩三千年以前，使用鼓風爐將金屬加熱然後鎚打，使其接合在一起的技術（鎚鍛）已非常成熟，例如春秋戰國時期煉劍技術及漢朝時期的百煉鋼皆是以鍛造得之。在「天工開物」第十卷錘鍛篇鋤鎛節言「凡治地生物用鋤鎛之屬，熟鐵鍛成，鎔化生鐵淋口，入水淬健即成剛勁」，目前這種接合方式，只有在傳統的打鐵店或許仍偶爾可見 [7.3,7.4]。

　　近代的銲接技術是啓蒙於十九世紀末，在 1885 年湯普森（Elihu Thompson）教授獲得英國的第一個電阻銲接（Resistance Welding）專利，美國第一個電阻對接銲接（Resistance Butt Welding）專利出現於 1887 年。C.L. Coffin 利用金屬銲條以電弧產生高熱的電弧銲（Arc Welding）在 1890 年獲得美國專利。被覆銲藥的金屬銲條大約在 1900 年出現於英國。在第一次大戰（1914～1918 年）期間，由於軍事上的需求，銲接大量使用於受損之船艦，大戰結束後，在 1919 年美國銲接學會（The American Welding Society）成立，銲接技術也快速的發展，其應用範圍也越趨廣泛。在 1920 年代，使用氣體作爲電弧遮護的技術開始被探討開發。1930 年植釘銲接（Stud Welding）開始被應用在造船及營建業。潛弧銲（Submerged Arc Welding）是自動銲接程序最廣泛使用的銲接方法，最早是由美國一家鋼管製造公司開發出來，在 1930 年獲得專利。到了 1990 年代，自動化是一個重要議題，銲接機器人開始大量的被使用在工業界。到了今天，由於材料科技的發展及銲接技術的改進，對銲接構件的金屬疲勞強度也大幅的提昇至不遜於螺栓接合構件，再由於檢測技術的突破，也大大提昇了對銲接品質的掌控，因此銲接開始成爲鋼結構接合的重要工法 [7.1,7.2]。目前工程界常用銲接製程有下列幾種：

（一）遮護金屬電弧銲（掩弧銲）SMAW（Shielded Metal Arc Welding）

　　這種銲接法在鋼結構的銲接史上，是應用最悠久且施工簡便的一種方法。使用被覆銲條（包藥銲條）做電極，在銲條及接合鋼材間通電使其產生電弧而形成高溫，將銲條及接合鋼材融化以達到銲接目的。圖 7-1-1 電弧銲接設備示意圖，主要設備爲電銲機及電極。遮護金屬電弧銲主要是使用被覆銲條做電極，在銲接過程中，銲條之被覆藥一部分變成惰性氣體，保護銲池不與空氣接觸，避免氧與氮進入銲池使銲道產生氣孔或脆化，圖 7-1-2 爲銲道處之遮護氣體示意圖。其銲接表示法爲 E60XX 及 E70XX 等，其中 60 及 70 表示其銲材抗張強度（Tensile Strength）爲 60 ksi 及 70 ksi，而 XX 表示適合

採用之銲接位置、電力、銲藥及施作條件等等。此種工法因其銲條爲消耗性，在銲接過程中會逐漸變短，必須更換銲條，銲接速率不佳，一般用銲道較短不適合自動銲接處及工地銲接，其優點爲設備輕巧便宜，機動性高。

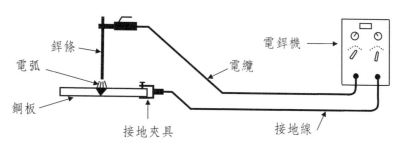

圖 7-1-1　電弧銲接設備示意圖

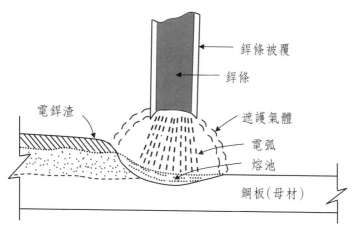

圖 7-1-2　SMAW 銲道處之遮護氣體示意圖

（二）潛弧銲 SAW（Submerged Arc Welding）

此法係使用粒狀藥材（Granular Flux）作爲掩蓋，在銲接時看不見電弧所產生之光。此法之優點爲在銲接過程中不產生光、煙霧及飛濺物。SAW 銲接，因電弧保護良好，銲接品質佳且穩定，銲道表面平整，配合銲線自動給線，銲接速度快，一般均用於自動電銲機施工場中施工。其表示法爲 F6XX-EXXX、F7XX-EXXX，其中在 F 後面之第一位數表示銲材抗張強度，例如 7 代表其抗張強度爲 70 ksi，後面兩位數字爲熱處理狀態及試片撞擊試驗之對應溫度。E 後面之數字代表銲條之性質。圖 7-1-3 爲潛弧銲之示意圖。

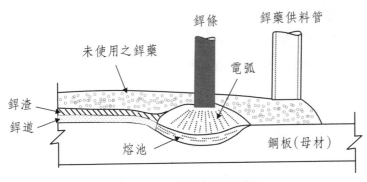

圖 7-1-3　潛弧銲示意圖

（三）氣體遮護金屬電弧銲（氣弧銲）GMAW（Gas Metal Arc Welding）

　　氣弧銲銲材是由線圈連續供應，同時使用混合氣體或單一惰性氣體做為銲接時的保護層，常用的惰性氣體有 CO_2、氬、氦等。其中以 CO_2 最便宜。氣弧銲可得品質穩定的銲道，但如果是在工地使用時，必須注意其遮風設施，以免影響施工品質。其表示方式為 ER70S-X，數字 70 代表其銲條材料抗張強度為 70 ksi。圖 7-1-4 為氣弧銲示意圖，圖 7-1-5 為氣弧銲銲道處氣體遮護示意圖。

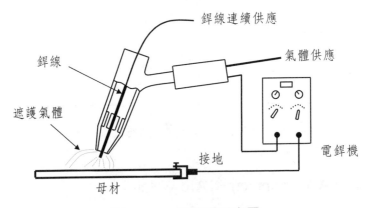

圖 7-1-4　氣弧銲示意圖

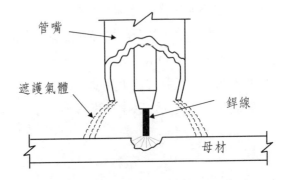

圖 7-1-5　氣弧銲銲道處氣體遮護示意圖

（四）包藥銲線電弧銲 FCAW（Flux Cored Arc Welding）

基本上是類似 GMAW 銲法，但其銲條改用內部填充銲藥的管狀線材，這種銲條克服了 SMAW 被覆銲材無法捲成線圈，提供自動供線的缺點，可應用於自動銲接設備，且其填充銲藥可提供穩定的遮護氣體，再加上外加的 CO_2 遮護氣體，比較不會受到風速的影響，一般不必設防風罩。其表示方式為 E7XT，數字 7 代表其銲條材料抗張強度為 70 ksi。

（五）植釘銲接 SW（Stud Welding）

一般使用在剪力釘（Shear Stud）的銲接，以剪力釘為電極，並在剪力釘尾端包覆銲藥及陶磁座，利用剪力釘尾端與母材接觸時之高熱電弧將剪力釘尾端與母材熔化，同時以壓力下壓使剪力釘與母材粘合。圖 7-1-6 為植釘銲接示意圖。

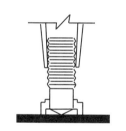

(a) 植釘槍應在正確位置

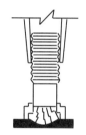

(b) 扣板機剪力釘拴起造成電弧

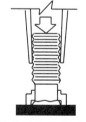

(c) 形成電弧後剪力釘被
　　壓浸入在母材上的熔池

(d) 植釘槍拔出、套圈移除

圖 7-1-6　植釘銲接示意圖

其他銲接法尚有電熱熔渣銲 ESW（Electro Slag Welding）及電熱氣體銲法 EGW（Electro Gas Welding）等，一般使用在垂直立銲，常用於箱形斷面內橫隔板之銲接及厚板之對接。

大部分的建築結構用鋼料都是可銲接的，在表 7-1-1 及表 7-1-2 中有列出我國 CNS 標準及美國 ASTM 有關適合銲接之鋼料及其對應之銲接及銲接程序。我國銲接材料規格，參考文獻 [7.5,7.6] 詳列如表 7-1-1。表中同時列有各種銲材及銲接方法適用的鋼材，也就是說，對不同的鋼材都有其對應的合適銲材，稱之為相稱銲材（Matching Weld Metal）。

表 7-1-1　鋼材與相稱銲材之規格 [7.5,7.6]

鋼材規格	銲材規格		
	銲條規格	降伏強度 kgf/mm² (ksi)	抗拉強度 kgf/mm² (ksi)
CNS 2947 G3039 SM400 JIS G3106 SM400A,SM400B ASTM A36	SMAW： CNS 3056 或 CNS 1215 AWS A5.1 或 A5.5 　E60XX 　E70XX 　E70XX-X	 35.18(50)MIN 42.22(60)MIN 40.11(57)MIN	 43.63(62)MIN 50.66(72)MIN 49.26(70)MIN
	SAW： CNS 9551 AWS A5.17 或 A5.23 　F6XX-EXXX 　F7XX-EXXX 或 　F7XX-EXX-XX	 33.78(48)MIN 40.81(58)MIN	 43.63～56.30(62-80)MIN 49.26～66.85(70-95)MIN
	GMAW： CNS 8967 AWS A5.20 　ER70S-X	 42.22(60)MIN	 50.67(72)MIN
	FCAW： CNS 1215 或 AWS A5.20 　E6XT-X 或 　E7XT-X	 35.18(50)MIN 42.22(60)MIN	 43.63(62)MIN 50.67(72)MIN
CNS 2947 G3057 SM490 JIS G3106 SM490A,SM490B ASTM A992 ASTM A572 GR50	SMAW： CNS 3056 或 CNS 1215 AWS A5.1 或 A5.5 　E7018, E7016 　E7018, E7028 　E7015-X, E7016-X 　E7018-X	 42.22(60)MIN 40.11(57)MIN	 50.67(72)MIN 49.26(70)MIN
	SAW： CNS 9551 AWS A5.17 或 A5.23 　F7XX-EXXX 或 　F7XX-EXX-XX	 40.81(58)MIN	 49.26～66.85(70-95)MIN
	GMAW： CNS 8967 AWS A5.18 　ER70S-X	 42.22(60)MIN	 50.67(72)MIN

表 7-1-1 鋼材與相稱銲材之規格（續）[7.5,7.6]

鋼材規格	銲材規格		
	銲條規格	降伏強度 kgf/mm² （ksi）	抗拉強度 kgf/mm² （ksi）
	FCAW： CNS 1215 AWS A5.20 E7XT-X	42.22(60)MIN	50.67(72)MIN

備註：1. 電熱溶渣及植釘銲接在未有 CNS 標準前可使用 AWS 相關規範。

2. 厚度超過 25 mm 之銲接結構用鋼材及任何厚度之高強度鋼材（抗拉強度 50 kgf/mm² 以上）應使用低氫系銲條。

銲接時所需之相稱銲材與鋼材強度、銲接方法、銲接環境與受力型式等相關。就設計強度而言，相稱之主要條件為銲材之熔填金屬拉力強度須與銲接母材拉力強度相匹配，以手銲條為例，標稱拉力強度為 5.0 tf/cm² 等級的鋼板（如 SN490、SM490、A572 GR50、A992 等），其強度相稱之銲材為 E70 系列銲條，而標稱拉力強度為 4.0 tf/cm² 等級的鋼板（如 SN400、SM400、A36 等），其強度相稱之銲材為 E60 及 E70 系列銲條，其中 A36 鋼材因材質無拉力強度之上限，而常為同時滿足 A572 GR50 之雙規格製品，故如有破壞面不發生於銲道之設計考量時，其強度相稱之銲材以 E70 銲條為宜。而使用新開發之鋼板時，其相稱銲材亦應考慮鋼材之實際拉力強度等級。當銲接兩種不同強度等級之鋼材時，其相稱銲材之熔填金屬係定義為強度匹配於較低強度之母材，惟需使用該系列銲條中之低氫系銲條及對應之低氫處理程序。銲接規範亦允許逕行使用合於較高強度母材之相稱銲材。表 7-1-2 為 AWS 建議之相稱銲材及銲接方法[7.1,7.7]。

表 7-1-2 AWS 建議之銲接工法[7.1,7.7]

Group	Base metal	Welding Process			
		Shieded Metal Arc Welding (SMAW)	Submerged Arc Welding (SAW)	Gas Metal Arc Welding (GMAW)	Flux Cored Arc Welding (FCAW)
I	ASTM A36, A53 GradeB, A500,A501,A529 A570 GR 40,45,and 50 A709 GR 36 CNS SM400 JIS SM400A,SM400B	AWS A5.1 or A5.5 E60XX or E70XX	AWS A5.17 or A5.23 F6XX or F7XX-EXXX	AWS A5.18 ER70S-X	AWS A5.20 E6XT-X and E7XT-X(except -2,-3,-10,-GS)
II	ASTM A424, A572 GR 42 and 50 A588 A709 GR 50 and 50W CNS SM490 JIS SM490A,SM490B	AWS A5.1 or A5.5 E70XX	AWS A5.17 or A5.23 F7XX-EXXX	AWS A5.18 ER70S-X	AWS A5.20 E7XT-X (except-2,-3,-10,-GS)

表 7-1-2　AWS 建議之銲接工法（續）[7.1,7.7]

Group	Base metal	Welding Process			
		Shieded Metal Arc Welding (SMAW)	Submerged Arc Welding (SAW)	Gas Metal Arc Welding (GMAW)	Flux Cored Arc Welding (FCAW)
III	ASTM A572 GR 60 and 65	AWS A5.5 E80XX-X	AWS A5.23 F8XX-EXX-XX	AWS A5.28 ER80S-X	AWS A5.29 E8XTX-X
IV	ASTM A514(over 5/2 in.thick), A709 GR 100 and 100W(5/2 to 4 in.)	AWS A5.5 E100XX-XX	AWS A5.23 F10XX-EXX-XX	AWS A5.28 ER100S-X	AWS A5.29 E10XTX-X
V	ASTM A512(5/2 in. and under), A709 GR 100 and 100W(5/2 in. and under)	AWS A5.5 E110XX-X	AWS A5.23 F11X-EXX-XX	AWS A5.28 ER110S-X	AWS A5.29 E11XTX-X

其中 Group I 適用 CNS2947 G3039 SM400

　　　Group II 適用 CNS2947 G3057 SM490

7-2 接合方式及銲接種類

　　銲接接合會因為在接合處桿件的位置、形狀、尺寸、受力情況及可提供的銲接面積等因素而有不同的接合方式。常見接合方式有下列五種：(1) 對接（Butt Joint）、(2) 搭接（Lap Joint）、(3) T 接（Tee Joint）、(4) 隅角接（Corner Joint）、(5) 邊接（Edge Joint），如圖 7-2-1 所示。對接一般用在相同或近似厚度平板的接合，其優點為可避免如搭接方式所造成的偏心，在配合全滲透銲時可將接合尺寸降到最小。但其缺點是接合面必需斜切特殊處理及接合線的平直。搭接是一般最常用的接合方式，具有容易填銲及接合的優點，接合面不需特殊處理，接合線的平直度並不需要很精確，對於不同厚度鋼板接合也很容易處理，其缺點為接合尺寸較大，如板厚較大時，接合處會有傳力偏心現象。T 接是銲接組合斷面最常用到的接合方式，如組合 H 型鋼及 T 型鋼。隅角接合最常見於銲接組合箱型斷面。而邊接一般並不屬於結構性接合，常用在臨時因定鋼板位置用。

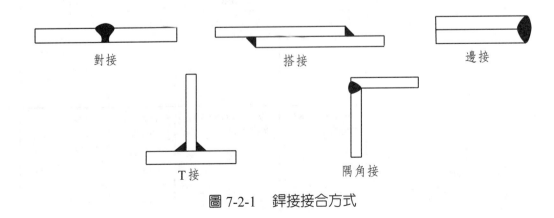

圖 7-2-1　銲接接合方式

　　一般根據銲接的位置或銲接姿勢，銲接種類可分為四種：分為平銲（Flat Weld, F）、橫銲（Horizontal Weld, H）、豎銲（Vertical Weld, V）及仰銲（Overhead Weld, OH）四類，其中以平銲操作容易且品質最優，因此應儘可能採用平銲，仰銲所需技術水準最高，品質也較難控制。另外根據接頭接合方式及作用力的需求，常見的銲接種類有下列三種：(1) 填角銲（Fillet Weld）、(2) 開槽銲（Groove Weld）、(3) 塞槽及塞孔銲（Slot and Plug Weld），如圖 7-2-2 所示。填角銲是施工最容易、成本最低及施工面尺寸要求精準度最寬鬆的銲接方法，所以是工地現場最常見的銲接方法，填角銲之有效銲喉尺寸如圖 7-2-3 所示。開槽銲一般用在結構構件是位於同一平面時使用，而且需傳遞構件在接合處的全部載重，因此銲道的強度不得小於接合構件鋼材之強度。開槽深度達接合鋼板全厚度時，稱為全滲透銲（Complete Penetration Weld），開槽深度未穿透全板厚時，則稱為半滲透銲（Partial Penetration Weld）。如果採用全滲透銲，因銲道強度基本上是大於鋼板母材，因此不需再進行應力設計。因全滲透銲可以得到品質比較好的銲道，一般張力銲件大都採用全滲透銲。在我國鋼結構極限設計規範第十三章耐震設計 [7.5] 有特別規定：「柱續接時須採全滲透銲或高強度螺栓接合」及「銲接箱型柱中，相鄰柱板間之銲接應以全滲透銲為之；但在放大地震力作用下，若柱之設計軸壓力在設計軸壓強度之 80% 以下，則相鄰柱板間之銲接得以部分滲透銲為之，惟在梁柱接頭區及其上下方各一倍柱寬之範圍內，仍須以全滲透銲為之，其中柱寬取兩向之較大值。含柱續接樓層之柱應全長採全滲透銲」。常見開槽銲之開槽形狀如表 7-2-1 所示。

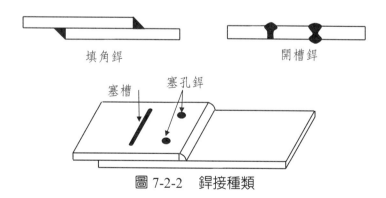

填角銲　　　　　　　　開槽銲

塞槽　　塞孔銲

圖 7-2-2　銲接種類

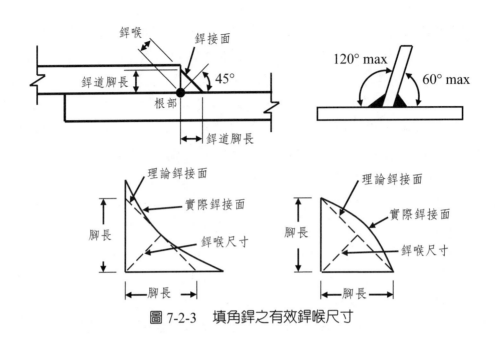

圖 7-2-3　填角銲之有效銲喉尺寸

表 7-2-1　開槽銲種類

	單邊	雙邊
方形開槽		
斜形開槽		
V 形開槽		
J 形開槽		
U 形開槽		
斜喇叭形		
喇叭形		

7-3 銲接實務

　　銲接接合設計者除了設計要考慮鋼板的可銲性、銲材與鋼板的相稱性、銲接效率、銲接過程的變形及冷縮所造成的銲道裂隙外，也需注意施工、安裝、製作及維護的的方便性。同時為了讓施工人員能確實依照設計者的銲接要求，如銲道的尺寸、銲材種

類、表面處理及銲接特殊要求等進行施作，因此需要有一套標準、簡單、易懂的銲接符號，做為設計者與施工者間之溝通橋梁。表 7-3-1 為 AISC 設計手冊 [7.8] 所提供的標準銲接符號，更詳細的銲接符號表示可參考 AWS 的銲接符號 [7.9]。國內的設計手冊 [7.5] 也有提供類似的標準銲接符號供業界參考使用。圖 7-3-1 為常用銲接符號之使用範例。

表 7-3-1　AISC 標準銲接符號

基本符號								
背後銲	填角銲	塞孔或塞槽銲	開槽或對接					
			方形	V 形	單斜	U 形	J 形	喇叭形 / 斜喇叭形

輔助符號							其他基本輔助符號，請參考 AWS A2.4-93
背面墊板	內部墊板	全周銲	現場銲	銲道表面形狀			
				平面	凸面	凹面	

銲接部位表面處理工法					
C	G	M	H	F	
鑿平	研磨	刨銑	鎚擊	不指定加工法	

附註：

尺寸、銲接符號、銲接長度及間距的表示方式都一律順參考線，由左向右表示，不管參考線是指向左或指向右。

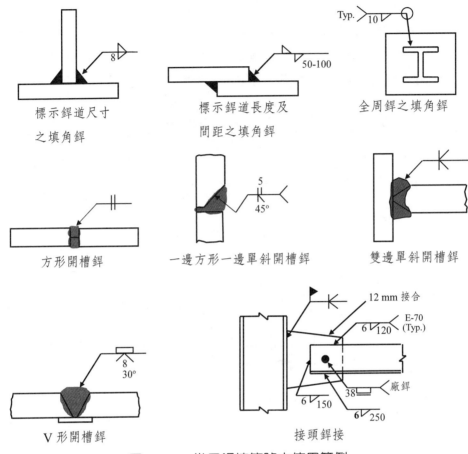

標示銲道尺寸
之填角銲

標示銲道長度及
間距之填角銲

全周銲之填角銲

方形開槽銲

一邊方形一邊單斜開槽銲

雙邊單斜開槽銲

V 形開槽銲

接頭銲接

圖 7-3-1　常用銲接符號之使用範例

　　為了確保銲道的品質，必須根據銲道尺寸及電銲機提供輸出之電流大小，選擇適當尺寸（直徑）之銲條。在現場施作前須先確認現場環境如相對濕度、風速等。對接合處開槽角度、切割面狀況、組立間隙、背襯板密合度及起弧板之設置等皆需一一檢查確認。如果需要時，也需確認預熱（Preheat）及層間（Interpass）溫度的控制。圖 7-3-2 及圖 7-3-3 為導銲板及背襯板的檢查，一般在主要構材之銲道起點與終點，會銲上與母材同樣材質之導銲板，導銲板是在銲道二端將開槽之形狀延伸一段距離，以便使較容易產生銲接缺陷之起弧及收弧位置不會落在設計銲道範圍內，銲接完成後再將首尾之導銲板予以切除並磨平。圖 7-3-4 為電銲機電流量及電壓表，圖 7-3-5 為供電電流量測，圖 7-3-6 為柱接合處銲接預熱，圖 7-3-7 為梁－柱接合處銲接預熱，圖 7-3-8 及圖 7-3-9 為預熱溫度量測，圖 7-3-10 及圖 7-3-11 為銲接層間溫度量測。

圖 7-3-2　導銲板及背襯板

圖 7-3-3　導銲板及背襯板

圖 7-3-4　電銲機電流量及電壓表

圖 7-3-5　電銲機供電電流量測

圖 7-3-6　柱接合處銲接預熱

圖 7-3-7　梁—柱接合處銲接預熱

圖 7-3-8　預熱溫度量測

圖 7-3-9　預熱溫度量測

圖 7-3-10　銲接層間溫度量測

圖 7-3-11　銲接層間溫度量測

　　為了避免使用過小銲道會因輸入熱量不足，導致銲材與母材無法完全融合及因散熱過速造成銲道脆化而失去韌性，一般規範 [7.7,7.8,7.10,7.11] 都有規定最小的銲道尺寸。依我國設計規範 [7.10,7.11] 規定填角銲最小銲道尺寸如表 7-3-2。部分滲透開槽銲有效喉厚之最小尺寸如表 7-3-3。

表 7-3-2　填角銲最小銲道尺寸表 [7.10,7.11]

接合部之較厚板厚，t（mm）	最小銲腳尺寸 [a]（mm）
t ≤ 6	3
6 < t ≤ 12	5
12 < t ≤ 19	6
19 < t ≤ 38	8

[a] 填角銲之銲腳尺寸

表 7-3-3　部分滲透開槽銲有效喉厚最小銲道尺寸表 [7.10,7.11]

接合部之較厚板厚，（mm）	有效喉厚之最小尺寸（mm）
t ≤ 6	3
6 < t ≤ 12	5
12 < t ≤ 19	6
19 < t ≤ 38	8
38 < t ≤ 57	10
57 < t ≤ 150	12
t > 150	16

　　填角銲最大銲道尺寸，依規範 [7.10] 規定：「沿厚度小於 6mm 鋼板邊緣銲接時，填角銲最大尺寸不得大於鋼板厚度。如鋼材厚度大於 6mm 以上（含）時，除圖上特別註明須銲滿全厚之喉深外，沿鋼板邊緣之填角銲最大尺寸，不得大於該板厚減 1.5mm」，如圖 7-3-12 所示。

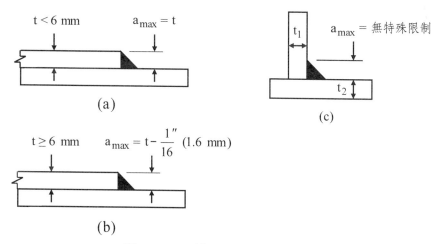

圖 7-3-12　填角銲最大銲接尺寸

　　填角銲最小有效長度，不得小於填角銲尺寸之 4 倍，否則銲接尺寸僅能考慮為有效長度之 1/4，也就是說需滿足下式規定。

$$\min L \geq 4a \geq 40 \text{ mm} \tag{7.3.1}$$

$$如果 \quad L < 4a \quad ，則 \quad a_e = \frac{L}{4} \tag{7.3.2}$$

　　填角銲在端部或側面終止時，在施工可能範圍下，應繼續圍繞轉角銲接，稱為轉角

銲接（End Returns），如圖 7-3-13 所示，其長度不得小於銲接尺寸的 2 倍。

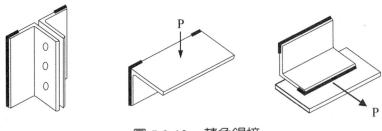

圖 7-3-13 　轉角銲接

填角銲之有效銲喉為自接合根部至銲道表面之最短距離，如圖 7-3-14 所示。其有效面積為有效銲長與有效喉厚之乘積。

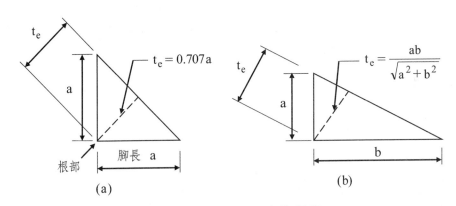

圖 7-3-14 　填角銲之有效銲喉

$$t_e = 0.707a \qquad (7.3.3)$$

或

$$t_e = \frac{ab}{\sqrt{a^2 + b^2}} \qquad (7.3.4)$$

依我國規範若填角銲使用潛弧銲（SAW），有效銲喉如公式（7.3.5）及公式（7.3.6），

$$\text{當} a \le 10 \text{ mm}, \quad t_e = a \qquad (7.3.5)$$

$$\text{當} a > 10 \text{ mm}, \quad t_e = 0.707a + 3 \qquad (7.3.6)$$

全滲透開槽銲之有效銲喉為其接合部較薄板之厚度，如圖 7-3-15 所示。

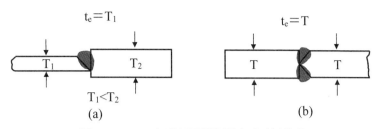

圖 7-3-15　全滲透開槽銲之有效銲喉

部分滲透開槽銲之有效銲喉如表 7-3-4 及圖 7-3-16 所示。

表 7-3-4　部分滲透開槽銲之有效喉厚

銲接方法	銲接位置	開槽角度	有效喉厚
遮護金屬電弧銲接（SMAW） 潛弧銲接（SAW）	所有位置	單斜或 V 接頭 ≥ 60°	槽深
氣體遮護金屬電弧銲接（GMAW）			
包藥銲線電銲弧接（FCAW）		單斜或 V 接頭 < 60°但≥ 45°	槽深減 3 mm

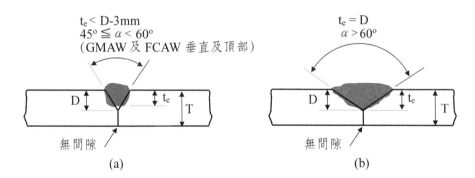

圖 7-3-16　部分滲透開槽銲之有效銲喉

喇叭形開槽銲之有效喉厚如表 7-3-5 及圖 7-3-17 所示。

表 7-3-5　喇叭形開槽銲之有效喉厚

銲道類型	有效喉厚
單斜喇叭形開槽銲	5R/16
喇叭形開槽銲	R/2[a]

註 [a]：當 R ≥ 25 mm 時使用氣體被覆電弧（短電弧銲接方法除外）之有效喉厚為 3R/8。其中，R 為鋼棒之半徑或鋼板彎曲之半徑。

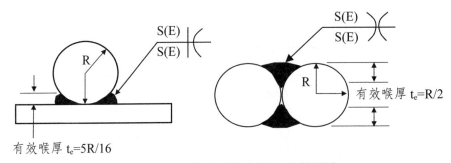

圖 7-3-17　喇叭形開槽銲之有效銲喉

　　塞孔及塞槽銲之有效面積為接合平面上圓孔或槽孔之標稱面積。塞孔銲之孔徑，不得小於開孔板厚加 8 mm，亦不可大於銲接厚度之 2.25 倍，最小中心間距應為孔徑之 4 倍。塞槽銲之長孔長度不得超過銲接厚度之 10 倍，槽孔寬不得小於開孔板厚加 8 mm，並以 1.5 mm 向上進位，亦不得大於銲接厚度之 2.25 倍，槽端部應為半圓形，或為半徑不小於開孔板厚之圓角，當端部延伸至該板邊緣時，則不受此限。塞槽銲並排時，其最小中心間距，應為槽孔寬之 4 倍，縱排時，其最小中心間距應為槽孔長之 2 倍。塞孔銲或塞槽銲之銲厚，在鋼材厚度等於或小於 16 mm 時，應等於鋼材厚度。鋼材厚度大於 16 mm 時，至少應為鋼材厚度之 1/2，且不小於 16 mm。

例 7-3-1

　　試計算 11 mm 填角銲之有效銲喉尺寸，如果使用：(a) SMAW，(b) SAW 之銲接方式。

解：

(a) $t_e = 0.707a = 0.707 \times 11 = 7.8$ mm

(b) $t_e = 0.707a + 3 = 0.707 \times 11 + 3 = 10.8$ mm

　　影響銲接品質的因素很多，主要的有：(1) 銲條品質，(2) 電銲機械之性能，(3) 電銲工之技術，(4) 銲接之準備工作：如開槽、銲接面之處理，(5) 施工場地的環境：如天候、風速、相對濕度等，(6) 銲接位置，(7) 扭曲之控制：如需有良好之銲接程序。因此要確保銲接品質，必須有完善的監理及檢測計畫並確實執行。

　　常見的銲接缺點有：(1) 熔接不完全（Incomplete Fusion）、(2) 未完全穿透（Inadequate Joint Penetration）、(3) 氣孔（Porosity）、(4) 表面凹陷（Undercutting）、(5) 銲渣或雜質（Slag Inclusion）、(6) 裂縫（Cracks）。如圖 7-3-18 及圖 7-3-19 所示。圖 7-3-20 為銲道缺陷之剷修。

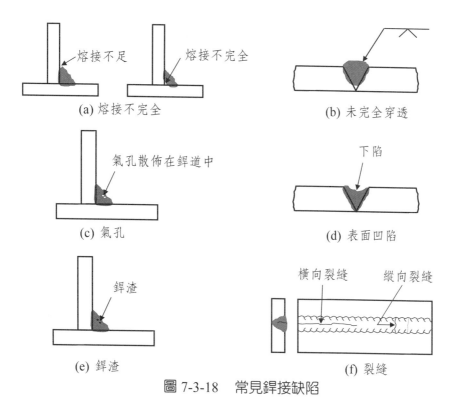

圖 7-3-18　常見銲接缺陷

(a) 銲道表面垂流　　　　　　　　(b) 銲道表面高低不平

圖 7-3-19　常見銲接表面缺陷照片

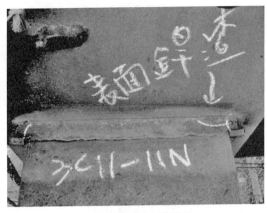

(c) 銲道表面凹陷　　　　　　　　　　　　　　　(d) 銲道表面銲渣

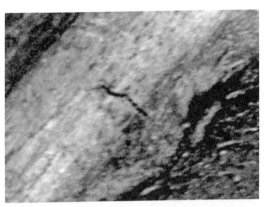

(e) 銲道縱向裂縫　　　　　　　　　　　　　　　(f) 銲道橫向裂縫

圖 7-3-19　常見銲接表面缺陷照片（續）

圖 7-3-20　銲接缺陷之剷修

　　施工時要確保銲接品質，必須注下列幾個重點：(1) 建立良好的銲接程序、(2) 僱用合格之電銲技工、(3) 僱用合格之檢驗師、(4) 當需要時使用特殊之檢驗方法。對於施工單位，銲接的品質自主管理可分三個階段：(1) 銲接前、(2) 銲接中，及 (3) 銲接後。

　　銲接前一般需檢查項目有：

(1) 現場環境（相對濕度、風速）的確認。

(2) 母材的確認。

(3) 銲接程序規範書（WPS）及銲工資格的確認。

(4) 開槽角度及切割面狀況的檢查。

(5) 組立間隙、背襯板密合度、起弧板的確認。

(6) 假銲點之清潔度及銲道品質的確認。

(7) 必要時預熱的確認。

銲接中一般需檢查項目有：

(1) 銲接條件參數是否符合銲接程序規範書（WPS）。

(2) 銲材、銲藥及保護氣體。

(3) 預熱及層間溫度。

(4) 銲接順序。

(5) 層間清渣、研磨或剷除。

上述之查驗需注意檢測時機的掌握，包括時間及順序。

銲接後施工單位一般需馬上進行下列項目的目視檢查：

(1) 銲道之尺寸確認。

(2) 銲道外觀、銲冠及表面是否符合標準。

(3) 銲道是否有喉深不足、銲蝕過深現象。

(4) 銲道是否有裂縫或重疊現象。

(5) 殘留之銲渣、濺珠是否清除。

(6) 母材是否有弧擊現象。

並隨後進行非破壞檢測查驗。

在銲道的查驗一般以非破壞檢測方法為主，常見的方法有：(1) 目測法（Visual Methods, VT）、(2) 液滲法（Liquid Penetrate Inspection, PT）、(3) 磁粉檢測法（Magnetic Particle Methods, MT）、(4) 超音波檢測法（Ultrasonic Methods, UT）、(5) 放射性檢測法（Radiographic Methods, RT）。在工程界除了目測法外，一般填角銲及續接器銲接大都以磁粉檢測法為主，而全滲透銲則以超音波檢測法為主。至於放射性檢測法基於安全性考量，除非有特別需求，一般工地很少使用。圖 7-3-21 為梁─柱接頭之梁翼板與柱翼板間全滲透銲銲接 UT 檢測，圖 7-3-22 為銲接組合型鋼之腹板與翼板填角銲銲道 MT 檢測，圖 7-3-23 為 SRC 結構中鋼筋續接器與柱翼板接合銲道之 MT 檢測。

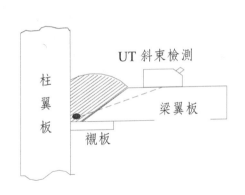

圖 7-3-21　全滲透銲銲接 UT 檢測

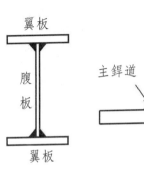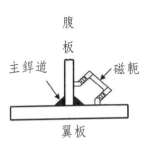

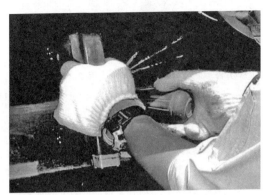

圖 7-3-22　填角銲銲道 MT 檢測

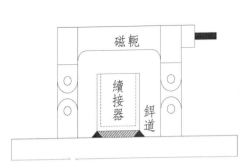

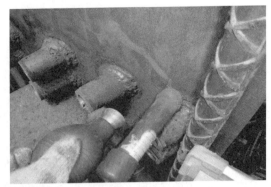

圖 7-3-23　續接器銲道 MT 檢測

7-4 銲道之標稱強度

銲接強度係由母材或銲材二者之強度決定，填角銲之標稱強度係根據有效銲喉厚度

決定，而接合部母材之強度則是由其鋼板厚度決定。表 7-4-1 為我國規範 [7.10] 有關銲道強度折減係數、標稱應力強度及相關之限制條件，表 7-4-2 為 AISC 規範 [7.12] 之規定。

表 7-4-1　我國極限設計規範之銲接設計強度 [7.10]

銲道與應力型態 [a]	材料	強度折減係數 φ	標稱應力強度 F_{BM} 或 F_w	所需銲材應力強度 [b,c]
全滲透開槽銲				
垂直於有效面積之拉應力	母材	0.90	F_y	須採相稱之銲材
垂直於有效面積之壓應力 平行於銲軸之拉應力或壓應力 [d]	母材	0.90	F_y	可小於或等於相稱銲材 [g]
有效面積上之剪應力	母材 銲材	0.90 0.80	$0.6F_y$ $0.6F_{EXX}$ [e]	
部分滲透開槽銲				
垂直於有效面積之壓應力 平行於銲軸之拉應力或壓應力 [d]	母材	0.90	F_y	可小於或等於相稱銲材 [g]
平行於銲軸之剪應力	母材 [f] 銲材	0.75	$0.6F_{EXX}$	
垂直於有效面積之拉應力	母材 銲材	0.90 0.80	F_y $0.6F_{EXX}$	
填角銲				
有效面積上之剪應力	母材 [f] 銲材	0.75	$0.6F_{EXX}$	可小於或等於相稱銲材 [g]
平行於銲軸之拉應力或壓應力 [d]	母材	0.90	F_y	
塞孔銲或塞槽銲				
與接觸面平行之剪應力 （在有效面積上）	母材 [f] 銲材	0.75	$0.6F_{EXX}$	可小於或等於相稱銲材 [g]

註：

[a] 有效面積之定義，詳見我國極限設計規範 10.2 節。

[b] 相稱銲材，詳見我國極限設計規範 10.2.6 節。

[c] 可允許較相稱銲材強度高一級之銲材。

[d] 連結組合構材各構件之填角銲與部分滲透槽銲，如翼板與腹板之接合，設計時可不需考慮各構件與銲軸平行之拉應力或壓應力。

[e] FEXX 為銲接金屬之標稱拉力強度。

[f] 接合母材之設計參考我國極限設計規範解說 10.2.4 之說明，並依據我國極限設計規範 10.4、10.5 節之規定計算之。

[g] 除設計圖說另有說明外，仍以使用相稱銲材為原則。

表 7-4-2　AISC 之銲道強度 [7.12]

載重種類及與銲道之相對方向	材料	φ 及 Ω	標稱強度 (F_{BM} or F_w)	有效面積 (A_{BM} or A_w)	需要之銲材強度規格 [a][b]
滲透銲					
張力 垂直銲道	接頭強度由母材控制				需採用相稱銲材
壓力 垂直銲道	接頭強度由母材控制				可採用相等或小一級之相稱銲材
張力或壓力 平行銲道	連結組合構材各單元銲道受平行於銲軸之張力或壓力於設計時可不予考慮				可採用相等或小於之相稱銲材
剪力	接頭強度由母材控制				需採用相稱銲材 [c]
部滲透銲					
張力 垂直銲軸	母材	φ = 0.75 Ω = 2.00	F_u	詳見 J4	可採用相等或小於之相稱銲材
	銲材	φ = 0.80 Ω = 1.88	$0.60F_{EXX}$	詳見 J2.1a	
壓力柱與柱底板及柱之接合參考 J1.4(1)	連續組合構材各單元銲道之壓應力可不予考慮				
壓力柱以外之壓力桿件如規範 J1.4(2) 所述	母材	φ = 0.90 Ω = 1.67	F_y	詳見 J4	
	銲材	φ = 0.80 Ω = 1.88	$0.60F_{EXX}$	詳見 J2.1a	
未銑平之壓力接合	母材	φ = 0.90 Ω = 1.67	F_y	詳見 J4	
	銲材	φ = 0.80 Ω = 1.88	$0.90F_{EXX}$	詳見 J2.1a	
張力或壓力平行銲軸	連結組合構材各單元銲道受平行銲軸之張力與壓力，於設計時可不予考慮。				
剪力	母材	由 J4 節控制			
	銲材	φ = 0.75 Ω = 2.00	$0.60F_{EXX}$	詳見 J2.1a	

表 7-4-2　AISC 之銲道強度（續）[7.12]

載重種類及與銲道之相對方向	材料	φ 及 Ω	標稱強度（F_{BM} or F_w）	有效面積（A_{BM} or A_w）	需要之銲材強度規格 [a][b]
填角銲					
剪力	母材	由 J4 節控制			可採用相等或小於之相稱銲材
	銲材	φ = 0.75 Ω = 2.00	$0.60F_{EXX}$ [d]	詳見 J2.2a	
張力或壓力平行銲軸	連結組合構材各單元銲道受平行於銲軸之張力或壓力，於設計時可不予考慮。				
塞孔或塞槽銲					
剪力	母材	由 J4 節控制			可採用相等或小於之相稱銲材
	銲材	φ = 0.75 Ω = 2.00	$0.60F_{EXX}$	詳見 J2.3a	

[a] 相稱銲材請參考 AWS D1.1，Section 3.3。

[b] 可允許較相稱銲材強度高一級之銲材。

[c] 組合構件之翼板與腹板間傳遞剪力之開槽銲可採用強度小於相稱銲材之銲材，此時板厚為其有效銲喉，φ = 0.80，Ω = 1.88 及標稱強度為 0.6 F_{EXX}。

[d] 可使用規範 J2.4(a)、(b)、(c) 的相容變形為替代法。

　　圖 7-4-1 說明填角銲及母材之剪力面，(1) 剖面 1-1 之強度係由母材 A 之剪力強度決定。(2) 剖面 2-2 之強度係由銲材之剪力強度決定。(3) 剖面 3-3 之強度係由母材 B 之剪力強度決定。銲接接頭之強度，取各剪力傳遞面所計得強度之最低者。剖面 1-1 及 3-3 取離開銲接熔合區以外的位置。對不同強度母材之接合，其剪力面係由較低強度者之銲接熔合區所控制。當部分滲透開槽銲之開槽縱軸與張力平行，或主要受壓力或承壓應力，則其可視為與母材所能承受之應力相同 [7.10]。

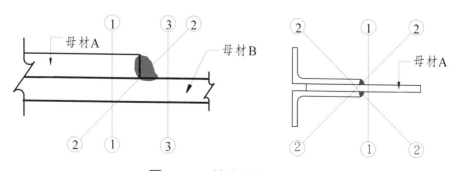

圖 7-4-1　填角銲之剪力面

所以依規範規定銲道之設計強度應滿足下式規定，

$$\phi R_{nBM} = \phi F_{BM} A_{BM} \geq R_u \tag{7.4.1}$$

$$\phi R_{nw} = \phi F_w A_w \geq R_u \tag{7.4.2}$$

式中：

ϕ：強度折減係數

F_{BM}：母材之標稱強度

F_W：銲材之標稱強度

A_{BM}：母材之斷面積

A_W：銲道之有效面積

依 AISC 規範 [7.12] 規定，銲接接合之標稱強度表示如下：

1. 全滲透銲：完全由鋼板母材控制，連結組合構材各構件之全滲透銲，平行銲道之作用力可不用考慮。

$$R_{nBM} = A_{BM}(F_y)，\phi = 0.9（垂直於銲軸之張應力或壓應力）\tag{7.4.3}$$

$$R_{nBM} = A_{BM}(0.60F_y)，\phi = 1.0（剪應力破壞）\tag{7.4.4}$$

2. 部分滲透銲：連結組合構材各構件之部分滲透銲，平行銲道之作用力可不用考慮。

$$R_{nBM} = A_{BM}(F_u)，\phi = 0.75（垂直於銲軸之張應力或壓應力）\tag{7.4.5}$$

$$R_{nBM} = A_{BM}(0.60F_y)，\phi = 1.0（剪應力破壞）\tag{7.4.6}$$

$$R_{nW} = A_W(0.60F_{EXX})，\phi = 0.8（張力或壓力接合）\tag{7.4.7}$$

$$R_{nW} = A_W(0.90F_{EXX})，\phi = 0.8（壓力接合，未銑平承壓）\tag{7.4.8}$$

3. 填角銲及塞孔銲或塞槽銲：

$$R_{nBM} = A_{BM}(0.60F_u)，\phi = 0.75（剪應力撕裂破壞）\tag{7.4.9}$$

$$R_{nW} = A_W(0.60F_{EXX})，\phi = 0.75 \tag{7.4.10}$$

而依我國極限設計規範 [7.10] 規定，銲接接合之標稱強度表示如下：

1. 全滲透銲：完全由鋼板母材控制，連結組合構材各構件之全滲透銲平行銲道之作用力可不用考慮。

$$R_{nBM} = A_{BM}(F_y)，\phi = 0.9（垂直於銲軸之張應力或壓應力） \quad （7.4.11）$$

$$R_{nBM} = A_{BM}(0.60F_y)，\phi = 1.0（剪應力破壞） \quad （7.4.12）$$

$$R_{nW} = A_W(0.60F_{EXX})，\phi = 0.8（剪應力破壞） \quad （7.4.13）$$

2. 部分滲透銲：連結組合構材各構件之部分滲透銲平行銲道之作用力可不用考慮。

$$R_{nBM} = A_{BM}(F_y)，\phi = 0.9（垂直於銲軸之張應力或壓應力） \quad （7.4.14）$$

$$R_{nW} = A_W(0.60F_{EXX})，\phi = 0.75（平行於銲軸之剪應力） \quad （7.4.15）$$

$$R_{nW} = A_W(0.60F_{EXX})，\phi = 0.8（垂直於有效面積之拉應力） \quad （7.4.16）$$

3. 塡角銲：

$$R_{nBM} = A_{BM}(0.60F_u)，\phi = 0.75（剪力撕裂） \quad （7.4.17）$$

$$R_{nBM} = A_{BM}(F_y)，\phi = 0.9（平行於銲軸之張或壓應力破壞） \quad （7.4.18）$$

$$R_{nW} = A_W(0.60F_{EXX})，\phi = 0.75 \quad （7.4.19）$$

4. 塞孔銲或塞槽銲：

$$R_{nBM} = A_{BM}(0.60F_y)，\phi = 1.0（剪應力破壞） \quad （7.4.20）$$

$$R_{nW} = A_W(0.60F_{EXX})，\phi = 0.75 \quad （7.4.21）$$

由上列公式可知，在銲接部分，我國極限設計法規範與 AISC-LRFD 規範之檢討項目及所使用強度係數大致類似，因此本章主要以依據我國規範為主。

例 7-4-1

試依我國極限設計規範規定，計算 10 mm 塡角銲銲道之設計剪力強度 ϕR_{nw}，假設使用：(a) SMAW，(b) SAW 銲接法，且使用 E70 銲條。

解：

E70 銲條，$F_{EXX} = 4.9$ tf/cm^2

(a) SMAW，$t_e = 0.707a = 0.707 \times 10 = 7.07$ mm $= 0.707$ cm

$A_w = L \times t_e = 1.0 \times 0.707 = 0.707$ cm^2

$R_{nw} = A_w(0.60F_{EXX}) = 0.707 \times 0.6 \times 4.9 = 2.0786$ tf/cm

$\phi R_{nw} = 0.75 \times 2.0786 = 1.559$ tf/cm

(b) SAW，$t_e = a = 10$ mm $= 1.0$ cm

$A_w = L \times t_e = 1.0 \times 1.0 = 1.0$

$R_{nw} = A_w(0.60F_{EXX}) = 1.0 \times 0.6 \times 4.9 = 2.94$ tf/m

$\phi R_{nw} = 0.75 \times 2.94 = 2.205$ tf/m

例 7-4-2

試依我國極限設計規範規定，計算直徑 19 mm 之塞孔銲之設計剪力強度 ϕR_{nw}，使用 E70 銲條。

解：

E70 銲條，$F_{EXX} = 4.9$ tf/cm^2

$A_w = \dfrac{\pi D^2}{4} = \dfrac{\pi \times 1.9^2}{4} = 2.835$ cm^2

$R_{nw} = A_w(0.60F_{EXX}) = 2.835 \times 0.6 \times 4.9 = 8.335$ tf/ 孔

$\phi R_{nw} = 0.75 \times 8.335 = 6.251$ tf/ 孔

例 7-4-3

試依我國極限設計規範規定，計算如圖 7-4-2 之翼板與腹板之銲接接合剪力強度，母材為 SM400 鋼板，銲條為 E70 銲材，如果銲接方法為：(a) SMAW，(b) SAW。

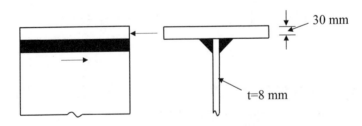

30 mm

t=8 mm

圖 7-4-2　例 7-4-3 翼板與腹板之接合

解：

E70 銲條；$F_{EXX} = 4.9$ tf/cm^2

SM400 鋼料；$F_y = 2.5$ tf/cm^2；$F_u = 4.1$ tf/cm^2

(a) SMAW：$a_{min} = 5$ mm，$a_{max} = 8 - 1.5 = 6.5$ mm，$a_e = 0.707a$

銲材 $\phi R_{nw} = 2\,\phi\,(0.707a)(0.6F_{EXX})$

$= 2 \times 0.75 \times 0.707 \times a \times 0.6 \times 4.9 = 3.118a$

母材剪力強度：

$\phi R_{nBM} = \phi A_{BM} \times (0.60F_u) = 0.75 \times 0.8 \times 0.6 \times 4.1 = 1.48$ tf/m

ϕR_{nBM}（母材剪力）$= \phi R_{nw}$（銲材）

需要銲道尺寸 $a = \dfrac{1.48}{3.118} = 0.475$ cm < 0.5

所以使用最小銲道 a = 0.5 cm

每條銲道強度 $\therefore \phi R_{nw} = 0.75 \times 0.707 \times 0.5 \times 0.6 \times 4.9 = 0.779$ tf/m

翼板與腹板之銲接接合剪力強度 $\phi R_{nw} = 2 \times 0.779 = 1.558$ tf/m

(b) SAW：$a_{min} = 5$mm，$a_{max} = 8 - 1.5 = 6.5$ mm，$a_e = a$

銲材 $\phi R_{nw} = 2 \times 0.75 \times a \times 0.6 \times 4.9 = 4.41a$

母材剪力強度：$\phi R_{nBM} = 1.48$ tf/cm

需要銲道尺寸$a = \dfrac{1.48}{4.41} = 0.336$ cm < 0.5

所以使用最小銲道 a = 0.5 cm

每條銲道強度 $\therefore \phi R_{nw} = 0.75 \times 0.5 \times 0.6 \times 4.9 = 1.103$ tf/m

翼板與腹板之銲接接合剪力強度 $\phi R_{nw} = 2 \times 1.103 = 2.206$ tf/m

7-5 銲接接合設計——極限強度設計法

一、直接受軸力桿件

　　一般設計銲接接合時，其銲接處之強度必須大於接合構件之張力或壓力強度，而且必須盡量減少接合處會產生之偏心效應。當接合桿件之作用力中心並不在平面對稱中心時，此時銲道的配置，必須盡量使銲道作用力合力位與接合桿件之作用力中心位置一致，如圖 7-5-1 所示。

$$\sum M_A = -F_1 d - F_2 \frac{d}{2} + T \times y = 0 \tag{7.5.1}$$

得

$$F_1 = \frac{T \times y}{d} - \frac{F_2}{2} \tag{7.5.2}$$

又

$$F_2 = R_{nw} L_2 \tag{7.5.3}$$

$$\sum F = T - F_1 - F_2 - F_3 = 0 \tag{7.5.4}$$

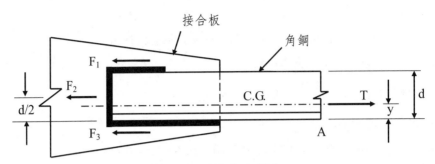

圖 7-5-1　接合之偏心

$$F_3 = T - F_1 - F_2 = T - (\frac{T \times y}{d} - \frac{F_2}{2}) - F_2 = T(1 - \frac{y}{d}) - \frac{F_2}{2} \qquad （7.5.5）$$

$$L_{w1} = \frac{F_1}{R_{nw}} \qquad （7.5.6）$$

$$L_{w3} = \frac{F_3}{R_{nw}} \qquad （7.5.7）$$

例 7-5-1

如圖 7-5-2 之張力鋼板，在工作載重下承受 30 tf 活載及 8 tf 之靜載重，鋼材為 SM490，試依我國極限設計規範規定選則適當鋼板厚度及銲接方法。

圖 7-5-2　例 7-5-1 之張力接合鋼板

解：

SM490 鋼材：$F_y = 3.3 \text{ tf/cm}^2$；$F_u = 5.0 \text{ tf/cm}^2$

$T_u = 1.2T_D + 1.6T_L = 1.2 \times 8 + 1.6 \times 30 = 57.6 \text{ tf}$

所需鋼板厚：在此處無開孔

$\phi T_n = \phi F_y A_g = 0.9 \times 3.3 \times A_g = 2.97 A_g$

$\phi T_n = \phi F_u A_e = 0.75 \times 5.0 \times A_e = 3.75 A_e$

∴需要之 $A_g = \dfrac{T_u}{2.97} = \dfrac{57.6}{2.97} = 19.4 \text{ cm}^2$

需要之 $t = \dfrac{19.4}{15} = 1.29 \text{ cm}$

∴使用 150×13 之鋼板。

　　銲接選用全滲透開槽對接，F_{7XX}、E_{XXX} 銲條，如圖 7-5-3 所示，銲接處強度由母材控制。

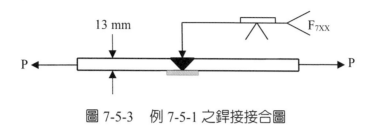

圖 7-5-3　例 7-5-1 之銲接接合圖

例 7-5-2

　　試依我國極限設計規範，計算下列銲接接合之工作載重 T 為何？（其中 30% 為靜載重，70% 為活載重）。使用雙 V 型開槽 SMAW 銲接。鋼材為 SM400，銲材 $E60_{XX}$。

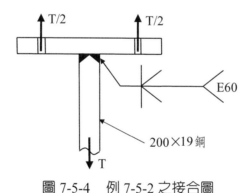

圖 7-5-4　例 7-5-2 之接合圖

解：

　　E60 銲條：$F_{EXX} = 4.2 \text{ tf/cm}^2$

　　SM400 鋼料：$F_y = 2.5 \text{ tf/cm}^2$；$F_u = 4.1 \text{ tf/cm}^2$

　　鋼板（200×19）之強度

　　$\phi T_n = \phi F_y A_g = 0.9 \times 2.5 \times 1.9 \times 20.0 = 85.5 \text{ tf}$

　　$T_u = 1.2T_D + 1.6T_L = 1.2 \times (0.3T) + 1.6 \times (0.7T) = 1.48T$

　　$\therefore T = \dfrac{85.5}{1.48} = 57.8 \text{ tf}$

　　銲接使用雙 V 型開槽 SMAW 銲接，其銲接處強度由母材控制，所以本接合最大工作張力為 57.8 tf。

例 7-5-3

　　如圖 7-5-5 中兩塊鋼板做搭接銲接，鋼板厚為 16 mm，SM400 鋼材。如果承受 45 tf 之拉力（30%DL，70%LL），使用 E70 銲條，SMAW 填角銲接，試依我國極限設計規範，設計此接頭。

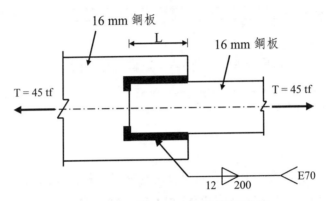

圖 7-5-5　例 7-5-3 之銲接接合圖

解：

　　E70 銲條；$F_{EXX} = 4.9 \text{ tf/cm}^2$

　　SM400 鋼料；$F_y = 2.5 \text{ tf/cm}^2$；$F_u = 4.1 \text{ tf/cm}^2$

　　假設銲道只沿鋼板兩側施作

　　$T_u = 1.2 \times 0.3 \times 45 + 1.6 \times 0.7 \times 45 = 66.6 \text{ tf}$

　　最大銲道 $a_{max} = 16 - 1.5 = 14.5 \text{ mm}$

　　最小銲道 $a_{min} = 6 \text{ mm}$

　　使用 $a = 12 \text{ mm}$

　　　　$t_e = 0.707a = 0.707 \times 12 = 8.48 \text{ mm}$

　　單位長度銲道之強度：

　　$\phi R_{nw} = 0.75 t_e (0.60 F_{EXX})$

　　　　$= 0.75 \times 0.848 \times (0.60 \times 4.9) = 1.870 \text{ tf/cm}$

　　母材剪力撕裂強度：

　　$\phi R_{ABM} = \phi A_{BM} (0.6 F_u)$

　　　　$= 0.75 \times 1.6 \times 0.6 \times 4.1 = 2.952 \text{ tf/cm} > 1.870 \text{ tf/cm}$

　　所需銲長度（每邊）

　　$L = \dfrac{66.6 / 2}{1.87} = 17.8 \text{ cm}$

　　使用 L = 20 cm。

例 7-5-4

設計如圖 7-5-6 之銲接接合，鋼材 SM400，銲條 E70，SMAW 銲接。T ＝ 45 tf（30%DL，70%LL），角鋼為 L150×100×12，接合板 t ＝ 13 mm。

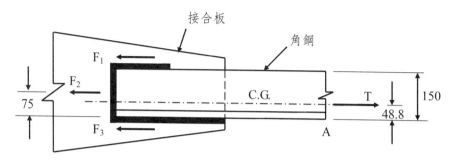

圖 7-5-6　例 7-5-4 接合圖

解：

E70 銲條：$F_{EXX} = 4.9$ tf/cm^2

SM400 鋼料：$F_y = 2.5$ tf/cm^2；$F_u = 4.1$ tf/cm^2

$T_u = 1.2 \times 0.3 \times 45 + 1.6 \times 0.7 \times 45 = 66.6$ tf

角鋼板厚 t ＝ 12 mm

最大銲道 a_{max} ＝ 12 － 1.5 ＝ 10.5 mm

最小銲道 a_{min} ＝ 5 mm

使用 a ＝ 10 mm

$\quad t_e = 0.707a = 0.707 \times 10 = 7.07$ mm

銲材：

$\quad \phi R_{nw} = 0.75 t_e(0.60 F_{EXX}) = 0.75 \times 0.707 \times 0.6 \times 4.9 = 1.559$ tf/cm

本斷面應無母材剪力撕裂可能。

$F_2 = \phi R_{nw} \cdot L_{w2} = 1.559 \times 15 = 23.39$ tf

對 F_1 取彎矩：角鋼形心 y ＝ 4.88

$T_u(15 - y) = F_3 \times 15 + F_2 \times 7.5$

$66.6 \times (15 - 4.88) = F_3 \times 15 + 23.39 \times 7.5$

$F_3 = 33.24$ tf

$F_1 = 66.6 - 23.39 - 33.24 = 9.97$ tf

$\therefore L_{w3} = \dfrac{F_3}{\phi R_{nw}} = \dfrac{33.24}{1.559} = 21.32$ cm $\longrightarrow$ 使用 22 cm

$L_{w1} = \dfrac{F_1}{\phi R_{nw}} = \dfrac{9.97}{1.559} = 6.4$ cm $\longrightarrow$ 使用 7 cm

例 7-5-5

同例 7-5-4，但是將角鋼尾端 F_2 處之銲道省略掉，只留 F_1 及 F_3 處之銲道，同時銲接方法改成 SAW。

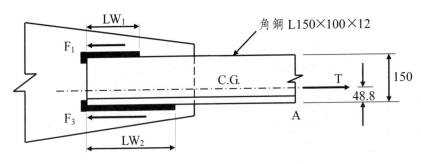

圖 7-5-7　例 7-5-5 銲接接合圖

解：

$T_u = 66.6$ tf

$\sum M_{F_3} = 0$

$F_1 = \dfrac{66.6 \times 4.88}{15.0} = 21.67$ tf

$F_3 = T_u - F_1 = 66.6 - 21.67$

試用 8 mm 銲道

SAW：$a \leq 10$ mm；$t_e = a$

銲材：$\phi R_{nw} = \phi t_e (0.6 F_{EXX}) = 0.75 \times 0.8 \times 0.6 \times 4.9 = 1.764$ tf/cm

母材撕裂強度：

$\phi R_{nBM} = \phi A_{BM} (0.6 F_u) = 0.75 \times 1.2 \times 0.6 \times 4.1 = 2.214 > 1.764$ tf/cm

$\therefore L_{W1} = \dfrac{F_1}{\phi R_{nw}} = \dfrac{21.67}{1.764} = 12.3$ cm $\longrightarrow$ 使用 13 cm

$L_{w3} = \dfrac{F_3}{\phi R_{nw}} = \dfrac{44.93}{1.764} = 25.47$ cm $\longrightarrow$ 使用 26 cm

銲道尾端必須依規定提供轉角銲接。

二、受剪力及扭力作用——同平面之偏心荷重

（一）彈性分析法（Elastic Analysis）

　　當托架的接合採使用銲接時，如圖 7-5-8 所示，這類銲道將受到剪力及扭力的共同作用，此時每一銲道單元（單位長度）的受力行為，將如圖 7-5-8(b) 所示，同時受到直接剪力 R_v 及扭力產生之剪力 R_m 的作用。其中 R_m 又可分解成 R_x 及 R_y 兩個水平及垂直分量。其力學公式如下：

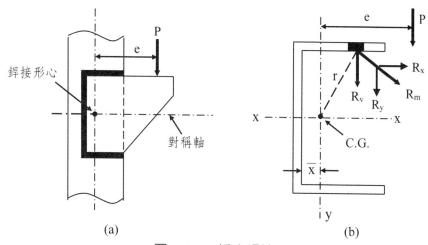

(a) 　　　　　　　　　　　　　　(b)

圖 7-5-8　偏心銲接

$$R_v = \frac{P}{\sum L} \tag{7.5.8}$$

$$R_x = \frac{M \cdot y}{I_p} \tag{7.5.9}$$

$$R_y = \frac{M \cdot y}{I_p} \tag{7.5.10}$$

$$I_p = I_x + I_y \tag{7.5.11}$$

$$R = \sqrt{(R_v + R_y)^2 + R_x^2} \tag{7.5.12}$$

各種不同銲道配置其單位厚銲道之慣性矩公式，如表 7-5-1 所示 [7.1]。

表 7-5-1　單位寬線性銲條之接合斷面性質表 [7.1]

銲道配置形狀	形心位置	斷面模數 $S = I_x / \overline{y}$	對銲道配置中心之極慣性矩 $I_p = I_x + I_y$
1.		$S = \dfrac{d^2}{6}$	$I_p = \dfrac{d^3}{12}$
2.		$S = \dfrac{d^2}{3}$	$I_p = \dfrac{d(3b^2 + d^2)}{6}$
3.		$S = bd$	$I_p = \dfrac{b(3b^2 + b^2)}{6}$
4.	$\overline{y} = \dfrac{d^2}{2(b+d)}$ $\overline{x} = \dfrac{b^2}{2(b+d)}$	$S = \dfrac{4bd + d^2}{6}$	$I_p = \dfrac{(b+d)^4 - 6b^2 d^2}{12(b+d)}$
5.	$\overline{x} = \dfrac{b^2}{2b+d}$	$S = bd + \dfrac{d^2}{6}$	$I_p = \dfrac{8b^3 + 6bd^2 + d^3}{12} - \dfrac{b^4}{2b+d}$
6.	$\overline{y} = \dfrac{d^2}{b+2b}$	$S = \dfrac{2bd + d^2}{3}$	$I_p = \dfrac{b^3 + 6b^2 d + 8d^3}{12} - \dfrac{d^4}{2d+b}$
7.		$S = bd + \dfrac{d^2}{3}$	$I_p = \dfrac{(b+d)^3}{6}$
8.	$\overline{y} = \dfrac{d^2}{b+2d}$	$S = \dfrac{2bd + d^2}{3}$	$I_p = \dfrac{b^3 + 8d^3}{12} - \dfrac{d^4}{b+2d}$
9.		$S = bd + \dfrac{d^2}{3}$	$I_p = \dfrac{b^3 + 3bd^2 + d^3}{6}$
10.		$S = \pi r^2$	$I_p = 2\pi r^3$

例 7-5-6

試求圖 7-5-9 之銲接配置銲道，所承受之最大載重（單位長度）R = ？

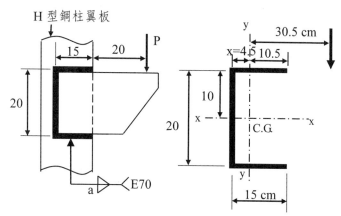

圖 7-5-9　例 7-5-6 平面偏心銲接接合圖

解：

先計算銲道配置之垂心位置

$$x = \frac{2 \times 15 \times 7.5}{2 \times 15 + 20} = 4.5 \text{ cm}$$

$$L = 2 \times 15 + 20 = 50 \text{ cm}$$

$$I_x = \frac{20^3}{12} + 2 \times 15 \times 10^2 = 3666.7$$

$$I_y = 2 \times \left(\frac{15^3}{12}\right) + 2 \times 15 \times 3^2 + 20 \times 4.5^2 = 1237.5$$

$$I_p = I_x + I_y = 4904.2 \text{ cm}^4$$

$$R_v = \frac{P}{L} = \frac{30}{50} = 0.6 \text{ tf/cm} \quad \downarrow$$

$$R_x = \frac{T \cdot y}{I_p} = \frac{30 \times 30.5 \times 10}{4904.2} = 1.866 \text{ tf/cm} \quad \rightarrow$$

$$R_y = \frac{T \cdot x}{I_p} = \frac{30 \times 30.5 \times 10.5}{4904.2} = 1.959 \text{ tf/cm} \quad \downarrow$$

$$\therefore R = \sqrt{R_x{}^2 + (R_v + R_y)^2} = \sqrt{1.866^2 + (0.6 + 1.959)^2} = 3.167 \text{ tf/cm}$$

例 7-5-7

求圖 7-5-10 接合所需填角銲銲道尺寸，使用 SM400 鋼料，E70 銲條，SMAW 銲接。P = 10 tf（20%DL，80%LL）。

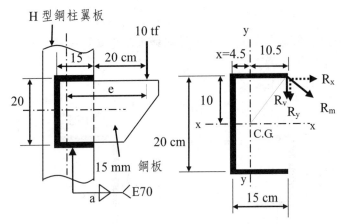

圖 7-5-10　例 7-5-7 平面偏心銲接接合

解：

由表 7-5-1，b = 15 cm，d = 20 cm

$$x = \frac{b^2}{2b+d} = \frac{15^2}{30+20} = 4.5 \text{ cm}$$

$$I_p = \frac{8b^3 + 6bd^2 + d^3}{12} - \frac{b^4}{2b+d} = \frac{8 \times 15^3 + 6 \times 15 \times 20^2 + 20^3}{12} - \frac{15^4}{30+20}$$

$$= 4904.2 \text{ cm}^2$$

$$\begin{bmatrix} I_x = \frac{1}{12} \times 20^3 + 2 \times 15 \times 10^2 = 3666.7 \\ I_y = 2(\frac{1}{12} \times 15^3) + 2 \times 15 \times 32 + 20 \times 4.5^2 = 1237.5 \\ I_p = I_x + I_y = 4904.2 \text{ cm}^3 \end{bmatrix}$$

$$P_u = 1.2 \times 0.2 \times 10 + 1.6 \times 0.8 \times 10 = 15.2 \text{ tf}$$

$$M_u = P_u \cdot e = 15.2 \times (20 + 10.5) = 463.6 \text{ tf-m}$$

$$R_{uv} = \frac{15.2}{2 \times 15 + 20} = 0.304 \text{ tf/cm}$$

$$R_{ux} = \frac{M_y}{I_p} = \frac{463.6 \times 10}{4904.2} = 0.945 \text{ tf/cm}$$

$$R_{uy} = \frac{M_x}{I_p} = \frac{463.6 \times 10.5}{4904.2} = 0.993 \text{ tf/cm}$$

$$R_u = \sqrt{(0.304 + 0.993)^2 + 0.945^2} = 1.605 \text{ tf/cm}$$

每 cm 之銲道之單位長度之強度

$$\phi R_{nw} = 0.75 \times 0.707 \times 0.6 \times 4.9 = 1.559 \text{ tf/cm}$$

∴需要之 a = 1.605/1.559 = 1.03 cm

使用 a = 11 mm 之銲道。　　#

（最大銲道 $a_{max} = 15 - 1.5 = 13.5$ mm，最小銲道 $a_{min} = 6$ mm）

（二）強度分析法（Strength Analysis）[7.1,7.12,7.13,7.14,7.15]

根據研究結果顯示，填角銲之載重變形曲線是與作用力及銲道軸線之夾角 θ 有關，如圖 7-5-11 所示，θ = 90°時強度最大，θ = 0°時強度最小，LRFD[7.12] 規定，對作用力作用在銲道中心時，單位長度填角銲之設計強度如下：

$$F_w = 0.6F_{EXX}[1.0 + 0.5(\sin\theta)^{1.5}] \qquad （7.5.13）$$

$$R_n = F_w \cdot A_w \qquad （7.5.14）$$

$$\phi = 0.75$$

θ = 載重與銲道軸線之夾角，單位為度。

對於偏心載重之銲道，其分析方法與螺栓分析方法類似，必須先找出銲道受力變形時，其轉動之瞬間中心（Instantaneous Center），如圖 7-5-11，同時將銲道切成單位長度之小段，然後假設各小段銲道之強度 R_i 與距瞬時中心之垂直距離是成正比，其與螺栓接合不同之處為在螺栓接合中各螺栓之強度 R_i 與作用力及螺栓軸線間之夾角 θ 無關，而在銲接接合中 R_i 則 θ 與角有關，如上述公式。

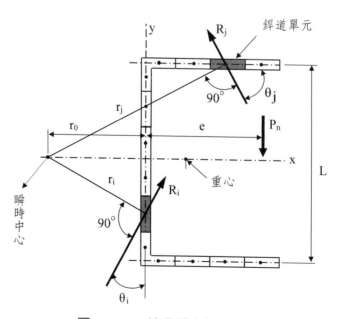

圖 7-5-11　填角銲之標稱強度

若銲道受到的是平面內之偏心剪力作用，則上述公式必須修正如下 [7.12]：

$$F_{wi} = 0.6F_{EXX}[1.0 + 0.5(\sin\theta)^{1.5}] \cdot [p(1.9 - 0.9p)]^{0.3} \qquad （7.5.15）$$

式中：

R_i = 第 i 段銲道單元之標稱強度（tf/cm）

θ = 載重方向與銲道單元軸線間之夾角（度）

Δ_i = 第 i 段銲道單元之變形量 $= r_i \dfrac{\Delta_u}{r_{crit}}$

r_{crit} = 瞬時中心到 Δ_u / r_i 值最小之銲道單元之距離

$p = \dfrac{\Delta_i}{\Delta_m}$，銲道單元變形量與其最大應力時變形量之比值

$\Delta m = 0.209(\theta + 2)^{-0.32} a$，在最大應力時，銲道單元之變形量（cm）

$\Delta_u = 1.087(\theta + 6)^{-0.65} a \le 0.17a$，接近破裂之銲道單元變形量，一般指距瞬時中心最遠之銲道段（cm）

$\dfrac{\Delta_u}{r_{crit}}$ 是使用所有銲道之 $\dfrac{\Delta_u}{r_i}$ 的最小值

a = 填角銲之銲腳尺寸

根據上列公式計算之 R_i 及 R_j 必須同時滿足下列之平衡條件：

$$\Sigma F_x = 0 \qquad （7.5.16）$$

$$\Sigma F_y = 0 \qquad （7.5.17）$$

$$\Sigma M = 0 \qquad （7.5.18）$$

如果以圖 7-5-11 為例，接合處只取受垂直偏心載重則：

$$\Sigma F_x = 0, \quad \Sigma(R_i)_x + \Sigma(R_j)_x = 0 \qquad （7.5.19）$$

$$\Sigma F_y = 0, \quad \Sigma(R_i)_y + \Sigma(R_j)_y = P_n \qquad （7.5.20）$$

得
$$P_n = \Sigma(R_i)_y + \Sigma(R_j)_y \qquad （7.5.21）$$

$$\Sigma M = 0, \quad \Sigma(R_i r_i) + \Sigma(R_j r_j) = P_n(e + r_0) \qquad （7.5.22）$$

得
$$P_n = \frac{\Sigma(R_i r_i) + \Sigma(R_j r_j)}{e + r_0} \qquad （7.5.23）$$

以第一平衡條件來說，因受水平作用力，因此只要銲道配置取對 X 軸對稱的單元，且瞬心落在 X 軸上的話，自然就滿足第一平衡條件。因此，如果讓瞬心落在 X 軸上，只要檢核公式（7.5.21）及公式（7.5.23）兩計算值是否相同，就可確定真正瞬心位置。

　　而目前我國極限設計規範,對強度分析法尚無明確的定義,因此相關公式只能依據 AISC 之規定。

　　一般分析步驟如下(參考圖 7-5-11):

1. 將銲道分離成小段單元(每公分一段或每兩公分一段)。

2. 選擇一瞬時中心。

3. 假設各銲道段之作用力 R_i 及 R_j,作用方向為垂直於各單元與瞬時中心之連線。

4. 計算 R_i 及 R_j 與銲道軸線之夾角 θ_i 及 θ_j。

5. 計算 Δ_m 及 Δ_u 之變形量。

6. 假設各單元之變形量與其距瞬時中心距離成線性關係,也就是臨界銲道段為 Δ_u / r_i 之比值為最小者。

7. 計算各單元之變形量 Δ_i。

8. 計算各單元之標稱強度 R_i。

9. 利用靜力公式計算標稱載重 P_n,

$$\sum M = 0, \quad P_n = \frac{\sum R_i r_i + \sum R_j r_j}{e + r_0}$$

$$\sum F_y = 0, \quad P_n = \sum R_i \cos \theta_i + \sum R_j \sin \theta_j$$

10. 比較上二式之 P_n 值,若兩者相等,則計算結果為正確值;如果不相等,則重新在 X 軸上試選其他 r_0 值,反覆上述步驟,一直到兩者相等。

　　雖然使用強度法可以得到較合理的設計結果,但由於其計算較複雜,在實務設計上必需配合電腦軟體,如 MS 的 Excel 軟體,否則則需參考 AISC 設計手冊 [7.8] 以查表方式進行設計。

例 7-5-8

　　有一 C 型配置填角銲接合下圖所示,求其標稱強度 P_n 為何?銲材使用 E70 電銲條,SMAW 銲接程序,銲道尺寸為 6 mm,假設鋼板母材強度不會控制設計。

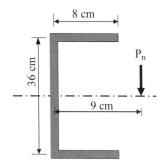

圖 7-5-12　例 7-5-8 的 C 型填角銲接合配置圖

解：

　　將上圖對 x 軸對稱取一半如下圖，每 2 公分切一條，水平段分為 4 段（單元 1～4），垂直段分成 9 段（單元 5～13）。

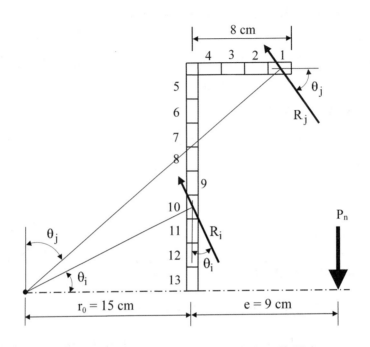

圖 7-5-13　例 7-5-8 之銲接垂直單元位置表

　　首先試用 $r_0 = 15$ cm，利用下表計算各小段之 θ_i 及 θ_j，水平段 $\theta_j = \sin^{-1}(x/r_j)$，垂直段 $\theta_i = \sin^{-1}(y/r_i)$

表 7-5-2　例 7-5-8，$r_0 = 15$ 銲道水平單元位置表

水平單元	長度（cm）	x（cm）	y（cm）	r_j（cm）	θ_j（degree）
1	2	22	18	28.425	50.711
2	2	20	18	26.907	48.013
3	2	18	18	25.456	45.000
4	2	16	18	24.083	41.634

表 7-5-3　例 7-5-8，$r_0 = 15$ 銲道垂直單元位置表

垂直單元	長度（cm）	x（cm）	y（cm）	r_j（cm）	θ_j（degree）
5	2	15.0	17	22.672	48.576
6	2	15.0	15	21.213	45.000
7	2	15.0	12	19.849	40.914

表 7-5-3　　例 7-5-8，$r_0 = 15$ 銲道垂直單元位置表（續）

垂直單元	長度（cm）	x（cm）	y（cm）	r_j（cm）	θ_j（degree）
8	2	15.0	11	18.601	36.254
9	2	15.0	9	17.493	30.964
10	2	15.0	7	16.553	25.017
11	2	15.0	5	15.811	18.435
12	2	15.0	3	15.297	11.310
13	2	15.0	1	15.033	3.814

計算 Δ_m 及 Δ_u：

$$\Delta_m = 0.209(\theta + 2)^{-0.32} a$$

$$\Delta_u = 1.087(\theta + 6)^{-0.65} a \leq 0.17a$$

銲道 a = 0.6 cm

以第一小段為例：

$$\Delta_m = 0.209(50.711 + 2)^{-0.32} \times 0.6 = 0.0353$$

$$\Delta_u = 1.087(50.711 + 6)^{-0.65} \times 0.6 = 0.0473 < 0.17a = 0.102 \cdots\cdots OK$$

表 7-5-4　　例 7-5-8，$r_0 = 15$ 銲道單元之作用力表（一）

單元	θ	Δ_m	Δ_u	Δ_u/r_i	Δ_i	$p = \Delta_i/\Delta_m$	R_i
1	50.711	0.0353	0.0473	0.00166	0.0473	1.340	3.271
2	48.013	0.0359	0.0488	0.00181	0.0447	1.248	3.263
3	45.000	0.0366	0.0506	0.00199	0.0423	1.157	3.230
4	41.634	0.0375	0.0529	0.00220	0.0400	1.069	3.172
5	48.576	0.0357	0.0485	0.00214	0.0377	1.055	3.307
6	45.000	0.0366	0.0506	0.00239	0.0353	0.964	3.231
7	40.914	0.0377	0.0535	0.00270	0.0330	0.876	3.130
8	36.254	0.0391	0.0572	0.00308	0.0309	0.792	3.005
9	30.964	0.0410	0.0624	0.00357	0.0291	0.710	2.858
10	25.017	0.0437	0.0700	0.00423	0.0275	0.630	2.693
11	18.435	0.0478	0.0817	0.00517	0.0263	0.551	2.514
12	11.310	0.0548	0.1022	0.00668	0.0254	0.464	2.327
13	3.814	0.0714	0.1022	0.00983	0.0250	0.350	2.108

由上表 ($\Delta_u/r_i)_{min} = 0.00166$，發生在第一單元，$\therefore$ 使用 $\dfrac{\Delta_u}{r_{crit}} = 0.00166$

$$\therefore \Delta_i = r_i(\frac{\Delta_u}{r_{crit}}) = r_i \times 0.00166$$

$$\Delta_1 = 28.425 \times 0.00166 = 0.0473$$

$$\Delta_2 = 26.907 \times 0.00166 = 0.0447$$

$$\Delta_3 = 25.456 \times 0.00166 = 0.0423$$

另外由 p 即可計算 R_i

$$R_i = F_{wi}A_{wi} = 0.60F_{EXX}[1.0 + 0.5(\sin\theta)^{1.5}][p(1.9 - 0.9p)]^{0.3} \times A_{wi}$$

$$F_{EXX} = 4.9 \text{ tf/cm}^2$$

$$A_{wi} = t_{ei} \cdot L_i = 0.6 \times 0.707 \times L_i = 0.4242\ L_i\ \text{cm}^2$$

以第一及第二小段爲例，其長度爲 $L_i = 2cm$，則 R_i 計算如下：

$$R_1 = 0.6 \times 4.9[1 + 0.5(\sin(50.711))^{1.5}][1.34(1.9 - 0.9 \times 1.34)]^{0.3} \times 0.4242 \times 2.0$$

$$= 3.271 \text{ tf/cm}$$

$$R_2 = 0.6 \times 4.9[1 + 0.5(\sin(48.013))^{1.5}][1.248(1.9 - 0.9 \times 1.248)]^{0.3} \times 0.4242 \times 2.0$$

$$= 3.263 \text{ tf/cm}$$

最後靜力公式計算如表 7-5-5 所示。

表 7-5-5　例 7-5-8，$r_0 = 15$ 銲道單元作用力表（二）

段	R_i	r_i	x	y	$(R_i)_x$	$(R_i)_y$	$R_i r_i$
1	3.271	28.425	22	18	2.071	2.532	92.986
2	3.263	26.907	20	18	2.183	2.425	87.802
3	3.230	25.456	18	18	2.284	2.284	82.211
4	3.172	24.083	16	18	2.371	2.107	76.395
5	3.307	22.672	15	17	2.480	2.188	74.971
6	3.231	21.213	15	15	2.285	2.285	68.545
7	3.130	19.849	15	13	2.050	2.366	62.136
8	3.005	18.601	15	11	1.777	2.423	55.900
9	2.858	17.493	15	9	1.470	2.451	49.995
10	2.693	16.553	15	7	1.139	2.440	44.571
11	2.514	15.811	15	5	0.795	2.385	39.756
12	2.327	15.297	15	3	0.456	2.281	35.590
13	2.108	15.033	15	1	0.140	2.104	31.693
				Σ	21.501	30.271	802.551

上表數據為半個 C 型配置填角銲所得之值

由 $\sum M = 0$：

$P_n(15 + 9) = 2 \times 802.551$

$\therefore P_n = 66.879 \text{ tf}$

由 $\sum F_y = 0$：

$P_n = 2 \times 30.271 = 60.542 \text{ tf}$

上列二值並不相等，代表所選瞬時中心位置無法滿足靜力平衡條件，因此必須重新選定新的瞬時中心位置。重新選用 $r_0 = 21.91 \text{ cm}$，其最後計算結果如表 7-5-6 所示。

表 7-5-6　例 7-5-8，$r_0 = 21.91 \text{ cm}$ 銲道單元作用力表

單元	R_i	r_i	x	y	$(R_i)_x$	$(R_i)_y$	$R_i r_i$
1	3.420	34.056	28.91	18	1.808	2.903	116.468
2	3.419	32.375	26.91	18	1.901	2.841	110.676
3	3.401	30.733	24.91	18	1.992	2.756	104.512
4	3.367	29.135	22.91	18	2.080	2.647	98.087
5	3.080	27.732	21.91	17	1.888	2.434	85.424
6	2.994	26.553	21.91	15	1.691	2.476	79.496
7	2.896	25.476	21.91	13	1.478	2.491	73.781
8	2.788	24.516	21.91	11	1.251	2.492	68.362
9	2.673	23.686	21.91	9	1.016	2.472	63.311
10	2.551	23.001	21.91	7	0.777	2.430	58.687
11	2.425	22.473	21.91	5	0.540	2.364	54.502
12	2.291	22.114	21.91	3	0.311	2.269	50.654
13	2.122	21.933	21.91	1	0.097	2.120	46.549
				$\sum$	16.828	32.692	1010.510

由上表數據得 $\sum M = 0$：

$P_n(21.91 + 9) = 2 \times 1010.511$

$P_n = 65.384 \text{ tf}$

由 $\sum F_y = 0$：

$P_n = 2 \times 32.692 = 65.384 \text{ tf}$

由上兩式得知在 $r_0 = 21.91$ 處滿足靜力平衡方程式

$\therefore$ 本接合斷面之標稱強度 $P_n = 65.384 \text{ tf}$。

例 7-5-9

依極限設計法，試設計圖 7-5-14 之銲接配置所需之銲道尺寸，假設其工作載重 P = 10 tf（其中 20% 為靜載重，80% 為活載重），使用填角銲及 E70 銲條。

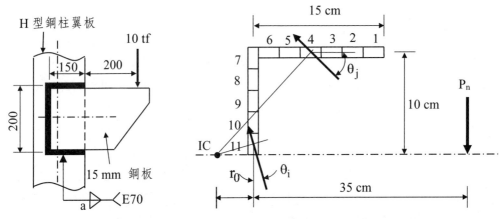

圖 7-5-14 例 7-5-9 接合配置及銲接單元示意圖

解：

$$P_u = 1.2P_D + 1.6P_L = 1.2 \times 0.2 \times 10 + 1.6 \times 0.8 \times 10 = 15.2 \text{ tf}$$

將水平移分割成 6 段，每段長 2.5cm，垂直段分割成 10 段，每段長 2cm，取對稱一半來分析如上圖，經過計算結果當 $r_o = -0.293$ 可得靜力平衡狀態，如下表：

表 7-5-7 例 7-5-9，$r_0 = -0.293$ 銲道單元位置表

段	長度	x	y	r_i	θ_i	Δ_m
1	2.5	13.457	10	16.766	53.384	0.0578
2	2.5	10.957	10	14.834	47.615	0.0599
3	2.5	8.457	10	13.097	40.221	0.0631
4	2.5	5.957	10	11.640	30.982	0.0684
5	2.5	3.457	10	10.581	19.070	0.0788
6	2.5	0.957	10	10.046	5.467	0.1098
7	2	−0.293	9	9.005	88.135	0.0495
8	2	−0.293	7	7.006	87.603	0.8496
9	2	−0.293	5	5.009	86.646	0.8498
10	2	−0.293	3	3.014	84.422	0.0502
11	2	−0.293	1	1.042	73.669	0.0523

表 7-5-8　例 7-5-9，$r_0 = -0.293$ 銲道單元作用力表

Δ_u/r_i	Δ_i	$p = \Delta_i/\Delta_m$	R_i	$(R_i)_x$	$(R_i)_y$	$R_i r_i$
0.00456	0.0764	1.322	6.933	4.135	5.565	116.235
0.0051	0.0676	1.129	6.842	4.612	5.053	101.490
0.00687	0.0597	0.946	6.529	4.985	4.216	85.508
0.00897	0.0531	0.776	6.020	5.172	3.081	70.070
0.01266	0.0482	0.612	5.365	5.070	1.753	56.762
0.01692	0.0458	0.417	4.603	4.582	0.439	46.241
0.00629	0.0411	0.829	6.152	6.149	−0.200	55.397
0.00812	0.0319	0.644	5.937	5.932	−0.248	41.598
0.01143	0.0228	0.459	5.556	5.546	−0.325	27.826
0.01930	0.0137	0.274	4.905	4.882	−0.477	14.786
0.06060	0.0048	0.091	3.560	3.416	−1.001	3.709
			Σ	54.482	17.855	619.623

由 $\sum M = 0$：

$$P_n(-0.293 + 35) = 2 \times 619.623$$
$$P_n = 35.706 \text{ tf}$$

由 $\sum F_y = 0$：

$$P_n = 17.855 \times 2 = 35.71 \text{ tf}$$

∴本接合當銲道尺寸 a = 1 cm 時標稱強度 P_n = 35.71 tf

當銲道尺寸為 a 時，其

$\phi P_n \geq P_u$

則 $0.75 \times 35.71 \times a = 15.2$ tf

需要之 a = 0.568 cm

∴使用 6 mm 填角銲。

（最大銲道 a_{max} = 15 − 1.5 = 13.5 mm，最小銲道 a_{min} = 6 mm）

（例 7-5-7 需要之 a = 1.03 cm）

三、受剪力及彎矩作用──不同平面之偏心作用

當作用在接合處之作用力，並不是作用在銲道配置平面上，如圖 7-5-15 所示，此時銲道所受的應力為直接剪應力及彎矩作用所造成之撓曲應力，而且兩應力互為垂直，因此其合力必須採向量加法，如下列公式：

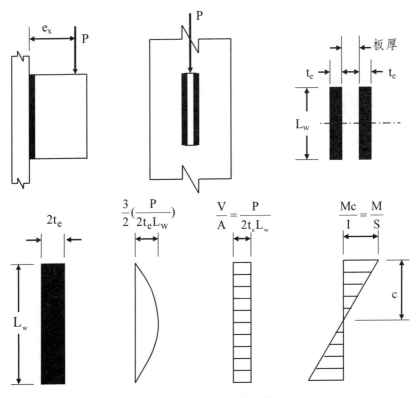

圖 7-5-15　不同平面之偏心載重接合

銲道單元直接剪應力：

$$R_v = \frac{P}{\sum L} \tag{7.5.24}$$

銲道單元撓曲應力：

$$R_t = \frac{Mc}{I_x} = \frac{M}{S} \quad \text{（S可由表 7-5-1 查得計算公式）} \tag{7.5.25}$$

合力：

$$R = \sqrt{R_v^2 + R_t^2} \tag{7.5.26}$$

例 7-5-10

求下圖托架接合所需銲道尺寸。使用 E70 銲條 SMAW 銲接。P = 5 tf（20%DL，80%LL）

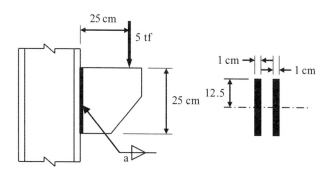

圖 7-5-16　例 7-5-10 銲接接合銲道配置圖

解：

$P_u = 1.2 \times 0.2 \times 5 + 1.6 \times 0.8 \times 5 = 7.6$ tf

$M_u = 7.6 \times 25 = 190$ tf-cm

$R_{uv} = \dfrac{P_u}{\sum L} = \dfrac{7.6}{2 \times 25} = 0.152$ tf/cm

$I_x = \dfrac{2 \times 1 \times 25^3}{12} = 2604.17$ cm^4

$C = \dfrac{25}{2} = 12.5$

$R_{ut} = \dfrac{MC}{I} = \dfrac{190 \times 12.5}{2604.17} = 0.912$ tf/cm

$R_u = \sqrt{0.152^2 + 0.912^2} = 0.925$ tf/cm

每 cm 銲道之單位長度之強度：

$\phi R_{nw} = 0.75 \times 0.707 \times 0.6 \times 4.9 = 1.559$ tf/cm

∴ 需要銲道尺寸　$a = \dfrac{0.925}{1.559} = 0.593$ cm

使用 6 mm 之銲道（需注意最小銲道尺寸規定）。

例 7-5-11

試求下圖銲接接合所需銲道長度 L 為何？使用 a = 8 mm 銲道，E70 銲條（填角銲），SMAW 銲接。P = 20 tf（25%DL，75%LL）。

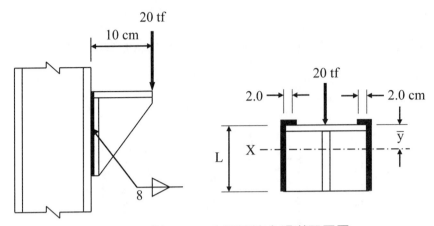

圖 7-5-17　例 7-5-11 之銲接接合銲道配置圖

解：

$P_u = 1.2 \times 0.25 \times 20 + 1.6 \times 0.75 \times 20 = 30$ tf

$M_u = 30 \times 10 = 300$ tf-cm

8 mm 銲道每單位長度之強度：

$\phi R_{nw} = 0.75 \times 0.707 \times 0.6 \times 4.9 \times 0.8 = 1.247$ tf/cm

又 $\phi R_{nw} = \dfrac{M_u}{S} = \dfrac{M_u}{\dfrac{L^2}{6}} = \dfrac{6M_u}{L^2}$

$\therefore$ 需要 $\quad L = \sqrt{\dfrac{6M_u}{\phi R_{nw}}} = \sqrt{\dfrac{6 \times 300/2}{1.247}} = 26.9$ cm

使用 $L = 30$cm，另外加頂側回頭銲長 2 cm

計算銲道重心：

$\overline{y} = \dfrac{2 \times 30 \times 15}{2(30 + 2)} = 14.06$ cm

$15 - 14.06 = 0.94$

$I_x = \dfrac{2}{12} \times 30^3 + 2 \times 30 \times 0.94^2 + 2 \times 2 \times 14.06^2 = 5344$ cm^4

$R_{uv} = \dfrac{P_u}{2L} = \dfrac{30.0}{2 \times 32} = 0.469$ tf/cm

$R_{ut} = \dfrac{M_u C}{I} = \dfrac{30 \times 10 \times 14.06}{5344} = 0.789$ tf/cm（張力）

$R_u = \sqrt{0.469^2 + 0.789^2} = 0.919$ tf/cm < 1.247 tf/cm

$==$

如果不考慮 2 cm 之迴頭銲道

$$\bar{y} = 15 \text{ cm}$$

$$I_x = \frac{2}{12} \times 30^3 = 4500 \text{ cm}^4$$

$$R_{uv} = \frac{P_u}{2L} = \frac{30.0}{2 \times 30} = 0.50 \text{ tf/cm}$$

$$R_{ut} = \frac{M_u C}{I} = \frac{30 \times 10 \times 15}{4500} = 1.0 \text{ tf/cm （張力）}$$

$$R_u = \sqrt{0.5^2 + 1.0^2} = 1.118 \text{ tf/cm} < 1.247 \text{ tf/cm}$$

7-6 銲接接合設計──容許應力設計法

在我國容許應力法中 [7.11]，銲接強度依然是由母材及銲材之強度來決定，如下式

$$R_w \geq R \qquad (7.6.1)$$

R_w：容許應力

銲材強度基本上以承受剪力為主：

$$R_w = 0.030 F_{EXX} \times A_w \qquad (7.6.2)$$

我國容許應力設計法規範規定，如表 7-6-1 所示。

表 7-6-1　我國容許應力設計法規範銲接之容許應力 [7.11]

銲道與應力型態 [a]	容許應力	所需銲材應力強度 [b, c]
全滲透開槽銲		
垂直於有效面積之拉應力	同母材	須採相稱之銲材
垂直於有效面積之壓應力	同母材	可採小於或等於相稱銲材 [g]
平行於銲軸之拉應力或壓應力	同母材	
有效面積上之剪應力	0.3×（銲材標稱拉應力強度）	
部分滲透開槽銲 [f]		
垂直於有效面積之壓應力	同母材	可採小於或等於相稱銲材 [g]
平行於銲軸之拉應力或壓應力 [d]	同母材	
平行於銲軸之剪應力	0.3×（銲材標稱拉應力強度）	

表 7-6-1　我國容許應力設計法規範銲接之容許應力（續）[7.11]

銲道與應力型態 [a]	容許應力	所需銲材應力強度 [b，c]
垂直於有效面積之拉應力	0.3×（銲材標稱拉應力強度）但母材上之張應力<0.6×（母材降伏應力）	
填角銲		
有效面積上之剪應力	0.3×（銲材標稱拉應力強度）	可採小於或等於相稱銲材 [g]
平行於銲軸之拉應力或壓應力 [d]	同母材	
塞孔銲或塞槽銲		
與接觸面平行之剪應力（在有效面積上）	0.3×（銲材標稱拉應力強度）	可採小於或等於相稱銲材 [g]

註：

[a] 有效面積之定義，詳見我國容許應力設計法規範 10.2 節。

[b] 相稱銲材，詳見我國容許應力設計法規範 10.2.6 節。

[c] 可允許較相稱銲材強度高一級之銲材。

[d] 連結組合構材各構件之填角銲與部分滲透槽銲，如翼板與腹板之接合，設計時可不需考慮各構件與銲軸平行之拉應力或壓應力。

[e] 接合材料之設計依我國容許應力設計法規範第五～七章之規定及規範 10.2.4 節解說之說明。

[f] 部分滲透開槽銲之限制見我國容許應力設計法規範 10.2.1 節。

[g] 除設計圖說另有說明外，仍以使用相稱銲材為原則。

而 AISC-ASD 之規定為

$$容許應力 = \frac{R_n}{\Omega} \geq R \tag{7.6.3}$$

$$R_n = \text{Min}[R_{nBM}, R_{nw}] \tag{7.6.4}$$

其中 R_{nBM} 為母材之標稱強度，R_{nw} 為銲材之標稱強度，Ω 為安全係數，其值參考表 7-4-2。以下之例題計算，主要以我國容許應力法為主。

例 7-6-1

試依我國容許應力設計法，重新計算例 7-4-1。

試計算 10 mm 填角銲之容許應力強度 R_w，假設使用：(a) SMAW，(b) SAW 銲接法，且使用 E70 銲條。

解：

(a) SMAW，$t_e = 0.707a = 0.707×10 = 7.07$ mm $= 0.707$ cm

$A_w = 1.0×0.707 = 0.707$

$R_w = (0.30F_{EXX}) \times A_w = 0.3 \times 4.9 \times 0.707 = 1.039$ tf/cm

（AISC-ASD, $R_w = \dfrac{R_n}{\Omega} = \dfrac{2.0786}{2.0} = 1.039$ tf/cm）

(b) SAW，$t_e = a = 10$ mm $= 1.0$ cm

$A_w = 1.0 \times 1.0 = 1.0$ cm^2

$R_w = (0.3F_{EXX}) \times A_w = = 0.3 \times 4.9 \times 1.0 = 1.47$ tf/cm

（AISC-ASD, $R_w = \dfrac{R_n}{\Omega} = \dfrac{2.94}{2.0} = 1.47$ tf/cm）

例 7-6-2

試依我國容許應力設計法，重新計算例 7-4-2。

試計算直徑 19 mm 之塞孔銲之容許應力強度 R_w，使用 E70 銲條。

解：

$R_w = (0.3F_{EXX})$（塞孔銲剪力面積）

$\quad = 0.3 \times 4.9 \times \dfrac{\pi \times 1.9^2}{4} = 4.168$ tf/cm

（AISC-ASD, $R_w = \dfrac{R_n}{\Omega} = \dfrac{8.335}{2.0} = 4.168$ tf/cm）

例 7-6-3

試依我國容許應力設計法，重新計算例 7-4-3。

試計算如下圖之翼板與腹板之銲接接合剪力強度，母材為 SM400 鋼板，銲條為 E70 銲材，如果銲接方法為 (a) SMAW，(b) SAW。

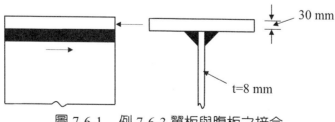

圖 7-6-1　例 7-6-3 翼板與腹板之接合

解：

E70 銲條；$F_{EXX} = 4.9$ tf/cm^2；

SM400 鋼料；$F_y = 2.5$ tf/cm^2；$F_u = 4.1$ tf/cm^2

(a) SMAW：$a_{min} = 5$ mm，$a_{max} = 8 - 1.5 = 6.5$ mm，$a_e = 0.707a$

銲材：$R_w = 2(0.707a_{max, eff})(0.3F_{EXX})$

$\qquad = 2 \times 0.707 \times a_{max, eff} \times 0.3 \times 4.9 = 2.079a_{max, eff}$

母材剪力撕裂強度：$R = 0.3 F_u \cdot A_v = 0.3 \times 4.1 \times 0.8 = 0.984$ tf

R（母材剪力強度）$= R_w$（銲材）

$a_{max,eff} = \dfrac{0.984}{2.079} = 0.4733$ cm < 0.5 cm

所以使用最小銲道 $a = 0.5$ cm

$\therefore R_w = 2 \times 0.707 \times 0.50 \times 0.3 \times 4.9 = 1.039$ tf/cm

(b) SAW：$a_{min} = 5$mm，$a_{max} = 8 - 1.5 = 6.5$ mm，$a_e = a$

銲材：$R_w = 2(a_{max, eff})(0.3F_{EXX}) = 2.94a_{max, eff}$

母材：$R = 0.3 F_u \cdot A_v = 0.3 \times 4.1 \times 0.8 = 0.984$ tf

R（母材張力）$= R_w$（銲材）

$2.94a_{max, eff} = 0.984$；$a_{max, eff} = 0.3347$ cm < 0.5 cm

所以使用最小銲道 $a = 0.5$ cm

$R_w = 2 \times 0.50 \times 0.3 \times 4.9 = 1.47$ tf/cm　#

例 7-6-4

試依我國容許應力設計法，重新計算例 7-5-1。

如圖 7-6-2 之張力鋼板，在工作載重下承受 30 tf 活載及 8 tf 之靜載重，鋼材為 SM 490，試選擇適當鋼板厚度及銲接方法。

圖 7-6-2　例 7-6-4 之張力接合鋼板

解：

E70 銲條；$F_{EXX} = 4.9$ tf/cm^2

SM490 鋼料；$F_y = 3.3 \text{ tf/cm}^2$；$F_u = 5.0 \text{ tf/cm}^2$

$T = T_D + T_L = 8 + 30 = 38 \text{ tf}$

所需鋼板厚：

$T = 0.6 F_y A_g = 0.6 \times 3.3 \times 15 \times t = 29.7 \text{ tf}$

∴需要之 $t = \dfrac{38}{29.7} = 1.279 \text{ cm}$

∴使用 150×13 之鋼板　　（例 7-5-1 使用 150×13 鋼板）

銲接選用開槽對接，F_{7XX}、E_{XXX} 銲條，銲接處強度由母材控制。

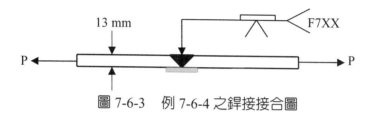

13 mm　　　　　　　　　　F7XX

P　←　　　　　　　　　　　　　　→　P

圖 7-6-3　例 7-6-4 之銲接接合圖

例 7-6-5

試依我國容許應力設計法，重新計算例 7-5-2。

試計算下列銲接接合之工作載重 T 為何？使用雙 V 型開槽 SMAW 銲接。（鋼材為 SM400）

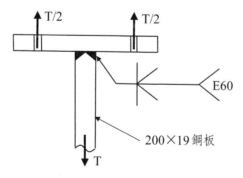

T/2　　　T/2

E60

200×19 鋼板

T

圖 7-6-4　例 7-6-5 之銲接接合圖

解：

E60 銲條；$F_{EXX} = 4.2 \text{ tf/cm}^2$

SM400 鋼料；$F_y = 2.5 \text{ tf/cm}^2$；$F_u = 4.1 \text{ tf/cm}^2$

鋼板 200×19 之張力強度：

$$T = 0.6F_yA_g = 0.6 \times 2.5 \times 1.9 \times 20.0 = 57 \text{ tf}$$

銲接使用雙 V 型開槽 SMAW 銲接，其銲接處強度由母材控制，所以本接合最大工作張力為 57 tf。

（例 7-5-2 工作張力為 57.8 tf）

例 7-6-6

試依我國容許應力設計法，重新計算例 7-5-3。

如圖 7-6-5 中兩塊鋼板做搭接銲接，鋼板厚為 16 mm，SM400 鋼材。如果承受 45 tf 之拉力，使用 E70 銲條，SMAW 填角銲接，試設計此接頭。

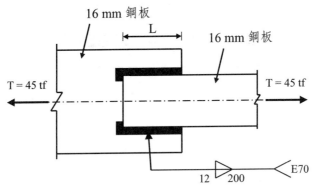

圖 7-6-5　例 7-6-6 之銲接接合圖

解：

E70 銲條；$F_{EXX} = 4.9 \text{ tf/cm}^2$

SM400 鋼料；$F_y = 2.5 \text{ tf/cm}^2$；$F_u = 4.1 \text{ tf/cm}^2$

假設銲道只沿鋼板兩側施作，

$T = 45 \text{tf}$

最大銲道 $a_{max} = 16 - 1.5 = 14.5 \text{ mm}$

最小銲道 $a_{min} = 6 \text{ mm}$

使用 $a = 12 \text{ mm}$

$$t_e = 0.707a = 0.707 \times 12 = 8.48 \text{ mm}$$

單位長度銲道之強度：

$$R_w = t_e(0.30F_{EXX}) = 0.848 \times (0.30 \times 4.9) = 1.247 \text{ tf/cm}$$

母材剪力撕裂強度：

$$R = 0.3F_u \cdot A_v = 0.3 \times 4.1 \times 1.6 = 1.968 \text{ tf/cm} > 1.247 \text{ tf/cm}$$

∴銲材控制：

所需銲長度（每邊）

$$L = \frac{45/2}{1.247} = 18.04 \text{ cm}$$

（例 7-5-3 L = 17.8 cm）

使用 L = 20 cm。

例 7-6-7

試依我國容許應力設計法，重新計算例 7-5-4。

設計如圖 7-6-6 之銲接接合，鋼材 SM400，銲條 E70，SMAW 銲接。T = 45 tf，角鋼 L150×100×12，接合板 t = 13 mm。

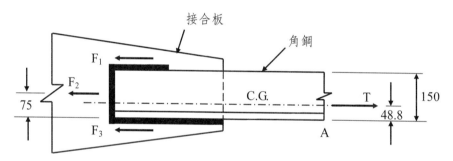

圖 7-6-6　例 7-6-7 銲接接合圖

解：

E70 銲條；$F_{EXX} = 4.9 \text{ tf/cm}^2$

SM400 鋼料；$F_y = 2.5 \text{ tf/cm}^2$；$F_u = 4.1 \text{ tf/cm}^2$

T = 45 tf

最大銲道 $a_{max} = 12 - 1.5 = 10.5 \text{ mm}$

最小銲道 $a_{min} = 6 \text{ mm}$

使用 a = 10 mm

$\quad t_e = 0.707a = 0.707 \times 10 = 7.07 \text{ mm}$

銲材：$R_w = t_e(0.30F_{EXX}) = 0.707 \times 0.3 \times 4.9 = 1.039 \text{ tf/cm}$

$F_2 = R_w \cdot L_{w2} = 1.039 \times 15 = 15.585 \text{ tf}$

對 F_1 取彎矩：角鋼形心 $e_x = 4.88$

$T(15 - e_x) = F_3 \times 15 + F_2 \times 7.5$

$$45 \times (15 - 4.88) = F_3 \times 15 + 15.585 \times 7.5$$

$$F_3 = 22.568 \text{ tf}$$

$$F_1 = 45 - 15.585 - 22.568 = 6.847 \text{ tf}$$

$$\therefore L_{w3} = \frac{F_3}{R_w} = \frac{22.568}{1.039} = 21.72 \text{ cm} \longrightarrow 使用 22 \text{ cm}$$

$$L_{w1} = \frac{F_1}{R_w} = \frac{6.847}{1.039} = 6.59 \text{ cm} \longrightarrow 使用 7 \text{ cm}$$

（例 7-5-3　L_{w1} = 6.4 cm，L_{w3} = 21.32 cm）

例 7-6-8

試依我國容許應力設計法，重新計算例 7-5-5。

同例 7-6-6，但是將角鋼尾端 F_2 處之銲道省略掉，只留 F_1 及 F_3 處之銲道，同時銲接方法改成 SAW。

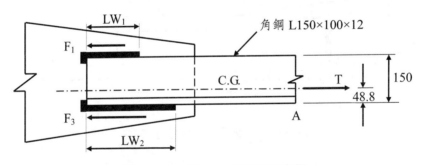

圖 7-6-7　例 7-6-8 銲接接合圖

解：

T = 45 tf

最大銲道 a_{max} = 12 − 1.5 = 10.5 mm

最小銲道 a_{min} = 6 mm

$$\sum M_{F_3} = 0$$

$$F_1 = \frac{45 \times 4.88}{15.0} = 14.64 \text{ tf}$$

$$F_3 = T - F_1 = 45 - 14.64 \text{ tf}$$

試用 8 mm 銲道：

SAW：a ≤ 10 mm；t_e = a

銲材：$R_w = t_e(0.3F_{EXX}) = 0.8 \times 0.3 \times 4.9 = 1.176$ tf/cm

母材剪力撕裂：

$R = 0.3F_u \cdot A_v = 0.3 \times 4.1 \times 1.2 = 1.476 \text{ tf/m} > 1.176 \text{ tf/cm}$

$\therefore L_{W1} = \dfrac{F_1}{R_w} = \dfrac{14.64}{1.176} = 12.45 \text{ cm} \longrightarrow$ 使用 13 cm

$L_{w3} = \dfrac{F_3}{R_w} = \dfrac{30.36}{1.176} = 25.82 \text{ cm} \longrightarrow$ 使用 26 cm

銲道尾端必須依規定提供轉角銲接。

（例 7-5-5，L_{w1} = 12.3 cm，L_{w3} = 25.47 cm）

例 7-6-9

試依我國容許應力設計法，重新計算例 7-5-7。

試設計下圖之銲接配置所需之銲道尺寸，假設其工作載重 P = 10 tf，使用填角銲及 E70 銲條。

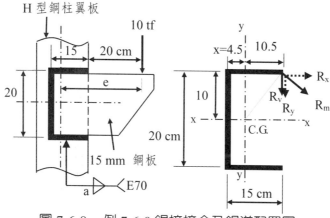

圖 7-6-8　例 7-6-9 銲接接合及銲道配置圖

解：

P = 10 tf，b = 15 cm，d = 20 cm

使用彈性分析

$x = \dfrac{b^2}{2b+d} = \dfrac{15^2}{2 \times 15 + 20} = 4.5 \text{ cm}$

$I_p = \dfrac{8b^3 + 6bd^2 + d^3}{12} - \dfrac{b^4}{2b+d}$

$I_p = \dfrac{8 \times 15^3 + 6 \times 15 \times 20^2 + 20^3}{12} - \dfrac{15^4}{2 \times 15 + 20} = 4904.2 \text{ cm}^4$

由 $M = P \times e = 10 \times (35 - 4.5) = 305 \text{ tf-cm}$

$$R_v = \frac{P}{\sum L} = \frac{10}{2 \times 15 + 20} = 0.20 \text{ tf/cm}$$

$$R_x = \frac{My}{I_p} = \frac{305 \times 110}{4904.2} = 0.622 \text{ tf/cm}$$

$$R_y = \frac{Mx}{I_p} = \frac{305 \times 10.5}{4904.2} = 0.653 \text{ tf/cm}$$

$$R = \sqrt{(0.20 + 0.653)^2 + 0.622^2} = 1.056 \text{ tf/cm}$$

每 cm 之銲腳之單位長度之強度

$$R_w = 0.707 \times 0.3 \times 4.9 = 1.039 \text{ tf/cm}$$

$$\therefore 需要之 \quad a = 1.056 / 1.039 = 1.016 \text{ cm}$$

使用 a = 11 mm 之銲道　#

（例 7-5-7 需要之 a = 1.03 cm）

（例 7-5-9 需要之 a = 0.568 cm）

例 7-6-10

試依我國容許應力設計法，重新計算例 7-5-10。

求圖 7-6-9 托架接合所需銲道尺寸。使用 E70 銲條 SMAW 銲接。P = 5 tf。

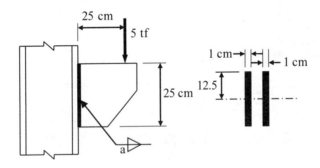

圖 7-6-9　例 7-6-10 銲接接合及銲道配置圖

解：

P = 5 tf

M = 5×25 = 125 tf-cm

$$R_v = \frac{P}{\sum L} = \frac{5}{2 \times 25} = 0.10 \text{ tf/cm}$$

$$I_x = \frac{2 \times 1 \times 25^3}{12} = 2604.17 \text{ cm}^4$$

$$C = \frac{25}{2} = 12.5$$

$$R_t = \frac{MC}{I} = \frac{125 \times 12.5}{2604.17} = 0.60 \text{ tf/cm}$$

$$R = \sqrt{0.10^2 + 0.60^2} = 0.608 \text{ tf/cm}$$

每 cm 銲道之單位長度之強度：

$$R_w = 0.707 \times 0.3 \times 4.9 = 1.039 \text{ tf/m}$$

$\therefore$ 需要之　$a = \dfrac{0.608}{1.039} = 0.585 \text{ cm}$

使用 6 mm 之銲道（需注意最小銲道尺寸規定）

（例 7-5-10 需要之 a = 0.593cm）

例 7-6-11

試依我國容許應力設計法，重新計算例 7-5-11。

試求下圖接合所需銲道長度 L 爲何？使用 a = 8mm 銲道，E70 銲條（填角銲），SMAW 銲接。P = 20 tf。

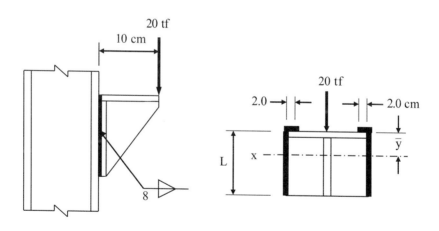

圖 7-6-10　例 7-6-11 銲接接合及銲道配置圖

解：

P = 20 tf

M = 20×10 = 200 tf-cm

SMAW，a = 8 mm，$a_e = 0.707a$

8mm 銲道每單位長度之強度：

$$R_w = 0.707 \times 0.3 \times 4.9 \times 0.8 = 0.831 \text{ tf/cm}$$

又彎矩作用下銲道單位長最大作用力：

$$R_w = \frac{M}{S} = \frac{M}{\dfrac{L^2}{6}} = \frac{6M}{L^2} = 0.831 \text{ tf/cm}$$

每條銲道作用彎 = M/2

∴需要之　$L = \sqrt{\dfrac{6M}{R_w}} = \sqrt{\dfrac{6 \times 200/2}{0.831}} = 26.87 \text{ cm}$

使用 L = 30 cm，另外加頂側回頭銲長 2 cm

（例 7-5-11 需要之 L = 27.4 cm）

計算銲道重心：

$$\bar{y} = \frac{2 \times 30 \times 15}{2(30+2)} = 14.06 \text{ cm}$$

$15 - 14.06 = 0.94$

$$I_x = \frac{2}{12} \times 30^3 + 2 \times 30 \times 0.94^2 + 2 \times 2 \times 14.06^2 = 5344 \text{ cm}^4$$

$$R_v = \frac{P}{2L} = \frac{20.0}{2 \times 32} = 0.3125 \text{ tf/cm}$$

$$R_t = \frac{MC}{I} = \frac{200 \times 14.06}{5344} = 0.526 \text{ tf/cm （張力）}$$

$$R = \sqrt{0.3125^2 + 0.526^2} = 0.612 \text{ tf/cm} < 0.831 \text{ tf/cm}$$

= =

如果不考慮 2 cm 之迴頭銲道

$\bar{y} = 15 \text{ cm}$

$$I_x = \frac{2}{12} \times 30^3 = 4500 \text{ cm}^4$$

$$R_v = \frac{P}{2L} = \frac{20.0}{2 \times 30} = 0.333 \text{ tf/cm}$$

$$R_t = \frac{MC}{I} = \frac{200 \times 15}{4500} = 0.667 \text{ tf/cm （張力）}$$

$$R = \sqrt{0.333^2 + 0.667^2} = 0.746 \text{ tf/cm} < 0.831 \text{ tf/cm}$$

參考文獻

7.1 C. G. Salmon & J. E. Johnson, Steel Structures – Design and Behavior, 4th Ed., Harper Collins Publishers Inc., 1997

7.2 J. Norberto Pires, Altino Loureiro & Gunnar Bolmsjo, Welding Robots: Technology, System Issues and Applications, Springer-Verlag London Limited, 2006

7.3 鋼鐵數位博物館網站：http://museum.csc.com.tw/

7.4 （明）宋應星，天工開物，1637

7.5 中華民國結構工程學會，鋼結構設計手冊—極限設計法（LSD），科技圖書股份有限公司，2003

7.6 內政部營建署，鋼構造建築物鋼結構施工規範，內政部，2007

7.7 AWS (2004), Structural Welding Code—Steel, AWS D1.1/D1.1M:2004, 19th edition, American Welding Society, Miami, FL.

7.8 AISC, Manual of Steel Construction, Load & Resistance Factor Design, 3rd Ed., American Institute of Steel Construction, Inc., Chicago, IL, 2001

7.9 AWS, Symbols for Welding, Brazing and Nondestructive Examination (A2.4-93), Miami, FL, American Welding Society, 1993

7.10 內政部，鋼構造建築物鋼結構設計技術規範（二）鋼結構極限設計法規範及解說，營建雜誌社，民國96年7月

7.11 內政部，鋼構造建築物鋼結構設計技術規範（一）鋼結構容許應力設計法規範及解說，營建雜誌社，民國96年7月

7.12 AISC360-10, Specification for Structural Steel Buildings, American Institute of Steel Construction, Inc., Chicago, IL, 2010

7.13 G.S.Miazga & D.J.L. Kennedy, "Behavior of Fillet Welds as a Function of the Angle of Loading," Canadian Journal of Civil Engineering, Vol.16, 1989, pp.583-599

7.14 D.F. Lesik & D.J.L. Kennedy, "Ultimate Strength of Fillet Welded Connections Loaded in Plane," *Canadian Journal of Civil Engineering*, Vol.17, 1990, pp.55-67

7.15 D.J.L. Kennedy & G.S.Miazga & D.F. Lesik, "Discussion of Fillet Weld Shear Strength," *Welding Journal*, Vol. 55, May 1990, pp.44-46

習題

7-1 下述不良銲道（或銲接）應如何修正？(1) 過度凸出（Excessive Convexity），(2) 氣孔過多（Porosity），(3) 裂痕或裂縫（Crack），(4) 熔解不完全（Incomplete Fusion），(5) 重疊（Over Lap）。

7-2 根據瑞典標準協會 SIS-05-5900，噴砂除銹度 Sa0～Sa3 等 5 級；哪一等級之除銹處理最低？鋼結構工程中防蝕塗裝工程最普遍之表面處理要求為哪一等級？

7-3 簡要說明銲接預熱的目的。

7-4 試說明角銲之最小尺寸為何要做限制？角銲最小尺寸通常是由接合兩板中之較厚板或較薄板決定？

7-5 銲接位置（Welding Position）或銲接姿勢可分為哪四種？哪一種之銲接品質控制最困難？

7-6 何謂銲接施工之導銲板（End Tab）？其作用為何？

7-7 何謂 ESW 銲接？說明此銲接法目前在國內大多用於何種鋼構件上？

7-8 JIS SS400、SM400 及 ASTM A36 等三種鋼材，就銲接性而言有何異同？

7-9 鋼結構銲接常見之缺陷為何？

7-10 工程界常見之銲道非破壞檢測方法有哪些？

7-11 鋼結構之安全性與銲接之品質有十分密切之關係，試依據我國現行鋼結構相關規範，回答以下問題：(1) 試寫出銲接方法「FCAW」之中文及英文全名。(2) 依規定，當空氣中相對溼度超過多少百分比時，即不得進行銲接？(3) 採用填角銲之搭接接頭，其最少之搭接長度不得小於接合部較薄板厚之多少倍？(4) 鋼結構之銲接設計與施工主要是參考 AWS 何種規範來進行（試寫出該規範之名稱）？(5) 銲接箱型鋼柱中，相鄰柱板間之銲接，依規定應以何種銲接為之？

7-12 試問鋼結構銲接方法：SMAW、SAW、GMAW、FCAW 分別代表何義？

7-13 銲接施工時應考慮哪些天候因素？試說明之。

7-14 銲條和銲藥要保持乾燥，其原因為何？試說明之。

7-15 影響銲接預熱溫度之二個最主要因素為何？

7-16 採用銲接與承壓型（Bearing type）高強度螺栓組合之接合方式時，螺栓不可視為與銲接共同分擔應力，而應由銲接承接接合之全部應力，請簡述其理由。

7-17 試依 (a) 我國極限設計法規範，(b) AISC-LRFD 規範，計算 8 mm 填角銲之有效銲喉尺寸，如果：(a) 使用 SMAW，(b) 使用 SAW 之銲接方式。

7-18 試依 (a) 我國極限設計法規範，(b) AISC-LRFD 規範，計算 12 mm 填角桿之設計剪力強度 ϕR_{nw}，如果使用：(a) SMAW，(b) SAW 銲接法，且使用 E70 銲條。

7-19 試依 (a) 我國極限設計法規範，(b) AISC-LRFD 規範，計算直徑 13 mm 之塞孔銲之設計剪力強度 ϕR_n，使用 E70 銲條。

7-20 試依 (a) 我國極限設計法規範，(b) AISC-LRFD 規範，計算如下圖之翼板與腹板之銲接接合剪力強度 ϕR_{nw}，母材為 SM490 鋼板，銲接為 E70 銲材，如果銲接方法為 (a) SMAW，(b) SAW。

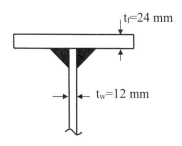

7-21 如下圖之張力鋼板，在工作載重下承受 50 tf 活載及 15 tf 之靜載重，鋼材為 SM490，試依 (a) 我國極限設計法規範，(b)AISC-LRFD 規範，選擇適當鋼板厚度及銲接方法。

7-22 試依 (a) 我國極限設計法規範，(b)AISC-LRFD 規範，計算下列銲接接和之工作載重 T = ？（其中 30% 為靜載重，70% 為載重）使用雙 V 型開槽 SMAW 銲接。（鋼材為 SM400）

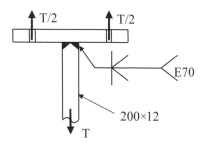

7-23 下圖所示為 ASTM A36（F_y = 2.5 tf/cm^2，F_u = 4.1 tf/cm^2）角鋼拉力構材，並以填角銲與接合板連結，惟拉力構材所承受之 20 tf（30%DL，70%LL）工作載重與銲道合力有 2.2 cm 之偏心距。試依 (a) 我國極限設計法規範，(b) AISC-LRFD 規範，求所需之最小銲道尺寸（以整數 mm 為最小單位），並標示銲道應力最大位置。採用遮護電弧銲及

E70 銲條（$F_u = 4.9\ \text{tf/cm}^2$）。

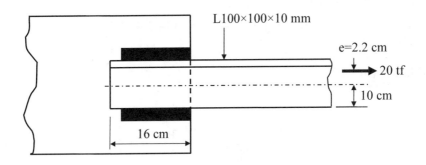

7-24 如下圖兩塊鋼板做搭接銲接，鋼板厚為 16 mm，SM490 鋼材。如果承受 80 tf 之拉力
（30%DL，70%LL），使用 E70 銲條，SMAW 填角銲接，試依 (a) 我國極限設計法規
範，(b) AISC-LRFD 規範，設計此接頭。

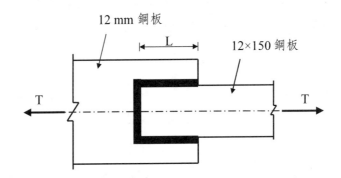

7-25 試依 (a) 我國極限設計法規範，(b) AISC-LRFD 規範，求下圖鋼板強度完全發揮時，所
需之銲接長度 L = ？使用 8 mm 銲道，E70 銲條和 SMAW 填角銲。鋼料為 SM400，鋼
板尺寸為 16×200 mm。

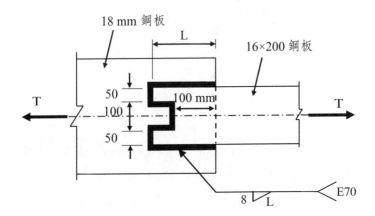

7-26 試依 (a) 我國極限設計法規範，(b) AISC-LRFD 規範，設計如下圖之銲接接合，鋼材 SM400，銲條 E70，SMAW 銲接。T = 45 tf（30%DL，70%LL），角鋼 L150×100×12，接合板 t = 13 mm。

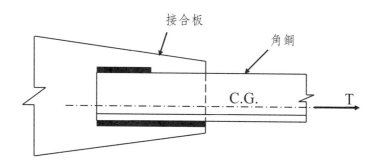

7-27 試依我國極限設計法規範，設計如下圖之銲接接合，鋼材 SM400，銲條 E70，SMAW 銲接。T = 45 tf（30%DL，70%LL），角鋼 L150×100×12，接合板 t = 13 mm。

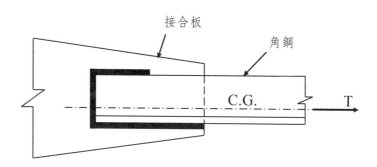

7-28 圖示之雙角鋼為雙 150×100×15 mm 斷面，雙角鋼之長肢皆與接合板以遮護電焊（SMAW）方式採 E70 銲條條（F_u = 4.9 tf/cm²）接合。已知雙角鋼承受之總拉力為 120tf（30%DL，70%LL），若採 11 mm 之填角銲接合角鋼與接合板，試依 (a) 我國極限設計法規範，(b) AISC-LRFD 規範，設計填角銲之尺寸 L_1、L_2 與 L_3 以使填角銲總長度最短且平衡雙角鋼中之拉力。

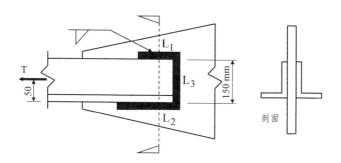

7-29 有雙角鋼 2L125×75×13 之拉力桿件接頭如下圖所示，試以我國極限設計法規範，求在發揮桿件最大強度下，所需之最小銲接長度 L_1 及 L_2（銲接長度以整數公分計）。假設銲接尺寸 a = 8 mm，銲道重心與桿件中心一致為原則，採用 E70 銲條（F_u = 4.9 tf/cm²），鋼料為 A36（F_y = 2.5 tf/cm²，F_u = 4.1 tf/cm²），且接合鋼板強度足夠。

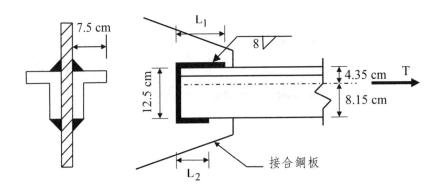

7-30 圖示之長肢背對背雙角鋼（2L125×90×13 mm，斷面積為 52.52 cm²）受拉構材，端部接合板（Gusset Plate）之厚度為 13 mm。接合板與雙角鋼以填角銲（Fillet Weld）接合，銲材為 E70 銲條（F_u = 4.9 tf/cm²），採 SMAW 銲法。接合必須有足夠之強度傳遞構材之拉力，並須考慮力的平衡，試根據 (a) 我國極限設計法規範，(b) AISC-LRFD 規範，設計此接合使銲道長度 L_1 最短，並將結果繪圖（含銲道符號）表示之。（已知接合板強度足夠，不必檢核其強度。）

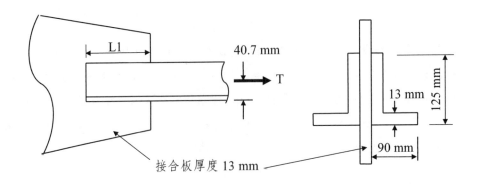

7-31 下圖所示雙槽鋼拉力構材必須承擔 91.8 tf（30%DL，70%LL）之工作載重，而接合板亦須能傳遞 91.8 tf（30%DL，70%LL）之工作載重。根據 (a) 我國極限設計法規範，(b) AISC-LRFD 規範，考慮塊狀剪力（Block Shear）、銲道強度及 A-A 剖面之斷裂強度，求圖示 L 所需之最小長度（以整數公分為最小單位）。

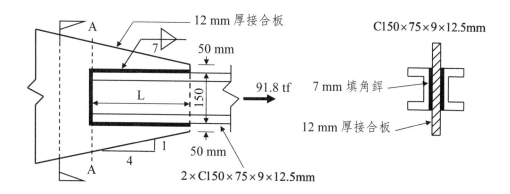

7-32 下圖所示為一鋼板狀拉力構材，其端點以填角銲皆與接合板接合，使用 A36 鋼材、遮蔽電弧銲（SMAW）及 E70XX 銲材。根據 AISC-LRFD 規範，求：(1) 該拉力構材所能承擔之最大服務（或工作）載重 P_{max}（30%DL，70%LL），(2) 所需最小銲道尺寸 D（以整數 mm 為最小單位）。

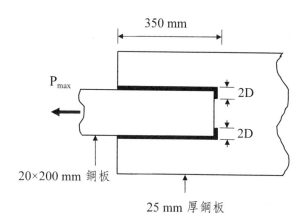

7-33 下圖所示為一斜撐與梁接合，接合板與梁下翼板之填角銲採用遮蔽電弧法（SMAW）與 E70 銲條，若斜撐在工作載重作用下之壓力（C）與拉力（T）皆為 30 tf（30%DL，70%LL），試以 (a) 我國極限設計法規範，(b) AISC-LRFD 規範，計算接合板兩側與梁翼板接合之填角銲最小尺寸須為多少？假設斜撐與接合板之接合有足夠之強度，且 E70 銲條之 $F_u = 4.9$ tf/cm^2。

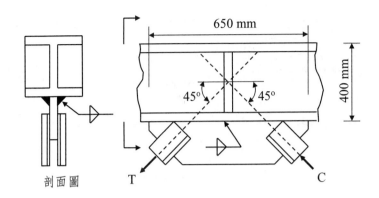

7-34 下圖所示為一大梁與連續小梁之接合，小梁斷面為 H488×300×11×18。小梁接合板寬 20 cm，且需傳遞所有小梁上翼板之拉力（小梁上翼板斷面積乘以 $0.60F_y$）。假設使用 ASTM A572 Grade 50 鋼材（$F_y = 3.5$，$F_u = 4.6$ tf/cm²），並採用遮護電弧銲（SMAW）及 E80 銲條（$F_u = 5.6$ tf/cm²）。根據 (a) 我國極限設計法規範，(b) AISC-LRFD 規範，(1) 若欲使用可能最小之接合板厚度，則所需最小 L 為多少 cm？(2) 此時所需最小接合板厚度為何？（以整數 mm 為最小單位）(3) 所需最小填角銲尺寸為何？（以整數 mm 為最小單位）

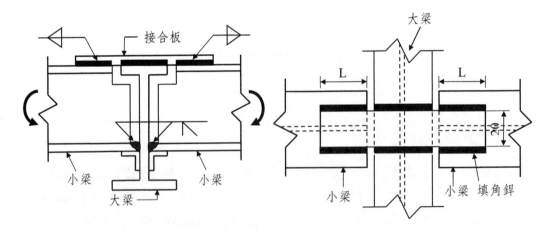

7-35 有一托架承受之集中工作載重（30%DL，70%LL），如下圖所示，若採用銲接接合，銲條為 E70 級（$F_u = 4.9$ tf/cm²），試依 AISC-LRFD，求填角銲之尺寸 a（mm）。（本題使用彈性分析法）。

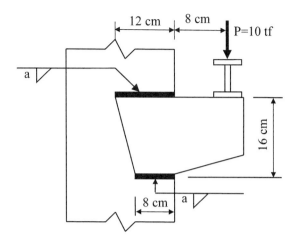

7-36 試依 (a) AISC-LRFD——彈性分析法，(b) AISC-LRFD——強度分析法，求下圖之銲接配置銲道所承受之最大載重（單位長度）R 為何？工作載重為 50 tf（30%DL，70%LL）。

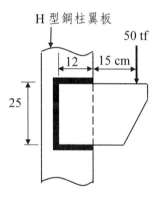

7-37 試依 (a) 我國極限設計法規範，(b)AISC-LRFD——彈性分析法，(c) AISC-LRFD——強度分析法，求下圖接合所需填角銲銲道尺寸，SM490 鋼料，E70 銲條，SMAW 銲接。
P = 20 tf（20%DL，80%LL）。

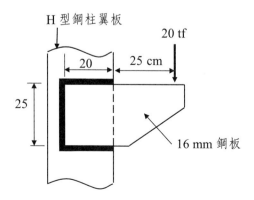

7-38 有一 C 型填角銲接配置如下圖所示，試依 (a) AISC-LRFD——彈性分析法，(b) AISC-LRFD——強度分析法，求其標稱強度 P_n 為何？銲材使用 E70 電銲條，SMAW 銲接程序，銲道尺寸為 9 mm，假設母材強度不會控制設計。

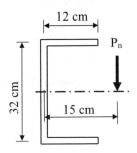

7-39 試依 (a) 我國極限設計法規範，(b) AISC-LRFD——彈性分析法，(c) AISC-LRFD——強度分析法，設計下圖之銲接配置所需之銲道尺寸，假設其工作載重 P = 30 tf（其中 20% 為靜載重，80% 為活載重），使用填角銲及 E70 銲條。

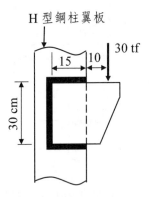

7-40 試依 (a) 我國極限設計法規範，(b) AISC-LRFD——彈性分析法，(c) AISC-LRFD——強度分析法，求下圖接合所需填角銲銲道尺寸，SM490 鋼料，E70 銲條，SMAW 銲接。P = 20 tf（20%DL，80%LL）。

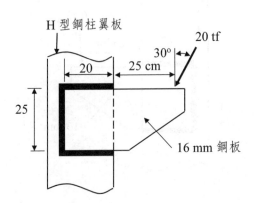

7-41 試依 AISC-LRFD——彈性分析法，計算下圖銲接接合之填角銲之尺寸。鋼板之 F_y = 2.5，F_u = 4.1 tf/cm²，欲支撐之工作載重 P = 18 tf（20%DL，80%LL），銲條之 F_u = 4.9 tf/cm²，使用 F_v = 0.3F_u。圖中為梁斷面為 H450×200×8×12 型鋼與柱接合，其間使用雙角鋼（2L75×75×6）連接。假設接合之柱子不會產生問題。

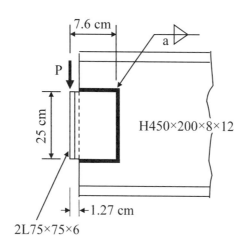

7-42 下圖所示之正方形斷面懸臂梁，固定端周為以角銲銲接於柱上。梁端承受 P = 15 tf（20%DL，80%LL）之偏心載重，試依 AISC-LRFD——彈性分析法，決定所需之角銲銲接尺寸 a（以整數 mm 表示）。（假設採用 E70 銲條，F_u = 4.9 tf/cm²，銲件之強度足夠，用彈性分析。）

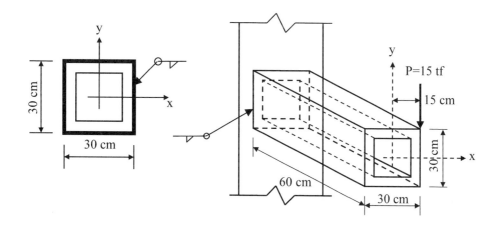

7-43 有一懸臂鋼梁銲接於鋼柱，鋼梁承受偏心工作載重 P（20%DL，80%LL）。鋼梁為 300×300×18×18 之箱型組合斷面，鋼柱為 H 型鋼，皆使用鋼材 F_y = 2.5，F_u = 4.1 tf/cm²。銲材為 E70XX，F_u = 4.9 tf/cm²。忽略鋼梁自重並假設鋼梁強度足夠。試依我國極限設計法規範，以彈性分析計算此銲接所能提供之最大

工作載重 P。

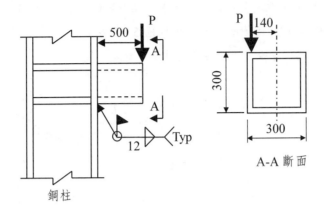

A-A 斷面

7-44 有一托架承受一偏心因數化載重 P_u，托架上下端分別銲接於柱子翼板，接頭與銲接相關尺寸如圖所示。柱子為 H 型鋼柱及托架鋼板皆使用 A36 鋼材，使用填角銲與 E70XX 銲條，假設接合相關各接板強度足夠。若使用銲接尺寸為 10 mm 之填角銲，試根據我國極限設計法規範，以彈性分析求該托架所能承受之最大工作載重 P（20%DL，80%LL）。

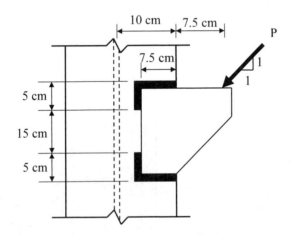

7-45 一電銲剪力接頭如圖所示，(1) 如電銲幾何中心在圓心 O 點，試求 x。(2) 試以 AISC-LRFD 規範之彈性分析法求容許載重 P 為何？（20%DL，80%LL）（電銲容許剪力強度 $\sigma_v = 0.3\sigma_u$）。

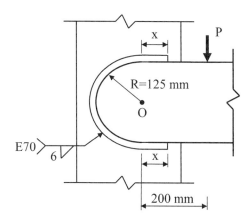

7-46 試依 (a) 我國極限設計法規範，(b) AISC-LRFD 規範，求下圖托架接合所需銲道尺寸。使用 E70 銲條 SMAW 銲接。P = 15 tf（20%DL，80%LL）。

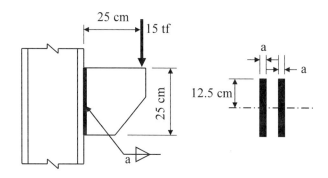

7-47 試依 (a) 我國極限設計法規範，(b) AISC-LRFD 規範，求下圖接合所需銲道長度 L 為何？使用 a = 10 mm 銲道，E70 銲條（填角銲），SMAW 銲接。P = 15 tf（40%DL，60%LL）。

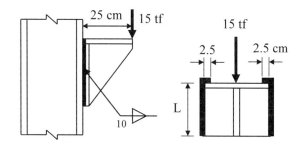

7-48 試依我國容許應力法規範，重新計算習題 7-17。
7-49 試依我國容許應力法規範，重新計算習題 7-18。
7-50 試依我國容許應力法規範，重新計算習題 7-19。

7-51 試依我國容許應力法規範，重新計算習題 7-20。

7-52 試依我國容許應力法規範，重新計算習題 7-21。

7-53 試依我國容許應力法規範，重新計算習題 7-22。

7-54 試依我國容許應力法規範，重新設計習題 7-23。

7-55 試依我國容許應力法規範，重新計算習題 7-24。

7-56 試依我國容許應力法規範，重新設計習題 7-25。

7-57 試依我國容許應力法規範，重新設計習題 7-26。

7-58 試依我國容許應力法規範，重新計算習題 7-27。

7-59 試依我國容許應力法規範，重新計算習題 7-28。

7-60 試依我國容許應力法規範，重新計算習題 7-29。

7-61 試依我國容許應力法規範，重新設計習題 7-30。

7-62 試依我國容許應力法規範，重新設計習題 7-31。

7-63 試依我國容許應力法規範，重新設計習題 7-32。

7-64 試依我國容許應力法規範，重新計算習題 7-33。

7-65 試依我國容許應力法規範，重新計算習題 7-34。

7-66 試依我國容許應力法規範，重新計算習題 7-35。

7-67 試依我國容許應力法規範，重新計算習題 7-36。

7-68 試依我國容許應力法規範，重新計算習題 7-37。

7-69 試依我國容許應力法規範，重新計算習題 7-38。

7-70 試依我國容許應力法規範，重新計算習題 7-39。

7-71 試依我國容許應力法規範，重新計算習題 7-40。

7-72 試依我國容許應力法規範，重新計算習題 7-41。

7-73 試依我國容許應力法規範，重新計算習題 7-42。

7-74 試依我國容許應力法規範，重新計算習題 7-43。

7-75 試依我國容許應力法規範，重新計算習題 7-44。

7-76 試依我國容許應力法規範，重新計算習題 7-45。

7-77 試依我國容許應力法規範，重新計算習題 7-46。

7-78 試依我國容許應力法規範，重新計算習題 7-47。

國內常用型鋼斷面表

一、RH型鋼斷面性質

標稱尺度 (高×寬)	d	b_f	t_w	t_f	R	面積 cm²	單位重量 kgf/m	I_x	I_y	r_x	r_y	S_x	S_y	Z_x	Z_y	$b_f/2t_f$	h/t_w	J (cm⁴)	C_w (cm⁶)
100×50	100	50	5	7	8	11.85	9.3	187	14.8	3.97	1.12	37.5	5.91	44.1	9.52	3.57	17.20	1.53	320
100×100	100	100	6	8	8	21.59	16.9	378	134	4.18	2.49	75.6	26.7	86.4	41	6.25	14.00	4.08	2835
125×60	125	60	6	8	8	16.69	13.1	409	29.1	4.95	1.32	65.5	9.71	76.9	15.6	3.75	18.17	2.89	996
125×125	125	125	6.5	9	8	30	23.6	839	293	5.29	3.13	134	46.9	152	71.7	6.94	16.46	7.14	9857
150×75	150	75	5	7	8	17.85	14	666	49.5	6.11	1.67	88.8	13.2	102	20.8	5.36	27.20	2.31	2531
150×100	148	100	6	9	8	26.35	20.7	1000	150	6.16	2.39	135	30.1	154	46.4	5.56	21.67	5.86	7245
150×150	150	150	7	10	8	39.65	31.1	1620	563	6.39	3.77	216	75.1	243	114	7.50	18.57	11.60	27587
175×90	175	90	5	8	8	22.9	18	1210	97.5	7.27	2.06	138	21.7	156	33.6	5.63	31.80	3.77	6798
175×175	175	175	7.5	11	13	51.42	40.4	2900	98	7.51	1.38	331	112	370	172	7.95	20.40	17.83	6590
200×100	198	99	4.5	7	8	22.69	17.8	1540	113	8.24	2.23	156	22.9	175	35.5	7.07	40.89	2.84	10306
	200	100	5.5	8	8	26.67	20.9	1810	134	8.24	2.24	181	26.7	205	41.6	6.25	33.45	4.48	12349
200×150	194	150	6	9	8	38.11	29.9	2630	507	8.31	3.65	271	67.6	301	103	8.33	29.33	8.62	43380
200×200	200	200	8	12	13	63.53	49.9	4720	1600	8.62	5.02	472	160	525	244	8.33	22.00	26.25	141376
	200	204	12	12	13	71.53	56.2	4980	1700	8.34	4.88	498	167	565	257	8.50	14.67	34.33	150212
250×125	248	124	5	8	8	31.99	25.1	3450	255	10.38	2.82	278	41.1	312	63.2	7.75	46.40	5.23	36720
	250	125	6	9	8	36.97	29	3960	294	10.35	2.82	317	47	358	72.7	6.94	38.67	7.81	42690
250×175	244	175	7	11	13	55.49	43.6	6040	984	10.43	4.21	495	112	550	172	7.95	31.71	18.19	133551
250×250	250	250	9	14	13	91.43	71.8	10700	3650	10.82	6.32	860	292	953	443	8.93	24.67	51.47	508226
	250	255	14	14	13	103.9	81.6	11400	3880	10.47	6.11	912	304	1030	467	9.11	15.86	68.23	540251
300×150	298	149	5.5	8	13	40.8	32	6320	442	12.45	3.29	424	59.3	475	91.8	9.31	51.27	6.69	92931
	300	150	6.5	9	13	46.78	36.7	7210	508	12.41	3.30	481	67.7	542	105	8.33	43.38	9.95	107545
300×200	294	200	8	12	13	71.05	55.8	11100	1600	12.50	4.75	756	160	842	245	8.33	33.75	27.85	318096
300×300	294	302	12	12	13	106.3	83.5	16600	5510	12.50	7.20	1130	365	1260	558	12.58	22.50	51.03	1095443
	300	300	10	15	13	118.4	93	20200	6750	13.06	7.55	1350	450	1480	683	10.00	27.00	77.00	1370672
	300	305	15	15	13	133.4	105	21300	7100	12.64	7.30	1420	466	1600	714	10.17	18.00	100.69	1441744
	304	301	11	17	13	133	105	23200	7730	13.21	7.62	1520	514	1690	779	8.85	24.55	111.32	1591781
	312	303	13	21	13	164	129	29400	9740	13.39	7.71	1880	643	2110	977	7.21	20.77	208.38	2061982
	318	307	17	24	13	195	153	35000	11600	13.40	7.71	2200	755	2500	1150	6.40	15.88	331.08	2506644
	326	310	20	28	13	229	180	42200	13900	13.57	7.79	2590	898	2970	1370	5.54	13.50	533.14	3085939
350×175	346	174	6	9	13	52.45	41.2	11000	791	14.48	3.88	638	91	712	140	9.67	54.67	10.88	224583
	350	175	7	11	13	62.91	49.4	13500	984	14.65	3.95	771	112	864	173	7.95	46.86	19.40	282706
350×250	336	249	8	12	13	86.2	67.6	18100	3090	14.49	5.99	1080	248	1190	378	10.38	39.00	34.21	810940
	340	250	9	14	13	99.53	78.1	21200	3650	14.59	6.06	1250	292	1380	445	8.93	34.67	53.66	969769
	350	252	11	19	13	132	103	29400	5070	14.92	6.20	1680	402	1870	614	6.63	28.36	129.92	1388686
	356	256	15	22	13	161	126	35600	6160	14.87	6.19	2000	481	2270	740	5.82	20.80	219.30	1717962
	364	258	17	26	13	189	148	43000	7460	15.08	6.28	2370	578	2700	890	4.96	18.35	357.66	2130651
350×350	338	351	13	13	13	133	105	27700	9380	14.43	8.40	1640	534	1820	815	13.50	24.00	75.21	2476906
	344	348	10	16	13	144	113	32800	11200	15.09	8.82	1910	646	2090	978	10.88	31.20	105.96	3012352
	344	354	16	16	13	165	129	34900	11800	14.54	8.46	2030	669	2270	1020	11.06	19.50	141.45	3173728
	350	350	12	19	13	171.9	135	39800	13600	15.22	8.89	2280	776	2520	1180	9.21	26.00	179.11	3725074
	350	357	19	19	13	196	154	42300	14400	14.69	8.57	2420	808	2730	1240	9.39	16.42	238.92	3944196
	360	354	16	24	13	221	174	52400	17800	15.40	8.97	2910	1000	3270	1530	7.38	19.50	372.12	5023872
	368	356	18	28	13	257	202	62600	21100	15.61	9.06	3400	1180	3850	1800	6.36	17.33	587.09	6097900
	378	358	20	33	13	300	236	75900	25300	15.91	9.18	4020	1410	4590	2150	5.42	15.60	949.70	7528331
400×200	396	199	7	11	13	71.41	56.1	19800	1450	16.65	4.51	999	145	1110	223	9.05	53.43	22.06	537316
	400	200	8	13	13	83.37	65.4	23500	1740	16.79	4.57	1170	174	1310	267	7.69	46.75	35.90	651495
400×300	386	299	9	14	13	117	92.2	32900	6240	16.77	7.30	1700	417	1870	634	10.68	39.78	63.74	2158790
	390	300	10	16	13	133.2	105	37900	7200	16.87	7.35	1940	480	2140	730	9.38	35.80	94.39	2517768
	400	304	14	21	13	179	141	51700	9840	16.99	7.41	2590	647	2890	989	7.24	25.57	222.36	3533569
	410	308	18	26	13	226	177	66500	12700	17.15	7.50	3240	823	3680	1260	5.93	19.89	435.54	4681728
	418	310	20	30	13	259	203	78200	14900	17.38	7.58	3740	963	4280	1480	5.17	17.90	661.47	5607764

一、RH型鋼斷面性質

標稱尺度 (高×寬)	d	bf	tw	tf	R	面積 cm²	單位重量 kgf/m	Ix	Iy	rx	ry	Sx	Sy	Zx	Zy	bf/2tf	h/tw	扭轉常數 J (cm⁴)	翹曲常數 Cw (cm⁶)
400×400	388	402	15	15	22	178.5	140	49000	16300	16.57	9.56	2520	809	2800	1240	13.40	23.87	132.41	5669507
	394	398	11	18	22	186.8	147	56100	18900	17.33	10.06	2850	951	3120	1440	11.06	32.55	171.42	6680016
	394	405	18	18	22	214	168	59700	19900	16.70	9.64	3030	985	3390	1510	11.25	19.89	230.56	7033456
	400	400	13	21	22	218.7	172	66600	22400	17.45	10.12	3330	1120	3670	1700	9.52	27.54	274.72	8043896
	400	408	21	21	22	250.7	197	70900	23800	16.82	9.74	3540	1170	3990	1790	9.71	17.05	368.90	8546640
	414	405	18	28	22	295.4	232	92800	31000	17.72	10.24	4480	1530	5030	2330	7.23	19.89	667.74	11547190
	428	407	20	35	22	360.7	283	119000	39400	18.16	10.45	5570	1930	6310	2940	5.81	17.90	1268.14	15213227
450×200	446	199	8	12	13	82.97	65.1	28100	1580	18.40	4.36	1260	159	1420	245	8.29	52.75	30.33	744006
	450	200	9	14	13	95.43	74.9	32900	1870	18.57	4.43	1460	187	1650	290	7.14	46.89	47.18	888699
	456	201	10	17	13	112	87.9	39800	2300	18.85	4.53	1750	229	1980	355	5.91	42.20	80.47	1108146
	466	205	14	22	13	151	118	53900	3170	18.89	4.58	2310	309	2660	484	4.66	30.14	186.13	1562303
	478	208	17	28	13	190	149	70300	4220	19.24	4.71	2940	406	3410	638	3.71	24.82	378.10	2136375
450×300	434	299	10	15	13	132	103	45500	6690	18.57	7.12	2100	447	2320	682	9.97	40.40	81.24	2936258
	440	300	11	18	13	153.9	121	54700	8100	18.85	7.25	2490	540	2760	823	8.33	36.73	135.36	3606201
	446	302	13	21	13	181	142	65000	9650	18.95	7.30	2920	639	3250	976	7.19	31.08	217.58	4357578
	450	304	15	23	13	202	158	72600	10800	18.96	7.31	3230	709	3630	1090	6.61	26.93	294.62	4922883
	458	306	17	27	13	235	185	86800	12900	19.22	7.41	3790	844	4280	1300	5.67	23.76	472.12	5990792
	468	308	19	32	13	275	216	105000	15600	19.54	7.53	4480	1010	5100	1560	4.81	21.26	772.52	7413744
500×200	496	199	9	14	13	99.29	77.9	40800	1840	20.27	4.30	1650	185	1870	288	7.11	52.00	48.12	1068690
	500	200	10	16	13	112.2	88.1	46800	2140	20.42	4.37	1870	214	2130	333	6.25	46.80	70.75	1253270
	506	201	11	19	13	129.3	102	55500	2580	20.72	4.47	2190	256	2500	399	5.29	42.55	113.52	1529740
	512	202	12	22	13	146	115	64400	3030	21.00	4.56	2520	300	2870	467	4.59	39.00	171.62	1818758
	518	205	15	25	13	174	137	75900	3600	20.89	4.55	2930	352	3380	553	4.10	31.20	269.00	2187441
	528	208	18	30	13	210	165	93600	4520	21.11	4.64	3550	435	4130	689	3.47	26.00	471.21	2802445
	536	210	20	34	13	238	187	108000	5280	21.30	4.71	4030	503	4710	798	3.09	23.40	684.12	3326453
	548	215	25	40	13	290	228	133000	6690	21.42	4.80	4870	622	5770	1000	2.69	18.72	1181.92	4316120
500×300	482	300	11	15	13	141.2	111	58300	6760	20.32	6.92	2420	450	2700	690	10.00	41.09	88.22	3685704
	488	300	11	18	13	159.2	125	68900	8110	20.80	7.14	2820	540	3130	825	8.33	41.09	137.49	4478748
	494	302	13	21	13	187	147	81700	9650	20.90	7.18	3310	639	3700	978	7.19	34.77	221.09	5397462
	500	304	15	24	13	215	169	95000	11300	21.02	7.25	3800	740	4270	1140	6.33	30.13	333.72	6400772
	510	306	17	29	13	256	201	117000	13900	21.38	7.37	4570	906	5170	1390	5.28	26.59	576.31	8039795
	518	310	21	33	13	301	236	137000	16400	21.33	7.38	5300	1060	6070	1640	4.70	21.52	892.42	9644225
	532	314	25	40	13	366	287	172000	20700	21.68	7.52	6480	1320	7490	2050	3.93	18.08	1595.98	12526812
600×200	596	199	10	15	13	117.8	92.4	66600	1980	23.78	4.10	2240	199	2580	312	6.63	56.60	64.14	1670927
	600	200	11	17	13	131.7	103	75600	2270	23.96	4.15	2520	227	2900	358	5.88	51.45	91.37	1928870
	606	201	12	20	13	149.8	118	88300	2720	24.28	4.26	2920	270	3360	426	5.03	47.17	140.95	2335093
	612	202	13	23	13	168	132	101000	3170	24.52	4.34	3310	314	3820	495	4.39	43.54	206.98	2749349
	618	205	16	26	13	199	156	119000	3750	24.45	4.34	3840	366	4480	584	3.94	35.38	321.03	3285600
	626	207	18	30	13	228	179	139000	4460	24.69	4.42	4430	431	5180	690	3.45	31.44	488.46	3960658
	634	209	20	34	13	257	202	159000	5210	24.87	4.50	5030	499	5910	801	3.07	28.30	707.64	4689000
	646	214	25	40	13	314	247	196000	6610	24.98	4.59	6080	618	7230	1010	2.68	22.64	1228.69	6068575
600×300	582	300	12	17	13	169.2	133	99000	7660	24.19	6.73	3400	511	3820	786	8.82	45.67	130.80	6113159
	588	300	12	20	13	187	147	114000	9010	24.69	6.94	3890	601	4350	921	7.50	45.67	192.72	7267106
	594	302	14	23	13	217.1	170	134000	10600	24.84	6.99	4500	700	5060	1090	6.57	39.14	297.19	8640087
	600	304	16	26	13	247	194	153000	12200	24.89	7.03	5110	802	5780	1240	5.85	34.25	434.58	10049018
	608	306	18	30	13	284	223	179000	14400	25.11	7.12	5900	938	6700	1450	5.10	30.44	663.16	12027024
	616	308	20	34	13	320	252	206000	16600	25.37	7.20	6690	1080	7640	1670	4.53	27.40	962.24	14057046
	628	312	24	40	13	383	300	250000	20300	25.55	7.28	7960	1300	9180	2030	3.90	22.83	1602.15	17546508
700×300	692	300	13	20	18	207.5	163	168000	9010	28.45	6.59	4870	601	5500	930	7.50	50.15	209.21	10171930
	700	300	13	24	18	231.5	182	197000	10800	29.17	6.83	5640	721	6340	1110	6.25	50.15	325.99	12338352
	708	305	15	28	18	270	212	233000	12900	29.38	6.91	6590	853	7430	1320	5.39	43.47	518.47	14912400
	712	306	19	30	18	310	244	260000	14400	28.96	6.82	7320	939	8370	1470	5.10	34.32	706.73	16744464
	718	308	21	33	18	343	269	290000	16100	29.08	6.85	8080	1050	9280	1640	4.67	31.05	949.37	18886306
	732	311	24	40	18	408	320	357000	20100	29.58	7.02	9740	1300	11200	2030	3.89	27.17	1645.81	24062916
800×300	792	300	14	22	18	239.5	188	248000	9920	32.18	6.44	6270	661	7140	1030	6.82	53.43	283.39	14703920
	800	300	14	26	18	263.5	207	286000	11700	32.95	6.66	7160	781	8100	1210	5.77	53.43	422.32	17522973
	808	302	16	30	18	304	238	334000	13800	33.15	6.74	8270	914	9390	1420	5.03	46.75	649.82	20882298

二、BH型鋼斷面性質

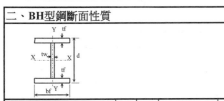

標稱尺度 (高×寬)	d	b_f	t_w	t_f	面積 cm²	單位重量 kgf/m	I_x	I_y	r_x	r_y	S_x	S_y	Z_x	Z_y	b_f/2t_f	h/t_w	扭轉常數J (cm⁴)	翹曲常數C_w (cm⁶)
400×400	442	400	22	36	369	290	128000	38400	18.62	10.20	5800	1920	6600	2900	5.56	16.82	1388	15824256
	450	400	25	40	413	324	145000	42700	18.74	10.17	6470	2140	7420	3230	5.00	14.80	1920	17944675
	460	400	28	45	464	364	167000	48100	18.97	10.18	7280	2400	8430	3640	4.44	13.21	2734	20710056
	470	400	32	50	518	407	191000	53400	19.20	10.15	8120	2670	9500	4050	4.00	11.56	3792	23549400
500×500	470	500	16	25	317	249	134000	52100	20.56	12.82	5690	2080	6270	3140	10.00	26.25	582	25792756
	476	500	16	28	347	273	151000	58300	20.86	12.96	6330	2330	6980	3510	8.93	26.25	793	29252608
	484	500	19	32	384	314	175000	66700	20.92	12.91	7250	2670	8070	4020	7.81	22.11	1196	34067692
	492	500	22	36	452	355	201000	75000	21.09	12.88	8180	3000	9180	4530	6.94	19.09	1717	38988000
	500	500	25	40	505	396	228000	83400	21.25	12.85	9100	3340	10300	5030	6.25	16.80	2373	44118600
	510	500	28	45	568	446	261000	93800	21.44	12.85	10200	3750	11700	5670	5.56	15.00	3378	50704763
	520	500	32	50	634	498	297000	104000	21.64	12.81	11400	4170	13200	6300	5.00	13.13	4680	57434000
600×350	584	350	16	32	307	241	190000	22900	24.88	8.64	6490	1310	7260	1980	5.47	32.50	840	17444304
	592	350	16	36	335	263	214000	25700	25.27	8.76	7220	1470	8090	2220	4.86	32.50	1165	19861988
	600	350	19	40	379	297	242000	28600	25.27	8.69	8070	1640	9120	2470	4.38	27.37	1621	22422400
	610	350	19	45	414	325	274000	32200	25.73	8.82	8990	1840	10200	2780	3.89	27.37	2255	25697613
	620	350	22	50	464	365	311000	35800	25.89	8.78	10000	2040	11500	3090	3.50	23.64	3119	29078550
600×400	584	400	16	32	339	266	214000	34200	25.13	10.04	7330	1710	8150	2580	6.25	32.50	949	26052192
	592	400	16	36	371	291	242000	38400	25.54	10.17	8160	1920	9090	2900	5.56	32.50	1320	29677056
	600	400	19	40	419	329	274000	42700	25.57	10.10	9120	2140	10200	3220	5.00	27.37	1835	33476800
	610	400	19	45	459	360	310000	48000	25.99	10.23	10200	2400	11500	3620	4.44	27.37	2559	38307000
	620	400	22	50	514	404	352000	53400	26.17	10.19	11300	2670	12900	4030	4.00	23.64	3536	43374150
700×350	684	350	16	32	323	254	270000	22900	28.91	8.42	7900	1310	8840	1980	5.47	38.75	854	24337204
	692	350	16	36	351	276	303000	25700	29.38	8.56	8760	1470	9800	2240	4.86	38.75	1178	27649088
	700	350	19	40	398	312	343000	28600	29.36	8.48	9800	1640	11100	2480	4.38	32.63	1644	31145400
	710	350	19	45	433	340	387000	32200	29.90	8.62	10900	1840	12300	2780	3.89	32.63	2278	35599113
	720	350	22	50	486	382	437000	35800	29.99	8.58	12100	2040	13800	3100	3.50	28.18	3154	40176550
700×400	684	400	16	32	355	279	304000	34200	29.26	9.82	8890	1710	9880	2580	6.25	38.75	963	36346392
	692	400	16	36	387	304	342000	38400	29.73	9.96	9880	1920	11000	2900	5.56	38.75	1334	41312256
	700	400	19	40	438	344	387000	42700	29.72	9.87	11000	2140	12400	3230	5.00	32.63	1858	46500300
	710	400	19	45	478	375	436000	48000	30.20	10.02	12300	2400	13800	3630	4.44	32.63	2582	53067000
	720	400	22	50	536	421	493000	53400	30.33	9.98	13700	2670	15500	4040	4.00	28.18	3571	59928150
800×300	792	300	19	36	353	277	368000	16200	32.29	6.77	9290	1080	10600	1650	4.17	37.89	1106	23147208
	800	300	19	40	377	296	406000	18000	32.82	6.91	10100	1200	11600	1830	3.75	37.89	1454	25992000
	810	300	19	45	407	319	455000	20300	33.44	7.06	11200	1350	12800	2060	3.33	37.89	1997	29700169
	820	300	22	50	458	360	514000	22600	33.50	7.02	12500	1500	14400	2290	3.00	32.73	2773	33498850
800×350	792	350	19	36	389	305	419000	25800	32.82	8.14	10600	1470	12000	2240	4.86	37.89	1261	36864072
	800	350	19	40	417	328	464000	28600	33.36	8.28	11600	1640	13100	2480	4.38	37.89	1667	41298400
	810	350	22	45	473	372	530000	32200	33.47	8.25	13100	1840	14900	2800	3.89	32.73	2398	47110613
	820	350	22	50	508	399	588000	35800	34.02	8.39	14300	2050	16300	3110	3.50	32.73	3190	53064550
800×400	792	400	19	36	425	333	471000	38400	33.29	9.51	11900	1920	13300	2910	5.56	37.89	1417	54867456
	800	400	19	40	457	359	522000	42700	33.80	9.67	13000	2140	14600	3230	5.00	37.89	1880	61658800
	810	400	22	45	518	407	596000	48100	33.92	9.64	14700	2400	16600	3640	4.44	32.73	2702	70373306
	820	400	22	50	558	438	662000	53400	34.44	9.78	16200	2670	18300	4040	4.00	32.73	3607	79152150
850×300	820	300	16	25	273	214	298000	11300	33.04	6.43	7270	752	8330	1150	6.00	48.13	421	17854706
	826	300	16	28	291	229	328000	12600	33.57	6.58	7950	842	9070	1280	5.36	48.13	548	20059326
	834	300	19	32	338	266	381000	14400	33.57	6.53	9140	963	10500	1470	4.69	40.53	839	23155344
	842	300	19	36	362	284	423000	16200	34.18	6.69	10000	1080	11500	1650	4.17	40.53	1117	26310258
	850	300	22	40	409	321	478000	18100	34.19	6.65	11200	1200	13000	1850	3.75	35.00	1567	29688525
	860	300	22	45	439	345	533000	20300	34.84	6.80	12400	1350	14300	2070	3.33	35.00	2112	33709419
	870	300	22	50	469	368	589000	22600	35.44	6.94	13500	1500	15600	2300	3.00	35.00	2791	37990600
850×350	820	350	16	25	298	234	337000	17900	33.63	7.75	8230	1020	9330	1560	7.00	48.13	473	28283119
	826	350	16	28	319	251	373000	20000	34.19	7.92	9030	1140	10200	1740	6.25	48.13	621	31840200
	834	350	19	32	370	291	433000	22900	34.21	7.87	10400	1310	11800	1990	5.47	40.53	948	36823429
	842	350	19	36	398	313	482000	25800	34.80	8.05	11400	1470	13000	2240	4.86	40.53	1273	41901522
	850	350	22	40	449	353	543000	28700	34.78	7.99	12800	1640	14600	2500	4.38	35.00	1781	47075175
	860	350	22	45	484	380	607000	32200	35.41	8.16	14100	1840	16100	2800	3.89	35.00	2416	53470113
	870	350	22	50	519	408	673000	35800	36.01	8.31	15500	2050	17600	3110	3.50	35.00	3208	60179800

二、BH型鋼斷面性質

標稱尺度 (高×寬)	d	bf	tw	tf	面積 cm²	單位重量 kgf/m	慣性矩 cm⁴		迴轉半徑 cm		彈性斷面模數 cm³		塑性斷面模數 cm³		寬厚比		斷面扭轉性質	
							I_x	I_y	r_x	r_y	S_x	S_y	Z_x	Z_y	$b_f/2t_f$	h/t_w	扭轉常數J (cm⁴)	翹曲常數C_w (cm⁶)
850×400	820	400	16	25	323	254	377000	26700	34.16	9.09	9200	1330	10300	2020	8.00	48.13	525	42187669
	826	400	16	28	347	273	418000	29900	34.71	9.28	10100	1490	11300	2260	7.14	48.13	694	47601099
	834	400	19	32	402	316	484000	34200	34.70	9.22	11600	1710	13100	2590	6.25	40.53	1057	54993942
	842	400	19	36	434	341	540000	38400	35.27	9.41	12800	1920	14400	2910	5.56	40.53	1428	62365056
	850	400	22	40	489	384	609000	42700	35.29	9.34	14300	2140	16200	3250	5.00	35.00	1994	70038675
	860	400	22	45	529	416	682000	48100	35.91	9.54	15900	2400	17900	3650	4.44	35.00	2719	79873056
	870	400	22	50	569	447	757000	53400	36.47	9.69	17400	2670	19700	4050	4.00	35.00	3624	89765400
900×300	870	300	16	25	281	221	341000	11300	34.84	6.34	7850	752	9030	1150	6.00	51.25	428	20171206
	876	300	16	28	299	235	376000	12600	35.46	6.49	8580	842	9810	1290	5.36	51.25	555	22651776
	884	300	19	32	348	273	436000	14400	35.40	6.43	9860	963	11400	1480	4.69	43.16	850	26132544
	892	300	19	36	372	292	483000	16200	36.03	6.60	10800	1080	12400	1660	4.17	43.16	1129	29675808
	900	300	22	40	420	330	545000	18100	36.02	6.56	12100	1210	14000	1850	3.75	37.27	1585	33466900
	910	300	22	45	450	354	607000	20300	36.73	6.72	13300	1350	15400	2070	3.33	37.27	2130	37972419
	920	300	22	50	480	377	669000	22600	37.33	6.86	14600	1500	16700	2300	3.00	37.27	2809	42764850
900×350	870	350	16	25	306	240	386000	17900	35.52	7.65	8870	1020	10100	1560	7.00	51.25	480	31952619
	876	350	16	28	327	257	426000	20000	36.09	7.82	9730	1150	11000	1740	6.25	51.25	628	35955200
	884	350	19	32	380	298	494000	22900	36.06	7.76	11200	1310	12700	2000	5.47	43.16	959	41558004
	892	350	19	36	408	320	549000	25800	36.68	7.95	12300	1470	14000	2240	4.86	43.16	1284	47261472
	900	350	22	40	460	361	619000	28700	36.68	7.90	13800	1640	15700	2500	4.38	37.27	1799	53066300
	910	350	22	45	495	389	691000	32200	37.36	8.07	15200	1840	17300	2810	3.89	37.27	2433	60232113
	920	350	22	50	530	416	764000	35800	37.97	8.22	16600	2050	18900	3110	3.50	37.27	3225	67742550
900×400	870	400	16	25	331	260	431000	26700	36.08	8.98	9900	1340	11100	2030	8.00	51.25	532	47661169
	876	400	16	28	355	279	476000	29900	36.62	9.18	10900	1500	12200	2270	7.14	51.25	701	53753024
	884	400	19	32	412	323	552000	34200	36.60	9.11	12500	1710	14100	2600	6.25	43.16	1069	62064792
	892	400	19	36	444	348	615000	38400	37.22	9.30	13800	1920	15500	2920	5.56	43.16	1440	70342656
	900	400	22	40	500	393	693000	42700	37.23	9.24	15400	2140	17500	3250	5.00	37.27	2012	78952300
	910	400	22	45	540	424	775000	48100	37.88	9.44	17000	2400	19300	3650	4.44	37.27	2737	89974056
	920	400	22	50	580	456	859000	53400	38.48	9.60	18700	2670	21100	4050	4.00	37.27	3642	101046150
950×300	920	300	19	25	315	247	405000	11300	35.86	5.99	8800	753	10300	1160	6.00	45.79	517	22628956
	926	300	19	28	333	262	443000	12600	36.47	6.15	9570	843	11100	1300	5.36	45.79	644	25401726
	934	300	19	32	357	280	495000	14400	37.24	6.35	10600	963	12300	1480	4.69	45.79	862	29289744
	942	300	19	36	381	299	548000	16200	37.93	6.52	11600	1080	13400	1660	4.17	45.79	1140	33243858
	950	300	22	40	431	339	618000	18100	37.87	6.48	13000	1210	15100	1850	3.75	39.55	1603	37471525
	960	300	22	45	461	362	686000	20300	38.58	6.64	14300	1360	16500	2080	3.33	39.55	2147	42489169
	970	300	25	50	518	406	773000	22600	38.63	6.61	15900	1510	18500	2320	3.00	34.80	2979	47821600
950×350	920	350	19	25	340	267	455000	17900	36.58	7.26	9890	1020	11400	1570	7.00	45.79	569	35845869
	926	350	19	28	361	284	500000	20100	37.22	7.46	10800	1150	12400	1750	6.25	45.79	718	40521801
	934	350	19	32	389	306	560000	22900	37.94	7.67	12000	1310	13700	2000	5.47	45.79	971	46578829
	942	350	19	36	417	328	622000	25800	38.62	7.87	13100	1470	15000	2240	4.86	45.79	1296	52943922
	950	350	22	40	471	370	701000	28700	38.58	7.81	14800	1640	16900	2500	4.38	39.55	1816	59416175
	960	350	22	45	506	397	781000	32200	39.29	7.98	16300	1840	18600	2810	3.89	39.55	2451	67396613
	970	350	25	50	568	445	879000	35800	39.34	7.94	18100	2050	20800	3130	3.50	34.80	3396	75752800
950×400	920	400	19	25	365	287	505000	26700	37.20	8.55	11000	1340	12500	2040	8.00	45.79	621	53468419
	926	400	19	28	389	306	556000	29900	37.81	8.77	12000	1500	13700	2280	7.14	45.79	791	60278699
	934	400	19	32	421	331	625000	34200	38.53	9.01	13400	1710	15100	2600	6.25	45.79	1080	69563142
	942	400	19	36	453	356	696000	38400	39.20	9.21	14800	1920	16600	2920	5.56	45.79	1451	78800256
	950	400	22	40	511	401	784000	42700	39.17	9.14	16500	2140	18700	3250	5.00	39.55	2030	88399675
	960	400	22	45	551	433	875000	48100	39.34	9.34	18200	2400	20600	3650	4.44	39.55	2755	100676306
	970	400	25	50	618	485	984000	53400	39.90	9.30	20300	2670	23100	4070	4.00	34.80	3813	112994400
1000×300	976	300	19	28	343	269	501000	12700	38.22	6.08	10300	844	12000	1300	5.36	48.42	656	28533852
	984	300	19	32	367	288	558000	14500	38.99	6.29	11400	964	13200	1480	4.69	48.42	873	32853520
	992	300	19	36	391	307	617000	16300	39.70	6.46	12400	1080	14300	1660	4.17	48.42	1152	37242892
	1000	300	22	40	442	347	696000	18100	39.68	6.40	13900	1210	16200	1860	3.75	41.82	1621	41702400
	1010	300	22	45	472	371	772000	20300	40.44	6.56	15300	1360	17700	2080	3.33	41.82	2165	47259669
	1020	300	25	50	530	416	869000	22600	40.49	6.53	17000	1510	19800	2320	3.00	36.80	3005	53160850
1000×350	976	350	19	28	371	291	564000	20100	38.99	7.36	11600	1150	13300	1760	6.25	48.42	729	45159876
	984	350	19	32	399	313	631000	22900	39.77	7.58	12800	1310	14700	2000	5.47	48.42	982	51885904
	992	350	19	36	427	335	699000	25800	40.46	7.77	14100	1470	16100	2250	4.86	48.42	1307	58948872
	1000	350	22	40	482	379	788000	28700	40.43	7.72	15800	1640	18100	2510	4.38	41.82	1834	66124800
	1010	350	22	45	517	406	877000	32200	41.19	7.89	17400	1840	19900	2810	3.89	41.82	2469	74963613
	1020	350	25	50	580	455	986000	35800	41.23	7.86	19300	2050	22300	3130	3.50	36.80	3422	84210550
1000×400	976	400	19	28	399	313	627000	29900	39.64	8.66	12800	1500	14600	2280	7.14	48.42	802	67178124
	984	400	19	32	431	338	704000	34200	40.42	8.91	14300	1710	16200	2600	6.25	48.42	1091	77488992
	992	400	19	36	463	363	782000	38500	41.10	9.12	15800	1920	17800	2920	5.56	48.42	1463	87966340
	1000	400	22	40	522	410	880000	42700	41.06	9.04	17600	2140	20000	3260	5.00	41.82	2047	98380800
	1010	400	22	45	562	441	981000	48100	41.78	9.25	19400	2400	22000	3660	4.44	41.82	2773	111979806
	1020	400	25	50	630	494	1100000	53500	41.79	9.22	21600	2670	24700	4070	4.00	36.80	3839	125845375

三、箱型鋼斷面性質

標稱尺度 (高×寬)	H	B	t	面積 cm²	單位 重量 kgf/m	慣性矩 cm⁴		迴轉半徑 cm		彈性斷面模數 cm³		塑性斷面模數 cm³		寬厚比		斷面扭轉性質 扭轉常數 J (cm⁴)
						I_x	I_y	r_x	r_y	S_x	S_y	Z_x	Z_y	b_f/t_f	h/t_w	
400×400	400	400	16	246	193	60500		15.7		3030		3540		23	23	90600
	400	400	19	290	227	70200		15.6		3510		4140		19.1	19.1	105000
	400	400	22	333	261	79500		15.5		3970		4720		16.2	16.2	119000
	400	400	25	375	294	88300		15.3		4410		5280		14	14	132000
	400	400	28	417	327	96600		15.2		4830		5820		12.3	12.3	144000
	400	400	32	471	370	107000		15.1		5360		6520		10.5	10.5	159000
	400	400	36	524	411	117000		14.9		5840		7180		9.11	9.11	174000
450×450	450	450	16	278	218	87300		17.7		3880		4520		26.1	26.1	131000
	450	450	19	328	257	102000		17.6		4520		5300		21.7	21.7	152000
	450	450	22	377	296	115000		17.5		5120		6050		18.5	18.5	172000
	450	450	25	425	334	128000		17.4		5710		6780		16	16	192000
	450	450	28	473	371	141000		17.3		6260		7490		14.1	14.1	210000
	450	450	32	535	420	157000		17.1		6970		8400		12.1	12.1	234000
	450	450	36	596	468	172000		17		7630		9280		10.5	10.5	255000
500×500	500	500	19	366	287	141000		19.7		5650		6600		24.3	24.3	211000
	500	500	22	421	330	161000		19.5		6420		7550		20.7	20.7	240000
	500	500	25	475	373	179000		19.4		7160		8470		18	18	268000
	500	500	28	529	415	197000		19.3		7880		9370		15.9	15.9	294000
	500	500	32	599	470	220000		19.2		8790		10500		13.6	13.6	328000
	500	500	36	668	524	241000		19		9650		11600		11.9	11.9	360000
	500	500	40	736	578	262000		18.9		10500		12700		10.5	10.5	389000
550×550	550	550	19	404	317	190000		21.7		6910		8040		27	27	284000
	550	550	22	465	365	216000		21.6		7860		9210		23	23	324000
	550	550	25	525	412	242000		21.5		8790		10300		20	20	362000
	550	550	28	585	459	266000		21.3		9680		11500		17.6	17.6	398000
	550	550	32	663	520	298000		21.2		10800		12900		15.2	15.2	445000
	550	550	36	740	581	328000		21		11900		14300		13.3	13.3	489000
	550	550	40	816	640	356000		20.9		12900		15600		11.8	11.8	531000
600×600	600	600	22	509	399	284000		23.6		9450		11000		25.3	25.3	425000
	600	600	25	575	451	317000		23.5		10600		12400		22	22	475000
	600	600	28	641	503	350000		23.4		11700		13800		19.4	19.4	524000
	600	600	32	727	571	392000		23.2		13100		15500		16.8	16.8	586000
	600	600	36	812	637	432000		23.1		14400		17200		14.7	14.7	646000
	600	600	40	896	703	471000		22.9		15700		18800		13	13	702000
	600	600	45	999	784	516000		22.7		17200		20800		11.3	11.3	769000
	600	600	50	1100	863	559000		22.6		18600		22800		10	10	832000
650×650	650	650	22	553	434	364000		25.7		11200		13000		27.6	27.6	545000
	650	650	25	625	491	408000		25.5		12500		14700		24	24	610000
	650	650	28	697	547	450000		25.4		13800		16300		21.2	21.2	674000
	650	650	32	791	621	505000		25.3		15500		18300		18.3	18.3	755000
	650	650	36	884	694	557000		25.1		17200		20400		16.1	16.1	833000
	650	650	40	976	766	608000		25		18700		22400		14.3	14.3	908000
	650	650	45	1090	855	668000		24.8		20600		24800		12.4	12.4	997000
	650	650	50	1200	942	725000		24.6		22300		27100		11	11	1080000
700×700	700	700	22	597	468	458000		27.7		13100		15200		29.8	29.8	686000
	700	700	25	675	530	513000		27.6		14700		17100		26	26	769000
	700	700	28	753	591	567000		27.5		16200		19000		23	23	850000
	700	700	32	855	671	637000		27.3		18200		21400		19.9	19.9	954000
	700	700	36	956	750	705000		27.2		20100		23800		17.4	17.4	1050000
	700	700	40	1060	829	769000		27		22000		26200		15.5	15.5	1150000
	700	700	45	1180	925	847000		26.8		24200		29000		13.6	13.6	1260000
	700	700	50	1300	1020	921000		26.6		26300		31800		12	12	1370000

三、箱型鋼斷面性質

標稱尺度 (高×寬)	H	B	t	面積 cm²	單位 重量 kgf/m	慣性矩 cm⁴		迴轉半徑 cm		彈性斷面模數 cm³		塑性斷面模數 cm³		寬厚比		斷面扭轉性質 扭轉常數 J (cm⁴)
						I_x	I_y	r_x	r_y	S_x	S_y	Z_x	Z_y	b_f/t_f	h/t_w	
750×750	750	750	22	641	503	566000		29.7		15100		17500		32.1	32.1	849000
	750	750	25	725	569	636000		29.6		17000		19700		28	28	953000
	750	750	28	809	635	704000		29.5		18800		21900		24.8	24.8	1050000
	750	750	32	919	721	791000		29.3		21100		24800		21.4	21.4	1180000
	750	750	36	1030	807	876000		29.2		23400		27600		18.8	18.8	1310000
	750	750	40	1140	892	957000		29		25500		30300		16.8	16.8	1430000
	750	750	45	1270	996	1060000		28.8		28100		33600		14.7	14.7	1580000
	750	750	50	1400	1100	1150000		28.7		30600		36800		13	13	1720000
800×800	800	800	25	775	608	777000		31.7		19400		22500		30	30	1160000
	800	800	28	865	679	860000		31.5		21500		25000		26.6	26.6	1290000
	800	800	32	983	772	968000		31.4		24200		28300		23	23	1450000
	800	800	36	1100	864	1070000		31.2		26800		31500		20.2	20.2	1610000
	800	800	40	1220	954	1170000		31.1		29300		34700		18	18	1760000
	800	800	45	1360	1070	1300000		30.9		32400		38500		15.8	15.8	1940000
	800	800	50	1500	1180	1410000		30.7		35300		42300		14	14	2110000
850×850	850	850	25	825	648	937000		33.7		22000		25500		32	32	1400000
	850	850	28	921	723	1040000		33.6		24400		28400		28.4	28.4	1560000
	850	850	32	1050	822	1170000		33.4		27500		32100		24.6	24.6	1750000
	850	850	36	1170	920	1300000		33.3		30500		35800		21.6	21.6	1940000
	850	850	40	1300	1020	1420000		33.1		33400		39400		19.3	19.3	2130000
850×850	850	850	45	1450	1140	1570000		32.9		36900		43800		16.9	16.9	2350000
	850	850	50	1600	1260	1710000		32.7		40300		48100		15	15	2560000
900×900	900	900	25	875	687	1120000		35.7		24800		28700		34	34	1670000
	900	900	28	977	767	1240000		35.6		27500		31900		30.1	30.1	1860000
	900	900	32	1110	872	1400000		35.5		31000		36200		26.1	26.1	2090000
	900	900	36	1240	977	1550000		35.3		34500		40300		23	23	2320000
	900	900	40	1380	1080	1700000		35.2		37800		44400		20.5	20.5	2540000
	900	900	45	1540	1210	1880000		35		41800		49400		18	18	2810000
	900	900	50	1700	1330	2050000		34.8		45600		54300		16	16	3070000

四、CT型鋼斷面性質

標準斷面尺寸 mm d	b_f	t_w	t_f	R	面積 cm²	單位質量 kgf/m	重心 C_x cm	塑性中心 y_p cm	慣性矩 I_x cm⁴	I_y cm⁴	迴轉半徑 r_x cm	r_y cm	斷面模數 S_x cm³	S_y cm³	塑性斷面模數 Z_x cm³	Z_y cm³	寬厚比 b_f/2t_f	h/t_w	扭轉常數 J (cm⁴)	翹曲常數 C_w (cm⁶)
50	50	5	7	8	5.92	4.65	1.28	5.65	11.8	7.39	1.41	1.12	3.18	2.96	5.92	4.66	3.57	7.00	1.01	0.46
50	100	6	8	8	10.8	8.47	1	5.26	16.1	66.8	1.22	2.49	4.03	13.4	7.91	20.4	6.25	5.67	2.35	3.79
62.5	60	6	8	8	8.34	6.55	1.64	6.73	27.5	14.6	1.81	1.32	5.96	4.86	10.9	7.71	3.75	7.75	1.76	1.37
62.5	125	6.5	9	8	15	11.8	1.19	5.89	35	147	1.53	3.13	6.91	23.5	13.3	35.7	6.94	7.00	3.93	10.6
75	75	5	7	8	8.92	7.01	1.79	5.77	42.6	24.7	2.18	1.66	7.46	6.6	13.5	10.3	5.36	12.00	1.4	1.79
74	100	6	9	8	13.2	10.3	1.56	6.45	51.7	75.2	1.98	2.39	8.84	15	16.2	23.1	5.56	9.50	3.27	6.12
75	150	7	10	8	19.8	15.6	1.37	6.52	66.4	282	1.83	3.77	10.8	37.5	20.6	57.1	7.50	8.14	6.22	25
87.5	90	7	10	8	11.4	8.89	1.93	6.21	70.6	48.7	2.08	2.06	10.4	10.8	18.6	16.7	5.63	14.30	2.15	3.86
87.5	175	7.5	11	13	25.7	20.2	1.55	7.14	115	492	2.11	4.37	15.9	56.2	30.6	85.4	7.95	8.47	10.5	52.8
99	99	4.5	7	8	11.3	8.91	2.17	5.59	93.5	56.7	2.87	2.24	12.1	11.5	21.4	17.6	7.07	18.70	1.64	3.87
100	100	5.5	8	8	13.3	10.5	2.31	6.53	114	66.9	2.93	2.24	14.8	13.4	26.4	20.7	6.25	15.30	2.53	6.29
97	150	6	9	8	19.1	15	1.8	6.26	124	253	2.56	3.65	15.8	33.8	28.3	51.4	8.33	13.30	4.65	20
100	200	8	12	13	31.8	24.9	1.73	7.76	184	801	2.41	5.02	22.3	80.1	42.5	122	8.33	9.38	14.9	102
100	204	12	12	13	35.8	28.1	2.09	8.59	256	851	2.67	4.88	32.4	83.4	59.5	128	8.50	6.25	19.6	123
124	124	5	8	8	16	12.6	2.66	6.34	207	127	3.60	2.82	21.3	20.5	37.4	31.5	7.75	21.60	2.88	11.2
125	125	6	9	8	18.5	14.5	2.81	7.28	248	147	3.66	2.82	25.6	23.5	45.2	36.2	6.94	18.00	4.24	17.2
122	175	7	11	13	27.7	21.8	2.28	7.72	288	492	3.22	4.21	29.1	56.2	52.5	85.7	7.95	14.00	10.6	59.1
125	250	9	14	13	45.7	35.9	2.08	9	412	1820	3.00	6.32	39.5	146	74.4	221	8.93	10.90	27.9	316
125	255	14	14	13	52	40.8	2.58	10	589	1940	3.37	6.11	59.4	152	108	233	9.11	7.00	37.3	386
149	149	5.5	8	13	20.4	16	3.26	6.6	393	221	4.39	3.29	33.8	29.7	59.5	45.5	9.31	23.30	4.32	22.6
150	150	6.5	9	13	23.4	18.4	3.41	7.56	464	254	4.45	3.29	40	33.8	71.1	52.2	8.33	19.70	6.16	34.6
147	200	8	12	13	35.5	27.9	2.85	8.7	571	801	4.01	4.75	48.2	80.1	85.8	122	8.33	15.30	15.7	122
147	302	12	12	13	53.2	41.7	2.85	8.68	857	2760	4.01	7.20	72.3	183	128	279	12.60	10.20	27.9	420
150	300	10	15	13	59.2	46.5	2.47	9.75	798	3380	3.67	7.55	63.7	225	117	341	10.00	12.20	40.9	681
150	305	15	15	13	66.7	52.4	3.04	10.8	1110	3550	4.07	7.30	92.5	233	166	357	10.20	8.13	53.9	827
152	301	11	17	13	66.7	52.4	2.55	11	903	3870	3.68	7.61	71.4	257	133	389	8.85	11.10	58.5	991
156	303	13	21	13	81.9	64.3	2.73	13.4	1130	4870	3.71	7.71	87.6	322	168	488	7.21	9.38	107	1880
159	307	17	24	13	97.4	76.4	3.09	15.7	1490	5790	3.91	7.71	116	377	223	575	6.40	7.18	170	2960
163	310	20	28	13	115	89.9	3.33	18.4	1840	6960	4.00	7.80	141	449	276	686	5.54	6.10	271	4810
173	174	6	9	13	26.2	20.6	3.72	7.33	679	396	5.09	3.88	50	45.5	88	69.7	9.67	25.20	6.57	49
175	175	7	11	13	31.5	24.7	3.76	8.78	814	492	5.09	3.96	59.3	56.2	105	86.3	7.95	21.60	11.2	83.7
168	249	8	12	13	43.1	33.8	3.05	8.51	880	1540	4.52	5.99	64	124	113	189	10.40	17.90	18.8	228
170	250	9	14	13	49.8	39.1	3.11	9.81	1020	1820	4.52	6.05	73.2	146	130	222	8.93	15.90	28.9	356
175	252	11	19	13	65.8	51.6	3.25	12.9	1330	2540	4.50	6.21	93.3	201	171	306	6.63	13.00	67.6	857
178	256	15	22	13	80.4	63.1	3.7	15.6	1810	3080	4.74	6.19	128	241	235	369	5.82	9.53	114	1470
182	258	17	26	13	94.3	74	3.87	18.1	2150	3730	4.77	6.29	150	289	279	444	4.96	8.41	183	2400
169	351	13	13	13	66.6	52.3	3.23	9.39	1420	4690	4.62	8.39	104	267	184	407	13.50	11.00	40.4	838
172	348	10	16	13	72	56.5	2.67	10.2	1230	5620	4.13	8.84	84.7	323	155	488	10.90	14.30	55.5	1280
172	354	16	16	13	82.3	64.6	3.42	11.5	1800	5920	4.68	8.48	131	335	234	511	11.10	8.94	74.8	1570
175	350	12	19	13	85.9	67.5	2.87	12.2	1520	6790	4.20	8.89	104	388	194	588	9.21	11.90	92.6	2170
175	357	19	19	13	98.2	77.1	3.6	13.7	2200	7210	4.74	8.57	158	404	286	620	9.39	7.53	125	2660
180	354	16	24	13	111	86.9	3.24	15.5	2110	8880	4.34	8.96	143	502	272	762	7.38	8.94	190	4520
184	356	18	28	13	128	101	3.42	17.9	2490	10500	4.40	9.06	166	592	323	900	6.36	7.94	297	7220
189	358	20	33	13	138	108	3.62	20.9	2940	12600	4.43	9.17	193	706	386	1070	5.42	7.15	474	11900
198	199	7	11	13	35.7	28	4.2	8.79	1190	723	5.78	4.50	76.4	72.7	134	111	9.05	24.90	12.5	125
200	200	8	13	13	41.7	32.7	4.26	10.2	1390	868	5.78	4.56	88.6	86.8	156	133	7.69	21.80	19.8	197
193	299	9	13	13	58.7	46.1	3.36	9.69	1520	3120	5.09	7.29	95.5	209	169	317	10.70	18.40	34	600
195	300	10	16	13	66.6	52.3	3.43	11	1730	3600	5.09	7.35	108	240	192	365	9.38	16.60	49.7	888
200	304	14	21	13	89.6	70.4	3.86	14.6	2490	4920	5.27	7.41	154	324	280	494	7.24	11.90	115	2110
205	308	18	26	13	113	88.7	4.23	18.2	3320	6340	5.42	7.49	204	412	375	631	5.92	9.22	222	4150
209	310	20	30	13	130	102	4.4	20.8	3850	7460	5.45	7.59	233	481	434	739	5.17	8.30	334	6320
194	402	15	15	22	89.2	70	3.7	10.8	2480	8130	5.27	9.54	158	404	282	617	13.40	10.90	77.7	1940
197	398	11	18	22	93.4	73.3	3.01	11.5	2040	9460	4.68	10.10	123	475	227	719	11.10	14.30	96.8	2710
197	405	18	18	22	107	84.1	3.89	13	3050	9980	5.34	9.65	193	493	347	754	11.30	8.72	131	3370
200	400	13	21	22	109	85.8	3.21	13.4	2480	11200	4.76	10.10	147	560	277	848	9.52	12.10	151	4360

四、CT型鋼斷面性質

標準斷面尺寸 mm					面積 cm²	單位質量 kgf/m	重心 cm	塑性中心 cm	慣性矩 cm⁴		迴轉半徑 cm		斷面模數 cm³		塑性斷面模數 cm³		寬厚比		斷面扭轉性質	
d	b_f	t_w	t_f	R			C_x	y_p	I_x	I_y	r_x	r_y	S_x	S_y	Z_x	Z_y	$b_f/2t_f$	h/t_w	扭轉常數 J (cm⁴)	翹曲常數 C_w (cm⁶)
200	408	21	21	22	125	98.4	4.07	15.1	3650	11900	5.40	9.75	229	584	416	895	9.71	7.48	205	5380
207	405	18	28	22	148	116	3.68	18	3620	15500	4.95	10.20	213	766	410	1160	7.23	8.72	356	10700
214	407	20	35	22	180	142	3.9	21.9	4380	19700	4.93	10.40	250	967	503	1470	5.81	7.85	657	20700
229	417	30	50	22	264	207	4.85	31.4	7470	30300	5.32	10.70	414	1450	862	2220	4.17	5.23	1930	64600
249	432	45	70	22	385	302	6.13	44.3	13200	47200	5.87	11.10	706	2180	1500	3360	3.09	3.49	5490	195000
223	199	8	12	13	41.5	32.6	5.15	10.2	1870	789	6.71	4.36	109	79.3	193	122	8.29	24.80	16.9	207
225	200	9	14	13	47.7	37.5	5.19	11.7	2150	935	6.71	4.43	124	93.5	220	144	7.14	22.00	25.7	307
228	201	10	17	13	56	44	5.16	13.7	2490	1150	6.67	4.54	141	115	250	177	5.91	19.80	42.7	480
233	205	14	22	13	75.4	59.2	5.68	18.2	3540	1590	6.86	4.59	201	155	359	242	4.66	14.10	96.6	1150
239	208	17	28	13	94.8	74.4	5.93	22.6	4540	2110	6.92	4.72	253	203	455	318	3.71	11.60	191	2210
217	299	10	15	13	65.8	51.6	4.09	10.9	2340	3340	5.96	7.13	133	224	233	340	9.97	18.90	43.1	808
220	300	11	18	13	76.9	60.4	4.09	12.7	2680	4050	5.90	7.26	150	270	265	411	8.33	17.20	70.5	1320
223	302	13	21	13	90.4	71	4.3	14.8	3230	4830	5.98	7.31	179	320	321	488	7.19	14.50	112	2130
225	304	15	23	13	101	79.2	4.54	16.5	3740	5390	6.09	7.31	208	355	374	543	6.61	12.60	151	2910
229	306	17	27	13	118	92.4	4.7	19.1	4400	6460	6.11	7.41	242	422	440	647	5.67	11.10	239	4650
234	308	19	32	13	138	108	4.87	22.2	5170	7800	6.13	7.53	279	507	517	777	4.81	9.95	386	7590
248	199	9	14	13	49.6	39	5.97	12.3	2820	921	7.54	4.31	150	92.6	266	143	7.11	24.60	26.2	366
250	200	10	16	13	56.1	44.1	6.03	13.9	3200	1070	7.55	4.36	169	107	299	166	6.25	22.10	37.9	515
253	201	11	19	13	64.7	50.8	6	15.9	3660	1290	7.52	4.46	189	128	336	199	5.29	20.10	59.4	754
256	202	12	22	13	73.2	57.5	6.02	18	4130	1520	7.51	4.55	211	150	375	233	4.59	18.40	88.3	1070
259	205	15	25	13	87.1	68.4	6.48	21.1	5130	1800	7.68	4.55	264	176	472	276	4.10	14.70	137	1790
264	208	18	30	13	105	82.6	6.8	25.1	6360	2260	7.77	4.64	324	218	582	344	3.47	12.30	237	3060
268	210	20	34	13	119	93.4	6.99	28.1	7290	2640	7.83	4.71	368	252	662	398	3.09	11.10	340	4310
274	215	25	40	13	145	114	7.53	33.6	9330	3350	8.01	4.80	469	311	848	499	2.69	8.84	581	7590
241	300	11	15	13	70.6	55.4	5	11.6	3400	3380	6.94	6.92	178	225	312	344	10.00	19.40	46.8	980
244	300	11	18	13	79.6	62.5	4.72	13.1	3610	4050	6.74	7.14	184	270	323	412	8.33	19.40	71.5	1430
247	302	13	21	13	93.5	73.4	4.94	15.4	4340	4830	6.81	7.18	220	320	390	489	7.19	16.40	114	2300
250	304	15	24	13	108	84.5	5.15	17.6	5100	5630	6.88	7.23	257	370	459	567	6.33	14.20	170	3470
255	306	17	29	13	128	100	5.29	20.8	6060	6930	6.88	7.36	300	453	543	695	5.28	12.50	290	5900
259	310	21	33	13	150	118	5.74	24.2	7550	8210	7.08	7.39	375	530	682	818	4.70	10.10	447	9280
266	314	25	40	13	183	144	6.12	29	9470	10400	7.20	7.52	462	659	852	1020	3.93	8.52	788	16600
298	199	10	15	13	58.9	46.2	7.92	14.6	5150	988	9.35	4.10	235	99.3	424	156	6.63	27.00	34.5	719
300	200	11	17	13	65.9	51.7	7.95	16.3	5770	1140	9.36	4.16	262	114	470	179	5.88	24.50	48.5	969
303	201	12	20	13	74.9	58.8	7.88	18.4	6530	1360	9.34	4.26	291	135	521	212	5.03	22.50	73.4	1320
306	202	13	23	13	84	65.9	7.87	20.6	7300	1590	9.33	4.35	321	157	574	247	4.39	20.80	106	1770
309	205	15	27	13	99.3	78	8.36	24	8920	1880	9.48	4.35	396	183	710	291	3.94	16.90	164	2980
313	207	18	30	13	114	89.3	8.52	27.3	10300	2230	9.52	4.43	453	216	813	345	3.45	15.00	246	4290
317	209	20	34	13	128	101	8.7	30.5	11800	2610	9.58	4.51	512	249	920	400	3.07	13.50	351	5920
323	214	25	40	13	157	123	9.28	36.5	15000	3310	9.76	4.59	650	309	1170	502	2.68	10.80	604	10600
291	300	12	17	13	84.6	66.4	6.51	14	6320	3830	8.64	6.73	280	255	492	393	8.82	21.80	68.5	1740
294	300	12	20	13	93.6	73.5	6.17	15.5	6680	4500	8.45	6.94	288	300	505	460	7.50	21.80	99.3	2290
297	302	14	23	13	109	85.2	6.41	17.9	7890	5290	8.53	6.98	339	350	598	538	6.57	18.60	152	3530
300	304	16	26	13	124	97	6.63	20.2	9140	6100	8.60	7.02	391	401	694	618	5.85	16.30	220	5170
304	306	18	30	13	142	111	6.79	23.1	10600	7180	8.63	7.11	448	469	799	725	5.10	14.50	333	7730
308	308	20	34	13	160	126	6.98	25.9	12100	8300	8.68	7.20	507	539	909	834	4.53	13.10	479	11000
314	312	24	40	13	191	150	7.41	30.5	14900	10200	8.83	7.29	621	651	1120	1010	3.90	10.90	789	18400
346	300	13	20	18	104	81.5	8.08	17.1	11300	4510	10.40	6.59	424	301	750	464	7.50	23.70	113	3250
350	300	13	24	18	116	90.9	7.63	19.1	12000	5410	10.20	6.83	438	361	772	554	6.25	23.70	171	4270
354	302	15	28	18	135	106	7.84	22.1	14100	6440	10.20	6.91	512	426	907	657	5.39	20.50	268	6680
356	306	19	30	18	155	122	8.62	25.1	17300	7180	10.60	6.81	642	470	1140	732	5.10	16.20	366	10300
359	308	21	33	18	171	135	8.83	27.6	19400	8060	10.60	6.86	716	524	1280	819	4.67	14.70	488	13800
366	311	25	40	18	204	160	9.03	32.6	23300	10100	10.70	7.02	842	647	1510	1010	3.89	12.80	830	22400
396	300	14	22	18	120	94	9.77	19.7	17600	4960	12.10	6.44	592	331	1050	514	6.82	25.40	151	5320
400	300	14	26	18	132	103	9.27	21.7	18700	5860	11.90	6.67	610	391	1080	604	5.77	25.40	220	6510
404	302	16	30	18	152	119	9.48	24.9	21800	6900	12.00	6.74	705	457	1250	708	5.03	22.30	334	9800

五、I型鋼斷面性質（CNS1490）

標準斷面尺寸 mm						面積 cm²	單位重量 kgf/m	慣性矩 cm4		迴轉半徑 cm		彈性斷面模數 cm³		塑性斷面模數 cm³		寬厚比		斷面扭轉性質	
d	b_f	t_w	t_f	R_1	R_2			I_x	I_y	r_x	r_y	S_x	S_y	Z_x	Z_y	$b_f/2t_f$	h/t_w	扭轉常數J (cm⁴)	翹曲常數 C_w (cm⁶)
100	75	5	8	7	3.5	16.43	12.9	281	47.3	4.14	1.7	56.2	12.6	64	23	4.69	16.8	2.91	1190
125	75	5.5	9.5	9	4.5	20.45	16.1	538	57.5	5.13	1.68	86	15.3	97.7	27.5	3.95	19.3	4.87	2230
150	75	5.5	9.5	9	4.5	21.83	17.1	819	57.5	6.12	1.62	109	15.3	124	27.7	3.95	23.8	5.01	3300
150	125	8.5	14	13	6.5	46.15	36.2	1760	385	6.18	2.89	235	61.6	270	112	4.46	14.3	25.4	21100
180	100	6	10	10	5	30.06	23.6	1670	138	7.45	2.14	186	27.5	208	51.4	5	26.7	7.82	12000
200	100	7	10	10	5	33.06	26	2170	138	8.11	2.05	217	27.7	245	52.2	5	25.7	8.72	15000
200	150	9	16	15	7.5	64.16	50.4	4460	753	8.34	3.43	446	100	505	183	4.69	16.7	45	76200
250	125	7.5	12.5	12	6	48.79	38.3	5180	337	10.3	2.63	414	53.9	466	101	5	30	19.4	57400
250	125	10	19	21	10.5	70.73	55.5	7310	538	10.2	2.76	585	86	661	154	3.29	21.2	64.2	82500
300	150	8	13	12	6	61.58	48.3	9480	588	12.4	3.09	632	78.4	710	151	5.77	34.3	26.6	151000
300	150	10	18.5	19	9.5	83.47	65.5	12700	886	12.3	3.26	849	118	954	215	4.05	26.3	72.1	206000
300	150	11.5	22	23	11.5	97.88	76.8	14700	1080	12.2	3.32	978	143	1110	256	3.41	22.3	119	239000
350	150	9	15	13	6.5	74.58	58.5	15200	702	14.3	3.07	870	93.5	984	175	5	35.6	41.5	237000
350	150	12	24	25	12.5	111.1	87.2	22400	1180	14.2	3.26	1280	158	1450	281	3.13	25.2	156	359000
400	150	10	18	17	8.5	91.73	72	24100	864	16.2	3.07	1200	115	1360	212	4.17	36.4	70.5	369000
400	150	12.5	25	27	13.5	122.1	95.8	31700	1240	16.1	3.18	1580	165	1790	295	3	28	179	494000
450	175	11	20	19	9.5	116.8	91.7	39200	1510	18.3	3.6	1740	173	1970	319	4.38	37.3	112	826000
450	175	13	26	27	13.5	146.1	115	48800	2020	18.3	3.72	2170	231	2440	415	3.37	30.6	234	1040000
600	190	13	25	25	12.5	169.4	133	98400	2460	24.1	3.81	3280	259	3710	474	3.8	42.3	238	2360000
600	190	16	35	38	19	224.5	176	130000	3540	24.1	3.97	4330	373	4880	666	2.71	33.1	615	3190000

六、翼板厚度漸變槽鋼斷面性質（CNS1490）

d	b_f	t_w	t_f	R_1	R_2	面積 cm²	單位重量 kgf/m	C_x	C_y	I_x	I_y	r_x	r_y	S_x	S_y	Z_x	Z_y	x_o (cm)	y_o	b_f/2t_f	h/t_w	扭轉常數 J (cm⁴)	翹曲常數 C_w (cm⁶)
75	40	5	7	8	4	8.818	6.92	0	1.28	75.3	12.2	2.92	1.17	20.1	4.47	22.4	8.98	2.43	0	5.71	12.20	1.2	102
100	50	5	7.5	8	4	11.92	9.36	0	1.54	188	26	3.97	1.48	37.6	7.52	40.6	15.1	3.04	0	6.67	17.00	1.79	405
125	65	6	8	8	4	17.11	13.4	0	1.9	424	61.8	4.98	1.9	67.8	13.4	74.4	27.2	3.81	0	8.13	18.20	3.06	1550
150	75	6.5	10	10	5	23.71	18.6	0	2.28	861	117	6.03	2.22	115	22.4	121	45.1	4.59	0	7.50	20.00	6.28	4190
150	75	9	12.5	15	7.5	30.59	24	0	2.31	1050	147	5.86	2.19	140	28.3	158	56.9	4.42	0	6.00	13.90	13.1	5060
180	75	7	10.5	11	5.5	27.2	21.4	0	2.13	1380	131	7.12	2.19	153	24.3	174	48.7	4.3	0	7.14	22.70	7.73	6820
200	80	7.5	11	12	6	31.33	24.6	0	2.21	1950	168	7.88	2.32	195	29.1	225	58.2	4.47	0	7.27	23.70	9.76	10900
200	90	8	13.5	14	7	38.65	30.3	0	2.74	2490	277	8.02	2.68	249	44.2	263	88.8	5.5	0	6.67	21.60	17.9	17600
250	90	9	13	14	7	44.07	34.6	0	2.4	4180	294	9.74	2.58	334	44.5	405	59.1	4.84	0	6.92	24.90	18.9	30000
250	90	11	14.5	17	8.5	51.17	40.2	0	2.4	4680	329	9.56	2.54	374	49.9	478	67	4.66	0	6.21	20.10	28.7	33100
300	90	9	13	14	7	48.57	38.1	0	2.22	6440	309	11.5	2.52	429	45.7	556	61.6	4.53	0	6.92	30.40	20.2	46100
300	90	10	15.5	19	9.5	55.74	43.8	0	2.34	7410	360	11.5	2.54	494	54.1	626	72.8	4.66	0	5.81	26.90	31.8	52600
300	90	12	16	19	9.5	61.9	48.6	0	2.28	7870	379	11.3	2.48	525	56.4	717	77.3	4.33	0	5.63	22.30	40.9	56100
380	100	10.5	16	18	9	69.39	54.5	0	2.41	14500	535	14.5	2.78	763	70.5	1020	96	4.85	0	6.25	33.10	41.4	130000
380	100	13	16.5	18	9	78.96	62	0	2.33	15600	565	14.1	2.67	823	73.6	1200	103	4.47	0	6.06	26.70	56.6	138000
380	100	13	20	24	12	85.71	67.3	0	2.54	17600	655	14.3	2.76	926	87.8	1250	120	4.88	0	5.00	26.20	79.7	154000

七、翼板等厚槽鋼斷面性質

標準斷面尺寸 mm						面積 cm²	單位重量 kgf/m	重心位置 cm		慣性矩 cm⁴		迴轉半徑 cm		彈性斷面模數 cm³		塑性斷面模數 cm³		塑性中心	剪力中心		寬厚比		斷面扭轉性質	
標稱尺度 (高×寬)	d	b_f	t_w	t_f	R			C_x	C_y	I_x	I_y	r_x	r_y	S_x	S_y	Z_x	Z_y	x_p (cm)	x_o (cm)	y_o	$b_f/2t_f$	h/t_w	扭轉常數 J (cm⁴)	翹曲常數 C_w (cm⁶)
150×75	150	75	5.5	10	12	22.8	17.9	0	2.6	863	129	6.16	2.38	115	26.4	132	47.9	1.96	5.49	0	7.5	19.3	5.35	4750
	154	76	8	12	12	29.3	23	0	2.55	1090	165	6.11	2.38	142	32.7	167	60	1.63	5.25	0	6.33	13.3	10.3	6070
180×75	180	75	6	10.5	12	25.9	20.3	0	2.43	1370	145	7.28	2.37	152	28.7	176	52.9	1.48	5.18	0	7.14	22.5	6.49	7640
200×75	200	75	6	12.5	12	29.9	23.4	0	2.49	1970	170	8.11	2.38	197	33.9	226	61.6	1.62	5.28	0	6	25.2	10	10800
200×90	200	90	7	14	12	37.9	29.7	0	3.13	2530	312	8.17	2.87	253	53.1	291	95.3	2.35	6.58	0	6.43	21.1	16.8	19800
250×90	250	90	8	14	14	43.8	34.4	0	2.79	4350	347	9.96	2.81	348	55.8	404	103	1.33	5.95	0	6.43	24.3	18.8	34900
	254	91	9	16	14	49.9	39.2	0	2.87	5050	402	10.1	2.84	398	64.5	465	119	1.43	6.02	0	5.69	21.6	27.7	40900
300×90	300	90	8	15	14	49.4	38.8	0	2.66	6950	386	11.9	2.79	463	60.9	540	112	0.9	5.74	0	6	30.3	22.8	56200
	302	91	9	16	14	54.3	42.6	0	2.67	7590	426	11.8	2.8	503	66.2	590	129	0.884	5.69	0	5.69	26.9	28.8	62300
	306	92	10	18	14	61	47.9	0	2.75	8670	486	11.9	2.82	567	75.4	668	146	0.982	5.77	0	5.11	24.2	40.5	71800
380×100	380	100	9.5	17.5	15	68.7	54	0	2.8	15000	641	14.8	3.05	792	89.1	930	200	0.892	6.05	0	5.71	33.2	41.8	150000
	382	101	11	19	18	77.6	60.9	0	2.81	16800	716	14.7	3.04	879	98.2	1040	244	0.998	5.96	0	5.32	28	56.5	170000
	386	102	12	21	18	85.5	67.1	0	2.89	18800	802	14.8	3.06	972	110	1160	270	1.09	6.04	0	4.86	25.7	75.1	191000

八、等邊角鋼斷面性質（CNS1490）

標準斷面尺寸 mm					面積 cm²	單位重量 kgf/m	重心位置 cm		慣性矩 cm⁴				迴轉半徑 cm				彈性斷面模數 cm³		塑性斷面模數 cm³		寬厚比	剪力中心		斷面扭轉性質	
d	b	t	R_1	R_2			C_x	C_y	I_x	I_y	最大I_u	最小I_v	r_x	r_y	最大r_u	最小r_v	S_x	S_y	Z_x	Z_y	b/t	x_o (cm)	y_o (cm)	扭轉常數 J (cm⁴)	翹曲常數 C_w (cm⁶)
25	25	3	4	2	1.427	1.12	0.719	0.719	0.80	0.80	1.26	0.332	0.75	0.75	0.94	0.483	0.448	0.448	0.848	0.848	8.33	0.569	0.569	0.042	0.0195
30	30	3	4	2	1.727	1.36	0.844	0.844	1.42	1.42	2.26	0.59	0.91	0.91	1.14	0.585	0.661	0.661	1.24	1.24	10	0.694	0.694	0.051	0.0347
40	40	3	4.5	2	2.336	1.83	1.09	1.09	3.53	3.53	5.6	1.46	1.23	1.23	1.55	0.79	1.21	1.21	2.26	2.26	13.3	0.94	0.94	0.069	0.0856
40	40	5	4.5	3	3.755	2.95	1.17	1.17	5.42	5.42	8.59	2.25	1.2	1.2	1.51	0.774	1.91	1.91	3.56	3.56	8	0.92	0.92	0.313	0.3662
45	45	4	6.5	3	3.492	2.74	1.24	1.24	6.50	6.50	10.3	2.7	1.36	1.36	1.72	0.88	2	2	3.78	3.78	11.3	1.04	1.04	0.183	0.2827
45	45	5	6.5	3	4.302	3.38	1.28	1.28	7.91	7.91	12.5	3.29	1.36	1.36	1.71	0.874	2.46	2.46	4.61	4.61	9	1.03	1.03	0.354	0.5331
50	50	4	6.5	3	3.892	3.06	1.37	1.37	9.06	9.06	14.4	3.76	1.53	1.53	1.92	0.983	2.49	2.49	4.69	4.69	12.5	1.17	1.17	0.205	0.3932
50	50	5	6.5	3	4.802	3.77	1.41	1.41	11.1	11.1	17.5	4.58	1.52	1.52	1.91	0.976	3.08	3.08	5.75	5.75	10	1.16	1.16	0.396	0.7442
50	50	6	6.5	4.5	5.644	4.43	1.44	1.44	12.6	12.6	20	5.23	1.5	1.5	1.88	0.963	3.55	3.55	6.71	6.71	8.33	1.14	1.14	0.677	1.2459
60	60	4	6.5	3	4.692	3.68	1.61	1.61	16	16	25.4	6.62	1.85	1.85	2.33	1.19	3.66	3.66	6.83	6.83	15	1.41	1.41	0.247	0.6937
60	60	5	6.5	3	5.802	4.55	1.66	1.66	19.6	19.6	31.2	8.09	1.84	1.84	2.32	1.18	4.52	4.52	8.39	8.39	12	1.41	1.41	0.479	1.320
65	65	5	8.5	3	6.367	5	1.77	1.77	25.3	25.3	40.1	10.5	1.99	1.99	2.51	1.28	5.35	5.35	9.99	9.99	13	1.52	1.52	0.521	1.6954
65	65	6	8.5	4	7.527	5.91	1.81	1.81	29.4	29.4	46.6	12.2	1.98	1.98	2.49	1.27	6.26	6.26	11.7	11.7	10.8	1.51	1.51	0.893	2.8599
65	65	8	8.5	6	9.761	7.66	1.88	1.88	36.8	36.8	58.3	15.3	1.94	1.94	2.44	1.25	7.96	7.96	15.1	15.1	8.13	1.48	1.48	2.082	6.4563
70	70	6	8.5	4	8.127	6.38	1.93	1.93	37.1	37.1	58.9	15.3	2.14	2.14	2.69	1.37	7.33	7.33	13.7	13.7	11.7	1.63	1.63	0.965	3.6092
75	75	6	8.5	4	8.727	6.85	2.06	2.06	46.1	46.1	73.2	19	2.3	2.3	2.9	1.48	8.47	8.47	15.8	15.8	12.5	1.76	1.76	1.037	4.4790
75	75	9	8.5	6	12.69	9.96	2.17	2.17	64.4	64.4	102	26.7	2.25	2.25	2.84	1.45	12.1	12.1	22.6	22.6	8.33	1.72	1.72	3.426	14.191
75	75	12	8.5	6	16.56	13	2.29	2.29	81.9	81.9	129	34.5	2.22	2.22	2.79	1.44	15.7	15.7	29.1	29.1	6.25	1.69	1.69	7.949	31.537
80	80	6	8.5	4	9.327	7.32	2.18	2.18	56.4	56.4	89.6	23.2	2.46	2.46	3.1	1.58	9.7	9.7	18	18	13.3	1.88	1.88	1.109	5.4784
90	90	6	10	5	10.55	8.28	2.42	2.42	80.7	80.7	128	33.4	2.77	2.77	3.48	1.78	12.3	12.3	23	23	15	2.12	2.12	1.253	7.9020
90	90	7	10	5	12.22	9.59	2.46	2.46	93	93	148	38.3	2.76	2.76	3.48	1.77	14.2	14.2	26.5	26.5	12.9	2.11	2.11	1.978	12.333
90	90	10	10	7	17	13.3	2.57	2.57	125	125	199	51.7	2.71	2.71	3.42	1.74	19.5	19.5	36.5	36.5	9	2.07	2.07	5.667	34.118
90	90	13	10	7	21.71	17	2.69	2.69	156	156	248	63.3	2.68	2.68	3.38	1.73	24.8	24.8	46.1	46.1	6.92	2.04	2.04	12.229967	71.059
100	100	7	10	5	13.62	10.7	2.71	2.71	129	129	205	53.2	3.08	3.08	3.88	1.98	17.7	17.7	33	33	14.3	2.36	2.36	2.207	17.124
100	100	10	10	7	19	14.9	2.82	2.82	175	175	278	72	3.04	3.04	3.83	1.95	24.4	24.4	45.5	45.5	10	2.32	2.32	6.333	47.632
100	100	13	10	7	24.31	19.1	2.94	2.94	220	220	348	91.1	3	3	3.78	1.94	31.1	31.1	57.6	57.6	7.69	2.29	2.29	13.694633	99.768
120	120	8	12	5	18.76	14.7	3.24	3.24	258	258	410	106	3.71	3.71	4.67	2.38	29.5	29.5	54.6	54.6	15	2.84	2.84	3.959	44.40
130	130	9	12	6	22.74	17.9	3.53	3.53	366	366	583	150	4.01	4.01	5.06	2.57	38.7	38.7	71.6	71.6	14.4	3.08	3.08	6.099	80.055
130	130	12	12	8.5	29.76	23.4	3.64	3.64	467	467	743	192	3.96	3.96	5	2.54	49.9	49.9	92.9	92.9	10.8	3.04	3.04	14.2848	183.0
130	130	15	12	8.5	36.75	28.8	3.76	3.76	568	568	902	234	3.93	3.93	4.95	2.53	61.5	61.5	114	114	8.67	3.01	3.01	27.5625	344.67
150	150	12	14	7	34.77	27.3	4.14	4.14	740	740	1180	304	4.61	4.61	5.82	2.96	68.1	68.1	126	126	12.5	3.54	3.54	16.5888	286.65
150	150	15	14	10	42.74	33.6	4.24	4.24	888	888	1410	365	4.56	4.56	5.75	2.92	82.6	82.6	153	153	10	3.49	3.49	32.0625	542.56
150	150	19	14	10	53.38	41.9	4.4	4.4	1090	1090	1730	451	4.52	4.52	5.69	2.91	103	103	190	190	7.89	3.45	3.45	64.245967	1056.9
175	175	12	15	11	40.52	31.8	4.73	4.73	1170	1170	1860	480	5.38	5.38	6.78	3.44	91.8	91.8	172	172	14.6	4.13	4.13	19.4688	463.37
175	175	15	15	11	50.21	39.4	4.85	4.85	1440	1440	2290	589	5.35	5.35	6.75	3.42	114	114	211	211	11.7	4.1	4.1	37.6875	881.14
200	200	15	17	12	57.75	45.3	5.46	5.46	2180	2180	3470	891	6.14	6.14	7.75	3.93	150	150	279	279	13.3	4.71	4.71	43.3125	1337.5
200	200	20	17	12	76	59.7	5.67	5.67	2820	2820	4490	1160	6.09	6.09	7.68	3.9	197	197	364	364	10	4.67	4.67	101.33333	3048.4
200	200	25	17	12	93.75	73.6	5.86	5.86	3420	3420	5420	1410	6.04	6.04	7.61	3.88	242	242	445	445	8	4.61	4.61	195.3125	5722.0
250	250	25	24	12	119.4	93.7	7.1	7.1	6950	6950	11000	2860	7.63	7.63	9.62	4.9	388	388	714	714	10	5.85	5.85	247.39583	11629
250	250	35	24	18	162.6	128	7.45	7.45	9110	9110	14400	3790	7.49	7.49	9.42	4.83	519	519	960	960	7.14	5.7	5.7	664.5625	29936

九、等邊雙角鋼組合斷面性質

標準斷面尺寸 mm		面積 cm²	重心位置 cm	慣性矩 cm⁴						剪力中心 cm		迴轉半徑 r_y (cm)					對剪力中心之極座標迴轉半徑 r_o (cm)				
				I_x	I_y																
d	t				a=0 mm	9	12	16	19	y_o	x_o	a=0 mm	9	12	16	19	a=0 mm	9	12	16	19
25	3	2.85	0.719	1.59	3.07	5.49	6.56	8.18	9.54	0.569	0	1.04	1.39	1.52	1.69	1.83	1.40	1.68	1.78	1.94	2.06
30	3	3.45	0.844	2.84	5.3	8.62	10	12.2	14	0.694	0	1.24	1.58	1.70	1.88	2.01	1.69	1.95	2.05	2.20	2.32
40	3	4.67	1.09	7.06	12.6	18.1	20.4	23.7	26.5	0.94	0	1.64	1.97	2.09	2.25	2.38	2.26	2.50	2.60	2.73	2.84
40	5	7.51	1.17	10.8	21.1	30.5	34.4	40	44.6	0.92	0	1.68	2.02	2.14	2.31	2.44	2.26	2.52	2.62	2.76	2.87
45	4	6.98	1.24	13	23.7	32.9	36.6	42.1	46.5	1.04	0	1.84	2.17	2.29	2.46	2.58	2.52	2.77	2.86	3.00	3.10
45	5	8.6	1.28	15.8	29.9	41.6	46.2	53	58.6	1.03	0	1.86	2.20	2.32	2.48	2.61	2.52	2.78	2.88	3.01	3.12
50	4	7.78	1.37	18.1	32.7	43.9	48.3	54.8	60	1.17	0	2.05	2.38	2.49	2.65	2.78	2.81	3.06	3.15	3.28	3.38
50	5	9.6	1.41	22.2	41.3	55.4	61	69.1	75.7	1.16	0	2.07	2.40	2.52	2.68	2.81	2.82	3.07	3.16	3.29	3.40
50	6	11.3	1.44	25.2	48.6	65.5	72.2	81.8	89.7	1.14	0	2.08	2.41	2.53	2.69	2.82	2.80	3.05	3.15	3.28	3.39
60	4	9.38	1.61	32	56.3	71.8	77.8	86.5	93.5	1.41	0	2.45	2.77	2.88	3.04	3.16	3.38	3.61	3.70	3.82	3.92
60	5	11.6	1.66	39.2	71.2	90.9	98.5	109	118	1.41	0	2.48	2.80	2.91	3.07	3.19	3.39	3.63	3.72	3.84	3.94
65	5	12.7	1.77	50.6	90.5	113	122	135	145	1.52	0	2.67	2.98	3.10	3.26	3.38	3.66	3.90	3.99	4.11	4.21
65	6	15.1	1.81	58.8	108	136	146	161	173	1.51	0	2.68	3.00	3.11	3.27	3.38	3.65	3.90	3.98	4.10	4.20
65	8	19.5	1.88	73.6	143	180	194	214	230	1.48	0	2.70	3.04	3.15	3.31	3.43	3.65	3.90	3.99	4.12	4.21
70	6	16.3	1.93	74.2	135	166	178	195	209	1.63	0	2.88	3.19	3.30	3.46	3.58	3.94	4.17	4.26	4.38	4.48
75	6	17.5	2.06	92.2	166	202	216	235	250	1.76	0	3.09	3.40	3.51	3.66	3.78	4.23	4.46	4.55	4.67	4.76
75	9	25.4	2.17	129	248	303	324	353	376	1.72	0	3.13	3.45	3.57	3.73	3.85	4.22	4.47	4.56	4.69	4.78
75	12	33.1	2.29	164	337	412	440	480	511	1.69	0	3.19	3.53	3.65	3.81	3.93	4.24	4.50	4.59	4.72	4.82
80	6	18.7	2.18	113	201	242	257	278	296	1.88	0	3.29	3.60	3.71	3.86	3.98	4.51	4.75	4.83	4.94	5.04
90	6	21.1	2.42	161	285	335	354	380	401	2.12	0	3.68	3.98	4.10	4.24	4.36	5.06	5.29	5.38	5.49	5.58
90	7	24.4	2.46	186	334	393	415	446	470	2.11	0	3.70	4.01	4.12	4.28	4.39	5.08	5.31	5.39	5.51	5.60
90	10	34	2.57	250	475	560	592	636	671	2.07	0	3.74	4.06	4.17	4.33	4.44	5.06	5.30	5.39	5.51	5.60
90	13	43.4	2.69	312	626	740	782	841	887	2.04	0	3.80	4.13	4.24	4.40	4.52	5.08	5.33	5.42	5.54	5.64
100	7	27.2	2.71	258	458	530	556	594	623	2.36	0	4.10	4.41	4.52	4.67	4.79	5.65	5.88	5.96	6.07	6.16
100	10	38	2.82	350	652	756	794	848	890	2.32	0	4.14	4.46	4.57	4.72	4.84	5.63	5.87	5.96	6.08	6.17
100	13	48.6	2.94	440	860	999	1050	1120	1180	2.29	0	4.21	4.53	4.65	4.80	4.93	5.66	5.90	5.99	6.11	6.21
120	8	37.5	3.24	516	910	1030	1070	1130	1170	2.84	0	4.92	5.24	5.34	5.49	5.59	6.79	7.02	7.10	7.21	7.28
130	9	45.5	3.53	732	1300	1450	1510	1580	1640	3.08	0	5.34	5.65	5.76	5.89	6.00	7.36	7.58	7.67	7.77	7.85
130	12	59.5	3.64	934	1720	1930	2000	2110	2190	3.04	0	5.38	5.70	5.80	5.96	6.07	7.34	7.57	7.65	7.77	7.86
130	15	73.5	3.76	1140	2180	2440	2530	2660	2770	3.01	0	5.44	5.76	5.87	6.02	6.14	7.36	7.60	7.68	7.79	7.89
150	12	69.5	4.14	1480	2670	2950	3040	3180	3280	3.54	0	6.20	6.52	6.61	6.76	6.87	8.50	8.73	8.81	8.92	9.00
150	15	85.5	4.24	1780	3310	3660	3780	3950	4080	3.49	0	6.23	6.54	6.65	6.80	6.91	8.47	8.71	8.79	8.90	8.98
150	19	107	4.4	2180	4250	4690	4850	5070	5240	3.45	0	6.31	6.62	6.73	6.88	7.00	8.49	8.72	8.81	8.93	9.01
175	12	81	4.73	2340	4150	4510	4640	4820	4950	4.13	0	7.16	7.46	7.57	7.71	7.82	9.86	10.08	10.16	10.27	10.35
175	15	100	4.85	2880	5240	5700	5860	6090	6260	4.1	0	7.23	7.55	7.66	7.80	7.91	9.90	10.13	10.21	10.32	10.40
200	15	116	5.46	4360	7800	8390	8600	8890	9110	4.71	0	8.22	8.50	8.61	8.75	8.86	11.27	11.49	11.57	11.68	11.76
200	20	152	5.67	5640	10500	11300	11600	12000	12300	4.67	0	8.32	8.62	8.74	8.89	9.00	11.31	11.54	11.63	11.74	11.83
200	25	188	5.86	6840	13300	14300	14700	15200	15500	4.61	0	8.42	8.72	8.84	8.99	9.08	11.33	11.56	11.65	11.77	11.84
250	25	239	7.1	13900	25900	27500	28100	28800	29400	5.85	0	10.40	10.73	10.84	10.98	11.09	14.17	14.40	14.49	14.59	14.68
250	35	325	7.45	18200	36300	38500	39300	40400	41200	5.7	0	10.60	10.88	11.00	11.15	11.26	14.15	14.39	14.47	14.59	14.67

十、不等邊角鋼斷面性質（CNS1490）

d	b	t	R_1	R_2	面積 cm²	單位重量 kgf/m	C_x	C_y	I_x	I_y	最大I_u	最小I_v	r_x	r_y	最大r_u	最小r_v	$\tan\alpha$	S_x	S_y	Z_x	Z_y	d/t	x_o (cm)	y_o (cm)	扭轉常數 J (cm⁴)	翹曲常數 C_w (cm⁶)
90	75	9	8.5	6	14.04	11	2.75	2	109	68.1	143	34.1	2.78	2.2	3.19	1.56	0.676	17.4	12.4	32.5	23.1	10	1.55	2.3	3.791	19.75
100	75	7	10	5	11.87	9.32	3.06	1.83	118	56.9	144	30.8	3.15	2.19	3.49	1.61	0.548	17	10	31.8	18.7	14.3	1.48	2.71	1.921	12.04
		10	10	7	16.5	13	3.17	1.94	159	76.1	194	41.3	3.11	2.15	3.43	1.58	0.543	23.3	13.7	43.7	25.8	10	1.44	2.67	5.5	33.34
125	75	7	10	5	13.62	10.7	4.1	1.64	219	60.4	243	36.4	4.01	2.11	4.23	1.64	0.362	26.1	10.3	47.7	19.1	17.9	1.29	3.75	2.207	20.57
	75	10	10	7	19	14.9	4.22	1.75	299	80.8	330	49	3.96	2.06	4.17	1.61	0.357	36.1	14.1	65.9	26.7	12.5	1.25	3.72	6.333	57.53
		13	10	7	24.31	19.1	4.35	1.87	376	101	415	61.9	3.93	2.04	4.13	1.6	0.352	46.1	17.9	83.4	34.2	9.62	1.22	3.7	13.69	121.17
	90	10	10	7	20.5	16.1	3.95	2.22	318	138	380	76.2	3.94	2.59	4.3	1.93	0.505	37.2	20.3	69.1	37.9	12.5	1.72	3.45	6.833	65.06
		13	10	7	26.26	20.6	4.07	2.34	401	173	477	96.3	3.91	2.57	4.26	1.91	0.501	47.5	25.9	87.6	48.3	9.62	1.69	3.42	14.79	137.08
150	90	9	12	6	20.94	16.4	4.95	1.99	485	133	537	80.4	4.81	2.52	5.06	1.96	0.361	48.2	19	87.9	35.2	16.7	1.54	4.5	5.613	75.03
		12	12	8.5	27.36	21.5	5.07	2.1	619	167	685	102	4.76	2.47	5	1.93	0.357	62.3	24.3	114	46.1	12.5	1.5	4.47	13.13	171.78
	100	9	12	6	21.84	17.1	4.76	2.3	502	181	579	104	4.79	2.88	5.15	2.18	0.439	49.1	23.5	90.4	43.2	16.7	1.85	4.31	5.856	80.01
		12	12	8.5	28.56	22.4	4.88	2.41	642	228	738	132	4.74	2.83	5.09	2.15	0.435	63.4	30.1	117	56.3	12.5	1.81	4.28	13.71	183.20
		15	12	8.5	35.25	27.7	5	2.53	782	276	897	161	4.71	2.8	5.04	2.14	0.431	78.2	37	143	69.5	10	1.78	4.25	26.44	345.48

十一、不等邊雙角鋼合斷面性質——長肢相接

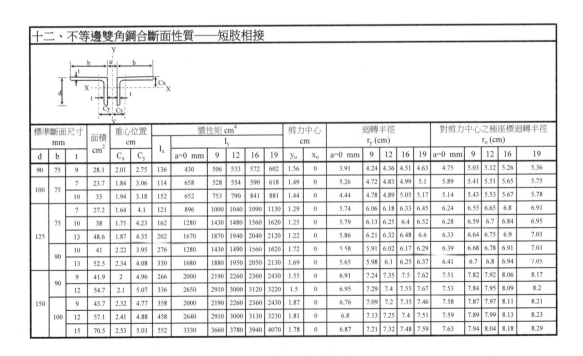

標準斷面尺寸 mm			面積 cm²	重心位置 cm		慣性矩 cm⁴						剪力中心 cm		迴轉半徑 r_y (cm)					對剪力中心之極座標迴轉半徑 r_o (cm)				
						I_x	I_y																
d	b	t		C_x	C_y		a=0 mm	9	12	16	19	y_o	x_o	a=0 mm	9	12	16	19	a=0 mm	9	12	16	19
90	75	9	28.1	2.75	2.01	218	250	306	327	358	382	2.3	0	2.98	3.3	3.41	3.57	3.69	4.69	4.89	4.97	5.08	5.16
100	75	7	23.7	3.06	1.84	236	194	238	255	279	299	2.71	0	3.86	3.17	3.28	3.43	3.55	5.05	5.23	5.29	5.39	5.47
		10	33	3.18	1.94	318	276	341	365	400	428	2.68	0	2.89	3.21	3.33	3.48	3.6	5.02	5.21	5.28	5.38	5.46
125	75	7	27.2	4.1	1.64	438	194	240	257	283	304	3.75	0	2.67	2.97	3.07	3.22	3.34	6.1	6.24	6.29	6.37	6.43
		10	38	4.23	1.75	596	278	346	372	409	439	3.73	0	2.7	3.02	3.13	3.28	3.4	6.08	6.22	6.28	6.35	6.41
	75	13	48.6	4.35	1.87	752	372	464	498	549	589	3.7	0	2.77	3.09	3.2	3.36	3.48	6.07	6.22	6.28	6.36	6.42
	90	10	41	3.95	2.22	636	478	568	602	650	688	3.45	0	3.41	3.72	3.83	3.98	4.1	6.25	6.42	6.49	6.58	6.65
		13	52.5	4.08	2.34	802	618	739	784	848	898	3.43	0	3.43	3.75	3.86	4.02	4.14	6.23	6.41	6.48	6.57	6.64
150	90	9	41.9	4.96	2	968	434	517	549	594	630	4.51	0	3.22	3.51	3.62	3.77	3.88	7.34	7.47	7.52	7.59	7.65
		12	54.7	5.07	2.1	1240	577	692	735	796	845	4.47	0	3.25	3.56	3.66	3.81	3.93	7.29	7.43	7.49	7.56	7.62
	100	9	43.7	4.77	2.32	1000	593	693	730	783	825	4.32	0	3.68	3.98	4.09	4.23	4.35	7.43	7.58	7.64	7.72	7.78
		12	57.1	4.88	2.41	1280	790	925	976	1050	1100	4.28	0	3.72	4.02	4.13	4.28	4.39	7.39	7.55	7.61	7.69	7.75
		15	70.5	5.01	2.53	1560	1000	1180	1240	1330	1410	4.26	0	3.77	4.09	4.2	4.35	4.47	7.38	7.55	7.61	7.7	7.76

十二、不等邊雙角鋼合斷面性質——短肢相接

標準斷面尺寸 mm			面積 cm²	重心位置 cm		慣性矩 cm⁴						剪力中心 cm		迴轉半徑 r_y (cm)					對剪力中心之極座標迴轉半徑 r_o (cm)				
						I_x	I_y																
d	b	t		C_x	C_y		a=0 mm	9	12	16	19	y_o	x_o	a=0 mm	9	12	16	19	a=0 mm	9	12	16	19
90	75	9	28.1	2.01	2.75	136	430	506	533	572	602	1.56	0	3.91	4.24	4.36	4.51	4.63	4.75	5.03	5.12	5.26	5.36
100	75	7	23.7	1.84	3.06	114	658	528	554	590	618	1.49	0	5.26	4.72	4.83	4.99	5.1	5.89	5.41	5.51	5.65	5.75
		10	33	1.94	3.18	152	652	753	790	841	881	1.44	0	4.44	4.78	4.89	5.05	5.17	5.14	5.43	5.53	5.67	5.78
125	75	7	27.2	1.64	4.1	121	896	1000	1040	1090	1130	1.29	0	5.74	6.06	6.18	6.33	6.45	6.24	6.55	6.65	6.8	6.91
		10	38	1.75	4.23	162	1280	1430	1480	1560	1620	1.25	0	5.79	6.13	6.25	6.4	6.52	6.28	6.59	6.7	6.84	6.95
	75	13	48.6	1.87	4.35	202	1670	1870	1940	2040	2120	1.22	0	5.86	6.21	6.32	6.48	6.6	6.33	6.64	6.75	6.9	7.01
	90	10	41	2.22	3.95	276	1280	1430	1490	1560	1620	1.72	0	5.58	5.91	6.02	6.17	6.29	6.39	6.68	6.78	6.91	7.01
		13	52.5	2.34	4.08	330	1680	1880	1950	2050	2130	1.69	0	5.65	5.98	6.1	6.25	6.37	6.41	6.7	6.8	6.94	7.05
150	90	9	41.9	2	4.96	266	2000	2190	2260	2360	2430	1.55	0	6.91	7.24	7.35	7.5	7.62	7.51	7.82	7.92	8.06	8.17
		12	54.7	2.1	5.07	336	2650	2910	3000	3120	3220	1.5	0	6.95	7.29	7.4	7.55	7.67	7.53	7.84	7.95	8.09	8.2
	100	9	43.7	2.32	4.77	358	2000	2190	2260	2360	2430	1.87	0	6.76	7.09	7.2	7.35	7.46	7.58	7.87	7.97	8.11	8.21
		12	57.1	2.41	4.88	458	2640	2910	3000	3130	3230	1.81	0	6.8	7.13	7.25	7.4	7.51	7.59	7.89	7.99	8.13	8.23
		15	70.5	2.53	5.01	552	3330	3660	3780	3940	4070	1.78	0	6.87	7.21	7.32	7.48	7.59	7.63	7.94	8.04	8.18	8.29

十三、一般結構用碳鋼鋼管：圓形－斷面性質（CNS 4435）

標準斷面尺寸 mm		面積 cm²	單位重量 kgf/m	慣性矩 cm⁴	彈性斷面模數 cm³	迴轉半徑 cm
外徑 D	厚度 t			I	S	r
21.7	2	1.238	0.97	0.607	0.559	0.70
27.2	2	1.583	1.24	1.26	0.930	0.89
	2.3	1.799	1.41	1.41	1.03	0.88
34	2.3	2.291	1.80	2.89	1.70	1.12
42.7	2.3	2.919	2.29	5.97	2.80	1.43
	2.5	3.157	2.48	6.40	3.00	1.42
48.6	2.3	3.345	2.63	8.99	3.70	1.64
	2.5	3.621	2.84	9.65	3.97	1.63
	2.8	4.029	3.16	10.6	4.36	1.62
	3.2	4.564	3.58	11.8	4.86	1.61
60.5	2.3	4.205	3.30	17.8	5.90	2.06
	3.2	5.760	4.52	23.7	7.84	2.03
	4	7.100	5.57	28.5	9.41	2.00
76.3	2.8	6.465	5.08	43.7	11.5	2.60
	3.2	7.349	5.77	49.2	12.9	2.59
	4	9.085	7.13	59.5	15.6	2.56
89.1	2.8	7.591	5.96	70.7	15.9	3.05
	3.2	8.636	6.78	79.8	17.9	3.04
	4	10.69	8.39	97.0	21.8	3.01
101.6	3.2	9.892	7.77	120	23.6	3.48
	4	12.26	9.63	146	28.8	3.45
	5	15.17	11.9	177	34.9	3.42
114.3	3.2	11.17	8.77	172	30.2	3.93
	3.5	12.18	9.56	187	32.7	3.92
	4.5	15.52	12.2	234	41.0	3.89
139.8	3.6	15.40	12.1	357	51.1	4.82
	4	17.07	13.4	394	56.3	4.80
	4.5	19.13	15.0	438	62.7	4.79
	6	25.22	19.8	566	80.9	4.74
165.2	4.5	22.72	17.8	734	88.9	5.68
	5	25.16	19.8	808	97.8	5.67
	6	30.01	23.6	952	115	5.63
	7.1	35.26	27.7	1104	134	5.60
190.7	4.5	26.32	20.7	1141	120	6.59
	5.3	30.87	24.2	1327	139	6.56
	6	34.82	27.3	1486	156	6.53
	7	40.40	31.7	1707	179	6.50
	8.2	47.01	36.9	1961	206	6.46
216.3	4.5	29.94	23.5	1680	155	7.49
	5.8	38.36	30.1	2126	197	7.45
	6	39.64	31.1	2193	203	7.44
	7	46.03	36.1	2523	233	7.40
	8	52.35	41.1	2844	263	7.37
	8.2	53.61	42.1	2906	269	7.36
267.4	6	49.27	38.7	4211	315	9.24
	6.6	54.08	42.4	4600	344	9.22
	7	57.26	45.0	4857	363	9.21
	8	65.19	51.2	5489	411	9.18
	9	73.06	57.4	6105	457	9.14
	9.3	75.41	59.2	6287	470	9.13

十三、一般結構用碳鋼鋼管：圓形－斷面性質（CNS 4435）

標準斷面尺寸 mm		面積 cm²	單位重量 kgf/m	慣性矩 cm⁴	彈性斷面模數 cm³	迴轉半徑 cm
外徑 D	厚度 t			I	S	r
318.5	6	58.90	46.2	7193	452	11.1
	6.9	67.55	53.0	8202	515	11.0
	8	78.04	61.3	9411	591	11.0
	9	87.51	68.7	10487	659	10.9
	10.3	99.73	78.3	11854	744	10.9
355.6	6.4	70.21	55.1	10706	602	12.3
	7.9	86.29	67.7	13047	734	12.3
	9	98.00	76.9	14726	828	12.3
	9.5	103.3	81.1	15478	871	12.2
	12	129.5	102	19139	1076	12.2
	12.7	136.8	107	20135	1132	12.1
406.4	7.9	98.90	77.6	19640	967	14.1
	9	112.4	88.2	22193	1092	14.1
	9.5	118.5	93.0	23339	1149	14.0
	12	148.7	117	28937	1424	14.0
	12.7	157.1	123	30466	1499	13.9
	16	196.2	154	37449	1843	13.8
	19	231.2	182	43485	2140	13.7
457.2	9	126.7	99.5	31834	1393	15.8
	9.5	133.6	105	33492	1465	15.8
	12	167.8	132	41612	1820	15.7
	12.7	177.3	139	43836	1918	15.7
	16	221.8	174	54033	2364	15.6
	19	261.6	205	62899	2752	15.5
500	9	138.8	109	41850	1674	17.4
	12	184.0	144	54798	2192	17.3
	14	213.8	168	63162	2526	17.2
508	7.9	124.1	97	38812	1528	17.7
	9	141.1	111	43928	1729	17.6
	9.5	148.8	117	46231	1820	17.6
	12	187.0	147	57536	2265	17.5
	12.7	197.6	155	60639	2387	17.5
	14	217.3	171	66331	2611	17.5
	16	247.3	194	74909	2949	17.4
	19	291.9	229	87377	3440	17.3
	22	335.9	264	99376	3912	17.2
558.8	9	155.5	122	58753	2103	19.4
	12	206.1	162	77079	2759	19.3
	16	272.8	214	100572	3600	19.2
	19	322.2	253	117503	4206	19.1
	22	371.0	291	133859	4791	19.0
600	9	167.1	131	72974	2432	20.9
	12	221.7	174	95842	3195	20.8
	14	257.7	202	110695	3690	20.7
	16	293.6	230	125240	4175	20.7

十三、一般結構用碳鋼鋼管：圓形－斷面性質（CNS 4435）

標準斷面尺寸 mm		面積 cm²	單位重量 kgf/m	慣性矩 cm⁴	彈性斷面模數 cm³	迴轉半徑 cm
外徑 D	厚度 t			I	S	r
609.6	9	169.8	133	76587	2513	21.2
	12	225.3	177	100612	3301	21.1
	14	262.0	206	116223	3813	21.1
	16	298.4	234	131516	4315	21.0
	19	352.5	277	153866	5048	20.9
	22	406.1	319	175524	5759	20.8
700	9	195.4	153	116630	3332	24.4
	12	259.4	204	153511	4386	24.3
	14	301.7	237	177558	5073	24.3
	16	343.8	270	201180	5748	24.2
711.2	9	198.5	156	122393	3442	24.8
	12	263.6	207	161129	4531	24.7
	14	306.6	241	186395	5242	24.7
	16	349.4	274	211222	5940	24.6
	19	413.2	324	247648	6964	24.5
	22	476.3	374	283114	7962	24.4
812.8	9	227.3	178	183570	4517	28.4
	12	301.9	237	242053	5956	28.3
	14	351.3	276	280308	6897	28.2
	16	400.5	314	317982	7824	28.2
	19	473.8	372	373418	9188	28.1
	22	546.6	429	427581	10521	28.0
914.4	12	340.2	267	346350	7575	31.9
	14	396.0	311	401420	8780	31.8
	16	451.6	354	455750	9968	31.8
	19	534.5	420	535871	11721	31.7
	22	616.8	484	614363	13438	31.6
1016	12	378.5	297	476985	9389	35.5
	14	440.7	346	553192	10890	35.4
	16	502.7	395	628479	12372	35.4
	19	595.1	467	739702	14561	35.3
	22	687.0	539	848896	16711	35.2

十四、一般結構用碳鋼鋼管：方形—斷面性質（CNS7141）

標準斷面尺寸 mm			面積 cm²	單位重量 kgf/m	慣性矩 cm⁴		彈性斷面模數 cm³		迴轉半徑 cm	
d	b	t			I_x	I_y	S_x	S_y	r_x	r_y
40	40	1.6	2.392	1.88	5.79		2.9		1.56	
		2.3	3.332	2.62	7.73		3.86		1.52	
50	50	1.6	3.032	2.38	11.7		4.68		1.96	
		2.3	4.252	3.34	15.9		6.34		1.93	
		3.2	5.727	4.5	20.4		8.16		1.89	
60	60	1.6	3.672	2.88	20.7		6.89		2.37	
		2.3	5.172	4.06	28.3		9.44		2.34	
		3.2	7.007	5.5	36.9		12.3		2.3	
75	75	1.6	4.632	3.64	41.3		11		2.99	
		2.3	6.552	5.14	57.1		15.2		2.95	
		3.2	8.927	7.01	75.5		20.1		2.91	
		4.5	12.17	9.55	98.6		26.3		2.85	
80	80	2.3	7.012	5.5	69.9		17.5		3.16	
		3.2	9.567	7.51	92.7		23.2		3.11	
		4.5	13.07	10.3	122		30.4		3.05	
90	90	2.3	7.932	6.23	101		22.4		3.56	
		3.2	10.85	8.51	135		29.9		3.52	
100	100	2.3	8.852	6.95	140		27.9		3.97	
		3.2	12.13	9.52	187		37.5		3.93	
		4	14.95	11.7	226		45.3		3.89	
		4.5	16.67	13.1	249		49.9		3.87	
		6	21.63	17	311		62.3		3.79	
		9	30.67	24.1	408		81.6		3.65	
		12	38.53	30.2	471		94.3		3.5	
125	125	3.2	15.33	12	376		60.1		4.95	
		4.5	21.17	16.6	506		80.9		4.89	
		5	23.36	18.3	553		88.4		4.86	
		6	27.63	21.7	641		103		4.82	
		9	39.67	31.1	865		138		4.67	
		12	50.53	39.7	1030		165		4.52	
150	150	4.5	25.67	20.1	896		120		5.91	
		5	28.36	22.3	982		131		5.89	
		6	33.63	26.4	1150		153		5.84	
		9	48.67	38.2	1580		210		5.69	
175	175	4.5	30.17	23.7	1450		166		6.93	
		5	33.36	26.2	1590		182		6.91	
		6	39.63	31.1	1860		213		6.86	
200	200	4.5	34.67	27.2	2190		219		7.95	
		6	45.63	35.8	2830		283		7.88	
		8	59.79	46.9	3620		362		7.78	
		9	66.67	52.3	3990		399		7.73	
		12	86.53	67.9	4980		498		7.59	
250	250	5	48.36	38	4810		384		9.97	
		6	57.63	45.2	5670		454		9.92	
		8	75.79	59.5	7320		585		9.82	
		9	84.67	66.5	8090		647		9.78	
		12	110.5	86.8	10300		820		9.63	
300	300	4.5	52.67	41.3	7630		508		12	
		6	69.63	54.7	9960		664		12	
		9	102.7	80.6	14300		956		11.8	
		12	134.5	106	18300		1220		11.7	
350	350	9	120.7	94.7	23200		1320		13.9	
		12	158.5	124	29800		1700		13.7	

十五、一般結構用碳鋼鋼管：矩形—斷面性質（CNS7141）

標準斷面尺寸 mm			面積 cm²	單位重量 kgf/m	慣性矩 cm⁴		彈性斷面模數 cm³		迴轉半徑 cm	
d	b	t	cm²	kgf/m	I_x	I_y	S_x	S_y	r_x	r_y
50	20	1.6	2.072	1.63	6.08	1.42	2.43	1.42	1.71	0.829
		2.3	2.872	2.25	8	1.83	3.2	1.83	1.67	0.789
	30	1.6	2.392	1.88	7.96	3.6	3.18	2.4	1.82	1.23
		2.3	3.332	2.62	10.6	4.76	4.25	3.17	1.79	1.2
60	30	1.6	2.712	2.13	12.5	4.25	4.16	2.83	2.15	1.25
		2.3	3.792	2.98	16.8	5.65	5.61	3.76	2.11	1.22
		3.2	5.087	3.99	21.4	7.08	7.15	4.72	2.05	1.18
75	20	1.6	2.872	2.25	17.6	2.1	4.69	2.1	2.47	0.855
		2.3	4.022	3.16	23.7	2.73	6.31	2.73	2.43	0.824
	45	1.6	3.672	2.88	28.4	12.9	7.56	5.75	2.78	1.88
		2.3	5.172	4.06	38.9	17.6	10.4	7.82	2.74	1.84
		3.2	7.007	5.5	50.8	22.8	13.5	10.1	2.69	1.8
80	40	1.6	3.672	2.88	30.7	10.5	7.68	5.26	2.89	1.69
		2.3	5.172	4.06	42.1	14.3	10.5	7.14	2.85	1.66
		3.2	7.007	5.5	54.9	18.4	13.7	9.21	2.8	1.62
90	45	2.3	5.862	4.6	61	20.8	13.6	9.22	3.23	1.88
		3.2	7.967	6.25	80.2	27	17.8	12	3.17	1.84
100	20	1.6	3.672	2.88	38.1	2.78	7.61	2.78	3.22	0.87
		2.3	5.172	4.06	51.9	3.64	10.4	3.64	3.17	0.839
	40	1.6	4.312	3.38	53.5	12.9	10.7	6.44	3.52	1.73
		2.3	6.092	4.78	73.9	17.5	14.8	8.77	3.48	1.7
		4.2	10.6	8.32	120	27.6	24	10.6	3.36	1.61
	50	1.6	4.632	3.64	61.3	21.1	12.3	8.43	3.64	2.13
		2.3	6.552	5.14	84.8	29	17	11.6	3.6	2.1
		3.2	8.927	7.01	112	38	22.5	15.2	3.55	2.06
		4.5	12.17	9.55	147	48.9	29.3	19.5	3.47	2
125	40	1.6	5.112	4.01	94.4	15.8	15.1	7.91	4.3	1.76
		2.3	7.242	5.69	131	21.6	20.9	10.8	4.25	1.73
	75	2.3	8.852	6.95	192	87.5	30.6	23.3	4.65	3.14
		3.2	12.13	9.52	257	117	41.1	31.1	4.6	3.1
		4	14.95	11.7	311	141	49.7	37.5	4.56	3.07
		4.5	16.67	13.1	342	155	54.8	41.2	4.53	3.04
		6	21.63	17	428	192	68.5	51.1	4.45	2.98
150	75	3.2	13.73	10.8	402	137	53.6	36.6	5.41	3.16
	80	4.5	19.37	15.2	563	211	75	52.9	5.39	3.3
		5	21.36	16.8	614	230	81.9	57.5	5.36	3.28
		6	25.23	19.8	710	264	94.7	66.1	5.31	3.24
	100	3.2	15.33	12	488	262	65.1	52.5	5.64	4.14
		4.5	21.17	16.6	658	352	87.7	70.4	5.58	4.08
		6	27.63	21.7	835	444	111	88.8	5.5	4.01
		9	39.67	31.1	1130	595	151	119	5.33	3.87
200	100	4.5	25.67	20.1	1330	455	133	90.9	7.2	4.21
		6	33.63	26.4	1700	577	170	115	7.12	4.14
		9	48.67	38.2	2350	782	235	156	6.94	4.01
	150	4.5	30.17	23.7	1760	1130	176	151	7.64	6.13
		6	39.63	31.1	2270	1460	227	194	7.56	6.06
		9	57.67	45.3	3170	2020	317	270	7.41	5.93
250	150	6	45.63	35.8	3890	1770	311	236	9.23	6.23
		9	66.67	52.3	5480	2470	438	330	9.06	6.09
		12	86.53	67.9	6850	3070	548	409	8.9	5.95
300	200	6	57.63	45.2	7370	3960	491	396	11.3	8.29
		9	84.67	66.5	10500	5630	702	563	11.2	8.16
		12	110.5	86.8	13400	7110	890	711	11	8.02
350	150	6	57.63	45.2	8910	2390	509	319	12.4	6.44
		9	84.67	66.5	12700	3370	726	449	12.3	6.31
		12	110.5	86.8	16100	4210	921	562	12.1	6.17
400	200	6	69.63	54.7	14800	5090	739	509	14.6	8.55
		9	102.7	80.6	21300	7270	1070	727	14.4	8.42
		12	134.5	106	27300	9230	1360	923	14.2	8.23

十六、C形輕型鋼斷面性質（CNS6183）

標準斷面尺寸 mm				面積 cm²	單位重量 kgf/m	重心位置 cm		慣性矩 cm⁴		迴轉半徑 cm		斷面模數 cm³		剪力中心 cm	
d	b	c	t			C_x	C_y	I_x	I_y	r_x	r_y	S_x	S_y	x_o	y_o
60	30	10	1.6	2.072	1.63	0	1.06	11.6	2.56	2.37	1.11	3.88	1.32	2.5	0
60	30	10	2	2.537	1.99	0	1.06	14	3.01	2.35	1.09	4.65	1.55	2.5	0
60	30	10	2.3	2.872	2.25	0	1.06	15.6	3.32	2.33	1.07	5.2	1.71	2.5	0
70	40	25	1.6	3.032	2.38	0	1.8	22	8	2.69	1.62	6.29	3.64	4.4	0
75	35	15	2.3	3.677	2.89	0	1.29	31	6.58	2.91	1.34	8.28	2.98	3.1	0
75	45	15	1.6	2.952	2.32	0	1.72	27.1	8.71	3.03	1.72	7.24	3.13	4.1	0
75	45	15	2	3.637	2.86	0	1.72	33	10.5	3.01	1.7	8.79	3.76	4	0
75	45	15	2.3	4.137	3.25	0	1.72	37.1	11.8	3	1.69	9.9	4.24	4	0
90	45	20	1.6	3.352	2.63	0	1.73	42.6	10.5	3.56	1.77	9.46	5.8	4.2	0
90	45	20	2.3	4.712	3.7	0	1.73	58.6	14.2	3.53	1.74	13	5.14	4.1	0
90	45	20	3.2	3.367	5	0	1.72	76.9	18.3	3.48	1.69	17.1	6.57	4.1	0
100	50	20	1.6	3.672	2.88	0	1.87	58.4	14	3.99	1.95	11.7	4.47	4.5	0
100	50	20	2	4.537	3.56	0	1.86	71.4	16.9	3.97	1.93	14.3	5.4	4.4	0
100	50	20	2.3	5.172	4.06	0	1.86	80.7	19	3.95	1.92	16.1	6.06	4.4	0
100	50	20	2.8	6.205	4.87	0	1.86	99.8	23.2	3.96	1.91	20	7.44	4.3	0
100	50	20	3.2	7.007	5.5	0	1.86	107	24.5	3.9	1.87	21.3	7.81	4.4	0
100	50	20	4	8.548	6.71	0	1.86	127	28.7	3.85	1.83	25.4	9.13	4.3	0
100	50	20	4.5	9.469	7.43	0	1.86	139	30.9	3.82	1.81	27.7	9.82	4.3	0
120	40	20	3.2	7.007	5.5	0	1.32	144	15.3	4.53	1.48	24	5.71	3.4	0
120	60	20	2.3	6.092	4.78	0	2.13	140	31.3	4.79	2.27	23.3	8.1	5.1	0
120	60	20	3.2	8.287	6.51	0	2.12	186	40.9	4.74	2.22	31	10.5	4.9	0
120	60	25	4.5	11.72	9.2	0	2.25	252	58	4.63	2.22	41.9	15.5	5.3	0
125	50	20	2.3	5.747	4.51	0	1.69	137	20.6	4.88	1.89	21.9	6.22	4.1	0
125	50	20	3.2	7.807	6.13	0	1.68	181	26.6	4.82	1.85	29	8.02	4	0
125	50	20	4	9.548	7.5	0	1.68	217	33.1	4.77	1.81	34.7	9.38	4	0
125	50	20	4.5	10.59	8.32	0	1.68	238	33.5	4.74	1.78	38	10	4	0
150	50	20	2.3	6.322	4.96	0	1.55	210	21.9	5.77	1.86	28	6.33	3.8	0
150	50	20	3.2	8.607	6.76	0	1.54	280	28.3	5.71	1.81	37.4	8.19	3.8	0
150	50	20	4.5	11.72	9.2	0	1.54	368	35.7	5.6	1.75	49	10.5	3.7	0
150	65	20	2.3	7.012	5.5	0	2.12	248	41.1	5.94	2.42	33	9.37	5.2	0
150	65	20	3.2	9.567	7.51	0	2.11	332	53.8	5.89	2.37	44.3	12.2	5.1	0
150	65	20	4	11.75	9.22	0	2.11	401	63.7	5.84	2.33	53.5	14.5	5	0
150	75	20	3.2	10.21	8.01	0	2.51	366	76.4	5.99	2.74	48.9	15.3	5.1	0
150	75	20	4	12.55	9.85	0	2.51	445	91	5.95	2.69	59.3	18.2	5.8	0
150	75	20	4.5	13.97	11	0	2.5	489	99.2	5.92	2.66	65.2	19.8	6	0
150	75	25	3.2	10.53	8.27	0	2.65	375	83.6	5.97	2.82	50	17.3	6.4	0
150	75	25	4	12.95	10.2	0	2.65	455	99.8	5.93	2.78	60.6	20.6	6.3	0
150	75	25	4.5	14.42	11.3	0	2.65	501	109	5.9	2.75	66.9	22.5	6.3	0
200	75	20	3.2	11.81	9.27	0	2.19	716	84.1	7.79	2.67	71.6	15.8	5.4	0
200	75	20	4	14.55	11.4	0	2.19	871	100	7.74	2.62	87.1	18.9	5.3	0
200	75	20	4.5	16.22	12.7	0	2.19	963	109	7.71	2.6	96.3	20.6	5.3	0
200	75	25	3.2	12.13	9.52	0	2.33	736	92.3	7.7	2.76	73.6	17.8	5.7	0
200	75	25	4	14.95	11.7	0	2.32	895	110	7.74	2.72	89.5	21.3	5.7	0
200	75	25	4.5	16.67	13.1	0	2.32	990	121	7.61	2.69	99	23.3	5.6	0
250	75	25	4.5	18.92	14.9	0	2.07	1690	129	9.44	2.62	135	23.8	5.1	0

H 熱軋型鋼梁設計參數表

（一）AISC-LRFD 規範

標稱尺度(高×寬)	t_w	t_f	斷面有效旋轉半徑 (cm)		Fy=2.0 (tf/cm2)		2.1		2.2		2.3		2.4		2.5	
			r_{ts}	r_t	L_p(cm)	L_r(cm)	L_p	L_τ	L_p	L_τ	L_p	L_τ	L_p	L_τ	L_p	L_τ
100×50	5	7	1.35	1.38	63	368	61	351	60	336	59	322	57	309	56	297
100×100	6	8	2.86	2.89	140	889	137	847	133	810	131	775	128	744	125	715
125×60	6	8	1.61	1.64	74	408	72	390	71	373	69	358	68	344	66	331
125×125	6.5	9	3.56	3.59	176	987	172	942	168	901	164	863	161	829	157	797
150×75	5	7	2.00	2.03	94	375	92	360	90	346	88	333	86	322	84	311
150×100	6	9	2.78	2.81	134	647	131	618	128	592	125	569	123	547	120	527
150×150	7	10	4.27	4.30	212	1090	207	1041	202	996	198	955	193	918	190	883
175×90	5	8	2.43	2.46	116	440	113	422	110	406	108	392	106	378	104	366
175×175	7.5	11	1.56	5.01	78	371	76	354	74	339	72	326	71	313	69	302
200×100	4.5	7	2.63	2.67	125	408	122	393	120	380	117	369	114	358	112	348
200×100	5.5	8	2.67	2.70	126	448	123	431	120	415	117	401	115	389	113	377
200×150	6	9	4.16	4.19	205	766	200	735	196	707	191	682	187	658	184	637
200×200	8	12	5.64	5.72	282	1284	275	1228	269	1176	263	1130	258	1087	252	1047
200×200	12	12	5.66	5.72	274	1416	268	1352	262	1294	256	1242	250	1193	245	1149
250×125	5	8	3.32	3.35	159	493	155	476	151	461	148	448	145	435	142	423
250×125	6	9	3.34	3.37	159	527	155	508	151	491	148	476	145	461	142	448
250×175	7	11	4.81	4.88	237	860	231	826	226	795	221	767	216	742	212	718
250×250	9	14	7.08	7.13	355	1510	347	1444	339	1385	331	1331	324	1282	318	1237
250×250	14	14	7.09	7.13	343	1661	335	1587	327	1520	320	1459	314	1403	307	1352
300×150	5.5	8	3.89	3.97	185	542	180	526	176	510	172	496	169	483	165	471
300×150	6.5	9	3.92	3.99	185	571	181	553	177	536	173	520	169	506	166	492
300×200	8	12	5.46	5.53	267	921	261	886	255	854	249	825	244	799	239	775
300×300	12	12	8.29	8.35	405	1490	395	1431	386	1377	377	1328	369	1284	362	1243
300×300	10	15	8.44	8.51	424	1641	414	1573	405	1511	396	1455	387	1404	380	1356
300×300	15	15	8.44	8.49	410	1787	400	1710	391	1640	383	1576	375	1518	367	1465
300×300	11	17	8.54	8.58	428	1827	418	1748	408	1676	399	1611	391	1551	383	1497
300×300	13	21	8.68	8.72	433	2209	423	2109	413	2018	404	1935	396	1859	388	1790
300×300	17	24	8.80	8.84	433	2568	423	2449	413	2341	404	2243	396	2153	388	2070
300×300	20	28	8.94	8.99	438	3011	427	2870	417	2742	408	2625	400	2518	392	2419
350×175	6	9	4.57	4.65	218	631	213	612	208	594	203	578	199	563	195	549
350×175	7	11	4.65	4.71	222	683	217	661	212	640	207	621	203	604	199	588
350×250	8	12	6.81	6.89	337	1062	329	1024	321	990	314	959	307	930	301	904
350×250	9	14	6.90	6.96	341	1165	332	1121	325	1081	318	1045	311	1011	305	980
350×250	11	19	7.07	7.11	349	1459	340	1396	332	1340	325	1289	318	1242	312	1199
350×250	15	22	7.17	7.21	348	1707	340	1631	332	1562	324	1499	318	1441	311	1388
350×250	17	26	7.29	7.33	353	1996	344	1904	337	1821	329	1745	322	1676	316	1612
350×350	13	13	9.64	9.69	472	1663	461	1599	450	1541	440	1488	431	1439	422	1395
350×350	10	16	9.81	9.88	496	1795	484	1723	473	1658	462	1598	453	1544	443	1494
350×350	16	16	9.76	9.83	476	1942	464	1860	453	1786	443	1719	434	1658	425	1601
350×350	12	19	9.94	9.98	500	2064	488	1975	476	1895	466	1822	456	1756	447	1695
350×350	19	19	9.92	9.97	482	2266	470	2166	459	2075	449	1992	440	1917	431	1847
350×350	16	24	10.14	10.16	504	2578	492	2461	481	2355	470	2258	460	2170	451	2089
350×350	18	28	10.27	10.29	509	2985	497	2847	486	2722	475	2607	465	2503	455	2407
350×350	20	33	10.42	10.45	516	3493	504	3330	492	3181	481	3046	471	2922	462	2807
400×200	7	11	5.29	5.35	254	743	247	720	242	699	236	679	231	661	227	644
400×200	8	13	5.36	5.41	257	799	251	772	245	747	240	725	234	704	230	685
400×300	9	14	8.26	8.31	410	1298	400	1252	391	1210	383	1172	375	1137	367	1104
400×300	10	16	8.33	8.38	413	1402	403	1349	394	1301	385	1257	377	1217	370	1180
400×300	14	21	8.49	8.53	417	1730	406	1657	397	1590	388	1529	380	1474	373	1423
400×300	18	26	8.68	8.69	422	2125	411	2029	402	1942	393	1864	385	1791	377	1725
400×300	20	30	8.79	8.82	426	2429	416	2317	406	2216	397	2124	389	2039	381	1961
400×400	15	15	10.98	11.10	537	1894	524	1821	512	1755	501	1694	491	1639	481	1588
400×400	11	18	11.17	11.30	565	2006	552	1926	539	1854	527	1788	516	1728	506	1673
400×400	18	18	11.11	11.24	542	2170	529	2079	517	1997	505	1923	495	1855	485	1792
400×400	13	21	11.29	11.40	569	2266	555	2171	542	2084	530	2005	519	1933	509	1867
400×400	21	21	11.29	11.38	547	2490	534	2381	522	2282	511	2193	500	2110	490	2035
400×400	18	28	11.56	11.64	576	2958	562	2824	549	2702	537	2591	525	2489	515	2396
400×400	20	35	11.79	11.86	587	3647	573	3478	560	3324	548	3183	536	3054	525	2936

標稱尺度 (高×寬)	t_w	t_f	斷面有效旋轉半徑 (cm)		Fy=2.0 (tf/cm2)		2.1		2.2		2.3		2.4		2.5	
			r_{ts}	r_t	L_p(cm)	L_r(cm)	L_p	L_r	L_p	L_r	L_p	L_r	L_p	L_r	L_p	L_r
450×200	8	12	5.22	5.27	245	730	239	707	234	686	229	667	224	650	219	633
	9	14	5.28	5.33	249	776	243	751	237	727	232	706	227	686	223	668
	10	17	5.37	5.42	255	852	248	821	243	794	237	768	232	745	228	723
	14	22	5.52	5.54	257	1036	251	993	245	955	240	920	235	888	230	859
	17	28	5.68	5.70	265	1274	258	1218	252	1167	247	1121	242	1079	237	1040
450×300	10	15	8.17	8.23	400	1257	391	1213	382	1174	373	1137	365	1104	358	1073
	11	18	8.28	8.33	408	1390	398	1338	389	1290	380	1247	372	1207	364	1171
	13	21	8.38	8.42	410	1553	400	1490	391	1433	383	1382	375	1334	367	1291
	15	23	8.45	8.48	411	1684	401	1613	392	1549	383	1491	375	1437	368	1388
	17	27	8.56	8.60	417	1930	406	1845	397	1768	388	1697	380	1633	373	1575
	19	32	8.71	8.74	423	2255	413	2152	404	2059	395	1974	386	1897	379	1825
500×200	9	14	5.18	5.24	242	735	236	712	230	691	225	671	221	653	216	636
	10	16	5.26	5.30	246	781	240	755	234	731	229	710	224	689	220	671
	11	19	5.36	5.38	251	853	245	822	240	794	234	769	229	746	225	724
	12	22	5.43	5.46	256	932	250	896	244	864	239	834	234	807	229	782
	15	25	5.50	5.52	256	1042	250	999	244	961	238	926	233	893	229	864
	18	30	5.63	5.65	261	1226	255	1173	249	1124	243	1080	238	1040	233	1003
	20	34	5.73	5.74	265	1383	258	1321	252	1265	247	1214	242	1167	237	1124
	25	40	5.91	5.90	270	1668	263	1591	257	1521	252	1458	246	1400	241	1346
500×300	11	15	8.08	8.13	389	1199	380	1159	371	1122	363	1089	355	1058	348	1029
	11	18	8.22	8.26	401	1301	392	1254	383	1212	374	1173	366	1138	359	1105
	13	21	8.30	8.34	404	1433	394	1378	385	1327	376	1282	368	1240	361	1202
	15	24	8.41	8.43	408	1588	398	1523	389	1464	380	1410	372	1361	364	1317
	17	29	8.55	8.57	414	1850	404	1769	395	1697	386	1630	378	1570	371	1514
	21	33	8.66	8.68	415	2114	405	2019	396	1933	387	1854	379	1782	371	1716
	25	40	8.86	8.88	423	2559	413	2441	403	2333	394	2235	386	2146	378	2063
600×200	10	15	5.07	5.10	230	697	225	676	220	657	215	639	210	622	206	607
	11	17	5.12	5.16	233	730	228	707	222	685	218	666	213	648	209	631
	12	20	5.22	5.25	239	784	234	757	228	733	223	711	219	691	214	672
	13	23	5.31	5.33	244	845	238	815	233	787	227	762	223	739	218	717
	16	26	5.38	5.39	244	928	238	892	233	860	227	830	223	803	218	778
	18	30	5.48	5.49	248	1035	242	992	237	954	232	919	227	887	222	858
	20	34	5.57	5.58	253	1152	247	1103	241	1058	236	1018	231	981	226	947
	25	40	5.74	5.73	258	1376	252	1314	246	1258	241	1207	236	1161	231	1118
600×300	12	17	7.98	8.02	378	1154	369	1116	361	1082	353	1051	345	1022	338	995
	12	20	8.11	8.15	390	1232	381	1190	372	1151	364	1116	356	1084	349	1054
	14	23	8.20	8.22	393	1335	383	1286	375	1241	366	1201	359	1163	351	1129
	16	26	8.28	8.30	395	1450	386	1394	377	1342	368	1296	361	1253	353	1214
	18	30	8.40	8.41	400	1616	391	1549	382	1488	373	1433	365	1383	358	1337
	20	34	8.50	8.51	405	1794	395	1717	386	1647	377	1583	369	1525	362	1471
	24	40	8.66	8.67	409	2100	399	2006	390	1920	382	1842	374	1771	366	1706
700×300	13	20	7.88	7.95	370	1128	361	1092	353	1059	345	1029	338	1001	331	975
	13	24	8.05	8.10	384	1217	375	1175	366	1137	358	1103	350	1071	343	1042
	15	28	8.16	8.20	388	1328	379	1280	370	1235	362	1195	355	1158	347	1123
	19	30	8.19	8.22	383	1414	374	1360	366	1310	357	1265	350	1224	343	1186
	21	33	8.26	8.30	385	1519	376	1458	367	1403	359	1352	351	1306	344	1264
	24	40	8.45	8.48	395	1775	385	1699	376	1630	368	1567	360	1509	353	1456
800×300	14	22	7.80	7.86	362	1101	353	1067	345	1035	338	1006	330	979	324	954
	14	26	7.95	8.01	374	1175	365	1136	357	1100	349	1067	342	1037	335	1010
	16	30	8.06	8.10	379	1266	370	1221	361	1180	353	1143	346	1109	339	1077

標稱尺度 (高×寬)	t_w	t_f	3 L_p	3 L_τ	3.1 L_p	3.1 L_τ	3.2 L_p	3.2 L_τ	3.3 L_p	3.3 L_τ	3.4 L_p	3.4 L_τ	3.5 L_p	3.5 L_τ	3.6 L_p	3.6 L_τ	3.7 L_p	3.7 L_τ	3.8 L_p	3.8 L_τ	3.9 L_p	3.9 L_τ
100×50	5	7	51	250	51	243	50	236	49	229	48	223	48	217	47	212	46	207	46	202	45	197
100×100	6	8	114	600	112	582	111	564	109	548	107	533	106	519	104	505	103	492	102	480	100	469
125×60	6	8	61	280	60	272	59	264	58	257	57	250	56	244	55	238	55	232	54	227	53	222
125×125	6.5	9	144	672	141	651	139	632	137	615	135	598	133	582	131	568	129	554	128	541	126	528
150×75	5	7	77	269	75	262	74	256	73	250	72	244	71	239	70	234	69	229	68	225	67	221
150×100	6	9	110	448	108	435	106	423	105	412	103	402	102	392	100	382	99	374	97	365	96	358
150×150	7	10	173	747	170	725	168	704	165	685	163	667	160	650	158	634	156	619	154	605	152	591
175×90	5	8	95	318	93	310	92	303	90	296	89	289	88	283	86	278	85	272	84	267	83	262
175×175	7.5	11	63	256	62	249	61	242	60	235	59	229	59	224	58	218	57	213	56	208	56	204
200×100	4.5	7	102	307	101	300	99	294	98	288	96	283	95	277	93	272	92	268	91	263	90	259
200×100	5.5	8	103	330	101	322	100	315	98	308	97	302	95	296	94	290	93	285	91	280	90	275
200×150	6	9	168	552	165	538	162	525	160	513	157	502	155	491	153	481	151	471	149	462	147	454
200×200	8	12	230	891	227	866	223	843	220	821	216	800	213	781	210	763	207	745	205	729	202	714
200×200	12	12	224	972	220	944	217	917	214	892	210	869	207	847	204	826	202	807	199	788	196	771
250×125	5	8	129	376	127	368	125	361	123	354	122	347	120	341	118	335	117	329	115	324	114	319
250×125	6	9	129	395	127	386	125	378	123	370	122	363	120	356	118	350	117	344	115	338	114	332
250×175	7	11	193	624	190	609	187	594	184	581	181	569	179	557	176	545	174	535	172	525	169	515
250×250	9	14	290	1058	285	1029	281	1002	277	977	272	953	269	931	265	909	261	890	258	871	254	853
250×250	14	14	280	1148	276	1116	272	1085	267	1056	263	1030	260	1004	256	980	253	958	249	937	246	916
300×150	5.5	8	151	421	149	413	146	406	144	398	142	391	140	385	138	378	136	372	134	367	132	361
300×150	6.5	9	151	438	149	429	147	421	144	413	142	405	140	398	138	391	136	385	135	379	133	373
300×200	8	12	218	677	214	662	211	647	208	633	205	620	202	607	199	596	196	585	194	574	191	564
300×300	12	12	330	1079	325	1053	320	1028	315	1005	310	983	306	962	302	943	298	925	294	907	290	890
300×300	10	15	347	1169	341	1139	336	1110	330	1084	325	1059	321	1036	316	1014	312	993	308	973	304	954
300×300	15	15	335	1253	330	1219	324	1187	319	1158	315	1130	310	1103	306	1078	302	1055	298	1033	294	1012
300×300	11	17	350	1279	344	1244	339	1212	333	1181	329	1153	324	1126	319	1100	315	1076	311	1053	307	1031
300×300	13	21	354	1513	348	1469	343	1427	337	1388	332	1352	328	1317	323	1285	319	1254	314	1225	310	1198
300×300	17	24	354	1741	348	1688	343	1638	337	1592	332	1548	328	1507	323	1468	319	1432	314	1397	310	1364
300×300	20	28	358	2027	352	1964	346	1904	341	1849	336	1797	331	1748	326	1701	322	1657	318	1616	314	1577
350×175	6	9	178	492	175	483	172	474	170	465	167	457	165	450	163	442	160	435	158	429	156	422
350×175	7	11	181	523	178	512	176	502	173	492	170	483	168	475	165	467	163	459	161	451	159	444
350×250	8	12	275	798	270	781	266	764	262	749	258	734	255	721	251	708	248	695	244	683	241	672
350×250	9	14	278	857	274	837	269	818	265	801	261	784	257	768	254	754	250	740	247	726	244	713
350×250	11	19	285	1027	280	1000	276	974	271	950	267	927	263	906	260	886	256	867	253	849	250	832
350×250	15	22	284	1178	279	1144	275	1113	271	1083	267	1055	263	1029	259	1005	256	981	252	959	249	939
350×250	17	26	288	1359	284	1318	279	1280	275	1244	271	1211	267	1179	263	1149	260	1121	256	1095	253	1069
350×350	13	13	386	1216	379	1188	373	1161	368	1135	362	1111	357	1089	352	1067	347	1047	343	1028	338	1010
350×350	10	16	405	1295	398	1263	392	1233	386	1204	380	1178	375	1153	370	1129	364	1107	360	1086	355	1066
350×350	16	16	388	1377	382	1341	376	1307	370	1276	365	1246	359	1218	354	1191	350	1166	345	1143	341	1120
350×350	12	19	408	1452	401	1413	395	1377	389	1342	383	1310	378	1280	372	1251	367	1225	363	1199	358	1175
350×350	19	19	393	1572	387	1528	381	1486	375	1447	369	1411	364	1377	359	1344	354	1314	349	1285	345	1258
350×350	16	24	412	1766	405	1714	399	1666	393	1621	387	1578	381	1538	376	1500	371	1464	366	1430	361	1398
350×350	18	28	416	2024	409	1962	403	1905	396	1851	391	1800	385	1752	380	1707	374	1665	369	1625	365	1586
350×350	20	33	421	2352	414	2279	408	2210	402	2146	396	2085	390	2028	385	1974	379	1924	374	1876	370	1830
400×200	7	11	207	576	204	565	200	554	197	544	194	535	192	525	189	517	186	509	184	501	182	493
400×200	8	13	210	608	206	596	203	584	200	573	197	562	194	552	191	542	189	533	186	525	184	516
400×300	9	14	335	973	330	952	324	932	319	913	315	895	310	879	306	863	302	847	298	833	294	819
400×300	10	16	337	1032	332	1008	327	986	322	964	317	945	312	926	308	908	304	891	300	875	296	860
400×300	14	21	340	1221	335	1189	329	1158	324	1130	319	1103	315	1078	310	1054	306	1032	302	1011	298	990
400×300	18	26	344	1461	339	1419	333	1380	328	1342	323	1308	319	1275	314	1244	310	1215	306	1187	302	1161
400×300	20	30	348	1652	342	1603	337	1556	332	1513	327	1472	322	1433	318	1397	313	1363	309	1330	305	1300
400×400	15	15	439	1385	432	1353	425	1322	418	1293	412	1266	406	1240	401	1216	395	1193	390	1171	385	1150
400×400	11	18	462	1453	454	1417	447	1384	440	1353	434	1323	427	1296	421	1270	416	1245	410	1221	405	1199
400×400	18	18	442	1544	435	1504	428	1467	422	1431	416	1399	410	1367	404	1338	398	1310	393	1284	388	1259
400×400	13	21	464	1604	457	1562	450	1523	443	1486	436	1451	430	1418	424	1387	418	1358	413	1330	407	1304
400×400	21	21	447	1735	440	1687	433	1642	426	1600	420	1561	414	1523	408	1488	403	1455	397	1424	392	1394
400×400	18	28	470	2025	462	1966	455	1910	448	1858	441	1809	435	1763	429	1719	423	1678	418	1640	412	1603
400×400	20	35	480	2464	472	2388	464	2317	457	2251	451	2188	444	2129	438	2074	432	2021	426	1972	421	1925

標稱尺度(高×寬)	t_w	t_f	3 L_p	3 L_τ	3.1 L_p	3.1 L_τ	3.2 L_p	3.2 L_τ	3.3 L_p	3.3 L_τ	3.4 L_p	3.4 L_τ	3.5 L_p	3.5 L_τ	3.6 L_p	3.6 L_τ	3.7 L_p	3.7 L_τ	3.8 L_p	3.8 L_τ	3.9 L_p	3.9 L_τ
450×200	8	12	200	567	197	556	194	545	191	535	188	526	185	517	183	509	180	500	178	493	176	485
	9	14	203	594	200	582	197	570	194	559	191	549	188	539	186	530	183	521	181	513	178	505
	10	17	208	637	205	623	201	610	198	597	195	586	192	575	190	564	187	554	185	545	182	535
	14	22	210	743	207	724	204	707	200	690	197	675	195	660	192	646	189	633	187	621	184	609
	17	28	216	886	213	861	209	838	206	817	203	796	200	777	197	759	195	742	192	726	190	710
450×300	10	15	327	948	321	928	316	909	312	891	307	874	303	858	298	842	294	828	290	814	287	801
	11	18	333	1024	327	1000	322	978	317	957	313	938	308	919	304	901	300	884	296	869	292	853
	13	21	335	1117	330	1089	324	1063	319	1039	315	1016	310	994	306	973	302	954	298	935	294	918
	15	23	335	1193	330	1162	325	1133	320	1106	315	1080	311	1055	306	1033	302	1011	298	990	294	971
	17	27	340	1341	335	1303	329	1268	324	1235	319	1204	315	1175	310	1148	306	1122	302	1098	298	1075
	19	32	346	1542	340	1497	335	1454	330	1414	325	1377	320	1342	315	1308	311	1277	307	1247	303	1219
500×200	9	14	197	568	194	557	191	546	188	536	185	527	183	518	180	509	178	501	175	493	173	486
	10	16	201	596	197	583	194	572	191	561	188	550	186	540	183	531	181	522	178	514	176	506
	11	19	205	637	202	623	199	610	196	597	193	586	190	574	187	564	185	554	182	544	180	535
	12	22	209	682	206	666	203	651	200	637	197	624	194	611	191	599	188	588	186	577	184	567
	15	25	209	746	205	727	202	710	199	693	196	677	193	663	191	649	188	635	186	623	183	611
	18	30	213	856	209	833	206	811	203	790	200	771	197	752	194	735	192	719	189	703	187	689
	20	34	216	953	213	925	209	900	206	876	203	853	200	832	197	812	195	793	192	775	190	758
	25	40	220	1133	217	1099	213	1067	210	1037	207	1009	204	982	201	957	198	933	196	911	193	890
500×300	11	15	318	914	312	895	308	877	303	860	298	844	294	829	290	815	286	801	282	788	279	776
	11	18	328	973	322	952	317	932	312	913	308	895	303	878	299	862	295	847	291	832	287	818
	13	21	330	1048	324	1023	319	1000	314	978	310	957	305	938	301	919	297	902	293	885	289	870
	15	24	333	1138	327	1109	322	1082	317	1057	313	1033	308	1010	304	989	300	969	296	950	292	932
	17	29	338	1293	333	1257	328	1224	323	1193	318	1164	313	1137	309	1111	305	1086	301	1063	297	1041
	21	33	339	1454	333	1412	328	1373	323	1336	318	1302	314	1269	309	1238	305	1209	301	1182	297	1156
	25	40	345	1736	340	1683	334	1634	329	1587	324	1544	320	1503	315	1465	311	1428	307	1394	303	1361
600×200	10	15	188	544	185	534	182	524	179	515	177	506	174	497	172	489	169	482	167	474	165	467
	11	17	190	563	187	552	184	542	182	532	179	522	176	513	174	505	172	497	169	489	167	481
	12	20	196	596	192	583	189	572	186	560	184	550	181	540	178	531	176	522	174	513	171	505
	13	23	199	632	196	618	193	604	190	592	187	580	184	569	182	559	179	549	177	539	175	530
	16	26	199	679	196	662	193	647	190	633	187	620	184	607	182	595	179	584	177	573	175	563
	18	30	203	741	200	722	196	705	193	688	191	673	188	658	185	645	183	631	180	619	178	607
	20	34	207	811	203	790	200	769	197	750	194	732	191	716	189	700	186	685	184	670	181	657
	25	40	211	948	207	921	204	896	201	872	198	850	195	828	192	809	190	790	187	772	185	755
600×300	12	17	309	887	304	869	299	852	295	836	290	821	286	807	282	793	278	780	274	768	271	756
	12	20	319	933	313	913	308	895	304	877	299	860	295	845	291	830	287	816	283	802	279	789
	14	23	321	991	316	969	311	948	306	928	301	910	297	892	293	875	289	859	285	844	281	830
	16	26	323	1057	317	1031	312	1008	308	985	303	964	299	944	295	926	291	908	287	891	283	875
	18	30	327	1153	321	1124	316	1096	312	1070	307	1046	303	1023	298	1001	294	980	290	961	287	942
	20	34	330	1259	325	1225	320	1193	315	1163	310	1135	306	1108	302	1083	298	1060	294	1038	290	1016
	24	40	334	1446	329	1404	324	1365	319	1329	314	1294	309	1262	305	1231	301	1203	297	1176	293	1150
700×300	13	20	302	870	298	852	293	836	288	821	284	806	280	792	276	779	272	766	269	754	265	743
	13	24	313	923	308	903	304	885	299	868	294	851	290	836	286	821	282	807	279	794	275	781
	15	28	317	986	312	964	307	943	302	923	298	905	294	887	290	871	286	855	282	840	278	826
	19	30	313	1034	308	1010	303	987	298	965	294	945	290	926	286	907	282	890	278	874	275	858
	21	33	314	1095	309	1068	304	1042	300	1018	295	996	291	974	287	954	283	935	279	917	276	900
	24	40	322	1247	317	1213	312	1181	307	1152	303	1124	298	1098	294	1073	290	1050	286	1028	283	1007
800×300	14	22	296	853	291	836	286	820	282	805	278	791	274	777	270	765	266	752	263	741	259	730
	14	26	306	897	301	878	296	861	291	845	287	829	283	814	279	800	275	787	272	774	268	762
	16	30	309	950	304	929	300	909	295	891	291	873	286	857	282	841	279	827	275	813	271	799

（二）我國極限設計規範

標稱尺度(高×寬)	t_w	t_f	X_1 (tf/cm²)	X_2 (cm²/t_f)²	Fy=2.0 (tf/cm2) L_p(cm)	L_r(cm)	2.1 L_p	L_r	2.2 L_p	L_r	2.3 L_p	L_r	2.4 L_p	L_r	2.5 L_p	L_r
100×50	5	7	324	0.0792	63	401	62	373	60	349	59	328·	58	310	57	294
100×100	6	8	355	0.0443	141	970	137	902	134	843	131	792	129	747	126	706
125×60	6	8	303	0.107	75	444	73	414	71	388	70	365	68	345	67	327
125×125	6.5	9	312	0.0722	177	1078	173	1003	169	939	165	882	162	832	158	788
150×75	5	7	206	0.461	94	404	92	379	90	357	88	338	86	322	84	307
150×100	6	9	263	0.156	135	705	132	657	129	616	126	580	123	549	121	521
150×150	7	10	284	0.104	213	1189	208	1108	203	1037	199	976	195	921	191	873
175×90	5	8	192	0.570	117	471	114	443	111	418	109	396	106	377	104	360
175×175	7.5	11	261	0.141	78	403	76	375	74	352	73	331	71	313	70	297
200×100	4.5	7	147	1.678	126	434	123	410	120	390	118	372	115	357	113	343
200×100	5.5	8	172	0.917	127	478	124	450	121	426	118	405	116	387	113	370
200×150	6	9	191	0.516	206	825	201	774	197	730	193	692	188	658	185	629
200×200	8	12	247	0.174	284	1394	277	1301	271	1220	265	1150	259	1088	254	1033
200×200	12	12	284	0.113	276	1542	269	1436	263	1345	257	1266	252	1196	247	1134
250×125	5	8	133	2.480	160	522	156	495	152	472	149	452	146	433	143	417
250×125	6	9	153	1.458	160	561	156	531	152	504	149	481	146	460	143	441
250×175	7	11	183	0.613	238	923	232	867	227	819	222	777	217	740	213	707
250×250	9	14	228	0.237	358	1638	349	1530	341	1437	333	1356	326	1285	320	1222
250×250	14	14	264	0.152	346	1807	337	1685	330	1580	322	1488	316	1407	309	1336
300×150	5.5	8	111	5.149	186	570	182	543	177	519	174	498	170	480	166	463
300×150	6.5	9	128	3.016	187	605	182	575	178	548	174	525	170	504	167	486
300×200	8	12	168	0.893	269	987	262	929	256	880	251	836	245	798	240	764
300×300	12	12	186	0.594	407	1601	397	1504	388	1420	380	1346	372	1282	364	1225
300×300	10	15	202	0.381	427	1772	417	1660	407	1563	398	1478	390	1404	382	1338
300×300	15	15	233	0.246	413	1936	403	1809	394	1700	385	1604	377	1520	369	1446
300×300	11	17	229	0.234	431	1982	421	1852	411	1739	402	1641	393	1555	386	1478
300×300	13	21	281	0.105	436	2406	426	2242	416	2099	407	1975	398	1865	390	1768
300×300	17	24	330	0.058	436	2801	426	2605	416	2436	407	2289	398	2159	390	2043
300×300	20	28	385	0.032	441	3284	430	3053	420	2853	411	2677	402	2523	394	2386
350×175	6	9	107	5.952	219	664	214	633	209	606	205	582	200	560	196	541
350×175	7	11	129	2.767	223	721	218	684	213	652	208	624	204	599	200	577
350×250	8	12	144	1.595	339	1134	331	1073	323	1019	316	973	309	931	303	894
350×250	9	14	167	0.879	343	1250	335	1177	327	1114	320	1059	313	1011	307	968
350×250	11	19	223	0.279	351	1582	342	1479	334	1391	327	1313	320	1245	314	1185
350×250	15	22	268	0.141	350	1855	342	1729	334	1621	327	1526	320	1443	313	1369
350×250	17	26	313	0.076	355	2171	347	2021	339	1891	331	1777	324	1677	318	1589
350×350	13	13	174	0.765	475	1783	464	1677	453	1586	443	1507	434	1437	425	1374
350×350	10	16	185	0.533	499	1936	487	1817	476	1714	465	1625	455	1546	446	1476
350×350	16	16	215	0.338	479	2100	467	1966	456	1850	446	1749	437	1660	428	1581
350×350	12	19	220	0.271	503	2235	491	2090	479	1964	469	1854	459	1758	450	1673
350×350	19	19	255	0.171	485	2456	473	2292	462	2149	452	2025	443	1916	434	1820
350×350	16	24	281	0.105	507	2800	495	2608	484	2442	473	2297	463	2170	454	2057
350×350	18	28	326	0.059	513	3252	500	3025	489	2829	478	2658	468	2507	458	2373
350×350	20	33	379	0.033	519	3811	507	3542	495	3310	484	3107	474	2928	464	2769
400×200	7	11	113	4.633	255	781	249	744	243	711	238	682	233	656	228	633
400×200	8	13	134	2.425	259	850	252	806	246	768	241	735	236	705	231	678
400×300	9	14	145	1.500	413	1382	403	1306	394	1241	385	1183	377	1133	369	1088
400×300	10	16	165	0.901	416	1501	406	1414	396	1338	388	1272	380	1215	372	1163
400×300	14	21	220	0.297	419	1871	409	1750	400	1645	391	1554	383	1474	375	1403
400×300	18	26	277	0.124	424	2316	414	2158	405	2022	396	1903	387	1798	379	1706
400×300	20	30	316	0.073	429	2644	418	2461	409	2302	400	2164	391	2042	384	1934
400×400	15	15	174	0.768	541	2030	528	1910	516	1806	504	1715	494	1636	484	1565
400×400	11	18	179	0.596	569	2153	555	2022	543	1910	531	1811	519	1724	509	1648
400×400	18	18	209	0.372	545	2338	520	2190	520	2061	509	1950	498	1851	488	1764
400×400	13	21	210	0.322	572	2448	559	2291	546	2155	534	2036	523	1932	512	1840
400×400	21	21	245	0.202	551	2697	538	2518	525	2363	514	2228	503	2110	493	2005
400×400	18	28	283	0.102	579	3217	565	2996	552	2806	540	2639	529	2492	518	2363
400×400	20	35	347	0.045	591	3981	577	3702	564	3461	551	3250	540	3064	529	2899

標稱尺度 (高×寬)	t_w	t_f	X_1 (tf/cm²)	X_2 (cm²/t_f)²	Fy=2.0 (tf/cm2)		2.1		2.2		2.3		2.4		2.5	
					L_p(cm)	L_r(cm)	L_p	L_r	L_p	L_r	L_p	L_r	L_p	L_r	L_p	L_r
450×200	8	12	114	4.955	247	771	241	734	235	702	230	673	225	648	221	625
	9	14	131	2.775	251	821	245	780	239	743	234	711	229	683	224	658
	10	17	155	1.389	256	909	250	858	244	815	239	777	234	743	229	713
	14	22	207	0.463	259	1114	253	1045	247	985	242	933	237	887	232	846
	17	28	260	0.187	266	1380	260	1288	254	1209	248	1139	243	1078	238	1024
450×300	10	15	141	1.788	403	1339	393	1267	384	1205	376	1150	368	1102	360	1059
	11	18	166	0.918	410	1492	400	1405	391	1331	382	1265	374	1208	367	1157
	13	21	194	0.496	413	1672	403	1569	394	1479	385	1401	377	1333	369	1272
	15	23	216	0.334	414	1822	404	1705	394	1605	386	1517	377	1439	370	1371
	17	27	251	0.182	419	2095	409	1955	400	1834	391	1728	383	1636	375	1554
	19	32	294	0.097	426	2455	416	2287	406	2141	397	2013	389	1901	381	1802
500×200	9	14	120	4.163	243	777	237	740	232	707	227	678	222	652	218	628
	10	16	136	2.494	247	828	241	786	236	749	231	716	226	687	221	661
	11	19	158	1.345	253	911	247	860	241	816	236	778	231	744	226	714
	12	22	179	0.789	258	998	252	939	246	888	241	844	235	805	231	770
	15	25	211	0.439	257	1125	251	1054	245	994	240	941	235	894	230	853
	18	30	253	0.215	262	1329	256	1242	250	1166	245	1099	240	1041	235	990
	20	34	286	0.133	266	1504	260	1402	254	1314	248	1237	243	1169	238	1109
	25	40	343	0.067	272	1816	265	1689	259	1580	253	1485	248	1401	243	1326
500×300	11	15	132	2.501	391	1274	382	1208	373	1151	365	1101	357	1057	350	1017
	11	18	150	1.416	404	1389	394	1312	385	1246	377	1188	369	1137	361	1091
	13	21	175	0.764	406	1532	396	1442	387	1363	379	1295	371	1235	363	1181
	15	24	201	0.448	410	1709	400	1603	391	1510	382	1430	374	1359	367	1297
	17	29	240	0.222	417	2006	407	1873	398	1759	389	1659	381	1572	373	1494
	21	33	279	0.126	417	2296	407	2140	398	2005	389	1887	381	1783	373	1692
	25	40	337	0.061	425	2791	415	2597	406	2429	397	2282	388	2152	380	2038
600×200	10	15	111	6.275	232	735	226	701	221	671	216	644	212	621	207	599
	11	17	124	3.941	235	768	229	731	224	698	219	669	214	644	210	620
	12	20	142	2.246	241	831	235	788	230	750	225	717	220	688	216	662
	13	23	161	1.352	246	901	240	851	234	808	229	770	224	737	220	707
	16	26	188	0.764	246	995	240	936	234	885	229	841	224	802	220	767
	18	30	215	0.445	250	1114	244	1045	238	984	233	932	228	886	224	845
	20	34	242	0.277	255	1246	248	1165	243	1095	237	1034	232	980	228	933
	25	40	292	0.137	260	1498	253	1396	248	1308	242	1232	237	1164	232	1105
600×300	12	17	125	3.288	381	1221	372	1160	363	1107	355	1061	348	1019	341	982
	12	20	139	2.003	393	1305	383	1236	374	1176	366	1124	358	1077	351	1036
	14	23	161	1.139	395	1425	386	1345	377	1275	369	1214	361	1160	354	1112
	16	26	183	0.694	398	1557	388	1463	379	1383	371	1313	363	1251	356	1196
	18	30	210	0.403	403	1743	393	1633	384	1538	376	1455	368	1383	360	1318
	20	34	237	0.250	407	1944	397	1816	388	1706	380	1611	372	1526	364	1452
	24	40	281	0.130	412	2283	402	2128	393	1994	384	1877	376	1774	368	1683
700×300	13	20	122	3.730	373	1190	364	1132	355	1081	348	1036	340	996	333	960
	13	24	139	2.085	386	1291	377	1224	368	1165	360	1113	353	1067	346	1026
	15	28	162	1.139	391	1418	381	1337	373	1268	365	1208	357	1154	350	1107
	19	30	183	0.761	386	1522	376	1431	368	1354	360	1286	352	1226	345	1173
	21	33	202	0.518	387	1638	378	1537	369	1450	361	1374	354	1307	347	1248
	24	40	240	0.256	397	1921	388	1795	379	1687	370	1592	363	1509	355	1436
800×300	14	22	119	4.424	364	1166	356	1110	347	1061	340	1017	333	979	326	944
	14	26	133	2.625	377	1244	368	1180	359	1125	351	1076	344	1033	337	994
	16	30	153	1.494	381	1346	372	1272	364	1208	356	1152	348	1103	341	1059

標稱尺度(高×寬)	t_w	t_f	我國極限設計規範 3		3.1		3.2		3.3		3.4		3.5		3.6		3.7		3.8		3.9	
			L_p	L_τ	L_p	L_τ	L_p	L_τ	L_p	L_τ	L_p	L_τ	L_p	L_τ	L_p	L_τ	L_p	L_τ	L_p	L_τ	L_p	L_τ
100×50	5	7	52	234	51	225	50	216	49	209	49	202	48	195	47	189	47	184	46	179	45	174
100×100	6	8	115	558	113	536	111	516	110	497	108	480	106	464	105	449	104	435	102	422	101	410
125×60	6	8	61	261	60	251	59	242	58	234	57	226	56	219	56	213	55	207	54	201	53	196
125×125	6.5	9	145	626	142	602	140	580	138	560	136	541	134	523	132	507	130	492	128	478	127	465
150×75	5	7	77	253	76	245	75	237	74	230	72	224	71	218	70	212	69	207	69	203	68	198
150×100	6	9	110	419	109	404	107	390	105	377	104	365	102	354	101	344	99	335	98	326	97	317
150×150	7	10	174	698	171	671	169	647	166	625	164	605	161	586	159	568	157	552	155	537	153	522
175×90	5	8	95	298	94	289	92	280	91	272	89	265	88	258	87	252	86	246	85	240	83	235
175×175	7.5	11	64	239	63	230	62	222	61	215	60	208	59	201	58	196	57	190	57	185	56	180
200×100	4.5	7	103	290	101	282	100	275	98	268	97	261	95	255	94	250	93	245	92	240	90	235
	5.5	8	103	310	102	301	100	292	99	284	97	277	96	270	94	264	93	258	92	253	91	247
200×150	6	9	169	519	166	503	163	487	161	474	158	461	156	449	154	437	152	427	150	417	148	408
200×200	8	12	232	833	228	803	225	776	221	750	218	727	215	705	212	685	209	667	206	649	203	633
	12	12	225	907	222	873	218	842	215	813	212	787	209	763	206	740	203	719	200	699	198	680
250×125	5	8	130	356	128	346	126	338	124	329	122	322	121	315	119	308	117	302	116	296	114	290
	6	9	130	373	128	362	126	353	124	344	122	336	121	328	119	321	117	314	116	307	114	301
250×175	7	11	194	586	191	568	188	551	185	536	183	521	180	508	178	496	175	484	173	473	171	463
250×250	9	14	292	991	287	956	283	925	278	896	274	869	270	844	266	821	263	799	259	779	256	760
	14	14	282	1074	278	1035	273	999	269	966	265	935	261	907	258	881	254	857	251	834	248	813
300×150	5.5	8	152	399	149	389	147	380	145	371	143	363	141	356	139	348	137	342	135	335	133	329
	6.5	9	152	415	150	405	148	395	145	385	143	377	141	368	139	361	137	354	135	347	134	340
300×200	8	12	219	639	216	620	212	603	209	587	206	572	203	558	200	545	198	532	195	521	192	510
300×300	12	12	333	1014	327	983	322	954	317	927	312	902	308	879	304	858	299	837	295	819	292	801
	10	15	349	1097	343	1061	338	1028	332	997	328	969	323	943	318	919	314	896	310	874	306	854
	15	15	337	1173	332	1133	326	1096	321	1061	317	1030	312	1000	308	973	304	947	300	924	296	901
	11	17	352	1199	346	1157	341	1119	336	1084	331	1051	326	1021	321	993	317	967	313	942	309	919
	13	21	356	1412	350	1359	345	1311	340	1266	335	1224	330	1186	325	1151	321	1118	316	1087	312	1058
	17	24	356	1619	350	1556	345	1498	340	1445	335	1395	330	1350	325	1307	321	1268	316	1231	312	1196
	20	28	360	1881	354	1806	348	1737	343	1673	338	1614	333	1559	328	1508	324	1461	320	1416	316	1375
350×175	6	9	179	467	176	456	174	445	171	435	168	426	166	417	164	409	161	401	159	393	157	386
	7	11	182	493	179	480	177	468	174	457	171	447	169	437	167	428	164	419	162	411	160	403
350×250	8	12	277	757	272	736	268	716	264	698	260	682	256	666	253	651	249	638	246	625	243	612
	9	14	280	809	275	785	271	763	267	742	263	723	259	705	256	689	252	673	249	659	245	645
	11	19	286	964	282	932	277	901	273	874	269	848	265	824	261	802	258	781	254	762	251	744
	15	22	286	1099	281	1059	277	1022	273	988	269	957	265	928	261	901	257	875	254	852	251	830
	17	26	290	1263	285	1215	281	1170	277	1129	273	1091	269	1056	265	1024	261	993	258	965	254	938
350×350	13	13	388	1145	382	1111	376	1079	370	1049	364	1022	359	997	354	973	349	951	345	930	340	910
	10	16	407	1219	401	1181	394	1146	388	1113	383	1083	377	1055	372	1029	367	1004	362	981	357	960
	16	16	391	1292	384	1249	378	1210	373	1173	367	1140	362	1108	357	1079	352	1052	347	1027	343	1003
	12	19	411	1361	404	1314	398	1271	392	1232	386	1196	380	1162	375	1131	370	1101	365	1074	360	1048
	19	19	396	1466	389	1413	383	1365	377	1321	372	1279	366	1241	361	1206	356	1173	352	1142	347	1114
	16	24	414	1643	408	1581	401	1525	395	1473	389	1425	384	1380	378	1339	373	1300	368	1264	363	1231
	18	28	418	1881	412	1808	405	1740	399	1678	393	1621	387	1568	382	1519	377	1473	372	1430	367	1390
	20	33	424	2184	417	2096	411	2016	404	1942	398	1873	393	1810	387	1751	382	1696	377	1645	372	1597
400×200	7	11	208	545	205	531	202	519	199	507	196	496	193	485	190	476	188	466	185	458	183	449
	8	13	211	578	208	563	204	549	201	536	198	523	195	512	193	501	190	491	188	481	185	472
400×300	9	14	337	919	332	894	326	870	321	848	317	827	312	808	308	790	304	774	300	758	296	743
	10	16	339	972	334	944	329	917	324	893	319	870	314	849	310	829	306	810	302	793	298	776
	14	21	342	1144	337	1105	331	1069	326	1037	321	1007	317	978	312	952	308	928	304	905	300	884
	18	26	346	1366	341	1315	335	1269	330	1226	325	1187	321	1150	316	1117	312	1085	308	1055	304	1028
	20	30	350	1537	344	1478	339	1423	334	1373	329	1327	324	1284	320	1245	315	1208	311	1173	307	1141
400×400	15	15	442	1304	434	1265	428	1228	421	1195	415	1164	409	1135	403	1108	398	1083	392	1059	387	1037
	11	18	465	1365	457	1322	450	1283	443	1247	436	1214	430	1183	424	1154	418	1127	413	1101	408	1077
	18	18	445	1445	438	1398	431	1354	425	1314	418	1277	412	1242	406	1210	401	1180	396	1151	391	1125
	13	21	467	1503	460	1452	453	1406	446	1363	439	1324	433	1287	427	1253	421	1222	415	1192	410	1164
	21	21	450	1620	443	1563	436	1510	429	1462	423	1418	416	1376	411	1338	405	1302	400	1268	395	1237
	18	28	473	1886	465	1815	458	1750	451	1690	444	1635	438	1584	432	1536	426	1492	420	1450	415	1412
	20	35	483	2292	475	2201	467	2118	460	2041	453	1970	447	1905	441	1844	435	1787	429	1734	423	1684

標稱尺度(高×寬)	t_w	t_f	3		3.1		3.2		3.3		3.4		3.5		3.6		3.7		3.8		3.9	
			L_p	L_τ	L_p	L_τ	L_p	L_τ	L_p	L_τ	L_p	L_τ	L_p	L_τ	L_p	L_τ	L_p	L_τ	L_p	L_τ	L_p	L_τ
450×200	8	12	201	539	198	525	195	513	192	501	189	490	186	480	184	470	181	461	179	453	177	445
	9	14	205	562	201	547	198	534	195	521	192	509	189	498	187	487	184	478	182	468	179	460
	10	17	209	602	206	585	203	569	199	555	197	541	194	529	191	517	188	506	186	496	184	486
	14	22	212	697	208	674	205	654	202	635	199	617	196	601	193	586	190	572	188	558	186	546
	17	28	218	827	214	797	211	770	207	745	204	722	201	701	199	681	196	663	193	646	191	630
450×300	10	15	329	898	324	874	318	851	314	830	309	810	304	792	300	774	296	758	292	743	288	729
	11	18	335	968	329	939	324	913	319	888	315	866	310	845	306	825	302	807	298	789	294	773
	13	21	337	1049	332	1016	326	985	321	957	317	931	312	906	308	884	304	862	300	843	296	824
	15	23	338	1120	332	1083	327	1049	322	1017	317	988	313	961	308	935	304	912	300	890	296	869
	17	27	342	1253	337	1208	331	1167	326	1130	321	1095	317	1062	312	1032	308	1004	304	978	300	954
	19	32	348	1437	342	1383	337	1333	332	1288	327	1245	322	1206	317	1170	313	1136	309	1104	305	1074
500×200	9	14	199	540	195	527	192	514	189	502	187	491	184	481	181	471	179	462	176	453	174	445
	10	16	202	564	199	549	195	535	192	523	190	511	187	499	184	489	182	479	179	469	177	461
	11	19	206	602	203	585	200	570	197	555	194	542	191	529	188	517	186	506	183	496	181	486
	12	22	211	642	207	623	204	605	201	589	198	573	195	559	192	546	190	534	187	522	185	511
	15	25	210	701	207	679	203	658	200	639	197	621	195	604	192	589	189	575	187	561	184	549
	18	30	214	801	211	773	208	747	204	723	201	701	198	681	196	662	193	645	190	628	188	613
	20	34	218	889	214	857	211	827	207	799	204	773	201	750	199	728	196	707	193	688	191	670
	25	40	222	1053	218	1012	215	975	211	940	208	909	205	879	202	852	200	826	197	802	194	780
500×300	11	15	320	868	314	845	309	823	305	804	300	785	296	768	292	752	288	736	284	722	280	708
	11	18	330	921	324	895	319	872	314	849	310	829	305	809	301	791	297	775	293	759	289	744
	13	21	332	984	326	955	321	927	316	902	312	878	307	857	303	836	299	817	295	799	291	782
	15	24	335	1067	329	1033	324	1001	319	972	315	945	310	920	306	897	302	875	298	854	294	835
	17	29	340	1210	335	1168	330	1129	325	1093	320	1060	315	1029	311	1001	307	974	302	950	299	926
	21	33	341	1355	335	1305	330	1259	325	1217	320	1178	316	1142	311	1108	307	1077	303	1047	299	1020
	25	40	347	1616	342	1553	336	1495	331	1442	326	1393	322	1347	317	1305	313	1266	309	1229	305	1194
600×200	10	15	189	518	186	505	183	493	181	482	178	472	175	462	173	453	171	444	168	436	166	429
	11	17	192	533	189	519	186	507	183	495	180	484	177	474	175	464	173	455	170	447	168	438
	12	20	197	563	194	548	191	534	188	521	185	509	182	498	180	487	177	477	175	468	173	459
	13	23	200	596	197	580	194	564	191	550	188	536	186	524	183	512	181	501	178	491	176	481
	16	26	200	639	197	620	194	602	191	586	188	570	186	556	183	543	181	531	178	519	176	508
	18	30	204	695	201	673	198	652	195	633	192	616	189	599	186	584	184	570	181	557	179	544
	20	34	208	759	204	733	201	709	198	688	195	667	192	649	190	631	187	615	185	600	182	585
	25	40	212	886	209	854	205	824	202	797	199	771	196	748	194	726	191	706	188	687	186	669
600×300	12	17	311	841	306	819	301	799	296	781	292	763	288	747	284	731	280	717	276	703	273	690
	12	20	321	880	315	857	310	834	306	814	301	795	297	777	293	760	289	745	285	730	281	716
	14	23	323	935	318	908	313	883	308	860	303	839	299	819	295	800	291	783	287	766	283	751
	16	26	325	995	319	964	314	936	310	910	305	886	301	864	296	843	292	824	289	806	285	789
	18	30	329	1082	324	1047	318	1014	314	984	309	957	304	931	300	907	296	885	292	864	288	844
	20	34	333	1179	327	1138	322	1101	317	1066	312	1035	308	1005	304	978	299	952	295	928	292	906
	24	40	336	1349	331	1299	326	1253	321	1211	316	1173	311	1137	307	1103	303	1072	299	1043	295	1016
700×300	13	20	304	824	299	803	295	783	290	765	286	748	282	732	278	717	274	703	270	690	267	677
	13	24	315	873	310	849	305	827	301	807	296	788	292	771	288	754	284	738	280	724	277	710
	15	28	319	930	314	903	309	879	304	856	300	834	295	815	291	796	287	779	284	762	280	747
	19	30	315	977	310	948	305	920	300	895	296	872	292	850	288	830	284	811	280	793	276	777
	21	33	316	1030	311	998	306	968	302	940	297	915	293	891	289	869	285	848	281	828	277	810
	24	40	324	1166	319	1126	314	1089	309	1055	305	1024	300	995	296	968	292	943	288	919	284	897
800×300	14	22	297	812	293	792	288	773	284	755	279	738	275	723	272	708	268	694	264	681	261	669
	14	26	308	849	303	827	298	806	293	786	289	768	285	752	281	736	277	721	273	707	270	694
	16	30	311	895	306	870	301	847	297	825	292	806	288	787	284	770	280	753	277	738	273	723

（三）我國容許應力設計規範

標稱尺度 (高×寬)	t_w	t_f	r_T	Fy=2.0 (tf/cm²) L_C(cm)	2.1 L_C	2.2 L_C	2.3 L_C	2.4 L_C	2.5 L_C	3 L_C	3.1 L_C	3.2 L_C	3.3 L_C	3.4 L_C	3.5 L_C	3.6 L_C	3.7 L_C	3.8 L_C	3.9 L_C
100×50	5	7	1.32	71	69	67	66	65	63	58	57	56	55	54	53	53	52	51	51
100×100	6	8	2.75	141	138	135	132	129	126	115	114	112	110	108	107	105	104	103	101
125×60	6	8	1.57	85	83	81	79	77	76	69	68	67	66	65	64	63	62	62	61
125×125	6.5	9	3.44	177	173	169	165	161	158	144	142	140	138	136	134	132	130	128	127
150×75	5	7	1.97	106	104	101	99	97	95	87	85	84	83	81	80	79	78	77	76
150×100	6	9	2.70	141	138	135	132	129	126	115	114	112	110	108	107	105	104	103	101
150×150	7	10	4.13	212	207	202	198	194	190	173	170	168	165	163	160	158	156	154	152
175×90	5	8	2.39	127	124	121	119	116	114	104	102	101	99	98	96	95	94	92	91
175×175	7.5	11	1.52	247	242	236	231	226	221	202	199	196	193	190	187	184	182	180	177
200×100	4.5	7	2.61	140	137	133	131	128	125	114	112	111	109	107	106	104	103	102	100
200×100	5.5	8	2.63	141	138	135	132	129	126	115	114	112	110	108	107	105	104	103	101
200×150	6	9	4.08	212	207	202	198	194	190	173	170	168	165	163	160	158	156	154	152
200×200	8	12	5.51	283	276	270	264	258	253	231	227	224	220	217	214	211	208	205	203
200×200	12	12	5.51	288	282	275	269	263	258	236	232	228	225	221	218	215	212	209	207
250×125	5	8	3.28	175	171	167	164	160	157	143	141	139	137	134	133	131	129	127	126
250×125	6	9	3.29	177	173	169	165	161	158	144	142	140	138	136	134	132	130	128	127
250×175	7	11	4.75	247	242	236	231	226	221	202	199	196	193	190	187	184	182	180	177
250×250	9	14	6.90	354	345	337	330	323	316	289	284	280	275	271	267	264	260	256	253
250×250	14	14	6.89	361	352	344	336	329	323	294	290	285	281	277	273	269	265	262	258
300×150	5.5	8	3.90	211	206	201	196	192	188	172	169	167	164	162	159	156	151	147	144
300×150	6.5	9	3.92	212	207	202	198	194	190	173	170	168	165	163	160	158	156	154	152
300×200	8	12	5.38	283	276	270	264	258	253	231	227	224	220	217	214	211	208	205	203
300×300	12	12	8.13	427	417	407	398	390	382	349	343	338	332	328	323	318	314	310	306
300×300	10	15	8.26	424	414	405	396	387	379	346	341	335	330	325	321	316	312	308	304
300×300	15	15	8.22	431	421	411	402	394	386	352	346	341	336	331	326	321	317	313	309
300×300	11	17	8.30	426	415	406	397	389	381	348	342	337	331	326	322	317	313	309	305
300×300	13	21	8.37	429	418	409	400	391	383	350	344	339	334	329	324	319	315	311	307
300×300	17	24	8.44	434	424	414	405	396	388	354	349	343	338	333	328	324	319	315	311
300×300	20	28	8.52	438	428	418	409	400	392	358	352	347	341	336	331	327	322	318	314
350×175	6	9	4.57	246	240	235	229	225	220	201	198	195	192	186	181	176	171	167	162
350×175	7	11	4.62	247	242	236	231	226	221	202	199	196	193	190	187	184	182	180	177
350×250	8	12	6.74	352	344	336	328	321	315	288	283	278	274	270	266	262	259	255	252
350×250	9	14	6.78	354	345	337	330	323	316	289	284	280	275	271	267	264	260	256	253
350×250	11	19	6.88	356	348	340	332	325	319	291	286	282	277	273	269	266	262	259	255
350×250	15	22	6.93	362	353	345	338	330	324	296	291	286	282	278	274	270	266	263	259
350×250	17	26	7.01	365	356	348	340	333	326	298	293	288	284	280	276	272	268	265	261
350×350	13	13	9.46	496	484	473	463	453	444	405	399	392	386	381	375	370	365	360	355
350×350	10	16	9.59	492	480	469	459	449	440	402	395	389	383	377	372	367	362	357	352
350×350	16	16	9.53	501	489	477	467	457	448	409	402	396	390	384	378	373	368	363	359
350×350	12	19	9.67	495	483	472	462	452	443	404	398	391	385	380	374	369	364	359	354
350×350	19	19	9.63	505	493	481	471	461	452	412	406	399	393	387	382	376	371	366	362
350×350	16	24	9.77	501	489	477	467	457	448	409	402	396	390	384	378	373	368	363	359
350×350	18	28	9.84	503	491	480	469	460	450	411	404	398	392	386	381	375	370	365	361
350×350	20	33	9.92	506	494	483	472	462	453	413	407	400	394	388	383	377	372	367	363
400×200	7	11	5.26	281	275	268	262	257	252	230	226	222	219	216	213	210	207	204	198
400×200	8	13	5.30	283	276	270	264	258	253	231	227	224	220	217	214	211	208	205	203
400×300	9	14	8.13	423	413	403	394	386	378	345	340	334	329	324	320	315	311	307	303
400×300	10	16	8.17	424	414	405	396	387	379	346	341	335	330	325	321	316	312	308	304
400×300	14	21	8.26	430	420	410	401	392	385	351	345	340	335	330	325	320	316	312	308
400×300	18	26	8.36	436	425	415	406	398	390	356	350	344	339	334	329	325	320	316	312
400×300	20	30	8.43	438	428	418	409	400	392	358	352	347	341	336	331	327	322	318	314
400×400	15	15	10.85	569	555	542	530	519	508	464	457	449	443	436	430	424	418	412	407
400×400	11	18	10.99	563	549	537	525	514	503	460	452	445	438	432	425	420	414	408	403
400×400	18	18	10.91	573	559	546	534	523	512	468	460	453	446	439	433	427	421	416	410
400×400	13	21	11.05	566	552	539	528	516	506	462	454	447	440	434	428	422	416	410	405
400×400	21	21	11.01	577	563	550	538	527	516	471	463	456	449	443	436	430	424	419	413
400×400	18	28	11.17	573	559	546	534	523	512	468	460	453	446	439	433	427	421	416	410
400×400	20	35	11.30	576	562	549	537	525	515	470	462	455	448	441	435	429	423	418	412

標稱尺度(高×寬)	t_w	t_f	r_T	Fy=2.0(tf/cm²) L_C(cm)	2.1 L_C	2.2 L_C	2.3 L_C	2.4 L_C	2.5 L_C	3 L_C	3.1 L_C	3.2 L_C	3.3 L_C	3.4 L_C	3.5 L_C	3.6 L_C	3.7 L_C	3.8 L_C	3.9 L_C
	8	12	5.17	281	275	268	262	257	252	230	226	222	219	216	213	208	203	197	192
	9	14	5.22	283	276	270	264	258	253	231	227	224	220	217	214	211	208	205	203
450×200	10	17	5.28	284	277	271	265	259	254	232	228	225	221	218	215	212	209	206	204
	14	22	5.37	290	283	276	270	265	259	237	233	229	226	222	219	216	213	210	208
	17	28	5.48	294	287	280	274	269	263	240	236	233	229	226	222	219	216	213	211
	10	15	8.05	423	413	403	394	386	378	345	340	334	329	324	320	315	311	307	303
	11	18	8.12	424	414	405	396	387	379	346	341	335	330	325	321	316	312	308	304
450×300	13	21	8.18	427	417	407	398	390	382	349	343	338	332	328	323	318	314	310	306
	15	23	8.21	430	420	410	401	392	385	351	345	340	335	330	325	320	316	312	308
	17	27	8.28	433	422	413	404	395	387	353	348	342	337	332	327	323	318	314	310
	19	32	8.37	436	425	415	406	398	390	356	350	344	339	334	329	325	320	316	312
	9	14	5.14	281	275	268	262	257	252	230	226	222	219	216	213	210	207	204	202
	10	16	5.19	283	276	270	264	258	253	231	227	224	220	217	214	211	208	205	203
	11	19	5.25	284	277	271	265	259	254	232	228	225	221	218	215	212	209	206	204
500×200	12	22	5.31	286	279	272	266	261	256	233	229	226	222	219	216	213	210	207	205
	15	25	5.35	290	283	276	270	265	259	237	233	229	226	222	219	216	213	210	208
	18	30	5.44	294	287	280	274	269	263	240	236	233	229	226	222	219	216	213	211
	20	34	5.51	297	290	283	277	271	266	242	239	235	231	228	224	221	218	215	213
	25	40	5.63	304	297	290	284	278	272	248	244	240	237	233	230	227	224	221	218
	11	15	7.96	424	414	405	396	387	379	346	341	335	330	325	321	316	312	308	304
	11	18	8.07	424	414	405	396	387	379	346	341	335	330	325	321	316	312	308	304
	13	21	8.12	427	417	407	398	390	382	349	343	338	332	328	323	318	314	310	306
500×300	15	24	8.19	430	420	410	401	392	385	351	345	340	335	330	325	320	316	312	308
	17	29	8.27	433	422	413	404	395	387	353	348	342	337	332	327	323	318	314	310
	21	33	8.33	438	428	418	409	400	392	358	352	347	341	336	331	327	322	318	314
	25	40	8.47	444	433	423	414	405	397	363	357	351	346	341	336	331	326	322	318
	10	15	5.02	281	275	268	262	257	252	230	226	219	212	206	200	195	190	185	180
	11	17	5.06	283	276	270	264	258	253	231	227	224	220	217	214	211	208	205	203
	12	20	5.14	284	277	271	265	259	254	232	228	225	221	218	215	212	209	206	204
600×200	13	23	5.20	286	279	272	266	261	256	233	229	226	222	219	216	213	210	207	205
	16	26	5.24	290	283	276	270	265	259	237	233	229	226	222	219	216	213	210	208
	18	30	5.31	293	286	279	273	267	262	239	235	231	228	225	221	218	215	212	210
	20	34	5.38	296	288	282	276	270	264	241	237	234	230	227	223	220	217	214	212
	25	40	5.50	303	295	289	282	276	271	247	243	239	236	232	229	226	223	220	217
	12	17	7.86	424	414	405	396	387	379	346	341	335	330	325	321	316	312	308	304
	12	20	7.97	424	414	405	396	387	379	346	341	335	330	325	321	316	312	308	304
	14	23	8.03	427	417	407	398	390	382	349	343	338	332	328	323	318	314	310	306
600×300	16	26	8.07	430	420	410	401	392	385	351	345	340	335	330	325	320	316	312	308
	18	30	8.16	433	422	413	404	395	387	353	348	342	337	332	327	323	318	314	310
	20	34	8.22	436	425	415	406	398	390	356	350	344	339	334	329	325	320	316	312
	24	40	8.32	441	431	421	411	403	395	360	354	349	344	338	334	329	324	320	316
	13	20	7.80	424	414	405	396	387	379	346	341	335	330	325	321	316	312	308	304
	13	24	7.92	424	414	405	396	387	379	346	341	335	330	325	321	316	312	308	304
700×300	15	28	8.00	427	417	407	398	390	382	349	343	338	332	328	323	318	314	310	306
	19	30	8.00	433	422	413	404	395	387	353	348	342	337	332	327	323	318	314	310
	21	33	8.04	436	425	415	406	398	390	356	350	344	339	334	329	325	320	316	312
	24	40	8.17	440	429	419	410	401	393	359	353	348	342	337	332	328	323	319	315
	14	22	7.71	424	414	405	396	387	379	346	341	335	330	325	321	316	312	307	299
800×300	14	26	7.83	424	414	405	396	387	379	346	341	335	330	325	321	316	312	308	304
	16	30	7.90	427	417	407	398	390	382	349	343	338	332	328	323	318	314	310	306

H 銲接組合型鋼梁設計參數表

（一）AISC-LRFD 規範

標稱尺度 (高×寬)	t_w	t_f	斷面有效旋轉半徑 (cm)		Fy=2.0 (tf/cm2)		2.1		2.2		2.3		2.4		2.5	
			r_{ts}	r_t	L_p(cm)	L_r(cm)	L_p	L_r	L_p	L_r	L_p	L_r	L_p	L_r	L_p	L_r
400×400	22	36	1.48	11.60	573	3619	560	3451	547	3298	535	3158	523	3030	513	2913
	25	40	1.44	11.65	572	4012	558	3824	545	3653	533	3497	522	3354	511	3223
	28	45	1.41	11.72	572	4501	558	4289	546	4096	534	3920	522	3759	512	3610
	32	50	1.38	11.77	571	5004	557	4768	544	4552	532	4356	521	4176	510	4010
500×500	16	25	1.79	14.27	721	2927	703	2803	687	2690	672	2587	658	2493	645	2407
	16	28	1.75	14.38	728	3195	711	3055	695	2928	679	2812	665	2707	652	2610
	19	32	1.70	14.43	726	3600	708	3437	692	3290	677	3156	662	3033	649	2920
	22	36	1.66	14.48	724	4018	707	3833	690	3665	675	3512	661	3373	648	3244
	25	40	1.62	14.53	722	4448	705	4241	689	4054	674	3882	659	3725	646	3581
	28	45	1.58	14.61	722	4991	705	4757	689	4545	674	4351	659	4173	646	4010
	32	50	1.54	14.67	720	5536	703	5276	687	5038	671	4822	657	4624	644	4442
600×350	16	32	1.38	9.86	486	2039	474	1952	463	1873	453	1801	443	1735	434	1675
	16	36	1.35	9.96	492	2247	481	2148	469	2059	459	1977	449	1902	440	1834
	19	40	1.32	9.97	488	2467	477	2356	466	2255	455	2163	446	2079	437	2002
	19	45	1.29	10.06	496	2746	484	2620	473	2506	462	2401	453	2306	443	2219
	22	50	1.26	10.09	494	3038	482	2897	471	2769	460	2652	451	2545	441	2447
600×400	16	32	1.49	11.34	564	2345	551	2245	538	2154	526	2071	515	1996	505	1927
	16	36	1.46	11.44	572	2585	558	2471	545	2368	533	2274	522	2188	511	2109
	19	40	1.42	11.45	568	2838	554	2710	541	2594	529	2488	518	2392	508	2303
	19	45	1.39	11.56	575	3155	561	3010	548	2879	536	2759	525	2649	514	2549
	22	50	1.36	11.59	573	3495	559	3333	546	3186	534	3051	523	2928	512	2815
700×350	16	32	1.35	9.72	473	1767	462	1697	451	1632	441	1574	432	1521	423	1472
	16	36	1.33	9.82	481	1926	470	1846	459	1773	449	1707	439	1646	430	1591
	19	40	1.29	9.82	477	2096	465	2005	454	1923	444	1848	435	1780	426	1717
	19	45	1.27	9.92	485	2316	473	2213	462	2120	452	2035	442	1957	433	1885
	22	50	1.24	9.94	482	2552	471	2436	460	2331	450	2235	440	2147	431	2067
700×400	16	32	1.46	11.19	552	2036	539	1955	526	1881	515	1814	504	1752	494	1696
	16	36	1.43	11.29	560	2219	546	2127	534	2043	522	1966	511	1896	501	1832
	19	40	1.40	11.30	555	2419	541	2314	529	2219	517	2133	506	2054	496	1981
	19	45	1.37	11.40	563	2668	550	2550	537	2442	525	2344	514	2254	504	2172
	22	50	1.34	11.43	561	2935	547	2802	535	2681	523	2570	512	2470	502	2377
800×300	19	36	1.16	8.12	381	1451	371	1394	363	1342	355	1294	347	1251	340	1211
	19	40	1.15	8.21	388	1565	379	1500	370	1442	362	1389	355	1341	347	1296
	19	45	1.14	8.31	397	1714	387	1641	378	1574	370	1514	362	1459	355	1408
	19	50	1.11	8.32	395	1872	385	1790	376	1715	368	1646	360	1585	353	1528
800×350	19	36	1.28	9.58	458	1712	447	1645	436	1583	427	1527	418	1476	409	1429
	19	40	1.26	9.68	465	1844	454	1768	444	1699	434	1637	425	1580	416	1527
	22	45	1.23	9.70	464	2021	453	1935	442	1856	432	1785	423	1720	415	1660
	22	50	1.21	9.80	472	2210	460	2113	450	2025	440	1944	431	1871	422	1803
800×400	19	36	1.39	11.05	535	1975	522	1897	510	1826	498	1762	488	1703	478	1648
	19	40	1.37	11.16	544	2129	530	2041	518	1962	507	1890	496	1824	486	1763
	22	45	1.33	11.18	542	2333	529	2233	517	2142	505	2060	495	1984	485	1915
	22	50	1.31	11.28	550	2542	536	2431	524	2329	513	2237	502	2152	492	2075
850×300	16	25	1.21	7.85	361	1149	353	1111	345	1077	337	1045	330	1016	323	989
	16	28	1.20	7.95	370	1205	361	1164	353	1127	345	1092	338	1061	331	1031
	19	32	1.16	7.95	367	1291	358	1243	350	1200	342	1161	335	1125	328	1092
	19	36	1.15	8.06	376	1379	367	1326	359	1278	351	1234	343	1194	336	1157
	22	40	1.12	8.06	374	1485	365	1426	356	1371	349	1322	341	1277	334	1235
	22	45	1.10	8.17	382	1614	373	1546	364	1485	356	1429	349	1378	342	1332
	22	50	1.10	8.26	390	1758	381	1682	372	1613	364	1551	356	1493	349	1441
850×350	16	25	1.34	9.29	436	1358	425	1314	415	1273	406	1236	398	1201	390	1170
	16	28	1.33	9.40	445	1425	434	1376	424	1332	415	1291	406	1254	398	1219
	19	32	1.28	9.40	442	1524	432	1468	422	1417	413	1371	404	1329	396	1290
	19	36	1.27	9.52	452	1633	442	1570	431	1514	422	1462	413	1414	405	1371
	22	40	1.23	9.52	449	1752	438	1681	428	1617	419	1559	410	1506	402	1457
	22	45	1.22	9.64	459	1909	448	1829	437	1756	428	1690	419	1630	410	1575
	22	50	1.20	9.74	467	2073	456	1984	445	1903	436	1829	426	1761	418	1699
850×400	16	25	1.46	10.74	511	1568	499	1517	487	1470	476	1427	466	1387	457	1350
	16	28	1.44	10.86	522	1645	509	1589	497	1537	486	1490	476	1447	467	1407
	19	32	1.39	10.86	518	1760	506	1695	494	1637	483	1583	473	1534	464	1489
	19	36	1.38	10.98	529	1884	516	1811	504	1746	493	1686	483	1631	473	1581
	22	40	1.34	10.99	525	2023	512	1942	501	1868	490	1800	479	1739	470	1682
	22	45	1.32	11.11	536	2199	523	2107	511	2023	500	1947	490	1878	480	1814
	22	50	1.30	11.22	545	2394	532	2291	519	2197	508	2112	497	2033	487	1962

標稱尺度 (高×寬)	t_w	t_f	斷面有效旋轉半徑 (cm)		Fy=2.0 (tf/cm2)		2.1		2.2		2.3		2.4		2.5	
			r_{ts}	r_t	L_p(cm)	L_r(cm)	L_p	L_r	L_p	L_r	L_p	L_r	L_p	L_r	L_p	L_r
900×300	16	25	1.20	7.78	356	1115	348	1080	340	1047	332	1017	325	989	319	964
	16	28	1.19	7.89	365	1166	356	1127	348	1092	340	1060	333	1030	326	1002
	19	32	1.15	7.89	361	1241	353	1196	345	1156	337	1120	330	1086	323	1055
	19	36	1.14	8.00	371	1323	362	1273	354	1229	346	1188	339	1150	332	1116
	22	40	1.11	8.00	369	1413	360	1358	352	1307	344	1262	337	1220	330	1181
	22	45	1.10	8.11	378	1532	369	1470	360	1413	352	1361	345	1314	338	1270
	22	50	1.08	8.21	386	1657	376	1587	368	1524	360	1466	352	1413	345	1365
900×350	16	25	1.33	9.22	430	1320	420	1278	410	1239	401	1204	393	1171	385	1141
	16	28	1.31	9.34	440	1379	429	1334	419	1292	410	1253	401	1218	393	1186
	19	32	1.27	9.34	436	1466	426	1414	416	1367	407	1323	398	1284	390	1247
	19	36	1.26	9.46	447	1563	436	1504	426	1452	417	1403	408	1359	400	1319
	22	40	1.22	9.45	444	1668	433	1603	423	1544	414	1490	405	1440	397	1395
	22	45	1.20	9.57	454	1809	443	1735	433	1668	423	1607	414	1551	406	1500
	22	50	1.19	9.68	462	1962	451	1879	441	1804	431	1735	422	1672	413	1615
900×400	16	25	1.45	10.67	505	1525	493	1476	481	1432	471	1391	461	1353	451	1318
	16	28	1.43	10.79	516	1593	504	1540	492	1492	481	1447	471	1407	462	1369
	19	32	1.38	10.79	512	1694	500	1634	488	1579	478	1529	467	1483	458	1441
	19	36	1.36	10.92	523	1804	510	1737	498	1676	487	1620	477	1569	468	1522
	22	40	1.32	10.92	519	1928	507	1852	495	1784	484	1721	474	1664	465	1612
	22	45	1.31	11.04	531	2091	518	2005	506	1928	495	1857	484	1792	475	1733
	22	50	1.29	11.15	540	2263	527	2168	515	2081	503	2001	493	1929	483	1863
950×300	19	25	1.15	7.57	337	1087	329	1052	321	1020	314	991	307	964	301	939
	19	28	1.14	7.69	346	1132	337	1095	330	1060	322	1029	316	1000	309	974
	19	32	1.13	7.83	357	1198	348	1157	340	1119	333	1084	326	1053	319	1023
	19	36	1.13	7.95	366	1272	358	1226	349	1184	342	1146	335	1111	328	1078
	22	40	1.09	7.94	364	1352	355	1301	347	1254	340	1211	333	1172	326	1136
	22	45	1.08	8.05	373	1459	364	1401	356	1348	348	1300	341	1256	334	1215
	25	50	1.06	8.06	372	1578	363	1512	354	1453	346	1399	339	1349	332	1303
950×350	19	25	1.28	8.99	408	1288	398	1247	389	1209	381	1174	373	1142	365	1113
	19	28	1.27	9.13	419	1340	409	1296	400	1256	391	1219	383	1185	375	1153
	19	32	1.26	9.27	431	1418	421	1369	411	1324	402	1283	394	1246	386	1211
	19	36	1.24	9.40	442	1504	432	1449	422	1400	413	1355	404	1313	396	1275
	22	40	1.21	9.39	439	1598	428	1537	419	1482	409	1431	401	1385	393	1343
	22	45	1.19	9.51	449	1725	438	1656	428	1593	418	1537	409	1485	401	1437
	25	50	1.16	9.53	446	1866	436	1788	426	1718	416	1654	407	1595	399	1541
950×400	19	25	1.39	10.43	481	1488	469	1441	458	1398	448	1358	439	1321	430	1287
	19	28	1.38	10.57	493	1550	481	1499	470	1452	460	1409	450	1370	441	1334
	19	32	1.37	10.73	506	1638	494	1582	483	1530	472	1483	462	1440	453	1400
	19	36	1.35	10.86	518	1736	505	1674	494	1617	483	1564	473	1517	463	1473
	22	40	1.31	10.85	514	1847	501	1777	490	1713	479	1655	469	1601	460	1552
	22	45	1.30	10.98	525	1995	512	1915	501	1843	490	1777	479	1717	470	1662
	25	50	1.26	11.00	523	2155	510	2065	498	1983	487	1909	477	1842	468	1779
1000×300	19	28	1.13	7.63	342	1101	334	1065	326	1033	319	1003	312	975	306	950
	19	32	1.12	7.77	354	1161	345	1121	337	1086	330	1053	323	1023	316	996
	19	36	1.12	7.89	363	1229	354	1186	346	1146	339	1110	331	1077	325	1047
	22	40	1.08	7.88	360	1300	351	1252	343	1208	335	1168	328	1131	322	1098
	22	45	1.07	8.00	369	1396	360	1342	352	1293	344	1248	337	1207	330	1169
	25	50	1.05	8.01	367	1505	358	1443	350	1388	342	1337	335	1291	328	1248
1000×350	19	28	1.25	9.06	414	1304	404	1262	394	1224	386	1189	378	1156	370	1126
	19	32	1.24	9.21	426	1376	416	1330	406	1288	397	1249	389	1213	381	1181
	19	36	1.23	9.34	437	1454	426	1403	416	1356	407	1313	399	1274	391	1238
	22	40	1.20	9.33	434	1538	423	1481	414	1429	405	1382	396	1338	388	1298
	22	45	1.18	9.46	443	1653	433	1588	423	1530	414	1477	405	1428	397	1383
	25	50	1.15	9.47	442	1781	431	1709	421	1643	412	1583	403	1528	395	1478
1000×400	19	28	1.37	10.50	487	1511	475	1462	464	1418	454	1377	444	1339	435	1305
	19	32	1.36	10.66	501	1591	489	1537	478	1488	467	1444	457	1403	448	1365
	19	36	1.34	10.79	513	1680	500	1621	489	1567	478	1518	468	1472	459	1431
	22	40	1.30	10.79	508	1779	496	1713	484	1653	474	1598	464	1548	454	1502
	22	45	1.29	10.92	520	1913	507	1838	496	1771	485	1709	475	1653	465	1601
	25	50	1.26	10.94	518	2059	506	1975	494	1899	483	1829	473	1766	464	1708

AISC規範

標稱尺度 (高×寬)	t_w	t_f	AISC規範 3 L_p	3 L_τ	3.1 L_p	3.1 L_τ	3.2 L_p	3.2 L_τ	3.3 L_p	3.3 L_τ	3.4 L_p	3.4 L_τ	3.5 L_p	3.5 L_τ	3.6 L_p	3.6 L_τ	3.7 L_p	3.7 L_τ	3.8 L_p	3.8 L_τ	3.9 L_p	3.9 L_τ
400×400	22	36	468	2444	461	2369	453	2299	446	2232	440	2170	433	2112	427	2056	422	2004	416	1955	411	1908
	25	40	467	2698	459	2614	452	2535	445	2461	438	2391	432	2326	426	2264	420	2205	415	2150	409	2097
	28	45	467	3018	460	2923	452	2833	445	2750	439	2671	433	2596	427	2526	421	2460	415	2397	410	2338
	32	50	466	3349	458	3243	451	3143	444	3049	438	2961	431	2878	425	2799	419	2725	414	2655	409	2589
500×500	16	25	588	2064	579	2009	570	1958	561	1909	553	1864	545	1821	537	1781	530	1743	523	1707	516	1673
	16	28	595	2224	585	2163	576	2105	567	2051	559	2000	551	1952	543	1907	536	1864	528	1824	522	1786
	19	32	593	2471	583	2399	574	2332	565	2269	557	2209	549	2154	541	2101	534	2051	526	2004	520	1960
	22	36	591	2732	582	2650	572	2573	564	2501	555	2434	547	2370	540	2310	532	2253	525	2199	518	2148
	25	40	590	3007	580	2915	571	2828	562	2747	554	2671	546	2599	538	2531	531	2467	524	2407	517	2350
	28	45	590	3358	580	3253	571	3155	562	3063	554	2976	546	2895	538	2818	531	2745	524	2676	517	2611
	32	50	588	3714	578	3597	569	3487	561	3384	552	3287	544	3196	537	3110	529	3028	522	2951	516	2878
600×350	16	32	397	1436	390	1397	384	1361	378	1328	372	1296	367	1266	362	1238	357	1211	352	1186	348	1162
	16	36	402	1561	396	1517	389	1477	383	1438	378	1402	372	1369	367	1337	362	1306	357	1278	353	1251
	19	40	399	1695	392	1646	386	1600	380	1557	375	1516	369	1478	364	1442	359	1408	354	1376	350	1345
	19	45	405	1870	398	1814	392	1762	386	1712	380	1666	375	1623	370	1582	364	1543	360	1507	355	1472
	22	50	403	2055	396	1992	390	1934	384	1878	379	1826	373	1778	368	1731	363	1688	358	1647	353	1608
600×400	16	32	461	1651	453	1607	446	1566	439	1527	433	1491	427	1456	421	1424	415	1393	409	1364	404	1337
	16	36	467	1796	459	1745	452	1698	445	1654	438	1613	432	1574	426	1537	420	1503	415	1470	409	1439
	19	40	464	1950	456	1893	449	1840	442	1790	435	1744	429	1700	423	1658	417	1619	412	1582	407	1547
	19	45	470	2148	462	2084	455	2024	448	1967	441	1914	435	1864	429	1817	423	1773	417	1731	412	1691
	22	50	468	2365	460	2292	453	2225	446	2161	439	2101	433	2045	427	1992	421	1942	416	1894	410	1849
700×350	16	32	386	1277	380	1245	374	1216	368	1188	363	1162	358	1137	353	1114	348	1092	343	1071	339	1052
	16	36	393	1369	386	1334	380	1301	375	1269	369	1240	364	1212	359	1186	354	1162	349	1138	345	1116
	19	40	389	1468	383	1428	377	1391	371	1356	366	1323	360	1292	355	1262	350	1235	346	1209	341	1184
	19	45	396	1602	389	1556	383	1514	377	1474	372	1436	366	1401	361	1368	356	1337	352	1307	347	1279
	22	50	394	1747	387	1695	381	1647	375	1602	370	1560	365	1520	359	1483	355	1447	350	1414	345	1382
700×400	16	32	451	1471	443	1434	436	1400	430	1368	423	1338	417	1310	411	1283	406	1258	400	1234	395	1211
	16	36	457	1577	450	1536	443	1498	436	1462	429	1428	423	1396	417	1366	412	1338	406	1311	401	1285
	19	40	453	1693	446	1647	439	1604	432	1563	426	1525	419	1490	414	1456	408	1424	402	1394	397	1365
	19	45	460	1845	452	1793	445	1744	438	1698	432	1654	426	1614	420	1575	414	1539	409	1505	403	1473
	22	50	458	2009	451	1950	443	1895	437	1843	430	1794	424	1748	418	1705	412	1664	407	1626	402	1589
800×300	19	36	311	1052	306	1027	301	1003	296	980	292	959	288	939	284	920	280	902	276	885	273	869
	19	40	317	1119	312	1090	307	1064	302	1039	298	1015	294	993	290	972	286	952	282	934	278	916
	19	45	324	1207	319	1175	314	1145	309	1117	304	1090	300	1065	296	1041	292	1019	288	998	284	978
	22	50	322	1301	317	1265	312	1231	307	1199	303	1169	298	1141	294	1114	290	1089	286	1065	283	1043
800×350	19	36	374	1242	368	1212	362	1183	356	1157	351	1132	346	1108	341	1086	336	1065	332	1045	328	1026
	19	40	380	1319	374	1285	368	1254	362	1224	357	1196	352	1170	347	1146	342	1122	338	1100	333	1079
	19	45	379	1421	372	1383	367	1348	362	1314	356	1283	351	1253	346	1225	341	1199	336	1173	332	1150
	22	50	385	1535	379	1493	373	1452	367	1415	362	1379	356	1346	352	1315	347	1285	342	1257	337	1230
800×400	19	36	436	1432	429	1397	423	1365	416	1334	410	1305	404	1278	398	1252	393	1228	388	1205	383	1183
	19	40	444	1522	437	1483	430	1447	423	1413	417	1381	411	1350	405	1322	400	1295	394	1269	389	1245
	22	45	442	1640	435	1596	428	1555	422	1516	416	1480	410	1445	404	1413	398	1383	393	1354	388	1326
	22	50	449	1767	442	1717	435	1671	428	1628	422	1587	416	1549	410	1513	404	1479	399	1446	394	1416
850×300	16	25	295	879	290	862	286	845	281	829	277	813	273	799	269	785	266	772	262	760	259	748
	16	28	302	913	297	894	292	876	288	859	284	843	280	827	276	813	272	799	268	785	265	773
	19	32	300	959	295	937	290	917	286	898	282	880	277	863	274	847	270	832	266	817	263	803
	19	36	307	1010	302	987	297	964	293	943	288	924	284	905	280	887	276	871	273	855	269	840
	22	40	305	1070	300	1043	296	1018	291	995	287	973	283	952	279	932	275	914	271	896	268	879
	22	45	312	1146	307	1116	302	1088	298	1062	293	1037	289	1014	285	992	281	971	277	952	274	933
	22	50	319	1232	313	1199	308	1167	304	1138	299	1110	295	1084	291	1060	287	1037	283	1015	279	994
850×350	16	25	356	1040	350	1019	344	999	339	980	334	962	329	945	325	929	320	914	316	899	312	885
	16	28	363	1080	358	1057	352	1035	347	1015	341	996	337	978	332	960	327	944	323	929	319	914
	19	32	361	1133	355	1107	350	1083	344	1061	339	1040	334	1020	330	1001	325	982	321	965	317	949
	19	36	369	1196	363	1168	358	1142	352	1117	347	1093	342	1071	337	1050	333	1030	328	1012	324	994
	22	40	367	1262	361	1231	355	1201	350	1174	344	1148	340	1123	335	1100	330	1078	326	1057	322	1038
	22	45	375	1354	368	1319	363	1286	357	1255	352	1226	347	1198	342	1173	337	1148	333	1125	328	1103
	22	50	381	1453	375	1413	369	1376	364	1342	358	1309	353	1279	348	1250	343	1222	339	1196	335	1172
850×400	16	25	417	1202	410	1177	404	1154	398	1132	392	1111	386	1092	381	1073	376	1056	371	1039	366	1023
	16	28	426	1246	419	1220	412	1195	406	1172	400	1150	394	1129	389	1109	384	1090	378	1072	374	1055
	19	32	423	1308	416	1279	410	1251	403	1225	397	1201	392	1177	386	1156	381	1135	376	1115	371	1096
	19	36	432	1380	425	1347	418	1317	412	1288	406	1261	400	1236	394	1211	389	1189	384	1167	379	1146
	22	40	429	1457	422	1421	415	1387	409	1355	403	1325	397	1297	391	1270	386	1245	381	1221	376	1198
	22	45	438	1561	431	1520	424	1482	417	1446	411	1412	405	1381	400	1351	394	1323	389	1296	384	1271
	22	50	445	1677	437	1631	431	1589	424	1549	418	1511	412	1476	406	1442	400	1411	395	1381	390	1352

標稱尺度(高×寬)	t_w	t_f	AISC規範																	
			3		3.1		3.2		3.3		3.4		3.5		3.6		3.7		3.8		3.9	
			L_p	L_τ	L_p	L_τ	L_p	L_τ	L_p	L_τ	L_p	L_τ	L_p	L_τ	L_p	L_τ	L_p	L_τ	L_p	L_τ	L_p	L_τ
900×300	16	25	291	860	286	842	282	826	277	811	273	796	269	783	266	769	262	757	259	745	255	734
	16	28	298	890	293	872	288	855	284	838	280	823	276	808	272	794	268	781	265	768	261	756
	19	32	295	930	290	910	286	890	281	872	277	855	273	839	269	824	266	810	262	796	259	783
	19	36	303	978	298	956	293	935	289	915	285	896	280	879	277	862	273	846	269	831	266	817
	22	40	301	1028	296	1003	292	980	287	958	283	937	279	918	275	899	271	882	268	866	264	850
	22	45	308	1098	303	1070	299	1044	294	1019	290	996	286	975	282	954	278	935	274	917	270	899
	22	50	315	1172	310	1141	305	1112	300	1085	296	1059	291	1035	287	1013	283	991	280	971	276	952
900×350	16	25	351	1018	345	997	340	978	335	960	330	943	325	927	321	911	316	896	312	882	308	869
	16	28	359	1053	353	1032	348	1011	342	992	337	974	332	956	328	940	323	924	319	909	315	895
	19	32	356	1100	350	1076	345	1053	340	1032	335	1012	330	992	325	974	321	957	316	941	312	925
	19	36	365	1156	359	1129	353	1105	348	1081	343	1059	338	1038	333	1019	329	1000	324	982	320	965
	22	40	363	1214	357	1184	351	1157	346	1131	341	1107	336	1084	331	1062	326	1042	322	1022	318	1004
	22	45	370	1296	364	1263	359	1232	353	1203	348	1176	343	1151	338	1127	334	1104	329	1082	325	1062
	22	50	377	1386	371	1350	365	1315	360	1283	354	1253	349	1224	344	1198	340	1172	335	1148	331	1125
900×400	16	25	412	1176	405	1153	399	1131	393	1110	387	1090	382	1071	376	1053	371	1036	366	1020	361	1004
	16	28	421	1216	414	1191	408	1168	402	1145	396	1124	390	1104	385	1085	379	1067	374	1050	370	1034
	19	32	418	1270	411	1243	405	1217	399	1192	393	1169	387	1147	382	1126	376	1106	371	1087	367	1069
	19	36	427	1334	420	1304	413	1275	407	1248	401	1223	395	1199	390	1176	384	1154	379	1134	374	1114
	22	40	424	1402	417	1368	411	1337	404	1307	398	1279	393	1252	387	1227	382	1204	377	1181	372	1160
	22	45	433	1497	426	1459	419	1424	413	1390	407	1359	401	1329	396	1301	390	1275	385	1250	380	1226
	22	50	441	1599	433	1557	427	1517	420	1480	414	1445	408	1412	402	1381	397	1352	391	1324	386	1298
950×300	19	25	275	837	270	820	266	804	262	790	258	775	255	762	251	749	248	737	244	725	241	714
	19	28	282	865	278	848	273	831	269	815	265	800	261	786	258	772	254	759	251	747	248	736
	19	32	291	905	287	886	282	868	278	851	274	834	270	819	266	805	262	791	259	777	256	765
	19	36	299	949	294	928	290	908	285	889	281	871	277	855	273	839	269	824	266	810	262	796
	22	40	297	992	293	969	288	947	284	927	279	907	275	889	271	872	268	855	264	840	261	825
	22	45	305	1055	300	1029	295	1004	291	982	286	960	282	940	278	921	274	903	271	885	267	869
	25	50	303	1122	298	1093	294	1066	289	1041	285	1017	281	994	277	973	273	953	270	933	266	915
950×350	19	25	333	993	328	973	323	954	318	936	313	920	308	904	304	889	300	874	296	860	292	847
	19	28	342	1025	337	1004	332	984	326	966	322	948	317	931	313	915	308	900	304	886	300	872
	19	32	352	1072	346	1049	341	1027	336	1007	331	988	326	970	321	952	317	936	313	920	309	906
	19	36	361	1122	355	1097	350	1074	344	1052	339	1031	334	1011	330	992	325	975	321	958	317	942
	22	40	358	1173	353	1145	347	1120	342	1095	337	1072	332	1051	327	1031	323	1011	318	993	314	975
	22	45	366	1247	360	1216	355	1187	349	1160	344	1135	339	1111	334	1088	330	1067	325	1047	321	1027
	25	50	364	1327	358	1293	353	1261	347	1230	342	1202	337	1175	333	1150	328	1126	324	1103	320	1082
950×400	19	25	392	1149	386	1126	380	1104	374	1084	369	1064	363	1046	358	1029	353	1012	349	996	344	981
	19	28	403	1186	396	1162	390	1139	384	1117	378	1097	373	1077	367	1059	362	1041	358	1025	353	1009
	19	32	414	1238	407	1212	400	1187	394	1164	388	1142	383	1121	377	1101	372	1082	367	1064	363	1047
	19	36	423	1296	416	1267	409	1240	403	1214	397	1190	391	1167	386	1146	381	1125	376	1106	371	1087
	22	40	419	1356	413	1324	406	1294	400	1266	394	1240	388	1215	383	1191	378	1169	373	1148	368	1127
	22	45	429	1441	422	1406	415	1373	409	1341	403	1312	397	1284	391	1258	386	1233	381	1210	376	1187
	25	50	427	1532	420	1492	413	1455	407	1420	401	1388	395	1357	390	1328	384	1300	379	1274	374	1249
1000×300	19	28	279	847	275	830	270	813	266	798	262	784	258	770	255	757	251	745	248	733	245	722
	19	32	289	883	284	865	280	848	275	831	271	816	267	801	264	787	260	774	256	761	253	749
	19	36	296	924	292	904	287	885	283	867	278	850	274	834	271	819	267	805	263	792	260	779
	22	40	294	962	289	940	284	920	280	900	276	882	272	864	268	848	264	833	261	818	258	804
	22	45	301	1018	296	994	292	971	287	950	283	930	279	911	275	892	271	875	268	859	264	844
	25	50	300	1079	295	1052	290	1026	286	1002	282	980	277	959	274	939	270	920	266	902	263	885
1000×350	19	28	338	1004	332	984	327	965	322	947	317	930	313	914	308	898	304	883	300	870	296	856
	19	32	348	1047	342	1026	337	1005	332	986	327	967	322	950	318	933	313	918	309	903	305	888
	19	36	357	1093	351	1069	345	1047	340	1026	335	1006	330	987	326	970	321	953	317	937	313	921
	22	40	354	1138	349	1112	343	1088	338	1065	333	1043	328	1023	323	1003	319	985	315	968	311	951
	22	45	362	1205	356	1176	351	1149	345	1124	340	1100	335	1077	331	1056	326	1036	322	1016	318	998
	25	50	361	1277	355	1245	349	1215	344	1186	339	1160	334	1135	329	1111	325	1089	321	1067	316	1047
1000×400	19	28	397	1163	391	1140	385	1118	379	1097	373	1077	368	1058	363	1040	358	1023	353	1007	349	992
	19	32	409	1211	402	1186	396	1162	390	1140	384	1118	378	1098	373	1079	368	1061	363	1044	359	1027
	19	36	419	1263	412	1236	405	1210	399	1186	393	1163	388	1141	382	1120	377	1101	372	1082	367	1065
	22	40	415	1316	408	1286	402	1258	396	1232	390	1206	384	1183	379	1160	374	1139	369	1119	364	1100
	22	45	425	1394	418	1360	411	1329	405	1300	399	1272	393	1246	388	1221	382	1198	377	1175	372	1154
	25	50	423	1476	416	1439	410	1404	403	1371	397	1340	392	1311	386	1284	381	1258	376	1233	371	1210

（二）我國極限設計規範

標稱尺度 (高×寬)	t_w	t_f	X_1 (tf/cm²)	X_2 (cm²/tf)²	Fy=2.0 (tf/cm2) L_p(cm)	L_T(cm)	2.1 L_p	L_T	2.2 L_p	L_T	2.3 L_p	L_T	2.4 L_p	L_T	2.5 L_p	L_T
400×400	22	36	352	0.044	577	6068	563	5428	550	4911	538	4485	527	4129	516	3826
	25	40	393	0.029	575	6746	561	6032	549	5456	536	4981	525	4583	515	4245
	28	45	442	0.019	576	7588	562	6784	549	6134	537	5599	526	5150	515	4769
	32	50	493	0.012	574	8433	560	7538	547	6815	535	6220	524	5720	514	5295
500×500	16	25	216	0.288	725	4774	708	4289	691	3900	676	3580	662	3313	649	3087
	16	28	237	0.195	733	5257	715	4716	699	4280	684	3923	669	3624	656	3370
	19	32	272	0.114	730	5970	713	5348	696	4846	681	4433	667	4088	653	3795
	22	36	308	0.072	729	6721	711	6015	695	5446	679	4977	665	4585	652	4252
	25	40	344	0.047	727	7473	709	6684	693	6049	678	5525	664	5086	650	4713
	28	45	388	0.030	727	8416	709	7526	693	6807	678	6215	664	5719	650	5297
	32	50	431	0.020	725	9312	707	8325	691	7528	676	6871	662	6321	648	5853
600×350	16	32	223	0.277	489	3319	477	2981	466	2710	456	2487	446	2302	437	2144
	16	36	247	0.181	496	3699	484	3317	472	3010	462	2758	452	2547	443	2368
	19	40	277	0.118	492	4094	480	3667	469	3324	458	3041	449	2804	440	2604
	19	45	307	0.077	499	4589	487	4108	476	3719	465	3400	455	3132	446	2905
	22	50	344	0.051	497	5108	485	4569	474	4135	463	3777	453	3478	444	3223
600×400	16	32	221	0.277	568	3822	554	3433	542	3121	530	2865	518	2651	508	2469
	16	36	245	0.180	575	4259	561	3820	546	3466	536	3175	525	2933	515	2727
	19	40	275	0.118	571	4724	558	4231	545	3835	533	3509	522	3236	511	3004
	19	45	303	0.077	579	5253	565	4702	552	4258	540	3892	528	3586	518	3326
	22	50	341	0.051	576	5876	563	5257	550	4757	538	4346	526	4001	516	3708
700×350	16	32	190	0.554	476	2812	465	2536	454	2315	444	2134	435	1982	426	1854
	16	36	210	0.363	484	3116	473	2804	462	2552	452	2346	442	2174	433	2028
	19	40	236	0.236	480	3436	468	3085	457	2802	447	2570	438	2376	429	2212
	19	45	260	0.154	488	3823	476	3427	465	3108	455	2846	445	2627	436	2441
	22	50	292	0.101	485	4255	474	3810	463	3452	453	3157	443	2910	434	2701
700×400	16	32	188	0.552	556	3244	542	2926	530	2671	518	2462	507	2287	497	2139
	16	36	208	0.360	563	3591	550	3230	537	2940	525	2703	514	2504	504	2336
	19	40	234	0.233	558	3965	545	3559	532	3233	521	2965	510	2741	499	2551
	19	45	258	0.153	567	4409	553	3952	540	3585	529	3282	517	3029	507	2815
	22	50	288	0.101	565	4881	551	4371	538	3960	526	3622	515	3339	505	3099
800×300	19	36	192	0.615	383	2294	374	2071	365	1892	357	1745	350	1622	343	1519
	19	40	209	0.425	391	2515	381	2265	373	2064	365	1899	357	1761	350	1644
	19	45	230	0.281	399	2798	390	2514	381	2285	372	2097	365	1941	357	1808
	22	50	257	0.184	397	3085	388	2767	379	2511	370	2301	363	2125	355	1976
800×350	19	36	189	0.616	460	2715	449	2451	439	2239	429	2065	420	1920	412	1798
	19	40	205	0.426	468	2956	457	2662	447	2426	437	2232	428	2070	419	1933
	22	45	232	0.266	467	3294	455	2959	445	2689	435	2468	426	2283	417	2126
	22	50	254	0.182	475	3643	463	3268	453	2965	443	2717	433	2509	425	2333
800×400	19	36	186	0.614	538	3121	525	2818	513	2574	502	2374	491	2207	481	2066
	19	40	204	0.421	547	3435	534	3092	522	2817	510	2592	499	2404	489	2245
	22	45	230	0.264	545	3815	532	3427	520	3114	509	2858	498	2644	488	2462
	22	50	250	0.182	553	4180	540	3749	527	3402	516	3117	505	2879	495	2677
850×300	16	25	133	2.873	364	1685	355	1544	347	1431	339	1337	332	1258	325	1191
	16	28	143	2.043	372	1793	363	1637	355	1512	347	1408	340	1322	333	1248
	19	32	166	1.163	369	1978	360	1795	352	1649	344	1529	337	1428	330	1343
	19	36	180	0.810	378	2152	369	1947	361	1782	353	1648	345	1535	338	1440
	22	40	204	0.511	376	2377	367	2143	359	1955	351	1801	343	1672	336	1563
	22	45	222	0.349	385	2614	375	2351	367	2140	359	1967	351	1822	344	1699
	22	50	242	0.240	393	2884	383	2590	374	2353	366	2158	358	1995	351	1857
850×350	16	25	130	2.916	438	1988	428	1822	418	1689	409	1578	400	1485	392	1406
	16	28	141	2.052	448	2129	437	1944	427	1795	418	1672	409	1570	401	1482
	19	32	163	1.180	445	2343	434	2127	424	1954	415	1812	406	1693	398	1592
	19	36	178	0.794	455	2558	444	2314	434	2118	425	1958	416	1824	407	1710
	22	40	199	0.517	452	2787	441	2513	431	2293	421	2112	413	1961	404	1834
	22	45	219	0.345	462	3094	450	2783	440	2532	430	2327	421	2156	413	2010
	22	50	238	0.239	470	3397	459	3049	448	2770	438	2541	429	2349	420	2187
850×400	16	25	128	2.958	514	2300	502	2108	490	1954	480	1826	469	1719	460	1627
	16	28	139	2.056	525	2460	512	2246	501	2074	490	1932	479	1814	470	1713
	19	32	160	1.181	522	2694	509	2446	497	2247	486	2083	476	1947	466	1831
	19	36	176	0.796	532	2957	519	2675	508	2449	496	2263	486	2108	476	1977
	22	40	197	0.514	528	3225	516	2907	504	2652	493	2443	482	2269	473	2121
	22	45	215	0.346	540	3551	527	3194	515	2907	503	2671	493	2474	483	2308
	22	50	236	0.236	548	3926	535	3525	523	3202	511	2937	500	2715	490	2527

標稱尺度 (高×寬)	t_w	t_f	X_1 (tf/cm²)	X_2 (cm²/tf)²	Fy=2.0 (tf/cm2)		2.1		2.2		2.3		2.4		2.5	
					L_p(cm)	L_r(cm)	L_p	L_r	L_p	L_r	L_p	L_r	L_p	L_r	L_p	L_r
900×300	16	25	126	3.661	359	1618	350	1486	342	1380	334	1292	327	1218	321	1155
	16	28	136	2.619	367	1723	358	1577	350	1460	342	1363	335	1282	328	1212
	19	32	158	1.489	364	1886	355	1716	347	1580	339	1468	332	1374	325	1295
	19	36	171	1.022	373	2043	364	1852	356	1699	348	1573	341	1469	334	1380
	22	40	193	0.657	371	2241	362	2024	354	1849	346	1707	339	1588	332	1487
	22	45	210	0.445	380	2461	371	2217	362	2020	354	1859	347	1725	340	1611
	22	50	227	0.312	388	2689	379	2417	370	2199	362	2019	354	1870	347	1743
900×350	16	25	123	3.716	433	1909	422	1754	413	1629	404	1525	395	1438	387	1363
	16	28	133	2.631	442	2031	432	1859	422	1721	413	1607	404	1511	396	1430
	19	32	154	1.509	439	2221	428	2021	419	1861	409	1729	401	1619	393	1526
	19	36	168	1.025	450	2418	439	2192	429	2011	419	1862	411	1738	402	1633
	22	40	188	0.663	447	2629	436	2375	426	2171	417	2003	408	1864	400	1745
	22	45	206	0.445	457	2899	446	2611	435	2380	426	2190	417	2032	408	1898
	22	50	225	0.306	465	3193	454	2870	443	2610	434	2397	424	2219	416	2068
900×400	16	25	121	3.769	508	2208	496	2029	484	1884	474	1765	464	1664	454	1578
	16	28	131	2.650	519	2350	507	2151	495	1992	484	1860	474	1749	464	1655
	19	32	152	1.513	515	2574	503	2343	491	2157	481	2004	470	1877	461	1768
	19	36	165	1.026	526	2778	513	2519	502	2311	491	2140	480	1998	471	1877
	22	40	186	0.660	523	3042	510	2748	498	2511	487	2317	477	2156	468	2019
	22	45	204	0.440	534	3357	521	3024	509	2756	498	2536	487	2353	478	2197
	22	50	222	0.304	543	3678	530	3306	518	3007	506	2761	496	2556	486	2382
950×300	19	25	131	3.537	339	1582	331	1453	323	1349	316	1263	309	1190	303	1128
	19	28	138	2.714	348	1662	340	1522	332	1410	324	1317	318	1239	311	1172
	19	32	149	1.875	359	1790	351	1632	342	1506	335	1402	328	1315	321	1241
	19	36	162	1.295	369	1941	360	1764	352	1622	344	1505	337	1407	330	1325
	22	40	183	0.830	367	2122	358	1920	350	1758	342	1625	335	1515	328	1421
	22	45	199	0.566	376	2324	367	2097	358	1914	350	1764	343	1640	336	1534
	25	50	223	0.368	374	2556	365	2300	357	2094	349	1925	341	1784	334	1664
950×350	19	25	127	3.688	411	1869	401	1717	392	1594	383	1493	375	1407	367	1334
	19	28	135	2.781	422	1978	412	1812	402	1678	394	1567	385	1475	377	1396
	19	32	146	1.894	434	2120	423	1934	414	1784	405	1661	396	1558	388	1471
	19	36	159	1.298	445	2300	434	2090	424	1922	415	1783	406	1668	398	1570
	22	40	178	0.838	442	2489	431	2252	421	2062	412	1907	403	1777	395	1667
	22	45	195	0.564	451	2737	441	2469	430	2254	421	2078	412	1930	404	1806
	25	50	219	0.366	459	3015	438	2713	428	2469	419	2270	410	2104	402	1963
950×400	19	25	124	3.831	484	2158	472	1984	461	1843	451	1726	442	1628	433	1544
	19	28	132	2.829	496	2277	484	2087	473	1933	463	1806	453	1699	444	1608
	19	32	144	1.909	510	2458	497	2242	486	2069	475	1927	465	1807	456	1706
	19	36	156	1.302	521	2642	508	2400	497	2207	486	2048	476	1915	466	1803
	22	40	176	0.834	517	2879	505	2605	493	2386	482	2206	472	2056	462	1928
	22	45	193	0.557	526	3169	516	2858	504	2609	493	2405	482	2234	473	2090
	25	50	216	0.366	526	3483	513	3134	502	2853	491	2622	480	2430	471	2267
1000×300	19	28	132	3.377	344	1610	336	1478	328	1371	321	1283	314	1209	308	1145
	19	32	142	2.356	356	1725	347	1577	339	1458	332	1361	325	1278	318	1208
	19	36	155	1.614	365	1871	357	1704	348	1569	341	1459	334	1367	327	1289
	22	40	174	1.033	362	2017	353	1829	345	1678	338	1554	330	1451	324	1363
	22	45	189	0.709	371	2202	362	1990	354	1819	346	1680	339	1564	332	1465
	25	50	212	0.459	369	2417	360	2177	352	1985	344	1827	337	1695	330	1584
1000×350	19	28	128	3.468	416	1896	406	1741	397	1615	388	1512	380	1425	372	1350
	19	32	140	2.347	429	2049	418	1873	409	1732	400	1616	391	1518	384	1435
	19	36	151	1.621	440	2193	429	1997	419	1840	410	1711	401	1603	393	1511
	22	40	170	1.043	437	2378	426	2157	416	1979	407	1833	399	1711	391	1608
	22	45	185	0.705	446	2591	436	2342	426	2141	416	1977	407	1840	399	1724
	25	50	208	0.456	445	2854	434	2571	424	2343	415	2157	406	2001	398	1870
1000×400	19	28	126	3.489	490	2197	478	2017	467	1872	457	1753	447	1652	438	1565
	19	32	137	2.373	504	2359	492	2157	481	1995	470	1861	460	1749	451	1653
	19	36	149	1.625	516	2540	503	2313	492	2131	481	1982	471	1857	461	1750
	22	40	168	1.038	511	2752	499	2495	488	2289	477	2120	467	1979	457	1860
	22	45	184	0.695	523	3020	511	2728	499	2495	488	2303	478	2143	468	2008
	25	50	206	0.454	522	3315	509	2986	497	2722	486	2505	476	2325	466	2172

標稱尺度 (高×寬)	t_w	t_f	3		3.1		3.2		3.3		3.4		3.5		3.6		3.7		3.8		3.9	
			L_p	L_r	L_p	L_r	L_p	L_r	L_p	L_r	L_p	L_r	L_p	L_r	L_p	L_r	L_p	L_r	L_p	L_r	L_p	L_r
400×400	22	36	471	2809	463	2669	456	2543	449	2429	443	2325	436	2231	430	2144	424	2064	419	1991	413	1923
	25	40	470	3109	462	2952	455	2811	448	2683	441	2567	435	2461	429	2364	423	2275	417	2192	412	2116
	28	45	470	3486	463	3309	455	3149	448	3005	442	2874	435	2754	429	2644	423	2542	418	2449	412	2362
	32	50	469	3865	461	3668	454	3490	447	3329	440	3183	434	3049	428	2926	422	2812	417	2708	411	2611
500×500	16	25	592	2334	583	2231	573	2139	565	2055	556	1979	548	1910	541	1847	533	1788	526	1734	519	1685
	16	28	599	2525	589	2410	580	2306	571	2212	562	2127	554	2050	546	1978	539	1913	532	1853	525	1797
	19	32	596	2816	587	2682	577	2561	569	2452	560	2353	552	2263	544	2181	537	2105	530	2035	523	1970
	22	36	595	3136	585	2983	576	2845	567	2720	559	2607	551	2504	543	2409	536	2322	529	2242	522	2167
	25	40	594	3462	584	3290	575	3135	566	2995	558	2868	549	2751	542	2645	534	2547	527	2456	521	2373
	28	45	594	3879	584	3684	575	3508	566	3349	558	3204	549	3072	542	2951	534	2839	527	2737	521	2641
	32	50	592	4279	582	4062	573	3866	564	3689	556	3528	548	3381	540	3246	533	3122	526	3007	519	2901
600×350	16	32	399	1620	393	1548	386	1484	380	1425	375	1372	369	1324	364	1280	359	1239	355	1202	350	1167
	16	36	405	1772	398	1690	392	1617	386	1551	380	1491	375	1436	369	1386	364	1339	360	1297	355	1258
	19	40	401	1933	395	1841	389	1759	383	1684	377	1616	372	1554	366	1498	361	1446	357	1398	352	1353
	19	45	407	2144	401	2040	394	1946	388	1861	383	1784	377	1713	372	1649	367	1590	362	1535	357	1484
	22	50	406	2369	399	2252	393	2146	387	2050	381	1964	375	1884	370	1812	365	1745	360	1683	356	1626
600×400	16	32	464	1865	456	1783	449	1708	442	1641	436	1581	429	1525	423	1474	418	1427	412	1384	407	1344
	16	36	470	2040	462	1946	455	1861	448	1785	441	1716	435	1653	429	1595	423	1542	417	1493	412	1447
	19	40	466	2230	459	2124	452	2029	445	1943	438	1865	432	1793	426	1728	420	1668	414	1613	409	1562
	19	45	473	2454	465	2335	457	2227	451	2130	444	2042	437	1961	431	1888	425	1820	420	1757	414	1699
	22	50	471	2725	463	2590	456	2469	449	2359	442	2259	436	2168	430	2084	424	2007	418	1936	413	1871
700×350	16	32	389	1428	383	1369	377	1316	371	1269	365	1225	360	1186	355	1149	350	1116	346	1085	341	1056
	16	36	395	1543	389	1476	383	1417	377	1363	371	1314	366	1269	361	1228	356	1190	351	1155	347	1123
	19	40	392	1664	385	1589	379	1522	373	1462	368	1406	363	1356	358	1310	353	1268	348	1229	344	1192
	19	45	398	1820	392	1736	385	1659	380	1590	374	1528	369	1471	363	1418	359	1370	354	1326	349	1285
	22	50	396	2000	390	1904	384	1818	378	1740	372	1669	367	1605	362	1545	357	1491	352	1441	348	1395
700×400	16	32	454	1647	446	1579	439	1519	432	1464	426	1414	420	1368	414	1326	408	1287	403	1251	398	1218
	16	36	460	1777	453	1700	445	1631	439	1569	432	1513	426	1461	420	1414	414	1370	409	1330	403	1293
	19	40	456	1919	448	1833	441	1755	435	1685	428	1621	422	1563	416	1510	410	1461	405	1416	400	1374
	19	45	463	2099	455	2001	448	1913	441	1834	435	1761	428	1696	422	1635	417	1580	411	1529	406	1482
	22	50	461	2295	453	2185	446	2086	440	1996	433	1915	427	1841	421	1773	415	1711	410	1653	404	1600
800×300	19	36	313	1173	308	1125	303	1083	298	1044	294	1009	289	976	285	947	282	920	278	894	274	871
	19	40	319	1256	314	1203	309	1155	304	1112	300	1073	295	1037	291	1004	287	974	284	946	280	920
	19	45	326	1366	321	1306	316	1252	311	1203	306	1158	302	1117	298	1080	294	1046	290	1014	286	985
	22	50	324	1479	319	1411	314	1350	309	1294	305	1244	300	1199	296	1157	292	1118	288	1083	284	1050
800×350	19	36	376	1388	370	1332	364	1282	358	1236	353	1194	348	1156	343	1121	339	1089	334	1059	330	1031
	19	40	382	1477	376	1414	370	1358	365	1308	359	1261	354	1219	349	1181	344	1145	340	1112	335	1082
	22	45	381	1604	375	1533	369	1469	363	1411	358	1359	353	1311	348	1267	343	1226	339	1189	334	1154
	22	50	388	1745	381	1665	375	1593	369	1528	364	1469	359	1415	354	1365	349	1320	344	1278	340	1239
800×400	19	36	439	1596	432	1531	425	1473	419	1420	413	1372	407	1328	401	1288	396	1251	390	1217	385	1185
	19	40	447	1714	439	1642	432	1577	426	1518	420	1464	414	1415	408	1370	402	1329	397	1291	392	1255
	22	45	445	1857	438	1775	431	1701	425	1634	418	1573	412	1517	406	1466	401	1419	396	1376	391	1336
	22	50	452	2003	444	1911	437	1828	431	1753	424	1685	418	1623	412	1566	407	1514	401	1466	396	1422
850×300	16	25	297	961	292	929	288	899	283	872	279	847	275	825	271	803	267	784	264	766	260	748
	16	28	304	999	299	964	294	932	290	903	285	877	281	852	277	830	274	809	270	789	267	771
	19	32	302	1057	297	1018	292	982	288	950	283	920	279	893	275	868	272	845	268	823	265	803
	19	36	309	1121	304	1077	299	1038	295	1002	290	969	286	939	282	912	278	886	275	863	271	841
	22	40	307	1201	302	1151	297	1106	293	1066	289	1029	284	996	280	965	277	936	273	910	269	886
	22	45	314	1291	309	1236	304	1185	299	1140	295	1099	291	1061	287	1027	283	995	279	966	275	939
	22	50	321	1398	315	1335	310	1279	306	1228	301	1182	297	1140	293	1101	289	1065	285	1033	281	1002
850×350	16	25	358	1135	352	1097	347	1062	341	1030	336	1001	331	974	327	949	322	926	318	905	314	884
	16	28	366	1186	360	1145	354	1107	349	1073	344	1041	339	1012	334	985	329	961	325	937	321	916
	19	32	363	1254	358	1207	352	1165	347	1126	341	1091	337	1059	332	1029	327	1002	323	976	319	953
	19	36	372	1331	366	1279	360	1232	355	1189	349	1150	344	1114	339	1082	335	1052	330	1024	326	998
	22	40	369	1409	363	1351	357	1298	352	1251	347	1208	342	1169	337	1132	332	1099	328	1068	324	1040
	22	45	377	1527	371	1461	365	1402	359	1348	354	1299	349	1255	344	1214	339	1176	335	1142	331	1110
	22	50	384	1646	378	1572	372	1506	366	1446	361	1391	355	1342	350	1296	346	1254	341	1216	337	1180
850×400	16	25	420	1314	413	1270	407	1230	400	1193	394	1159	389	1128	383	1099	378	1072	373	1048	368	1024
	16	28	429	1370	422	1322	415	1279	409	1239	403	1203	397	1170	391	1139	386	1110	381	1083	376	1058
	19	32	426	1442	419	1388	412	1340	406	1295	400	1255	394	1218	389	1184	383	1152	378	1123	373	1096
	19	36	435	1539	428	1478	421	1424	414	1375	408	1330	402	1289	397	1251	391	1216	386	1183	381	1153
	22	40	431	1630	424	1562	418	1502	411	1447	405	1397	399	1351	394	1309	388	1271	383	1235	378	1202
	22	45	441	1753	433	1677	427	1609	420	1548	414	1492	408	1441	402	1394	397	1351	392	1311	386	1274
	22	50	448	1902	440	1816	433	1739	427	1670	420	1607	414	1550	409	1497	403	1448	398	1404	393	1362

標稱尺度 (高×寬)	t_w	t_f	3		3.1		3.2		3.3		3.4		3.5		3.6		3.7		3.8		3.9	
			L_p	L_τ	L_p	L_τ	L_p	L_τ	L_p	L_τ	L_p	L_τ	L_p	L_τ	L_p	L_τ	L_p	L_τ	L_p	L_τ	L_p	L_τ
900×300	16	25	293	937	288	906	284	878	279	852	275	829	271	807	267	787	264	768	260	750	257	734
	16	28	300	976	295	943	290	913	286	885	282	860	278	836	274	815	270	795	266	776	263	759
	19	32	297	1027	292	989	288	956	283	925	279	897	275	871	271	847	267	825	264	805	260	786
	19	36	305	1082	300	1041	295	1004	291	970	286	939	282	911	278	885	274	861	271	839	267	818
	22	40	303	1150	298	1104	293	1063	289	1025	285	991	281	959	277	931	273	904	269	879	266	856
	22	45	310	1233	305	1181	301	1134	296	1092	292	1054	287	1019	283	987	279	957	276	930	272	904
	22	50	317	1320	312	1263	307	1211	302	1164	298	1121	293	1082	289	1047	285	1014	282	984	278	956
900×350	16	25	353	1107	348	1070	342	1037	337	1007	332	979	327	953	323	929	318	907	314	887	310	867
	16	28	361	1151	355	1112	350	1076	344	1044	339	1014	334	986	330	961	325	937	321	915	317	895
	19	32	358	1210	353	1166	347	1127	342	1090	337	1057	332	1027	327	999	323	973	318	949	314	926
	19	36	367	1281	361	1232	356	1188	350	1148	345	1112	340	1079	335	1048	331	1020	326	993	322	969
	22	40	365	1351	359	1297	353	1248	348	1204	343	1164	338	1127	333	1093	329	1062	324	1033	320	1006
	22	45	373	1452	367	1391	361	1336	355	1287	350	1241	345	1200	340	1162	336	1127	331	1095	327	1065
	22	50	380	1566	373	1497	368	1436	362	1380	357	1329	352	1283	347	1241	342	1202	337	1166	333	1133
900×400	16	25	415	1282	408	1239	402	1201	395	1166	390	1134	384	1104	379	1076	373	1051	369	1027	364	1004
	16	28	424	1333	417	1287	411	1246	404	1208	398	1174	393	1142	387	1113	382	1085	377	1060	372	1036
	19	32	421	1403	414	1352	407	1306	401	1264	395	1226	390	1190	384	1158	379	1128	374	1100	369	1074
	19	36	430	1472	423	1416	416	1366	410	1320	403	1278	398	1239	392	1204	387	1172	382	1141	377	1113
	22	40	427	1563	420	1500	413	1443	407	1392	401	1346	395	1303	390	1264	384	1228	379	1194	374	1163
	22	45	436	1680	429	1610	422	1546	416	1489	410	1436	404	1388	398	1345	393	1304	387	1267	382	1232
	22	50	443	1804	436	1725	429	1653	423	1589	417	1531	411	1478	405	1429	399	1384	394	1343	389	1304
950×300	19	25	277	915	272	885	268	857	264	832	260	809	256	787	253	768	249	749	246	732	243	716
	19	28	284	944	279	912	275	883	271	857	267	832	263	810	259	789	256	769	252	751	249	735
	19	32	293	991	289	956	284	924	280	895	276	868	272	844	268	821	264	801	261	781	257	763
	19	36	301	1046	296	1007	292	972	287	941	283	912	279	885	275	860	271	838	268	817	264	797
	22	40	299	1107	294	1064	290	1025	285	990	281	958	277	928	273	901	270	876	266	853	263	831
	22	45	307	1182	302	1133	297	1090	292	1051	288	1015	284	982	280	952	276	924	272	899	269	875
	25	50	305	1266	300	1212	296	1163	291	1119	287	1079	283	1042	279	1008	275	977	271	949	268	922
950×350	19	25	335	1083	330	1047	325	1015	320	985	315	958	310	933	306	909	302	888	298	867	294	848
	19	28	345	1125	339	1087	334	1053	329	1021	324	992	319	965	315	940	310	917	306	896	302	876
	19	32	354	1174	349	1133	343	1095	338	1061	333	1030	328	1001	323	974	319	949	315	926	311	905
	19	36	363	1240	358	1194	352	1152	347	1115	341	1080	337	1049	332	1020	327	993	323	968	319	945
	22	40	361	1300	355	1249	349	1203	344	1162	339	1124	334	1090	329	1058	325	1028	321	1001	316	976
	22	45	369	1391	363	1334	357	1283	351	1237	346	1195	341	1156	336	1121	332	1088	327	1058	323	1030
	25	50	367	1493	361	1429	355	1371	350	1319	344	1272	340	1229	335	1189	330	1152	326	1119	322	1087
950×400	19	25	395	1254	388	1213	382	1176	377	1141	371	1110	366	1081	360	1054	356	1028	351	1005	346	983
	19	28	405	1297	398	1254	392	1214	386	1177	380	1144	375	1113	370	1084	365	1058	360	1033	355	1010
	19	32	416	1362	409	1314	403	1271	397	1231	391	1194	385	1161	380	1130	375	1101	370	1075	365	1050
	19	36	425	1424	418	1371	412	1324	406	1281	400	1241	394	1205	388	1172	383	1141	378	1112	373	1085
	22	40	422	1503	415	1444	409	1392	403	1344	397	1300	391	1260	385	1223	380	1189	375	1158	370	1128
	22	45	431	1609	424	1544	418	1484	411	1431	405	1382	399	1337	394	1296	388	1258	383	1223	378	1191
	25	50	430	1725	423	1651	416	1584	410	1524	403	1469	398	1419	392	1373	387	1331	382	1292	377	1256
1000×300	19	28	281	928	276	897	272	869	268	843	264	820	260	798	256	778	253	759	250	742	246	725
	19	32	291	970	286	937	281	907	277	879	273	853	269	830	265	808	262	788	258	770	255	752
	19	36	298	1024	294	987	289	954	284	924	280	896	276	870	272	847	269	825	265	805	262	786
	22	40	296	1069	291	1029	286	992	282	959	278	928	274	900	270	875	266	851	263	829	259	809
	22	45	303	1136	298	1091	293	1051	289	1014	285	980	281	949	277	921	273	895	269	871	266	848
	25	50	302	1213	297	1162	292	1116	288	1075	283	1037	279	1003	275	971	272	942	268	916	265	891
1000×350	19	28	340	1094	334	1058	329	1025	324	995	319	967	315	942	310	918	306	896	302	875	298	856
	19	32	350	1152	344	1112	339	1076	334	1043	329	1013	324	985	320	960	315	936	311	914	307	893
	19	36	359	1201	353	1158	347	1119	342	1083	337	1050	332	1021	328	993	323	967	319	943	315	921
	22	40	357	1262	351	1214	345	1171	340	1131	335	1096	330	1063	326	1033	321	1005	317	979	313	955
	22	45	364	1337	358	1284	353	1236	347	1192	342	1153	337	1117	333	1083	328	1053	324	1024	320	998
	25	50	363	1431	357	1371	352	1317	346	1269	341	1224	336	1184	331	1146	327	1112	323	1080	318	1051
1000×400	19	28	400	1269	393	1227	387	1189	381	1154	376	1122	370	1092	365	1064	360	1039	355	1015	351	993
	19	32	412	1328	405	1282	398	1240	392	1203	387	1168	381	1136	376	1106	371	1079	366	1053	361	1029
	19	36	421	1391	414	1341	408	1296	402	1255	396	1217	390	1182	385	1150	379	1121	374	1093	369	1068
	22	40	418	1459	411	1404	404	1354	398	1308	392	1267	387	1229	381	1194	376	1162	371	1132	366	1104
	22	45	427	1556	420	1494	414	1439	407	1388	401	1342	396	1300	390	1261	385	1225	380	1192	375	1161
	25	50	426	1662	419	1592	412	1530	406	1473	400	1421	394	1374	389	1331	383	1291	378	1255	373	1220

（三）我國容許應力設計規範

標稱尺度 (高×寬)	t_w	t_f	r_T	Fy=2.1 (tf/cm²) L_C(cm)	2.1 L_C	2.2 L_C	2.3 L_C	2.4 L_C	2.5 L_C	3 L_C	3.1 L_C	3.2 L_C	3.3 L_C	3.4 L_C	3.5 L_C	3.6 L_C	3.7 L_C	3.8 L_C	3.9 L_C
											我國容許應力設計規範								
400×400	22	36	11.04	566	552	539	528	516	506	462	454	447	440	434	428	422	416	410	405
	25	40	11.03	566	552	539	528	516	506	462	454	447	440	434	428	422	416	410	405
	28	45	11.04	566	552	539	528	516	506	462	454	447	440	434	428	422	416	410	405
	32	50	11.02	566	552	539	528	516	506	462	454	447	440	434	428	422	416	410	405
500×500	16	25	13.83	707	690	674	659	645	632	577	568	559	550	542	535	527	520	513	506
	16	28	13.88	707	690	674	659	645	632	577	568	559	550	542	535	527	520	513	506
	19	32	13.87	707	690	674	659	645	632	577	568	559	550	542	535	527	520	513	506
	22	36	13.85	707	690	674	659	645	632	577	568	559	550	542	535	527	520	513	506
	25	40	13.85	707	690	674	659	645	632	577	568	559	550	542	535	527	520	513	506
	28	45	13.85	707	690	674	659	645	632	577	568	559	550	542	535	527	520	513	506
	32	50	13.82	707	690	674	659	645	632	577	568	559	550	542	535	527	520	513	506
600×350	16	32	9.54	495	483	472	462	452	443	404	398	391	385	380	374	369	364	359	354
	16	36	9.59	495	483	472	462	452	443	404	398	391	385	380	374	369	364	359	354
	19	40	9.56	495	483	472	462	452	443	404	398	391	385	380	374	369	364	359	354
	19	45	9.62	495	483	472	462	452	443	404	398	391	385	380	374	369	364	359	354
	22	50	9.60	495	483	472	462	452	443	404	398	391	385	380	374	369	364	359	354
600×400	16	32	10.98	566	552	539	528	516	506	462	454	447	440	434	428	422	416	410	405
	16	36	11.03	566	552	539	528	516	506	462	454	447	440	434	428	422	416	410	405
	19	40	11.00	566	552	539	528	516	506	462	454	447	440	434	428	422	416	410	405
	19	45	11.05	566	552	539	528	516	506	462	454	447	440	434	428	422	416	410	405
	22	50	11.04	566	552	539	528	516	506	462	454	447	440	434	428	422	416	410	405
700×350	16	32	9.44	495	483	472	462	452	443	404	398	391	385	380	374	369	364	359	354
	16	36	9.49	495	483	472	462	452	443	404	398	391	385	380	374	369	364	359	354
	19	40	9.46	495	483	472	462	452	443	404	398	391	385	380	374	369	364	359	354
	19	45	9.53	495	483	472	462	452	443	404	398	391	385	380	374	369	364	359	354
	22	50	9.51	495	483	472	462	452	443	404	398	391	385	380	374	369	364	359	354
700×400	16	32	10.88	566	552	539	528	516	506	462	454	447	440	434	428	422	416	410	405
	16	36	10.94	566	552	539	528	516	506	462	454	447	440	434	428	422	416	410	405
	19	40	10.90	566	552	539	528	516	506	462	454	447	440	434	428	422	416	410	405
	19	45	10.96	566	552	539	528	516	506	462	454	447	440	434	428	422	416	410	405
	22	50	10.95	566	552	539	528	516	506	462	454	447	440	434	428	422	416	410	405
800×300	19	36	7.87	424	414	405	396	387	379	346	341	335	330	325	321	316	312	308	304
	19	40	7.94	424	414	405	396	387	379	346	341	335	330	325	321	316	312	308	304
	19	45	8.02	424	414	405	396	387	379	346	341	335	330	325	321	316	312	308	304
	22	50	8.00	424	414	405	396	387	379	346	341	335	330	325	321	316	312	308	304
800×350	19	36	9.31	495	483	472	462	452	443	404	398	391	385	380	374	369	364	359	354
	19	40	9.37	495	483	472	462	452	443	404	398	391	385	380	374	369	364	359	354
	22	45	9.36	495	483	472	462	452	443	404	398	391	385	380	374	369	364	359	354
	22	50	9.43	495	483	472	462	452	443	404	398	391	385	380	374	369	364	359	354
800×400	19	36	10.73	566	552	539	528	516	506	462	454	447	440	434	428	422	416	410	405
	19	40	10.81	566	552	539	528	516	506	462	454	447	440	434	428	422	416	410	405
	22	45	10.79	566	552	539	528	516	506	462	454	447	440	434	428	422	416	410	405
	22	50	10.86	566	552	539	528	516	506	462	454	447	440	434	428	422	416	410	405
850×300	16	25	7.69	424	414	405	396	387	379	346	341	335	330	325	321	316	312	308	304
	16	28	7.76	424	414	405	396	387	379	346	341	335	330	325	321	316	312	308	304
	19	32	7.73	424	414	405	396	387	379	346	341	335	330	325	321	316	312	308	304
	19	36	7.82	424	414	405	396	387	379	346	341	335	330	325	321	316	312	308	304
	22	40	7.81	424	411	405	396	387	379	346	341	335	330	325	321	316	312	308	304
	22	45	7.89	424	414	405	396	387	379	346	341	335	330	325	321	316	312	308	304
	22	50	7.96	424	414	405	396	387	379	346	341	335	330	325	321	316	312	308	304
850×350	16	25	9.10	495	483	472	462	452	443	404	398	391	385	380	374	369	364	359	354
	16	28	9.19	495	483	472	462	452	443	404	398	391	385	380	374	369	364	359	354
	19	32	9.16	495	483	472	462	452	443	404	398	391	385	380	374	369	364	359	354
	19	36	9.26	495	483	472	462	452	443	404	398	391	385	380	374	369	364	359	354
	22	40	9.24	495	483	472	462	452	443	404	398	391	385	380	374	369	364	359	354
	22	45	9.31	495	483	472	462	452	443	404	398	391	385	380	374	369	364	359	354
	22	50	9.38	495	483	472	462	452	443	404	398	391	385	380	374	369	364	359	354
850×400	16	25	10.52	566	552	539	528	516	506	462	454	447	440	434	428	422	416	410	405
	16	28	10.62	566	552	539	528	516	506	462	454	447	440	434	428	422	416	410	405
	19	32	10.59	566	552	539	528	516	506	462	454	447	440	434	428	422	416	410	405
	19	36	10.68	566	552	539	528	516	506	462	454	447	440	434	428	422	416	410	405
	22	40	10.65	566	552	539	528	516	506	462	454	447	440	434	428	422	416	410	405
	22	45	10.75	566	552	539	528	516	506	462	454	447	440	434	428	422	416	410	405
	22	50	10.82	566	552	539	528	516	506	462	454	447	440	434	428	422	416	410	405

標稱尺度 (高×寬)	t_w	t_f	r_T	Fy=2.1 (tf/cm²) L_C(cm)	2.1 L_C	2.2 L_C	2.3 L_C	2.4 L_C	2.5 L_C	3 L_C	3.1 L_C	3.2 L_C	3.3 L_C	3.4 L_C	3.5 L_C	3.6 L_C	3.7 L_C	3.8 L_C	3.9 L_C
900×300	16	25	7.64	424	414	405	396	387	379	346	341	335	330	325	321	316	312	308	304
	16	28	7.71	424	414	405	396	387	379	346	341	335	330	325	321	316	312	308	304
	19	32	7.68	424	414	405	396	387	379	346	341	335	330	325	321	316	312	308	304
	19	36	7.78	424	414	405	396	387	379	346	341	335	330	325	321	316	312	308	304
	22	40	7.77	424	414	405	396	387	379	346	341	335	330	325	321	316	312	308	304
	22	45	7.84	424	414	405	396	387	379	346	341	335	330	325	321	316	312	308	304
	22	50	7.92	424	414	405	396	387	379	346	341	335	330	325	321	316	312	308	304
900×350	16	25	9.05	495	483	472	462	452	443	404	398	391	385	380	374	369	364	359	354
	16	28	9.13	495	483	472	462	452	443	404	398	391	385	380	374	369	364	359	354
	19	32	9.11	495	483	472	462	452	443	404	398	391	385	380	374	369	364	359	354
	19	36	9.21	495	483	472	462	452	443	404	398	391	385	380	374	369	364	359	354
	22	40	9.19	495	483	472	462	452	443	404	398	391	385	380	374	369	364	359	354
	22	45	9.26	495	483	472	462	452	443	404	398	391	385	380	374	369	364	359	354
	22	50	9.34	495	483	472	462	452	443	404	398	391	385	380	374	369	364	359	354
900×400	16	25	10.47	566	552	539	528	516	506	462	454	447	440	434	428	422	416	410	405
	16	28	10.57	566	552	539	528	516	506	462	454	447	440	434	428	422	416	410	405
	19	32	10.54	566	552	539	528	516	506	462	454	447	440	434	428	422	416	410	405
	19	36	10.63	566	552	539	528	516	506	462	454	447	440	434	428	422	416	410	405
	22	40	10.60	566	552	539	528	516	506	462	454	447	440	434	428	422	416	410	405
	22	45	10.70	566	552	539	528	516	506	462	454	447	440	434	428	422	416	410	405
	22	50	10.77	566	552	539	528	516	506	462	454	447	440	434	428	422	416	410	405
950×300	19	25	7.42	424	414	405	396	387	379	346	341	335	330	325	321	316	312	308	304
	19	28	7.52	424	414	405	396	387	379	346	341	335	330	325	321	316	312	308	304
	19	32	7.63	424	414	405	396	387	379	346	341	335	330	325	321	316	312	308	304
	19	36	7.73	424	414	405	396	387	379	346	341	335	330	325	321	316	312	308	304
	22	40	7.72	424	414	405	396	387	379	346	341	335	330	325	321	316	312	308	304
	22	45	7.80	424	414	405	396	387	379	346	341	335	330	325	321	316	312	308	304
	25	50	7.79	424	414	405	396	387	379	346	341	335	330	325	321	316	312	308	304
950×350	19	25	8.82	495	483	472	462	452	443	404	398	391	385	380	374	369	364	359	354
	19	28	8.95	495	483	472	462	452	443	404	398	391	385	380	374	369	364	359	354
	19	32	9.06	495	483	472	462	452	443	404	398	391	385	380	374	369	364	359	354
	19	36	9.17	495	483	472	462	452	443	404	398	391	385	380	374	369	364	359	354
	22	40	9.14	495	483	472	462	452	443	404	398	391	385	380	374	369	364	359	354
	22	45	9.22	495	483	472	462	452	443	404	398	391	385	380	374	369	364	359	354
	25	50	9.21	495	483	472	462	452	443	404	398	391	385	380	374	369	364	359	354
950×400	19	25	10.23	566	552	539	528	516	506	462	454	447	440	434	428	422	416	410	405
	19	28	10.35	566	552	539	528	516	506	462	454	447	440	434	428	422	416	410	405
	19	32	10.48	566	552	539	528	516	506	462	454	447	440	434	428	422	416	410	405
	19	36	10.58	566	552	539	528	516	506	462	454	447	440	434	428	422	416	410	405
	22	40	10.55	566	552	539	528	516	506	462	454	447	440	434	428	422	416	410	405
	22	45	10.65	566	552	539	528	516	506	462	454	447	440	434	428	422	416	410	405
	25	50	10.63	566	552	539	528	516	506	462	454	447	440	434	428	422	416	410	405
1000×300	19	28	7.49	424	414	405	396	387	379	346	341	335	330	325	321	316	312	308	304
	19	32	7.61	424	414	405	396	387	379	346	341	335	330	325	321	316	312	308	304
	19	36	7.71	424	414	405	396	387	379	346	341	335	330	325	321	316	312	308	304
	22	40	7.67	424	414	405	396	387	379	346	341	335	330	325	321	316	312	308	304
	22	45	7.76	424	414	405	396	387	379	346	341	335	330	325	321	316	312	308	304
	25	50	7.75	424	414	405	396	387	379	346	341	335	330	325	321	316	312	308	304
1000×350	19	28	8.89	495	483	472	462	452	443	404	398	391	385	380	374	369	364	359	354
	19	32	9.01	495	483	472	462	452	443	404	398	391	385	380	374	369	364	359	354
	19	36	9.12	495	483	472	462	452	443	404	398	391	385	380	374	369	364	359	354
	22	40	9.09	495	483	472	462	452	443	404	398	391	385	380	374	369	364	359	354
	22	45	9.18	495	483	472	462	452	443	404	398	391	385	380	374	369	364	359	354
	25	50	9.16	495	483	472	462	452	443	404	398	391	385	380	374	369	364	359	354
1000×400	19	28	10.29	566	552	539	528	516	506	462	454	447	440	434	428	422	416	410	405
	19	32	10.43	566	552	539	528	516	506	462	454	447	440	434	428	422	416	410	405
	19	36	10.54	566	552	539	528	516	506	462	454	447	440	434	428	422	416	410	405
	22	40	10.50	566	552	539	528	516	506	462	454	447	440	434	428	422	416	410	405
	22	45	10.61	566	552	539	528	516	506	462	454	447	440	434	428	422	416	410	405
	25	50	10.59	566	552	539	528	516	506	462	454	447	440	434	428	422	416	410	405

國家圖書館出版品預行編目資料

鋼結構設計／李錫霖，蔡榮根著. －－二
版.－－臺北市：五南，2017.11
　　面；　公分
ISBN 978-957-11-9381-6（平裝）
1.鋼結構　2.結構工程
441.559　　　　　　　　　106015234

5T13

鋼結構設計

作　　　者 ― 李錫霖、蔡榮根

發 行 人 ― 楊榮川

總 經 理 ― 楊士清

主　　　編 ― 王者香

責任編輯 ― 許子萱

封面設計 ― 姚孝慈

出 版 者 ― 五南圖書出版股份有限公司

地　　　址：106台北市大安區和平東路二段339號4樓

電　　　話：(02)2705-5066　　傳　　　真：(02)2706-6100

網　　　址：http://www.wunan.com.tw

電子郵件：wunan@wunan.com.tw

劃撥帳號：01068953

戶　　　名：五南圖書出版股份有限公司

法律顧問　林勝安律師事務所　林勝安律師

出版日期　2017年11月二版一刷

定　　　價　新臺幣650元

※版權所有‧欲利用本書內容，必須徵求本公司同意※